贡嘎山磷及微量金属元素生物地球化学循环与生态效应

吴艳宏　等　著

科 学 出 版 社
北 京

内 容 简 介

本书主要展示、归纳和总结了作者在执行国家自然科学基金、中国科学院“百人计划”和中国科学院创新团队国际合作伙伴计划等项目的过程中，关于贡嘎山典型地区磷及微量金属元素地球化学循环与生态效应的最新研究成果，在山地元素地球化学认识上有重要突破。

本书以西南典型高山贡嘎山土壤和植物垂直带谱为研究对象，首次将植被、土壤和水体作为有机整体，系统地研究了主要生源元素（N、P 等）和微量金属元素（Pb、Cd 等）在植被–水体–土壤系统的生物地球化学循环和迁移过程及机制，反映了我国山地生态系统生物地球化学循环研究的最新成果。

本书适合地质学、地理学、地球学专业高等院校教师、学生，行业部门相关管理者阅读学习。

图书在版编目(CIP)数据

贡嘎山磷及微量金属元素生物地球化学循环与生态效应 / 吴艳宏等著. — 北京：科学出版社, 2019.10
ISBN 978-7-03-060454-5

Ⅰ.①贡… Ⅱ.①吴… Ⅲ.①贡嘎山–土壤成分–微量元素–生物地球化学–研究②贡嘎山–土壤成分–微量元素–生态效应–研究 Ⅳ.①S153.6

中国版本图书馆 CIP 数据核字 (2019) 第 014133 号

责任编辑：莫永国 / 责任校对：彭　映
责任印制：罗　科 / 封面设计：墨创文化

科 学 出 版 社 出版
北京东黄城根北街16号
邮政编码：100717
http://www.sciencep.com

四川煤田地质制图印刷厂印刷
科学出版社发行　各地新华书店经销
*
2019 年 10 月第　一　版　　开本：787×1092 1/16
2019 年 10 月第一次印刷　　印张：25 1/2
字数：600 000

定价：280.00 元

本书得到中国科学院“百人计划”项目：贡嘎山元素表生地球化学过程及其效应的带谱特征(KZCX2-YW-BR-21)、国家自然科学基金重点项目：贡嘎山东坡土壤磷的生物地球化学循环过程与海拔分异(41630751)、国家自然科学基金面上项目：小冰期以来贡嘎山冰川退缩区风化作用与P 的生物地球化学循环(41272200)、冰川退缩迹地成土过程中土壤有机磷的矿化及其关键机理(41877011)共同资助。

本书作者名单

吴艳宏　周　俊　邴海健

罗　辑　孙宏洋　何晓丽

王吉鹏　孙守琴　杨子江

前　言

地表关键带是陆地生态系统中土壤圈及其与大气圈、生物圈、水圈和岩石圈物质迁移和能量交换的交汇区域，被认为是 21 世纪基础科学研究的重点区域。山地生态系统是陆地生态系统中的典型类型，其气候、水文条件随海拔梯度发生变化；由高海拔区到低海拔区风化作用、成土作用逐渐增强；地表覆被也由裸地逐渐发育低等植物到乔木，形成植被带谱；土壤微生物群落结构及其功能也随海拔梯度而改变。因此在山地生态系统开展关键带的相关研究，可以以空间换时间，利用海拔梯度上岩石风化程度、土壤及植被发育程度的梯度变化、探索漫长的风化作用、成土作用和植被演替过程中，物质循环、能量转化的关键过程和机制；同时可以以海拔梯度换取纬度空间变化，开展气候变化、植被类型与关键带关键过程之间的关联机制和驱动过程。

我国近 70%的陆地国土面积为山地所覆盖，尤其是西南部地区山地面积覆盖广、海拔高，气候、植被、土壤等各要素梯度特征明显。此外，我国西南地区一些高大山系多分布有现代冰川。小冰期以来，随着气温升高，冰川退缩，留下了大量冰碛物。在较短时间内，在这些冰碛物上发育了土壤，并形成了自然的植被原生演替序列。这样的海拔梯度上土壤和植被的变化，以及冰川退缩区土壤和植被发育序列，都为开展地表关键带研究提供了理想的试验场，尤其有利于针对元素由岩石圈进入土壤圈、生物圈，再归还至土壤圈的关键生物地球化学过程开展研究。

地表关键带一个重要的研究内容是物质循环研究，尤其是关键元素的生物地球化学循环，是决定关键带生态功能的主要过程。相比较碳(C)、氮(N)等，以往的研究对磷(P)的重视不够。实际上，磷是重要的生命元素和营养元素，它是植物体内许多重要有机化合物的主要组分，参与植物体的生理与生化过程，对植物的生长发育和新陈代谢具有重要作用。磷是提升生态系统初始生产力的关键营养元素，在高寒、高海拔地区，土壤磷的有效性影响了灌木和高寒草甸的发育；在热带和亚热带地区，土壤磷常为森林生态系统初级生产力的主要限制因子。

尽管大气沉降的颗粒物质会带来少量磷，但生态系统中磷的最主要来源是岩石风化。全球范围内的磷循环过程可以简单概括为以下阶段：①岩石风化释放进入土壤；②释放到土壤中部分被植物吸收，进入生物圈，更多的部分随地表径流、壤中流进入水体；③进入水体的磷部分被水生生物吸收，进入生物圈，更多的磷保存于沉积物中；④沉积物受地壳抬升露出地表，磷经风化作用再次进入循环。这一循环过程是一个地质时间尺度的过程，非常漫长。在较短时间尺度上可以认为磷是不断由陆地输出、海洋沉积的单向过程，因此陆地生态系统磷的流失，哪怕是非常小的量，自然条件下都是难以补偿的。多数研究认为，在发育时间长、风化程度高的湿润热带、亚热带土壤及含沙量较高的半干旱热带土壤中，磷的长期流失导致土壤中有效磷库逐渐衰竭，从而引起生态系统的逐渐退化。山地系统坡降大、土壤发育程度弱、土层薄，因此磷流失速率更快。山地风化作用和矿化作用释放的磷的补偿速率能否跟上流失速率，关系到山地生态系统的健康稳定。因此，开展山地生态系统磷的生物地球化学循环研究，首先要开展岩石风化和磷的释放方面的研究。

磷由岩石风化释放后以溶解态和颗粒吸附态两种形态存在。溶解态的磷为正磷酸盐，在自然界中仅占很小的比例，颗粒态的磷吸附于铝、铁、锰等金属氧化物或氢氧化物以及黏土矿物的表面。生物有效磷是指生物可以直接吸收利用的磷，其形态为正磷酸盐，包括溶解态正磷酸盐和一部分颗粒态的正磷酸盐(极易从颗粒物中释放出来的弱结合态/交换态磷)，潜在的可利用的部分通常在颗粒物中或者溶解态无机磷和聚合磷酸盐中。吸附于颗粒物中水合金属氧化物(如无定形的铁、铝)表面上的正磷酸根一般不能为生物所直接利用，只有在这些水合金属氧化物发生溶解时，这些潜在的可利用磷才被释放出来。微生物和植物在吸收利用生物有效磷的同时，由于微生物和植物根系呼吸作用释放 CO_2、代谢过程中释放酸性物质等，促进了风化作用的进程和磷的形态转化。微生物在磷循环中发挥着更重要的作用，微生物不仅参与风化作用，还通过参与凋落物分解、微生物磷的周转、有机磷的矿化和非活性磷酸盐的活化等生态过程来参与磷的循环，建立起土壤与植被间磷的联系。凋落物分解是生态系统物质循环和能量转换的主要途径，微生物群落在凋落物分解的生态过程中发挥主导作用，通过分解逐步把养分归还给土壤。土壤微生物磷通常占土壤有机磷总量的 20%～30%，而且微生物磷较无机磷更容易被植物利用。土壤磷酸酶主要来源于土壤微生物，且有机磷在土壤磷酸酶的催化作用下水解成可被植物利用的无机磷。一类被称为磷溶解菌的细菌与真菌可以通过向土壤分泌大量有机酸降低土壤 pH，引起难溶解性磷酸盐转化成可溶解性磷酸盐，增加土壤有效磷的含量。同时，土壤中的丛枝菌根真菌(arbuscular mycorrhizal fungus，AMF)可增加植物根系的吸收面积和距离，有效改善土壤团粒结构进而降低磷的流失。植物体磷的生物地球化学循环是山地系统磷的表生地球化学过程的重要组成部分，对磷在山地系统的分布格局和循环状况产生重要影响，反之磷的地球化学循环及其生物有效性已成为首要的控制山地植被发育和演替的生物地球化学过程。多年来山地植被磷的生物地球化学循环已受到广泛关注，从原位观测、栽培试验到受控条件下的模拟等一系列研究，已经积累了大量的资料和数据，但是缺乏统一的标准、比较分析和系统的整理，也没有很好地建立起土壤-微生物-植被间磷的地球化学循环的有机联系。山地生态系统磷的生物地球化学循环研究的另一个重要研究内容是土壤中磷的形态组成、形态转化和生物有效性，以及微生物、植物对磷的生物有效性的影响。

磷由岩石经风化作用释放以及微生物、植物对磷的生物有效性的影响，涉及磷的转化问题；另外，磷的迁移决定了其在山地生态系统中分配和流失，同样影响磷的供给量和形态。研究表明，磷在山地表层以溶解态迁移为主，吸附于其他颗粒物质或者颗粒态迁移的磷不大。磷的迁移总体上包括两个过程：①沿土壤剖面向下的垂直迁移过程；②随地表径流、壤中流的水平迁移过程。前一迁移过程导致生物有效磷远离植物根系，不能为植物所吸收利用，造成垂向上的磷流失；而随地表径流、壤中流迁移的磷最终进入水体，造成陆地生态系统磷的整体流失。如前所述，磷的供给速率能否跟上流失速率，关系到山地生态系统健康稳定，而对于水体来说，承受过多的磷的输入会导致水体的富营养化，也就是说山地系统磷的输出通量及其生物有效性直接影响下游水体生态环境安全。

重金属对于生态系统的危害众所周知。在人们的传统认识中，山区，尤其是高山地区人迹罕至，且空气、水、土壤都是原始的、干净的。然而，越来越多的研究表明，正是由于高山对水汽的拦截作用，山区往往降水相对偏多，由人类活动产生的重金属随水汽传输到这里并沉降。另外，气温随海拔升高而降低，冷凝作用也是山区重金属富集的重要原因。在山区沉降的重金属在土壤中富集，可能会给山地生态系统带来危害，同时也会随地表径流进入水体向下游输送，对水体生态系统带来影响。因此，对山地生态系统中重金属的来源、富集、转化和迁移的研究，也成为当前的研究热点之一。

贡嘎山属于横断山系，位于青藏高原东缘，是四川盆地与青藏高原的过渡地带，地理范围介于 101° 30′～102° 15′E 和 29° 20′～30° 20′N，主峰海拔 7556m，其高度居青藏高原东缘山峰之首。区内地质构造异常复杂，新构造运动强烈，地貌上为高山峡谷类型，环绕贡嘎山山巅四周，发育数十条亚洲最大的现代海洋性冰川。区内物种资源极为丰富，生物区系和生物地理成分复杂，生态环境原生性强，植被带谱完整而清晰。由于地理位置、环境气候条件、生态以及水循环系统的特殊性，这里一直被认为是研究青藏高原演化、区域环境变化、生物多样性乃至人与自然相互作用的重要地区。贡嘎山地区小冰期以来冰川退缩明显，留下多道终碛与侧碛，退缩区土壤和植被逐渐发育。例如，在海螺沟冰川末端水平距离 2km 左右，垂直高差 100 多米(海拔 2900～3000m)的冰川退缩迹地上，经历了裸地-草本地被、柳-沙棘-冬瓜杨、冬瓜杨、云冷杉-桦-杜鹃、云冷杉等五个阶段的植被原生演替，并形成较为清晰的植被带谱。

利用贡嘎山的有利条件，针对上述研究内容，在中国科学院“百人计划”项目(KZCX2-YW-BR-21)、国家自然科学基金重点项目(41630751)和面上项目(41272200、41877011)等项目的支持下，作者系统开展了磷的迁移和转化研究，同时对研究区重金属的生物地球化学过程开展了初步研究工作，形成了一定认识并结集成书，希望丰富山地生物地球化学理论的同时，能为山地生态系统保育和环境保护提供参考。

全书分为 7 章，第 1 章由周俊、杨子江、罗辑、吴艳宏撰写；第 2 章由周俊、吴艳宏撰写；第 3 章由罗辑、孙守琴、周俊、吴艳宏撰写；第 4 章由孙宏洋、王吉鹏撰写；第 5 章由何晓丽、周俊、邴海健、吴艳宏撰写；第 6 章由邴海健、罗辑、李睿、吴艳宏撰写；第 7 章由吴艳宏、邴海健、周俊撰写。全书由吴艳宏、周俊、邴海健完成统稿。

吴艳宏

2018 年 8 月 14 日

目　录

第 1 章　贡嘎山地理特征和环境背景

1.1　贡嘎山地质地理特征

贡嘎山位于我国地形第一级阶梯青藏高原与第二级阶梯四川盆地的过渡地带，为横断山脉的主峰，地理位置为 29°20′～30°20′N，101°30′～102°15′E。该区域内高大山脉众多，山势多南北延伸，发育了 70 余条现代冰川，冰川总面积为 229 km^2。贡嘎山主峰海拔为 7556 m，是横断山系的最高山峰。该地区海拔 5000 m 以上的高山区占全区总面积的 1/6，海拔 6000 m 以上的山峰达 45 座。贡嘎山东坡基带大渡河河谷至主峰相距 29 km 的水平距离内高差达 6450 m，成为陆地上高差最显著的山地之一，发育了分带明显、具有七种植被带的山地垂直植被和土壤带谱，构成了一个景观成分复杂的典型亚热带高山自然综合体。因此，贡嘎山不仅是研究第四纪大规模现代冰川活动的理想区域，还是研究山地表生生物地球化学循环及其生态环境效应的“天然实验室”。

因其独特的山地冰川地貌和植被类型，贡嘎山自 20 世纪初即吸引了大批科学和探险队进行考察。对贡嘎山的首次地质和人文调查为 1930 年由“中山大学”组织的川边调查团开展的考察。此次调查由“中山大学”地质系主任瑞士 Arnold Heim 教授带领，我国地质学家李承三教授等多人参与，对贡嘎山的地质地貌和人文状况进行了初步考察。1957 年冰川学家崔之久教授发表的《贡嘎山现代冰川的初步观察》对贡嘎山气候、地理地质环境，尤其是冰川地貌、冰缘地貌进行了较为详细的描述，并对其成因做出初步推断。20 世纪 70 年代末开始，对贡嘎山区域的地质地理研究取得长足进展。四川省地矿局于 1977 年和 1983 年完成了贡嘎山地区的 1∶20 万区域地质调查。中国科学院成都地理研究所(现名：中国科学院·水利部成都山地灾害与环境研究所)于 1979～1980 年对该地区开展了大规模较为系统的科学考察，考察内容包括地质、地貌、第四纪冰川、气候和水文等，考察成果收入《贡嘎山地理考察》。中国科学院兰州冰川冻土研究所于 1982～1984 年采用地、空摄影测量方法测定了贡嘎山冰川分布，出版了《贡嘎山地区冰川分布图》，首次清晰客观地展现了贡嘎山地区海洋性冰川的空间分布特征。中国科学院于 1988 年在贡嘎山东坡海螺沟设立了中国科学院贡嘎山高山生态系统观测试验站(含海拔 1600 m 和 3000 m 两个站区，以下简称“贡嘎山站”)，对贡嘎山的冰川、水文、气候、生物、土壤、环境质量要素以及景观动态进行长期观测，并已出版阶段性成果《贡嘎山高山生态环境研究》。1990 年，中国科学院兰州冰川冻土研究所与苏联科学院地理研究所对贡嘎山西坡贡巴冰川和东坡海螺沟冰川开展了联合考察，随后发表《中苏联合贡嘎山冰川 1990 年考察简况》。以上的考察研究均突出了在贡嘎山开展地理学、地质学、土壤学、生态学和环境科学综合研究的必要性和代表性。尤其是贡嘎山站的长期监测数据，为近年来针对贡嘎山的各类研究奠定了扎实的科学数据基础。因而，本书在此对前人的研究成果进行整理和综合，并测定了贡嘎山东坡土壤矿物组成，阐明贡嘎山地区的地质地理特征。

1.1.1 贡嘎山地质特征

1. 贡嘎山地质构造与第四系地层

贡嘎山在地质构造上处于青藏板块与扬子板块的交接带上，大地构造属于松潘—甘孜造山带雅江前陆复理石褶皱推覆带与扬子地块峨眉山断块、康滇地轴交接部位，以小金河断裂为地块边界断裂，是青藏高原的组成部分。此区域在三叠纪晚期印支运动及燕山运动中隆起，并相继发育了南北向、北西向和北东向三组构造。最先发育的南北向构造以强烈的褶皱为主，由此奠定了贡嘎山地区南北向构造格局。而后发育起来的北西向和北东向构造以断裂形式为主，彼此交织形成一菱形断块。在此菱形构造格局影响下，经过多次构造隆起运动过程，菱形断块中央隆起成为贡嘎山主峰，而四周断裂带则为断陷洼地，发育成河(李钟武等，1983)。

贡嘎山极高山的形成，主要经历了震旦纪古陆、古生代-三叠纪海域、侏罗纪-新近纪大雪山山脉夷平和第四纪断块隆起四个阶段。在震旦纪时，贡嘎山地区还是属于康滇古陆的一部分，在晋宁运动以前已开始隆起，是一个久经侵蚀的陆隆带。到了奥陶纪-三叠纪的海侵期，包括本区在内的四川西部广大部分，沉积了厚达 2 万多米的海相和以海相为主的海陆交互地层，直到印支运动使这片区域大规模褶皱隆起，结束了海洋时期，形成了古大雪山山脉。在此之后，此区域又陆续受到燕山运动和喜马拉雅运动的影响而进一步褶皱隆起，形成了主要由燕山期花岗岩所构成的古大雪山山脉，但此区域总体来说还是处于剥蚀—夷平过程中。直到晚新近纪末期古大雪山山脉被夷平为准平原的一部分。在上新世末期，受喜马拉雅造山运动影响，印度洋板块向亚欧板块俯冲，使得青藏高原自南而北、自西向东逐步抬升。受此影响，贡嘎山地区急速隆起。在第四纪冰川作用、河流切割作用下，形成了现代的极高山地貌。贡嘎山在第四纪隆升幅度达到 4700 m 以上，根据大渡河基座阶地沉积物推算贡嘎山在不同时间的隆升速率，第四纪约为 2.4 $mm\cdot a^{-1}$，全新世为 8 $mm\cdot a^{-1}$(陈富斌和范文纪，1982)。贡嘎山虽然自上新世以来长期受到剥蚀，但一直保留下了残余山的独特地位。

贡嘎山岩层以元古代和中生代花岗岩为基底，结合深度变质的二叠系和前度变质的三叠系各种片岩、千枚岩、大理岩和砂板岩等组成。受到多次岩浆岩侵入，后期有各种岩脉穿插。贡嘎山以其主峰为界，东坡由古生界深度变质岩及古老的侵入岩组成，西坡主要由中生界三叠系轻变质岩组成(李钟武等，1983)。该区花岗岩分布东多于西，并且山区外围时代老、露头低，山区中心时代新、露头高(范文纪，1982)。关于贡嘎山主峰的岩性，崔之久(1958)根据大贡巴冰川冰碛物砾石成分认为贡嘎山主峰是由花岗闪长岩组成，但另有学者根据贡嘎山主峰附近冰碛物砾石和航片判断，认为贡嘎山主峰的岩性应当是三叠系的砂岩、板岩(李钟武等，1983)。

贡嘎山地区第四纪沉积物主要包括冰碛物、冰缘沉积物、河流沉积物、湖泊沉积物、河湖相沉积物、化学沉积物以及重力堆积物等，种类较多，分布分散。本区的第四系地层简表见表 1-1。

表 1-1　贡嘎山地区第四系地层简表

<table>
<tr><th colspan="2">时代</th><th colspan="2">名称</th><th>厚度/m</th><th>主要沉积物类型</th></tr>
<tr><td rowspan="10">第四纪</td><td rowspan="3">全新世</td><td rowspan="3">冰后期</td><td>现代冰川等</td><td>0～300</td><td>现代冰碛及冲积、洪积、湖积、重力堆积、化学沉积等</td></tr>
<tr><td>贡嘎新冰期</td><td>8～100</td><td>新冰碛</td></tr>
<tr><td>磨西高温期</td><td>85～120</td><td>以磨西台地构成物质为代表的冲积</td></tr>
<tr><td rowspan="5">晚更新世</td><td rowspan="3">海螺沟冰期</td><td>晚期</td><td>60</td><td>冰碛</td></tr>
<tr><td>中期</td><td>0～4</td><td>湖泊沉积(砂质淤泥夹砾石)</td></tr>
<tr><td>早期</td><td>50～120</td><td>冰碛</td></tr>
<tr><td colspan="2">巴王沟间冰期</td><td>5～320</td><td>冲积(砂砾层)及河湖相沉积(亚黏土、黏土，亚砂土层)</td></tr>
<tr><td colspan="2" rowspan="2">南门关冰期</td><td>25～200</td><td>冰碛</td></tr>
<tr><td rowspan="2">早-中更新世</td><td rowspan="2">7～30</td><td rowspan="2">河湖相沉积及冲积(砂砾层与粉砂、亚黏土、黏土层，零星分布)</td></tr>
<tr><td colspan="2"></td></tr>
<tr><td>新近纪</td><td></td><td colspan="2">上乌红层</td><td>405～450</td><td>红色富钙碎屑岩夹杂碳酸盐河湖相地层</td></tr>
</table>

资料来源：李钟武等(1983)。

2. 第四纪冰期序列

环绕贡嘎山主峰区域分布有众多古冰川作用遗迹，较为清楚地反映多期冰川作用的过程。对于贡嘎山古冰期的划分的看法，各个学者历来存在不同的看法，有划分一次冰期(Anderson，1939)、两次冰期(刘淑珍等，1983；崔之久，1958；Heim，1936)，还有三次冰期(苏珍等，2002；李吉均等，1996；王龙明等，1989；李钟武等，1983；范文纪，1982)、四次冰期(陈富斌，1994a)，但赞成三次冰期划分的学者占多数。苏珍等(2002)在对贡嘎山现代冰川和古冰川考察研究的基础上，结合定位观测分析，划分三次冰期，即中更新世早期的倒数第三次冰期、中更新世晚期的倒数第二次冰期和晚更新世的末次冰期，全更新世的新冰期和小冰期。除此之外，苏珍等(2002)还指出在四次冰期的划分上，在早更新世阶段贡嘎山地区受高度限制并未达超过雪线高度，因而采用将此气候偏冷的时段称为冷期更为合适(表 1-2)。

表 1-2 贡嘎山第四纪冰川遗址与冰期划分

时代			冰川地貌与沉积特征	所处地貌位置与底层接触关系	形成年代及冰川类型
全新世	晚期	小冰期	一般有 3 列完好的终、侧碛，冰期表现新鲜、疏松。缺乏土壤，其上长有沙棘和灌丛	现代冰川冰舌外缘，距冰舌末端数百米至 3 km 范围内	15～19 世纪形成。内终碛(150±60) aBP，外终碛(540±70) aBP，为山谷冰川规模大于现代。
		新冰期	有保存比较完好的终、侧碛冰碛，比较新鲜，其上长有冷杉、灌丛或杜鹃	分布在小冰期冰碛外侧及向下的谷底，海拔 3000 m 营地分布有 3 列典型侧碛	实测海螺沟 3 列冰碛：内侧(940±50) aBP，中为(1550±70)～(1580±60) aBP 形成。其规模大于小冰期冰川
	中期	高温期	冰川强烈后退	在冰川外缘谷地形成冰水和泥石流沉积	磨西河新兴东台地中上册测年(7420±90)～(7430±300) aBP
	早期	冰后期处	末次冰期后的冰川逐步后退，有形成停顿的冰碛	如雅家情海以上的两列停顿终碛垄	磨西河新兴东台地下部，(7420±90)～(7430±300) aBP
晚更新世	末次冰期	冰盛期晚期	冰碛少有冲蚀，地貌形态基本完整，剖面为灰白色，半胶结，其上长有冷杉、麦吊杉、铁杉、毛红桦等	分布在下 U 形谷内，一般未出谷冰川谷。如海螺沟末次冰期晚阶段冰碛分布至海拔 1850 m 以上	海螺沟末次冰期晚期阶段冰碛测年(19700±200) aBP，(17600±200) aBP，冰舌升至 1850 m 处，规模大于新冰期
		间冰阶段	冰川退缩，冰水沉积堆积	如海螺沟在青石板附近冰碛剖面中层为黑色淤泥沉积	淤泥测年为(24390±750) aBP
		早期	冰川遗迹多被后期冰川破坏或者覆盖，冰期剖面为灰白色，半胶结	如海螺沟在青石板附近冰碛剖面下层的冰碛层为此阶段代表	早于中间层淤泥的年代，冰川规模大于新冰期冰川，为山谷冰川类型
	末次间冰期		冰川消退、冰水沉积堆积	末次间冰期冰水阶地	估计 70～130k aBP
中更新世	倒数第二次冰期		冰碛多受到冲蚀，冰碛物多呈半胶结，有的历史风化强，上部发育有褐黄色土层	多分布在下槽谷外侧和山麓地带，以冰碛台地，终碛冰碛丘形式分布，或被埋藏在冰水沉积层下	海螺沟冰碛测年为 277 k aBP，为本区最大一次冰川作用
	大间冰期		冰川消失，可见河流相砾石堆积	磨岭岗风化壳上的红黏土层	
	倒数第三次冰期		冰碛经过多次冲蚀夷平，一般保存较少，冰碛物风化程度较高，表面有 3～5 mm 的棕色风化壳，冰碛中黏粒物质比例大	多分布在河流源头及谷地较高位置，呈高冰碛平台或冰碛丘状分布	为半覆式冰川，冰川规模较倒数第二次冰期小，仅发育在当时高山顶部和山脊部位

资料来源：苏珍等(2002)。

3. 贡嘎山东坡土壤矿物及成土母质

对贡嘎山东坡的四个海拔梯度：4221 m、3838 m、2772 m 和 2362 m(分别处于高山寒带、亚高山亚寒带、山地寒温带和山地亚热带气候带)处土壤表层(A 层)和母质层(C 层)进行 X 射线衍射分析。衍射峰曲线对比标准 PDF 卡片进行物相判读，并使用绝热法定量分析矿物组成，整个分析过程使用 Jade 6.0 软件完成。贡嘎山东坡主要土壤矿物分析结果显示(表 1-3)，贡嘎山东坡土壤矿物以石英、钠长石、微斜长石和钾长石为主，在整个垂直带谱上呈现出明显的分异特征。

表 1-3　贡嘎山东坡主要土壤矿物表　（单位：%）

海拔/m	石英	钠长石	微斜长石	钾长石	绿泥石	蛇纹石	云母	角闪石
A 层								
4221	19.9	21.5	7.8	0.0	0.0	5.7	6.3	25.5
3838	32.2	20.7	17.8	0.0	0.0	3.4	0.5	25.4
2772	50.4	25.3	0.0	10.3	0.0	2.5	0.0	11.5
2362	38.6	32.3	0.0	7.4	0.0	0.0	0.4	6.6
C 层								
4221	24.0	28.9	15.8	0.0	5.6	0.0	2.1	23.6
3838	33.5	32.8	13.0	0.0	5.4	0.0	0.8	14.5
2772	46.3	20.8	0.0	6.4	10.9	0.0	0.0	15.6
2362	18.9	43.6	0.0	3.0	4.8	6.3	0.0	4.6

石英作为土壤中主要的矿物成分在各样点具有较高的比例，在海拔 2772 m 处质量分数最高，并依次沿海拔梯度向高海拔地区和低海拔地区递减。但 4 个海拔带土壤 A 层与 C 层的石英质量分数的差值却沿着海拔梯度由高海拔地区向低海拔地区递增。除此之外，土壤长石类矿物也在各个海拔梯度土壤中占有很高的比例并表现出一些特点。钠长石所占的比例较高，但在各个海拔梯度上变化不大，微斜长石和钾长石则表现出相反的分布趋势，较高海拔地区（3838 m 和 4221 m）土壤中微斜长石较多而无钾长石，但在较低海拔地区（2772 m 和 2362 m）土壤中钾长石较多而无微斜长石。绿泥石基本分布在土壤母质层中，云母仅在海拔 4221 m 土壤中较多，角闪石的质量分数则基本随海拔降低而减少。

在土壤发育过程中，成土母质中的原生矿物发生风化作用，而这一过程受到气候、地形、生物和时间等因素的影响。表 1-3 中四个样点所处海拔不同，局地气候和植被也相差甚远，因此使矿物的风化速率形成差异。贡嘎山东坡海拔 2362 m 处已位于山地亚热带气候带，土壤介于山地棕壤与山地黄棕壤之间，受水热条件影响，土壤受淋溶作用较强，出现脱硅作用及一定程度的富铝化作用（余大富，1983）。因此可解释低海拔地区土壤石英质量分数反而出现下降的现象。

贡嘎山东坡母岩是二长花岗岩和斜长花岗混合岩（何耀灿，1991）。何毓蓉等（2004）对贡嘎山东坡土壤微薄片进行偏光显微镜观察，东坡土壤主要包含长石（正长石、微斜长石）、云母、角闪石、辉石等可风化（或易风化）矿物。钾长石和微斜长石分别是二长花岗岩和斜长花岗岩的主要组成矿物。因此，根据表 1-3 数据，可初步推断贡嘎山东坡海拔高海拔区域（3838 m 以上）母岩以斜长花岗混合岩为主，而低海拔区域（2772 m 以下）母岩以二长花岗岩为主。

1.1.2　贡嘎山地区地理地貌特征

自上新世末期贡嘎山逐渐隆起，海拔和相对高度的不断抬升，随之而来的越来越强的冰川作用、流水作用、寒冻风化作用等外营力加上内营力共同作用，对此区域内的地貌发生和发展造成了深刻的影响（图 1-1）。贡嘎山东坡靠近青藏板块与扬子板块交接带，呈陡峻的高山峡谷地貌，而西坡属于青藏高原，相比之下起伏较为和缓，因此东西坡呈现出不同的地貌景观差异(图 1-1，表 1-4)。

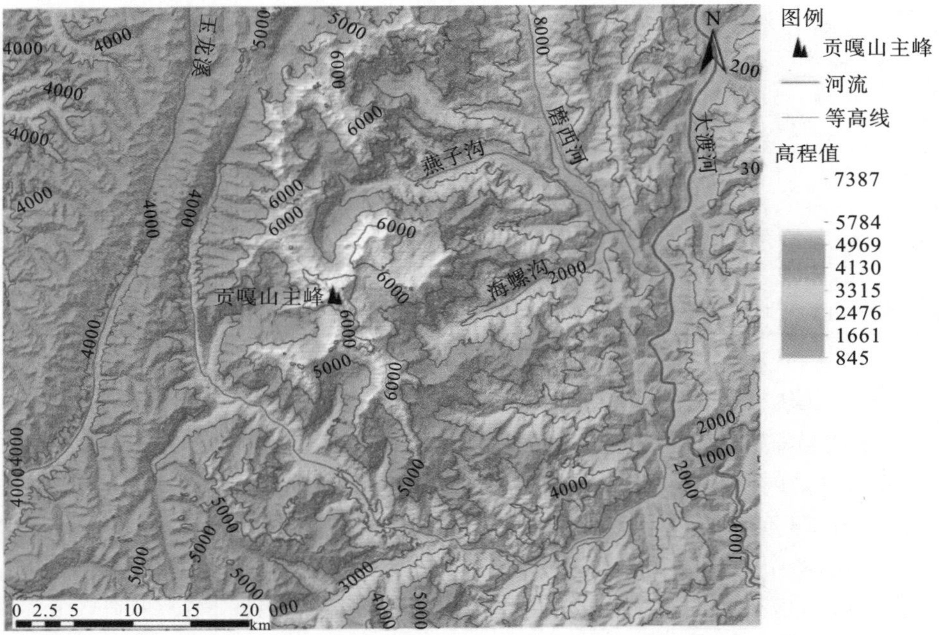

图 1-1 贡嘎山地形地貌图

表 1-4 贡嘎山东西坡地貌景观差异

		东坡	西坡
地貌形成条件	构造	由一系列褶皱和断裂组成，褶皱两翼倾角为 60°～85°，甚至直立	由一系列褶皱和断裂组成，褶皱两翼角度为 30°～60°，断裂倾角较缓，而且多为逆断层
	岩性	二叠系石英砂岩、片岩以及元古界石英闪长岩、斜长花岗岩，抗风化能力较强	三叠系千枚岩、砂岩、板岩和片岩等，局部为花岗岩，抗风化能力较弱
	降水	年降水量为 900～2000 mm	年降水量为 600～900 mm
地貌形态	比降	20%	10%
	相对高度	一般大于 1000 m，最大为 6400 m	一般小于 1000 m，最大为 4000 m
	切割密度	1 $km \cdot km^{-2}$ 以下面积占总面积的 29%，2 $km \cdot km^{-2}$ 以上的面积占总面积的 35%	1 $km \cdot km^{-2}$ 以下面积占总面积的 48%，2 $km \cdot km^{-2}$ 以上的面积占总面积的 11%
	坡度	小于 25° 的面积占总面积的 18%，大于 36° 的面积占总面积的 51%	小于 25° 的面积占总面积的 45%，大于 36° 的面积占总面积的 19%
	谷底	峡谷幽深，横剖面呈复合型和 V 形，复合型上部为 U 形，下部为 V 形，宽度只有几十米	宽而浅，横剖面呈箱型，最宽达 1～2 km，支沟沟口普遍发育有大型洪积扇

资料来源：刘淑珍等(1983)。

除此之外，贡嘎山东西坡均不同程度地发育了夷平面与剥蚀面、河流阶地、古岩溶地貌、各类湖泊以及广泛发育的第四纪冰川遗迹(赵川，2012)。

(1)冰川与第四纪冰川遗迹。围绕贡嘎山主峰附近发育了众多现代冰川，均分布在大渡河支流磨西河、田螺河、瓦斯河和两义河源头海拔 3000 m 以上地区，形成沿贡嘎山山脊比较集中、呈羽状分布的冰川群落(张国梁等，2010)(图 1-2)。贡嘎山地区冰川第一次冰川编目完成于 1994 年，使用的遥感图像为 1996 年的 1∶6.5 万的航摄像片。由于贡嘎山东西坡自然环境的不同，东坡发育的冰川无论是数量还是总面积规模均大于西坡。但近几十年因全球气候变化，高山冰川退缩。根据调查，1996 年时围绕贡嘎山主峰周围共分布现代冰川 74 条，2002 年的遥感影像表明贡嘎山周围冰川数目已增至 75 条，2010 年增至 76 条；整个过程中有大规模的冰川解体为小冰川，冰川面积不断减小，并且西坡冰川退缩速率大于东坡(陈富斌，1994b；李霞等，2013)。截至 2010 年，这 76 条冰川总面积约 224.45 km^2，平均海拔 5309 m，80%分布在海拔 4621～5989 m 的区域。其中单条最大冰川为海螺沟冰川，面积达 24.82 km^2，冰舌可延伸至海拔 2969 m 的林带内(张国梁等，2010)。

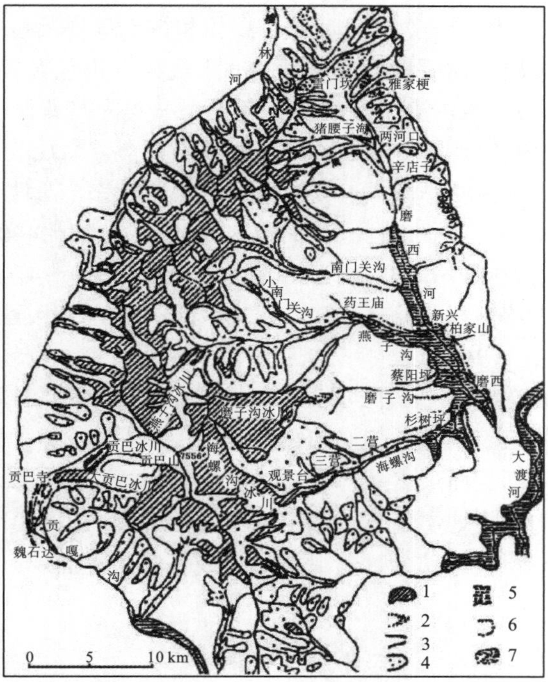

图 1-2　贡嘎山地区现代冰川分布图(苏珍等，2010)

1. 现代冰川；2. 小冰期冰碛；3. 新冰期冰碛；4. 末次冰期冰碛及下限；

5. 冰水阶地；6. 倒数第二次冰期冰川下限；7. 倒数第三次冰期冰碛

区域内经历多次冰期，第四纪冰川遗迹除冰碛垄之外还有古冰斗、古冰川谷等。古冰斗分布于海拔 4200 m 以上，与现代冰斗相连。古冰川谷分布在海拔 2000～4500 m，上接冰斗或粒雪盆地，下与河谷相连(范文纪，1982)。本区分布了大量由古冰川活动遗留下的古冰碛物，详见表 1-2。

(2)冰水沉积地形。冰水沉积与冰川是紧密相关的，贡嘎山区冰水沉积区域较广，这些区域在后期遭受侵蚀，往往形成高大的阶地。在贡嘎山周围发生冰川沉积的同时，外围谷底中则广泛发育冰水阶地，一般来说东坡阶地发育比西坡更好。本区较大的谷地(大渡河及其较大支流如磨西河)一般发育4～5级阶地，较小的支沟则仅有3～4级阶地。

磨西河在磨西镇至新兴乡之间可见4级阶地。其中，第1、2级阶地分别高出河面10～15m和20～30 m，均属堆积阶地，由磨圆度较好的砾石夹砂构成。第3级阶地同为堆积阶地。第4级阶地则位于新兴乡与磨西镇之间，长约10.7 km、宽1～2 km、厚约120 m的磨西台地(又称为磨西面)。磨西台地的成因众说纷纭，1930年瑞士人Heim(1936)考察后认为是燕子沟流出的末次冰期冰水沉积物形成了磨西台地。李承三(1939)提出了三种磨西台地成因假设：冰川生成底碛；气候转暖或雪线上升的洪积；山地上升，侵蚀加强的冲击。中国科学院·水利部成都山地灾害与环境研究所经过对贡嘎山周边地理考察，根据对磨西台地沉积物剖面构造特征和^{14}C同位素年代资料分析，确定磨西台地为全新世早期夹有泥石流堆积层的冲积阶地(李钟武等，1983)。郑本兴(2001)于2000年考察磨西台地，观测沉积物宏观结构，对区域内冰碛、冰水、湖相和古土壤样品进行孢粉分析和测年，认为磨西台地是形成于末次冰期后期至全新世的冰水沉积，也包含泥石流堆积物。

(3)夷平面。贡嘎山区域内夷平面主要有两类：一类为高原面，面积较大，并保留有蚀余残丘，坡度较小，多分布于贡嘎山西坡和北坡；另一类为丘陵面。一般来说，位于西坡的夷平面分布广泛，保存较好，而东坡的夷平面保存较差。西坡有4级夷平面，分别位于海拔5900～6200 m、5000～5200 m、4600～4700 m、4200～4400 m。东坡有6级夷平面，均零星分布于海拔5900～6200 m、5000～5200 m、4600～4700 m、4200～4400 m、3500～3700 m、2900～3200 m(刘淑珍等，1983)。夷平面呈梯级平台地貌，呈南东向北西方向掀斜的趋势(范文纪，1982)。

在横断山系、青藏高原中，在不同海拔的夷平面(理塘为3500 m，元谋为1150 m，昆明为600 m)同期形成于上新世末，这一现象证实了本区统一夷平面的存在。统一夷平面受到差异性断块运动的影响而最终解体(郑本兴，2001)。根据刘淑珍等(1983)的研究，贡嘎山地区夷平面削切的最新地层为新近系上乌红层，贡嘎山地区夷平面与川西滇北一样同属统一夷平面，后来被断块运动分割，最终解体成多级夷平面。

1.2 近20年来贡嘎山气候变化特征

山区的垂直海拔差异使多种气候带谱得以共存，因此山区往往成为研究全球岩石圈和生物圈系统的关键区域(Diaz et al.，2003)。山区地形起伏多变，受此影响，山区的气候要素(如降水、温度等)也显得格外复杂。如此多变的气候状况不仅影响当地的生态环境、水文水资源状况，还能对下游区域的资源、环境、生态系统产生深远的影响(Diaz et al.，2003)。因而山区气候的变化趋势、山区气候变化和全球气候变化间的联系，以及山区气候变化对自然生态系统和全球物质循环的影响也就成了关注的热点(Sarmiento，1986；Beniston，2003，2005；Viviroli et al.，2011)。

近百年以来全球不断增温，变暖幅度自 1990 年起明显加速。近 40 年来，作为全球变化敏感区，青藏高原增温幅度与海拔相关，但降水趋势变化却较为复杂(宋辞等，2012；韩国军，2012)。贡嘎山南北伸延的高大山体对大气纬向运行产生阻碍，因此贡嘎山区的降水量高于临近地区。贡嘎山地区一年之中可分为干季和湿季，一般每年 5～10 月为湿季，10 月～翌年 4 月为干季。湿季期间气候湿热，多有局地性雷雨、冰雹、大风等灾害性天气；干季期间气温低，雨雪天气少，天气晴朗，日照充足(高生淮和彭继伟，1993)。贡嘎山区域也是西南极高山地中研究较多的地方，虽然早在 1933 年，康定站就开启了对贡嘎山气象的检测，在贡嘎山周边也有石棉、泸定、新都桥、九龙几个气象站，但可公开获取的数据较少。中国科学院・水利部成都山地灾害与环境研究所于 1987 年在贡嘎山磨西镇(102° 06′ 55″E，29° 38′ 59″N，1621.7 m a.s.l.)和海螺沟(101° 59′ 54″E，29° 34′ 34″ N，2947.8 m a.s.l.)分别建立了两个气象站(图 1-3)，两者均为 20m×20m 的标准气象观测场。2008 年 9 月，在贡嘎山海拔约 4200 m 处修建了第三个气象站，但这个气象站投入使用的时间还不到一年，便在翌年 7 月损毁。磨西镇气象站和海螺沟气象站分别于 1992 年和 1988 年开始记录当地气温、降水等气象数据，两个气象站每小时自动记录气象数据，每个月根据人工记录的数据再集中进行校正。迄今，已收集到贡嘎山东坡近 20 年来的气温和降水数据以供处理分析。本书根据贡嘎山东坡海螺沟气象站和磨西气象站近 20 年的气温和降水数据，结合前人对贡嘎山区域气候特点的总结，探讨贡嘎山东坡气候变化特征以及垂直变化趋势。

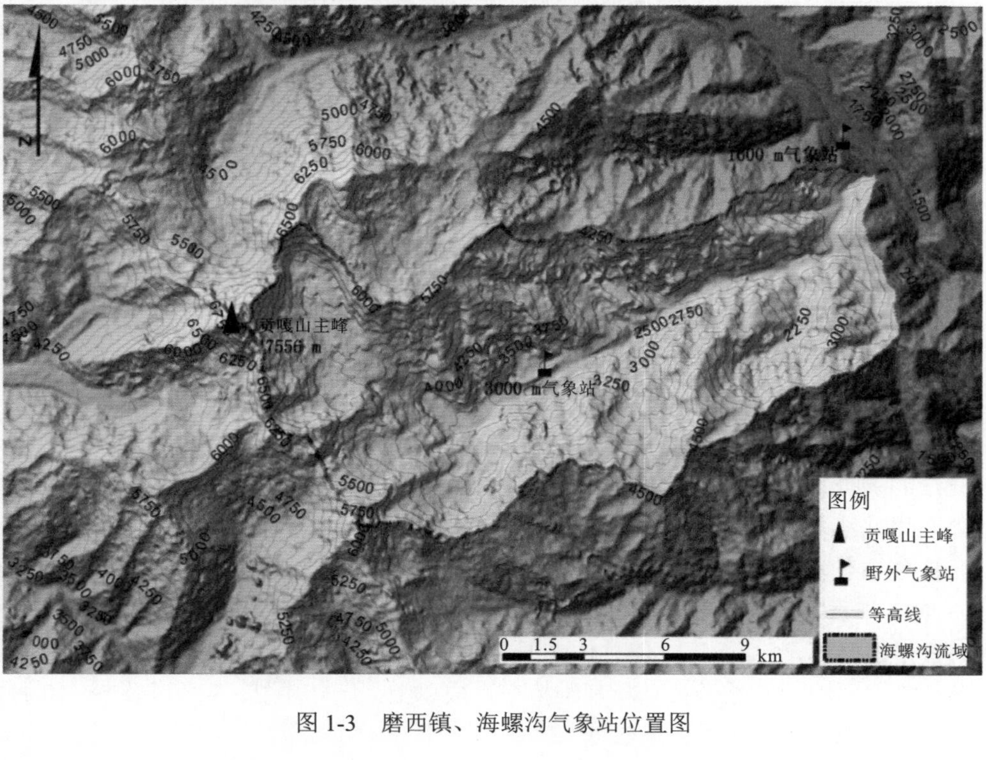

图 1-3　磨西镇、海螺沟气象站位置图

1.2.1 贡嘎山气候特征

贡嘎山位于我国青藏高原东南缘，是大雪山的主峰，主峰海拔 7556 m，在气候上介于东部亚热带暖湿季风区向青藏高原高寒气候的过渡带上，因而贡嘎山是气候上的一条重要分界线。贡嘎山东坡的基带为大渡河河谷地带。此区域岭谷高度悬殊，在从大渡河至贡嘎山主峰仅 29 km 的水平距离上发育的垂直高差可达 6450 m。在如此巨大的地形起伏下，贡嘎山东坡自然带的分布可从亚热带常绿阔叶林带到高山冰雪带，气候带的分布可从河谷亚热带到高山冰雪带。贡嘎山西坡的基带位于海拔 3000 多米的高原面上，因而西坡的气候带分布仅从山地寒温带到高山冰雪带。贡嘎山东西坡的气候带谱分布因坡向、坡度和下垫面的差异，而呈现出复杂的状况(表 1-5)。

表 1-5 贡嘎山东坡气候带垂直分异状况

海拔/m	气候带
1100～1600	河谷亚热带
1600～2400	山地亚热带
2400～2700	山地暖温带
2700～3800，东坡 3200～4000，西坡	山地寒温带
3600～4200，东坡 4000～4400，西坡	亚高山寒温带
4200～4600，东坡 4400～4700，西坡	高山寒带
4600～4900，东坡 4700～5100，西坡	高山寒冻带
4900 以上，东坡 5100 以上，西坡	高山冰雪带

资料来源：高生淮和彭继伟(1993)。

1. 云量、日照

云量的多少、日照的长短会直接影响一个地区的气温变化和气候干湿状况。贡嘎山东坡地处四川盆地多云区与川西高原少云区的过渡带上，相比周围区域，云量多，贡嘎山区域的云量分布东南多于西北，东坡多于西坡(高生淮和彭继伟，1993)。如图 1-4(a)所示，1992～1997 年贡嘎山东坡磨西镇气象站和海螺沟气象站的数据显示，贡嘎山东坡年云量在不同海拔带上的差异并不明显，但总体来说，海螺沟全年的云量均略高于磨西镇(除 12 月)。就季节而言，贡嘎山东坡云量全年都维持在六成以上，一年中 2、3 月以及 5～10 月的云量可高达八成以上，仅冬季云量较低。

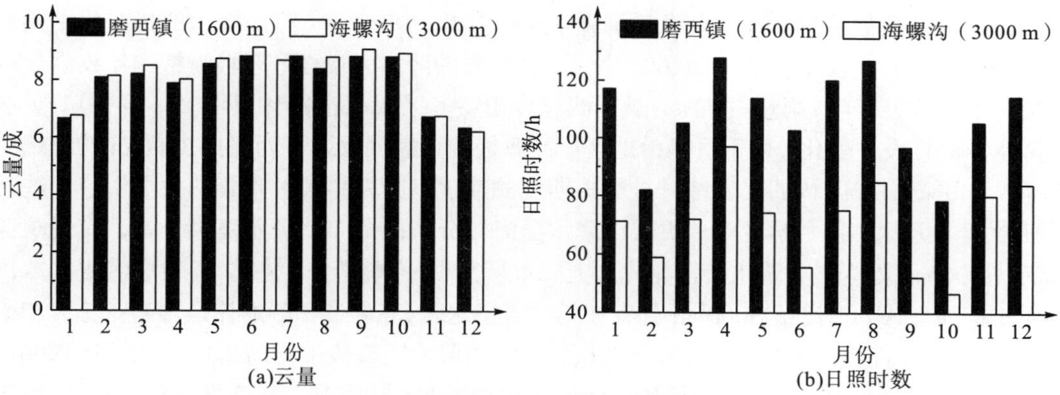

图 1-4　贡嘎山东坡云量日照时数变化

贡嘎山地区地形复杂，地形、坡度、坡向、海拔的差异都对日照的时空分布状况产生影响。就坡向而言，贡嘎山西坡日照时数多于东坡(高生淮和彭继伟，1993)，西坡海拔 3700 m 的贡嘎寺年日照时数为 1611 h，日照百分率为 36%(宋明琨，1985)。日照的分布随海拔分布出现差异，海拔 3000 m 的海螺沟在各个月份的日照时数均小于位于海拔 1600 m 的磨西镇［图 1-4(b)］。高生淮和彭继伟(1993)统计分析贡嘎山周边泸定河谷(1320 m)、康定(2600 m)和新都桥(2600 m)几个气象站的日照时数，认为在贡嘎山大区域环境内，日照时数随海拔升高而增加。但就贡嘎山东坡而言，日照时数随海拔的变化并非如此。贡嘎山东坡海拔 3000 m 为左右峰值降水带，多云雨的天气减小了日照时数，因此贡嘎山东坡的日照时数分布也会与当地降水分布有关。贡嘎山东坡海螺沟和磨西镇两地的日照时数在一年之中各个月份的分布模式较为一致，两站在一年中日照时数分布均有三个峰值(分别出现在 4 月、7 月、8 月)和三个谷值(分别出现在 2 月、9 月、10 月)，这与一年之中的气候变化、太阳运行轨迹变化和时间长短等因素有关。

2. 降水

本区域的大气环流形势，主要受西南季风、东南季风和高空西风带的制约。贡嘎山东坡是东南季风的迎风坡，潮湿多雨，云雾多，日照少，属于亚热带季风湿润气候。西坡主要受到西南季风和高空西风的影响，气温低，气温日较差和年较差较小，日照强烈，降水较多，属于亚热带季风高原气候(高生淮和彭继伟，1993；宋明琨，1985)。Thomas(1997)认为由于昆明准静止锋在 102°E～106°E 间季节性迁移，因此贡嘎山东坡更多受到印度洋季风影响：每年 4 月中旬～8 月东亚季风盛行，5～10 月中旬印度洋季风盛行，从贡嘎山东西坡的降水量可以看出，西坡每年 6 月降水量剧增，而东坡在 8～9 月降水量增加。有学者推断，东亚季风和印度洋季风均对贡嘎山东坡降水造成明显影响(Wu et al.，2013)。

受当地山地地形条件影响，贡嘎山地区降水呈现出山地降水的几个明显的特点：季节性、日变化、随高度变化以及随坡向变化。贡嘎山地区降水的季节性体现在干季和湿季变化，每年 10 月～翌年 4 月为干季，5～10 月为湿季，贡嘎山的雨季在 6 月中旬～9 月中旬，冰川的补给、植被的生长几乎全靠夏季降水(宋明琨，1985)。贡嘎山降水的日变化主要表现在昼夜分配上，以北京时间 20:00～次日 8:00 时的降水为夜雨，东坡海螺沟年夜雨量占 62%，西坡贡嘎寺年夜雨量占 73%，属于我国夜雨特多区域(高生淮和彭继伟，1993)。贡嘎山降水随海拔发生变化。由于贡嘎山地区最高海拔的正规气象站仅为海拔 3000 m 的海螺沟气象站，更高海拔区域的气象站只进行短期观测或仅有野外科考时收集的数据资料，缺乏长期数据，因此，各个学者对于贡嘎山降水随海拔分布的分布特征则莫衷一是。有说法认为海拔 3000 m 处为最大降水带，在此之上降水量减小(何毓蓉，1983)，还有学者根据冰川物质平衡原理认为在海拔 5000 m 处存在第二大降水带(高生淮和彭继伟，1993；苏珍和梁大兰，1993；曹真堂，1995)，另外有学者认为贡嘎山降水随海拔上升而增加(程根伟，1996)。贡嘎山东西坡主要受不同的季风影响，因此西坡的降水少于东坡，在西坡海拔 3700 m 贡嘎寺处降水量为 1173.7 mm 左右，为西坡第一大降水带高度(苏珍和梁大兰，1993)。

3. 气温

贡嘎山属于亚热带山地气候，东、西坡气候差异较大。贡嘎山东坡海拔 3000 m 处年均温为 3.9℃，最暖月平均气温 12.7℃，最冷月平均气温-4.5℃，年较差为 17.2℃；西坡海拔 3700 m 处年平均温为 2.2℃，最暖月平均气温为 9.5℃，最冷月平均气温为-6.4℃，年较差为 15.9℃(宋明琨，1985)。若以平均气温低于 10℃和高于 22℃作为划分冬季和夏季开始的标准，则贡嘎山东坡海拔 3000 m 附近长冬无夏，只有短暂的春季和秋季，而西坡海拔 3700 m 以上全年均属冬季。贡嘎山东坡海拔 4900 m 附近海螺沟冰川雪线处的年均温为-4.4℃，西坡海拔 5000～5200 m 附近冰川雪线处年均温为-4.1～-5.0℃，根据 1990 年考察期间对不同海拔的温度梯度观测，海拔每上升 100 m，气温平均下降 0.43℃(苏珍和梁大兰，1993)。贡嘎山冰川地区雪线附近温度与西藏东南地区的海洋性冰川和欧洲阿尔卑斯山地区冰川雪线附近年均温-4℃的数值相近(中国科学院青藏高原综合考察队，1986)。

4. 气压

贡嘎山气压随海拔升高而降低(图 1-5)，磨西镇年平均地面本站气压为 835 hPa，海螺沟年平均地面本站气压为 712 hPa。贡嘎山东坡不同海拔带一年之中气压变化趋势不同，位于海拔 1600 m 的磨西镇一年之中 5～7 月气压偏低，10～12 月气压高；位于海拔 3000 m 处的海螺沟一年之中 1～3 月气压低，9～11 气压高，而 5～7 月居中。

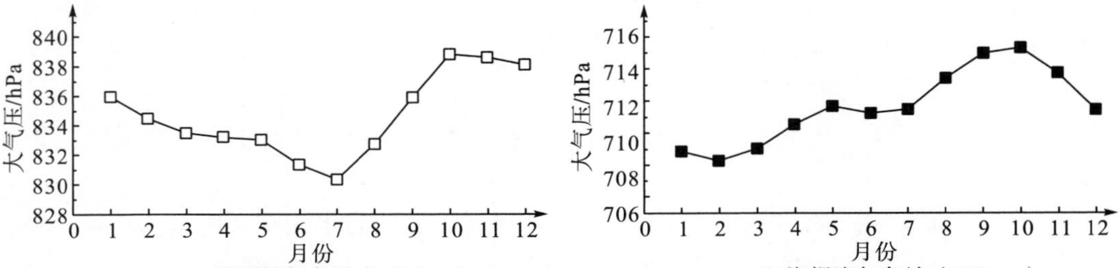

(a)磨西镇气象站（1600 m）　(b)海螺沟气象站（3000 m）

图 1-5　贡嘎山东坡气压变化

5. 湿度

本区降水比较充沛，湿度也较大，本书根据宋明琨(1985)的考察资料，结合贡嘎山东坡磨西镇气象站和海螺沟气象站近 20 年的数据资料，整理计算出贡嘎山东坡、西坡相对湿度的年内变化(图 1-6)。贡嘎山东坡海拔 1600 m 的磨西镇的相对湿度均维持在 60%以上，总体来说冬春季节湿度较低而夏秋季节湿度较高，年相对湿度为 76%。海拔 3000 m 处的海螺沟全年年均湿度均高于磨西镇，全年相对湿度均在 85%以上，在一年之中的变化趋势较小，在 8～11 月相对较高，相对湿度可达 90%以上，年平均相对湿度为 90%。而位于贡嘎山西坡贡嘎寺全年相对湿度变化较大，冬季平均仅为 50%左右，低于东坡磨西镇和海螺沟；但 6～9 月的相对湿度可达 92%，在高空形成一个高湿中心。

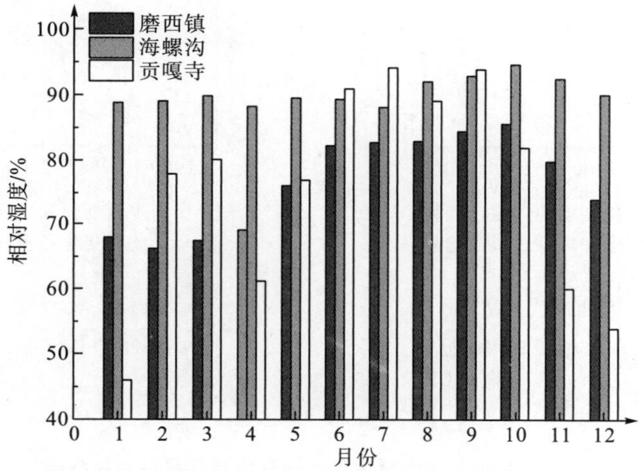

图 1-6 贡嘎山东坡(磨西镇、海螺沟)和西坡(贡嘎寺)相对湿度的年内变化

1.2.2 贡嘎山近 20 年来气候变迁

1. 磨西镇、海螺沟气象站记录数据

1992 年起，磨西镇气象站开始记录气象数据，当年年均温为 12.7℃，年降水量为 1050.3 mm。1992～2010 年的记录中，磨西镇最高年均温为 13.2℃(2002 年)，最低为 12.3℃(1992 年和 1995 年)。最高日均温为 32.8℃，共出现四次，分别是：1993 年 5 月 10 日、1996 年 6 月 14 日与 15 日、2007 年 4 月 19 日。最低日均温为−5.6℃，出现在 2008 年 2 月 1 日。当地最高月均温出现在 7 月，为 20.3℃；最低月均温出现在 1 月，为 3.7℃(图 1-7)。

在近 20 年的记录中，磨西镇年最大降水量为 1201.7 mm(2007 年)，最小降水量为 852.7 mm(2000 年)。根据多年平均观测数据，一年之中最小降水量出现在 1 月，仅 3.6mm；到了 4 月、5 月，降水量迅速增加；在 7 月达到最大降水量，为 214.6 mm。一年之中降水主要集中在 6～8 月，占年降水量的 55.5%，而从 11 月～翌年 3 月的降水偏少，仅占年降水量的 6.5%。

气象记录显示，1988～2010 年海螺沟年均温为 4.2℃。海螺沟记录数据中，最高年均温为 5.2℃(1998 年)，最低年均温为 3.4℃(1989 年)，最高月均温为 12.5℃，出现在 7 月份，最低为-4.6℃，出现在 1 月份(图 1-8)。最高日温出现在 2007 年 3 月 30 日，为 25.0℃，最低日温出现在 1991 年 12 月 28 日，为-16.7℃。虽然海螺沟地区最高月均温出现在 7 月，但是最高温多出现在 7 月之前。海螺沟最大降水量出现在 1997 年，为 2175.4 mm。同磨西镇的降水趋势相似，海螺沟的月降水量在 4、5 月开始增加，在 7 月达到最大值，为 322.0 mm，降水量最小月为 12 月，仅 24.2 mm。一年之中降水主要集中在 6～8 月，占全年降水量的 47%(表 1-6)。

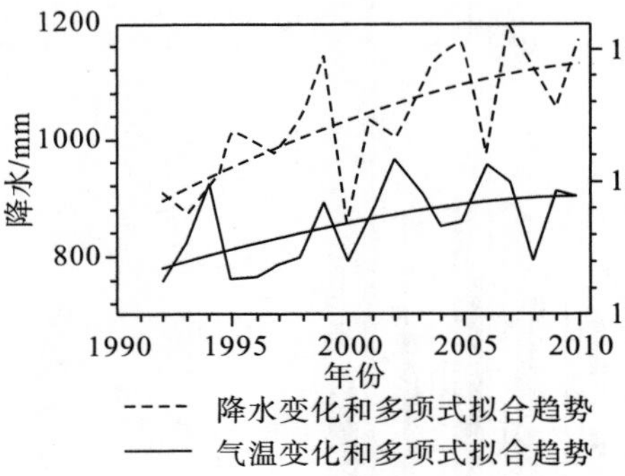

图 1-7 磨西镇气象站 1992～2010 年气温、降水数据

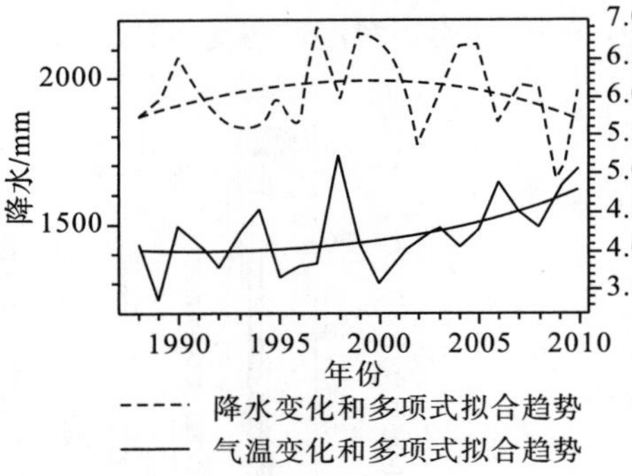

图 1-8 海螺沟气象站 1988～2010 年气温、降水数据

表 1-6 磨西镇、海螺沟气象站月均温和月降水量数据

月份	磨西镇气象站		海螺沟气象站	
	温度/℃	降水/mm	温度/℃	降水/mm
1	3.7	3.6	-4.6	25.0
2	6.2	8.8	-3.3	27.8
3	9.5	32.1	0.0	86.6
4	13.2	69.9	4.1	160.4
5	16.3	12.4	7.7	244.6
6	18.1	167.6	10.4	298.7
7	20.3	214.6	12.5	322.0
8	19.7	200.5	12.0	297.9
9	17.2	135.0	9.2	228.8
10	13.1	74.5	4.9	160.4
11	9.5	19.4	0.7	60.9
12	5.0	3.9	-3.0	24.2
均值/总量	12.7	1050.3	4.2	1947.4

注：表中磨西镇和海螺沟月均温和月降水量分别为 1992 年、1988～2010 年记录的月均温和月降水量的平均值。

2. 贡嘎山不同海拔气候数据比较

以前的资料表明，20 世纪 90 年代贡嘎山海螺沟地区年均温仅为 4.0℃左右(曹真堂，1995)，而现今海螺沟年均温为 4.2℃，可以看出近 20 年来贡嘎山地区呈变暖的趋势。对贡嘎山东坡近 20 年来年均温变化趋势线的分析表明，当地气温升高的趋势可分为两个阶段。第一个阶段为 1988～1998 年，并在 1998 年时达到近 20 年来最高温度。但到了 2000 年，年均温跌至近 20 年最低。随后从 2001 年起，年均温又出现了第二轮的上涨(Wu et al., 2013)。磨西镇气象站记录的年均温数据在近 20 年中同样呈上升趋势，但具体过程和海螺沟有所不同。1992～1999 年(除 1994 年和 1999 年)的年均温值低于这 20 年的多年年均温值。2000 年的年均温值更是低至 12.4℃。但从 2001 年开始，当地的年均温表现出明显上升的趋势(除 2008 年)。1992～2000 年的多年年均温为 12.5℃，而 2001～2010 年的多年年均温则为 12.9℃。总体来说，海螺沟和磨西镇在 1995 年、2000 年和 2008 年年均温都明显的跌落，在 1994 年、2006 年年均温都明显上升；在 2001 年、2002 年和 2003 年磨西镇年均温较高，但海螺沟没有类似的变化，在 1998 年海螺沟的年均温较高，但磨西镇却没有类似的变化。这表明，磨西镇和海螺沟两地在近 20 年中的气温变化趋势总体是一致的，但在各个年份点上表现不同，虽然两地都呈现出变暖的趋势，但海螺沟年均温上升得更快。

虽然磨西镇和海螺沟两地在近 20 年中气温总体变化较小，但磨西镇的降水量却有显著的上升。海螺沟在 1988～1998 年多年平均降水量相比 20 年间多年平均降水量偏低，仅为 1925.5 mm；在 1999～2009 年的 11 年中的多年平均降水量偏高，为 2002.2 mm，但随着时间推移，年降水量逐步下降(2009 年达到最低值 1585.5 mm)。自 1992 年以来，磨西镇的年降水量逐渐增加(除 2000 年和 2006 年，年降水量分别为 852.7 mm 和 974.8 mm)。

在过去的 20 年中，磨西镇的年均降水量和年均温呈现出一致的变化趋势，这意味着，当地年降水量较低的年份中年均温较低，年降水量较高的年份中年均温较高(图 1-7)。但海螺沟的情况却恰好相反，在过去 20 年中，年降水量和年均温经常呈现出相反的趋势，即年降水量较低的年份中年均温较高(图 1-8)。海螺沟地区降水量和温度的这种关系很可能是受到附近海螺沟冰川的影响。海螺沟冰川的存在使下垫面对局地气候产生巨大的影响，其中之一就表现为当地大气湿度的增加(钟祥浩和郑远昌，1983)。吕玉香和王根绪(2009)曾指出，海螺沟的降水量中约有 18%来自当地的云雾。高生淮和彭继伟(1993)的研究也指出贡嘎山主峰周围是一个多云区，空间上东坡多于西坡，并且与降水分布趋势一致，时间上夏秋季节高于冬春。因此，当雨季来临之时，海螺沟区域较高的云量削弱了太阳辐射能量，导致温度下降，造成海螺沟降水量和气温相反的变化趋势。

1.2.3 贡嘎山近 20 年气候变化特点以及与全球变化关系

根据前人的研究，贡嘎山东坡区域温度变化趋势与全球气候变化趋势呈现良好的一致性(陈建和梁川，2009)。在过去的 20 年里，磨西镇气象站与海螺沟气象站的气温均有所上升，近 20 年来的增温约 0.5℃，这与北半球气候变化以及全球气候变化趋势一致(Jones and

Moberg，2003)(图 1-9)。根据欧洲阿尔卑斯山地区以及其他高山区域气象数据记录，自 20 世纪 90 年代初，这些地方气温开始升高，但在 1995 年后却略有下降(Beniston，2005)。这种温度变化趋势与贡嘎山磨西镇气象站以及海螺沟气象站的数据资料相吻合。除此之外，自 21 世纪初欧洲地区出现强烈升温(Appenzeller et al.，2008)，同样的情况也出现在贡嘎山东坡。根据资料计算，过去 20 年中，磨西镇和海螺沟地区的增温率分别为 0.3℃·$(10a)^{-1}$ 和 0.35℃·$(10a)^{-1}$，从空间上看，这一数据略高于北半球和全球的增温率(Jones and Moberg，2003)，相比青藏高原的增温率也更高。同时，从时间上看，该区域增温率比前人计算的结果更高(吕玉香和王根绪，2009；郭剑英和王根绪，2011)。这可能是由于上述研究的数据截至于 2007 年，而贡嘎山地区自 2001 年开始逐渐增温(除 2008 年)，其中 2009 年和 2010 年年均温更是高出平均值，从而导致计算得出的增温率高于以前的研究结果。

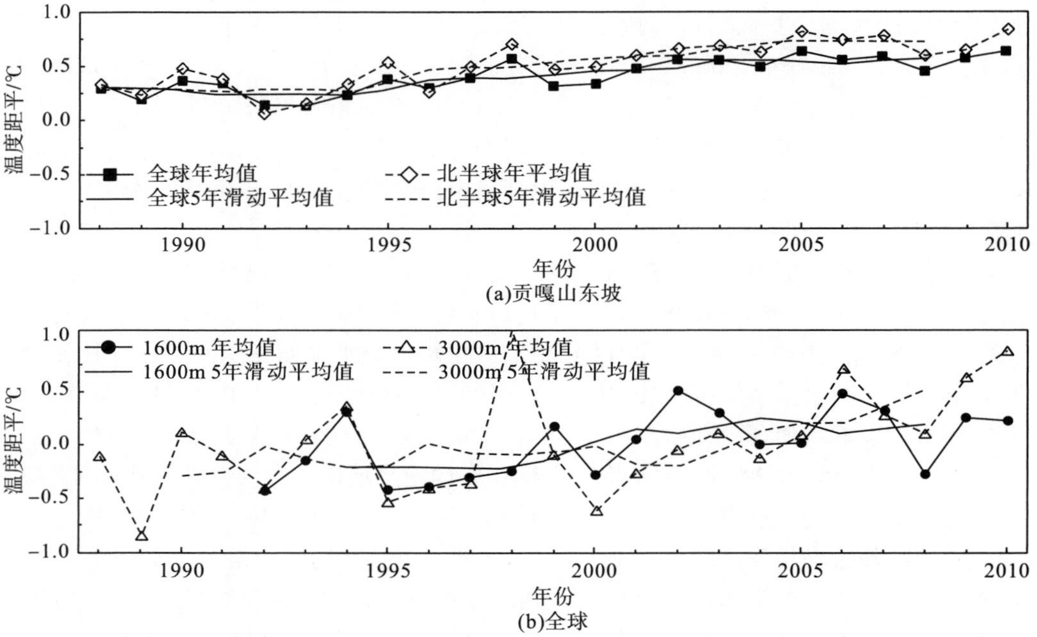

图 1-9 1988～2010 年贡嘎山东坡和北半球以及全球气温变化对比图

根据磨西镇和海螺沟 1988～2010 年的年均温变化，可以推导出，在近 20 年时间里，贡嘎山东坡逐渐增温，但是，若计算 1988～2010 年每个月的月均温的变化，得到的结果并不像年均温那么简单。两个气象站的气象资料显示，在过去的 20 年里，磨西镇和海螺沟夏季(6～8 月)的温度呈现出略微下降的趋势；海螺沟冬季(11 月～次年 2 月)的温度则呈现出轻微的上升，而磨西镇冬季的温度略有下降(图 1-10)。值得注意的是，1988～2010 年，磨西镇和海螺沟在 3 月的增温幅度大大超过年均温的增温幅度(图 1-10)，发生在春季的温度升高而非最低气温升高才是引起年平均气温升高的主要原因(吕玉香和王根绪，2009)。近些年发生在贡嘎山高海拔地区的最低气温增温现象在青藏高原大部分地区也可找到相似的现象(韩国军，2012)。

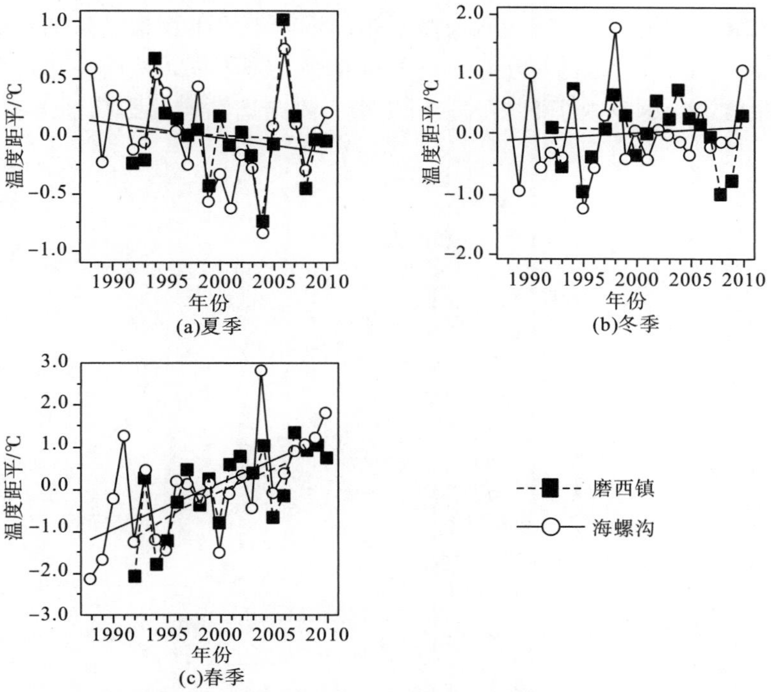

图 1-10　磨西镇和海螺沟夏季、冬季和春季气温变化以及线性趋势图

1.2.4　小结

根据贡嘎山东坡磨西镇气象站和海螺沟气象站近 20 年的数据，不仅可以得出贡嘎山东坡海拔梯度上温度和降水量的变化，还可以研究贡嘎山气候的时间变化趋势。总体来说，自 1992 年起，磨西镇气温和降水量呈现逐年上升趋势。但处于高海拔地区的海螺沟却表现出不同的特点，当地降水量总体表现为逐年减小，而年均温呈上升趋势，并且在近 20 年中最大降水量年份往往对应年均温较低年份。

近 20 年的气温资料显示，贡嘎山东坡气温变化与北半球和全球气温变化的一致性较好，在 21 世纪初期均发生了频繁的增温现象。近 20 年来，磨西镇和海螺沟的增温速率分别达到了 0.3℃·$(10a)^{-1}$ 和 0.35℃·$(10a)^{-1}$，超过了北半球和全球的同期增温速率。其中，海螺沟夏季平均气温总体呈逐年下降趋势且冬季气温总体呈逐年上升趋势，而磨西镇夏季和冬季平均气温在 1992～2010 年变化较为平稳。磨西镇和海螺沟在 3 月份气温总体呈明显上升，显示出其对贡嘎山东坡气候变暖的重要贡献作用。

1.3　贡嘎山土壤带谱特征

贡嘎山发育了类型完整的土壤垂直带谱，东西坡带谱结构差异较大(图 1-11)。贡嘎山发育了从亚热带到亚寒带各种生物气候条件下的土类；东坡反映了湿润生物气候条件下形成的土壤垂直变化序列，西坡则反映了半湿润半干旱生物气候条件对土壤带谱形成的影响(余大富，1984)。东西坡土壤的母质和植被类型不同，然而，都发育了山地暗棕壤带和山地棕壤带，这反映了水热因素对土壤垂直带谱结构的影响强于植被和母质(余大富，1984)。

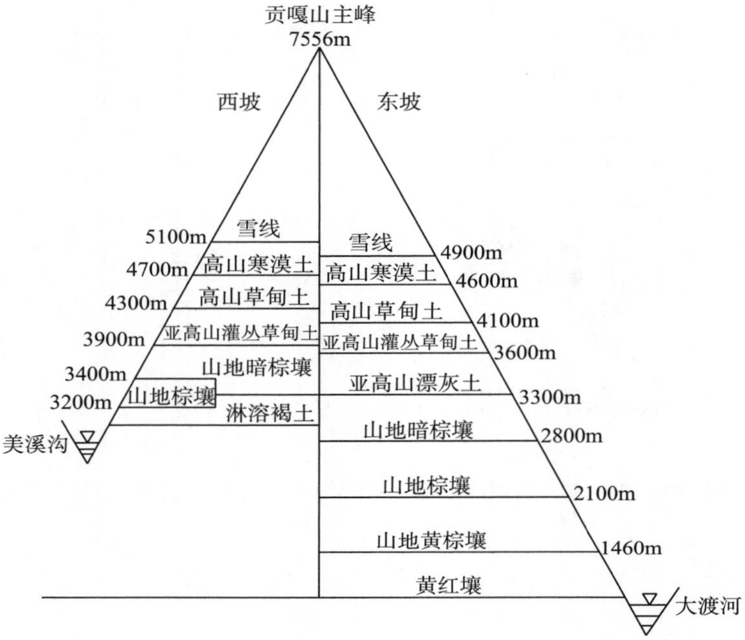

图 1-11　贡嘎山东西坡土壤垂直带谱图

根据余大富(1984)重绘

贡嘎山东坡气候湿润，热量条件好，在成土过程中促进了有机质的分解，棕壤化过程占优势，常绿阔叶林下的黄壤化作用也十分明显。在空间分布上具有明显的地域差异性和垂直分异性特点，从磨西河口沿海螺沟至海拔 5000 m，形成了完整的土壤垂直带谱。

高山寒漠土主要分布于海拔 4600～4900 m。土层浅薄，且不连续分布，是处在原始成土阶段的初生土壤类型。高山草甸土和高山灌丛草甸土主要分布于海拔 4100～4600 m。这两类土壤都是在高山亚寒带寒冷而严酷的气候条件下发育而成的，成土母质以坡积物和冰积物为主，土层厚薄不一，有机质含量丰富。亚高山灌丛草甸土主要分布于海拔 3600～4100 m，有机质易分解，腐殖质化程度较高，土层深厚，为中壤到重壤质，呈团粒结构。

亚高山漂灰土分布于海拔 3300～3600 m 的冷杉林下，土壤长期处于冷湿环境下，针叶残落物因真菌活动而酸化，并随雨水下渗将土壤中盐基淋溶，在腐殖质层下逐渐形成灰化土层，呈灰白色，并杂有灰色、灰棕色条斑，呈层片状结构。土壤质地黏重，成土母质为冰碛物、残积物，土层较薄。

山地暗棕壤分布于海拔 2800～3300 m，是贡嘎山地区重要的成带森林土壤。土壤风化程度较弱，针叶林的枯枝落叶在冷湿条件下真菌活动较强，而产生大量有机酸中和土中盐基，加之易溶性元素流失严重，使土壤酸化。由于有机质层下的淋溶与有机酸的淋洗，土中铁、铝产生移动而出现灰化作用。土壤酸度大，pH 为 4.8～5.3，并由上而下逐渐减弱。腐殖质层有机质含量很高，但下层急剧减少。土壤剖面层次清晰，呈棕黑色至黄棕色，呈团粒结构，下层为块状，成土母质多为坡积物、冰碛物。

山地棕壤分布于海拔 2100～2800 m，其形成原因和山地暗棕壤类同，土壤为暗棕色，下层为黄棕色、棕褐色。土层深厚，但层次过渡不明显。上层为中壤质，下层为黏壤质。由于水热条件较好，有机物分解快，腐殖质含量高，养分丰富，土壤肥力高。

山地黄棕壤分布于海拔 1460～2100 m，土壤风化作用较强，有机质积累快，兼具黄壤与棕壤的发育特征。表层有机质含量高，但下层急剧下降。土壤表层呈暗棕色，下层为黄棕色。

山地红壤分布于 1460 m 以下，是贡嘎山东坡分布的基带土壤。矿物质风化强烈，有机质分解快，表层有机质含量为 3%～5%，但下层急剧减少。表层呈棕色或红棕色，下层为黄色或紫红色。土层较薄，表层为壤土质，呈团粒结构，底土质地黏重，结构粗糙。

贡嘎山东坡土壤发育程度随海拔的降低而升高，但总体发育程度较低。这可从剖面发育特征、土壤粒径组成、pH、无定形金属氧化物和碳、氮含量等土壤理化指标得出(表 1-7)。A 层和 B 层厚度的变化较能说明土壤发育程度随海拔梯度的变化(表 1-7)。不过，凋落物层(O 层)最厚的剖面位于 2700～3700m 针叶树为优势种的带谱中。这可能是以下原因造成的：①3700m 以上的高海拔地带，主要为灌丛和草甸，凋落物数量较少，因而 O 层不厚；②2400m 以下的阔叶林带，尽管凋落物数量有所增加，但是由于温度升高，分解速率更高，大部分凋落物被分解掉，因而 O 层厚度不大；③亚高山针叶林带和针阔混交林带，一方面由于针叶凋落物相对阔叶更难被分解，另一方面由于温度相对阔叶林带更低，O 层厚度最大(表 1-7)。

A 层土壤粒径组成分析发现，海螺沟土壤黏粒含量较低，无明显的海拔梯度特征(表 1-8)。黏粒、粉粒和砂粒的平均含量分别为 6.11%、30.83%和 63.06%(表 1-8)。根据美国制土壤质地分类标准，属于砂质壤土。

贡嘎山海螺沟垂直带谱土壤总体呈弱酸性，pH 平均值为 6.47。低海拔地带土壤的 pH 低于高海拔地带，但最低值出现于亚高山暗针叶林带[图 1-12(a)]。这主要是由海螺沟的岩性和植被类型决定的。海螺沟的基岩为花岗岩，主要矿物成分为酸性岩，如石英、钾长石、斜长石和黑云母。亚高山针叶林带的凋落物最多，凋落物分解会产生大量的有机酸；此外，该带的优势种为云杉和冷杉，这两种树种一方面分泌有机酸的能力更强(Augusto et al.，2005)，另一方面针叶林凋落物的酸性比阔叶树的更低(Ovington，1953；Raulund-Rasmussen and Vejre，1995)，从而导致亚高山暗针叶林带 A 层土壤 pH 最低。

表 1-7 贡嘎山东坡海螺沟土壤发育特征

编号	海拔/m	剖面厚度/cm 和颜色	土壤类型	植被类型
1	4221～4235	O：0～1 A：2～4，棕黑色 B：2～4，棕褐色 C：>15，褐色、冰水堆积物	高山草甸土	高山草甸
2	3775～3838	O：0～2 A：3～8，棕褐色 B：10～25，棕色 C：>20，棕色、青灰色	亚高山灌丛草甸土	高山灌丛
3	3600～3700	O：10～20 A：3～6，棕褐色、棕黑色 B：8～12，棕色 C：>20，棕色、青灰色	山地暗棕壤	林线(峨眉冷杉-杜鹃)
4	3007～3135	O：3～10 A：9～15，褐色、棕色 B：13～40，棕褐色、棕黄色 C：>20，黄色、棕黄色	山地暗棕壤	亚高山暗针叶林
5	2750～2780	O：4～6 A：6～20.5，棕褐色、褐色 B：4～16.5，棕黄色 C：>20，黄色、青灰色	山地棕壤	亚高山针阔混交林
6	2324～2357	O：2～3 A：4.5～12，棕褐色 B：6～9，棕色 C：>20，棕黄色	山地棕壤	落叶阔叶林
7	2024	O：2～3 A：6～12，棕褐色 B：7～10，棕黄色 C：>20，黄色	山地黄棕壤	常绿阔叶林
8	1752	O：0～1 A：7～9，褐色 B：20～30，黄褐色 C：>20，黄色	山地黄棕壤	人工林地(桤树)

注：野外调查时间为 2011 年 7 月。

表 1-8 土壤 A 层粒径组成(平均值±标准误差) (单位：%)

海拔/m	黏粒(<2.0μm)	粉粒(2～20μm)	砂粒(20μm～2mm)
3775～4221	7.05±0.28	33.44±0.98	59.51±1.08
3007～3135	6.26±0.43	28.83±1.64	64.91±2.02
2780	6.85	37.16	55.99
2324～2357	6.90±0.17	32.37±1.08	60.73±0.92
2024	3.67	19.71	76.62
1752	5.95	33.465	60.587

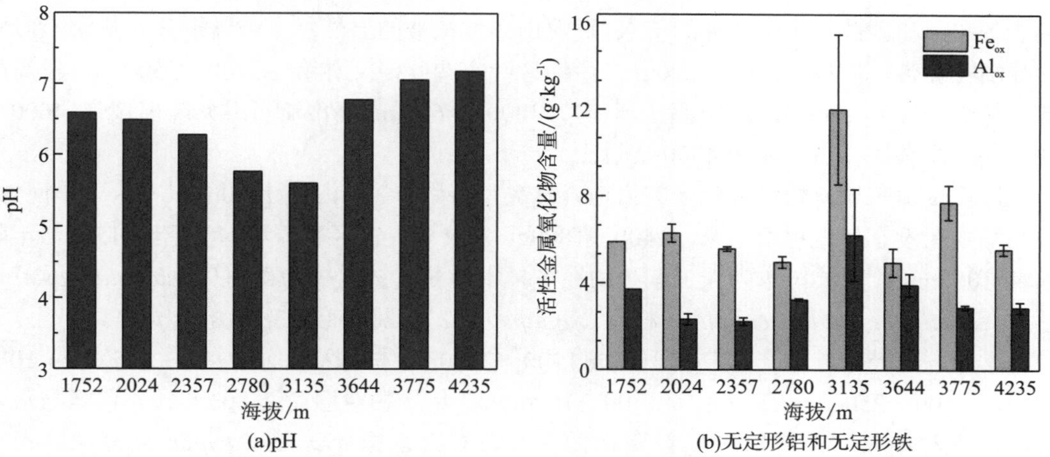

图 1-12　贡嘎山东坡土壤 A 层 pH、无定形铝（Al_{OX}）和无定形铁（Fe_{OX}）随海拔梯度的变化

Al_{ox}和Fe_{ox}是表征土壤发育程度的另一个指标。海螺沟表层土中Al_{ox}和Fe_{ox}的含量较低，平均含量分别为 3.42g·kg^{-1}和 6.62g·kg^{-1}，Fe_{ox}的含量是Al_{ox}的 1.94 倍[图 1-12(b)]，反映出该区域土壤发育程度较低。海螺沟表层土壤 TOC(总有机碳)、TN(总氮)和 C∶N 均随海拔呈倒抛物线分布模式，亚高山针阔混交林达到最高值(表 1-9)。

表 1-9　土壤 A 层 TOC 含量、TN 含量及 C∶N 值

海拔/m	TN/(mmol·kg^{-1})	TOC 含量/(mmol·kg^{-1})	C∶N 值
3775～4221	300.5	4245.7	14.1
3007～3135	312.3	6313.3	20.4
2750～2780	1024.6	23045.0	22.0
2324～2357	666.4	11370.0	17.1
2024	701.4	11909.2	17.0
1752	278.6	4965.8	17.8

1.4　贡嘎山植被带谱特征

1.4.1　贡嘎山植被带谱

1. 主要植被类型及其分布

贡嘎山地区植物种类丰富，有维管束植物 185 科、869 属、约 2500 种，其中蕨类 29 科、51 属、120 余种，种子植物 156 科、818 属、2380 余种。贡嘎山地区纬度位置属于亚热带，植被区域位置是亚热带常绿阔叶林区域，水平地带性植被为常绿阔叶林，兼有我国

亚热带东部和西部常绿阔叶林的特点。贡嘎山东坡植被的自然垂直带谱十分完整，分别是：常绿阔叶林带，海拔 1100～2200 m；山地针叶、阔叶混交林带，2200～2500 m；亚高山针叶林带，2500～3800 m；高山灌丛草甸带，3800～4600 m；高山流石滩稀疏植被带，4600～4900 m；永久冰雪带，海拔 4900 m 以上。

以贡嘎山东坡海螺沟为代表的山地森林类型特别丰富，海拔 1400m 以下为干旱河谷，现在基本上没有林地保留下来。1400～1800m 为农林复合区域，年均气温约 15℃，年降水量 1000mm，主要树木为人工栽种的经济林木及薪炭林，多为青冈（*Cyclobalanopsis*）、杉木（*Cunninghamia lanceolata*）、核桃（*Juglans regia*）、柿子（*Diospyros kaki*）等。

常绿与落叶阔叶混交林分布于海拔 1900～2500m，本地区年均温 8.0～10.5℃，≥10℃的积温 1500～2500℃，年降水量 1300～1500mm，年均相对湿度达 80%以上。常绿与落叶阔叶混交林中常绿阔叶树种以包槲柯为主，还有巴东栎（*Quercus engleriana*）、曼青冈（*Cyclobalanopsis oxyodon*）和川钓樟（*Lindera pulcherrina*）等。落叶阔叶树主要有香桦和扇叶槭（*Acer flabellatum*），还有大叶杨（*Populus lasiocarpa*）和糙皮桦（*Betula utilis*）等。常绿与落叶阔叶混交林是贡嘎山东坡从山地亚热带向山地温带过渡的一种群落类型，其分布面积较大。

针阔叶混交林分布于海拔 2500～2800m，年均温 5.0～8.0℃，≥10℃的年积温 900～1500℃，年降水量 1500～1900mm。针阔叶混交林中针叶树种主要是铁杉和麦吊云杉（*Picea brachytyla*），还有少量峨眉冷杉（*Abies fabri*）和个别的红豆杉（*Taxus chinensis*），针叶树种位于林中乔木层的第 1 亚层。第 2 亚层多由落叶阔叶树种组成，主要有多种槭和桦，还有领春木（*Euptelea pleiospermum*）、连香树（*Cercidiphyllum japonicum*）和水青树（*Tetracentron sinense*）等。该林分是常绿与落叶林向亚高山暗针叶林过渡的植被类型，是贡嘎山东坡垂直带谱中带幅最窄的植被带。

暗针叶林（峨眉冷杉林）分布于海拔 2800～3600 m，年均温 0.5～5.4℃，年降水量 1720～1950mm，年均相对湿度在 90%以上。峨眉冷杉林是四川特有森林类型，主要沿盆地西缘山地分布。贡嘎山东坡峨眉冷杉林主要分布于海拔 2800～3600m。该林由于垂直分布幅度较大，随海拔升高林分中物种组成和树体结构等都有改变。

分布于海拔 3150m 和 3580m 的峨眉冷杉林有许多不同之处。前者林分组成中有阔叶成分，针叶树种中还有个别麦吊杉等，林分密度 274 株·hm^{-2}①，优势木树高为 35.68 m，基径为 68.35cm，冠幅较大。后者为峨眉冷杉纯林，林分密度 345 株·hm^{-2}，优势木树高仅 20.05 m，基径仅 42.11cm，树冠呈圆锥形，冠幅很小，枝下高不高，树皮厚。枝短叶密，枝叶的生物量在乔木层中所占比例较高，而树干生长比较缓慢。一些树木遭受冰雪灾害，主干生长呈二叉分支状。

海拔 3600m 已经是峨眉冷杉林分布的上限，也是贡嘎山东坡的林线。分布于海拔 3580m 立地的峨眉冷杉林的树体结构、林分组成和生物量的构成反映了环境条件发生了很大变化。冬季漫长，生长季短，紫外线强，这些都不利于峨眉冷杉正常生长发育。

贡嘎山东坡的林线以上为高山灌丛，主要是高山杜鹃（*Rhododendron villosum*），4000m

① 1 hm^2＝10000 m^2。

以上是高山草甸。更高的区域为冰雪寒冻带，无植物分布。

贡嘎山西坡多属山原地貌，气候偏于干冷。暗针叶林多分布在海拔 3000～4200m，其蓄积量远远高于西坡其他森林类型。鳞皮冷杉林主要分布于力丘河流域海拔 3400～4200m 的阴坡、半阴坡。本地区年平均气温-3～3℃，≥10℃的积温 800℃以下，年降水量 700～1000mm，主要集中在 5～10 月。

2. 典型森林生态系统生物量

1）四个典型生态系统的主要树种的方程模型

在海螺沟对垂直带典型森林生态系统设置样地调查，对所有组成的乔木树种进行树干解析，建立单株生物量模型（表 1-10），统计计算乔木层生物量。

表 1-10　主要树种的器官生物量与胸径、树高的关系

树种名称	器官	异速生长方程	相关系数	文献来源
冷杉（*Abies* spp.）	干	$M=0.0139(D^2H)^{1.0075}$	$R^2=0.9986$	Luo 等（2002）
	枝	$M=0.0014(D^2H)^{1.0503}$	$R^2=0.9118$	
	叶 $D<40$cm	$M=0.0003(D^2H)^{1.2032}$	$R^2=0.9341$	
	$D>40$cm	$M=11.506\ln(D^2H)-74.733$	$R^2=0.7539$	
	根	$M=0.1530(D^2H)^{0.5208}$	$R^2=0.989$	宿以明和刘兴良（2000）
云杉（*Picea* spp.）	干	$M=0.0405D^{2.5680}$	$R^2=0.9890$	Luo 等（2002）
	枝	$M=0.0037D^{2.7386}$	$R^2=0.9450$	
	叶 $D<40$cm	$M=0.0014D^{2.9302}$	$R^2=0.9419$	
	$D>40$cm	$M=29.541\ln D-63.15$	$R^2=0.7574$	
	根	$M=0.0077(D^2H)^{0.9316}$	$R^2=0.9920$	鄢武先等（1991）
槭树（*Acer* spp.）	干	$M=0.3274(D^2H)^{0.7218}$	$R^2=0.9325$	陈传国（1983）
	枝	$M=0.01349(D^2H)^{0.7198}$	$R^2=0.9114$	
	叶	$M=0.02347(D^2H)^{0.6929}$	$R^2=0.8917$	
	根	$M=0.0639D^{2.1473}$	$R^2=0.9717$	
杨树（*Populus* spp.）	干	$M=0.0537(D^2H)^{0.927}$	$R^2=0.9870$	朱兴武等（1988）
	枝	$M=0.01245(D^2H)^{0.9504}$	$R^2=0.8630$	
	叶	$M=0.0221(D^2H)^{0.7583}$	$R^2=0.7860$	
	根	$M=0.0415(D^2H)^{0.7757}$	$R^2=0.9010$	
其他阔叶树种	干	$M=0.0097(D^2H)+5.8252$	$R^2=0.9914$	Luo 等（2002）
	枝	$M=0.0051(D^2H)+3.508$	$R^2=0.9825$	
	叶	$M=0.0004(D^2H)+0.7563$	$R^2=0.9333$	

注：M 为干物质质量，kg；D 为胸径，cm；H 为树高，m。

2) 四个典型生态系统活体生物量及各组织器官生物量

不同典型生态系统总生物量(表 1-11)分别为 296.21 $t\cdot hm^{-2}$、624.13 $t\cdot hm^{-2}$、492.19$t\cdot hm^{-2}$和 96.53$t\cdot hm^{-2}$。常绿与落叶阔叶混交林乔木层、灌木层、草本层与地被层的生物量分别为 285.33$t\cdot hm^{-2}$、4.73$t\cdot hm^{-2}$、1.06 $t\cdot hm^{-2}$ 和 5.09$t\cdot hm^{-2}$。针阔混交林乔木层、灌木层、草本层与地被层的生物量分别为 591.76 $t\cdot hm^{-2}$、15.18 $t\cdot hm^{-2}$、2.76 $t\cdot hm^{-2}$ 和 14.43 $t\cdot hm^{-2}$。暗针叶林乔木层、灌木层、草本层与地被层的生物量分别为 466.84 $t\cdot hm^{-2}$、12.95$t\cdot hm^{-2}$、1.49 $t\cdot hm^{-2}$ 和 10.91 $t\cdot hm^{-2}$。矮曲灌丛林灌木层、草本层与地被层的生物量分别为 92.34 $t\cdot hm^{-2}$、0.24$t\cdot hm^{-2}$ 和 3.95 $t\cdot hm^{-2}$。

表 1-11　典型生态系统主要林分生物量构成　(单位：$t\cdot hm^{-2}$)

植被类型	乔木层	比例/%	灌木层	比例/%	草本层	比例/%	地被层	比例/%	总计
常绿与落叶阔叶混交林	285.33±41.65	96.32	4.73±0.52	1.60	A：1.06±0.06	0.36	5.09±0.55	1.72	296.21
针阔混交林	591.76±54.17	94.81	15.18±1.79	2.43	2.76±0.52	0.44	14.43±1.69	2.32	624.13
暗针叶林	466.84±93.01	94.85	12.95±1.44	2.62	1.49±0.31	0.30	10.91±1.14	2.23	492.19
矮曲灌丛林	—	—	92.34±3.21	95.66	0.24±0.06	0.25	3.95±0.82	4.09	96.53

表 1-12 显示了不同海拔典型生态系统乔木层各组织与器官的生物量分配。其中海拔 2200m 的常绿与落叶阔叶混交林枝、叶、皮、干、细根、中根与粗根的生物量分别为 29.57 $t\cdot hm^{-2}$，6.26 $t\cdot hm^{-2}$、160.78 $t\cdot hm^{-2}$、15.91 $t\cdot hm^{-2}$、6.28$t\cdot hm^{-2}$、19.95$t\cdot hm^{-2}$ 与 46.58$t\cdot hm^{-2}$。海拔 2780m 的针阔混交林枝、叶、皮、干、细根、中根与粗根的生物量分别为 65.56 $t\cdot hm^{-2}$、9.81 $t\cdot hm^{-2}$、360.87 $t\cdot hm^{-2}$、40.67 $t\cdot hm^{-2}$、9.29 $t\cdot hm^{-2}$、32.48 $t\cdot hm^{-2}$ 与 73.08$t\cdot hm^{-2}$。海拔 3200m 暗针叶林枝、叶、皮、干、细根、中根与粗根的生物量分别为 49.86 $t\cdot hm^{-2}$、8.47 $t\cdot hm^{-2}$、293.03 $t\cdot hm^{-2}$ 、36.09 $t\cdot hm^{-2}$、5.49 $t\cdot hm^{-2}$、22.54 $t\cdot hm^{-2}$ 与 51.36 $t\cdot hm^{-2}$。

表 1-12　不同海拔典型生态系统乔木层各组织与器官的生物量分配　(单位：$t\cdot hm^{-2}$)

海拔/m	枝	叶	干	皮	细根	中根	粗根
2200	29.57±4.32	6.26±0.91	160.78±23.46	15.91±2.32	6.28±0.92	19.95±2.91	46.58±6.80
2780	65.56±5.98	9.81±0.89	360.87±32.95	40.67±3.71	9.29±0.84	32.48±2.94	73.08±6.91
3200	49.86±9.93	8.47±1.69	293.03±58.38	36.09±7.19	5.49±1.09	22.54±4.49	51.36±10.23

表 1-13 显示了不同海拔典型生态系统灌木层枝、叶、皮、干、细根、中根、粗根、地下茎各组织和器官的生物量。海拔 2200m 的常绿与落叶阔叶混交林枝、叶、干和地下茎的生物量分别为 0.72 $t\cdot hm^{-2}$、0.08 $t\cdot hm^{-2}$、2.02 $t\cdot hm^{-2}$ 和 1.91$t\cdot hm^{-2}$。海拔 2780m 的针叶与阔叶混交林枝、叶、皮、干、细根、中根、粗根、地下茎的生物量分别为 2.50 $t\cdot hm^{-2}$、0.42 $t\cdot hm^{-2}$、0.60 $t\cdot hm^{-2}$、6.82$t\cdot hm^{-2}$、0.14 $t\cdot hm^{-2}$、0.48 $t\cdot hm^{-2}$、0.97$t\cdot hm^{-2}$ 和 3.25 $t\cdot hm^{-2}$ 。

海拔 3200m 的针叶与阔叶混交林枝、叶、皮、干、细根、中根、粗根、地下茎的生物量分别为 2.07 $t·hm^{-2}$、0.35 $t·hm^{-2}$、0.49 $t·hm^{-2}$、5.73$t·hm^{-2}$、0.13$t·hm^{-2}$、0.41$t·hm^{-2}$、0.96 $t·hm^{-2}$和 2.81$t·hm^{-2}$。海拔 3800m 的矮曲灌丛林枝、叶、皮、干、细根、中根、粗根的生物量分别为 17.27 $t·hm^{-2}$、2.65 $t·hm^{-2}$、8.01 $t·hm^{-2}$、46.45 $t·hm^{-2}$、1.18$t·hm^{-2}$、5.30$t·hm^{-2}$ 和 11.48$t·hm^{-2}$。

表 1-13　不同海拔典型生态系统灌木层各组织和器官的生物量　（单位：$t·hm^{-2}$）

海拔/m	枝	叶	皮	干	细根	中根	粗根	地下茎
2200	0.72±0.08	0.08±0.01	—	2.02±0.21	—	—	—	1.91±0.21
2780	2.50±0.27	0.42±0.05	0.60±0.07	6.82±0.80	0.14±0.02	0.48±0.06	0.97±0.11	3.25±0.38
3200	2.07±0.23	0.35±0.04	0.49±0.05	5.73±0.62	0.13±0.01	0.41±0.04	0.96±0.11	2.81±0.31
3800	17.27±0.60	2.65±0.09	8.01±0.28	46.45±1.61	1.18±0.04	5.30±0.18	11.48±0.40	

3）四个典型生态系统粗木质物残体量与凋落物量

贡嘎山东坡不同典型生态系统粗木质物残体（coarse woody debris，CWD）量与凋落物量见表 1-14，海拔 2200m 常绿与落叶阔叶混交林的粗木质物残体量与凋落物量分别为12.88$t·hm^{-2}$和 22.30$t·hm^{-2}$。海拔 2780 m 的针叶与落叶阔叶林的粗木质物残体量与凋落物量分别为 60.65$t·hm^{-2}$和 60.82$t·hm^{-2}$。海拔 3200 m 的暗针叶林的粗木质物残体量与凋落物量分别为 74.96$t·hm^{-2}$和 75.01$t·hm^{-2}$。海拔 3800 m 的矮曲灌丛林粗木质物残体量与凋落物量分别为 4.86$t·hm^{-2}$和 44.83$t·hm^{-2}$。

表 1-14　贡嘎山东坡不同典型生态系统粗木质物残体量与凋落物量　（单位：$t·hm^{-2}$）

海拔/m	粗木质物残体	标准差	凋落物量	标准差
2200	12.88	3.60	22.30	4.22
2780	60.65	6.11	60.82	2.57
3200	74.96	10.10	75.01	3.12
3800	4.86	0.80	44.83	2.00

1.4.2　亚高山森林生态系统演替

演替是导致群落多样性的一个重要原因，不同演替阶段发育的植物种类不同。贡嘎山区是现代地貌作用非常强烈的地区，现代冰川活跃，崩塌滑坡与泥石流冲蚀和其他地表剥离现象在沟谷坡地上经常出现。在 1100 年前海螺沟有过三次较大规模的冰川推进，形成了现在的冰川侧积堤和堤后台地；800BP 之后冰川基本上呈退缩状态。这里的泥石流活动也很强烈，最近一次大型泥石流暴发约在 1930 年。在冰川和泥石流所到之处，森林可以完全被毁灭，而在它们没有波及的位置，森林保存得很好。在特定的气候环境下，冰川或泥石流可以反复侵入同一个地区，形成原生裸地。在泥石流流通区和堆积区周边，原来的土壤和植被没有被彻底毁坏，将发生次生演替。在原生裸地将发生植被原生演替，海螺沟冰川近百年的退缩区发生的是非常典型的原生演替，在干河坝发生的既有原生演替也有次生演替，即在一个范围内保存着从迹地到先锋群落到顶级群落的连续植物演替带谱。

为了全面了解山地森林自然演替过程及物种聚落特征，我们在贡嘎山东坡 3000m 森林区，沿冰川和泥石流退缩方向设置了一系列调查样地，样地间隔约为 50m，面积为(10m×10m)～(40m×40m)。调查样地的植物种类、数量和优势木年龄，采集土壤样品测定有机质和营养元素含量，并对其中的冬瓜杨（*Populus purdomii*）和峨眉冷杉做了解析和分析，计算树木年龄和生长量。通过这种调查测量，基本上掌握了每一种样地距冰川或泥石流退缩后期开始的优势树种年龄，以及各年龄林地的生物量。

由于全球气候变暖，19 世纪中期北半球山地冰川普遍开始退缩。冰川是气候的产物，它的波动对气候的变化也有很好的指示作用(王宁练和张祥松，1992)。冰川退缩区域发生植被原生演替，植被演替进程与冰川退缩过程有着很好的对应关系(Cooper，1923；Palmer and Miller，1961)，高山和高纬度生态系统对全球气候变化最为敏感。20 世纪 30 年代以来，海螺沟冰川强烈退缩(Heim，1936)。海螺沟冰川退缩后，底碛经过 3 年的裸露和地形变化，在第 4 年才有种子植物侵入，先锋植物主要有川滇柳(*Salix rehderiana*)、冬瓜杨(*Populus purdomii*)、马河山黄芪(*Astragalus mahoshanicus*)、直立黄芪（*A.adsurgens*)、柳叶菜(*Epilobium amurense*)和碎米芥(*Cardamine levicaulis*)等。先锋群落的植物生长较差(样地 1)。随后由于有固氮作用的黄芪数量迅速增多，土壤条件很快得到改善。川滇柳和冬瓜杨数量增加，生长加快，不断有沙棘(*Hippophae rhamnoides*)进入群落，最初形成的开敞先锋群落经过 14 年的演替，形成了相对密闭的植物群落(样地 2)。冬瓜杨高生长明显加快，其生态位扩展，导致种间竞争加剧。群落内种群的自疏和它疏作用加强，川滇柳和沙棘大量死亡，此时林内生境有利于糙皮桦、峨眉冷杉和麦吊杉进入林地。随后一段时期，冬瓜杨高生长和径生长保持较高水平，自疏作用更进一步加强，其林木大量死亡，存留于林内乔木层第二层的川滇柳和沙棘生长速率逐步减慢，演变为衰退种群。林下针叶树净初级生产力逐步提高，生长加快，进入主林层，冬瓜杨也逐步退出群落，最后形成以峨眉冷杉和麦吊杉为建群种的云冷杉林。105 年以后演替为顶级群落，顶极群落存在时间很长。

海螺沟冰川退缩的植被演替是群落更替的过程，表现为群落结构和功能以及所处环境的变化是一个有序的、可以观测的连续过程。在演替的前期和中期，以冰碛物为母质的土壤特性发生迅速变化，林内各种温度指标日变化和年变化幅度减小。定居的植物使生境的空间变异性增加，随着演替的进展，生态系统稳定性逐步增加。陆地植被原生演替过程中氮素和光是主要的限制因子(Crocker and Major，1955；Klingensmith，1993；Klingensmith and Cleve，1993)，阿拉斯加 Glacier Bay 冰川退缩区域植被经过 180 年的原生演替，形成地带性植被，生境由阳光充足而氮十分匮乏变为林内光线不足而在土壤中含有大量氮素及丰富的矿质营养元素。海螺沟冰川位于中低纬度，存在于青藏高原东缘，属于季风海洋性冰川。与高纬度冰川相比，海螺沟冰川区域气温高，降水量大，每年还受东南季风和西南季风影响，带来大量水分和热量，植被演替进程较快。

先锋植物有川滇柳(*Salix rehderiana*)、冬瓜杨、小叶黄芪、大叶黄芪等。冰川侧碛堤的漂砾很多，泥沙含量不高，沙棘是主要的先锋群落树种。随后冬瓜杨的树高优势得到体现，其适应能力超过高山柳和沙棘，成为中期主要的建群种，群落发生自然稀疏，拓展了生态位，为峨眉冷杉、麦吊云杉等阴性树种的侵入和生长提供了条件，而沙棘和高山柳出现衰退而退出群落。糙皮桦和云冷杉几乎同期进入先锋群落。由于云冷杉幼龄期生长速率低于桦树，前期桦树生长优于杉树，但在云冷杉生长到 50 年之后，树高和发达的根系发挥了很好的作用。林冠位于群落顶层，桦树居于第二层次，因此在演替的中期，桦树与云冷杉成为主要的针阔叶混交林树种，在 80～100 年，顶极适应种(云冷杉)成为主林层的建群树种，这时如果没有其他干扰，可能形成树木品种较少(只有两三个优势种)，主林层的树高整齐，树径一致。同时在林中还有一些云冷杉的受压木，它们的更新层也开始形成，灌木种类多，盖度大，冬瓜杨的生长胁迫加重，同时云冷杉的自疏作用加强。顶级群落以后，自然更新再次开始，林窗开始出现。这时在高大乔木间的林窗更新经常发生，新生的植物主要也是一些耐阴性植物。经过林窗演替，暗针叶林的云冷杉树龄、树高差异很大，大、中、小树共存，主林层林木树高和胸径比较均匀化，只有这时，才可以找到传统理论所说的稳定顶极群落结构。

在森林自然演替过程中，光照的适应性与竞争是决定物种出现次序和优势度的关键因素，与其相关的有树高、叶面指数、耐阴程度和冠层高度分布等因素。因此作为单木模拟成败的关键环节，就必须解决树木在群落中的光照和竞争能力的计算问题。此外，对于西南山区地貌活动强烈的地带，土壤是与植被演替同时变化的环境要素，其中岩石的风化非常缓慢，而林地上层土壤主要是由森林产生的腐殖质组成，它的形成与积累应该作为森林系统演变的相关要素同时处理和得到模拟。贡嘎山地区的这种森林演替历史记录为研究森林的更新和演替动态提供了理想的现实原型，可以用来检验森林演替理论和改善模型设计。

峨眉冷杉林分布于四川盆地西缘山地，该群系为四川所特有。峨眉冷杉林分布区属于四川盆地向青藏高原过渡地带，也是东南季风和西南季风两大气流交会地，在区内形成雨屏带。由于全球气候变暖和人类森林资源的不合理利用，峨眉冷杉林发生了退化，影响了分布区生态环境质量，生态系统的健康受到了威胁。研究峨眉冷杉林的林窗演替，为退化生态系统的恢复重建、天然林的保护以及森林资源的合理利用提供必要的依据。研究原生演替过程中的种群动态关系，对于生态系统的恢复和重建时，在什么时间、如何“栽阔引针”“栽阔促针”，促进正向演替有着重要的指导意义。

参 考 文 献

曹真堂. 1995. 贡嘎山地区的冰川水文特征. 冰川冻土, 17(1): 73-83.

陈传国. 1983.阔叶红松林生物量的回归方程. 延边林业科技, 1(1): 2-19.

陈富斌, 范文纪. 1982. 贡嘎山地区新构造的若干问题. 四川地质学报, 2: 62-63.

陈富斌, 高生淮. 1994. 贡嘎山高山生态环境研究. 成都: 成都科技大学出版社.

陈富斌. 1994a. 贡嘎山地区第四纪冰川遗迹与冰期序列//陈富斌, 高生淮. 贡嘎山高山生态环境研究. 成都: 成都科技大学出版社.

陈富斌. 1994b. 青藏高原东缘山地环境演化// 陈富斌, 高生淮. 贡嘎山高山生态环境研究. 成都: 成都科技大学出版社.

陈建, 梁川. 2009. 贡嘎山东坡地区气候变化特性研究. 中国农村水利水电, (4): 25-27.

程根伟. 1996. 贡嘎山极高山区的降水分布特征探讨. 山地研究, 14(3): 177-182.

崔之久. 1958. 贡嘎山现代冰川的初步观察——纪念为征服贡嘎山而英勇牺牲的战友. 地理学报, 3: 007.

范文纪. 1982. 贡嘎山的地质构造基础和冰川地貌特征. 四川大学学报（工程科学版), 3: 002.

高生淮, 彭继伟. 1993 贡嘎山山地气候研究// 中国科学院贡嘎山高山生态系统观测试验站. 贡嘎山高山生态环境研究. 成都: 成都科技大学出版社.

郭剑英, 王根绪. 2011. 贡嘎山风景名胜区的气候变化特征及其对旅游业的影响. 冰川冻土, 33(1): 214-219.

韩国军. 2012. 近50年青藏高原气候变化特征分析. 成都: 成都理工大学.

何耀灿. 1991. 贡嘎山海螺环境地球化学背景. 四川地质学报, 11(1): 55-62.

何毓蓉, 张保华, 黄成敏, 等. 2004. 贡嘎山东坡林地土壤的诊断特性与系统分类. 冰川冻土, 26(1): 27-32.

何毓蓉. 1983. 贡嘎山地区河川水文// 中国科学院成都地理研究所. 贡嘎山地理考察. 重庆: 科学技术文献出版社重庆分社.

李承三. 1939. 西康泸定磨西面之水利问题. 地质论评, 5: 367-374.

李吉均, 冯兆东, 周尚哲. 1996. 横断山第四纪冰川作用遗址//李吉均. 横断山冰川. 北京: 科学出版社.

李霞, 杨太保, 田洪阵, 等. 2013. 贡嘎山近40年冰川对气候变化的响应. 水土保持研究, 20(6): 125-129.

李钟武, 陈继良, 胡发德, 等. 1983. 贡嘎山地区地质构造// 中国科学院成都地理研究所. 贡嘎山地理考察. 重庆: 科学技术文献出版社重庆分社.

刘淑珍, 刘新民, 赵永涛, 等. 1983. 贡嘎山地区地貌特征及地貌发育史// 中国科学院成都地理研究所. 贡嘎山地理考察. 重庆: 科学技术文献出版社重庆分社.

吕玉香, 王根绪. 2009. 1990—2007 年贡嘎山海螺沟径流变化对气候变化的响应. 冰川冻土, 30(6): 960-966.

宋辞, 裴韬, 周成虎. 2012. 1960 年以来青藏高原气温变化研究进展. 地理科学进展, 31(11): 1503-1509.

宋明琨. 1985. 贡嘎山的气候特点. 气象, 3: 006.

苏珍, A B 奥尔洛夫. 1991. 中苏联合贡嘎山冰川 1990 年考察简况. 冰川冻土, 13(2): 181-184.

苏珍, 梁大兰. 1993. 贡嘎山海洋性冰川发育条件及分布特征. 冰川冻土, 15(4): 551-558.

苏珍, 施雅风, 郑本兴. 2002. 贡嘎山第四纪冰川遗迹及冰期划分. 地球科学进展, 17(5): 639-647.

王龙明, 胡发德, 李钟武. 1989. 贡嘎山地区第四纪冰期探讨//高生淮, 郑远昌. 横断山研究文集. 成都: 四川科学技术出版社.

王宁练，张祥松. 1992.近百年来山地冰川波动与气候变化.冰川冻土, 21(3): 318-338.

宿以明, 刘兴良.2000. 峨眉冷杉人工林分生物量和生产力研究. 四川林业科技, 21(2): 31-35.

鄢武先, 宿以明, 刘兴良, 等.1991. 云杉人工林生物量和生产力的研究 .四川林业科技,12(4): 17-22.

余大富. 1983. 贡嘎山地区土壤发生及分布// 中国科学院成都地理研究所. 贡嘎山地理考察. 重庆: 科学技术文献出版社重庆分社.

张国梁, 潘保田, 王杰, 等. 2010. 基于遥感和 GPS 的贡嘎山地区 1966-2008 年现代冰川变化研究. 冰川冻土, 32(3): 454-460.

赵川. 2012. 贡嘎山地学景观保护与开发模式研究. 成都: 成都理工大学.

郑本兴. 2001. 贡嘎山东麓第四纪冰川作用与磨西台地成因探讨. 冰川冻土, 23(3): 283-291.

中国科学院成都地理研究所. 1983. 贡嘎山地理考察. 重庆: 科学技术文献出版社.

中国科学院青藏高原综合科学考察队. 1986. 西藏冰川. 北京: 科学出版社.

钟祥浩, 郑远昌. 1983. 贡嘎山地区垂直自然带初探// 中国科学院成都地理研究所. 贡嘎山地理考察. 重庆: 科学技术文献出版社重庆分社.

朱兴武, 肖瑜, 蔡文成. 1988.山杨天然次生林生物量的初步研究. 青海农林科技, 1: 35-38

Anderson J G. 1939. Topographical and Archacological studies in the Far East. the Museum of Estern Antiquities(Oestasiatiska

Samlingarna). Stockholm: Swedish Crowns Bulletin No 11.

Appenzeller C, Begert M, Zenklusen E, et al. 2008. Monitoring climate at Jungfraujoch in the high Swiss Alpine region. Science of the Total Environment, 391(2): 262-268.

Augusto L, Turpault M P, Ranger J. 2000.Impact of forest tree species on feldspar weathering rates. Geoderma , 96(3): 215-237.

Beniston M. 2003. Climatic change in mountain regions: a review of possible impacts//Diaz H F, Grrosjean M, Graumlich L. Climate Variability and Change in High Elevation Regions: Past, Present & Future. Netherlands: Springer Netherlands: 5-31.

Beniston M. 2005. Mountain climates and climatic change: an overview of processes focusing on the European Alps. Pure and Applied Geophysics, 162(8-9): 1587-1606.

Cooper W S.1923. The Recent Ecological History of Glacier Bay, Alaska: The Interglacial Forests of Glacier Bay. Ecology, 4: 93-128.

Crocker R L, Major J. 1955.Soil development in relation to vegetation and surface age at Glacier Bay, Alaska. The Journal of Ecology: 427-448.

Diaz H F, Grosjean M, Graumlich L. 2003. Climate variability and change in high elevation regions: past, present and future. Nether Lands Springer Netherlands.

Heim A. 1936. The glaciation and solifluction of Minya Gongkar. Geographical Journal, 87(5): 444-450.

Jones P D, Moberg A. 2003. Hemispheric and large-scale surface air temperature variations: an extensive revision and an update to 2001. Journal of Climate, 16(2): 206-223.

Klingensmith　K M，K V Cleve.1993.Patterns of nitrogen mineralization and nitrification in floodplain successional soils along the Tanana River,interior Alaska. Canadian Journal of Forest Research,23: 964-969.

Klingensmith K M.1993.Denitrification and nitrogen fixation in floodplain successional soils along the Tanana River, interior Alaska. Canadian Journal of Forest Research,23: 956-963.

Luo T, Shi P, Luo J, et al. 2002. Distribution Patterns of Aboveground Biomass in Tibetan Alpine Vegetation Transects. Acta Phytoecologica Sinica,26(6): 668-676.

Ovington J D.1953. Studies of the development of woodland conditions under different trees: I. Soils pH. Journal of Ecology, 41(1): 13-34.

Palmer W H, A K Miller. 1961.Botanical evidence for the recession of a glacier.Oikos,12: 75-86.

Raulund-Rasmussen K, Vejre H.1995. Effect of tree species and soil properties on nutrient immobilization in the forest floor. Plant and Soil,168(1): 345-352.

Sarmiento G. 1986. Ecological features of climate in high tropical mountains. High altitude Tropical Biogeography, 11: 45.

Thomas A. 1997. The climate of the Gongga Shan range, Sichuan province, PR China. Arctic and Alpine Research, 29(2): 226-232.

Viviroli D, Archer D R, Buytaert W, et al. 2011. Climate change and mountain water resources: overview and recommendations for research, management and policy. Hydrology and Earth System Sciences, 15(2): 471-504.

Wu Y H, Li W, Zhou J, et al. 2013. Temperature and precipitation variations at two meteorological stations on eastern slope of Gongga Mountain, SW China in the past two decades. Journal of Mountain Science, 10(3): 370-377.

第 2 章　贡嘎山东坡土壤磷的生物地球化学过程

2.1　引言

P 是植物正常生长的必需营养元素之一(Filippelli，2008；Tiessen et al.，2011)。它是植物体内许多重要有机化合物的主要组分，并参与植物体的生理与生化过程，对植物的生长发育和新陈代谢具有重要作用。根据生物化学计量学原理，一定生态系统中生源要素维持一定的平衡比例关系，某一种元素过多或过少都会引起生源要素平衡关系的失调，从而引起生态系统的变化和生产力的改变。影响生物计量平衡进而生态系统的生源要素称为限制性元素。N 和 P 是最常见的限制性元素，与 N 不同，P 最终只能来源于岩石圈岩石的风化(Walker and Syers，1976)；而 N 主要来源于大气，通过生物固氮作用进入生物圈(Galloway et al.，2004)。相对于 N 循环，P 在土壤圈和生物圈的循环比较封闭和缓慢(Smil，2000)，且 P 的生物有效性还影响植物对 N 的吸收和利用(Crews et al.，2000)。因此，在大多数生态系统，尤其是陆地生态系统，P 是最根本的限制性元素(Tiessen，2008)。山地生态系统所具有的坡度大、土层薄等特征，使得山地土壤 P 易于流失而造成生物有效供给不足。另外，当前全球变化的一个重要特征是大气 N 浓度增高和 N 沉降的增加(Tian et al.，2010)，易出现“因 N 过多输入而引起的 P 限制”(Vitousek et al.，2010)。最近的一些研究表明，在许多山地和高纬度生态系统中尤其是湿冷条件下，P 已取代 N 成为最主要的限制性元素(Seastedt and Vaccaro，2001；Wassen et al.，2005)。

尽管大气沉降的颗粒物质会带来少量 P(Filippelli，2008)，但生态系统中 P 的最主要来源是岩石风化，全球范围内的 P 循环在较短时间尺度上可以认为是不断由陆地输出、海洋沉积的单向过程(Vitousek et al.，2010)，因此陆地生态系统 P 的流失，哪怕是非常小的量，自然条件下都是难以补偿的。多数研究认为，在发育时间长、风化程度高的湿润热带、亚热带土壤及含沙量较高的半干旱热带土壤中，P 的长期流失造成了生态系统的退化(Crews et al.，1995；Kitayama and Aiba，2002；Richardson et al.，2005；Selmants and Hart，2010；Wardle et al.，2004)。欧洲和北美的一些研究也显示，由于氮沉降增加，土壤酸化引起P生物有效性改变，导致森林生态系统退化，生物多样性丧失(De Schrijver et al.，2011；Roem et al.，2002)。也有研究认为，在高海拔地区冷湿条件下 P 同样影响了灌木和高寒草甸的发育，是主要限制性元素，只是影响程度不同而已(Bowman 1994；Seastedt and Vaccaro，2001)。贡嘎山的初步研究结果表明，在冰川退缩迹地，成壤作用非常微弱的地区，虽然 N 是限制元素之一，但岩石风化不提供 N。由于化学风化微弱，岩石的 P 释放量同样非常有限，因此P与N一同成为限制性元素。尽管冰川末端岩石化学风化释放的P非常有限，但可以满足微生物生长需要，同时微生物会吸收大气C、N，并分泌酸、酶，促进化学风化和P释放，增加土壤生物有效P供给，因此在冰川退缩区首先出现有固氮功能的草本植物如黄芪等，自此植被的原生演替开始(Li and Xiong，1995)。

如前面所述，陆地生态系统是P的输出地，而水体生态系统是P的汇聚地，过多的P输入是水体富营养化的主要因素(Smith，2003)。山地生态系统是全球最重要的物源区，是全球物质和能量循环的起点，在全球物质和能量平衡中发挥重要作用。例如，青藏高原区贡献了全球输入海洋的20%的颗粒物质、溶解物质和水(Raymo et al.，1988)。因此山地系统P的输出通量及其生物有效性，直接影响下游水体生态环境安全。

此外，植被的地带性分布，尤其是山地系统中植被的垂直地带性分布，通常认为受气候条件限制，物种的生长范围如树种的生长上线受温度条件所控制(Körner，1998)。但Sala(2000)在 Science 上撰文指出，气候变化并非生态系统的唯一驱动因素，山地系统本身的物质循环，特别是营养物质的生物地球化学循环及其生物有效供给，可能是不可忽视的重要因素。正如在贡嘎山海螺沟冰川退缩迹地上，水平距离 2km 左右，垂直高差不到100m 范围内，发生了裸地-草本地被、柳-沙棘-冬瓜杨、冬瓜杨、云冷杉-桦-杜鹃、云冷杉等五个阶段的植被原生演替，并形成较为清晰的植被带谱(Zhong et al.，1999)。营养元素的生物有效性，是不是影响植被发育、演替的另一重要因素呢？

由此可见，山地生态系统P的生物地球化学循环决定了P的生物有效性、分配和迁移特征，一方面控制山地生态系统的发展和演化，另一方面对山区以下水体环境产生根本影响，同时对植被发育、演替和带谱形成同样产生作用。因此，无论从山地系统本身发育和安全的角度，还是从山区以下水体环境安全的角度，山地生态系统P的生物地球化学循环都是值得重点研究的科学问题。

自然生态系统P的生物有效性主要受岩性(Kitayama and Aiba，2002)、气候(McGroddy et al.，2004)、土壤年龄(Walker and Syers，1976；Zhou et al.，2013)、生物活动(Richardson and Simpson，2011；Tamburini et al.，2012)等因素的影响。虽然上述因素通常同时作用于P生物地球化学循环，但目前大多研究都围绕单一因素对P生物地球化学循环的影响展开，仅有少数的工作研究多个因素以及各因素间相互作用对P循环的影响(Porder et al.，2007；Porder and Chadwick，2009)。为了准确预测一个地区乃至全球范围内P的生物有效性，既需要清楚地阐明上述因素及其相互作用对生态系统P状况影响的机制，更需要弄清上述因素中哪些因素起主要作用(Mage and Porder，2012)。高山系统巨大的垂直高差导致温度和降水等气候因素发生梯度变化，并进一步导致土壤和植被垂直带谱的产生，加上高山地区远离人类活动的影响，为研究自然状态下气候和生物活动及其相互作用对P生物地球化学循环和生物有效性影响提供了机会。位于青藏高原东南缘的贡嘎山东坡具有从亚热带干热河谷到冰雪带完整的垂直地带性景观(刘照光和邱发英，1986；余大富，1984；钟祥浩等，1999)，是研究不同温度、降水和植被带谱上土壤P生物地球化学循环、生物有效性及其控制因素的理想场所。

与C、N不同，绝大部分陆地生态系统P的来源为岩石风化，大气来源的P只占全球P循环的一小部分。化学风化作用是一个漫长的地质过程，难以在实验室进行，目前多在具有时间序列的堆积物上开展相关研究，并探讨 P 形态组合及生物有效性随土壤发育程度的不同而变化的过程及驱动机制。小冰期(little ice age，LIA)结束以来，贡嘎山海螺沟冰川持续退缩，冰川退缩迹地上发育了良好的土壤序列，其上有未受扰动的植被原生演替系列，是研究土壤发育初期元素生物地球化学循环的良好载体。

本书对应课题组于 2010 年 9 月和 2011 年 7 月沿海螺沟冰川退缩区植被原生演替序列和垂直带谱采集了土壤和植物样品(图 2-1)，采用元素分析、磷形态分级和同步辐射 X 射线吸收近边结构(XANES)光谱技术等实验手段，并利用多种统计分析方法对贡嘎山东坡土壤磷生物地球化学进行了研究。

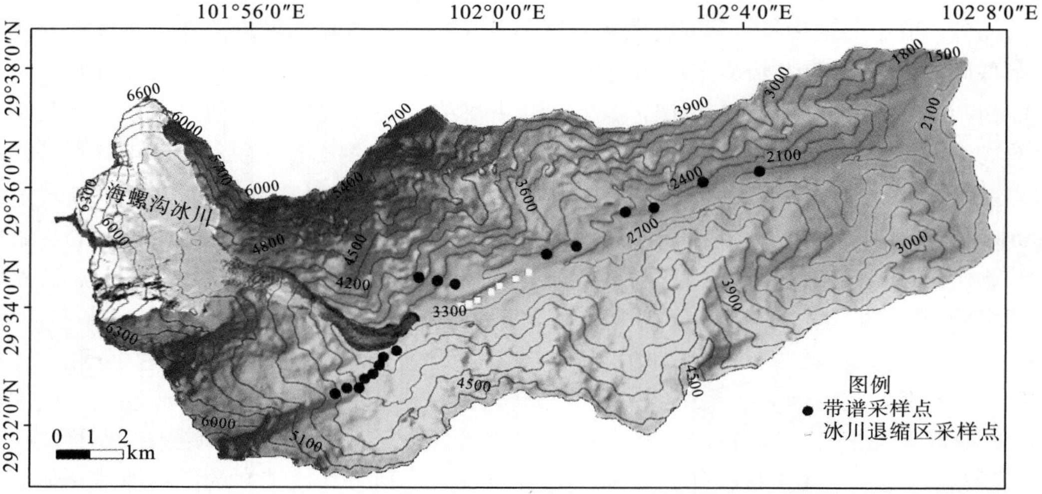

图 2-1 贡嘎山东坡海螺沟采样点布设图

2.2 土壤磷形态测试方法的对比研究

2.2.1 风干处理对森林土壤 Hedley 磷形态的影响

Hedley 连续提取方法被广泛应用于评估陆地生态系统中 P 的生物有效性(Negassa Leinweber，2009)。该方法利用提取能力逐渐增强的提取剂对土壤样品进行浸提(Tiessen and Moir，1993)，其中树脂提取态无机 P，0.5 mol·L^{-1} $NaHCO_3$ 提取态无机 P 和有机 P 被认为可被植物在一个生长季内利用，为植物有效态 P(Johnson et al.，2003)。然而，有研究表明 Hedley 方法获取的植物有效态 P 与植物的 P 养分状况并不一致。例如，基于 Hedley 方法计算的森林土壤中植物有效态 P 储量通常比植物年需 P 量高几倍，这一现象甚至出现在高度风化的缺 P 土壤中(Johnson et al.，2003；Yang and Post，2011)。与之相反，Elser 等(2007)基于施肥实验结果发现全球范围内的陆地生态系统普遍存在 P 限制。因此，Hedley 连续提取方法可能高估了森林土壤中 P 的植物有效性。

有学者认为来自微生物的竞争是植物在 Hedley 方法提取的有效态 P 充足时仍表现出缺 P 症状的主要原因(Yang and Post，2011)。除此之外，大多数(76%)使用 Hedley 连续提取方法的研究在浸提前对土壤进行了风干或烘干处理(Cross and Schlesinger，1995；Johnson et al.，2003；Negassa and Leinweber，2009；Yang and Post，2011)，而原始的 Hedley 连续提取则利用湿土开展浸提实验(Hedley et al.，1982)。开展于农田和草地土壤的大量研究表明，风干处理可提高土壤中 P 的溶解性，其原因主要有两个方面：①风干过程中大量微生物死亡(Bünemann et al.，2013；Sparling et al.，1985)，而残存的活体细胞又会在接下来的浸提过程中因渗透压的剧烈改变发生进一步破损(Turner et al.，2003a；Turner and Haygarth，2001)，以上处理导致微生物量 P 以有机或无机形态被释放出来；②干湿交替过程中土壤团粒失稳和土壤颗粒表面有机质包覆的破损也会导致 P 更容易被浸提出来(Bartlett and James，1980；Bünemann et al.，2013)。相对于农田和草地土壤，森林土壤通常具有有机层，该层的微生物量和有机质通常更为丰富(Wood et al.，1984)。因此，可以推断森林土壤有机层中 Hedley 方法的浸提结果可能更易受风干处理影响，而这可能是导致森林生态系统中基于 Hedley 连续提取的植物有效态 P 储量与植物 P 养分状况不一致的另一原因。

当前，探讨风干处理对 P 形态影响的研究大多开展于农田或草地生态系统(例如，Sparling et al.，1985；Turner and Haygarth，2001；Turner et al.，2003b；Styles and Coxon，2006；Soinne et al.，2010；Bünemann et al.，2013)。另外，少有研究关注风干过程对更为难以提取的闭蓄态 P 的影响(Soinne et al.，2010；Xu et al.，2011)，而 Richter 等(2006)发现这些周转相对较慢的闭蓄态 P 可以在几十年内被植物利用。在本书中，利用依次发育了灌丛、阔叶林和针叶林的海螺沟原生演替序列，分析了风干处理对森林土壤中 P 形态的影响，并将其与土壤性质关联以探讨这一现象的内在机制。本研究主要有两个假设：①风干处理引起的微生物细胞破损会导致 Hedley 方法提取的植物有效态 P 增加，而这一效应在微生物量丰富的土壤有机层更加显著；②风干处理后，Hedley 方法提取的 P 形态会发生由闭蓄态向有效态的转移。

1. *材料与方法*

研究区和采样点位置的布置如图 2-2 所示，包括海螺沟冰川退缩区内的 3 个样点(样点 1～3，出露时间为 45～125 年)和一个参考点(样点 4，出露时间约为 1400 年)。2016 年 5 月，在样点 1～6 进行土壤样品采集，每个样点随机设置 3 个土壤剖面(剖面间隔大于 10 m)。在每个土壤剖面自下而上采集矿质土壤表层(A 层，表层 1.5 cm)和腐殖质层(Oa 层)的样品，每一土层采集鲜重约 50 g 的土壤。采用氯仿熏蒸法测定微生物量 P，参考 Courchesne 和 Turmel(2006)测定土壤 Fe_{ox}、Al_{ox} 及其结合态 P(P_{ox})，并根据土壤对 P 的吸附能力，DPS(%)$=P_{ox}/[0.5\times(Fe_{ox}+Al_{ox})]\times100\%$计算 P 的饱和度(单位：$mol\cdot g^{-1}$)。利用配对 t 检验、Spearman 相关分析、简单回归分析和单因素方差分析(one way-ANOVA)等方法对数据进行统计分析。

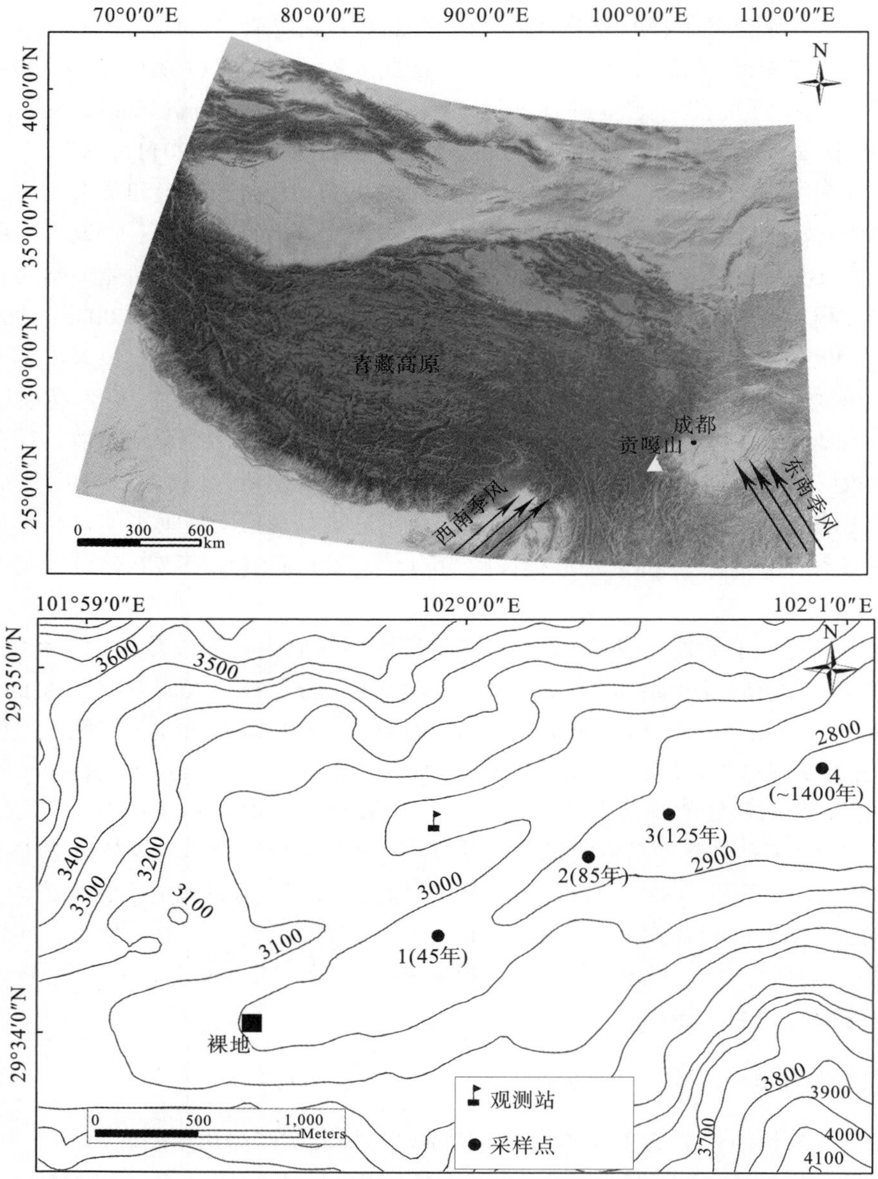

图 2-2 研究区和采样点位置的布置

采用改进的 Hedley 土壤磷连续提取法(Tiessen and Moir，1993)提取土壤各形态磷。取风干后的土样各两份(每份 0.5g)于 50mL 离心管中。①每根离心管放入两片 HCO_3^- 饱和的 AEM(阴离子交换树脂膜，BDH®，551642S，9mm×62mm)；②每步均需振荡 16h(往复振荡，250 次·min^{-1})，离心 10min(0℃，25000g)，过滤均采用 0.45μm 滤膜；③为测定各形态总磷(total P，TP)，需加硫酸铵于提取液中并在高压灭菌器中消煮 4h(121℃)，各形态 TP 与无机 P 含量之差为相应形态磷的有机磷含量；④测定 PO_4^{3-} 采用钼锑抗比色法，所用紫外分光光度计为 Shimadzu UV2450；⑤每批样品均设定 3 个空白样。利用 ICP-AES

测定 NaHCO$_3$-P 和 NaOH-P 提取液中的 Al 和 Fe 浓度。

2. 风干处理对土壤性质的影响

研究区土壤的基本理化性质见表 2-1。土壤总 C(3～321 g·kg^{-1})、TN(0.3～22.3 g·kg^{-1})和微生物量 P(湿土，3～376 mg·kg^{-1})均为 Oa 层高于 A 层；在不同演替阶段，Oa 层的这些指标在样点 1 和 2 高于样点 3 和 4，而 A 层的这些指标则在样点 4 最高。两个土层的土壤 pH(湿土，4.5～6.3)随原生演替呈相同变化趋势，在样点 1 和 3 高于样点 2 和 4。土壤 Fe$_{ox}$(湿土，1.70～6.30 g·kg^{-1})、Al$_{ox}$(湿土，0.37～2.56 g·kg^{-1})和 DPS(湿土，6%～30%)与土壤的 P 吸附能力相关，一般在样点 4 最高，而在土层间没有表现出一致的趋势。

表 2-1　研究区湿土和干土基本理化性质

土层	样点	TC /(g·kg^{-1})	TN/ (g·kg^{-1})	pH		P$_{mic}$/(mg·kg^{-1})		Fe$_{ox}$/(g·kg^{-1})		Al$_{ox}$/(g·kg^{-1})		DPS/%	
				湿土	干土	湿土	干土	湿土	干土	湿土	干土	湿土	干土
Oa	1	293 ± 25.1 Aa	21.2 ± 1.5 Aa	6.0 ± 0.1a	**5.6 ± 0.2a**	295 ± 70.6 Aa	**59.3 ± 15.2 Aa**	2.36 ± 0.22 Ac	2.34 ± 0.25 Ac	0.89 ± 0.16 Ab	0.85 ± 0.17 Ac	9.2 ± 1.3 Abc	**11 ± 1.4 Abc**
	2	294 ± 20.2 Aa	20.6 ± 1.5 Aa	4.7 ± 0.2c	**4.5 ± 0.2b**	176 ± 32.7 Ab	**33.3 ± 15.1 Aa**	3.55 ± 0.46 Ab	3.39 ± 0.58 Ab	1.55 ± 0.14 Aa	1.45 ± 0.20 Aab	6.5 ± 0.3 Bc	7.2 ± 1.0 Ac
	3	202 ± 47.7 Ab	13.1 ± 3.2 Ab	6.0 ± 0.3a	**5.6 ± 0.3a**	208 ± 67.4 Aab	**54.1 ± 25.3 Aa**	2.99 ± 0.54 Abc	2.93 ± 0.47 Abc	1.09 ± 0.33 Ab	**1.02 ± 0.30 Abc**	13 ± 3.3 Bb	13 ± 2.8 Ab
	4	181 ± 40.8 Ab	12.7 ± 2.5 Ab	5.2 ± 0.2b	**5.4 ± 0.2a**	184 ± 35.5 Ab	**27.4 ± 4.3 Aa**	4.49 ± 0.23 Aa	4.38 ± 0.42 Aa	1.81 ± 0.16 Ba	1.74 ± 0.24 Aa	28 ± 3.7 Aa	27 ± 3.7 Aa
A	1	14.2 ± 5.7 Bb	1.14 ± 0.4 Bb	6.1 ± 0.1a	5.8 ± 0.1ab	6.80 ± 3.6 Bb	9.18 ± 1.8 Bb	1.93 ± 0.17 Ab	2.14 ± 0.34 Ab	0.47 ± 0.06 Ac	0.44 ± 0.07 Abc	18 ± 5.7 Aab	15 ± 4.3 Abc
	2	10.1 ± 5.9 Bb	0.77 ± 0.4 Bb	5.3 ± 0.2c	**5.1 ± 0.1c**	11.5 ± 2.7 Bb	8.67 ± 1.5 Ab	2.12 ± 0.20 Bb	1.92 ± 0.08 Bb	0.61 ± 0.01 Bb	**0.54 ± 0.02 Bb**	13 ± 0.9 Ab	11 ± 1.1 Ac
	3	20.5 ± 3.7 Bb	1.46 ± 0.3 Bb	6.2 ± 0.1a	**6.0 ± 0.2a**	16.9 ± 6.0 Bb	14.1 ± 3.2 Aab	1.76 ± 0.08 Ab	1.69 ± 0.15 Ab	0.40 ± 0.03 Ac	**0.35 ± 0.04 Ac**	21 ± 3.0 Aa	**18 ± 3.0 Aab**
	4	103 ± 26.5 Aa	7.91 ± 1.9 Ba	5.5 ± 0.1b	5.6 ± 0.1b	94.9 ± 40.9 Aa	19.3 ± 8.9 Aa	5.85 ± 0.46 Aa	6.02 ± 0.42 Aa	2.50 ± 0.10 Aa	2.44 ± 0.11 Aa	23 ± 1.7 Aa	23 ± 1.7 Aa

注：不同大写字母代表同一样点内土层间具有显著差异，不同小写字母代表同一土层在不同样点间具有显著性差异，黑体数字表示干土与湿土具有显著性差异。

一些土壤性质在风干后发生了变化。在样点 1～3，风干土 pH(Oa 层均值 5.2，A 层均值 5.6)显著低于湿土(Oa 层均值 5.6，A 层均值 5.9)(配对 t 检验，$p < 0.0001$)，而样点 4 则出现相反情形(表 2-1)。土壤 Oa 层的微生物量 P 在风干处理后显著下降(配对 t 检验，$p < 0.0001$)，由 216 mg·kg^{-1} 下降到 44 mg·kg^{-1}(平均下降幅度为 80%)；A 层土壤同样表现出风干后微生物量 P(P$_{mic}$)下降，但这一趋势在统计上不显著(表 2-1)。土壤 Fe$_{ox}$ 含量未受风干处理影响，而 Al$_{ox}$ 含量在 Oa 层(由湿土中均值 1.34 下降到风干土中均值 1.26，配对 t 检验，$p < 0.01$)和 A 层(由湿土中均值 0.99 下降到风干土中均值 0.94，配对 t 检验，$p < 0.01$)均略下降。土壤 Oa 层 DPS 在风干后未表现出一致趋势，但 A 层的 DPS 由湿土中的 19%

下降到风干土中的 17%(配对 t 检验，$p < 0.001$)。

风干处理使土壤研究中的样品保存更为方便，因而得到广泛应用，但根据以上结果，风干过程中会发生土壤性质的变化。土壤 pH 受多种土壤性质综合影响(如 Ca、Mg、Al、OH^-、P、CO_2 以及有机结合态质子的活度)，而这些性质在风干处理后可能发生变化(Bartlett and James，1980)。本书中，样点 1～3 和样点 4 风干后土壤 pH 的不同变化趋势说明风干作用对土壤 pH 的影响因土壤性质而异(表 2-1)。在草地土壤中，风干处理后微生物量 C 下降 11%～68%(Sparling et al.，1985)，类似地，Bünemann 等(2013)发现风干作用引起微生物量 C 的显著下降(39%)，而微生物量 P 的下降更为明显，达到 69%；另外，浸提过程中风干土壤经历渗透压的剧烈变化，又会导致残存微生物细胞的进一步破损(Turner et al.，2003a)。在本研究所采用的森林土壤中，Oa 层和 A 层的微生物量 P 分别在风干后发生了剧烈(80%)和微弱(13%)的下降(表 2-1)，其下降程度和土壤总 C 含量($R=-0.90$，$p < 0.0001$)以及湿土微生物量 P 含量($R=-0.99$，$p < 0.0001$)显著相关。Haynes 和 Swift(1985)发现土壤 Fe_{ox} 和 Al_{ox} 含量不受或略受短期风干过程(14 天)影响，与本研究结果一致(表 2-1)。然而，Peltovuori 和 Soinne(2005)发现长期(22 个月)风干后 Fe_{ox} 和 Al_{ox} 含量显著增加，因而长期风干可能会对土壤性质造成更为深刻的影响。本书中 Al_{ox}(P 吸附能力较高的无定形 Al)的微弱下降可能由风干过程中 Al 氧化物的结晶程度增加导致(McLaughlin et al.，1981；Chepkwony et al.，2001)。尽管 Al_{ox} 浓度下降，土壤对 P 的吸附能力(DPS 值)未发生变化或略微升高，这可能是由于风干过程中原来受保护的内表面暴露出来，增加了 P 的吸附面积(Bartlett and James，1980；Haynes and Swift，1985；Peltovuori and Soinne，2005；Turner et al.，2003b)。

3. 风干处理对土壤磷形态的影响

风干处理后土壤 TP、总无机 P(P_i)和总有机 P(P_o)一般未发生变化(图 2-3)，而除 A 层的 $NaHCO_3$-P_i 外，Hedley 连续提取方法获得的植物有效态 P 显著受风干处理影响。土壤 Oa 层 resin-P_i 平均浓度由 4 $mg \cdot kg^{-1}$ 增加到 37 $mg \cdot kg^{-1}$(平均增加 782%)，A 层也表现出增加趋势，由 4 $mg \cdot kg^{-1}$ 增加到 8 $mg \cdot kg^{-1}$(平均增加 116%)[图 2-4(a)和(b)]。土壤 Oa 层的 $NaHCO_3$-P_i 平均浓度由风干前的 38 $mg \cdot kg^{-1}$ 下降到风干后的 25 $mg \cdot kg^{-1}$(平均下降 33%)，而在 A 层未发生显著变化[图 2-4(c)和(d)]。土壤 Oa 层的 $NaHCO_3$-P_o 平均浓度由风干前的 36 $mg \cdot kg^{-1}$ 增加到风干后的 53 $mg \cdot kg^{-1}$(平均增加 49%)，A 层也由 13 $mg \cdot kg^{-1}$ 显著增加到 21 $mg \cdot kg^{-1}$(平均增加 58%)[图 2-4(e)和(f)]。闭蓄态 P 的各个形态在风干后没有表现出一致的变化趋势(图 2-5)。土壤 Oa 层的 NaOH-P_i 平均浓度由风干前的 72 $mg \cdot kg^{-1}$ 下降到风干后的 63 $mg \cdot kg^{-1}$(平均下降 12%)，而 A 层未发生显著变化[图 2-5(a)和(b)]。两个土层的 NaOH-P_o、HCl_{dil}-P_i 和 HCl_{conc}-P_i 均在风干后未发生显著变化[图 2-5(c)和(h)]。土壤 Oa 层的 HCl_{conc}-P_o 平均浓度由风干前的 98 $mg \cdot kg^{-1}$ 下降到风干后的 89 $mg \cdot kg^{-1}$(平均下降 9%)，A 层也由 44 $mg \cdot kg^{-1}$ 显著下降到 37 $mg \cdot kg^{-1}$(平均下降 15%)[图 2-5(i)和(j)]。土壤 Oa 层的残渣态 P 浓度未受风干处理影响，而在 A 层由风干前的 144 $mg \cdot kg^{-1}$ 显著增加到 152 $mg \cdot kg^{-1}$(平均增加 6%)[图 2-5(k)和(l)]。

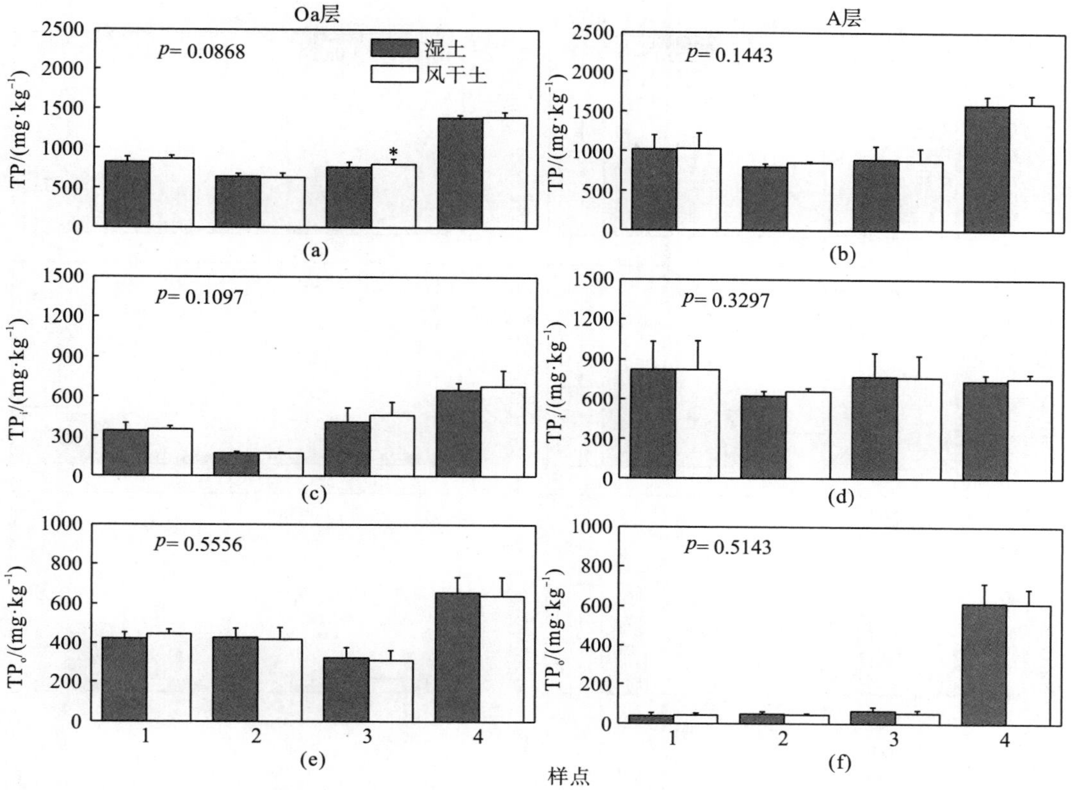

图 2-3　湿土和风干土中 TP、总无机 P(Pi)和总有机 P(Po)的浓度对比

土壤 TP 含量通常不受土壤前处理的影响(如保持野外湿度、风干和冷冻；Xu et al.，2011)。我们的结果也表明风干处理未改变总 P 浓度[图 2-3(a)和(b)]，因此，风干导致的 P 形态变化来自不同 P 形态间的转化，而并非由于 TP 回收率的改变。

尽管不同样点和土层间土壤性质差异较大，Hedley 方法提取的植物有效态 P 总量均在风干后明显增加(图 2-4 和表 2-2)。从浓度角度看，风干效应在土壤有机层比矿质土壤表层更为显著(表 2-2)。我们的结果支持了之前的研究结论，即有机质含量丰富的土壤中的有效态 P 更易受风干处理影响(Sparling et al.，1985)。例如，Xu 等(2011)发现有机质含量更高的森林土壤(53.1 g $C·kg^{-1}$)中的有效态 P 在风干后的增加程度明显大于草地土壤(2.7 g $C·kg^{-1}$)；在爱尔兰西部有机质丰富的草地土壤中，Styles 和 Coxon(2006)观察到 P 的溶解性在土壤风干后大幅增加。从储量角度看，风干处理引起的 Hedley 方法提取的植物有效态 P 储量的增加量为植物年需求量的 0.8～3.8 倍(表 2-2)。考虑到 76%的研究中 Hedley 连续提取使用干土，可以认为风干处理引起的植物有效态 P 增加至少可以部分地解释 Johnson 等(2003)以及 Yang 和 Post(2011)的发现，即 Hedley 方法提取的植物有效态 P 储量通常比植物年需求量大几倍。

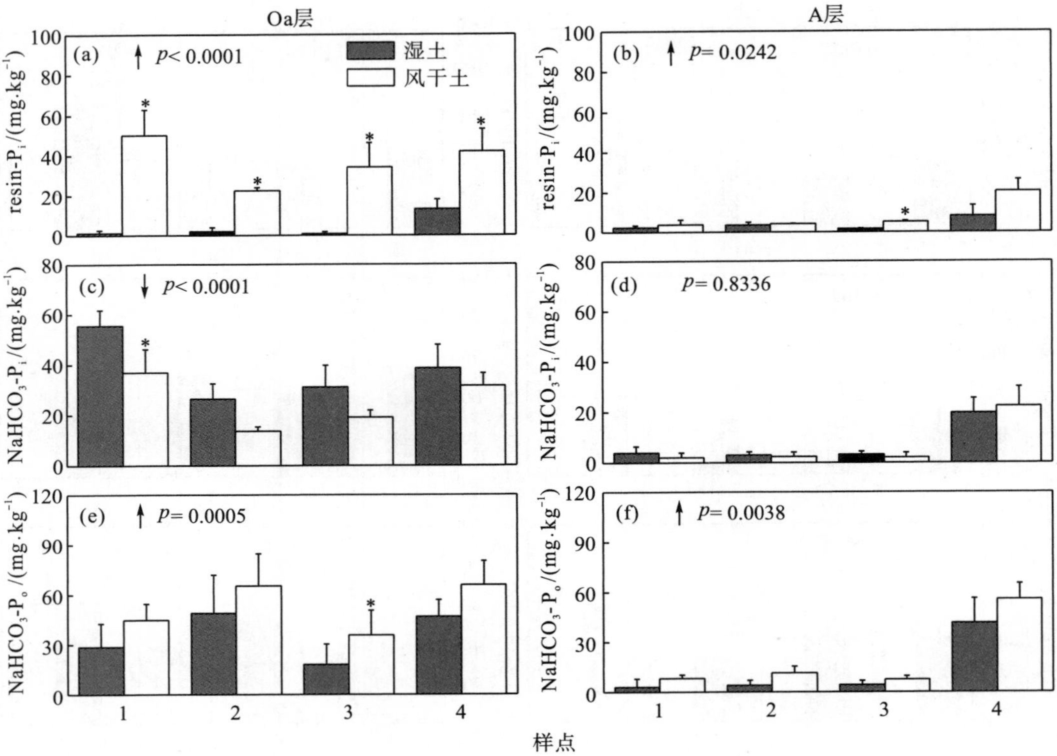

图 2-4 湿土和风干土中的植物有效态 P 的浓度对比

表 2-2 湿土和风干土中 Hedley 方法提取的植物有效态 P 储量及其与植物年需 P 量的对比

土层	样点	土层厚度/cm	容重/(g·cm^{-3})	植物有效态 P 浓度/(mg·kg^{-1})			植物有效态 P 储量/(kg·hm^{-2})			植物年需 P 量/(kg·hm^{-2})
				湿土	干土	增加	湿土	干土	增加	
Oa	1	2.3	0.29	85.2	131.9	46.6	5.69	8.80	3.11	ND
	2	4.6	0.13	77.4	101.3	23.9	4.63	6.06	1.43	4.80
	3	6.7	0.14	49.8	88.9	39.1	4.67	8.34	3.67	5.13
	4	4.3	0.30	98.5	139.5	41.0	12.71	18.00	5.29	5.54
A	1	2.8	0.35	8.3	14.1	5.9	0.81	1.38	0.58	ND
	2	4.4	0.72	10.3	17.8	7.5	3.27	5.64	2.37	4.80
	3	5.4	0.61	9.0	14.6	5.6	2.96	4.81	1.85	5.13
	4	8.5	0.62	69.1	98.6	29.5	36.44	51.97	15.53	5.54

注：ND 为无数据

风干后 resin-P_i 的增加在所有 Hedley 方法提取的植物有效态 P 中最为明显(图 2-4)，这与之前研究一致(Styles and Coxon，2006；Xu et al.，2011)。一般认为风干和浸提过程中微生物量 P 的释放导致有效态 P 增加(Turner and Haygarth，2001；Bünemann et al.，2013)，本书中风干处理引起的 resin-P_i 变化和微生物量 P 变化呈显著负相关(图 2-6，表 2-3 和表 2-4)，支持了这一论断。微生物量 P 可以正磷酸根或易分解态有机 P 形式释放出来(Oehl et al.，

2001；Richardson and Simpson，2011）。Wang 等(2016)研究表明，海螺沟原生演替序列土壤的 Oa 层有较高的磷酸单酯酶活性，这可能导致风干过程中释放出来的易分解态有机 P 迅速矿化为正磷酸根。回归分析结果表明，本节中风干释放的微生物量 P 中约 45%在 resin-P_i 中得到回收(图 2-5)(Δ resin-P_i=−0.18 Δ P_{mic} + 0.53，假设氯仿熏蒸提取的 P 与微生物量 P 间的转换系数为 0.4，Jenkinson et al.，2004)，这与 Bünemann 等(2013)计算的回收率(38%)较为接近，可见释放出的微生物量 P 只有部分可以被阴离子树脂提取。根据 resin-P_i 增加和 Fe_{ox} 或 DPS(表 2-3 和表 2-4)之间的显著相关性，这可能是释放出的微生物量 P 又被土壤吸附所致(Chepkwony et al.，2001；Styles and Coxon，2006)。土壤的吸附可能也导致不同强度的浸提剂对风干土中释放出的微生物量 P 有不同的提取能力，例如，使用水仅能在风干土中提取出微量正磷酸根(Turner and Haygarth，2001；Blackwell et al.，2009)，而使用 0.5 mol·L^{-1} $NaHCO_3$ 几乎可以把所有释放出的微生物量 P 浸提出来(Sparling et al.，1985)。

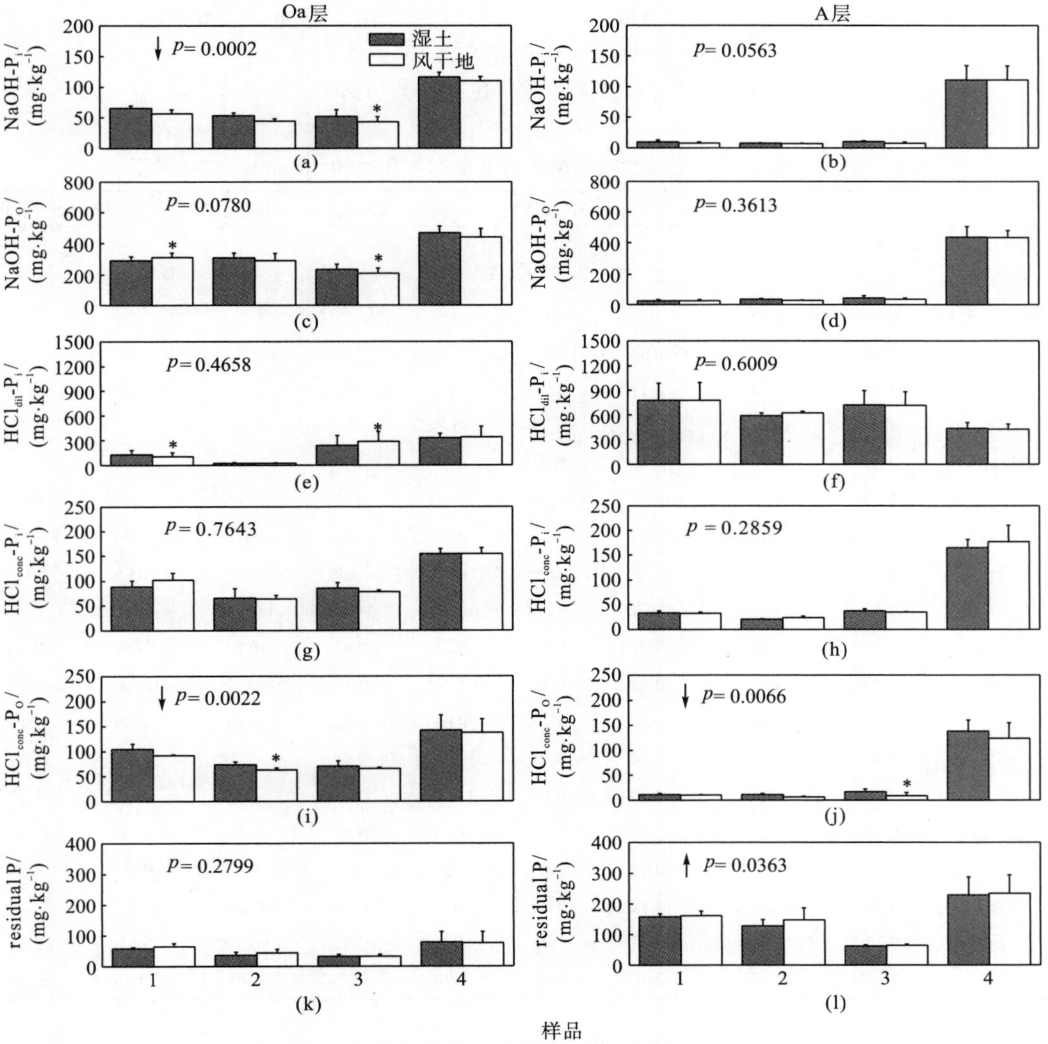

图 2-5　湿土和风干土中闭蓄态 P 的浓度对比

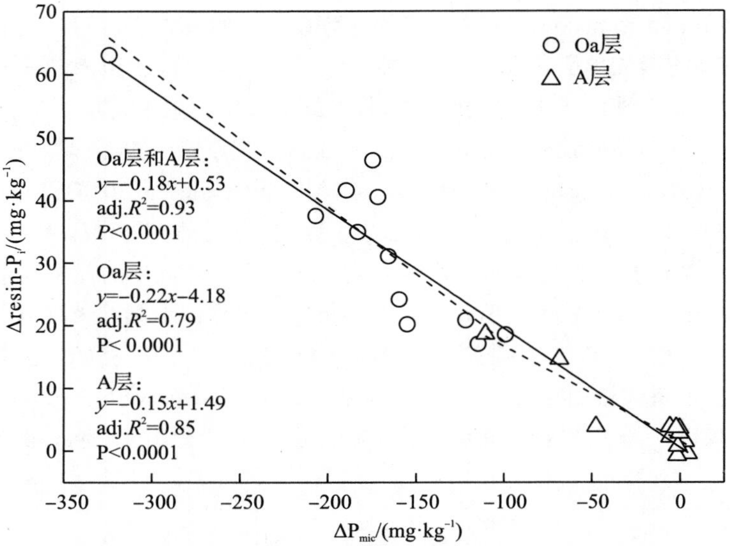

图 2-6　风干后微生物量 P 浓度变化和 resin-P_i 浓度变化的相关关系

表 2-3　土壤 Oa 层中土壤性质与风干后 P 形态变化间的 Spearman 相关关系

	Δresin-P_i	$\Delta NaHCO_3$-P_i	$\Delta NaHCO_3$-P_o	ΔNaOH-P_i	ΔNaOH-P_o	ΔHCl_{dil}-P_i	ΔHCl_{conc}-P_i	ΔHCl_{conc}-P_o	Δresidual P
Δ resin-P_i	1								
Δ $NaHCO_3$-P_i	**−0.58**	1							
Δ $NaHCO_3$-P_o	0.10	−0.45	1						
Δ NaOH-P_i	−0.20	0.31	0.30	1					
Δ NaOH-P_o	0.56	**−0.74**	−0.11	−0.34	1				
Δ HCl_{dil}-P_i	−0.43	0.50	0.07	0.23	**−0.78**	1			
Δ HCl_{conc}-P_i	0.33	0.09	−0.30	−0.13	0.34	−0.29	1		
Δ HCl_{conc}-P_o	−0.20	0.10	0.01	0.20	−0.22	0.18	−0.46	1	
Δ residual P	−0.12	−0.12	−0.17	−0.06	0.20	0.18	0.07	−0.34	1
TC	0.33	**−0.59**	0.02	−0.26	**0.77**	−0.53	0.50	**−0.69**	0.48
TN	0.44	−0.55	0.02	−0.08	**0.78**	**−0.60**	**0.62**	**−0.60**	0.31
pH	0.46	−0.20	−0.01	0.07	0.25	0.01	−0.01	0.38	−0.25
Δ pH	−0.55	**0.6**	−0.05	0.39	**−0.59**	0.13	−0.17	0.18	−0.16
P_{mic}	**0.92**	**−0.65**	0.04	−0.40	**0.66**	−0.57	0.41	−0.39	−0.10
Δ P_{mic}	**−0.89**	**0.69**	−0.14	0.39	**−0.69**	**0.66**	−0.17	0.24	0.06
Fe_{ox}	**−0.58**	**0.66**	−0.06	0.10	**−0.73**	0.25	−0.18	0.16	−0.27
Δ Fe_{ox}	0.11	−0.01	0.06	0.14	−0.10	0.43	0.09	0.22	0.06
Al_{ox}	−0.49	0.54	−0.03	0.06	**−0.62**	0.16	−0.05	0.06	−0.24
Δ Al_{ox}	−0.02	0.26	−0.12	0.22	−0.13	0.32	0.20	0.37	−0.07
DPS	0.15	0.31	−0.17	0.03	−0.31	0.02	−0.29	0.54	−0.36
Δ DPS	0.43	−0.57	−0.06	−0.03	**0.79**	−0.54	0.49	−0.45	0.22

注：黑体数值表示显著相关。

表 2-4　土壤 A 层中土壤性质与风干后 P 形态变化间的 Spearman 相关关系

	Δ resin-P_i	Δ $NaHCO_3$-P_i	Δ $NaHCO_3$-P_o	Δ NaOH-P_i	Δ NaOH-P_o	Δ HCl_{dil}-P_i	Δ HCl_{conc}-P_i	Δ HCl_{conc}-P_o	Δ residual P
Δ resin-P_i	1								
Δ $NaHCO_3$-P_i	0.51	1							
Δ $NaHCO_3$-P_o	−0.09	−0.17	1						
Δ NaOH-P_i	0.06	−0.07	0.43	1					
Δ NaOH-P_o	−0.32	−0.21	0.29	−0.17	1				
Δ HCl_{dil}-P_i	−0.27	0.23	−0.15	0.02	**−0.64**	1			
Δ HCl_{conc}-P_i	0.10	**0.66**	0.17	0.00	−0.06	0.34	1		
Δ HCl_{conc}-P_o	**−0.73**	−0.55	−0.30	−0.31	0.34	−0.04	−0.23	1	
Δ residual P	−0.4	−0.11	0.23	**0.67**	0.09	0.08	−0.05	0.10	1
TC	**0.93**	**0.75**	−0.15	0.03	−0.34	−0.12	0.24	**−0.76**	−0.36
TN	**0.94**	**0.65**	−0.15	−0.01	−0.25	−0.24	0.17	**−0.67**	−0.45
pH	0.25	−0.24	0.33	−0.27	0.02	−0.23	**−0.59**	−0.01	−0.44
Δ pH	0.46	0.27	0.31	**0.58**	−0.31	0.06	0.42	−0.45	0.31
P_{mic}	**0.85**	**0.68**	−0.07	0.24	−0.50	0.01	0.36	**−0.84**	−0.17
Δ P_{mic}	**−0.78**	**−0.62**	−0.01	−0.35	0.52	−0.23	−0.43	**0.80**	0.08
Fe_{ox}	0.38	0.50	0.41	0.36	−0.27	0.13	**0.58**	−0.45	0.07
Δ Fe_{ox}	0.38	0.38	−0.27	−0.36	0.34	−0.49	0.19	0.08	−0.51
Al_{ox}	0.31	0.45	0.36	0.33	−0.19	0.08	**0.62**	−0.34	0.08
Δ Al_{ox}	0.13	−0.08	−0.15	−0.50	0.41	−0.54	0.17	0.27	−0.39
DPS	**0.61**	0.17	−0.19	0.26	−0.50	0.08	−0.01	−0.37	−0.13
Δ DPS	0.56	0.31	0.24	0.10	0.05	−0.38	0.36	−0.36	−0.36

注：黑体数值表示显著相关。

风干效应导致湿土和风干土中微生物量 P 和 resin-P_i 呈现出不同的相关性[图 2-7(a)]。在湿土中，微生物量 P 和 resin-P_i 没有线性相关，但可能由于微生物量 P 释放，风干土中的微生物量 P 和 resin-P_i 呈现显著正相关。因此，使用风干土进行 Hedley 连续提取可能会导致不恰当的推论，即微生物量 P 和野外条件下 resin-P_i 的浓度密切相关。类似地，总 C 和 resin-P_i 的关系也因土壤是否经历风干处理而异[图 2-7(b)]。其他研究也报道了风干土中 C 含量和 resin-P_i 浓度的正相关关系(例如，$R^2 = 0.21$，$p < 0.01$，Tiessen et al.，1984；$R^2 = 0.87$，$p < 0.0001$，Tomas et al.，1999；$R^2 = 0.61$，$p < 0.0001$，Cassagne et al.，2000)，但考虑到风干效应，应谨慎解释这些关系。

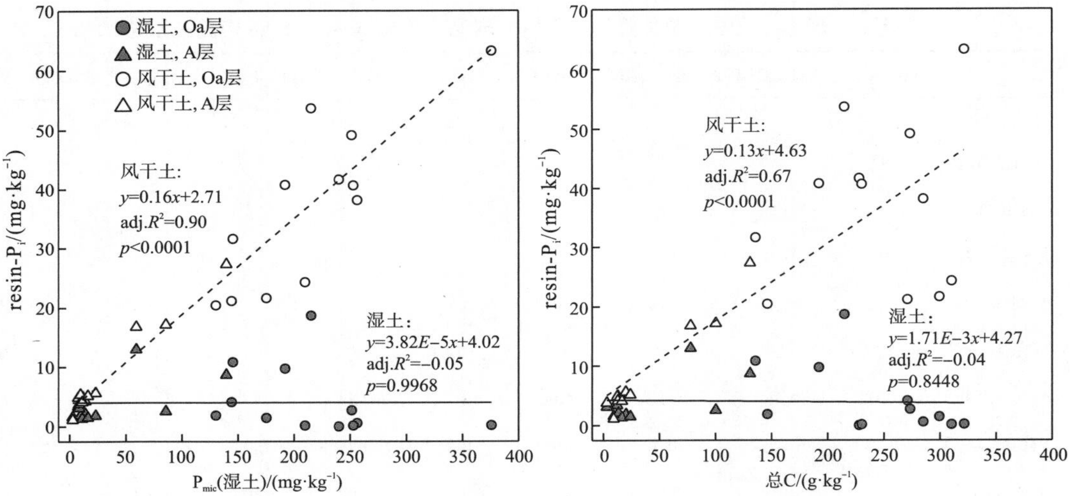

(a) 微生物量 P (b) 总 C

图 2-7 湿土和风干土中微生物量 P(P_{mic})和总 C 与 resin-P_i 的相关性

风干后土壤 Oa 层中 $NaHCO_3$-P_i 浓度的下降一定程度上出乎我们意料，因为文献中大多报道风干作用增加 P 的溶解性。本书中风干作用引起的 $NaHCO_3$-P_i 变化不能直接和 Sparling 等(1985)，Turner 等(2003b)和 Soinne 等(2010)的结果对比，因为这些研究在采用 0.5 mol·L^{-1} 的 $NaHCO_3$ 浸提之前未进行阴离子交换树脂提取。Xu 等(2011)采用了和本研究一致的浸提流程，发现风干土和湿土之间的 $NaHCO_3$-P_i 浓度无显著差异。对本书中 $NaHCO_3$-P_i 浓度在风干后下降的一种解释是 Al 氧化物的结晶程度增加和吸附能力减弱导致 P 的吸附位点减少(Chepkwony et al.，2001；McLaughlin et al.，1981)。另一种解释是原来要到 $NaHCO_3$ 步才能被浸提出的微生物量 P 因为在风干过程中释放而被阴离子交换树脂提前浸提出来，因为在湿土浸提中，$NaHCO_3$-P_i 可包含多达 15%的微生物量 P(Hedley et al.，1982)。另外，风干后 $NaHCO_3$-P_i 的变化和微生物量 P 的变化呈显著正相关(表 2-3)，进一步支持了这一猜测。

本节观察到的风干后 $NaHCO_3$-P_o 显著增加[图 2-4(e)和(f)]与之前开展于草地土壤的研究结果一致(Turner et al.，2003b；Xu et al.，2011)。风干后有机 P 溶解度的增加主要有两个原因，一是微生物细胞的裂解，二是土壤团粒失稳和土壤颗粒上有机包覆的物理破损(Bünemann et al.，2013；Turner et al.，2003b)。与 Turner 等(2003b)的报道一致，我们发现风干后 $NaHCO_3$-P_o 改变与土壤性质(包括微生物量 P)之间无显著关联(表 2-3 和表 2-4)。类似地，Blackwell 等(2009)发现土壤淋洗液中的有机 P 与风干作用导致的土壤微生物量下降之间无直接关联。因此，可以推断风干和浸提过程中发生的土壤颗粒的物理崩解可能是导致本节中 $NaHCO_3$-P_o 显著增加的主要原因。这一推断也进一步被风干土中 $NaHCO_3$-P_o 的来源所支持，例如，Zhang 等(1999)报道的风干的加拿大旱作土壤中的 $NaHCO_3$-P_o 以磷酸单酯(可能来源于死有机质)为主，而磷酸二酯(微生物细胞中主要的有机 P 形态)比例较小。

Richter 等(2006)发现与 Fe、Al 氧化物和含 Ca 矿物结合的闭蓄态 P 在几十年内表现出显著的生物有效性，然而鲜有研究探讨风干后闭蓄态 P 的变化。在草地和耕作土壤中，0.1 mol·L^{-1} NaOH 提取态 P 在风干后总量未发生改变，但更多地存在于小尺寸的土壤颗粒中(Soinne et al.，2010)。在森林土壤和有机质含量低的草地土壤，风干处理导致闭蓄态有机 P 增加，而闭蓄态无机 P 减少(Xu et al.，2011)。本书的数据表明，风干后不同的闭蓄态 P 形态表现出不同改变，其中 NaOH-P_i 和 HCl_{conc}-P_o 减少，其他形态未发生变化或增加(图 2-5)。根据本研究的相关分析结果(表 2-3 和表 2-4)无法确切阐明闭蓄态 P 和有效态 P 之间的转化，但可以认为风干后 P 的质量(Hedley 方法提取的植物有效态 P 与闭蓄态 P 之比)(Richter et al.，2006)明显提高(图 2-8)。

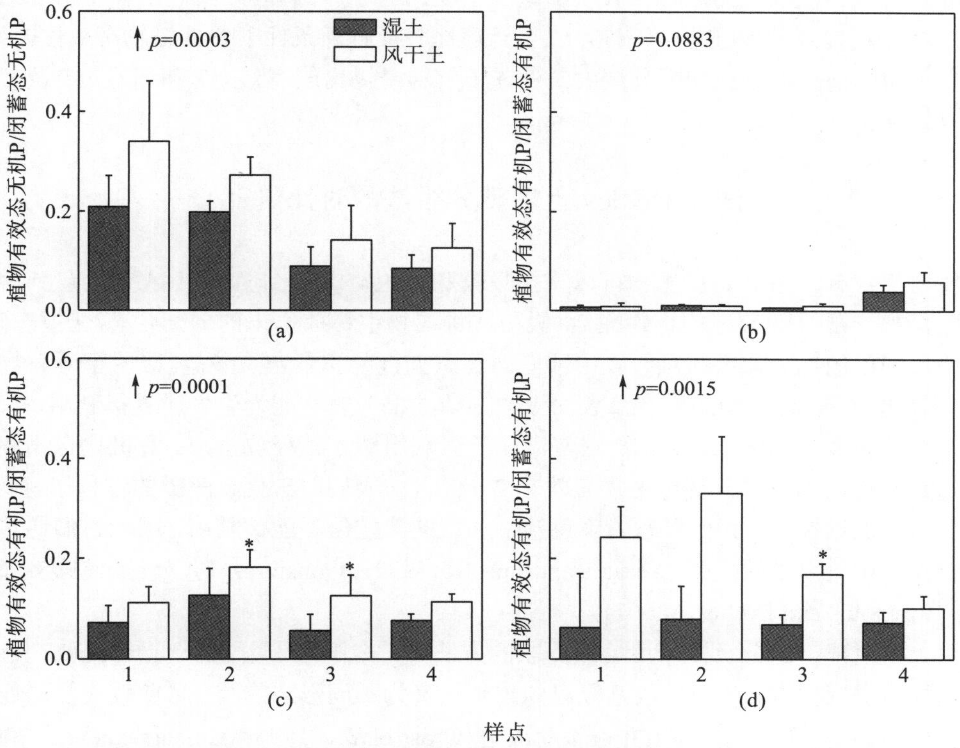

图 2-8　湿土和风干土中 Hedley 方法提取的植物有效态 P 与闭蓄态 P 的比值

基于对风干后 P 形态变化的分析，我们认为应根据土壤的前处理方式和野外湿度条件重新考虑有效态 P 和闭蓄态 P 的概念。一方面，在缺乏干湿交替的土壤中，实验室的风干处理会通过引起微生物量 P 释放等机制显著增加浸提出的有效态 P 浓度，而在野外条件下，微生物除了作为有效态 P 的潜在来源，也可以在缺 P 土壤中与植物竞争溶解在土壤溶液中的正磷酸根(Turner et al.，2013)。另一方面，一些通常认为周转速率较慢的闭蓄态 P 可能因土壤风干处理或野外条件下的干湿交替而转化为有效态较高的 P。例如，部分 HCl_{conc}-P_o 可能来自土壤有机质颗粒(Tiessen and Moir，1993)或者微生物量 P(Hedley et al.，1982；表 2-4 中 HCl_{conc}-P_o 的变化和微生物量 P 的变化呈显著正相关)，并在风干后显著减少[图 2-5(i)和(j)]。在土壤经历极端干湿交替时(如地中海气候或未来气候变化情境)(Butterly et al.，

2009；Bünemann et al.，2013)，这些闭蓄态P可能会快速转化为植物有效态P。

4. 小结

对于森林土壤，在Hedley连续浸提前进行风干处理会显著影响土壤P形态的组成，这一风干效应在有机层土壤更为明显。风干后Hedley方法提取的植物有效态P显著增加，主要有两个方面原因：①微生物量P在风干和浸提过程中的破损释放；②土壤团粒失稳和颗粒表面的有机包覆破损导致更多含P位点暴露。基于此，除了野外条件下来自微生物的竞争(Yang and Post，2011)，Hedley连续提取前的风干处理可能是导致植物在Hedley方法提取的植物有效态P充足时仍表现出缺P症状的另一原因。因此我们推荐使用湿土开展Hedley连续浸提或其他湿化学浸提，以更合理地表征野外条件下P的植物有效性。另外，应根据土壤的前处理方式和野外湿度条件谨慎解释浸提出的有效态P和闭蓄态P及其对植物的有效性。

2.2.2 XANES法和Hedley土壤磷分级法的对比研究

所谓生物有效态P是指生物可以直接吸收利用的磷，其形态为正磷酸盐，包括溶解态正磷酸盐和一部分颗粒态的正磷酸盐(极易从颗粒物中释放出来的弱结合态/交换态磷)，潜在的可利用的部分通常在颗粒物中或者溶解态无机磷和聚合磷酸盐。吸附于颗粒物中水合金属氧化物(如无定形的铁、铝)表面上的正磷酸根一般不能为生物所直接利用，只有在这些水合金属氧化物发生溶解时，这些潜在的可利用磷才被释放出来。有机化合物和聚合磷酸盐在矿化过程中可分解出生物有效态P，但目前人们对矿化、解吸的过程了解甚少，需要更多地加以探索。其他形态的磷包括铝和铁的磷酸盐不能被利用，因为它们通常结合在矿物晶格中难以溶解出来(Abrams and Jarrell，1992；Gonsiorczyk，et al.，1998；Smil，2000；Reynolds and Davies，2001)。

对土壤磷形态的分析多采用连续提取的方法，即采用不同类型的选择性提取剂连续地对土壤样品进行提取，各级提取剂提出的磷被定义为不同形态的磷。目前较成熟的连续提取方法由Hedley等(1982)提出并被不断改进(Cross et al.，1995；Cassagne et al.，2000)，根据提取剂的不同分为树脂磷(resin-P)、碳酸氢钠磷($NaHCO_3$-P)、氢氧化钠磷(NaOH-P)和盐酸磷(HCl-P)等。然而，这种连续提取区分出的磷的形态并不能明确地对应于磷的化学形态，不能准确区分出铁结合态、铝结合态还是钙结合态(Hunger et al.，2005；Kar et al.，2011)，这对准确评价磷的生物有效性带来困难。近年来，逐渐发展起了多种技术手段来弥补这一缺陷，如基于同步辐射光源的X射线吸收近边结构(X-ray absorption near edge structure，XANES)法，在分子水平上给出目标元素周围的局部结构和化学信息(Hesterberg et al.，1999；Beauchemin et al.，2003；Lombi et al.，2006；刘瑾等，2011；Prietzel et al.，2013a，b)，从而准确区分与不同金属氧化物相结合的磷。然而，迄今只有两项研究工作比较了Hedley连续提取和XANES法的磷形态数据，认为XANES法直接区分出了土壤中无机磷的形态，这是Hedley连续提取法所做不到的(Beauchemin et al.，2003；Kruse et al.，2008)。但也有研究注意到一些吸附于矿物或有机质的磷酸盐有着相似的能谱(Peak et al.，

2002)，给判断磷形态带来较大误差。因此一些研究工作将两种方法同时应用，以获得对土壤磷形态组成的更好把握(Kruse et al.，2008)。

本书将通过贡嘎山海螺沟冰川退缩迹地上 120 年的土壤序列，利用改进的 Hedley 连续提取和 XANES 两种方法对土壤磷形态进行分析，准确获取土壤中磷形态组成随时间和土壤发育变化的特征，比较两种方法在土壤磷形态研究中的优缺点，为完善土壤中磷的生物地球化学循环研究提供新途径。

Hedley 浸提方法与前文相同。XANES 法的详细方法见 Prietzel 等(2013a)的研究。采用 Aldrich 公司的六个不同形态的磷标准物质来区分磷形态，同步辐射源由泰国 Synchrotron Light Research Institute (SLRI)提供，分析测定在 SLRI 完成。

研究发现，Hedley 连续提取方法所区分出的磷的形态并不能明确到具体的磷的化学形态或者为某种金属氧化物或矿物所吸附(Hunger et al.，2005)，但是对溶解态正磷酸盐形态的磷即树脂吸附的磷有比较准确的定量估测，也能将弱结合态的颗粒态磷通过 $NaHCO_3$ 提取出来。因而如 Cross 和 Schlesinger(1995)所总结的，利用 Hedley 连续提取的方法，可以准确评估土壤中磷的生物有效性。对于进一步可转化为生物有效磷的其他形态以及闭蓄磷(Walker 和 Syers，1976)却难以区分。

XANES 法是一种固相测量技术，因此不能获得土壤中溶解态的正磷酸盐的含量，但这一方法能探知 P 元素周围的其他金属元素及其化学信息(Hesterberg et al.，1999；Beauchemin et al.，2003；Lombi et al.，2006；刘瑾等，2011；Prietzel et al.，2013a，b)。因此，XANES 法可以用以评估土壤中吸附于水合金属氧化物的潜在生物可利用磷的含量。XANES 所判识的有机磷却存在疑问，这一组分到底是有机质中所含的磷，还是吸附于有机质的磷酸盐组分，难以判识。本节研究用于确定研究磷的参考物质是肌醇六磷酸，理论上所判识的土壤有机磷应是存在于有机质本身的磷。但 80 年处 XANES 判识有机磷占到近 99%，而 Hedley 显示这一时期各提取态的有机磷仅占 TP 的 35.2%，可见 XANES 没能区分出吸附于有机质的其他形态的磷。

XANES 判识的钙结合态磷与铝结合态磷有很好的相关性(R=0.89)(表 2-5)，而其与土壤形成时间呈显著负相关关系(R 分别为−0.96 和−0.86)(表 2-6)，与土壤中游离态铁和铝也呈明显的负相关关系，显示钙结合态磷和铝结合态磷随土壤发育而减少，是成土母质中的主要磷形态，是原生矿物磷。这与代表成土母质的 C 层的磷形态分析结果一致，主要为钙结合态磷和铝结合态磷。

海螺沟冰川退缩迹地土壤 A 层两种方法所表征的结果呈相关性分析显示：钙结合态(羟基磷灰石)磷及铝结合态磷与 HCl_{dil}-P_i 相关性较好(R=0.89 和 R=0.83)(表 2-6)。铁结合态磷与 $NaHCO_3$-P_i、NaOH-P_i 和 HCl_{conc}-P_o 有良好的相关性，相关系数分别达到 0.82、0.75 和 0.81，可见弱结合态颗粒无机磷及难以分解的有机磷更倾向于吸附于铁的水合氧化物。XANES 法表征的有机磷与 R-P_i 和 NaOH-P_o 相关性较好。R-P_i 为无机磷，与 XANES 方法的有机磷显著相关，表明土壤这种生物有效磷越高，生物量越大，通过凋落物返回土壤的有机磷也较高。两种方法都显示，海螺沟冰川退缩迹地土壤 A 层中一个显著特点是有机磷的显著增加，NaOH-P_o 在 80 年和 120 年含量超过 50%，这是 XANES 有机磷与 NaOH-P_o 良好相关的重要原因。

表 2-5 XANES 表征的磷形态含量与 Hedley 连续提取各形态磷含量相关系数

	Ca-P1	Ca-P3	Al-P	Fe-P	P_o
Ca-P1	1				
Ca-P3	0.04	1			
Al-P	0.89	0.18	1		
Fe-P	−0.63	−0.23	−0.74	1	
P_o	−0.93	−0.09	−0.82	0.62	1
R-P_i	−0.83	−0.10	−0.83	0.46	0.93
$NaHCO_3$-P_i	−0.46	−0.05	−0.46	0.82	0.59
$NaHCO_3$-P_o	−0.6	−0.85	−0.83	0.49	0.55
$NaHCO_3$-TP	−0.71	−0.51	−0.89	0.58	0.81
NaOH-P_i	−0.6	0.07	−0.43	0.75	0.64
NaOH-P_o	−0.94	−0.27	−0.71	0.58	0.81
NaOH-TP	−0.94	−0.27	−0.71	0.58	0.81
HCl_{dil}-P_i	0.89	0.44	0.83	−0.70	−0.70
HCl_{conc}-P_i	0.43	0.54	0.31	0.23	−0.23
HCl_{conc}-P_o	−0.6	−0.34	−0.43	0.81	0.58
HCl_{conc}-TP	−0.54	−0.17	−0.37	0.75	0.64

注：Ca-P1 代表磷灰石磷，Ca-P3 代表磷酸二氢钙磷，因磷酸氢钙磷只在 40 年处少量检出，未进行相关分析。

表 2-6 海螺沟冰川退缩区土壤序列 A 层土壤性质与磷形态相关关系

	土壤年龄	pH	无机碳	有机碳	总氮	总磷	无定形铁	无定形铝
Ca-P1	−0.96	0.95	0.63	−0.68	−0.67	0.86	−0.74	−0.99
Ca-P3	−0.04	0.18	0.39	0.22	0.22	−0.04	−0.18	−0.04
Al-P	−0.82	0.95	0.63	−0.68	−0.67	0.82	−0.90	−0.88
Fe-P	0.70	−0.71	−0.66	0.85	0.86	−0.41	0.90	0.64
P_o	0.85	−0.86	−0.66	0.70	0.71	−0.63	0.67	0.93
R-P_i	0.66	−0.77	−0.39	0.66	0.66	−0.49	0.64	0.83
$NaHCO_3$-P_i	0.52	−0.41	−0.53	0.99	0.99	0.06	0.62	0.46
$NaHCO_3$-P_o	0.49	−0.77	−0.65	0.14	0.14	−0.49	0.72	0.60
$NaHCO_3$-TP	0.54	−0.77	−0.65	0.54	0.54	−0.37	0.75	0.71
NaOH-P_i	0.71	−0.49	−0.39	0.94	0.94	−0.14	0.55	0.60
NaOH-P_o	1	−0.89	−0.39	0.54	0.54	−0.71	0.64	0.94
NaOH-TP	1	−0.89	−0.39	0.54	0.54	−0.71	0.64	0.94
HCl_{dil}-P_i	−0.94	0.94	0.39	−0.49	−0.49	0.77	−0.81	−0.89
HCl_{conc}-P_i	−0.37	0.49	0.13	0.54	0.54	0.66	−0.06	−0.43
HCl_{conc}-P_o	0.77	−0.54	−0.65	0.77	0.77	−0.14	0.58	0.6
HCl_{conc}-P_{TP}	0.66	−0.43	−0.65	0.89	0.89	0.03	0.49	0.54

综上所述，Hedley 连续提取法和 XANES 法，从不同方向反映了海螺沟冰川退缩区土壤磷的形态组成变化。Hedley 连续提取法在定量表述土壤中生物即时可利用磷方面具有优势，而 XANES 方法由于对磷酸盐和金属水氧化物吸附态磷有更好的分辨能力，对土壤潜在生物可利用磷的评估更为准确。

2.3　贡嘎山东坡土壤磷的海拔梯度分布特征

2.3.1　材料与方法

根据刘照光等(1986)对贡嘎山东坡植被垂直带谱的划分，以及余大富(1984)对其土壤垂直带谱的划分，在 8 个不同的带谱上采集土样。每个带谱上设置 3 个样点，同带谱上各样点土壤剖面发育特征相似。按照土壤剖面颜色和质地特征，将剖面分为 4 层：A0，凋落物半分解层；A，腐殖质-淋溶层；B，淀积层；C，母质层(表 1-7)。由下至上采集各剖面土样，采集到的土样用干净的塑料袋保存。

进行化学分析前将土壤风干，过 2mm 筛。用玛瑙研钵磨细(过 100 目筛)后的土样测定 TP，方法为 EPA Method 200.7(Revision 5.0，Jan. 2001)(Office of Science and Technology，U.S. Environmental Protection Agency，2001)，所用仪器为 ICP-AES。TN 采用凯氏定氮法测定。土壤有机质(SOM)采用高温灼烧法测定。pH 采用电位法测定，水土比例为 2.5∶1，O 层的水土比例为 5∶1，测定仪器为 pH^{6+}与 $EUTECH^{TM}$，玻璃电极型号为 7252101B。

2.3.2　海螺沟垂直带谱磷的分布特征

贡嘎山海螺沟土壤 TP 含量的空间分布呈现两个特点。①高海拔地带的 TP 含量显著高于低海拔地带[图 2-9(a)]；②高海拔地带(3775m 和 4235m)O 层和 A 层的 TP 含量低于 C 层，而亚高山和低海拔地带表层土壤的 TP 高于 C 层[图 2-9(b)]。特点①的出现主要是由于低海拔地带温度更高，植被更发育，对 P 的需求量更大，风化程度更强，因此土壤中的 P 含量比高海拔地带更低。特点②则主要由三方面的原因造成：一是亚高山和低海拔带谱中凋落物更多，其分解产生的有机酸可被淋滤至 C 层，导致 C 层 P 的释放；二是亚高山和低海拔地带凋落物更多，分解速率更快，导致更多的 P 被返还至土壤；三是植被的“泵吸作用”也会导致 C 层的 P 不断地被转移至表层土壤(Jobbagy and Jackson，2004)。

海螺沟表层土壤各形态 P 随海拔发生了显著的变化(图 2-10)。生物有效 P($R\text{-}P_i$、$NaHCO_3\text{-}P_i$ 和 $NaHCO_3\text{-}P_o$ 之和)和有机 P($NaHCO_3\text{-}P_o$、$NaOH\text{-}P_o$ 和 $HCl_{conc}\text{-}P_o$ 之和)呈现较一致的空间变化趋势：随海拔梯度的变化呈倒抛物线变化模式，在高海拔和低海拔地带最低，在亚高山暗针叶林带和针阔混交林带最高(图 2-10)。$NaHCO_3\text{-}P_o$ 和 $R\text{-}P_i$ 是生物有效 P 的最主要成分。$NaOH\text{-}P_o$ 的则是 P_o 的最大组分。原生矿物 P(磷灰石中的 P，$HCl_{dil}\text{-}P_i$)则呈现相反的变化趋势，在亚高山地带中含量最低(图 2-10)。残余态 P(Res-P)的变化与生物有效 P 的变化有所相同，但总体上低海拔地带和亚高山地带的含量高于高海拔地带（图 2-10）。

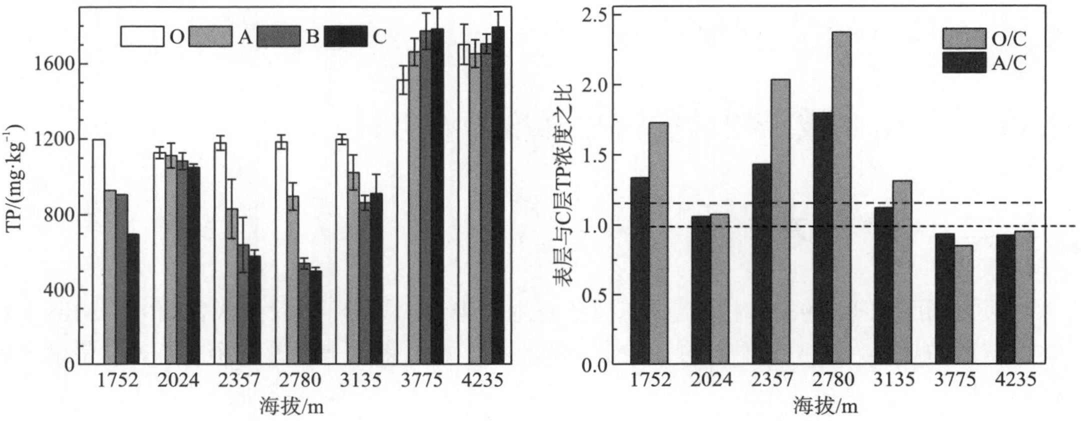

(a)TP含量 (b)O层、A层与C层TP含量之比

图 2-9 贡嘎山海螺沟土壤 TP 含量以及 O 层、A 层与 C 层 TP 含量之比随海拔梯度的变化

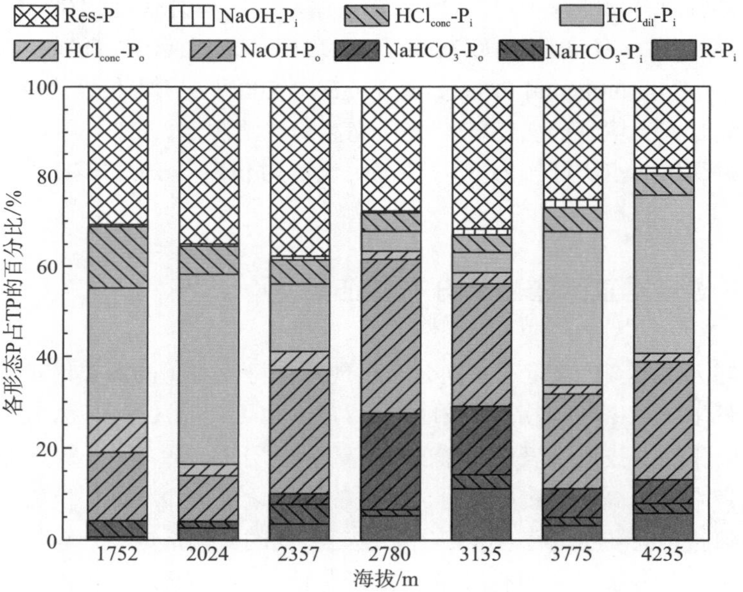

图 2-10 各形态 P 占 TP 比例随海拔梯度的变化

生物有效 P 为 R-P_i、$NaHCO_3$-P_i 和 $NaHCO_3$-P_o 之和，图中绿色部分；有机 P 为 $NaHCO_3$-P_o、NaOH-P_o 和 HCl_{conc}-P_o 之和，图中左斜线部分

生物有效 P 的最大组分为 $NaHCO_3$-P_o，因此 $NaHCO_3$-P_o 的变化直接决定了生物有效 P 的变化。研究发现，$NaHCO_3$-P_o 的含量与微生物量 P 具有密切的联系，大部分 $NaHCO_3$-P_o 可能来自微生物。Sun 等(2013)对海螺沟垂直带谱根际微生物的研究也发现，微生物量 P 随海拔变化呈倒抛物线模式，与本书中生物有效 P 和 $NaHCO_3$-P_o 的变化模式基本一致。他

们认为在海拔低于 3500m 的地带，微生物量 P 的变化主要是由植被类型和降水造成的；而在 3500m 以上的地带，温度、降水和植被类型决定了微生物量 P 的变化(Sun et al.，2013)。在高海拔地带(灌丛和草甸)，生物有效 P 的变化主要是 R-P_i 的差异造成的。由于 R-P_i 是最易被植物吸收的 P 形态，而灌丛的生物量显著大于草甸，其对生物有效 P 的需求也大于草甸，因此可认为这两个植被带中生物有效 P 的变化主要是由植被类型的差异造成的。在亚高山暗针叶林带及其以下的地带，随着海拔的降低和温度的升高，尽管凋落物分解导致凋落物层向土壤返还的 P 逐渐增多(罗辑等，2003)，但由于植被对生物有效 P 的需求也逐渐增加(罗辑等，2005)，亚高山地带土壤中的生物有效 P 高于低海拔地带的含量。此外，$NaHCO_3$-P_i 与 Fe 化合物的显著相关关系[图 2-11(d)]表明土壤性质对生物有效 P 的含量也有一定的影响。尤其是在人工林地带(1752m)，生物有效 P 主要由 $NaHCO_3$-P_i 组成(图 2-10)，说明在人工林地带，土壤性质可能是生物有效 P 含量的一个重要影响因素。

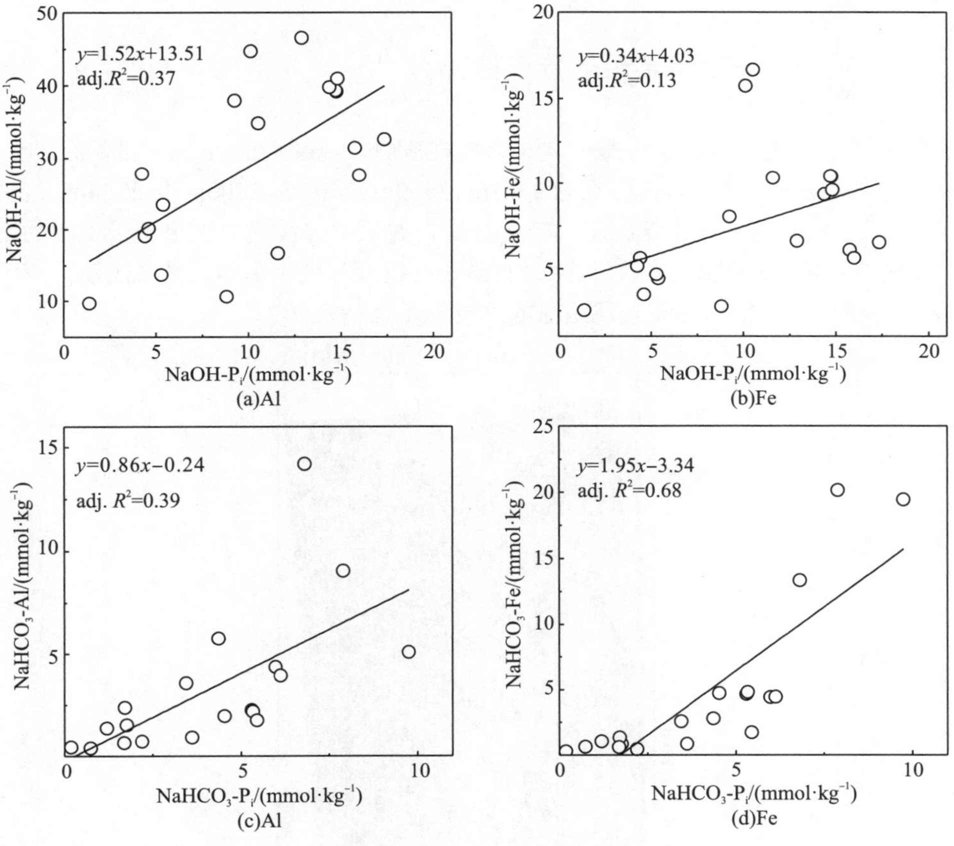

图 2-11　NaOH 提取液中 P 与 Al、Fe 之间的关系，$NaHCO_3$ 提取液中 P 与 Al、Fe 之间的关系

有机 P 随海拔梯度的变化趋势与 TOC 的变化基本一致(表 1-9，图 2-10)。有机 P 的最主要组分 NaOH-P_o 被认为是 Al-Fe-有机质-P 的复合体，低土壤 pH 有利于这种复合体的稳定存在。而贡嘎山海螺沟表层土壤 pH 在亚高山带是最低的。可见，有机磷的空间分布

模式主要受植被类型(凋落物类型)和土壤性质的共同影响。

原生矿物 P(HCl_{dil}-P_i)的空间变化趋势与表层土壤 pH 的变化高度一致(图 2-10)。大量研究表明，土壤 pH 的变化直接控制着土壤中 HCl_{dil}-P_i 的含量，低 pH 会导致 HCl_{dil}-P_i 被大量从土壤中被释放出来。如前文所述，贡嘎山海螺沟土壤 pH 的变化主要由植被类型控制，因此，可以认为植被类型通过控制土壤 pH 从而影响该地区土壤中原生矿物 P 的含量。根据中国科学院贡嘎山高山森林生态系统试验观测站的监测，贡嘎山海螺沟大气湿沉降带来的 P 数量较低($0.06\ g·m^{-2}·a^{-1}$，2006～2010 年平均值)，而仅土壤 C 层的 TP 含量最低就可达 $788g·m^{-2}$，这说明土壤中的原生矿物 P 是该地区生态系统 P 的最重要来源。而植被类型(通过影响土壤 pH)对原生矿物 P 的控制则证明植被类型对贡嘎山海螺沟垂直带谱上土壤 P 状态的主导影响。

残余态 P(Res-P)通常包括被包裹于极难被风化的硅酸盐中的无机 P 和极难被降解的有机质中的有机 P。其含量随海拔的降低有所升高，表明极难被降解的有机 P 的增多。

2.3.3　燕子沟垂直带谱磷的分布特征

选取未受人类破坏的贡嘎山燕子沟 5 个垂直植被带(裸地、高山灌丛带、暗针叶林带、针阔混交林带和阔叶林带，海拔分别为 3761m、3600m、3403m、2700m 和 2334m)(表 2-7)，采集了 40 个土样，测定了土壤的基本理化性质，并采用连续提取法测定了土壤的生物有效磷、铝结合态磷、铁结合态磷、原生矿物磷、有机磷和残余态磷。结果表明，燕子沟土壤 A 层部分磷形态的空间分布呈现明显的垂直地带性特征。

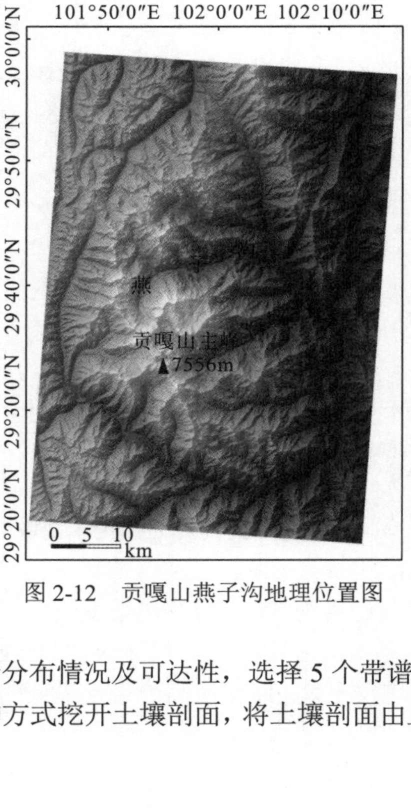

图 2-12　贡嘎山燕子沟地理位置图

2010 年 5 月按照植被带分布情况及可达性，选择 5 个带谱沿海拔由高至低采集土壤样品(表 2-7)。采用人工挖掘的方式挖开土壤剖面，将土壤剖面由上至下分为以下层次：O 层，分解强烈的凋落物层；A 层，有机质积累层和淋溶表层；B 层：淀积层；C 层：母质层。剖面挖开后由下向上分层采集土样。采集的土样使用干净的聚乙烯塑料袋于保温箱中盛放。3761m 样点为裸地，尚未发育成熟土样，因此，在此处采集表层 0～10cm 的冰碛物细粒物质。海拔最低的 2334m 样点无 O 层，故未采集 O 层样品。各样点概况的详细描述见表 2-7。

表 2-7　燕子沟采样点概况

样号	海拔/m	温度 a/℃	降水 b/mm	剖面数量	剖面描述	土壤类型 c	植被类型/优势种
1	3761	−0.41	2777	5	冰碛物，尚未发育土壤，采集 0～10cm 表层细粒冰碛物	裸地	裸地，偶见苔藓、黄芪
2	3600	0.56	2687	2	O：0.5～1cm，黑棕色 A：1～3cm，棕褐色 B：2～3cm，棕色 C：未见底，青灰色	亚高山灌丛草甸土	灌丛：杜鹃、柳树
3	3403	1.76	2508	3	O：1～2.5cm，棕黑色 A：4cm，棕色 B：2～3cm，棕黄色 C：未见底，黄色	山地暗棕壤	暗针叶林：峨眉冷杉、杜鹃
4	2700	6.03	1869	3	O：1～2cm，棕黑色 A：3.5～9cm，棕褐色 B：4～10cm，棕色 C：未见底，黄色	山地棕壤	针阔混交林：峨眉冷杉、槭树、杜鹃
5	2334	10.08	1537	1	O：无 A：8cm，褐色 B：7cm，棕黄色 C：未见底，黄色	山地黄棕壤	阔叶林：槭树

注：a 为年平均气温，各海拔温度数据根据 Wu 等(2013)数据插值；b 为年平均降水，各海拔降水数据根据 Sun 等(2013)观测数据和公式估算；c 为土壤类型数据引自余大富(1984)。

海拔由高到低，土壤 C 层粒径组成变化不大[图 2-13(a)]，黏粒含量很低，为 2.59%～5.44%。而 A 层则呈现显著的变化趋势[图 2-13(b)]。尽管 A 层黏粒含量与 C 层相比增加量较小，但是呈现出明显的由高海拔向低海拔升高的趋势[图 2-13(b)]。细粉砂也具有与黏粒相似的变化趋势。而砂的比例则随着海拔的降低而显著降低[图 2-13(b)]。

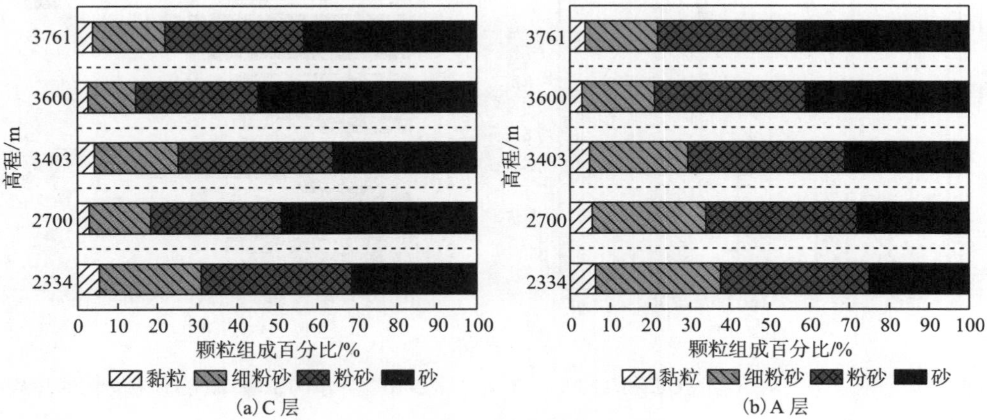

图 2-13　粒径组成变化图

土壤粒径分类标准：黏粒：<2 μm，细粉砂：2～16 μm；粉砂：16-64 μm；砂>64 μm

燕子沟未风化土壤母质呈弱碱性(图 2-14，3761m 样点)。总体来看，随着海拔的降低，土壤 pH 逐渐降低，但最低值出现在 2700m 样点(图 2-14)。

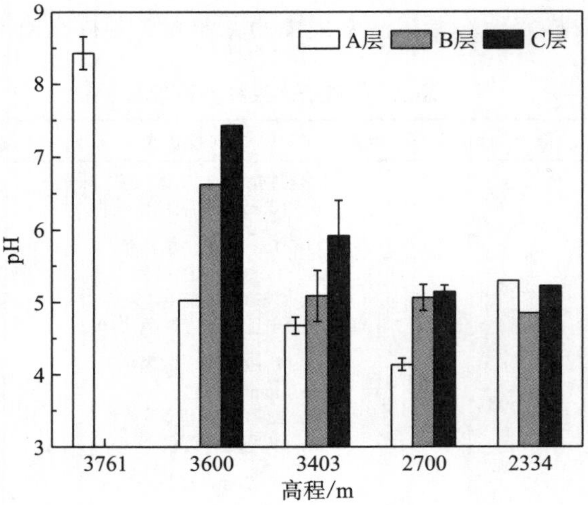

图 2-14　燕子沟土壤 pH 随高程变化图

燕子沟土壤A层(3761m样点为表层细粒冰碛物)TOC和TN随海拔的变化趋势高度一致，均随海拔的降低而升高，但是在 2700m 样点处达到最高值(图 2-15)。O 层和 A 层 TP 随海拔变化的趋势不明显，二者的最高值也出现于 2700m 样点(图 2-16)。B 层和 C 层 TP 呈随海拔降低而降低的趋势(图 2-16)。从 TP 浓度在土壤剖面上的分布来看，表层土壤的 TP 浓度均高于下层土壤(图 2-16)。这种分布模式在 2700m 样点最为显著，O 层和 A 层土壤 TP 浓度显著地高于 B 层和 C 层土壤。除 2700m 样点外，其他样点 O 层 TP 均低于 A 层。

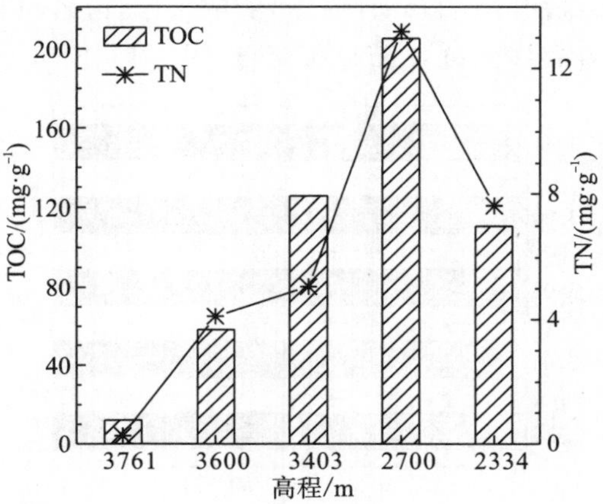

图 2-15　燕子沟土壤 A 层 TOC 和 TN 变化图

3761m 样点为表层细粒冰碛物

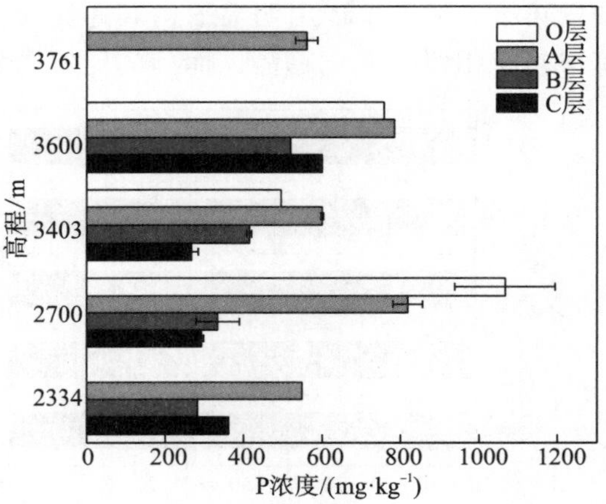

图 2-16　燕子沟土壤 TP 随海拔变化的趋势

燕子沟 3761m 样点土壤 A 层 C∶N、C∶P 和 N∶P 的值与其他几个样点均显著不同(表 2-8)。从空间分布趋势来看，C∶P 和 N∶P 的值随海拔升高逐渐降低，3600～2334m 处 C∶N 的值的变化则没有 C∶P 和 N∶P 显著(表 2-8)。

表 2-8　燕子沟土壤 A 层 C、N、P 比值梯度变化

样号	海拔/m	C∶N	C∶P	N∶P
1	3761	574.53	21.90	0.46
2	3600	15.05	105.89	7.48
3	3403	25.25	209.52	8.46
4	2700	15.71	250.61	16.11
5	2334	14.47	201.37	13.92

2.3.4　土壤磷形态的梯度特征

A 层为受温度、水分、土壤理化性质和生物活动影响最强烈的土层，因此，本节主要对 A 层土壤的 P 形态展开详细分析。燕子沟土壤 A 层 P 形态浓度及其占 TP 比例随高程梯度的变化呈现不同的特征(图 2-17)。尽管生物有效磷(Bio-P)浓度较低，随着高程的降低略有升高随后降低，在 2700m 样点达到最高值(46.06mg·kg^{-1}，占 TP 的 5.42%)，最低值出现于高程最低点(占 TP 的 0.53%)。铁结合态磷(Fe-P)在高程最高点(3761m)非常低，在该点以下虽有小幅增加，但含量一直较低。而大部分样点的铝结合态磷含量低于检测限。原生矿物磷(Ca-P)和有机磷(P_o)展现了显著的垂直地带性特征。Ca-P 含量随着高程的降低而快速地降低；而 P_o 含量则快速地增加，其变化趋势与 TOC 一致。残余态磷(Res-P)占 TP 的比例随着海拔的降低略微有所增加(图 2-17)。各磷形态中，Res-P 始终是 TP 的第一大组分；在高海拔地区，Ca-P 是第二大组分，而在较低海拔地区，P_o 取代 Ca-P 成为土壤 TP 的第二大组分[图 2-17(b)]。

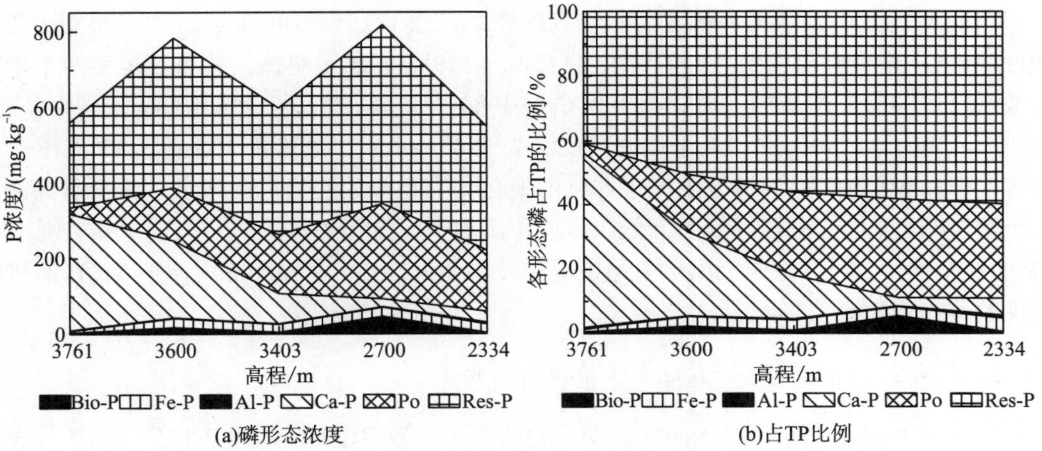

图 2-17　燕子沟土壤 A 层 P 形态浓度及其占 TP 比例随高程梯度的变化

Bio-P：生物有效磷；Fe-P：铁结合态磷；Al-P：铝结合态磷；Ca-P：原生矿物磷；P_o：有机磷；Res-P：残余态磷

1. 土壤理化性质的变化

随高程降低，土壤 A 层土壤黏粒成分的增加和砂含量的显著降低[图 2-13(b)]，是温度升高和植被逐渐发育导致化学和生物风化作用逐渐增强而造成的。土壤 pH 由碱性向酸性的变化，主要受植物的控制。随着高程的降低，植被更加发育，凋落物增多，凋落物分解产生更多的酸性物质，从而导致土壤 A 层 pH 的降低。在以针叶林为优势种的暗针叶林带和针阔混交林带，土壤 pH 最低，主要是由于针叶树种不仅分泌有机酸的能力更强(Augusto et al.，2000)；而且其凋落物的酸性更低(Raulund-Rasmussen and Vejre，1995；Ovington，1953)。而低高程样点土壤 B 层和 C 层 pH 的降低，则是淋滤作用将表层有机质带到底层的结果。

2. 植物对 TN、TP 分布的控制

土壤 TN 随海拔升高而降低是由植被类型控制的。土壤 N 主要来源于凋落物的分解(Vitousek and Sanford，1986)；而根据罗辑等(2003)的调查，贡嘎山东坡从高程 2200m 到 3580m(落叶阔叶-常绿阔叶混交林带到亚高山针叶林带)，凋落物产量逐渐降低，凋落物的 N 归还量也从落叶阔叶-常绿阔叶混交林的 50.5 $kg{\cdot}a^{-1}{\cdot}hm^{-2}$ 降低到针叶林带的平均 31.8 $kg{\cdot}a^{-1}{\cdot}hm^{-2}$。

低海拔带谱中表层 TP 浓度显著高于底层土壤 TP 浓度的分布模式，从一定程度上展现了地球化学作用和生物活动对 TP 在土壤垂直剖面上分布的共同影响。不过，这种模式更能展示植物对 TP 垂直分层的控制作用。例如，在 2700m 样点，温度较高海拔地区高很多，风化作用更强，能够作用于更深的土层；另外，植物对 P 的需求量较大，表层土壤中的 P 可能已无法满足其生长所需，需要吸收更深层次土壤中的 P，并通过凋落物分解的形式将 P 归还至土壤表层，因此表层比下层土壤的 TP 浓度更高。Jobbágy 和 Jackson(2004)认为，这种分布模式只能解释为植物对 P 在垂直分布上的“泵吸作用”强于淋滤等地球化学作用。

与同属贡嘎山东坡的海螺沟[A 层 TP 平均浓度(1155±196) $mg{\cdot}kg^{-1}$)](吴艳宏等，2012)相比，燕子沟土壤中 TP 平均浓度[(662±115) $mg{\cdot}kg^{-1}$]更低。这可能是由两个研究区成土母质的差异造成的。海螺沟土壤 C 层中 TP 平均浓度约为 1206 $mg{\cdot}kg^{-1}$(吴艳宏等，2012)，而燕子沟土壤层中 TP 平均浓度仅约为 380 $mg{\cdot}kg^{-1}$。虽然两个研究区 TP 浓度差异较大，但是表层土壤 TP 浓度随海拔梯度的变化却有相似的趋势：总体上，两个研究区 A 层土壤 TP 浓度均随海拔降低而降低。这种相似的空间变化趋势进一步表明了植物对土壤 TP 的控制作用，即无论成土母质中原生矿物磷含量的多少，植物均能对土壤 TP 在海拔梯度上的分布产生重要影响。

3. 影响 P 形态分布呈垂直地带性特征的因素

Ca-P 浓度随高程的变化与 pH 的变化趋势基本一致(图 2-14，图 2-17)。Ca-P 代表土壤矿物中能与土壤溶液直接接触的磷灰石或易于被弱酸溶解的其他矿物包裹的原生矿物磷(Nezat et al.，2007)，是风化程度低的土壤中磷的主要成分。因此，土壤 pH 的降低会导致 Ca-P 的快速减少。而本书中土壤 pH 降低的一个重要原因是植被的作用。因而，可以认为植物通过控制土壤的 pH，进而导致燕子沟表层土壤原生矿物磷的降低。

总体来看，虽然燕子沟生物有效磷(Bio-P)的含量始终较低(平均浓度为 13.6 $mg \cdot kg^{-1}$)[图 2-17(a)]，但高于我国热带地区表层土壤中的有效磷浓度(最大值为 4.5$mg \cdot kg^{-1}$)(徐馨等，2013)。海拔 3761～2700m，Bio-P 逐渐升高，可能是由于该样点与高海拔地区相比，温度明显更高，微生物活动更加强烈，有更多的凋落物中的磷被返还到土壤中，即温度通过控制微生物活动从而影响土壤生物有效磷含量。另外则可能是原生矿物磷(Ca-P)因较低的 pH 而被大量释放出来，导致生物有效磷的增加。Kitayama 等(2000)在 Mount Kinabalu 的研究也发现 Ca-P 可能是该地区生物有效磷的一个重要来源。海拔 2700～2334m，生物有效磷明显降低，这与 Walker 和 Syers(1976)P 演化模型的预测一致。不过，Al-P 和 Fe-P 浓度较低(图 2-17)表明风化作用导致的次生矿物对磷的吸附作用较小，说明可能还有其他影响土壤有效磷变化的因素。先前的研究发现贡嘎山东坡森林对磷的需求量随海拔的降低而增加(罗辑等，2005)，表明植物对磷需求的增加可能是生物有效磷降低的主要原因。Unger 等(2010)在厄瓜多尔一个热带森林也有类似的发现。该研究发现因植物需磷量随海拔升高的降低，导致有机质层和矿质土壤层的土壤有效磷随海拔逐渐升高(Unger et al.，2010)。

P_o 主要来自植物凋落的分解和微生物的同化作用，其含量随着海拔降低而显著增高(增幅为 26%)，表明植物和微生物作用随着海拔的降低而不断增强。但微生物在其中起多大的作用，则需更深入的研究。Ca-P 的显著降低和 P_o 的显著增加，充分展示了植物在控制燕子沟土壤磷形态转换中的主导作用。植物通过降低土壤 pH 大量溶解原生矿物磷(Ca-P 降低)，一部分被释放的磷(Bio-P)被植物吸收进入生物圈，并通过凋落物分解的形式再返还到土壤圈(P_o 增加)。

被土壤溶液溶解释放的部分原生矿物磷进入土壤溶液后，极易被土壤中具有极大比表面积的次生矿物(如无定形铁和铝)吸附，成为次生矿物磷(如铁结合态磷和铝结合态磷)(Johnson et al.，2003)。燕子沟土壤发育程度很低，不太可能具有高含量的次生矿物，因此，可以发现 Fe-P 和 Al-P 的含量始终较低(图 2-17)。这说明地球化学吸附作用对燕子沟土壤磷形态的转化影响有限。

Res-P 代表土壤中被各种抗风化能力很强的硅酸盐包裹的无机磷。因此，即使土壤 pH 最低已达 4.14(图 2-14)，也无法将这些形态的磷溶解，除了 3761m 样点，Res-P 始终是 TP 的最大组分[图 2-17(b)]。

燕子沟土壤原生矿物磷和有机磷的空间分布呈现显著的垂直地带性特征。植物一方面通过控制土壤 pH 进而影响土壤磷形态的变化；另一方面通过吸收转化无机磷成为有机磷，成为控制土壤磷分布呈垂直地带特征的主要因素。此外，植物还通过其强烈的“泵吸作用”控制着磷在土壤剖面上的分层分布模式。在燕子沟这种土壤发育较弱的土壤中，铁、铝氧化物吸附等地球化学作用对磷形态的影响作用相对较小。

2.4　海螺沟冰川退缩迹地土壤磷的赋存特征

2.4.1　材料与方法

2010 年 5 月中旬从冰川末端开始按照钟祥浩等(1999)确定的土壤发育时间序列采样(图 2-18)。所有剖面的采样均参照《陆地生态系统土壤观测规范》进行。由于研究区内土壤发育时间较短，并未形成完整的土壤剖面(无淋溶层和淀积层)，样品采集时将土壤剖面按颜色和颗粒物特征分为 A、C 两层：A 层，以腐殖质层为主的土壤层；C 层，位于 A 层以下，为母质层。由于 0 年和 12 年样点尚未发育土壤，这两个样点只采集 0～5cm 深度的冰碛物细粒部分。TP、P 形态及相关理化性质的测定方法与 2.3 节的相同。

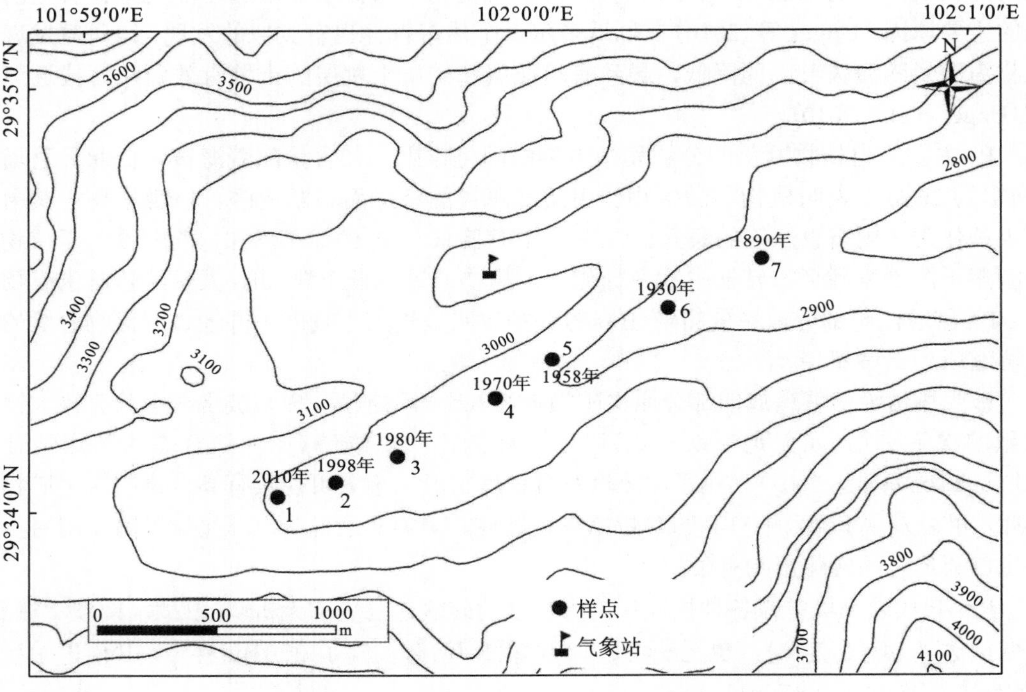

图 2-18　冰川退缩迹地地理位置和样点布设图

2.4.2　母质 P 组成的一致性

海螺沟冰川退缩区土壤时间序列母质 TP 平均含量为 1255mg·kg^{-1}，各样点间变化幅度较小，均一性较高[图 2-19(a)]。A 层 TP 含量随成土年龄发生了较为显著的变化，在 30 年样点和 80 年样点均发生了显著的降低，30 年样点 A 层 TP 约为 C 层的 84%，80 年样点 A 层 TP 含量降至 C 层的约 65%[图 2-19(a)和(b)]。

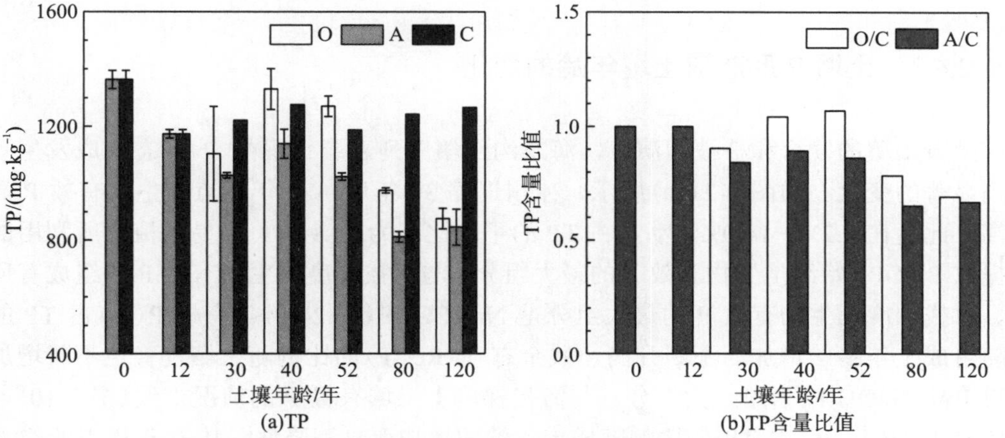

图 2-19 冰川退缩区土壤 TP、TP 含量比值随成土年龄的变化

各样点母质 P 形态组成的同质性也较高。如图 2-20(a)所示，改进的 Hedley 连续提取法得到的结果显示，各样点土壤母质中 P 的形态以原生矿物 P(HCl_{dil}-P_i，磷灰石 P)为主，平均含量为 85%，各点间无显著性差别；极难为生物所利用的残余态 P(Res-P)为第二大组分，平均含量为 11%；第三大组分为浓盐酸提取的 P(HCl_{conc}-P_i)，平均含量为 3%，很难为生物所利用；生物有效 P 含量极低。利用 XANES 法对土壤母质的测定也得到了相似的结果。如图 2-20(b)所示，各样点间原生矿物 P(apatite-P)含量无显著差异，占 TP 的比例为 62%～72%；第二大组分为 Al-P，可以认为这部分 P 是被包含于极难被风化的 Al 硅酸盐中的无机 P。综合上述结果，可以确定海螺沟冰川退缩区土壤时间序列母质中 TP 含量及形态组成均具有较高的同质性。

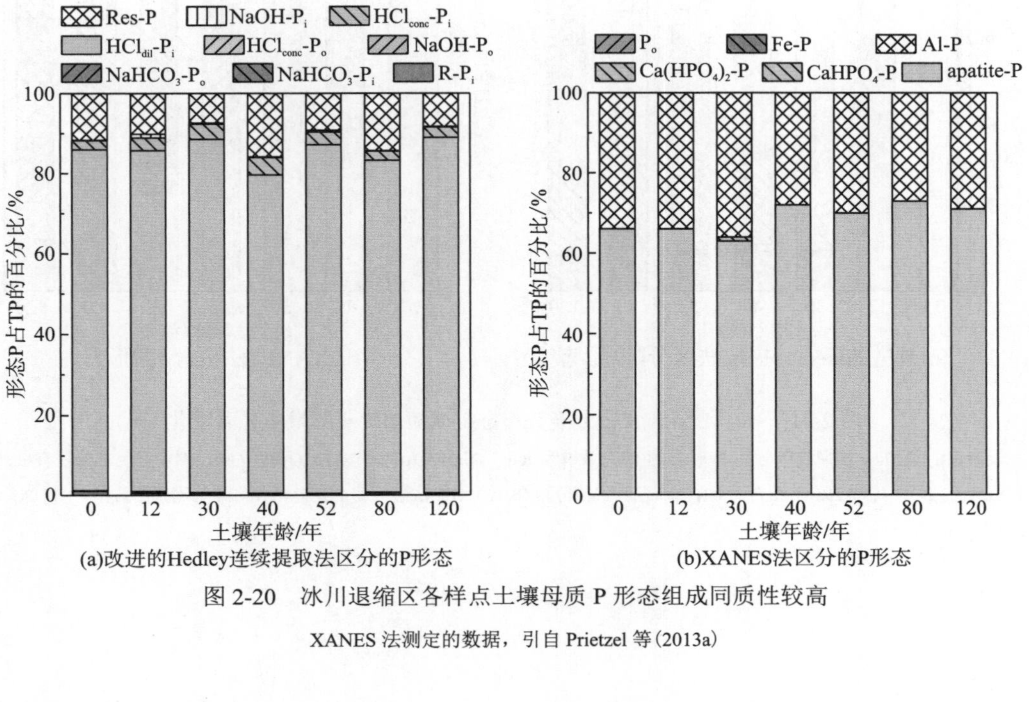

图 2-20 冰川退缩区各样点土壤母质 P 形态组成同质性较高

XANES 法测定的数据，引自 Prietzel 等(2013a)

2.4.3 土壤P形态随土壤年龄的变化

随着土壤的发育和植被的演替，海螺沟土壤序列表层土壤中 P 形态组成发生了一系列显著的变化。如图 2-21(a)所示，冰川退缩 30 年后，30 年样点的生物有效 P 显著升高，此后在 9.2%～14.0%波动，占 TP 的平均比例为 10.98%。最易为植物所利用的树脂提取 P($R\text{-}P_i$)始终是生物有效 P 的最大组分，与海拔梯度上生物有效 P 的组成有所不同。海拔梯度上生物有效 P 的最大组分是 $NaHCO_3$-P(图 2-10)。有机 P(P_o)占 TP 的比例随着成土年龄的增加而不断升高，残余态 P(Res-P)的比例随土壤发育也不断增加。有机 P 中 NaOH-P_o为第一大组分，与海拔梯度上土壤有机 P 的情况一致(图 2-10)。原生矿物 P(HCl_{dil}-P_i)占 TP 的比例随成土年龄的增加而显著降低，从 0 年样点的约 85%降至 120 年样点的约 27%。与次生黏土矿物结合紧密的无机 P(NaOH-P_i)含量始终较低。XANES 法的结果也发现土壤 P 形态随成土过程发生了显著变化。如图 2-21(b)所示，原生矿物 P(apatite-P)随成土年龄的增加而显著减少，而有机 P 含量则显著增加。XANES 结果的另一个独特发现是 Al-P 的显著减少和 Fe-P 的显著增加。总之，尽管测定方法不一样，但是，两种方法的结果都发现原生矿物 P 的降低和有机 P 的增加。

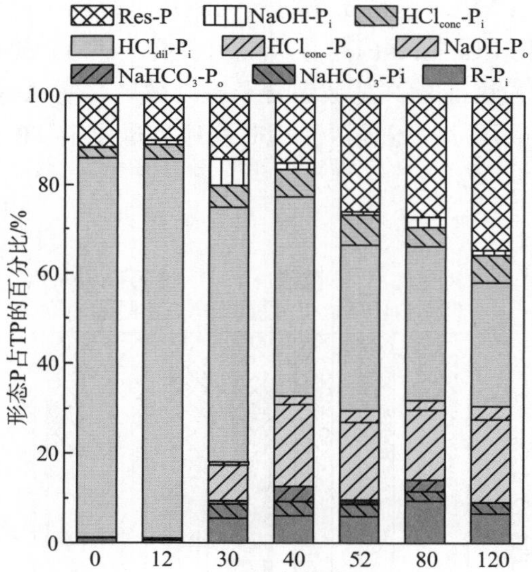

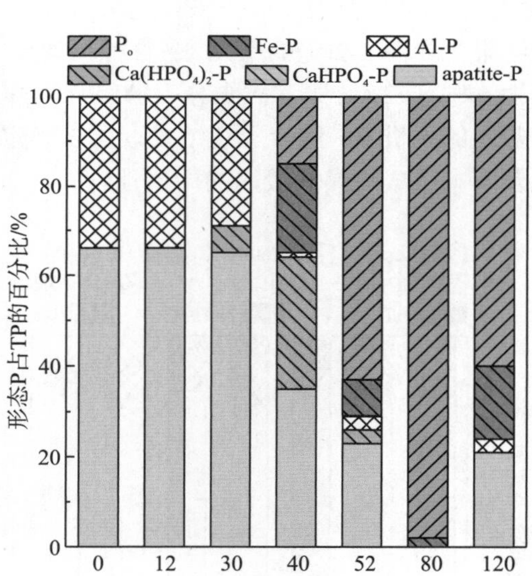

图 2-21 冰川退缩区表层土壤 P 形态组成随成土年龄发生显著变化

(a)改进的 Hedley 提取法区分的 P 形态(生物有效磷为 R-P_i、$NaHCO_3$-P_i和 $NaHCO_3$-P_o之和，图中绿色部分；有机磷为 $NaHCO_3$-P_o、NaOH-P_o和 HClconc-P_o之和，图中左斜线部分)；(b)XANES 法区分的 P 形态[XANES 法测定的数据，引自 Prietzel 等(2013a)]

2.5　早期风化——成土过程与磷循环

2.5.1　冰川退缩区矿物风化过程研究进展

1. 冰川退缩区矿物风化过程与影响因素研究进展

1) 化学风化速率

对于冰川退缩区化学风化速率随时间的变化趋势，目前尚存在一定的争议。Taylor 和 Blum (1995) 对美国怀俄明州的风河山 (Wind River Mountains) 发育于花岗岩冰碛物上的 6 个土壤剖面 (最大年龄 29.7 万年) 的研究发现，化学风化一开始就具有很高的速率，并以一个幂指数函数 ($RLT=215\times t^{-0.71}$，RLT 为长期风化速率，t 为风化时间) 的趋势随土壤年龄的增加而不断降低。Bain 等 (1993) 在苏格兰的研究也发现阳离子的长期风化速率以指数函数的趋势随风化年龄的变大而降低 (Bain et al.，1993)。风化作用早期的这种高化学风化速率可能是三方面的原因造成的：①物理侵蚀为溶解作用提供了大量的具有高比表面积的物质 (Oliva et al.，2003；West et al.，2005)；②高山地区冰川融水中各种离子的浓度很低，各种离子均未达到饱和程度，对比表面积较高的颗粒物具有很高的溶解能力 (Follmi et al.，2009)；③在风化和成土作用早期，矿物的孔隙度很高，具有较高的透水能力，增加了水-岩接触面积和时间 (Oliva et al.，2003)，使溶解反应较为强烈。不过，也有研究认为由于冰川退缩迹地一般位于高寒地带，温度会抑制化学风化的进行 (White et al.，1999a)；随着风化作用出现的 pH 降低能明显地促进化学风化作用 (Driscoll et al.，2001)。因此，化学风化的初始速率不会太快，而应该随着冰川退缩时间的增加而变强，至少在岩性以硅酸盐为主的地区情况应该如此 (White and Blum，1995)。Anderson 等 (1997，2000) 发现，尽管高山冰川的物理侵蚀非常强烈，但是硅酸盐岩的风化速率并未显著地加快；硅酸盐岩风化速率随风化时间的增加而加强，在最老的剖面，硅酸盐岩的风化才起主导作用，冰缘地区硅酸盐岩的风化作用对大气 CO_2 而言不是一个重要的碳汇。

在长期风化速率和当前风化速率之间，目前也尚未取得一致的意见。Taylor 和 Blum (1995) 研究发现长期风化速率比当前风化速率高 3.4 倍，表明可能低估了硅酸盐岩风化消耗的 CO_2 量，因为这个消耗量是基于当前风化速率进行估算的。Nezat 等 (2004) 也赞同 Taylor 和 Blum (1995) 的观点，并认为在没有自然或人类干扰的情况下，当前风化速率应等于当前阳离子的损耗量。而 Bain 等 (2001) 以锆 (Zr) 为参考元素计算长期风化速率，以流域输入-输出法计算当前风化速率，发现当前风化速率比长期风化速率大一个数量级左右。Land 等 (1999) 发现瑞典北部当前风化速率约为长期风化速率的 2 倍。关于长期风化速率和当前风化速率之间的差异，除计算方法外，则是酸沉降、气候条件和风化壳年龄等因素造成的。这就涉及化学风化速率研究的一个重要研究内容：哪些因素影响风化成土过程，又是哪些因素起控制作用。

2) 影响因素

影响冰川退缩区化学风化速率的因素主要包括：岩性(Anderson et al.，2000)、气候(White and Blum，1995)、风化壳年龄(Taylor and Blum，1995)、物理侵蚀(Millot et al.，2002)、人类活动(Driscoll et al.，2001)和生物风化因素(Moulton and Berner，1998)。

(1) 岩性。岩性常被视为影响化学风化速率最重要的因素(Gaillardet et al.，1995)。自然界三大类岩石抗风化能力由弱至强为：蒸发岩<碳酸盐岩<硅酸盐岩(Oliva et al.，2003)。岩性对化学风化影响的研究通常首先判断岩石类型对化学风化的控制。Anderson 等(2000)通过流域水化学研究发现，碳酸盐溶解和硫化物氧化对水体溶质的贡献约为 90%；黑云母的蚀变占 5%～11%，其最大贡献率出现在流域的出口处。Jacobson 等(2002)利用 Sr 同位素和 Ca/Sr 值随风化过程的变化发现，即使新鲜冰碛物中碳酸盐岩质量比例仅为约 1.0%，碳酸盐岩风化控制着喜马拉雅地区水体溶解性 Sr 的通量，碳酸盐岩溶解的贡献超过 90%；但 Ca/Sr 值随时间逐渐降低，表明相对于 Ca/Sr 值较低的碳酸盐岩，具有高 Ca/Sr 值的碳酸盐岩具有更高的溶解度(Jacobson et al.，2002)。Schaller 等(2010)认为，与硅酸盐共存的碳酸盐岩能被更坚硬的硅酸盐(如石英)磨得更细，比表面积更大，因此，即使在主要矿物为硅酸盐的流域，碳酸盐岩的风化也可起主要作用(Schaller et al.，2010)。不过，在冰川退缩刚发生不久的地方，情况可能有所不同。Mavris 等(2010)对一个年龄约为 140 年的土壤序列的研究表明，流域水体由 Ca^{2+}主导，表明含钙矿物的风化和转化速率很高，但所有水样对方解石和白云石都未达到饱和，说明碳酸盐并非该退缩区控制风化的矿物。

Follmi 等(2009)证实，黑云母具有光滑的底面解理，风化很难从解理面开始，故溶解反应通常更易在黑云母的边缘发生。因此，要获得较为准确的黑云母的风化速率，应采用相对边缘表面积进行计算。同时，他们还阐明了黑云母的风化、转化过程：被磨蚀黑云母的边缘部分逐渐地暴露出来并被转化为黑云母-蛭石混合层，最终转化为蛭石。

(2) 气候。气候对化学风化的影响主要通过温度、降水和径流等因子发生作用。Gaillardet 等(1995)认为径流是除岩性外控制风化速率第二重要的因素。White 和 Blum(1995)以河流中 SiO_2 和 Na 的通量作为指标，对 68 个基岩为花岗岩类岩石的小流域研究发现，温度较高和降水较多的流域风化速率较大，说明温度和降水均影响化学风化速率，而且比地形和物理侵蚀的影响更大。但一个在加拿大花岗岩小流域的研究发现，径流和物理侵蚀速率对化学风化的影响更大(Millot et al.，2002)。

(3) 风化壳年龄。Hodson 和 Langan(1999)利用 PROFILE 模型和元素耗损法估算土壤序列的风化速率，发现 PROFILE 模型计算的风化速率随时间变化而逐渐升高，而元素损耗法计算出的速率随土壤年龄增长逐渐降低；本书认为这是由 PROFILE 模型计算时未考虑矿物活性和矿物总表面积随年龄的变化造成的，展示了土壤年龄对矿物风化速率的影响(Hodson and Langan，1999)。Taylor 和 Blum(1995)发现风化壳平均年龄降低 1/10，会增加约 5 倍的风化速率，因此，在长时间尺度上，构造抬升能通过降低风化壳的平均年龄提高风化速率。White 和 Brantley(2003)通过室内实验、原位试验以及对大量硅酸盐岩风化速率的总结，提出硅酸盐岩平均风化速率的公式：$R=3.1\times10^{-13}t^{-0.61}$。通过该公式可知，硅酸盐岩的风化速率仅为时间的单因子函数。而时间(风化壳年龄)影响风化速率的内在机制主要是随着风化的进行，可供风化的表面积逐渐减少，降低了风化速率；外在机制主要是随着土壤的发育，增多的次生矿物降低了矿物的透水能力，以及岩-水比例和土壤溶液浓度的升高，从而降低硅酸盐的风化速率。

(4) 物理侵蚀。普遍认为，冰川环境中强烈的冰川磨蚀和冻融侵蚀等物理风化能有效促进化学风化作用(Oliva et al.，2003；White et al.，1999b)。其主要机制是物理风化能产生大量的粉屑物质，而这些粉屑物质具有很大的比表面积。化学风化和物理风化的耦合正体现于此：比表面积巨大的新鲜矿物的数量与化学风化速率显著正相关(Jacobson and Blum，2003；Riebe et al.，2004；White et al.，1999a)。Mavris 等(2010)在 Morteratsch 冰川退缩迹地(140 年)通过粒径和土壤骨骼含量的分析发现，该迹地的物理风化(冻融风化)相当迅速。

(5) 人类活动。人类活动的影响主要是指酸沉降、矿物粉尘的干沉降和大气 CO_2 浓度的升高。Jacobson 等(2002)发现，在年龄较老的土壤中，干沉降对维持与风化初期相似的、较高的阳离子输出量具有重要作用，补充了风化后期碳酸盐的流失。原位试验发现，矿物风化耗损量和比面积的变化与 pH 显著相关，$pH>4.5$ 的土壤层中矿物耗损量和比面积增幅都较小，表明低 pH 能促进风化作用的进行。而酸沉降对化学风化速率的影响尚不清楚，需要长期、深入地研究以评估酸雨污染对化学风化的影响。Likens 等(1996)和 Driscoll 等(2001)认为酸沉降造成的 pH 降低会导致阳离子大量流失。但酸沉降与冰退区风化速率之间的定量关系还需更深入的研究。此外，在地质年代尺度上，大气 CO_2 浓度的升高也有可能提高化学风化速率(White et al.，1999a)。

(6) 生物风化因素。矿物化学风化可为植物和微生物的繁殖和生长提供必需的营养元素(Follmi et al.，2009)，反过来，植物和微生物也可通过生物物理作用和分泌物的化学作用对矿物风化产生影响(Moulton and Berner，1998；Van Breemen et al.，2000)。

冰岛西部两个研究区的对比研究发现，有植被的研究区中岩石风化释放 Ca^{2+}和 Mg^{2+} 的速率是裸地的 2～5 倍，表明维管束植物可加速岩石的风化(Moulton and Berner，1998)。Hinsinger 等(2001)发现高等植物对玄武岩中主要营养元素和微量元素的溶解过程都具有极大的影响(Hinsinger et al.，2001)。因此，在评估主要营养元素(Ca、Mg 和 K)和微量元素(如 Fe、Si 和 Na)的生物地球化学循环时都应考虑植物对风化作用的影响。Follmi 等(2009)发现，植物根系密度大的地方黑云母风化作用更强，表明根系及其相关的微生物可能加速了冰碛物的风化。

Etienne(2002)发现，冰川一旦退缩，微生物的生物风化就能够迅速地对岩石露头进行化学转化；他们认为，微生物风化可能是冰川退缩区最先开始的风化过程(Etienne，2002)；真菌生长引起的生物化学过程可能是风化壳形成的最主要原因。Lambers 等(2009)认为丛枝菌根真菌在生物风化过程中的作用不积极。而 Quirk 等(2012)的研究却发现，丛枝菌根真菌在风化中是非常活跃的；植物与其共生的真菌共同发生作用时，能促进硅酸盐的风化；真菌优先在最易风化的矿物(钙长石)上繁殖，并通过生物物理作用在矿物表面溶蚀出大量的“沟槽”；随着裸子植物向被子植物的进化，以及其根际同时发生的丛枝菌根(内生菌)向外生菌根进化，对风化的促进作用不断增强，被子植物及外生菌根真菌从玄武岩中释放出的 Ca^{2+}是裸子植物与丛枝根菌菌根作用的 2 倍(Quirk et al.，2012)。Taylor 等(2012)首次构建了一个全球尺度的模拟植物-真菌-岩石圈相互作用的模型，通过模拟发现植物和真菌将气候驱动下的风化作用增强了约 2 倍(Taylor et al.，2012)。

对北欧针叶林的研究发现，外生菌根菌丝能够穿透硅酸盐矿物的微孔，从被包裹的磷灰石内部直接吸收 Ca 和 P(Van Breemen et al.，2000)。谌飞(2007)采用接种实验发现了微生物对磷灰石风化的部分机制：微生物生长引发的生物物理作用(菌丝生长对矿物的穿插作用和机械剥蚀)和生物化学降解作用(分泌有机酸络合磷矿石中的 Ca^{2+}，从而促进风化)是对磷矿石风化的主要动力(谌飞，2007)。Smits 等(2012)进一步阐明了磷灰石风化过程中植物和真菌作用的生理学机制。首先，在 P 限制条件下，植物为与其共生的外生菌根真菌分配更多的光合产物以满足真菌生存的需要；其次，在磷灰石颗粒上繁殖的真菌更容易得到来自植物的碳水化合物；最后，磷灰石上真菌的繁殖使磷灰石的溶解速率增加了 3 倍，以满足植物对有效磷的需求。这三个生理活动相互依存，揭示了为利用磷灰石中的 P，植物-真菌间存在紧密、耦合的相互作用关系(Smits et al.，2012)。

虽然目前关于微生物对矿物风化的机理作了不少定性的阐述，但还需要更加精确的定量研究工作。例如，量化不同空间和时间尺度上植物和微生物风化造成的各种风化产物的产量，并将其纳入生物地球化学循环模型，提高模型预测精度。

上述大部分研究成果对理解长时间尺度上岩石化学风化速率的变化具有重要意义，不过，如果用这些机制来解释冰川刚退缩不久(小于 200 年)的年轻迹地上的矿物地球化学行为，可能不太适合。年轻土壤序列上气候、岩性和地形异质性较小，因此，应该更关注时间和生物作用对矿物风化速率和转化过程的影响。

3)化学风化速率研究方法

常用的化学风化速率计算方法主要有五种：PROFILE 模型、流域物质平衡法、矿物或元素损耗法、锶同位素比值法和基于黏土含量的估算法。续海金和马昌前(2002)曾对前四个方法进行过对比总结。

(1)PROFILE 模型。PROFILE 模型是一个稳定态的综合土壤化学模型，可利用单个土壤的属性(如暴露的矿物面积、土壤分解速率等)计算阳离子的释放速率(Sverdrup and Warfvinge，1988)，应用较为广泛。该方法除能计算土壤的风化速率外，另一个主要的功能是评估酸沉降对森林的危害。由于不考虑土壤属性(如 pH、矿物粒径和水分条件等)随土壤年龄的变化，基于该模型得到的化学风化速率误差较大，最大可达 40%(Jonsson et al.，1995)。

(2)流域物质平衡法。流域物质平衡法(Land et al.，1999)的前提是假设流域处于侵蚀-输出平衡的稳定状态，并要求流域只有一个出水口以便准确估算输出量。为得到较为准确的风化速率，需要对流域的干沉降、湿沉降和水体进行长期、连续的采样。该方法得到的风化速率为当前风化速率，主要反映一个流域当前的总体风化状况，不能计算随时间变化的风化速率。该模型常用于估算流域对大气 CO_2 消耗的能力(Moosdorf et al.，2011；Gaillardet et al.，1999)。

(3)矿物或元素损耗法。矿物或元素损耗法(Taylor and Blum，1995)是在已知土壤剖面风化年龄的前提下，以各土壤层元素或矿物的含量与下伏未风化基岩相应元素或矿物的含量进行对比，并使用钛(Ti)和锆(Zr)等相对稳定的元素进行校正。计算的风化速率为长期风化速率。冰川退缩迹地较易获得风化剖面的年龄，因此，该方法常用于冰川退缩区土壤序列风化速率的研究。

(4)锶同位素比值法。锶同位素比值法(Miller et al.，1993)可用于计算长期风化速率和当前风化速率，通过对比不同时期、不同土壤层、岩石或水体 $^{87}Sr/^{86}Sr$ 的比值，计算元素的溶解速率，并可示踪元素的来源。尽管存在样品采集难度大和测定精度要求高的问题，但由于其广泛的适用性和误差较小等优点，目前已被广泛应用于各种空间和时间尺度的风化速率研究。

^{87}Sr 是放射性同位素，由 Rb(铷)衰变而来。^{86}Sr 则是稳定的。因含 Rb 量不同，不同的矿物具有不同的 $^{87}Sr/^{86}Sr$ 值。钾长石、白云母和伊利石含 Rb 较高($^{87}Sr/^{86}Sr$ 值比较高)，斜长石和碳酸盐岩具有低 Rb 含量和低 $^{87}Sr/^{86}Sr$ 值。不同的风化阶段，风化产物中的 $^{87}Sr/^{86}Sr$ 值不同，通过与未风化矿物的 $^{87}Sr/^{86}Sr$ 值进行比较，并结合矿物成分变化，就可判断风化产物的主要来源以及风化作用所处的阶段。马英军和刘丛强(1999)总结的一个花岗岩风化的大致过程为：开始风化时，黑云母大量释放 ^{87}Sr，$^{87}Sr/^{86}Sr$ 值明显高于基岩；随后斜长石大量风化，风化产物的 $^{87}Sr/^{86}Sr$ 比降低；最后钾长石开始风化时，$^{87}Sr/^{86}Sr$ 值又会升高。

(5)基于黏土含量的估算法。基于黏土含量的估算法(Sverdrup et al.，1990)的优点是模型计算的输入参数少(黏土含量和温度)；而且通过黏土含量的变化将风化时间和岩性等影响因素也纳入了模型。

$$\mathrm{BCw} = (56.7 \times \mathrm{fclay} - 0.32 \times \mathrm{fclay2}) \times d(3600 / 275.6 - 3600 / T)$$

式中：BCw 为某一土壤层的 Ca、Mg、Na 和 K 的总体风化速率；f_{clay} 为土壤粒径<2μm 的土壤含量；d 为土壤深度，m；T 为土壤温度，K。

加拿大气象部门采用该模型评估加拿大流域风化速率和酸沉降可能引发的风险(Canada，2004)。

4)矿物风化过程对土壤 P 形态的影响

(1)土壤的 P 来源及形态划分。尽管有研究发现大气沉降可向陆地生态系统输入一定量的P(Filippelli，2008)，但是大部分土壤中的P都来自岩石(主要是磷灰石)的风化(Walker and Syers，1976)，而且大气中 P 的最终来源也是岩石风化。

根据存在形式，土壤中的磷可分为无机磷和有机磷；根据磷被生物利用的难易程度，可分为速效磷(有效磷)和缓效磷。为了阐明成土过程中矿物组成、各种环境因子和生物因子对磷迁移和形态转化影响的机理，需要将土壤磷形态划分得更加明确。目前较为通用的 Hedley 连续提取法[由 Tiessen 和 Moir(1993)改进] 将磷划分为以下几种形态：①$R\text{-}P_i$：树脂提取态磷，土壤中可自由交换的无机磷，最易被植物和微生物利用，一般含量较低；②$NaHCO_3\text{-}P_i$：碳酸氢钠提取的无机磷，属生物有效磷，可代表植物根系呼吸作用引起的与土壤中磷的交换量；③$NaOH\text{-}P_i$：氢氧化钠提取的无机磷，被吸附于 Fe 或 Al 氢氧化物表面的无机磷，pH 发生变化时可为生物利用；④$NaHCO_3\text{-}P_o$ 和 $NaOH\text{-}P_o$：被吸附于 Fe 或 Al 氢氧化物表面的有机态磷；⑤$HCl_{dil}\text{-}P_i$：稀盐酸提取的无机磷，代表原生矿物磷；⑥$HCl_{conc}\text{-}P_i$：浓盐酸提取的无机磷，属原生矿物磷，较难为生物利用；⑦$HCl_{conc}\text{-}P_o$：浓盐酸提取的有机态磷，可能来自很难被碱性提取剂溶解的颗粒态有机质；⑧Res-P：浓酸都无法溶解的残余态磷(含有机磷和无机磷)，极难被生物利用(Tiessen and Moir，1993)。

为区分地球化学作用和生物作用对成土过程中 P 形态的影响，Cross 和 Schlesinger (1995，2001) 将根据上述方法提取的土壤 P 形态分为地球化学磷 (geochemical P) 和生物磷 (biological P)，用于分析不同成土阶段中生物作用和地球化学作用对土壤 P 形态转变的影响 (Cross and Schlesinger，1995；2001)，该方法是评估生物作用和地球化学作用相对重要性的有效工具 (Litaor et al.，2005；Beck and Elsenbeer，1999)。根据 Cross 和 Schlesinger (1995) 的划分：生物 P 包括 $NaHCO_3$-P_o、NaOH-P_o 和 HCl_{conc}-P_o，地球化学磷包括所有形态的无机 P 和残余态中的有机 P。

(2) 风化过程中土壤 P 形态的变化。针对岩石风化对补充土壤 P 库的重要性，科学家们开展了大量的相关研究工作，以获取岩石风化与 P 释放速率之间较为准确的定量关系。尽管野外观测和室内模拟实验技术难度较大，但仍取得了一些有益的成果。Gardner (1990) 假设溶解性 P 和溶解性 Si (硅) 以相同的比例从风化的岩石中释放出来，并认为残余土中 Si-P 具有较为稳定的比例关系，可利用河水中溶解态 Si 的含量估算化学风化引起的 P 的释放量。该方法的缺点主要有：适用于大流域，但由于大流域中岩石岩性复杂、气候条件差异大，容易造成较大的误差；该方法假设被风化的矿物层不与上层土壤进行交换，很难与 P 的生物地球化学过程联系起来。此后，Fillppelli 和 Souch (1999) 认为 Ge (锗) 相对于 Si 在弱风化强度下更易以固态形式被分馏出来，当风化强度变强后以溶解态释放，更适合用于风化程度较低的地区 (如高山地区)，可利用湖泊沉积物柱芯的 Ge/Si 来量化 P 的释放速率，用于研究冰期-间冰期尺度的流域尺度的 P 风化速率。该方法一方面要求流域必须存在适宜的沉积物柱芯，另一方面得到的 P 的风化速率时间尺度太大。

冰川退缩迹地的风化与成土过程中，矿物成分、矿物粒径、pH、氧化还原电位 (Eh)、土壤有机质含量以及生物活动 (植物根系和微生物) 不断发生变化，控制着土壤 P 库和形态的变化，进而影响土壤 P 的生物有效性。矿物成分的变化主要是指原生矿物因风化减少，而次生矿物逐渐增多，尤其是次生黏土矿物，对土壤 P 形态影响较大。成土过程中，具有较小粒径 (较大比面积) 的矿物成分的增多，会增加矿物对 P 的吸附能力。

土壤 Eh、pH 和活性 Al、活性 Fe 通常通过相互作用共同影响 P 形态。随着成土过程和植物原生演替的进行，植物根系分泌物、凋落物分解和微生物活动使土壤 pH 不断降低，并进一步影响 P 的形态转换。pH 对 P 有效性的影响主要表现在：在酸性土壤中，主要是氧化铁吸附 P；在碱性土壤中，主要是三水铝石吸附 P；偏中性时，主要由黏土矿物吸附 (Devau et al.，2009)。pH 的降低既可增加铝氢氧化物的活性，使其释放生物有效 P，又可增加原生矿物 P 的溶解度，从而增加土壤 P 的生物有效性 (Ohno and Amirbahman，2010)。夏威夷山地森林土壤的研究表明，Eh 控制该地区山地土壤的 P 库。随着降水的增多，Eh 的降低、还原作用的增强，无机 P 逐渐减少，而有机 P 逐渐增多，但由于径流侵蚀作用的加强，导致 TP 减少了约 2/3 (Miller et al.，2001)。还有研究发现，P 的流失与 Eh 变化引起的 Fe 离子的流失显著正相关 (Devau et al.，2009)。最近的研究表明，在影响高山土壤 P 的吸附作用的 Fe 氧化物和 Al 氧化物中，Fe 氧化物的浓度具有控制性作用的影响，Fe 氧化物对 P 的吸附量占二者吸附量的 67% (Kana et al.，2011)。Kunito 等 (2012) 发现 Al 化合物对土壤 P 形态的控制作用比 Fe 化合物强；有效 P/全 P 的值与活性 Al、活性 Fe 和 pH 呈负相关。这说明随着成土过程的进行，越来越多的活性 Al 和活性 Fe 会降低土壤 P 的有效性。

微生物提高土壤 P 的生物有效性主要有以下几种机制。首先，微生物量 P 本身就是植物有效 P 的重要来源之一(Tate，1984)。其次，以研究较多的丛枝菌根真菌为例，微生物增加植物 P 吸收的机制还包括：①拓展更大的土壤空间，缩短 P 离子与根毛之间的距离，增加根系的表面积；②通过增加菌丝对 P 的吸附力、降低根毛吸收 P 的浓度阈值，从而加快磷进入菌丝的速度；③微生物释放有机酸和磷酸酶增加土壤 P 的溶解度(Bolan，1991；Richardson and Simpson，2011)。

土壤磷在垂直剖面的分布(迁移)是不均衡的，这是由生物作用(植物吸收)、成土母质和水分条件(淋溶作用)共同决定的，因为陆地生态系统对 P 的反馈仅限于表土层，而 P 来源于土壤下部的母质，从而造成了 P 在垂向上分布的异质性(Brady and Weil，2007)。不过，对于上述几种因素中哪种因素对 P 在垂向上分布起控制作用，目前还有一定的争议。有学者认为植物对 P 的垂直向上的迁移起决定作用(Ippolito et al.，2010；Jobba′gy and Jackson，2001)；也有报道认为植物对土壤营养元素垂向分布的影响受土壤水分条件的控制(Porder and Chadwick，2009)；而最近在贡嘎山东坡的研究则发现随海拔的降低，植物对 P 在垂向上迁移的控制逐渐增强。

2.5.2　冰川退缩区矿物风化过程与影响因素

1. 物理风化

激光粒度仪测定结果显示，海螺沟冰川退缩迹地土壤母质粒径组成较为均一，总体上黏粒含量很低，而砂粒比例较大(表 2-9)。冰川末端(0 年)和 12 年两样点表层冰碛物颗粒组成与 30 年后所有样点的 C 层颗粒组成基本一致。C 层黏粒的平均含量为 1.84%，而粒径大于 64μm 的砂粒部分的平均含量为 61.28%。

表 2-9　冰川退缩区土壤粒径组成随成土过程的变化　(单位：%)

土层	年龄/年	粒径/μm					
		<2	2～4	4～16	16～32	32～64	64～2000
表层	0	1.12	1.18	6.63	8.39	13.40	69.28
表层	12	1.94	1.92	11.25	14.83	21.32	48.75
A	30	2.93	2.57	12.10	12.32	19.19	50.90
A	40	4.73	3.69	22.89	16.41	14.27	38.02
A	52	3.82	1.67	9.62	11.59	17.48	58.10
A	80	6.04	7.67	26.46	18.56	18.36	22.92
A	120	4.64	5.79	21.99	16.73	19.95	30.90
C	30	1.76	1.50	8.40	10.76	19.90	57.69
C	40	1.05	0.86	4.12	4.42	8.49	81.07
C	52	1.55	1.67	9.62	11.59	17.48	58.10
C	80	2.93	2.41	11.97	13.32	18.91	50.47
C	120	1.93	1.40	7.67	10.73	19.20	59.07

随着风化过程的进行，A 层土壤粒径发生了显著变化(表 2-9)。虽然黏粒成分的比例

依然很低，平均值为 4.43%，但呈现出随土壤年龄增大而逐渐增加的趋势，120 年样点黏粒的含量是冰川末端冰碛物黏粒含量的 414%，是 30 年样点黏粒含量的 158%，是 C 层黏粒平均含量的 241%。2～16μm 部分的比例增加也比较明显：2～4μm 部分从 C 层的平均 1.57%增加到 A 层的平均 4.28%；4～16μm 部分从 C 层的平均 8.36%增加到 A 层的平均 18.61%。大于 64μm 部分则呈现显著的降低趋势，A 层的平均含量为 40.17%，比 C 层的平均含量降低了约 20 个百分点；从时间序列上看，120 年样点 A 层的含量比 30 年样点降低了约 39.3%(表 2-9)。按照国际制土壤质地分类标准，C 层的质地类型属于砂土类的砂土及壤质砂土，而 A 层的质地类型属于砂土类的砂质壤土。

上述结果表明，海螺沟冰川退缩迹地土壤母质粒径组成同质性较好；在冰川退缩后的 120 年间经历了强烈的物理风化作用，使表层土壤的粒径显著变小，砂粒部分显著减少，土壤黏粒含量显著增加。

冰川的强烈磨蚀作用是海螺沟冰川退缩迹地土壤黏粒部分快速增加的一个重要原因。前人对海螺沟冰川冰下融出碛的粒径组成研究发现，其粉砂含量占 51.76%，表明冰下融出碛经历了较强的研磨细化作用(刘耕年等，2009)。大量的粉粒物质为冰川退缩之后快速的物理风化作用提供了良好的条件。

海螺沟冰川退缩迹地的气候条件是物理风化作用强烈的另一个重要因素。该区域温差很大，水分充足，冻融交替作用明显，从而导致矿物颗粒快速破裂、崩解。根据中国科学院贡嘎山高山生态系统观测试验站(3000m 站)的多年观测记录，研究区的多年平均气温为 4.2℃，最低气温为−4.6℃(1 月)，最高温度为 12.5℃(7 月)；每年的 12 月～次年的 3 月平均气温均低于 0℃，为土壤的冰冻期(Wu et al.，2013)。而从地温观测(地表 0cm)结果来看，表层土壤的温差变化也非常大。以 2007 年每日 2 时和 14 时的温差为例，1 月的平均温差为 6.5℃(2 时为−2.8℃，14 时为 3.7℃)，2 月的平均温差为 11.8℃(2 时为−1.0℃，14 时为 10.8℃)，12 月的平均温差为 6.0℃(2 时为−1.8℃，14 时为 4.2℃)。从日最大温差来看，1 月为 21.3℃(最高 15.9℃，最低−5.4℃)，2 月可达 32.0℃(最高 29.0℃，最低−3.0℃)，12 月可达 19.7℃(最高 11.9℃，最低−7.8℃)。

2. *矿物化学风化*

海螺沟冰川退缩迹地强烈的物理风化作用导致矿物颗粒迅速变小，比表面积增大，从而为化学风化作用提供了有利条件。本节将综合分析矿物连续提取、水化学和矿物组成成分等方面的结果，对冰川退缩迹地矿物的化学风化特征和主要风化过程进行探讨。

1)矿物元素组成与变化

(1)母质矿物元素组成。除 Ca 元素外，各样点母质中矿质元素 Mg、K、Na、Al、Fe 和 Si 的含量基本一致，具有较高的同质性(图 2-22)。30 年和 40 年样点母质中 Ca 的浓度显著地高于其后的三个样点，说明这两个样点与后三个样点中的 Ca 可能具有不同的来源。各元素中，Si 的含量最高，C 层的平均含量为 $10.75mol·kg^{-1}$，约为含量最高的金属元素(Al)的 5 倍。金属元素中，含量由高至低依次为：Al>Ca>Mg>Na>Fe>K(图 2-22)。Si 和 Al 含量最高，说明铝硅酸盐可能是母质中最主要的矿物。

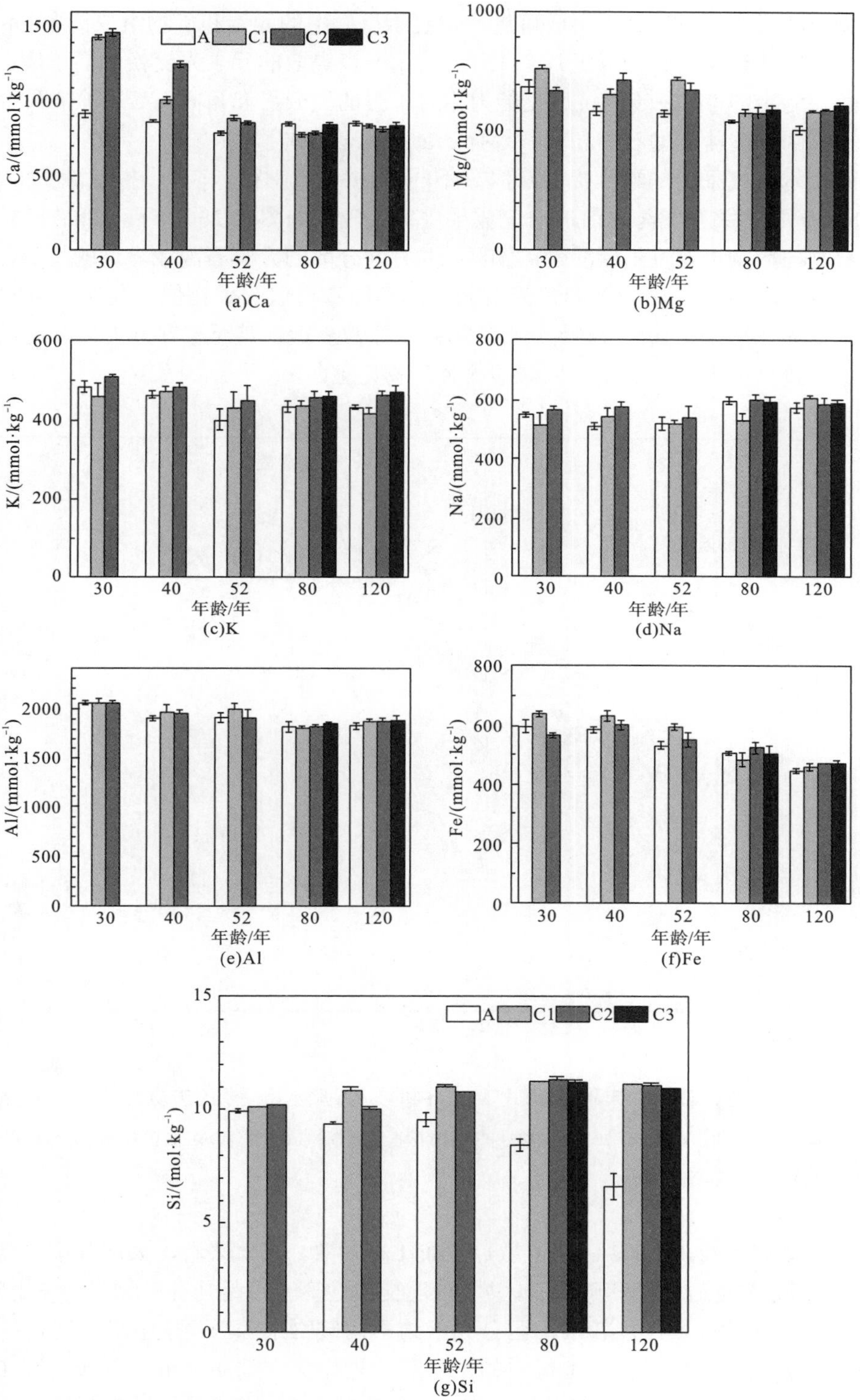

图 2-22　不同样点中主要矿质元素浓度

Si 为 X 荧光仪测得

矿物连续提取所得的元素组成可进一步展示母质中的元素和矿物组成情况。本节所采用的连续提取法将元素分为以下几个来源：①第一步提取的元素为交换性离子库；②第二步以碳酸盐为主；③第三步为抗风化能力相对不强的黑云母和角闪石等；④第四步为抗风化能力最强的硅酸盐，如石英和长石等(Nezat et al.，2007)。

为确定本研究采用的连续提取法区分不同矿物的准确性，将各步提取液中的 Mg/Na 和 Ca/Na 摩尔比关系图与先前的研究成果进行比较。如图 2-23 所示，第二步提取液的 Mg/Na-Ca/Na 散点主要位于碳酸盐矿物区，并有向分散的方解石区域靠近的趋势；第三步提取的矿物主要位于花岗岩类的角闪石区域；第四步提取的矿物位于花岗岩类的硅酸盐区；而全土的 Mg/Na-Ca/Na 散点分布与第四步非常靠近，甚至有部分重叠，这说明海螺沟冰川退缩迹地成土母质的确是以硅酸盐类矿物为主。

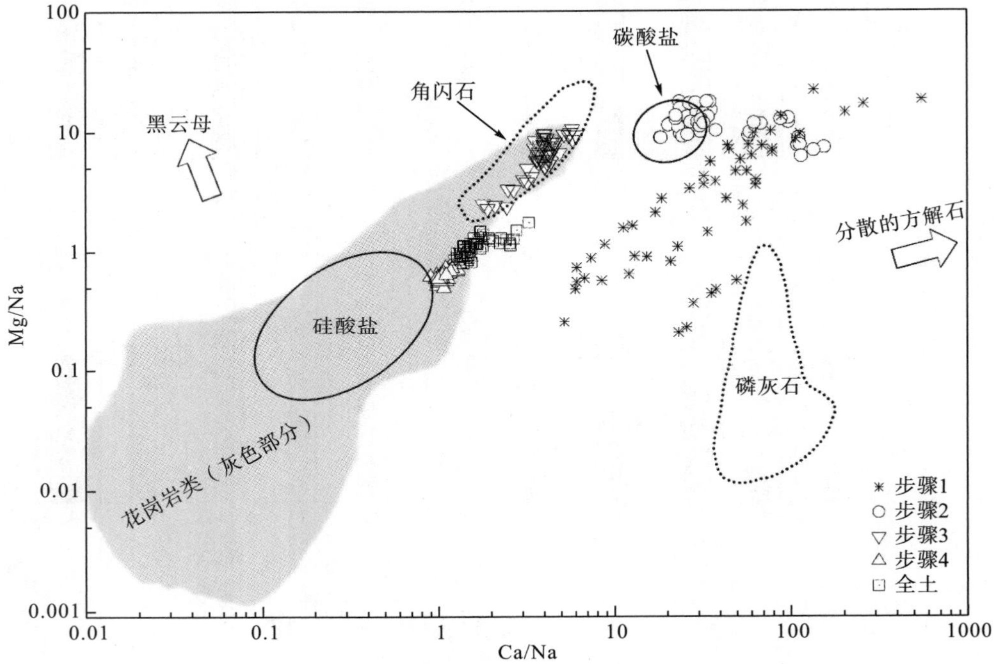

图 2-23　各步骤提取液中 Mg/Na 和 Ca/Na 摩尔比展示的矿物类型

黑云母和磷灰石数据引自 Oliva 等(2004)；碳酸盐和硅酸盐数据引自 Gaillardet 等(1999)；角闪石数据引自 April 等(1986)；分散的方解石数据引自 White 等(1999b)

第一步提取液的 Mg/Na-Ca/Na 散点分布比较发散。总体来看，大部分位于碳酸盐区域，但也有部分靠近硅酸盐和磷灰石区域，说明交换性离子库是几种矿物共同作用的结果。

在确定了连续提取法能较准确区分元素的不同矿物来源后，接下来利用连续提取法获取的元素数据对冰川退缩迹地母质的矿物和元素作更详细的分析。例如，同 Ca 元素的浓度差异，30 年和 40 年样点各步骤中 Ca 含量占总 Ca 的比例与后 3 个样点也有所不同[图 2-24(a)，表 2-10(a)～(d)]。前两个样点中，约有 50%的 Ca 在第二步被提取出来，约 10%在第三步被提取出来，第四步被提取的比例约为 40%；然而，后三点中只有约 15%的 Ca 在第二步中被提取出来，第三步仍为 10%左右，而第四步则占 70%左右。这说明前两个样点母质中的 Ca 约有 1/2 来自含 Ca 较多的碳酸盐类矿物，而后三点母质中的 Ca 主要来自含 Ca 的硅酸盐类矿物。此外，这也说明含 Ca 碳酸盐类矿物在前两个样点中的含量比后面样点高约 3 倍。

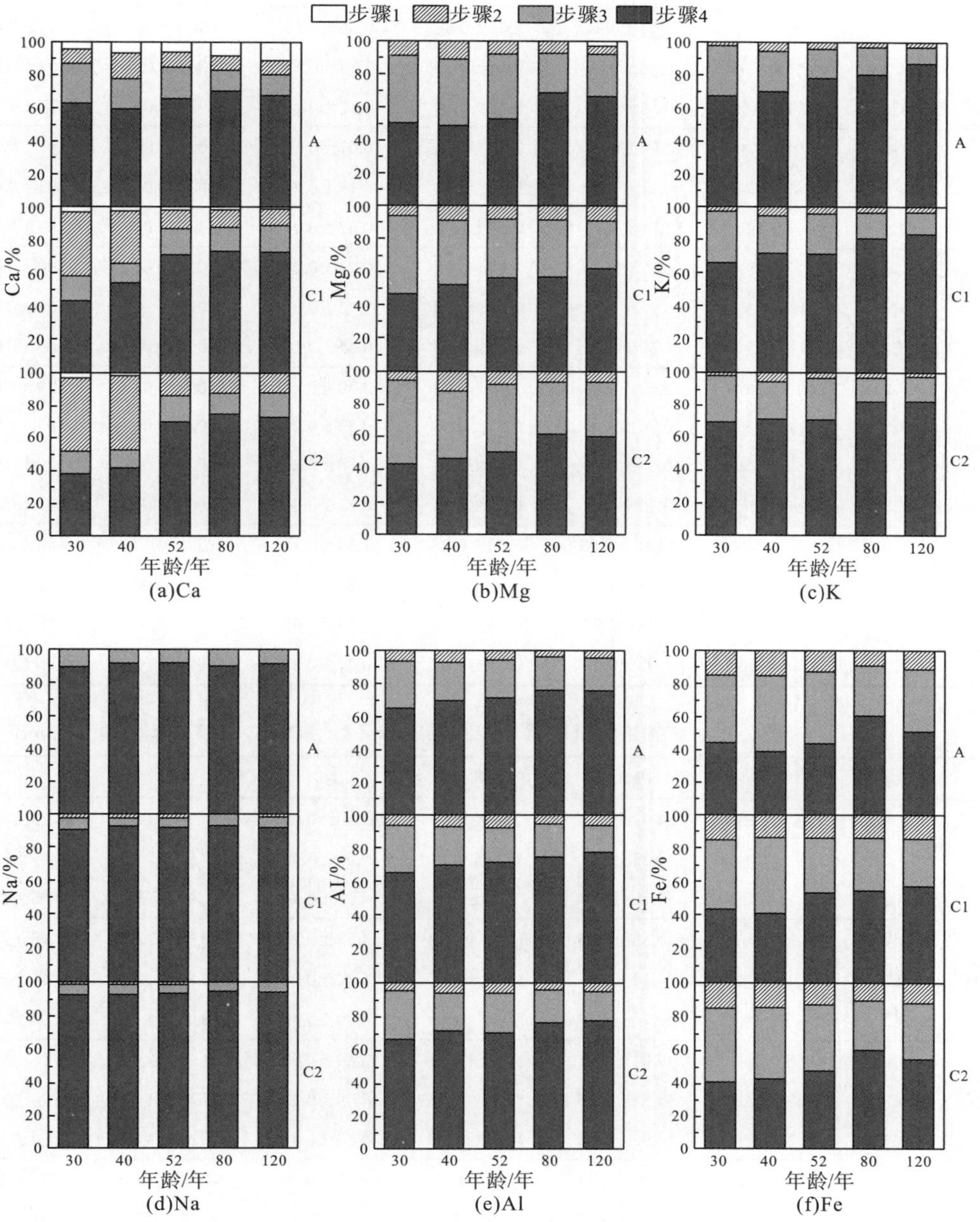

图 2-24　矿物连续提取法测得的各步骤 Ca、Mg、K、Na、Al、Fe 占相应元素总量比例随成土年龄的变化

各样点母质中 Mg 和 Fe 的分布较为相似[图 2-24(b)和(f)，表 2-10～表 2-13]。母质中约有 50%的 Mg 和 Fe 来自最难风化的硅酸盐，40%左右来自黑云母和角闪石等相对较易风化的硅酸盐，而仅有 10%来自碳酸盐矿物。

表 2-10　矿物连续提取第一步结果(交换态离子库)　(单位：$mmol \cdot kg^{-1}$)

年龄/年	土层	Ca	Mg	K	Na	Al	Fe
30	A	39.02±1.10	4.07±0.31	2.01±0.08	0.56±0.10	0.00±0.00	0.12±0.01
	C1	44.55±3.68	0.56±0.06	0.80±0.08	1.14±0.17	0.00±0.00	0.01±0.01
	C2	52.91±2.90	0.55±0.03	0.88±0.04	2.12±0.21	0.00±0.00	0.22±0.18
40	A	60.00±3.39	5.04±0.45	2.03±0.24	0.61±0.13	0.00±0.00	0.01±0.00
	C1	22.89±1.42	1.11±0.19	0.63±0.11	0.17±0.08	0.00±0.00	0.03±0.01
	C2	22.11±1.26	1.06±0.17	0.55±0.02	0.62±0.07	0.00±0.00	0.03±0.01
52	A	47.12±2.95	6.17±0.20	3.19±0.22	0.73±0.08	0.02±0.01	0.00±0.00
	C1	9.48±0.37	0.94±0.13	0.64±0.09	1.42±0.01	0.03±0.00	0.03±0.01
	C2	9.91±0.95	0.59±0.04	0.56±0.02	0.65±0.19	0.00±0.00	0.03±0.01
80	A	74.13±5.65	8.68±0.65	3.55±0.29	2.20±0.10	0.09±0.02	0.29±0.02
	C1	9.23±0.81	0.94±0.09	0.63±0.03	0.83±0.29	0.02±0.01	0.05±0.04
	C2	7.24±0.56	0.64±0.11	0.54±0.11	1.10±0.26	0.00±0.00	0.00±0.00
	C3	8.08±0.91	0.45±0.06	0.43±0.03	0.51±0.06	0.00±0.00	0.13±0.05
120	A	93.67±5.16	14.62±0.97	5.50±0.77	1.94±0.11	0.73±0.17	0.47±0.02
	C1	8.77±0.89	1.37±0.15	0.63±0.07	0.37±0.11	0.04±0.02	0.01±0.01
	C2	8.16±0.79	0.98±0.07	0.54±0.03	0.14±0.08	0.00±0.00	0.00±0.00
	C3	11.03±0.69	1.05±0.05	0.65±0.07	0.27±0.07	0.00±0.00	0.02±0.01

表 2-11　矿物连续提取第二步结果($1\ mol \cdot L^{-1}\ HNO_3$，20℃)　(单位：$mmol \cdot kg^{-1}$)

年龄/年	土层	Ca	Mg	K	Na	Al	Fe
30	A	79.84±1.68	54.92±2.38	7.55±0.27	3.40±0.08	114.70±7.13	84.53±7.34
	C1	552.14±11.78	40.69±2.23	8.15±0.28	5.01±0.08	107.91±2.83	91.47±1.94
	C2	653.81±4.96	34.06±0.73	7.76±0.31	4.99±0.31	97.88±0.35	83.08±1.33
40	A	131.31±4.99	61.50±2.03	19.96±0.93	4.52±0.26	126.91±2.85	85.98±2.30
	C1	312.91±9.86	54.34±2.69	16.34±0.90	5.12±0.04	114.87±4.16	78.63±3.26
	C2	583.78±10.25	79.10±2.49	25.45±1.29	6.30±0.19	113.01±3.14	85.00±2.90
52	A	72.23±1.41	39.04±2.21	11.62±0.51	3.69±0.04	101.37±3.11	65.11±5.46
	C1	100.68±6.38	54.55±3.05	12.00±0.25	4.09±0.21	131.49±1.45	76.74±1.86
	C2	106.27±2.93	46.92±1.04	13.20±0.69	4.60±0.41	115.63±3.87	68.64±3.60
80	A	68.19±4.12	28.82±2.14	8.01±1.51	2.00±0.10	64.01±2.81	42.25±2.30
	C1	78.98±4.30	42.94±0.93	10.48±1.00	2.92±0.17	85.09±3.73	55.75±2.29
	C2	83.91±5.29	32.81±2.86	9.13±1.41	3.25±0.28	76.21±8.85	45.73±6.02
	C3	85.43±1.00	38.10±1.82	9.36±1.55	3.29±0.22	77.85±6.18	48.70±4.47

续表

年龄/年	土层	Ca	Mg	K	Na	Al	Fe
120	A	73.76±1.74	23.63±1.34	5.24±0.58	2.26±0.08	76.83±3.83	47.32±2.98
	C1	77.74±0.92	46.66±0.18	6.75±0.46	3.25±0.22	95.68±1.19	62.24±1.48
	C2	84.91±1.62	36.49±2.29	7.16±0.40	2.79±0.21	83.87±5.00	52.29±2.15
	C3	90.06±1.60	37.51±2.70	7.16±0.14	2.99±0.14	81.65±4.59	52.46±2.92

表 2-12　矿物连续提取第三步结果（1 mol·L^{-1} HNO_3，200℃）（单位：mmol·kg^{-1}）

年龄/年	土层	Ca	Mg	K	Na	Al	Fe
30	A	221.16±4.86	284.27±7.44	145.66±2.50	52.84±0.96	589.62±13.35	248.24±4.81
	C1	216.01±14.20	367.09±7.55	144.96±5.66	38.52±1.14	600.61±18.39	266.47±1.74
	C2	213.34±6.46	356.16±6.55	151.61±0.82	37.65±1.08	607.73±7.48	256.61±15.24
40	A	162.12±2.43	235.60±8.63	118.03±7.04	37.71±2.56	588.05±7.88	272.48±5.68
	C1	121.67±3.97	255.46±11.55	110.55±6.61	32.06±1.02	445.51±16.44	291.92±10.51
	C2	142.19±6.86	310.83±11.79	113.00±2.92	35.22±1.44	468.64±12.85	267.42±12.52
52	A	149.61±4.93	224.67±7.54	78.92±5.79	37.74±2.47	435.62±15.71	237.98±8.09
	C1	138.61±7.72	256.29±10.80	110.05±7.44	34.82±0.40	431.38±18.11	198.83±13.10
	C2	145.06±7.30	288.94±22.88	117.75±9.25	36.52±1.40	430.76±33.48	215.54±1.45
80	A	108.04±3.01	136.28±5.02	70.77±4.33	56.11±1.03	455.92±5.46	152.91±6.89
	C1	117.14±4.28	202.31±6.97	71.49±6.08	29.51±2.45	369.80±11.18	150.40±12.22
	C2	108.36±1.76	190.54±18.91	75.42±7.23	30.31±2.08	364.39±3.01	149.09±9.25
	C3	113.74±6.32	221.76±9.97	73.45±5.90	29.26±1.76	347.64±6.80	146.11±4.21
120	A	111.41±2.93	132.22±6.49	45.37±5.47	44.27±1.78	339.61±10.54	167.97±6.42
	C1	132.83±3.97	166.71±2.71	56.78±3.87	41.65±1.61	374.68±11.18	132.72±1.58
	C2	130.87±4.15	197.41±7.95	73.52±1.59	33.08±1.18	325.19±2.70	161.44±4.26
	C3	123.93±1.94	212.05±5.71	84.57±3.21	27.54±0.65	341.83±7.64	166.41±4.81

表 2-13　矿物连续提取第四步结果（浓 HNO_3+HCl+HF，200℃）（单位：mmol·kg^{-1}）

年龄/年	土层	Ca	Mg	K	Na	Al	Fe
30	A	573.36±20.98	347.17±24.41	328.81±15.61	493.07±7.89	1344.39±18.04	266.83±19.71
	C1	620.77±28.44	361.16±18.65	308.68±25.31	473.62±37.36	1350.54±22.57	282.42±12.04
	C2	545.87±17.38	285.84±6.91	350.08±3.47	523.73±10.92	1379.81±11.96	228.67±5.42
40	A	513.25±5.65	283.68±12.17	327.50±4.48	469.25±8.82	1334.12±27.04	228.33±8.02
	C1	552.25±19.92	347.60±9.74	337.21±16.78	508.91±26.53	1385.65±56.51	263.93±14.57
	C2	517.52±7.97	329.61±14.38	333.09±10.10	511.41±23.96	1369.34±40.35	256.12±7.49
52	A	513.09±3.17	304.59±3.72	334.46±7.44	478.01±20.92	1369.54±24.99	234.11±2.75
	C1	635.43±28.66	407.25±11.97	308.91±36.75	481.51±9.26	1411.59±54.21	314.43±11.14
	C2	594.41±3.24	341.56±8.63	312.00±36.13	502.17±34.70	1356.46±64.34	256.85±19.90

续表

年龄/年	土层	Ca	Mg	K	Na	Al	Fe
80	A	593.70±6.15	367.29±5.03	351.30±8.41	537.29±13.44	1381.64±50.67	311.09±8.21
	C1	566.05±9.80	329.43±9.89	354.80±14.81	500.20±18.76	1354.26±10.28	258.43±17.00
	C2	581.70±9.92	352.49±6.30	373.98±6.42	566.91±14.31	1397.05±13.20	296.80±18.55
	C3	630.06±17.43	330.49±19.17	343.79±24.22	558.86±16.46	1439.77±2.79	275.83±24.55
120	A	568.94±10.94	331.20±13.73	392.00±14.83	526.52±17.90	1369.44±37.37	229.36±7.26
	C1	607.59±8.34	359.70±6.83	342.49±14.90	551.82±11.50	1446.47±12.96	267.59±5.44
	C2	565.62±18.70	343.42±9.62	370.91±10.01	536.12±20.04	1428.27±25.11	248.79±7.16
	C3	615.49±19.13	362.63±10.20	365.39±14.39	555.67±9.65	1462.10±44.74	265.13±9.45

K 和 Al 的分布也较为相似[图 2-24(c)和(e)，表 2-10～表 2-13]。约有 70%～80%的 K 和 Al 来自最难被风化的长石等硅酸盐，其余 20%～30%来自黑云母和角闪石等硅酸盐，来自碳酸盐或其他较易被风化矿物的 K 和 Al 则不足 5%。K 和 Al 的分布模式一方面表明母质中超过 90%的 K 和 Al 均来自硅酸盐；另一方面，Al 的含量是金属元素中最高的，因此，也可推断铝硅酸盐在母质中占有极大的比例。

海螺沟冰川退缩迹地母质中约 90%～95%的 Na 均存在于最难被风化的长石中[图 2-24(d)，表 2-10～表 2-13]。而钠长石是一种常见的硅酸盐，再加上很高含量的 Al 的存在，因此可以认为这些 Na 基本上都来自钠长石。

此外，各样点母质的不同提取液中元素(除 Ca 外)比例分布的一致性[图 2-24(a)～(f)]，再次说明海螺沟冰川退缩迹地主要矿物组成的同质性较高。

(2) 表层矿物元素变化。采用贫化因子(depletion factor)来定量评估 A 层中元素随风化过程的变化。由于 80 年和 120 年样点中 A 层的 Si 相对于 C 层减少比较明显[图 2-22(g)]，而钛(Ti)在剖面上的变化不大，本节采用 Ti 作为参考元素来计算主要矿物中金属元素的贫化因子。此外，为了减少有机质吸附作用对贫化因子的影响，在计算贫化因子时，A 层的元素浓度应扣除交换态离子库。

表层土壤中 Ca 随风化过程的变化最明显，而且与其他元素的变化模式有较大的差异(图 2-25)。Ca 的损失量在 30 年和 40 年两个年轻样点最大，在 52 年和 80 年两点最小，随后在 120 年又有所增多，但仍未达到前两点的损失量。这种变化模式反映了母质的岩性和风化时间对风化过程的控制。具体来讲，尽管前两点的风化时间很短，但是由于抗风化能力很弱的碳酸盐矿物含量较多，表层中的碳酸盐被大量溶解，从而导致 Ca 的流失；同时，由于风化时间较短，风化作用尚无法作用于较深的土壤母质，因此，母质中的 Ca 含量依然较高表 2-11。52 年及以后的两个样点母质中的 Ca 含量比较一致，且绝大部分存在于硅酸盐中，较短的风化时间尚不足以造成硅酸盐中 Ca 的大量流失，因此损失量较小。不过，仍然可以发现，120 年样点的表层中 Ca 有一定的流失，说明 120 年的风化作用可造成部分抗风化能力较弱的硅酸盐的溶解。

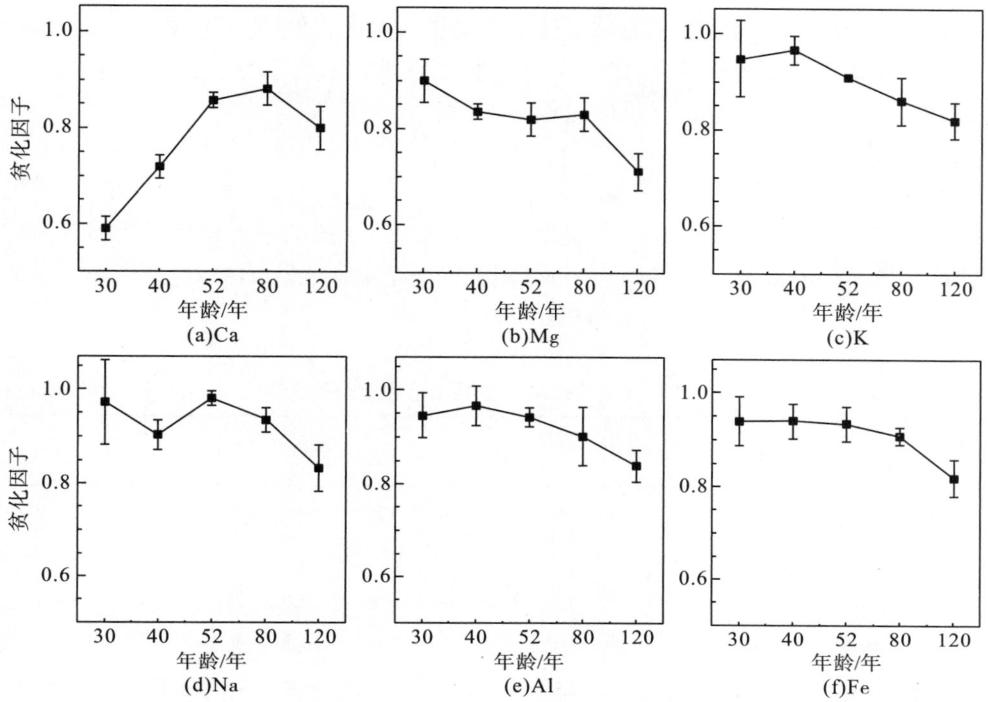

图 2-25　A 层主要金属矿物元素的贫化因子

利用 Ti 标准化

总体来看，除 Ca 以外的 5 种元素的损失量都随风化时间的增加而增加(图 2-25)。Mg 是几种主要金属离子中损失量第二大的。从 30 年到 80 年样点，Mg 的贫化因子变化不大，没有显著差别，但在 120 年样点却有较大幅度的损失。

Al 和 K 的贫化因子的变化趋势和数值具有高度的一致性(p=0.690)。这与其浓度分布的一致性是相似的(图 2-24)，说明 Al 和 K 的损失极可能都来自硅酸盐的溶解。作为主要来自硅酸盐的元素 Na，其损失量很小，前四个样点间无显著差异，120 年样点的损失量稍大。

综上所述，通过矿物连续提取法获得的数据可知，海螺沟冰川退缩区土壤母质的矿物组成以硅酸盐为主，前两个样点的碳酸盐含量相对较多；Ca 和 Mg 是风化作用造成的损失量最大的元素；碳酸盐的风化可能是这些元素损失的最主要原因，但在 120 年样点，硅酸盐可能也有一定程度的风化。不过，仅依靠矿物连续提取法的数据尚无法完全确定上述结论的准确性。因此，有必要对退缩区内和邻近水体主要离子的水化学特征进行研究，以了解更详细、更确切的矿物化学风化过程。

2.5.3　水化学特征

自然界水体水化学特征主要受河流流经区岩石岩性、气候、土壤、植被、降水的化学性质以及人类活动的影响。而未被污染的河水的水化学性质则主要受地质条件的影响，其余因子如气温、湿度、地形和生物等的影响不及总和的 10%(Meybeck，1987)。因此，流域中岩石的地球化学作用决定了流域水体主要离子的组成比例(张立成和董文江，1990)。反之，可通过对水体主离子组成的分析，识别控制该水体水化学特征的基本过程，反演流域内地表岩石所经历的地球化学反应过程。

1. 水化学主离子特征及水化学类型

海螺沟冰川退缩区不同年代样点溪流和邻近冰川河干流的水体总体呈弱碱性，冰川末端处的冰川融水 pH 最高，而 80 年样点处溪流的 pH 最低(表 2-14)。总体来看，溪流的 pH(8.11)低于干流(平均值 8.41) (p=0.026)。

表 2-14 冰川退缩迹地水体主要离子浓度 (除 Sr 外，其余离子的单位：$mg \cdot L^{-1}$)

样号	位置	类型	Ca^{2+}	Mg^{2+}	K^{+}	Na^{+}	HCO_3^-	Cl^-	SO_4^{2-}	TDS	Sr /($\mu g \cdot L^{-1}$)	Ca/Sr	pH
1	冰川末端	冰川融水	18.52	0.50	3.02	0.26	62.60	0.19	4.09	89.18	58	698.05	9.04
2	30 年样点附近	冰川河干流	16.13	1.15	3.42	0.58	46.74	0.17	9.85	78.05	43	818.40	8.91
3	30 年样点附近	冰川河干流	16.64	1.29	3.69	0.52	45.88	0.27	10.20	78.49	45	802.81	8.49
4	52 年样点附近	冰川河干流	17.61	1.40	3.95	1.05	54.92	0.32	10.96	90.21	48	798.67	8.71
5	52 年样点附近	冰川河干流	30.62	3.43	2.81	1.50	66.39	0.29	31.76	136.79	79	847.22	8.23
6	80 年样点附近	冰川河干流	24.01	1.62	4.48	1.22	58.33	0.61	24.58	114.85	74	706.69	7.98
7	80 年样点附近	冰川河干流	25.12	1.96	4.65	1.14	61.02	0.47	24.42	118.79	73	749.03	8.25
8	80 年样点附近	冰川河干流	25.36	2.28	4.68	1.14	63.26	0.46	23.94	121.12	71	779.85	8.30
9	30 年样点附近	溪流	62.67	4.75	6.63	1.59	178.73	0.38	36.38	291.13	105	1302.37	8.19
10	30 年样点附近	溪流	59.91	4.61	5.24	1.04	148.39	1.11	57.82	278.12	159	823.78	8.24
11	30 年样点附近	溪流	56.48	3.35	4.28	0.64	165.14	0.64	19.56	250.10	123	1001.58	8.25
12	52 年样点附近	溪流	47.74	4.20	6.95	0.79	158.11	0.21	15.48	233.48	99	1052.04	8.12
13	52 年样点附近	溪流	59.80	6.51	5.88	1.16	164.75	0.31	41.75	280.16	113	1156.99	8.07
14	52 年样点附近	溪流	58.41	4.98	4.84	0.94	160.76	0.74	36.96	267.63	120	1063.63	8.31
15	52 年样点附近	溪流	48.95	3.98	4.66	0.79	145.54	0.67	18.82	223.40	121	887.57	8.01
16	80 年样点附近	溪流	59.93	6.81	5.87	1.19	154.10	0.38	41.71	269.99	112	1169.85	7.99
17	80 年样点附近	溪流	62.94	5.37	6.73	1.03	183.25	0.26	35.59	295.17	127	1086.33	8.41
18	80 年样点附近	溪流	61.14	6.17	4.20	1.17	159.63	0.82	32.32	265.46	111	1200.12	7.89
19	80 年样点附近	溪流	62.04	6.58	4.22	1.24	120.63	0.91	42.93	238.55	112	1205.74	7.77
	雨水									20～50			
	大渡河泸定段									185			
	世界河流									115			

注：所有样点都未检出 CO_3^{2-}。

为了更清楚地展现冰川退缩迹地矿物风化对水体主要离子组分的影响，本书将样点分为退缩区溪流和干流两部分，溪流主要为流经退缩区样地的小溪，主要代表冰川退缩区风化作用的影响；干流则为紧邻退缩区的海螺沟冰川河干流，更能反映冰川流域整体风化作用的影响(表 2-14)。溪流水体的 TDS 含量(表 2-14 中七种离子的质量浓度之和)均在 $200mg \cdot L^{-1}$ 以上，平均值为 263.02 $mg \cdot L^{-1}$，含盐量较高，远高于一般雨水含盐量(20～$50mg \cdot L^{-1}$)(沈照理等，1993)，也高于下游河流大渡河泸定段的 TDS 平均值 $185mg \cdot L^{-1}$(秦建华等，2007)以及世界河流 TDS 平均值 115 $mg \cdot L^{-1}$(Zhu and Yang，2007)；干流区 TDS 平均值为 105.47 $mg \cdot L^{-1}$，比大渡河泸定段和世界河流 TDS 平均值都低(Zhu and Yang，2007；秦建华等，2007)。溪流中 TDS 显著高于干流的值充分说明冰川退缩区的风化作用比全流域的风化作用更为强烈。

总体来看，水体阳离子各组分含量在溪流中依次为 $Ca^{2+} > Mg^{2+} \approx K^{+} > Na^{+}$，在干流区则为 $Ca^{2+} > K^{+} > Mg^{2+} > Na^{+}$ (表 2-14)。不过，所有水体中 Ca^{2+}始终是最主要的阳离子组分，其占水体阳离子总量的 81.9%。阴离子含量在全流域的比例都比较一致，均为 $HCO_3^{-} > SO_4^{2-} > Cl^{-} > CO_3^{2-}$。所有水体中都未检测出 CO_3^{2-} 的存在。因此，冰川退缩区水化学类型为 Ca^{2+}- HCO_3^{-} 型。这与青藏高原东部长江水系的水化学特征和类型是基本一致的(秦建华等，2007)。先前一些研究也发现结晶岩地区冰川融水中的主要离子是 Ca^{2+} (Anderson et al.，2000，1997；Eyles et al.，1982；West et al.，2002)。

2. 水体主离子来源及控制因素

通过对世界地表水化学组分的分析，Gibbs(1970)将控制天然河水组分来源的因素分为三个类型：降水控制型、岩石风化型和蒸发-结晶型。Gibbs 模型是定性地判断区域岩石、大气降水及蒸发-结晶作用对河流水化学影响的有效手段。如图 2-26 所示，冰川退缩迹地水体离子组成绝大部分都落在 Gibbs 分布模型内。这一方面表明海螺沟远离人类活动，河水受人为干扰较少。另一方面则清楚地说明海螺沟流域水化学主离子主要来自岩石的风化。该判断与整个长江上游水系水体离子的主要来源是一致的(王亚平等，2010)。

阴、阳离子三角图可表示河水溶质载荷主要离子的相对丰度和分布特征，从而揭示不同岩石风化对河水总溶质成分的相对贡献率(Huh et al.，1998)。主要受碳酸盐岩风化影响时，阴离子组分点多落在 HCO_3^{-} 一端，而阳离子组分多落在 Ca^{2+}一端；主要受蒸发岩盐影响时，阴离子多落在 SO_4^{2-} -Cl^{-}线上，远离 HCO_3^{-} 一端，阳离子组分则偏向(K^{+}+Na^{+})端(Meybeck，1987)。利用阴、阳离子三角图，可以在已知为岩石风化控制冰川退缩区水体离子组分的基础上，进一步确定是哪类岩石的风化控制其组成。由图 2-27 可知，在阳离子 Ca^{2+}-Mg^{2+}-(K^{+}+Na^{+}) 组成的三角图中，组分点主要靠近 Ca^{2+} 端元；阴离子 HCO_3^{-}-SO_4^{2-}-Cl^{-} 三角图则显示元素组分主要落在 HCO_3^{-} 线上，且靠近 HCO_3^{-} 一端。这些结果说明冰川退缩区水体化学成分主要受碳酸盐岩风化的控制。

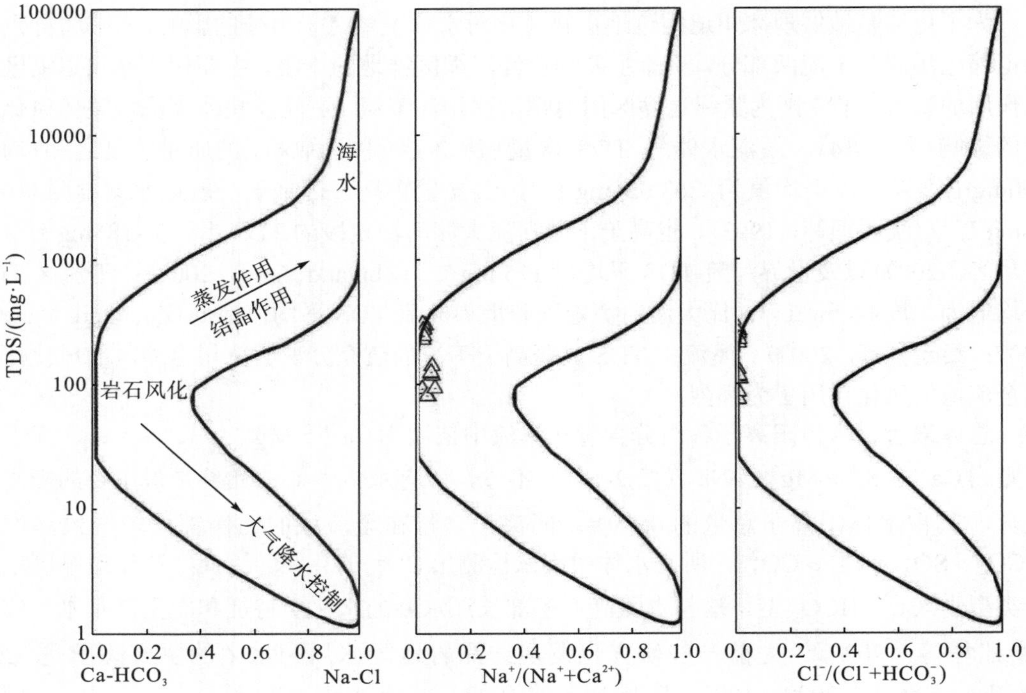

图 2-26 海螺沟冰川退缩区水化学 Gibbs 分布图

注：图中三角符号表示冰川退缩区水样中的主要离子受岩石风化的控制

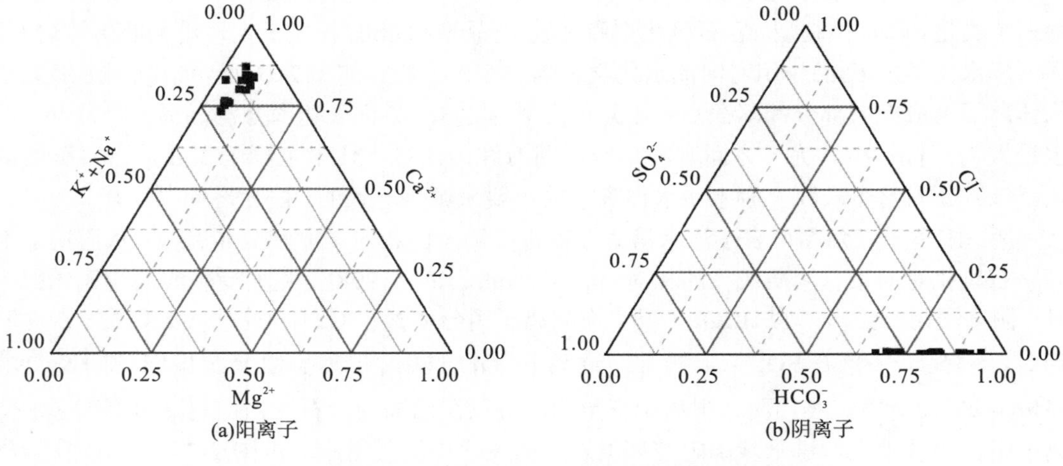

图 2-27 海螺沟冰川退缩区阳离子和阴离子三角图

Ca/Sr 值也是表征元素来源的有效指标。非参数检验的结果显示，水体中 Ca/Sr 值与矿物连续提取实验第二步提取液中的 Ca/Sr 值无显著差异(p=0.685)，而与第三步和第四步提取液的 Ca/Sr 值存在显著性差异；水体中 Ca/Sr 的平均值为 955，第二步提取液为 1029，第三步提取液为 417，第四步提取液为 194。第四步提取液中的 Ca/Sr 值是硅酸盐矿物所具有的典型比值(<200)(Berlin and Henderson，1968)，而第二步提取液和水体的 Ca/Sr 值较为接近，且是碳酸盐矿物常具有的比值(>500)(Jacobson and Blum，2000)。简言之，上述水体和矿物提取液的 Ca/Sr 值也表明水体的主要阳离子来自碳酸盐的风化。

此外，研究发现，若 Ca/Na<1，则表明 Ca 元素主要来自硅酸盐端元(如斜长石)(Gaillardet et al.，1999)；反之，Ca/Na>1，Ca 则主要来源于花岗岩中分散性方解石的溶解(Oliva et al.，2004)。由河流水体离子、矿物连续提取液和主要矿物的 Mg^{2+}/Na^{+}-Ca^{2+}/Na^{+}(摩尔比)分布图(图 2-28)可知，冰川退缩区水体离子的 Mg^{2+}/Na^{+}-Ca^{2+}/Na^{+}分布与交换性阳离子的分布区高度重合，且靠近碳酸盐类矿物的分布区。这也说明了碳酸盐类风化在冰川退缩迹地的主导作用。

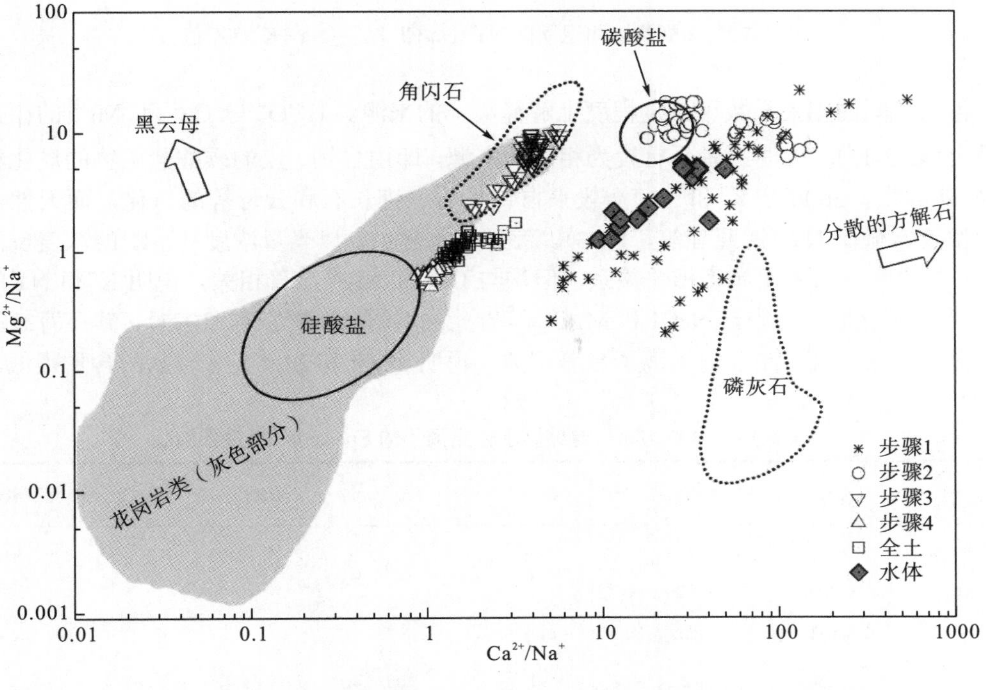

图 2-28 水体和各步骤提取液中 Mg^{2+}/Na^{+}和 Ca^{2+}/Na^{+}摩尔比展示的矿物类型

黑云母和磷灰石数据引自 Oliva 等(2004)；碳酸盐和硅酸盐数据引自 Gaillardet 等(1999)；角闪石数据引自 April 等(1986)；分散的方解石数据引自 White 等(1999b)

硅酸盐风化对海螺沟水体阳离子 TZ^{+}($TZ^{+}=Na^{+}+K^{+}+2Ca^{2+}+2Mg^{2+}$)总量的贡献率，从另一个角度说明了海螺沟水体离子主要来自碳酸盐风化而非硅酸盐的风化。通常，水体中的 Na^{+}主要来自石盐溶解和硅酸盐矿物风化，Na^{*}(Na^{*}=Na-Cl)代表来自地表硅酸盐风化所供应的那部分 Na^{+}，因此，通常用于指示地表硅酸盐岩风化对河水中阳离子的贡献(Sarin et al.，1989)。冰川退缩区水体 Na^{*}最高值为 1.21 $mmol_c \cdot L^{-1}$，(Na^{*}+K)/TZ^{+}最高值为 0.11(图 2-29)，说明硅酸盐岩风化对河水中阳离子的贡献较低，表明海螺沟水体中离子的主要来源不是硅酸盐岩的风化。

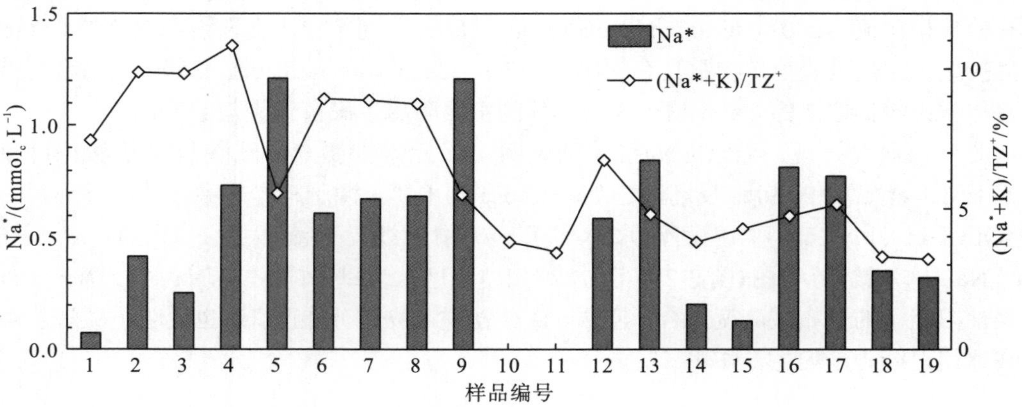

图 2-29 海螺沟冰川退缩区 Na^*(Na-Cl) 以及 $(Na^*+K)/TZ^+$值

各离子间的相关系数可一定程度上解释离子的来源。HCO_3^- 与 Ca^{2+}和 Mg^{2+}的相关系数最大(表 2-15)，表明三者具有较为相同的来源，即由含钙、镁的碳酸盐矿物的风化释放而来(陈静生，2006)。K^+和 Na^+一般来自钠长石、钾长石和云母等的风化，而天然水中 K^+的浓度常低于 Na^+(沈照理等，1993)。海螺沟水体中，以当量浓度计，K^+的浓度反而高于 Na^+的浓度，二者无显著相关关系，但均与 Ca^{2+}和 Mg^{2+}显著相关，说明 K^+和 Na^+的来源有所不同。Cl^-一般来自 NaCl 和 $MgCl_2$ 等岩盐的溶解(沈照理等，1993)，其在海螺沟水体中含量较低，且不与任何阳离子显著相关，说明 NaCl 和 $MgCl_2$ 等岩盐的含量很低。

表 2-15 海螺沟冰川退缩区水体主离子的 Spearman 相关系数

	K^+	Na^+	Ca^{2+}	Mg^{2+}	HCO_3^-	Cl^-	SO_4^{2-}
K^+	1.00						
Na^+	0.18	1.00					
Ca^{2+}	0.61*	0.48*	1.00				
Mg^{2+}	0.60*	0.53*	0.91*	1.00			
HCO_3^-	0.68*	0.21	0.86*	0.74*	1.00		
Cl^-	0.11	0.34	0.44	0.44	0.22	1.00	
SO_4^{2-}	0.50*	0.66*	0.80*	0.85*	0.57*	0.58*	1.00

注：*表示在 0.05 水平上显著相关。

通过对矿质元素的“源”（母质矿物组成）和“汇”（水体）两方面数据的综合分析，可进一步确认冰川退缩迹地碳酸盐风化的主导作用，得到以下结论：尽管海螺沟冰川退缩迹地的母质主要由硅酸盐类矿物组成，但目前的风化作用以碳酸盐类风化为主，硅酸盐矿物的风化较弱，冰川退缩区内的风化作用比冰川流域更强烈。

2.5.4　矿物组成成分的变化

尽管矿物连续提取和水化学数据表明冰川退缩迹地母质的主要成分为硅酸盐矿物，目前被风化的主要成分为碳酸盐矿物，然而，通过上述数据仍无法知晓硅酸盐和碳酸盐的具体矿物种类、每种矿物的数量以及矿物的风化过程。要获取以上信息并阐明海螺沟冰川退缩迹地矿物的风化过程，还需利用 XRD 对母质的矿物组分进行详细的分析。

1. *母质的矿物组分*

X 衍射仪对矿物组成成分检测的结果表明，海螺沟冰川退缩迹地土壤母质的矿物组成确实以硅酸盐矿物为主，只含有极少量的碳酸盐矿物(表 2-16)。土壤母质的硅酸盐类矿物平均含量为 91.3%，其中石英含量为 35.8%、斜长石含量为 27.3%、钾长石为 6.1%、黑云母为 12.1%、角闪石为 10.0%；在 12 年样点和 30 年样点的母质中有少量的方解石存在；此外，土壤母质中还含有少量的绿泥石和皂石等层状硅酸盐矿物(表 2-16)。

表 2-16　海螺沟冰川退缩迹地土壤的矿物组成与变化(XRD 测定)　(单位：%)

土壤层次	矿物名称	12 年	30 年	40 年	52 年	80 年	120 年
A 层	石英	37.5	43.3	34.2	42.5	43.3	43.6
	斜长石	21.0	20.0	23.3	17.1	26.5	17.7
	钾长石	6.0	3.6	7.0	7.8	3.3	14.7
	方解石	7.2		1.0		1.0	
	铁白云石	0.7					
	普通辉石		4.9	0.0	6.0	0.0	8.0
	角闪石	7.1	10.5	14.5	11.6	8.5	6.0
	石盐		2.8				
	皂石	4.0					
	黑云母	15.0					
	绿泥石	1.5	3.8	3.3	3.8	5.0	1.4
	伊利石		10.0	13.3	11.3	7.5	5.7
	蒙脱石		1.3	3.3		5.0	2.9
C 层	石英	37.5	44.1	31.5	40.8	29.3	33.4
	斜长石	21.0	13.3	31.8	18.8	34.5	38.2
	钾长石	6.0	6.1	6.3	7.0	5.6	5.5
	方解石	7.2	2.3				
	铁白云石	0.7					1.9
	普通辉石		1.6			2.7	3.6
	角闪石	7.1	9.1	7.0	13.4	11.9	8.4
	磁铁矿					3.0	
	石盐			0.4			
	皂石	4.0	5.0	3.0	3.0	5.0	1.0
	黑云母	15.0	16.0	17.0	14.5	7.0	6.0
	绿泥石	1.5	2.5	3.0	2.5	1.0	2.0

通过表 2-16 还可发现，除方解石含量存在差异外，各样点母质层矿物组成较为一致，矿物组成成分具有较大的同质性。这说明接下来在分析化学风化所引起的矿物组分变化的过程中，可以基本排除母质矿物组分带来的影响。此外，母质中黑云母的存在表明冰川退缩区母质的岩石类型为花岗变质岩。

2. *矿物组分的变化*

化学风化作用导致海螺沟冰川退缩迹地表层土壤的矿物组分发生了快速、显著的变化。以下几方面的结果可证明这种变化。由表 2-16 可知：①含量很少但极易被溶解的碳酸盐类矿物含量快速降低，在 40 年及其后面样点的 A 层中几乎已检测不到碳酸盐的存在；②比碳酸盐抗风化能力更强的黑云母在冰川退缩 30 年后样点的 A 层中也未被检测到；③通过对比各样点 C 层和 A 层的角闪石含量，可发现自 52 年样点开始，A 层中角闪石含量有所降低；④被认为抗风化能力很强的斜长石，其在 A 层中的含量与对应 C 层中的相比，在 80 年和 120 年样点也有所降低；⑤次生黏土矿物的出现：自 30 年样点开始，A 层土壤中开始出现少量的伊利石和蒙脱石。过渡性次生黏土矿物伊利石稳定地存在于 30 年样点以后的各样点，表明仅经过 120 年的风化作用，海螺沟冰川退缩迹地可能已经发生了较初级的硅铝化风化作用。

冰川作用对主要矿物的物理磨蚀、拔蚀、冰下流水的冲蚀、溶蚀和初级的化学蚀变为海螺沟冰川退缩迹地矿物在短时间内发生上述演变的重要条件。Liu 等(2009)利用偏光显微镜对海螺沟冰川冰蚀基岩面矿物变形情况的研究发现，黑云母、角闪石、长石和石英都被冰川作用造成不同程度的弯曲、折断、裂纹和波状消失等变形。他们还发现部分黑云母和长石边缘已出现化学蚀变，形成少量的伊利石等次生矿物。而对冰下融出碛矿物成分的研究则发现，仅有少量黑云母仍保持片状形态；对融出碛中黏粒组分的矿物分析发现，主要组分为伊利石，含量达 90%～95%(刘耕年等，2009)。这些结果表明，强烈的冰川作用确实为海螺沟冰川退缩迹地土壤矿物快速演化的重要基础。而本研究发现黑云母、角闪石和长石的变化也印证了上述事实。

其他地区冰川退缩区的研究也发现黑云母、角闪石和斜长石与其他硅酸盐相比更易被风化。例如，位于瑞士阿尔卑斯山的 Morteratsch 冰川退缩区，风化时间与海螺沟相当，对其矿物成分分析发现，经过140年左右的风化，角闪石和黑云母含量有所降低(Egli et al.，2012)，黑云母有被风化为类伊利石的现象(Mavris et al.，2010)。同样位于瑞士阿尔卑斯山的 Damma 冰川退缩区，冰川退缩约 120 年后，黑云母和斜长石都有一定程度的风化，同时还发现次生绿泥石的出现(Bernasconi et al.，2011)。Murakami 等(2003)利用模拟实验经过仅 56 天就可在黑云母中发现次生矿物的出现(类蛭石层和位于云母边缘的赤铁矿)。除云母岩性的原因外，Barker 等(1997)认为冰川的磨蚀等物理作用也是造成黑云母更易被溶解的一个重要原因。Anderson 等(1997)也认为冰川磨蚀破坏了黑云母的晶格，以及磨蚀造成的高比表面积增加了黑云母的溶解速率。

A 层中石英和钾长石等抗风化能力最强的矿物的平均含量相对于 C 层略微有所增加(表 2-16)。这说明由于风化时间较短，海螺沟冰川退缩迹地中的石英和钾长石还未被风化。表层中两种矿物的含量有所增加，主要是其他矿物被风化后，这两种矿物的相对含量升高所致。

上述矿物组分变化的结果、矿物连续提取和水化学结果之间可很好地相互印证。①矿物连续提取法的结果(如 Si 含量极高、Al 和 K 具有相似的组成比例和变化趋势等)表明硅酸盐是母质矿物的主要成分，而 XRD 进一步证实退缩迹地母质中有超过 90%的矿物为硅酸盐，且以石英和斜长石为主(表 2-16)；②矿物连续提取法发现 30 年样点的碳酸盐含量显著高于 80 年和 120 年样点(图 2-22，表 2-11)，而 XRD 的结果证实这些碳酸盐以方解石为主，且在 120 年样点几乎检测不到方解石的存在(表 2-16)；③连续提取法和水化学的结果表明，30 年和 40 年样点表层矿物的损耗主要为碳酸盐，而 120 年样点则有部分硅酸盐被风化(图 2-25、图 2-28)，而 XRD 的结果证实前两个样点矿物组分的变化主要为方解石的减少，而到 120 年样点，黑云母和角闪石含量都有不同程度的降低(表 2-16)。

矿物组分的变化、矿物连续提取和水化学三方面相互印证的数据均表明海螺沟冰川退缩迹地含量极少的方解石对风化作用的重要贡献。先前的一些研究认为在花岗岩地区，化学风化由更容易被风化的矿物主导(Sverdrup and Warfvinge，1988)。尤其是有冰川存在的区域，由于温度较低，即使方解石的含量很少，其对风化也起主要作用(Hosein et al.，2004；White et al.，1999a)。利用 $^{87}Sr/^{86}Sr$ 等指标对阿拉斯加一个年轻冰川退缩迹地(Anderson et al.，2000)，以及对喜马拉雅山 Raikhot 冰川流域风化作用的研究也发现，分散性的痕量的碳酸盐类矿物对这些区域的风化作用非常重要(Jacobson et al.，2002)。冰川退缩迹地碳酸盐类矿物对风化作用的控制作用证实了分散性碳酸盐对高山、高寒地区生态系统发育的重要性。高山、高寒地区通常温度较低，硅酸盐类抗风化能力较强的矿物很难在短时间内被风化，释放生态系统所需的矿质营养元素。尽管碳酸盐类矿物含量很低，但其与坚硬的硅酸盐矿物混在一起，在冰川作用中可被磨得很细(Oliva et al.，2003；West et al.，2005)，因而在低温条件下也较易被风化，从而释放出植被发育所必需的矿质营养元素以支持植被的快速发育。

碳酸盐在风化中的主导作用也表明了应重视高山、高寒地区碳酸盐风化对消耗空气中 CO_2 的作用。通常认为硅酸盐的风化是全球 CO_2 的一个重要的碳汇，而碳酸盐的贡献则相对较少(Gaillardet et al.，1999)，但最近有学者认为，由于碳酸盐矿物溶解的快速动力学以及硅酸盐岩中微量碳酸盐矿物对流域风化的控制作用，碳酸盐对岩石风化碳汇的作用被低估了：碳酸盐风化碳汇应占整个岩石风化碳汇的 94%，而硅酸盐仅占 6%(Liu，2012)。本研究的结果进一步证明了碳酸盐风化对高山地区风化的重要贡献。而气候变暖导致全球高山、亚高山地区冰川大面积、快速退缩，使得与海螺沟冰川退缩迹地类似的“新鲜”地质体也越来越多。这些情况表明在估算全球碳收支状况时，需要考虑冰川退缩迹地快速的碳酸盐风化造成的碳固定量。

2.5.5 冰川退缩迹地矿物风化速率

利用矿质元素损耗法(Taylor and Blum，1995)估算了冰川退缩迹地主要矿质元素不同年龄样点的长期风化速率，结果发现，Ca 的风化速率在 30 年和 40 年样点最大，随后降低了50%左右；而Mg、Na和K总体上呈上升趋势，到120年样点达到最大(图2-30)。四种主要阳离子的风化速率之和则展现出“倒抛物线”的分布模式，52年样点最低，而其余四点相对较高[图2-31(a)]。四种元素对风化速率的贡献随年龄呈现出显著的变化特征：Ca的贡献随年龄显著降低，从30年的86%一直下降至120年样点的23%。Mg的贡献则随年龄显著升高，从30年的10%升至120年样点的50%；52～120年三样点K和Na的贡献也明显高于30年样点和40年样点。30年和40年两样点处Ca是风化速率的最主要贡献者(超过50%)；而在52年样点，Ca和Mg的贡献基本相当；在80和120年样点，Mg则成为最主要的贡献者[图2-31(b)]。Mg的贡献的增加可能是黑云母被风化的结果。一些实验室和原位的研究均表明黑云母会释放Mg和K，其中一部分Mg被蛭石持留(Acker and Bricker，1992；Gilkes and Suddhiprakam，1979)。对年轻土壤时间序列(140年)的研究也发现黑云母的风化释放出Sr和Mg，并导致层间蛭石的形成(Mavris et al.，2010)。

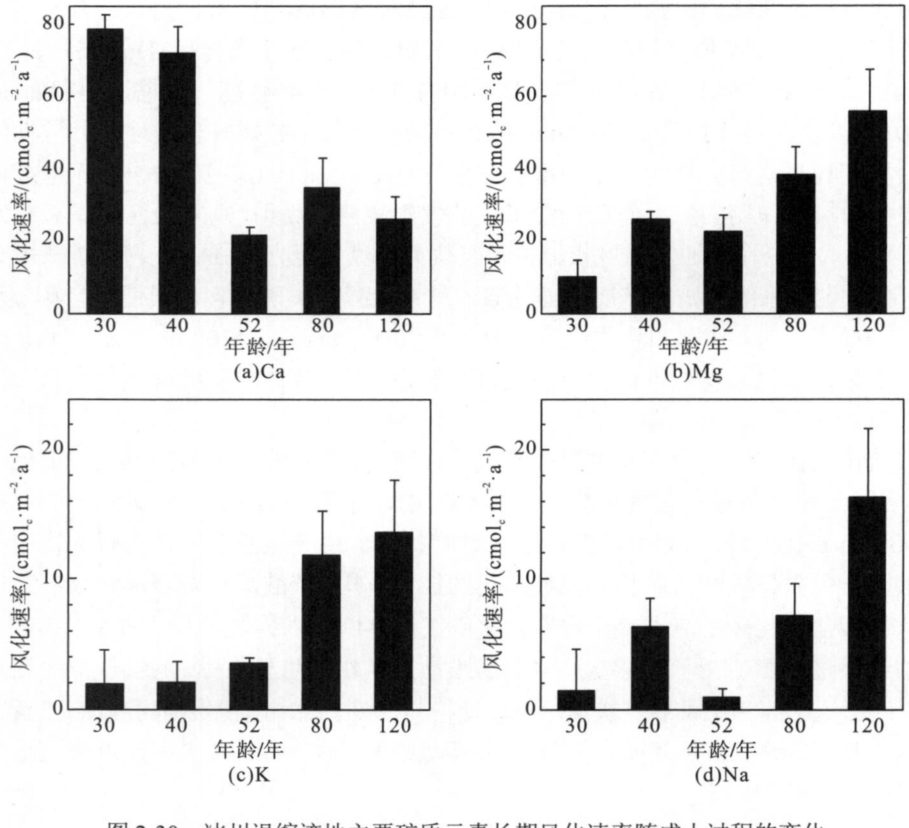

图2-30 冰川退缩迹地主要矿质元素长期风化速率随成土过程的变化

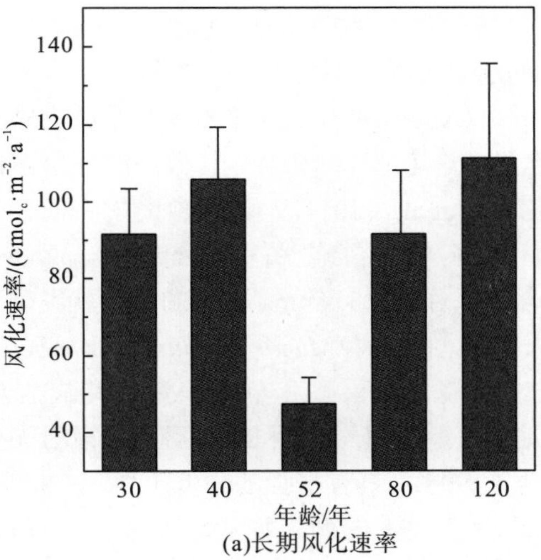

(a)长期风化速率

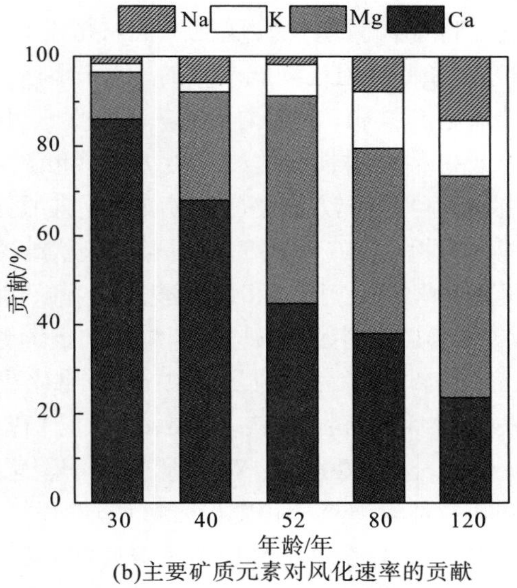

(b)主要矿质元素对风化速率的贡献

图 2-31　不同年龄样点的长期风化速率及主要矿质元素对风化速率的贡献

总体来看，海螺沟冰川退缩迹地矿物的长期化学风化速率较快(如 120 年样点为 111 cmol$_c$·m^{-2}·a^{-1})。瑞士阿尔卑斯山 Gletsch 冰川退缩迹地土壤序列(150 年)的风化速率为 38 cmol$_c$·m^{-2}·a^{-1}(年均气温 1.1℃，多年平均降水 2000mm)(Egli et al.，2001)；美国 Gannett Peak 年龄为 400 年的土壤剖面风化速率为 37 cmol$_c$·m^{-2}·a^{-1}(年均气温−3.5℃，多年平均降水 500～700 mm)(Taylor and Blum，1995)；美国 Hubbard Brook 年龄为 14000 年的土壤长期风化速率约为 3.5 cmol$_c$·m^{-2}·a^{-1}(Nezat et al.，2004)。一些研究认为，矿物或岩石的风化速率会随着时间逐渐降低(West et al.，2005)，而 Taylor 和 Blum(1995)认为风化速率以一个幂指数函数的趋势随土壤年龄的增加而不断降低。按照该理论，从风化时间方面考虑，海螺沟冰川退缩迹地正处于风化的最初期，应具有较高的风化速率。不过，52 年样点风化速率与其他样点相比明显较低则表明，除了时间的因素外，还有其他因素也对海螺沟冰川退缩迹地矿物风化速率产生了重要影响。

长期风化速率的这种变化模式充分展示了母质岩性和风化时间对矿物风化作用的共同影响。首先，在冰川退缩仅 30～40 年的样点，尽管风化时间很短，但由于少量极易风化的碳酸盐的存在，使这个阶段的风化速率相当高；其次，在冰川退缩 52 年后，由于大部分碳酸盐都被风化耗尽，同时风化时间也很短，化学风化作用还不足以造成硅酸盐的风化，因此，这个阶段的风化速率相对于前一个阶段反而更低；最后，到冰川退缩 120 年后，风化作用更为强烈，再加上植物和微生物的作用导致 pH 大幅降低，从而使得一小部分硅酸盐类矿物(如黑云母和角闪石)被风化溶解，因此化学风化作用又迅速上升。

多个研究都报道了植物有利于风化作用的进行。例如，一个控制实验发现，有高等植物生长的样地的风化速率比裸地高 2～5 倍(Moulton and Berner，1998)。植物对风化作用的促进主要通过以下几种机制进行：①植物的根系可破坏矿物颗粒(Follmi et al.，2009)，增加土壤溶液与矿物的有效接触时间和有效接触面积(Oliva et al.，2003)，从而提高风化速率。例如，有研究发现植物根系密度高的地方黑云母的风化作用更强(Follmi et al.，2009)。②植物通过降低土壤的pH来溶解更多更难溶的矿物(Conen et al.，2007)，而针叶树种降低土壤pH的能力更强，因而促进风化的能力更强。例如，一个9年的原位实验发现针叶树种对斜长石的风化能力比阔叶树种更强(Augusto et al.，2000)。③植物根际的微生物也可分泌较强的酸性物质来促进风化作用，尤其是针叶树种，其根系的外生菌根真菌能在有机质和矿质层的界面形成垫状结构(Koele et al.，2011)，并释放酚酸、低分子量有机酸、草酸、柠檬酸和苹果酸来溶解矿物颗粒，释放和螯合金属和养分元素(Landeweert et al.，2001)。例如，在与海螺沟冰川退缩迹地年龄相当的Damma冰川的研究就发现，从Damma冰川退缩迹地土壤中分离纯化出来的三种霉菌(*Mucor hiemalis*、*Umbelopsis isabellina* 和 *Mortierella alpina*)能通过释放柠檬酸、苹果酸和草酸来溶解花岗岩粉末(Brunner et al.，2011)。对海螺沟冰川退缩迹地而言，在冰川退缩80年后，植物的优势种为针叶树种峨眉冷杉和麦吊云杉(李逊和熊尚发，1995)，具有很强的降低土壤pH的能力；而随着土壤年龄逐渐增加的土壤呼吸也表明这两个样点的微生物活动非常强烈(Luo et al.，2012)，这些事实都表明植物和微生物对海螺沟冰川退缩迹地的高风化速率具有重要影响。但是，由于本书未调查植物根系密度、微生物群落结构和微生物量等指标，要定量评估植物和微生物对风化作用的贡献，还需更深入的研究工作。

综上所述，海螺沟冰川退缩迹地矿物的风化过程如下：冰川作用导致退缩迹地存在大量的细粒物质，磨蚀作用导致被包裹于抗风化能力极强的硅酸盐中的碳酸盐等矿物暴露于裂隙水中；而强烈的冻融交替作用进一步导致矿物颗粒快速破碎、崩裂，形成许多比表面积极大的粉粒物质，为化学风化的快速进行提供了基础条件。冰川退缩后的40年左右，母质中的碳酸盐类矿物被迅速风化，大量的Ca被释放，导致这一阶段的化学风化速率很高；在碳酸盐类矿物被风化耗尽后，由于化学风化作用还不足以对硅酸盐类矿物造成大的破坏，在52年样点的风化速率较低；随着化学风化作用的继续进行，再加上植物和微生物的作用，使得在冰川退缩120年后，部分硅酸盐矿物(如黑云母、角闪石以及斜长石)也开始被溶解，因此，这一阶段风化速率又快速上升，且尚未达到稳定状态。

土壤磷形态及生物有效性的变化受多个环境因子和生物因素的影响。例如，岩性(Kitayama and Aiba，2002；Porder and Ramachandran，2013)、气候(Filippelli and Souch，1999)、土壤年龄(Walker and Syers，1976；Yang and Post，2011)、土壤理化性质(Kana et al.，2011；Miller et al.，2001)和生物活动(Lambers et al.，2009；Richardson et al.，2011；Tamburini et al.，2012)等都会对土壤磷形态和生物有效性产生重要影响。首先，海螺沟冰川退缩迹地长约2000m，宽50～200m，面积较为狭小(钟祥浩等，1999)，各样点间地温(Luo et al.，2012)和降水等气候条件基本一致，因此可排除气候条件对各样点土壤磷形态的影响。其次，如前文所述，海螺沟冰川退缩迹地不同年龄样点土壤母质的矿物组成、TP含量及形态组合均较为一致，因此也可忽略岩性变化对表层土壤磷形态变化产生的影响。再次，土壤理化性质，如pH、TOC和无定形金属氧化物的含量等发生了显著变化，而矿物和理化性质的这些变化均与植被的原生演替密切相关。综上所述，对海螺沟冰川退缩迹地表层土壤的磷形态和生物有效性而言，可忽略岩性和气候的影响，而重点探讨不同植被类型和不同强度风化作用导致的土壤理化性质变化对磷形态演化的影响。

随成土过程的进行，HCl_{dil}-P_i不仅与 pH 具有相似的变化趋势，而且二者间存在显著的正相关关系；HCl_{dil}-P_i还与 TOC 存在显著负相关关系(表 2-17)。此外，HCl_{dil}-P_i、pH 和 TOC 的含量在 30 年和 80 年两个样点均出现“拐点”式的变化。而这两个样点正是植被类型发生重大变化的两点：30 年样点为乔木取代灌木成为优势种，80 年样点为针叶树种峨眉冷杉取代阔叶树种冬瓜杨等成为优势种(李逊和熊尚发，1995)。如同前文所述，植物类型的转变会直接导致 pH 发生显著变化，降低的 pH 会快速溶解抗风化能力较弱的磷灰石，从而导致HCl_{dil}-P_i随成土过程的进行快速降低。

表 2-17　土壤 A 层 P 形态与土壤理化性质之间的 Spearman 相关系数

	R-P_i	H-P_i	H-P_o	O-P_i	O-P_o	D-P_i	C-P_i	C-P_o	Res-P	TP	P_o	P_a
pH	−0.58*	−0.38	−0.33	−0.36	−0.55*	0.93*	−0.23	−0.67*	−0.52*	0.91*	−0.52*	−0.41
TOC	0.59*	0.44*	0.40	0.26	0.65*	−0.92*	0.45*	0.76*	0.56*	−0.86*	0.61*	0.45*
Al_{ox}	0.58*	0.43	0.38	0.20	0.72*	−0.96*	0.45*	0.83*	0.61*	−0.80*	0.69*	0.43
Fe_{ox}	0.58*	0.53*	0.39	0.21	0.78*	−0.85*	0.53*	0.79*	0.48*	−0.76*	0.74*	0.46*

注：H-P_i：$NaHCO_3$-P_i，H-P_o：$NaHCO_3$-P_o；O-P_i：NaOH-P_i，O-P_o：NaOH-P_o；D-P_i：HCl_{dil}-P_i；C-P_i：HCl_{conc}-P_i，C-P_o：HCl_{conc}-P_o；*表示在 0.05 水平上显著相关。

HCl_{dil}-P_i 随成土时间增加而逐渐降低的趋势在不同气候带的土壤时间序列上都有发现，但先前大部分研究的土壤年龄均在几千年到几万年，甚至几十万年的尺度。欧洲阿尔卑斯山 Damma 冰川退缩迹地与海螺沟冰川退缩迹地年龄相当，但其磷灰石磷的降低速率远低于海螺沟退缩迹地(Prietzel et al.，2013a)。这种情况出现的最主要原因应是 Damma 冰川退缩迹地上植被的演替目前仅达到草本-灌丛阶段，低生物量的草本和灌丛植物，一方面根系分泌的有机酸有限，另一方面凋落物量较小，导致酸性有机质较少，无法大幅降低 pH 进而溶解磷灰石磷。

土壤中HCl_{dil}-P_i一旦被溶解释放，主要有三个去向：一部分立即被土壤中铁、铝和锰等金属氧化物吸附，成为金属结合态磷，除非环境条件发生变化使解吸附作用发生，这部分磷很难被生物所利用；另一部分被释放的磷则可被植物直接吸收利用，转化为生物量磷，成为植物有机体的一部分，或者被微生物所吸收，成为微生物量磷(MBP)，在生物死亡后又通过分解作用以有机磷的形式返还到土壤中；在淋滤作用明显的地区，还有一部分磷则可被淋滤带至水体。

金属结合态磷主要为$NaHCO_3$-P_i、$NaHCO_3$-P_o、NaOH-P_i和 NaOH-P_o。其中，前两种磷为生物有效磷，而后两种的生物有效性较低。通常认为，这主要是由于前两种磷被弱吸附于铝、铁等金属氧化物表面，而后两种则被金属氧化物吸附得更紧密。由表 2-17 可知，对前两种磷形态而言，仅活性铁与$NaHCO_3$-P_i显著相关，与$NaHCO_3$-P_o之间无显著相关性；而活性铝与二者均无相关关系。$NaHCO_3$ 提取液中也仅是铁离子浓度与 $NaHCO_3$-P 的拟合度较好，铝与 $NaHCO_3$-P 的线性拟合度较差[图 2-32(a)和(b)]。上述数据说明在海螺沟冰川退缩迹地，铁氧化物对 $NaHCO_3$-P_i 具有主要的控制作用。$NaHCO_3$-P_i 是生物有效磷的重要组分，因此铁氧化物对生物有效磷也具有重要影响。$NaHCO_3$-P_o 与活性铝和活性铁均无显著相关关系，可能是由于 MBP(磷壁酸和核酸等)是 $NaHCO_3$-P_o 的重要来源(Makarov et al.，2002)，而微生物对多种环境因子都很敏感，因而很难与某一种因子存在明显的线性关系。

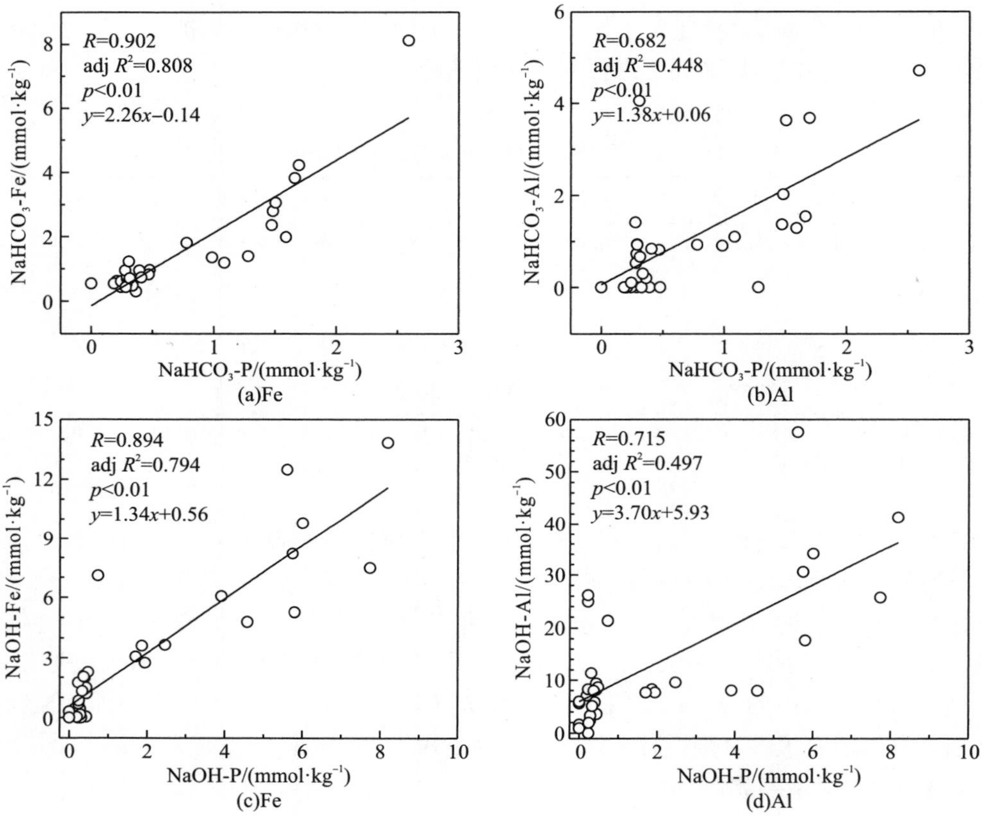

图 2-32 $NaHCO_3$ 提取的 P 与 Fe、Al，NaOH 提取的 P 与 Fe、Al 的线性拟合

NaOH 提取液中，铁与磷的线性拟合度较高，但铝与磷之间的拟合度则相对较低[图 2-32(c)和(d)]。此外，由 XANES 测定的数据[图 2-20(b)和图 2-21(b)]发现，从 40 年样点开始，原生的铝结合态磷含量显著降低，而铁结合态磷含量显著升高(Prietzel et al.，2013a)。有研究表明，在有黑云母的土壤中，黑云母风化释放的铁可以在磷被释放出后立刻将磷吸附住(Nezat et al.，2007)。结合磷连续提取的结果、活性铁与 $NaHCO_3$-P_i 和 NaOH-P_i 的相关关系、$NaHCO_3$ 和 NaOH 提取液中磷与铁的相关关系以及矿物风化的结果，本书认为铁氧化物是吸附海螺沟冰川退缩区土壤中无机磷的主要载体。

NaOH-P_o 是有机磷的最大组分[图 2-21(a)]。自 40 年样点开始，其含量也远高于 NaOH-P_i 的含量。此外，相关分析表明，NaOH-P_o 与活性铝、活性铁、pH 和 TOC 之间均存在显著相关关系(表 2-17)。NaOH-P_o 的这种数量上的优势以及与四种土壤理化性质之间的相关性表明了风化作用和植被发育对土壤磷形态的协同影响：①随着风化作用的进行，含铁铝原生矿物的溶解导致土壤中活性铝和活性铁的增加；②在风化作用进行的同时，植被快速的原生演替导致表层土壤有机质快速积累，土壤有机质的大量存在会抑制活性铁和活性铝的结晶过程，使其保持巨大的比表面积(Kodama and Schnitzer，1980)；③而土壤有机碳(SOC)和活性金属氧化物同时存在极易形成金属-有机质复合体(Darke and Walbridge，2000)，从而吸附土壤中的磷；④植物优势种的变化导致 pH 的快速降低，而较低的 pH 有利于铁和铝氧化物保持稳定性，从而更牢固地吸附磷(SanClements et al.，2010)。

HCl_{conc}-P_o 主要代表被包含于较难被降解的有机质中的磷，其含量随着土壤年龄的增加略有上升[图 2-21(a)]，说明一小部分无机磷已被转化为很难为生物所利用的形态。

残余态 P(Res-P)的含量和占 TP 的比例随着土壤的发育不断上升[图 2-21(a)]。除 40 年样点外，其余样点 A 层的 Res-P 的含量也高于 C 层[图 2-20(a)，图 2-21(a)]。由于 C 层中不含有机磷[图 2-20(a)]，可认为 C 层中的 Res-P 为包含于抗风化能力较强的硅酸盐中的磷。因此，A 层中 Res-P 的大量增加可解释为包含于极难被分解的有机质中的磷的释放。若将这部分磷计入有机磷，那么，120 年样点有机磷占 TP 的比例则可达 40%。该结果与采用灼烧法得到的值相当(Zhou et al.，2013)。

上述几种磷形态的转化过程(HCl_{dil}-P_i 的释放、次生矿物的吸附-解吸附、有机磷的积累等)直接影响了土壤磷的生物有效性。风化作用导致原生矿物磷溶解，向土壤释放进而为植物发育提供了有效磷，而风化导致的次生黏土矿物和无定形金属氧化物又通过吸附作用降低了生物有效磷的含量，并与快速积累的有机质络合固定了大量的有机磷。对海螺沟冰川退缩迹地而言，由于目前仍处于风化和成土作用早期，土壤中仍有一定量的原生矿物磷未被风化，因此，就观测到的数量来看，上述吸附和络合等地球化学过程尚未对生物有效磷库的绝对量产生大的影响。但由于风化成土速率很快，快速积累的有机磷会成为生物有效磷的一个重要来源。

海螺沟冰川退缩迹地的主要风化过程为：①强烈的冰川作用和冻融交替作用导致矿物颗粒粒径迅速变小，形成许多比表面积极大的粉粒物质，增加了矿物与水体的接触面积，为化学风化的快速进行提供了良好的基础；②冰川退缩后的 40 年内，主要发生碳酸盐矿物的风化，母质中方解石被迅速溶解，大量 Ca 被释放，导致这一阶段的化学风化速率很高；③在碳酸盐类矿物被风化耗尽后，化学风化作用还不足以对硅酸盐类矿物造成大的破坏，因此，在 52 年样点的风化速率较低；④冰川退缩 80 年后，随着针叶树种成为优势种，土壤 pH 快速降至 5 以下，使得部分硅酸盐矿物(如黑云母、角闪石以及斜长石)也开始被溶解，因此，这一阶段风化速率又快速上升，且尚未达到稳定状态。海螺沟冰川退缩迹地 120 年样点的长期风化速率为 $111cmol_c{\cdot}m^{-2}{\cdot}a^{-1}$，显著高于其他与其年龄相当的土壤序列的风化速率，这主要是由海螺沟充足的水分和快速发育的植被造成的。

海螺沟冰川退缩迹地的 90%的原生矿物磷均以磷灰石的形态存在，且能直接与土壤溶液接触，只有 10%的磷被包裹于硅酸盐等抗风化能力较强的矿物中，各样点母质的磷含量和形态组成具有较高同质性。原生矿物磷的存在形态和快速降低的土壤 pH 导致原生矿物磷的释放速率很快，在 120 年样点达到 46 $mmol{\cdot}m^{-2}{\cdot}a^{-1}$。植物通过控制土壤 pH 对原生矿物磷的释放产生重要影响。

土壤序列 0 年和 12 年样点磷的形态无显著变化，自 30 年样点开始，生物有效磷含量显著上升，但在随后的样点中呈起伏变化的趋势，平均占 TP 的比例为 11%。有机磷的含量增长较快，到 120 年样点时已有约 40%的无机磷被转化为有机磷。

风化作用和生物活动对土壤理化性质的改变是影响土壤磷形态变化的主要因素。风化作用产物铁氧化物是固持无机磷的主要载体，而铁、铝氧化物-有机质复合体是有机磷的主要赋存形态。植物造成的低土壤 pH 有利于上述形态磷的长期稳定存在。

2.6 典型山地小流域土壤和沉积物磷及其迁移特征

磷的过量输入是引起水体富营养化的重要因素(Carpenter，2005)。除人为因素外，河流湖泊等水生态系统磷的最主要来源是陆地生态系统的输入(Likens and Bormann，1974)，而陆地生态系统中大气来源的磷极少，几乎可以忽略(Vitousek et al，2010)，土壤母质(或称成土母岩)可以说是陆地生态系统磷的唯一来源(曹志洪等，2006；Walker and Syers，1976；Smeck，1973)。陆地生态系统和水生态系统间磷的联系是非常复杂的(Likens and Bormann，1974)。Norton 等(2006)认为无论是长到万年尺度还是短到日尺度，都是风化作用、土壤酸化、铝的活化等过程决定了陆地-水体之间磷的联系，决定了由陆地输入水体的磷的量及其生物有效性，对水体生态系统生产力产生重要影响。因此，了解进入水体的磷的形态、过程及其控制因素，建立陆地与水体间磷的联系具有重要意义。

森林土壤，尤其是暗针叶林土壤往往 pH 较低，Al-P、Fe-P 为主是这种土壤中 P 形态组合的典型特征(Wood et al.，1984)。对捷克两个有森林覆盖的湖泊的土壤、基岩及湖泊沉积物的研究发现，土壤 P 吸附量与 Al 及 Fe 浓度显著正相关(Kaňa and Kopáček，2005)，由此推断土壤 Al、Fe 羟基化物吸附 P 的能力是流域土壤向水体输出 P 的主要控制因素。研究还发现，沉积物 Al/Fe 值和 Al/P 值越高，P 释放速率越慢甚至停止(Kopáček et al.，2005)。可见在气温较低的温带森林生态系统中，Al 和 Fe 是控制陆地和水体 P 供应量的主要因素。

本书选择贡嘎山海螺沟草海子小流域，采集两个土壤-湖泊断面的表层土壤和沉积物，分析其 P 的形态组成，探讨：①小流域中 P 水平迁移的主要形态及控制因素；②土壤剖面中 P 迁移的主要特征。从而了解控制陆地向水体输出 P 的主要因素，了解 Al 和 Fe 对西南山地典型暗针叶林覆盖区土壤中 P 的迁移和输出的影响，为建立起陆地和水体间 P 输移模式提供基础数据。

2.6.1 材料与方法

草海子小流域位于海螺沟左岸，海拔 2800m 左右，为一末次冰期冰川作用形成的冰碛湖(钟祥浩等，2002)。湖面及集水面积都很小。草海子因北侧、西侧修建公路，主要汇集南侧、东侧坡面来水。目前草海子无出流。草海子周边是以峨眉冷杉、麦吊杉为主的暗针叶林分布。草海子东、南两侧坡地土壤的成土母质多为以花岗岩、变质岩为主的冰川堆积物和坡积物，含大量云母。土壤为灰化土，厚度不大，一般为 0.4～1.0m，土壤酸性高，pH<4，呈强酸性(何毓蓉等，2005)(图 2-33)。

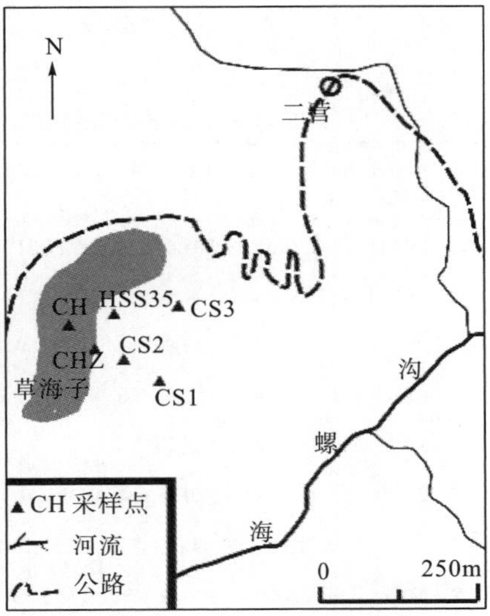

图 2-33　草海子地理位置及采样点布设图

如图 2-33 所示，2010 年 9 月在草海子东侧岸边用人工挖掘的方法采集土壤剖面(HSS35)。2012 年 10 月，为探讨陆地-水体间磷的迁移特征，以草海子中心(CH)为起点，放射状布置两条断面。断面 1 包括 CH、CHZ(湖滨滩地)、CS2 和 CS1 点；断面 2 利用了 HSS35 点，并增加 CS3 点。其中，CS1、CS2、CS3 点同样是用人工挖掘的方法揭示土壤剖面并分层采集样品。为满足样品代表性和消除土壤不均一性影响，CS1、CS2、CS3 和 HSS35 均在采样点 2m 范围内采集 3 个重复样品。根据野外直观判识的土壤有机质含量、颜色、粒径大小，将土壤剖面分为 A0 层(棕褐色、棕黑色，富含分解、半分解有机质)、A 层(棕色、棕褐色，含腐殖质层)、B 层(淀积层)和 C 层(母质层)。CHZ 为湖滨滩地沉积物，利用刀式采样器无扰动采集样品，按 0.5cm 间隔分样。CH 为湖泊沉积物，利用重力采样器无扰动采集样品，按 0.5cm 间隔分样。样品测定方法与本章前面所述的方法相同。

2.6.2　草海子流域磷形态组成特征

表 2-18 中 CS1、CS2、CS3 和 HSS35 样品各层磷形态浓度值为 3 个重复样的平均值。本节未对 CS1、CS2、CS3 土壤剖面的 B、C 层土壤进行磷形态分析，以 HSS35 土壤剖面的 B、C 层磷形态组成特征代表草海子流域淋滤层和成土母质的磷形态特征。HSS35-C 层 TP 浓度为 616.94mg·kg^{-1}，最主要的磷形态是 HCl$_{dil}$-P$_i$，其浓度为 320.74 mg·kg^{-1}，R-P$_i$ 浓度仅为 0.99 mg·kg^{-1}，生物有效磷(Bio-P)浓度仅为 4.25 mg·kg^{-1}。HSS35-B 层 TP 浓度仅为 257.14 mg·kg^{-1}，主要形态为 NaOH-P$_o$，浓度为 171.23 mg·kg^{-1}，几近 TP 的 2/3。

HSS35-B 层磷组成的另一特点是有机磷占 TP 的 80%以上。HSS35-A 层有机磷仍较高，浓度达 377.58 $mg\cdot kg^{-1}$，占 TP 的 83%，其中又以 $NaHCO_3$-P 和 NaOH-P 两种形态为主要组成。HSS35-A0 层仍以 $NaHCO_3$-P_o 和 NaOH-P_o 为主，但 HCl_{conc}-P_o 有显著增加，达到 118.07 $mg\cdot kg^{-1}$。

表 2-18 草海子流域表层湖泊沉积、湖滨滩地沉积和湖岸土壤中磷的形态组成（单位：$mg\cdot kg^{-1}$）

样号	R-P_i	$NaHCO_3$-P_i	$NaHCO_3$-P_o	$NaHCO_3$-P	NaOH-P_i	NaOH-P_o	NaOH-P	HCl_{dil}-P_i	HCl_{conc}-P_i	HCl_{conc}-P_o	CHCl-P	Bio-P	P_o	P_i	TP
CH-S	228.69	109.00	29.53	138.53	139.96	65.42	205.39	105.42	75.63	15.81	91.44	337.69	110.77	658.70	769.47
CH-SS	172.20	120.71	20.55	141.26	182.10	44.71	226.82	134.50	62.54	27.27	89.81	292.91	92.53	672.05	764.59
CH-a	194.80	116.03	24.14	140.17	165.25	53.00	218.25	122.87	67.77	22.69	90.46	310.83	99.83	666.71	766.54
CHZ-S	110.10	35.27	23.24	58.51	32.73	228.82	261.55	151.55	80.79	38.37	119.16	145.37	290.42	410.44	700.86
CHZ-SS	64.54	42.00	37.20	79.20	19.01	161.71	180.72	100.19	53.14	71.77	124.91	106.54	270.68	278.87	549.55
CHZ-a	82.76	39.31	31.61	70.92	24.50	188.55	213.05	120.73	64.20	58.41	122.61	122.07	278.58	331.50	610.08
CS2-A0	183.08	64.67	95.52	160.19	12.77	269.48	282.25	41.03	81.65	136.18	217.83	247.75	501.18	383.19	884.37
CS1-A0	124.64	39.38	78.40	117.78	9.47	239.85	249.32	40.73	56.27	118.83	175.11	164.02	437.08	270.48	707.57
CS2-A	51.18	31.09	129.22	160.31	15.59	733.15	748.74	19.10	146.87	89.56	236.43	82.27	951.92	263.83	1215.76
CS1-A	44.18	31.78	70.38	102.16	9.11	567.03	576.14	78.50	156.73	75.67	232.39	75.96	713.07	320.31	1033.39
CS3-A0	105.86	38.70	194.23	232.93	13.15	253.54	266.69	29.49	63.78	105.23	169.01	144.56	553.00	250.97	803.97
HSS35-A0	132.20	45.45	126.12	171.56	11.68	252.39	264.06	36.59	65.43	118.07	183.50	177.65	496.58	176.23	672.80
CS3-A	27.72	21.92	88.39	110.31	10.33	249.26	259.59	15.75	35.56	54.01	89.57	49.64	391.66	111.28	502.94
HSS35-A	28.83	2.48	128.64	131.12	8.13	236.68	244.81	18.83	18.13	12.27	30.40	31.31	377.58	76.40	453.98
HSS35-B	7.90	6.58	35.91	42.49	10.86	171.23	182.09	6.93	14.23	3.50	17.73	13.48	210.64	46.50	257.14
HSS35-C	0.99	3.26	31.52	34.79	12.19	154.82	167.01	320.74	78.18	15.24	93.41	4.25	201.58	415.36	616.94

注：CH-S 代表草海子 0～2cm 沉积物；CH-SS 代表草海子 2～5cm 沉积物；CH-a 为草海子 0～5cm 平均值；CHZ-S 代表湖滨滩地 0～2cm 沉积物；CHZ-SS 代表湖滨滩地 2～5cm 沉积物；CHZ-a 为 0～5cm 湖滨滩地平均值；P_i 为无机磷；P_o 为有机磷；TP 为总磷；Bio-P 为生物有效磷，Bio-P=R-P_i+$NaHCO_3$-P_i。

CS3-A 层 TP 浓度及形态组成与 HSS35-A 层相近，CS3-A0 层与 HSS35-A0 层相比 $NaHCO_3$-P_o、P_i 和 TP 略高，其余形态相近。

CS1-A 和 CS2-2A 的 TP 浓度为这两个断面所有土层中最高值，分别达到 1033.39$mg\cdot kg^{-1}$ 和 1215.76 $mg\cdot kg^{-1}$；除 HCL_{dil}-P_i 和 P_i 外，CS2-A0，A 层的 TP、有机磷及各形态磷均高于 CS1 中相应土层的值。A 层与 A0 层比较，A 层 NaOH-P_o 显著高于 A0 层，而 R-P_i 在 A0 层浓度显著高于 A 层，其他形态相近。

草海子滩地沉积物表层(CHZ-S，0～2cm) TP 略高于次表层(CHZ-SS，2～5cm) TP，主要反映在无机磷浓度较高，除 $NaHCO_3$-P_i 外，各形态无机磷浓度在 CHZ-S 中 $NaHCO_3$-P_i 为 CHZ-S＜CHZ-SS 略高于 CHZ-SS，尤其是 R-P_i 和 NaOH-P_i。

草海子湖泊沉积物表层和次表层 TP 浓度差别不大，分别为 769.47mg·kg^{-1} 和 764.59 mg·kg^{-1}，但各形态有明显差别。R-P_i 在表层（CH-S，0～2cm）略高于次表层（CH-SS，2～5cm），$NaHCO_3$-P_i、NaOH-P_i 和 HCl_{dil}-P_i 在 CH-SS 层中略高。

各提取液中 Al、Fe 浓度变化较大，NaOH 提取液中 Al 浓度变化为 3.88～44.04mmol·kg^{-1}，Fe 浓度变化为 0.20～6.07 mmol·kg^{-1}。$NaHCO_3$ 提取液中 Al、Fe 浓度普遍低于 NaOH 提取液（表 2-19），尤其是 Al 在 $NaHCO_3$ 提取液中的浓度仅为对应样品的 1/10 左右。

表 2-19　NaOH 和 $NaHCO_3$ 提取液中 Al、Fe、P 浓度　（单位：mmol·kg^{-1}）

样号	NaOH 提取液			$NaHCO_3$ 提取液		
	Al	Fe	P	Al	Fe	P
CH-S	30.76	4.57	0.14	2.90	1.37	0.04
CH-SS	32.63	4.35	0.14	2.76	1.31	0.04
CHZ-S	22.05	3.06	0.16	2.11	2.09	0.07
CHZ-SS	21.22	3.57	0.11	3.41	1.50	0.05
CS1-A	40.29	5.86	0.18	3.06	1.30	0.04
CS1-A0	37.72	3.01	0.28	1.37	1.18	0.04
CS2-A	44.04	5.48	0.27	3.79	5.38	0.17
CS2-A0	30.44	6.07	0.19	5.14	5.18	0.07
CS3-A	31.53	4.65	0.21	7.83	3.21	0.10
CS3-A0	35.87	5.39	0.17	2.08	1.64	0.05
HSS35-A	31.96	5.36	0.23	2.95	3.63	0.10
HSS35-A0	35.62	4.24	0.32	3.98	0.96	0.03
HSS35-B	13.96	2.62	0.05	2.13	0.64	0.03
HSS35-C	3.88	0.20	0.01	1.59	0.42	0.01

2.6.3　土壤及沉积物中 P、Al、Fe 之间的关系及 P 迁移特征

草海子流域土壤及沉积物 NaOH 提取液中 P 与 Al、Fe 浓度均显示出正相关关系[图 2-34（a）和（b）]，P 与 Al 浓度正相关性更为显著[图 2-34（b），R^2=0.70，n=11]，而 $NaHCO_3$ 提取液中 P 与 Al、Fe 浓度同样显示出正相关关系[图 2-34（c），（d）]，但 P 与 Fe 浓度相关性更为显著[图 2-34（c），R^2=0.95，n=11]。这表明 $NaHCO_3$ 和 NaOH 所提取的主要为 Fe、Al 结合态的 P，而 $NaHCO_3$ 提取的 P 以 Fe 结合态为主，NaOH 提取的 P 以 Al 结合态为主（Cross and Schlesinger，1995；Tissen and Moir，1993）。因此本书将 $NaHCO_3$-P 称为 Fe 结合态 P，NaOH-P_i 称为 Al 结合态 P。对于土壤剖面的 AO 和 A 层而言，Fe、Al 结合态 P 主要为有机磷，AO 层 Fe 结合态 P 占总量的 31.71%～35.17%，Al 结合态 P 占总量的 50.71%～61.83%。对于滩地沉积物来说，Fe 结合态的有机 P 和无机 P 大致相当，Al 结合态的有机 P 明显高于无机 P，

Fe 结合态 P 占 12%左右，Al 结合态 P 占 34%左右。而湖泊沉积物中 Al、Fe 结合态的无机 P 浓度要显著高于有机 P，Fe 结合态 P 占 18%左右，Al 结合态占 28%左右(图 2-35)。

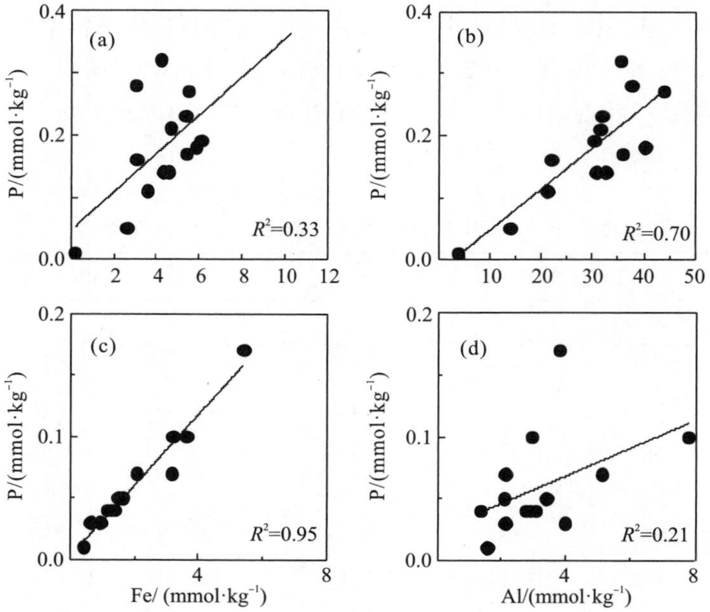

图 2-34 NaOH 提取液［(a)和(b)］和 $NaHCO_3$ 提取液［(c)和(d)］中 P 与 Al、Fe 浓度的关系

可见草海子流域 P 的主要形态为 Fe、Al 结合态 P，占 TP 的 51.89%(CS1-A0)～82.80%(HSS35-A)，而滩地沉积物和湖泊沉积物 Fe、Al 结合态 P 均显著下降为 46%左右。

HSS35-B 和 HSS35-C 的 P 形态特征表明，土壤母质层 HSS35-C 中 HCl_{dil}-P(钙结合态 P)是主要形态，Fe、Al 结合态约占 1/3，随着成土作用和地表植被吸收转化，在 B 层 P 浓度显著下降，Ca 结合态 P 也明显减少。因贡嘎山海螺沟流域成土母质多为以花岗变质岩为主的冰川堆积物和坡积物，含大量云母，风化后产生大量 Al 的次生矿物，在 B 层 P 的主要形态为 Al 结合态 P，占总 P 的近 71%(图 2-35)。由于植物的泵吸作用(Jobbágy and Jackson，2001)，P 元素在土壤剖面中向上迁移，因此在 A 及 A0 层中总 P 明显高于 B、C 层，且易于迁移的 R-P_i 在 A0 层中更为富集，Al、Fe 结合态 P 向上逐渐减少。

R-P 及部分 Fe 结合态 P 为生物可直接吸收利用的生物有效 P。在植物吸收生物有效 P 的同时，这部分 P 从土壤剖面下部迁移到土壤表层，并随地表径流和壤中流向湖泊迁移，表现为土壤剖面及滩地沉积物中无论是 A 层还是 A0 层，其 R-P_i 浓度都低于湖泊沉积物(图 2-35)。这一现象在 CH、HSS35 和 CS3 构成的断面 2 中表现更为明显。当然，湖泊沉积物中 R-P_i 的显著增加，包含了湖泊内 P 生物地球化学循环的后果，但断面上由高地到低地 R-P_i 逐渐升高的趋势反映了 R-P_i 的迁移过程。

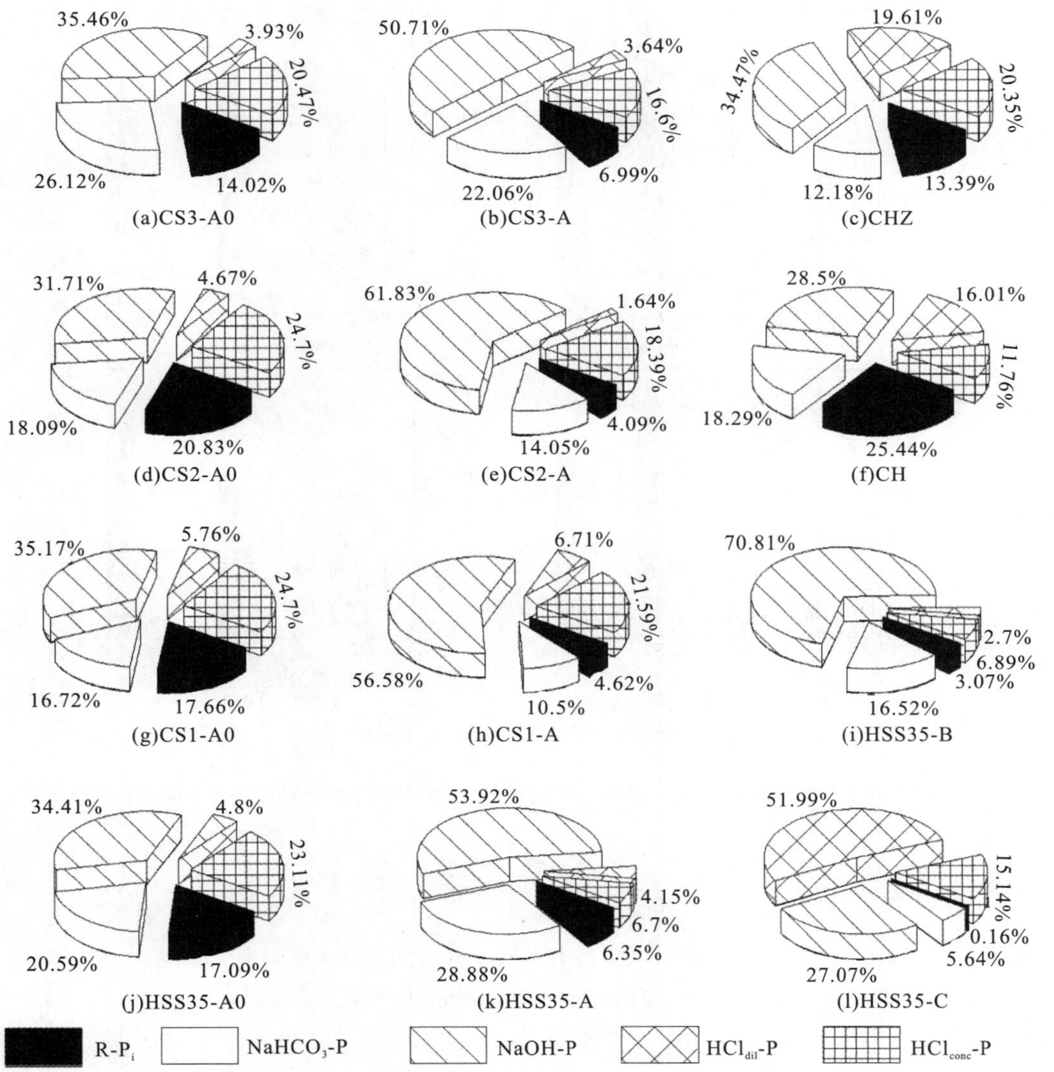

图 2-35　草海子湖泊沉积物(0～5cm)、滩地沉积物(0～5cm)和湖岸各土壤层磷形态组成

与 R-P 相反，Fe、Al 结合态 P 的浓度在土壤剖面中要高于滩地沉积物和湖泊沉积物(图 2-36)，进一步反映了土壤中 Al、Fe 对 P 的固定作用(Kaňa and Kopáček，2006)。Kopáček 等(2005)认为当 Al/Fe 超过 3，Al/P 超过 10 时，Al、Fe 所吸附的 P 难以释放。本节中 NaOH 和 $NaHCO_3$ 提取液中 Al/Fe 均远远超过 3，Al/P 均远远超过 10，因此土壤中 Al、Fe 结合态 P 只能随地表径流所携带的颗粒物质向湖泊中迁移，壤中流对这两种形态的 P 的迁移基本不产生影响。由于草海子周围植被覆盖好，地表径流携带颗粒物质较少(待观测)，土壤中 Al、Fe 结合态迁移量较少。同样 HCl_{dil}-P(Ca-P)及 HCl_{conc}-P(残渣态)多以颗粒态存在于土壤中，迁移量也十分有限。

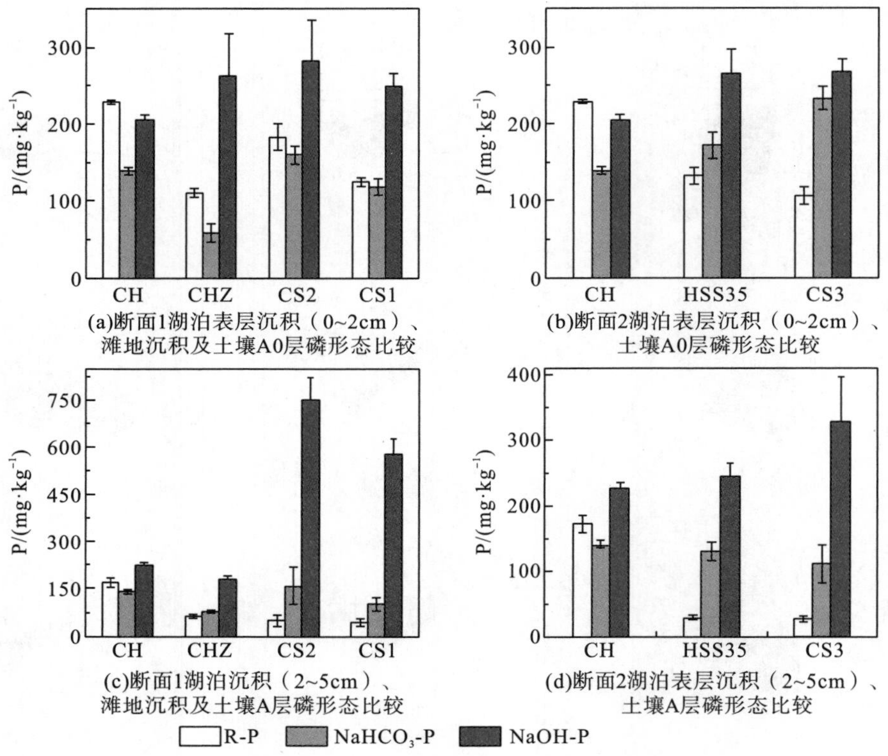

图 2-36 湖泊沉积及土壤 A0 层和 A 层 R-P、$NaHCO_3$-P 及 NaOH-P 分布特征

参 考 文 献

曹娟, 闫文德, 项文化, 等. 2016. 不同年龄杉木人工林土壤有机磷的形态特征. 土壤通报, 47(3): 681-687.

曹志洪，林先贵，封克，等.2006.太湖流域土-水间的物质交换与水环境质量. 北京: 科学出版社: 4.

陈静生. 2006. 河流水质原理及中国河流水质. 北京: 科学出版社.

陈立新, 姜一, 步凡, 等. 2014. 有机酸对温带典型森林土壤有机磷含量与矿化的影响. 北京林业大学学报, 36(3): 75-82.

谌飞. 2007. 矿物的微生物风化地球化学研究——以磷矿石和方解石为例. 贵阳: 中国科学院贵阳地球化学研究所.

程根伟, 罗辑. 2002. 贡嘎山亚高山森林自然演替特征与模拟. 生态学报, 22(7): 1049-1056.

何耀灿. 1991. 贡嘎山海螺沟冰川地质环境的基本特征. 四川地质学报, 11(3): 221-225.

何毓蓉, 张保华, 廖超林, 等. 2005. 贡嘎山东坡的土壤特征系统分类与生态环境效应. (未出版资料)

姜一, 步凡, 张超, 等. 2014. 土壤有机磷矿化研究进展. 南京林业大学学报: 自然科学版, 38(3): 160-166.

李逊, 熊尚发. 1995. 贡嘎山海螺沟冰川退却迹地植被原生演替. 山地研究, 13(2): 109-115.

刘耕年, 张跃, 傅海荣. 2009. 贡嘎山海螺沟冰川沉积特征与冰下过程研究. 冰川冻土, 31(1): 68-074.

刘瑾, 杨建军, 梁新强, 等.2011. 同步辐射 X 射线吸收近边结构光谱技术在磷素固相形态研究中的应用. 应用生态学报, 22（10）: 2757-2764.

刘丽, 梁成华, 王琦, 等. 2009. 低分子量有机酸对土壤磷活化影响的研究. 植物营养与肥料学报, 15(3): 593-600.

刘巧, 刘时银, 张勇, 等. 2011. 贡嘎山海螺沟冰川消融区表面消融特征及其近期变化. 冰川冻土, 33(2): 227-236.

刘照光, 邱发英.1986. 贡嘎山地区主要植被类型的分布. 植物生态学报,10(1): 26-34.

罗辑, 程根伟, 陈斌如, 等. 2003. 贡嘎山垂直带林分凋落物及其理化特征. 山地学报, 21(3): 287-292.

罗辑, 程根伟, 李伟, 等. 2005. 贡嘎山天然林营养元素生物循环特征. 北京林业大学学报, 27(2): 13-17.

吕儒仁. 1992. 贡嘎山区一次特大泥石流. 冰川冻土, 14(2): 174-177.

马英军, 刘丛强. 1999. 生态系统营养离子循环及水化学演化的锶同位素示踪. 地球科学进展, 14(4): 377-383.

秦建华, 冉敬, 杜谷. 2007. 青藏高原东部长江流域盆地陆地化学风化研究. 沉积与特提斯地质, 27(4): 1-6.

沈照理, 朱宛华, 钟佐燊. 1993. 水文地球化学基础. 北京: 地质出版社.

石磊, 张跃, 陈艺鑫, 等. 2010. 贡嘎山海螺沟冰川沉积的石英砂扫描电镜形态特征分析. 北京大学学报（自然科学版), 46(1): 96-102.

苏珍, 施雅风. 2000. 小冰期以来中国季风温冰川对全球变暖的响应. 冰川冻土, 22: 223-229.

苏珍, 宋国平, 曹真堂. 1996. 贡嘎山海螺沟冰川的海洋性特征. 冰川冻土, 18(S1): 51-59.

王庆礼, 代力民, 许广山. 1996. 简易森林土壤容重测定方法. 生态学杂志, 15(3): 68-69.

王亚平, 王岚, 许春雪, 等. 2010. 长江水系水文地球化学特征及主要离子的化学成因. 地质通报, 29(2-3): 446-456.

吴艳宏, 周俊, 邴海健, 等. 2012. 贡嘎山海螺沟典型植被带总磷分布特征. 地球科学与环境学报, 34(3): 70-74.

徐馨, 王法明, 邹碧, 等. 2013. 不同林龄木麻黄人工林生物多样性与土壤养分状况研究. 生态环境学报, 22(9): 1514-1522.

续海金, 马昌前. 2002. 地壳风化速率研究综述. 地球科学进展, 17(5): 670-678.

严玉鹏, 万彪, 刘凡, 等. 2012. 环境中植酸的分布、形态及界面反应行为. 应用与环境生物学报, 18(3): 494-501.

杨绍琼, 党廷辉, 戚瑞生, 等. 2012. 低分子量有机酸对石灰性土壤有机磷组成及有效性的影响. 水土保持学报, 26(4): 167-171.

姚檀栋, 刘时银, 蒲健辰, 等. 2004. 高亚洲冰川的近期退缩及其对西北水资源的影响. 中国科学: D 辑, 34(6): 535-543.

余大富. 1984. 贡嘎山的土壤及其垂直地带性. 土壤通报, 15(2): 65-68.

张立成, 董文江. 1990. 我国东部河水的化学地理特征. 地理研究, 9(2): 67-75.

赵少华, 宇万太, 张璐, 等. 2004. 土壤有机磷研究进展. 应用生态学报, 15(11): 2189-2194.

中国生态系统研究网络科学委员会. 2007. 陆地生态系统土壤观测规范. 北京: 中国环境科学出版社.

钟祥浩, 张文敬, 罗辑. 1999. 贡嘎山地区山地生态系统与环境特征. AMBIO-人类环境杂志, 28(8): 648-654.

钟祥浩，刘淑珍，李逊. 2002.贡嘎山晚更新世以来环境变化与生态效应//钟祥浩编著，青藏高原东缘环境与生态.成都: 四川大学出版社.

周俊, 吴艳宏. 2012. 贡嘎山海螺沟水化学主离子特征及其控制因素. 山地学报, 30(3): 378-384.

朱广伟, 秦伯强. 2003. 沉积物中磷形态的化学连续提取法应用研究. 农业环境科学学报, 22(3): 349-352.

Abrams M M, Jarrell W M, 1992. Bioavailability index for phosphorus using nonexchange resin impregnated membranes.Soil Sci. Soc. Am. J, 56: 1532-1537.

Achat D L, Augusto L, Bakker M R, et al. 2012. Microbial processes controlling P availability in forest spodosols as affected by soil depth and soil properties. Soil Biology & Biochemistry, 44: 39-48.

Achat D L, Bakker M R, Augusto L, et al. 2009. Evaluation of the phosphorus status of P-deficient podzols in temperate pine stands: combining isotopic dilution and extraction methods. Biogeochemistry, 92: 183-200.

Achat D L, Bakker M R, Zeller B, et al. 2010. Long-term organic phosphorus mineralization in Spodosols under forests and its relation to carbon and nitrogen mineralization. Soil Biology & Biochemistry, 42: 1479-1490.

Acker J G, Bricker O P. 1992. The influence of P H on biotite dissolution and alteration kinetics at low-temperature. Geochimica

Cosmochmica Acta, 56 (8) : 3073-3092.

Ajiboye B, Akinremi O O, Hu Y, et al. 2008. XANES speciation of phosphorus in organically amended and fertilized Vertisol and Mollisol. Soil Science Society of America Journal , 72: 1256-1262.

Allison S D. 2006. Soil minerals and humic acids alter enzyme stability: implications for ecosystem processes. Biogeochemistry, 81: 361-373.

Anderson S P, Drever J I, Frost C D, et al. 2000. Chemical weathering in the foreland of a retreating glacier. Geochimica Cosmochmica Acta, 64 (7) : 1173-1189.

Anderson S P, Drever J I, Humphrey N F. 1997. Chemical weathering in glacial environments. Geology, 25 (5) : 399-402.

Annaheim K E, Rufener C B, Frossard E, et al. 2013. Hydrolysis of organic phosphorus in soil water suspensions after addition of phosphatase enzymes. Biology and Fertility of Soils, 49: 1203-1213.

April R, Newton R, Coles LT. 1986. Chemical weathering in two Adirondack watersheds: past and present-day rates. Geological Society of America Bulletin, 97 (10) : 1232-1238.

Augusto L, Turpault M P, Ranger J. 2000. Impact of forest tree species on feldspar weathering rates. Geoderma, 96 (3) : 215-237.

Bain D C, Mellor A, Robertsonrintoul M S E, et al. 1993. Variations in weathering processes and rates with time in a chronosequence of soils from Glen-Feshie, Scotland. Geoderma, 57 (3) : 275-293.

Bain D C, Roe M J, Duthie D M L, et al. 2001. The influence of mineralogy on weathering rates and processes in an acid-sensitive granitic catchment. Applied Geochemistry, 16 (7-8) : 931-937.

Barker W W, Welch S A, Banfield J F. 1997. Biogeochemical weathering of silicate minerals. Reviews in Mineralogy and Geochemistry, 35: 391-428.

Bartlett R, James B. 1980. Studying dried, stored soil samples—some pitfalls. Soil Science Society of America Journal, 44: 721-724.

Bayan M R, Eivazi F. 1999. Selected enzyme activities as affected by free iron oxides and clay particle size. Communications in Soil Science and Plant Analysis, 30: 1561-1571.

Beauchemin S ,Hesterberg D, Chou J, et al. 2003. Speciat ion of phosphorus in phosphorusenriched agricultural soils using X-ray adsorption near-edge spectroscopy and chemical fractionation. J.Environ. Qual, 32: 1809-1819.

Beauchemin S, Simard R. 1999. Soil phosphorus saturation degree: review of some indices and their suitability for P management in Quebec, Canada. Cecnadian Journal of Soil Science, 79: 615-625.

Beck M A, Elsenbeer H. 1999. Biogeochemical cycles of soil phosphorus in southern Alpine spodosols. Geoderma, 91 (3-4) : 249-260.

Berlin R, Henderson C. 1968. A reinterpretation of Sr and Ca fractionation trends in plagioclases from basic rocks. Earth and Planetary Science Letters, 4 (1) : 79-83.

Bernasconi S M, Bauder A, Bourdon B, et al. 2011. Chemical and biological gradients along the Damma Glacier soil chronosequence, Switzerland. Vadose Zone Journal, 10 (3) : 867-883.

Bing H J, Wu Y H, Zhou J, et al. 2014. Atmospheric deposition of lead in remote high mountain of eastern Tibetan Plateau, China. Atmospheric Environment, 99: 425-435.

Blackwell M S A, Brookes P C, Fcente-Matinez N D L, et al. 2009. Effects of soil drying and rate of re-wetting on concentrations and forms of phosphorus in leachate. Biology and Fertility of Soils, 45: 635-643.

Blum J D, Klaue A, Nezat C A, et al. 2002. Mycorrhizal weathering of apatite as an important calcium source in base-Poor forest ecosystems. Nature, 417 (6890) : 729-731.

Bolan N S. 1991. A critical-review on the role of mycorrhizal fungi in the uptake of phosphorus by plants. Plant Soil, 134(2): 189-207.

Bowman W D.1994. Accumulation and use of nitrogen and phosphorus following fertilization in 2 alpine tundra communities. Oikos, 70: 261-270.

Brady N, Weil R. 2007. The Nature and Properties of Soils. 14th. New Jersey: Prentice Hall.

Brunner I, Plotze M, Rieder S, et al. 2011. Pioneering fungi from the Damma glacier forefield in the Swiss Alps can promote granite weathering. Geobiology, 9(3): 266-279.

Bünemann E K, Augstburger S, Frossard E. 2016. Dominance of either physicochemical or biological phosphorus cycling processes in temperate forest soils of contrasting phosphate availability. Soil Biology & Biochemistry, 101: 85-95.

Bünemann E K, Keller B, Hoop D, et al. 2013. Increased availability of phosphorus after drying and rewetting of a grassland soil: processes and plant use. Plant Soil, 370: 511-526.

Bünemann E K, Oberson A, Liebisch F, et al. 2012. Rapid microbial phosphorus immobilization dominates gross phosphorus fluxes in a grassland soil with low inorganic phosphorus availability. Soil Biology & Biochemistry, 51: 84-95.

Bünemann E K. 2008. Enzyme additions as a tool to assess the potential bioavailability of organically bound nutrients. Soil Biology & Biochemistry, 40: 2116-2129.

Bünemann E K. 2015. Assessment of gross and net mineralization rates of soil organic phosphorus—a review. Soil Biology & Biochemistry, 89: 82-98.

Burga C A, Bertil K, Egli M, et al. 2010. Plant succession and soil development on the foreland of the Morteratsch glacier (Pontresina, Switzerland): Straight forward or chaotic? Flora, 205(9): 561-576.

Butterly C R, Bünemann E K, Mcneill A M, et al. 2009. Carbon pulses but not phosphorus pulses are related to decreases in microbial biomass during repeated drying and rewetting of soils. Soil Biology Biochemistry, 41: 1406-1416.

Canada E. 2004.Canadian acid deposition science assessment: summary of key results. Downsview, Ontario: Meteorological Service of Canada.

Carpenter S R. 2005. Eutrophication of aquatic ecosystem: Bistablity and soil phosphorus. Proceedings of the National Academy of Sciences, 102(29): 10002-10005.

Cassagne N, Remaury M, Gauquelin T, et al. 2000. Forms and profile distribution of soil phosphorus in alpine inceptisols and spodosols (Pyrenees, France). Geoderma, 95: 161-172.

Celi L, Cerli C, Turner B L, et al. 2013. Biogeochemical cycling of soil phosphorus during natural revegetation of *Pinus sylvestris* on disused sand quarries in Northwestern Russia. Plant and Soil, 367: 121-134.

Chepkwony C, Haynes R, Swift R, et al. 2001. Mineralization of soil organic P induced by drying and rewetting as a source of plant-available P in limed and unlimed samples of an acid soil. Plant Soil, 234: 83-90.

Ciampitti I A, Garcia F O, Picone L I, et al. 2011. Soil carbon and phosphorus pools in field crop rotations in pampean soils of argentina. Soil Science Society of America Journal, 75: 616-625.

Clarholm M, Skyllberg U, Rosling A. 2015. Organic acid induced release of nutrients from metal-stabilized soil organic matter—the unbutton model. Soil Biology & Biochemistry, 84: 168-176.

Condron L M, Turner B L, Cade-Menum B J. 2005. Chemistry and dynamics of soil organic phosphorus//Sims J T. Phosphorus: agriculture and the environment. Madison: American Society of Agronomy.

Conen F, Yakutin M V, Zumbrunn T, et al. 2007. Organic carbon and microbial biomass in two soil development chronosequences following glacial retreat. European Journal of Soil Science, 58(3): 758-762.

Courchesne F, Turmel M C. 2006. Extractable A l, Fe, Mn, and Si//Cartery M R, Gregorich E G. Soil Sampling and Methods of Analysis. 2nd. Boca Raton: Canadian Society of Soil Science, 307-316.

Crews T E, Farrington H, Vitousek P M. 2000. Changes in asymbiotic, heterotrophic nitrogen fixation on leaf litter of Metrosideros polymorpha with long-term ecosystem development in Hawaii. Ecosystems, 3: 386-395.

Crews T E, Kitayama K, Fownes J H, et al. 1995.Changes in soil phosphorus fractions and ecosystem dynamics across a long chronosequence in Hawaii. Ecology, 76: 1407-1424.

Cross A F, Schlesinger W H. 1995. A literature review and evaluation of the Hedley fractionation: applications to the biogeochemical cycle of soil phosphorus in natural ecosystems. Geoderma, 64: 197-214.

Cross A F, Schlesinger W H. 2001. Biological and geochemical controls on phosphorus fractions in semiarid soils. Biogeochemistry, 52(2): 155-172.

Dahms D, Favilli F, Krebs R, et al. 2012. Soil weathering and accumulation rates of oxalate-extractable phases derived from alpine chronosequences of up to 1 Ma in age. Geomorphology, 151: 99-113.

Darch T, Blackwell M S A, Chadwick D, et al. 2016. Assessment of bioavailable organic phosphorus in tropical forest soils by organic acid extraction and phosphatase hydrolysis. Geoderma, 284: 93-102.

Darke A K, Walbridge M R. 2000. Al and Fe biogeochemistry in a floodplain forest: implications for P retention. Biogeochemistry, 51(1): 1-32.

De Schrijver A, De Frenne P, Ampoorter E, et al. 2011. Cumulative nitrogen input drives species loss in terrestrial ecosystems. Global Ecology & Biogeography, 20: 803-816.

DeLonge M, Vandecar K L, D' Odorico P, et al. 2013. The impact of changing moisture conditions on short-term P availability in weathered soils. Plant and Soil, 365: 1-9.

DeLuca T H, Glanville H C, Harris M, et al. 2015. A novel biologically-based approach to evaluating soil phosphorus availability across complex landscapes. Soil Biology & Biochemistry, 88: 110-119.

Devau N, Le Cadre E, Hinsinger P, et al. 2009. Soil pH controls the environmental availability of phosphorus: Experimental and mechanistic modelling approaches. Applied Geochemistry, 24(11): 2163-2174.

Ding X D, Fu L, Liu C J, et al. 2011. Positive feedback between acidification and organic phosphate mineralization in the rhizosphere of maize (Zea mays L.). Plant and Soil, 349: 13-24.

Driscoll C T, Lawrence G B, Bulger A J, et al. 2001. Acidic deposition in the northeastern United States: sources and inputs, ecosystem effects, and management strategies. Bioscience, 51(3): 180-198.

Drouet T, Herbauts J, Gruber W, et al. 2007. Natural strontium isotope composition as a tracer of weathering patterns and of exchangeable calcium sources in acid leached soils developed on loess of central Belgium. European Journal of soil science, 58(1): 302-319.

Ducic V, Milovanovic B, Durdic S. 2011. Identification of recent factors that affect the formation of the upper tree line in Eastern Serbia. Archives of Biological Sciences, 63(3): 825-830.

Dumig A, Hausler W, Steffens M, et al. 2012. Clay fractions from a soil chronosequence after glacier retreat reveal the initial evolution of organo-mineral associations. Geochimica Cosmochimica Acta, 85: 1-18.

Dumig A, Smittenberg R, Kogel-Knabner I. 2011. Concurrent evolution of organic and mineral components during initial soil development after retreat of the Damma glacier, Switzerland. Geoderma, 163(1-2): 83-94.

Eger A, Almond P C, Condron L M. 2011. Pedogenesis, soil mass balance, phosphorus dynamics and vegetation communities across a Holocene soil chronosequence in a super-humid climate, South Westland, New Zealand. Geoderma, 163 (3-4) : 185-196.

Egli M, Filip D, Mavris C, et al. 2012. Rapid transformation of inorganic to organic and plant-available phosphorous in soils of a glacier forefield. Geoderma, 189: 215-226.

Egli M, Fitze P, Mirabella A. 2001. Weathering and evolution of soils formed on granitic, glacial deposits: results from chronosequences of Swiss alpine environments. Catena, 45 (1) : 19-47.

Egli M, Mirabella A, Fitze P. 2003. Formation rates of smectites derived from two Holocene chronosequences in the Swiss Alps. Geoderma, 117 (1-2) : 81-98.

Elser J J, Bracken M E, Cleland E E, et al. 2007. Global analysis of nitrogen and phosphorus limitation of primary producers in freshwater, marine and terrestrial ecosystems. Ecology Letters, 10: 1135-1142.

Etienne S. 2002. The role of biological weathering in periglacial areas: a study of weathering rinds in south Iceland. Geomorphology, 47 (1) : 75-86.

Eyles N, Sasseville D, Slatt R, et al. 1982. Geochemical denudation rates and solute transport mechanisms in a maritime temperate glacier basin. Canadian Journal of Earth Sciences, 19 (8) : 1570-1581.

Filippelli G M, Souch C. 1999. Effects of climate and landscape development on the terrestrial phosphorus cycle. Geology, 27 (2) : 171-174.

Filippelli G M. 2008. The global phosphorus cycle: past, present, and future. Elements, 4 (2) : 89-95.

Follmi K B, Arn K, Hosein R, et al. 2009. Biogeochemical weathering in sedimentary chronosequences of the Rhone and Oberaar Glaciers (Swiss Alps) : rates and mechanisms of biotite weathering. Geoderma, 151 (3-4) : 270-281.

Fox T R, Miller B W, Rubilar R, et al. 2011. Phosphorus nutrition of forest plantations: the role of inorganic and organic phosphorus//Astrid O. Phosphorus in Action. Berlin Heidelberg: Springer.

Gaillardet J, Dupre B, Allegre C J. 1995. A global geochemical mass budget applied to the Congo basin rivers-erosion rates and continental-crust composition. Geochimica Cosmochimica Acta, 59 (17) : 3469-3485.

Gaillardet J, Dupre B, Louvat P, et al. 1999. Global silicate weathering and CO_2 consumption rates deduced from the chemistry of large rivers. Chemical Geology, 159 (1-4) : 3-30.

Galloway J N, Dentener F J, Capone D G, et al. 2004. Nitrogen cycles: past, present, and future. Biogeochemistry, 70 (2) : 153-226.

Gardner L R. 1990. The role of rock weathering in the phosphorus budget of terrestrial watersheds. Biogeochemistry, 11 (2) : 97-110.

George T S, Simpson R J, Gregory P J, et al. 2007. Differential interaction of Aspergillus niger and Peniophora lycii phytases with soil particles affects the hydrolysis of inositol phosphates. Soil Biology & Biochemistry, 39: 793-803.

Gerke J. 2015. The acquisition of phosphate by higher plants: effect of carboxylate release by the roots. A critical review. Journal of Plant Nutrition and Soil Science, 178: 351-364.

Giaveno C, Celi L, Richardson A E, et al. 2010. Interaction of phytases with minerals and availability of substrate affect the hydrolysis of inositol phosphates. Soil Biology & Biochemistry, 42: 491-498.

Gibbs R J. 1970. Mechanisms controlling world water chemistry. Science, 170 (3962) : 1088-1090.

Giles C D, Hsu P C, Richardson A E, et al. 2014. Plant assimilation of phosphorus from an insoluble organic form is improved by addition of an organic anion producing Pseudomonas sp. Soil Biology & Biochemistry, 68: 263-269.

Giles C D, Richardson A E, Druschel G K, et al. 2012. Organic anion-driven solubilization of precipitated and sorbed phytate improves hydrolysis by phytases and bioavailability to nicotiana tabacum. Soil Science, 177: 591-598.

Gilkes R, Suddhiprakam A. 1979. Magnetite alteration in deeply weathered adamellite. Journal of soil science, 30(2): 357-361.

Gonsiorczyk T, Casper P, Koschel R, 1998. Phosphorus-binding forms in the sediments of oligotrophic and an eutrophic hardwater lake of Baltic Lake district (Germany). Water Science & Technology, 37(3): 51-58.

Green V S, Dao T H, Cavigelli M A, et al. 2006. Phosphorus fractions and dynamics among soil aggregate size classes of organic and conventional cropping systems. Soil Science, 171: 874-885.

Grierson P F, Comerford N B, Jokela E J. 1998. Phosphorus mineralization kinetics and response of microbial phosphorus to drying and rewetting in a Florida Spodosol. Soil Biology & Biochemistry, 30: 1323-1331.

Harrison A F. 1987. Soil Organic Phosphorus: a Review of World Literature. Wallingford: CAB International.

Hayes J E, Richardson A E, Simpson R J. 2000. Components of organic phosphorus in soil extracts that are hydrolysed by phytase and acid phosphatase. Biology and Fertility of Soils, 32: 279-286.

Haynes R J, Swift R S. 1985. Effects of air-drying on the adsorption and desorption of phosphate and levels of extractable phosphate in a group of acid soils, New Zealand. Geoderma. 35: 145-157.

He L, Tang Y. 2008. Soil development along primary succession sequences on moraines of Hailuogou Glacier, Gongga Mountain, Sichuan, China. Catena, 72(2): 259-269.

He Z Q, Griffin T S, Honeycutt C W. 2004. Enzymatic hydrolysis of organic phosphorus in swine manure and soil. Journal of Environmental Quality, 33: 367-372.

Hedley M J, Stewart J W B, Chauhan B S. 1982. Changes in inorganic and organic soil-phosphorus fractions induced by cultivation practices and by laboratory incubations. Soil Science Saiety of America Journal, 46: 970-976.

Hesterberg D, Zhou W, Huchison K J, et al. 1999. XAFS study of adsorbed and mineral forms of phosphate. J. Synchrotron Rad, 6: 636-638.

Hinsinger P, Barros O N F, Benedetti M F, et al. 2001. Plant-induced weathering of a basaltic rock: Experimental evidence. Geochimica Cosmochimica Acta, 65(1): 137-152.

Hodson M E, Langan S J. 1999. The influence of soil age on calculated mineral weathering rates. Applied Geochemistry, 14(3): 387-394.

Hosein R, Arn K, Steinmann P, et al. 2004. Carbonate and silicate weathering in two presently glaciated, crystalline catchments in the Swiss Alps. Geochimica Cosmochimica Acta, 68(5): 1021-1033.

Houghton J T. 1996. Climate Change 1995: The Science of Climate Change: Contribution of Working Group I to the Second Assessment Report of the Intergovernmental Panel on Climate Change. London: Cambridge University Press.

Houle D, Lamoureux P, Belanger N, et al. 2012. Soil weathering rates in 21 catchments of the Canadian Shield. Hydrology and Earth System Sciences, 16(3): 685-697.

Huh Y, Tsoi M Y, Zaitsev A, et al. 1998. The fluvial geochemistry of the rivers of eastern Siberia: I. tributaries of the Lena River draining the sedimentary platform of the Siberian Craton. Geochimica Cosmochimica Acta, 62(10): 1657-1676.

Hunger S, Sims J T, Sparks L, 2005. How accurate is the assessment of phosphorus pools in poultry litter by sequential extraction. J. Environ. Qual, 34: 382-389.

Ippolito J A, Blecker S W, Freeman C L, et al. 2010. Phosphorus biogeochemistry across a precipitation gradient in grasslands of central North America. Journal of Arid Environments, 74(8): 954-961.

IWG W. 2006. World reference base for soil resources 2006-a framework for international classification, correlation and communication. World Soil Resources Reports Food and Agriculture Organization of the United Nations, Rome. 128.

Jacobson A D, Blum J D, Chamberlain C P, et al. 2002. Ca/Sr and Sr isotope systematics of a Himalayan glacial chronosequence: carbonate versus silicate weathering rates as a function of landscape surface age. Geochimica Cosmochimica Acta, 66(1): 13-27.

Jacobson A D, Blum J D. 2000. Ca/Sr and Sr-87/Sr-86 geochemistry of disseminated calcite in Himalayan silicate rocks from Nanga Parbat: influence on river-water chemistry. Geology, 28(5): 463-466.

Jacobson A D, Blum J D. 2003. Relationship between mechanical erosion and atmospheric CO_2 consumption in the New Zealand Southern Alps. Geology, 31(10): 865-868.

Jarosch K A, Doolette A L, Smernik R J, et al. 2015. Characterisation of soil organic phosphorus in NaOH-EDTA extracts: a comparison of P-31 NMR spectroscopy and enzyme addition assays. Soil Biology & Biochemistry, 91: 298-309.

Jenkinson D S, Brookes P C, Powlson D S. 2004. Measuring soil microbial biomass. Soil Biology and Biochemistry, 36: 5-7.

Jobbágy E G, Jackson R B. 2001, The distribution of soil nutrients with depth: global patterns and the imprint of plants. Biogeochemistry, 53(1): 51-77.

Jobbágy E G, Jackson R B. 2004. The uplift of soil nutrients by plants: biogeochemical consequences across scales. Ecology, 85(9): 2380-2389.

Johnson A H, Frizano J, Vann D R. 2003. Biogeochemical implications of labile phosphorus in forest soils determined by the Hedley fractionation procedure. Oecologia, 135(4): 487-499.

Jonsson C, Warfvinge P, Sverdrup H. 1995. Uncertainty in predicting weathering rate and environmental-stress factors with the profile model. Water Air and Soil Pollution, 81(1-2): 1-23.

Kabala C, Zapart J. 2012. Initial soil development and carbon accumulation on moraines of the rapidly retreating Werenskiold Glacier, SW Spitsbergen, Svalbard archipelago. Geoderma, 175: 9-20.

Kana J, Kopacek J, Camarero L, et al. 2011. Phosphate sorption characteristics of European alpine soils. S oil Science Society of America Journal, 75(3): 862-870.

Kaňa J, Kopáček J.2006. Impact of soil sorption characteristics and bedrock composition on phosphorus concentrations in two Bohemian Forest lakes. Water, air, and soil pollution, 173(1-4): 243-259.

Kauffman J B, Cummings D L, Ward D E. 1994. Relationships of fire, biomass and nutrient dynamics along a vegetation gradient in the Brazilian cerrado. Journal of Ecology, 82: 519-531

Kedi B, Abadie J, Sei J, et al. 2013. Diversity of adsorption affinity and catalytic activity of fungal phosphatases adsorbed on some tropical soils. Soil Biology & Biochemistry, 56: 13-20.

Kitayama K, Aiba S I. 2002. Ecosystem structure and productivity of tropical rain forests along altitudinal gradients with contrasting soil phosphorus pools on Mount Kinabalu, Borneo. Journal of Ecology, 90(1): 37-51.

Kitayama K, Majalap-Lee N, Aiba S. 2000. Soil phosphorus fractionation and phosphorus-use efficiencies of tropical rainforests along altitudinal gradients of Mount Kinabalu, Borneo. Oecologia, 123(3): 342-349.

Kodama H, Schnitzer M. 1980. Effect of fulvic-acid on the crystallization of aluminum hydroxides. Geoderma, 24(3): 195-205.

Koele N, Storch F, Hildebrand E E. 2011. The coarse-soil fraction is the main living space of fungal hyphae in the BhBs horizon of a Podzol. Journal of Plant Nutrition and soil Science, 174(5): 750-753.

Körner C .1998.A re-assessment of high elevation treeline positions and their explanation. Oecologia, 115: 445-459.

Kruse J, Leinweber P, 2008. Phosphorus in sequentially extracted fen peat soils: a K-edge X-ray absorption near edge structure (XANES) spectroscopy study. Plant Nutr. Soil Sci, 171: 613-620.

Kunito T, Tsunekawa M, Yoshida S, et al. 2012. Soil properties affecting phosphorus forms and phosphatase activities in Japanese forest soils: soil microorganisms may be limited by phosphorus. Soil Science, 177 (1): 39-46.

Lambers H, Mougel C, Jaillard B, et al. 2009. Plant-microbe-soil interactions in the rhizosphere: an evolutionary perspective. Plant and Soil, 321 (1-2): 83-115.

Lambers H, Raven J A, Shaver G R, et al. 2008. Plant nutrient-acquisition strategies change with soil age. Trends in Ecology & Evolution, 23 (2): 95-103

Land M, Ingri J, Ohlander B. 1999. Past and present weathering rates in Northern Sweden. Applied Geochemistry, 14 (6): 761-774.

Landeweert R, Hoffland E, Finlay R D, et al. 2001. Linking plants to rocks: ectomycorrhizal fungi mobilize nutrients from minerals. Trends in Ecology Evolution, 16 (5): 248-254.

Larsen I J, Almond P C, Eger A, et al. 2014. Rapid Soil Production and Weathering in the Southern Alps, New Zealand. Science, 343 (6171): 637-640.

Li X, Xiong S F. 1995. Vegetation primary succession on glacier foreland in Hailuogou, Mt. Gongga. Mountain Research (In Chinese), 12: 109-115.

Li Z X, He Y Q, Yang X M, et al. 2010. Changes of the Hailuogou glacier, Mt. Gongga, China, against the background of climate change during the Holocene. Quaternary International, 218 (1-2): 166-175.

Lichter J. 1998. Rates of weathering and chemical depletion in soils across a chronosequence of Lake Michigan sand dunes. Geoderma, 85 (4): 255-282.

Liebisch F, Keller F, Huguenin-Elie O, et al. 2014. Seasonal dynamics and turnover of microbial phosphorusin a permanent grassland. Biology and Fertility of Soils, 50: 465-475.

Likens G E, Bormann F H. 1974. Linkages between terrestrial and aquatic ecosystems. Bioscience, 24: 447-456.

Likens G E, Driscoll C T, Buso D C. 1996. Long-term effects of acid rain: response and recovery of a forest ecosystem. Science, 272 (5259): 244-246.

Litaor M I, Seastedt T R, Walker M D, et al. 2005. The biogeochemistry of phosphorus across an alpine topographic/snow gradient. Geoderma, 124 (1-2): 49-61.

Liu G N, Chen Y X, Zhang Y, et al. 2009. Mineral deformation and subglacial processes on ice-bedrock interface of Hailuogou Glacier. Chinese Science Bulletin, 54 (18): 3318-3325.

Liu Z. 2012. New progress and prospects in the study of rock-weathering-related carbon sinks. Chinese Science Bulletin, 57 (2-3): 95-102.

Lombi E, Scheckel K G, Armstrong R D, et al. 2006. Speciation and distribution of phosphorus in a fertilized soil: a synchrotron-based investigation. Soil Sci. Soc. Am. J, 70: 2038-2048.

Lung S C, Lim B L. 2006. Assimilation of phytate-phosphorus by the extracellular phytase activity of tobacco (Nicotiana tabacum) is affected by the availability of soluble phytate. Plant and Soil, 279: 187-199.

Luo J, Chen Y C, Wu Y H, et al. 2012. Temporal-spatial variation and controls of soil respiration in different primary succession stages on glacier forehead in Gongga Mountain, China. PLoS One, 7: e42354.

Mage S M, Porder S. 2013. Parent material and topography determine soil phosphorus status in the Luquillo Mountains of Puerto Rico. Ecosystems, 16 (2): 284-294.

Makarov M I, Haumaier L, Zech W. 2002. The nature and origins of diester phosphates in soils: a P-31 NMR study. Biology and Fertility of Soils, 35 (2): 136-146.

Mavris C, Egli M, Plotze M, et al. 2010. Initial stages of weathering and soil formation in the Morteratsch proglacial area（Upper Engadine, Switzerland）. Geoderma, 155（3-4）: 359-371.

McDowell R W, Scott J T, Stewart I, et al. 2007. Influence of aggregate size on phosphorus changes in a soil cultivated intermittently: analysis by P-31 nuclear magnetic resonance. Biology and Fertility of Soils, 43: 409-415.

McGroddy M E, Daufresne T, Hedin L O .2004. Scaling of C: N: P stoichiometry in forests worldwide: implications of terrestrial Redfield-type ratios. Ecology, 85: 2390-2401.

McLaughlin J, Ryden J, Syers J. 1981. Sorption of inorganic phosphate by iron- and aluminium- containing components. Journal of Soil Science, 32: 365-378.

Meybeck M. 1987. Global chemical-weathering of surficial rocks estimated from river dissolved loads. American Journal of Science, 287（5）: 401-428.

Miller A J, Schuur E A G, Chadwick O A. 2001. Redox control of phosphorus pools in Hawaiian montane forest soils. Geoderma, 102（3-4）: 219-237.

Miller E K, Blum J D, Friedland A J. 1993. Determination of soil exchangeable-cation loss and weathering rates using Sr isotopes. Nature, 362（6419）: 438-441.

Millot R, Gaillardet J, Dupre B, et al. 2002. The global control of silicate weathering rates and the coupling with physical erosion: new insights from rivers of the Canadian Shield. Earth and Planetary Science Letters, 196（1-2）: 83-98.

Moen J, Cairns D M, Lafon C W. 2008. Factors structuring the treeline ecotone in Fennoscandia. Plant Ecol Divers, 1（1）: 77-87.

Moosdorf N, Hartmann J, Lauerwald R, et al. 2011. Atmospheric CO_2 consumption by chemical weathering in North America. Geochimica Cosmochimica Acta, 75（24）: 7829-7854.

Moulton K L, Berner R A. 1998. Quantification of the effect of plants on weathering: studies in Iceland. Geology, 26（10）: 895-898.

Murakami T, Utsunomiya S, Yokoyama T, et al. 2003. Biotite dissolution processes and mechanisms in the laboratory and in nature: early stage weathering environment and vermiculitization. American Mineral, 88（2-3）: 377-386.

Murphy J, Riley J P. 1962. A modified single solution method for the determination of phosphate in natural waters. Analytica Chimica Acta, 27: 31-36.

Naples B K, Fisk M C. 2010. Belowground insights into nutrient limitation in northern hardwood forests. Biogeochemistry, 97（2-3）: 109-121.

Negassa W, Leinweber P. 2009. How does the Hedley sequential phosphorus fractionation reflect impacts of land use and management on soil phosphorus: review. Journal of Plant Nutrition and Soil Science, 172: 305-325.

Negrin M A, Gonzalezcarcedo S, Hernandezmoreno J M. 1995. P-fractionation in sodium-bicarbonate extracts of andic soils. Soil Biology & Biochemistry, 27: 761-766.

Nesper M, Bünemann E K, Fonte S J, et al. 2015. Pasture degradation decreases organic P content of tropical soils due to soil structural decline. Geoderma 257, 123-133.

Nezat C A, Blum J D, Klaue A, et al. 2004. Influence of landscape position and vegetation on long-term weathering rates at the Hubbard Brook Experimental Forest, New Hampshire, USA. Geochimica Cosmochimica Acta, 68（14）: 3065-3078.

Nezat C A, Blum J D, Yanai R D, et al. 2007. A sequential extraction to determine the distribution of apatite in granitoid soil mineral pools with application to weathering at the Hubbard Brook Experimental Forest, NH, USA. Applied Geochmistry, 22（11）: 2406-2421.

Norton S A, Fernandez I J, Amirbahman A, et al. 2006. Aluminum, phosphorus and oligotrophy-assembling the pieces of the puzzle. Verhandlungen des Internationalen Verein Limnologie , 29: 1877-1886.

Nziguheba G, Bünemann E K. 2005. Organic phosphorus dynamics in tropical agroecosystems//Nziguheba G, Bünemann E K, Organic Phosphorus in the Environment. Cambridge: CABI Publishing.

Oehl F, Oberson A, Probst M, et al. 2001. Kinetics of microbial phosphorus uptake in cultivated soils. Biology and Fertility of Soils, 34: 31-41.

Oehl F, Oberson A, Sinaj S, et al. 2001. Organic phosphorus mineralization studies using isotopic dilution techniques. Soil Science Society of America Journal, 65: 780-787.

Ohno T, Amirbahman A. 2010. Phosphorus availability in boreal forest soils: a geochemical and nutrient uptake modeling approach. Geoderma, 155 (1-2) : 46-54.

Oliva P, Dupre B, Martin F, et al. 2004. The role of trace minerals in chemical weathering in a high-elevation granitic watershed (Estibere, France) : chemical and mineralogical evidence. Geochimica Cosmochimica Acta, 68 (10) : 2223-2243.

Oliva P, Viers J, Dupre B. 2003. Chemical weathering in granitic environments. Chemical Geology, 202 (3-4) : 225-256.

Olsson R, Giesler R, Loring J S, et al. 2012. Enzymatic hydrolysis of organic phosphates adsorbed on mineral surfaces. Environmental Science & Technology, 46: 285-291.

Ovington J D. 1953. Studies of the development of woodland conditions under different trees: I. soils pH. Journal of Ecology, 41 (1) : 13-34.

Pant H K, Warman P R. 2000. Enzymatic hydrolysis of soil organic phosphorus by immobilized phosphatases. Biology and Fertility of Soils, 30: 306-311.

Peak D, Sims J T ,Sparks, 2002. Soild-state speciation of natural and alum-amended poultry litter using XANES spectroscopy. Environ. Sci. Technol, 36: 4253-4261.

Peltovuori T, Soinne H. 2005. Phosphorus solubility and sorption in frozen, air-dried and field-moist soil. European Journal of Soil Science, 56: 821-826.

Polglase P J, Comerford N B, Jokela E J. 1992. Mineralization of nitrogen and phosphorus from soil organic-matter in southern pine plantations. Soil Science Society of America Journal, 56: 921-927.

Porder S, Chadwick O A. 2009. Climate and soil-age constraints on nutrient uplift and retention by plants. Ecology, 90 (3) : 623-636.

Porder S, Hilley G E, Chadwick O A. 2007. Chemical weathering, mass loss, dust inputs across a climate by time matrix in the Hawaiian Islands. Earth Planet Sci Lett, 258 (3-4) : 414-427.

Porder S, Ramachandran S. 2013. The phosphorus concentration of common rocks-a potential driver of ecosystem P status. Plant Soil, 367 (1-2) : 41-55.

Prietzel J, Dumig A, Wu Y H, et al. 2013a. Synchrotron-based P K-edge XANES spectroscopy reveals rapid changes of phosphorus speciation in the topsoil of two glacier foreland chronosequences. Geochimica Cosmochimica Acta, 108: 154-171.

Prietzel J, Wu Y, Dumig A, et al. 2013b. Soil sulphur speciation in two glacier forefield soil chronosequences assessed by S K-edge XANES spectroscopy. European Journal of Soil Science, 64 (2) : 260-272.

Quirk J, Beerling D J, Banwart S A, et al. 2012. Evolution of trees and mycorrhizal fungi intensifies silicate mineral weathering. Biology Letters, 8 (6) : 1006-1011.

Raulund-Rasmussen K, Vejre H. 1995. Effect of tree species and soil properties on nutrient immobilization in the forest floor. Plant and Soil, 168 (1) : 345-352.

Raymo M E, Ruddiman W F, Froelich P N. 1988. Influence of late cenozoic mountain building on ocean geochemical cycles. Geology, 16 (7) : 649-653.

Raymo M E, Ruddiman W F. 1992. Tectonic forcing of Late Cenozoic Climate. Nature, 359 (6391) : 117-122.

Reynolds C S , Davies P S, 2001. Sources and bioavailability of phosphorus fractions in freshwater: a British perspective. Biological Reviews of the Cambridge Philosophical Society, 76(1): 27-64.

Richardson A E, George T S, Hens M, et al.2005. Utilization of soil organic phosphorus by higher plants. In: Turner BL, Frossard E, Baldwin D (eds) organic phosphorus in the environment. CABI Publishing, Wallington: 165-184.

Richardson A E, Lynch J P, Ryan P R, et al. 2011. Plant and microbial strategies to improve the phosphorus efficiency of agriculture. Plant and Soil, 349(1-2): 121-156.

Richardson A E, Simpson R J. 2011. Soil microorganisms mediating phosphorus availability. Plant physiology, 156(3): 989-996.

Richter D D, Allen H L, Li J, et al. 2006. Bioavailability of slowly cycling soil phosphorus: major restructuring of soil P fractions over four decades in an aggrading forest. Oecologia, 150: 259-271.

Riebe C S, Kirchner J W, Finkel R C. 2004. Erosional and climatic effects on long-term chemical weathering rates in granitic landscapes spanning diverse climate regimes. Earth and Planetary Science Letters, 224(3-4): 547-562.

Roem W J, Klees H, Berendse F.2002. Effects of nutrient addition and acidification on plant species diversity and seed germination in heathland. Journal of Applied Ecology, 39: 937-948.

Sala O E, Chapin F S, Armesto J J, et al.2000. Biodiversity-global biodiversity scenarios for the year 2100. Science, 287: 1770-1774.

SanClements M D, Fernandez I J, Norton S A. 2010. Phosphorus in soils of temperate forests: linkages to acidity and aluminum. Soil Society of America Journal, 74(6): 2175-2186.

Sarin M M, Krishnaswami S, Dilli K, et al. 1989. Major ion chemistry of the Ganga-Brahmaputra River system-weathering processes and fluxes to the Bay of Bengal. Geochimica Cosmochimica Acta, 53(5): 997-1009.

Schaller M, Blum J D, Hamburg S P, et al. 2010. Spatial variability of long-term chemical weathering rates in the White Mountains, New Hampshire, USA. Geoderma, 154(3-4): 294-301.

Schroth A W, Friedland A J, Bostick B C. 2007. Macronutrient depletion and redistribution in soils under conifer and northern hardwood forests. Soil Science of America Journal, 71(2): 457-468.

Seastedt T R, Vaccaro L.2001.Plant species richness, productivity, and nitrogen and phosphorus limitations across a snowpack gradient in Alpine Tundra, Colorado, USA. Arctic Antarctic & Alpine Research, 33: 100-106.

Selmants P C, Hart S C .2010. Phosphorus and soil development: Does the Walker and Syers model apply to semiarid ecosystems? Ecology, 91: 474-484.

Shand C A, Smith S. 1997. Enzymatic release of phosphate from model substrates and P compounds in soil solution from a peaty podzol. Biology and Fertility of Soils, 24: 183-187.

Smil V. 2000. Phosphorus in the environment: Natural flows and human interferences. Annu. Rev. Energy Environ, 25: 53-88.

Smith V H .2003. Eutrophication of freshwater and coastal marine ecosystems-A global problem. Environmental Science & Pollution Research, 10: 126-139.

Smits M M, Bonneville S, Benning L G, et al. 2012. Plant-driven weathering of apatite-the role of an ectomycorrhizal fungus. Geobiology, 10(5): 445-456.

Soinne H, Räty M, Hartikainen H. 2010. Effect of air-drying on phosphorus fractions in clay soil. Journal of Plant Nutrition and Soil Science, 173: 332-336.

Sparling G, Whale K, Ramsay A. 1985. Quantifying the contribution from the soil microbail biomass to the extractable P levels of fresh and air-dried soils. Soil Research, 23: 613-621.

Styles D, Coxon C. 2006. Laboratory drying of organic-matter rich soils: phosphorus solubility effects, influence of soil characteristics, and consequences for environmental interpretation. Geoderma, 136: 120-135.

Sun S Q, Wu Y H, Wang G X, et al. 2013. Bryophyte species richness and composition along an altitudinal gradient in Gongga Mountain, China. PloS one, 8 (3) : e58131.

Sundqvist M K, Wardle D A, Vincent A, et al. 2014. Contrasting nitrogen and phosphorus dynamics across an elevational gradient for subarctic tundra heath and meadow vegetation. Plant and Soil, 383 (1-2) : 387-399.

Sverdrup H, de Vries W, Henriksen A, et al. 1990. Mapping critical loads: a guidance to the criteria, calculations, data collection and mapping of critical loads. Nordic Council of Ministers Copenhagen, NORD: 98: 124.

Sverdrup H, Warfvinge P. 1988. Weathering of primary silicate minerals in the natural soil environment in relation to a chemical-weathering model. Water, Air and Soil Pollution, 38 (3-4) : 387-408.

Tamburini F, Pfahler V, Bunemann E K, et al. 2012. Oxygen isotopes unravel the role of microorganisms in phosphate cycling in soils. Environmental Science and Technology, 46 (11) : 5956-5962.

Tang J, Leung A, Leung C, et al. 2006. Hydrolysis of precipitated phytate by three distinct families of phytases. Soil Biology & Biochemistry, 38: 1316-1324.

Tate K R. 1984. The biological transformation of P in soil. Plant Soil, 76 (1-3) : 245-256.

Taylor A, Blum J D. 1995. Relation between soil age and silicate weathering rates determined from the chemical evolution of a glacial chronosequence. Geology, 23 (11) : 979-982.

Taylor L L, Banwart S A, Valdes P J, et al. 2012. Evaluating the effects of terrestrial ecosystems, climate and carbon dioxide on weathering over geological time: a global-scale process-based approach. Philosophical Transactions of the Royal Society, 367 (1588) : 565-582.

Thomas S M, Johnson A H, Frizano J, et al. 1999. Phosphorus fractions in montane forest soils of the Cordillera de Piuchué, Chile: biogeochemical implications. Plant Soil, 211: 139-148.

Tian H, Chen G, Zhang C, et al. 2010. Pattern and variation of C: N: P ratios in China' s soils: a synthesis of observational data. Biogeochemistry, 98: 139-151.

Tiessen H, Ballester M V, Salcedo I.2011. Phosphorus and Global Change. In: Phosphorus in Action: Biological Processes in Soil Phosphorus Cycling: Springer-Verlag Berlin, Heidelberger Platz 3, D-14197 Berlin, Germany: 459-471.

Tiessen H, Chacon P, Cuevas E. 1994. Phosphorus and nitrogen status in soils and vegetation along a toposequence of dystrophic rainforests on the upper Rio Negro. Oecologia, 99 (1-2) : 145-150.

Tiessen H, Moir J O. 1993. Characterization of available P by sequential extraction. //in: Carter, editor. M R. Soil Sampling and Methods of Analysis. Ann Arbor, Michigan: Lewis Publishers: 75-86.

Tiessen H, Moir J. 1993. Characterization of available P by sequential extraction//Carter M R, Gregorich E G Soil Sampling and Methods of Analysis. Boca Raton: Canadian Society of Soil Science: 293-305.

Tiessen H, Stewart J, Cole C. 1984. Pathways of phosphorus transformations in soils of differing pedogenesis. Soil Science Society of America Journal, 48: 853-858.

Tiessen H.2008. Phosphorus in the global environment. In: Plant Ecophysiology-Series, Springer-Verlag: 1-7.

Turner B L. 2008. Resource partitioning for soil phosphorus: a hypothesis. Journal of Ecology, 96: 698-702.

Turner B L, Blackwell M S A. 2013. Isolating the influence of pH on the amounts and forms of soil organic phosphorus. European Journal of Soil Science, 64: 249-259.

Turner B L, Condron L M, Richardson S J, et al. 2007. Soil organic phosphorus transformations during pedogenesis. Ecosystems, 10:

1166-1181.

Turner B L, Driessen J P, Haygarth P M, et al. 2003a. Potential contribution of lysed bacterial cells to phosphorus solubilisation in two rewetted australian pasture soils. Soil Biology and Biochemistry, 35: 187-189.

Turner B L, Engelbrecht B M J. 2011. Soil organic phosphorus in lowland tropical rain forests. Biogeochemistry, 103, 297-315.

Turner B L, Haygarth P M. 2001. Biogeochemistry: phosphorus solubilization in rewetted soils. Nature, 411: 258.

Turner B L, Haygarth P M. 2003b. Changes in bicarbonate-extractable inorganic and organic phosphorus by drying pasture soils. Soil Science Society of America Tournal, 67: 344-350.

Turner B L, Lambers H, Condron L M, et al. 2013. Soil microbial biomass and the fate of phosphorus during long-term ecosystem development. Plant and Soil, 367 (1-2) : 225-234.

Turner B L, Wells A, Condron L M. 2014. Soil organic phosphorus transformations along a coastal dune chronosequence under New Zealand temperate rain forest. Biogeochemistry, 121: 595-611.

Turner S, Schippers A, Meyer-Stuve S, et al. 2014. Mineralogical impact on long-term patterns of soil nitrogen and phosphorus enzyme activities. Soil Biology & Biochemistry, 68: 31-43.

Unger M, Leuschner C, Homeier J. 2010. Variability of indices of macronutrient availability in soils at different spatial scales along an elevation transect in tropical moist forests (NE Ecuador). Plant and soil, 336 (1-2) : 443-458.

van Breemen N, Finlay R, Lundstrom U, et al. 2000. Mycorrhizal weathering: a true case of mineral plant nutrition? . Biogeochemistry, 49 (1) : 53-67.

Vincent A G, Schleucher J, Grobner G, et al. 2012. Changes in organic phosphorus composition in boreal forest humus soils: the role of iron and aluminium. Biogeochemistry, 108: 485-499.

Vitousek P M, Matson P A, Turner D R. 1988. Elevational and age gradients in hawaiian montane rainforest—foliar and soil nutrients. Oecologia, 77: 565-570.

Vitousek P M, Porder S, Houlton B Z, et al. 2010. Terrestrial phosphorus limitation: mechanisms, implications, and nitrogen-phosphorus interactions. Ecologica Applications, 20 (1) : 5-15.

Vitousek P M, Sanford R L. 1986. Nutrient cycling in moist tropical forest. Annual Review of Ecology and Systematics, 17: 137-167.

Walker T W, Syers J K. 1976. The fate of phosphorus during pedogenesis. Geoderma, 15 (1) : 1-19.

Wang J, Wu Y, Zhou J, et al. 2016. Carbon demand drives microbial mineralization of organic phosphorus during the early stage of soil development. Biology and Fertility of Soils, 52: 825-839.

Wang L J, Putnis C V, King H E, et al. 2017. Imaging organophosphate and pyrophosphate sequestration on brucite by in situ atomic force microscopy. Environmental Science & Technology, 51: 328-336.

Wang Y P, Law R M, Pak B. 2010. A global model of carbon, nitrogen and phosphorus cycles for the terrestrial biosphere. Biogeosciences, 7 (7) : 2261-2282.

Wardle D A, Walker L R, Bardgett R D .2004. Ecosystem properties and forest decline in contrasting long-term chronosequences. Science 305: 509-513.

Wassen M J, Venterink H O, Lapshina E D, et al. 2005.Endangered plants persist under phosphorus limitation. Nature, 437: 547-550.

West A J, Bickle M J, Collins R, et al. 2002. Small-catchment perspective on Himalayan weathering fluxes. Geology, 30 (4) : 355-358.

West A J, Galy A, Bickle M. 2005. Tectonic and climatic controls on silicate weathering. Earth and Planetary Science Letters, 235 (1) : 211-228.

White A F, Blum A E, Bullen T D, et al. 1999a. The effect of temperature on experimental and natural chemical weathering rates of granitoid rocks. Geochimica Cosmochimica Acta, 63 (19-20): 3277-3291.

White A F, Blum A E. 1995. Effects of climate on chemical weathering in watersheds. Geochimica Cosmochimica Acta, 59(9): 1729-1747.

White A F, Brantley S L. 2003. The effect of time on the weathering of silicate minerals: why do weathering rates differ in the laboratory and field? Chemical Geology, 202 (3-4): 479-506.

White A F, Bullen T D, Vivit D V, et al. 1999b. The role of disseminated calcite in the chemical weathering of granitoid rocks. Geochimica Cosmochimica Acta, 63 (13-14): 1939-1953.

Wood T, Bormann F, Voigt G. 1984. Phosphorus cycling in a northern hardwood forest: biological and chemical control. Science, 223: 391-393.

Wu J S, He Z L, Wei W X, et al. 2000. Quantifying microbial biomass phosphorus in acid soils. Biology and Fertility of Soils, 32: 500-507.

Wu Y H, Li W, Zhou J, et al. 2013. Temperature and precipitation variations at two meteorological stations on eastern slope of Gongga Mountain, SW China in the past two decades. Journal of Mountain Science, 10 (3): 370-377.

Wu Y, Prietzel J, Zhou J, et al. 2014. Soil phosphorus bioavailability assessed by XANES and Hedley sequential fractionation technique in a glacier foreland chronosequence in Gongga Mountain, Southwestern China. Science China Earth Sciences, 57(8): 1860-1868.

Wu Y, Zhou J, Yu D, et al. 2013. Phosphorus biogeochemical cycle research in mountainous ecosystems. Journal of Mountain Science, 10(1): 43-53

Wyngaard N, Cabrera M L, Jarosch K A, et al. 2016. Phosphorus in the coarse soil fraction is related to soil organic phosphorus mineralization measured by isotopic dilution. Soil Biology & Biochemistry, 96: 107-118.

Xu G, Sun J N, Xu R F, et al. 2011. Effects of air-drying and freezing on phosphorus fractionsin soils with different organic matter contents. Plant, Soil and Environment, 57: 228-234.

Yan Y P, Li W, Yang J, et al. 2014b. Mechanism of myo-inositol hexakisphosphate sorption on amorphous aluminum hydroxide: spectroscopic evidence for rapid surface precipitation. Environmental Science & Technology, 48: 6735-6742.

Yan Y P, Liu F, Li W, et al. 2014a. Sorption and desorption characteristics of organic phosphates of different structures on aluminium (oxyhydr) oxides. European Journal of Soil Science, 65: 308-317.

Yang X, Post W M. 2011. Phosphorus transformations as a function of pedogenesis: a synthesis of soil phosphorus data using Hedley fractionation method. Biogeosciences, 8 (10): 2907-2916.

Yang Y, Wang G X, Shen H H, et al. 2014. Dynamics of carbon and nitrogen accumulation and C∶N stoichiometry in a deciduous broadleaf forest of deglaciated terrain in the eastern Tibetan Plateau. Forest Ecology and Management, 312: 10-18.

Zhang T Q, Mackenzie A F, Sauriol F. 1999. Nature of soil organic phosphorus as affected by long-term fertilization under continuous corn (Zea Mays L.): a P-31 NMR study. Soil Science, 164: 662-670.

Zhong X H, Zhang W J, Luo J. 1999. The characteristics of the mountain ecosystem and environment in the Gongga Mountain region. Ambio, 28: 648-654.

Zhou J, Wu Y H, Prietzel J, et al. 2013. Changes of soil phosphorus speciation along a 120-year soil chronosequence in the hailuogou glacier retreat area (Gongga Mountain, SW China). Geoderma, 195-196: 251-259.

Zhu B Q, Yang X P. 2007. The ion chemistry of surface and ground waters in the Taklimakan Desert of Tarim Basin, Western China. Chinese Science Bulletin, 52 (15): 2123-2129.

第 3 章　贡嘎山植物在磷循环中的作用

3.1　典型植物对磷的吸收利用特征

磷是植物生长的基本营养元素之一，在植物体核酸合成、光合、糖解和呼吸等生理过程中起着非常重要的作用（Du et al.，2009）。然而，由于土壤中的磷很容易与铁、铝氧化物或黏土矿物结合而形成磷酸铁、磷酸铝或者磷酸钙沉积物（Shen and Zhang，2011；Arai and Sparks，2007；Hinsinger，2001），土壤中的磷可利用性通常很低。因此，许多生态系统中，即使土壤磷库总量非常大，可用磷也可能仅占非常小的一部分（Chapin et al.，1994；Attiwill and Adams，1993），使得磷成为这些生态系统中限制植物生长的重要因素（Kitajima，2002）。特别是随着大气氮沉降的增加，一些本身受到氮限制的生态系统也逐渐转变为受磷限制（Blanes et al.，2012；Naples and Fisk，2010；Prietzel and Stetter，2010）。

另外，植物总能通过各种机制从土壤中获取和高效利用各种形态的磷（George et al.，2002）。例如，白羽扇豆能够通过分泌大量的柠檬酸来利用 Ca-P（Dinkelaker et al.，1989），木豆能通过分泌丙二酸、草酸和番石榴酸来利用 Fe-P 和 Al-P（ Otani and Ae，1996；Ae et al.，1990）；而有机磷（如植酸）主要靠根系分泌酸性磷酸酶（APase）来溶解和吸收（Tadano and Sakai，1991）。除此之外，植物还能通过改变其自身的生理特征（如通过增加根系生物量的比例、增加根系长度和表面积、缩减高磷需求组织的生长以降低根际土壤 pH 以及通过丛枝菌根等方式）（Johnson et al.，1996；Shen et al.，2004），来适应低磷环境或者加强对磷的吸收（Tchienkoua et al.，2008）。

峨眉冷杉［*Abies fabri*（Mast.）Craib.］是青藏高原东缘亚高山生态系统的常见树种之一，通常与云杉属、冷杉属的其他树种作为主要建群种共同形成川西亚高山暗针叶林这一植被类型，其幼苗的生长关系到该区森林生态系统更新以及群落演替的顺利进行。特别是，前期研究表明，青藏高原东缘冰川退缩后的植被原生演替过程中，土壤磷主要以植物可利用性较低的 Ca-P 以及有机磷的形式存在（Zhou et al.，2013），弄清峨眉冷杉幼苗对磷养分的吸收利用特征对于清楚认识青藏高原东缘暗针叶林的形成和更新机制具有重要意义。

本节采用盆栽试验的方法，从生物量、植物体磷含量及对磷的需求和利用效率等角度，分析峨眉冷杉幼苗对 5 种不同形态磷［KH_2PO_4（K-P）、$CaHPO_4 \cdot 2H_2O$（Ca-P）、$AlPO_4$（Al-P）、$FePO_4 \cdot 4H_2O$（Fe-P）和植酸（Py-P）］的吸收利用特征，具体目的是回答以下几个方面的问题，从而为青藏高原东缘暗针叶林的形成和更新机制提供基础依据：①峨眉冷杉幼苗如何从生物量上对几种常见的具有不同生物可利用性的磷形态(K-P、Ca-P、Al-P、Fe-P 和 Py-P)做出响应;②峨眉冷杉幼苗对不同磷形态的响应特征是源于其对不同形态磷的吸收差异还是源于其对不同形态磷的利用能力;③不同形态的磷是如何被峨眉冷杉幼苗吸收的,酸性磷酸酶和丛枝菌根对不同形态磷的吸收是否具有重要作用。

3.1.1 峨眉冷杉幼苗生物量对不同形态磷的响应

峨眉冷杉幼苗生物量随磷形态($F = 40.2$,$p< 0.001$)和浓度($F = 191$,$p< 0.001$)显著变化,磷形态和磷浓度对峨眉冷杉幼苗的影响具有交互作用($F = 11.6$,$p< 0.001$),磷的添加促进了生物量的累积。各形态磷处理下,峨眉冷杉生物量与磷添加浓度之间具有单调递增的关系(图 3-1),这一结果与早期报道一致(Utriainen and Holopainen,2002;Warren and Adams,2002),说明在保证氮、钾等元素供应的条件下,磷元素的添加对峨眉冷杉总生物量具有显著促进作用。当添加的磷浓度为 15 mg·kg^{-1}时,K-P、Al-P、Fe-P 和 Py-P 处理下的峨眉冷杉幼苗生物量分别比对照增加了 50%、31%、58%和 17%;而当添加的磷浓度为 100mg·kg^{-1}时,峨眉冷杉幼苗生物量比对照分别增加了 168%、104%、130%和 134%。当磷浓度从 15 mg·kg^{-1}增加到 100mg·kg^{-1}时,Ca-P 处理下的峨眉冷杉幼苗生物量与对照相比的增幅分别为 22%和 23%。添加 Ca-P 时生物量-磷浓度曲线的斜率最低,其次是 Al-P、Fe-P、Py-P 和 K-P (图 3-1),说明峨眉冷杉幼苗生物量对磷的响应程度为 K-P、Fe-P、Py-P > Al-P > Ca-P。其原因是 K-P 能被植物直接吸收利用,而 Py-P 容易被酸性磷酸酶水解从而易被植物利用(Tarafdar and Claassen,2005)。添加 K-P 并未导致峨眉冷杉幼苗叶片中钾含量持续增加(表 3-1),说明添加 K-P 条件下较高的生物量是由 K-P 本身较高的磷养分生物可利用性造成的,而不是由其中的钾养分导致的。另外,添加 Fe-P 时峨眉冷杉幼苗生物量增幅大于添加 Ca-P 时的生物量增幅,这一结果与 Du 等(2009)对 *Stylosanthes* 的研究结果相反,说明植物对不同形态磷的响应特征取决于植物的类型(Otani et al.,1996;Ae et al.,1990;Dinkelaker et al.,1989)。

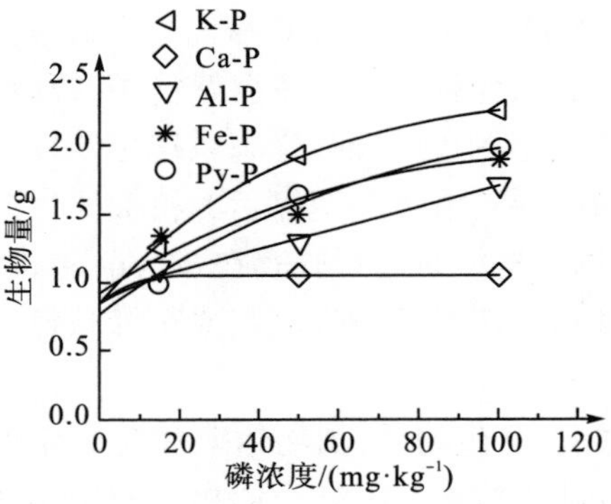

图 3-1 峨眉冷杉幼苗生物量与不同形态磷的关系

表 3-1 峨眉冷杉幼苗生物量及其在不同器官中的分配

磷形态	磷浓度	生物量 (g·plant^{-1})	生物量分配/%			根/冠	根/叶
			根	茎	叶		
C	P0	0.843^{a}	24.6^{ab}	52.1^{a}	23.3^{a}	0.33^{ab}	1.05^{a}
K-P	P15	1.26^{bAB}	30.4^{c}	45.6^{bAB}	24.0^{aA}	0.44^{c}	1.27^{a}
	P50	1.93^{cA}	21.4^{ab}	45.1^{bA}	33.5^{bA}	0.28^{ab}	0.64^{b}
	P100	2.26^{dA}	23.8^{ab}	36.8^{cA}	39.4^{cA}	0.31^{ab}	0.61^{b}
Ca-P	P15	1.03^{abAB}	20.8^{ab}	49.4^{aA}	29.8^{bB}	0.26^{ab}	0.70^{b}
	P50	1.16^{aB}	22.5^{ab}	50.4^{aB}	27.1^{aB}	0.29^{ab}	0.83^{a}
	P100	1.04^{aB}	22.4^{ab}	54.9^{aB}	22.7^{aB}	0.29^{ab}	0.99^{a}
Al-P	P15	1.10^{bAB}	26.4^{a}	43.5^{bB}	30.1^{bB}	0.36^{a}	0.88^{ab}
	P50	1.30^{bBC}	25.3^{ab}	43.8^{bA}	30.9^{bcA}	0.34^{ab}	0.82^{bc}
	P100	1.72^{cC}	21.3^{b}	44.5^{bC}	34.2^{cC}	0.27^{b}	0.62^{c}
Fe-P	P15	1.33^{bA}	27.0^{ab}	42.0^{bB}	31.0^{bB}	0.37^{ab}	0.88^{ab}
	P50	1.50^{bCD}	23.5^{ab}	44.4^{bA}	32.1^{bA}	0.31^{ab}	0.73^{b}
	P100	1.94^{cCD}	24.5^{ab}	45.3^{bC}	30.2^{bD}	0.32^{ab}	0.82^{b}
Py-P	P15	0.983^{aB}	24.3^{ab}	46.4^{abAB}	29.3^{bB}	0.32^{ab}	0.86^{ab}
	P50	1.64^{bD}	26.1^{ab}	42.7^{bA}	31.2^{bA}	0.35^{ab}	0.84^{b}
	P100	1.97^{cD}	24.4^{ab}	40.9^{bAC}	34.7^{cC}	0.32^{ab}	0.71^{b}
P 形态		***	NS	***	***	NS	NS
P 浓度		***	*	***	***	**	***
P 形态× P 浓度		***	**	***	***	**	***

注：*** 0.001≤p < 0.01；** p < 0.01；* 0.01≤p < 0.05；NS，p > 0.05。C，不施磷对照。每列中，不同小写字母表示同一形态不同浓度磷处理间的差异；不同大写字母表示同一浓度不同磷形态之间的差异。

有研究表明，磷的添加会直接影响生物量在植物体中的分配（Shu et al.，2007；Shane et al.，2004；Groot et al.，2001）。例如，磷缺乏时植物倾向于把生物量分配到根部（Louwgaume，2010；Corrales et al.，2007；Shane et al.，2004）。本书中，不同形态磷作用下，峨眉冷杉幼苗生物量在各器官中的分配也有差别（图 3-2）。磷对峨眉冷杉幼苗根系生物量影响不显著，但磷添加量的增加能够促进峨眉冷杉幼苗生物量在叶片中的分配。随磷添加量的增加，叶片生物量呈逐渐增加的趋势，但根系生物量对磷添加无明显反应（图 3-2）；根叶比随磷添加量的增加而降低，而根冠比对磷添加无显著响应，说明峨眉冷杉幼苗根叶比比根冠比更能反映植物的磷养分状态。添加 K-P、Al-P、Fe-P 和 Py-P 时，生物量在叶中的分配随磷添加量的增加逐渐增加；添加 Ca-P 时，叶生物量的比例随磷添加量的增加而下降，但茎生物量的比例随磷施用量的增加而升高（p<0.001）（图 3-2，表 3-2）。

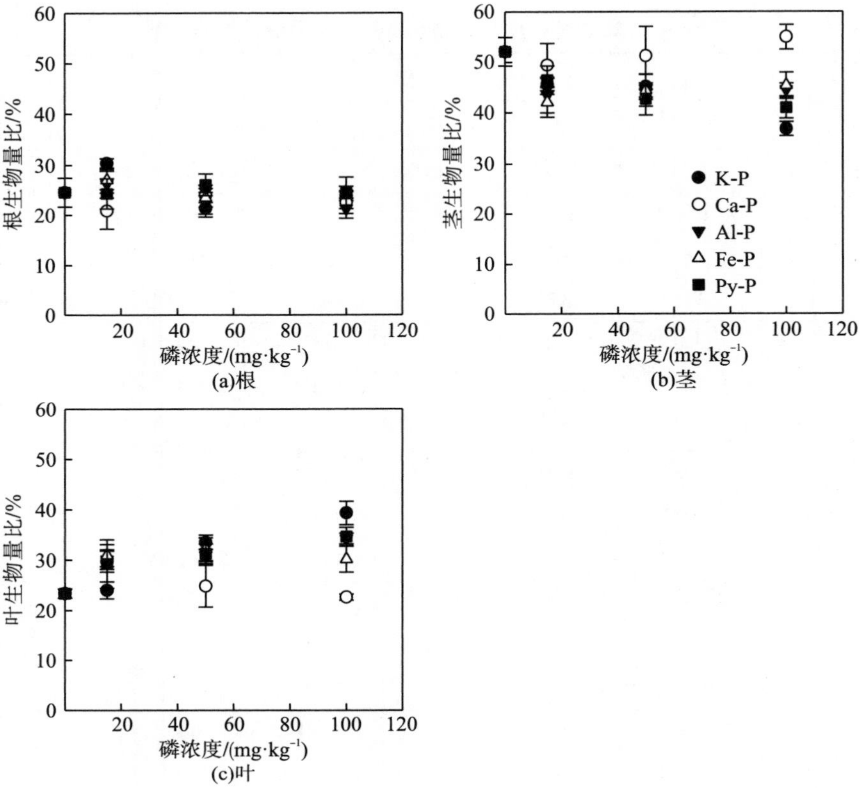

图 3-2 不同磷形态和磷添加量对峨眉冷杉根、茎、叶生物量的影响

表 3-2 不同形态和不同磷浓度下峨眉冷杉各器官 P、K 养分含量及 N：P(质量比)

P 形态	P 浓度	P 含量/(mg·kg^{-1})			P 养分分配/%			叶钾含量/(mg·g^{-1})	N：P
		根	茎	叶	根	茎	叶		
C	P0	49.6^{a}	12.9^{a}	66.8^{a}	35.2^{a}	19.5^{a}	45.3	0.48^{ac}	99^{a}
K-P	P15	86.3^{bAC}	70.6^{bA}	130^{bA}	29.3^{bAC}	35.9^{bA}	34.8^{A}	0.77^{bA}	67^{bA}
	P50	86.6^{bAC}	72.1^{bA}	137^{bA}	19.0^{cAC}	33.5^{bA}	47.5^{AC}	0.62^{dA}	52^{bA}
	P100	137^{cA}	67.1^{b}	145^{bA}	28.5^{bA}	21.6^{aA}	49.9^{A}	0.68^{dA}	51^{bA}
Ca-P	P15	49.9^{aB}	30.2^{abB}	61.9^{aB}	23.7^{bAB}	34.2^{bA}	42.1^{B}	0.48^{acBC}	94^{aB}
	P50	70.4^{abAB}	33.6^{bB}	105^{bB}	27.9^{bBD}	28.9^{cB}	43.2^{AB}	0.48^{acB}	70^{bAB}
	P100	83.1^{bBC}	54.8^{c}	104^{bB}	25.8^{bAB}	41.7^{dB}	32.5^{B}	0.61^{bA}	80^{abB}
Al-P	P15	69.0^{abAB}	63.1^{bA}	126^{bAD}	21.8^{bB}	32.8^{bA}	45.4^{B}	0.55^{bB}	66^{bA}
	P50	82.3^{bcAC}	55.0^{bA}	136^{bAC}	23.9^{bAB}	27.7^{cB}	48.4^{C}	0.61^{bdA}	58^{bA}
	P100	97.9^{cB}	50.7^{b}	110^{bB}	25.6^{bAB}	27.8^{cC}	46.6^{AC}	0.64^{dA}	54^{bA}
Fe-P	P15	54.7^{aB}	12.8^{aB}	82.8^{abBC}	32.3^{aCD}	11.8^{bB}	55.9^{C}	0.44^{acC}	65^{bA}
	P50	51.4^{aB}	53.3^{bAB}	83.1^{abB}	19.3^{bC}	37.9^{cA}	42.8^{AB}	0.67^{bA}	88^{aB}
	P100	61.7^{aC}	57.7^{b}	102^{bB}	21.1^{bB}	36.3^{cD}	42.6^{C}	0.43^{acB}	61^{bAB}

续表

P 形态	P 浓度	P 含量/(mg·kg⁻¹)			P 养分分配/%			叶钾含量/(mg·g⁻¹)	N∶P
		根	茎	叶	根	茎	叶		
Py-P	P15	92.8^{bC}	25.2^{aB}	99.5^{bCD}	35.6^{aD}	18.6^{aC}	45.8^{B}	0.71^{bA}	68^{bA}
	P50	100^{bC}	56.8^{bA}	109^{bcC}	30.9^{abD}	28.7^{bB}	40.4^{B}	0.54^{cB}	64^{bA}
	P100	106^{bB}	55.1^{b}	128^{cAB}	27.8^{bA}	24.3^{cAC}	47.9^{A}	0.47^{aB}	38^{cA}
P 形态		***	***	***	***	***	***	***	***
P 浓度		***	***	***	***	***	NS	***	***
P 形态× P 浓度		***	***	***	***	***	***	***	**

注：*** 0.001 ≤p< 0.01；** p<0.01；* 0.01 ≤p<0.05；NS，p> 0.05。C，不施磷对照。每列中，不同小写字母表示同一形态不同浓度磷处理间的差异；不同大写字母表示同一浓度不同磷形态之间的差异。

3.1.2　植物对磷的吸收

磷形态对峨眉冷杉幼苗根(F = 33.9，p < 0.001)、茎(F = 17.0，p < 0.001)、叶(F = 25.8，p < 0.001)磷含量具有显著影响。磷形态和浓度对根(F = 6.64，p < 0.001)、茎(F = 7.82，p < 0.001)、叶(F = 5.98，p< 0.001)磷含量的影响具有交互作用。磷浓度为 15mg·kg^{-1} 时，根、叶磷含量在 Ca-P 处理下最低，茎磷含量在 Fe-P 处理下最低；磷浓度为 50 mg·kg^{-1} 和 100 mg·kg^{-1} 时，根、叶磷含量在 Fe-P 处理下最低，茎磷含量在 Ca-P 处理下最低(图 3-3)。

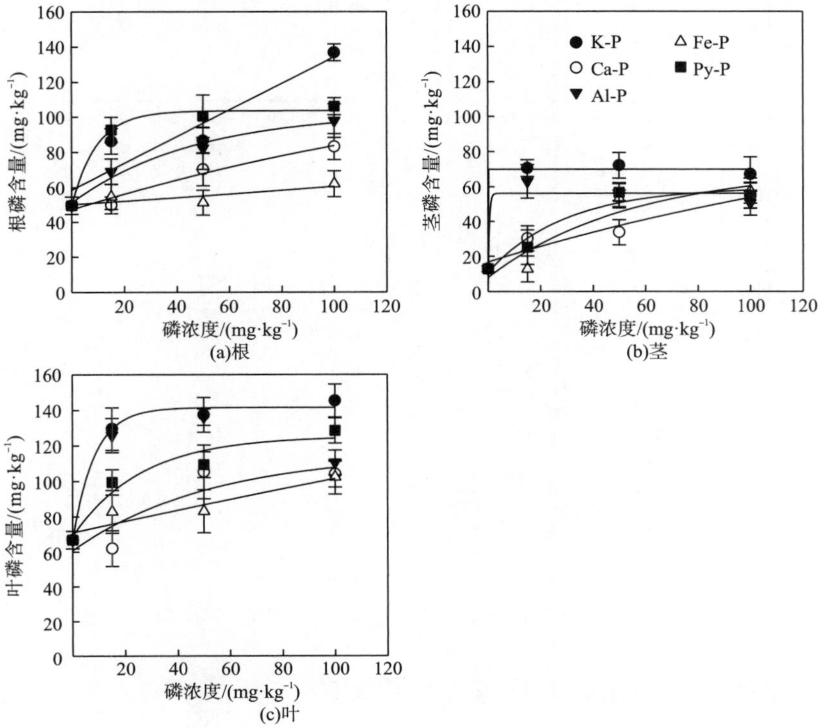

图 3-3　不同磷形态下峨眉冷杉根、茎、叶磷含量与土壤磷添加量的关系

磷形态和磷添加量在很大程度上会影响磷在峨眉冷杉幼苗不同器官中的分配，叶片相对于其他器官对峨眉冷杉幼苗总磷量的贡献最大(图 3-4)。添加磷浓度为 100 mg·kg^{-1}时，与其他形态磷相比，Ca-P 作用下的叶磷比例较低，茎磷比例较高(p<0.001)，再次证明钙磷没能得到有效利用(图 3-4)。当磷浓度小于 15 mg·kg^{-1}时，Py-P 作用下峨眉冷杉幼苗根磷含量与土壤磷添加量间的曲线斜率最大；当浓度大于 15 mg·kg^{-1}时，K-P 作用下其斜率最大。但如果不考虑磷添加量的影响，曲线斜率在 Fe-P 下最小，说明 Fe-P 是 5 种形态磷中最难被峨眉冷杉幼苗吸收的。随着 Ca-P 添加浓度的增加，峨眉冷杉幼苗叶片磷含量逐渐增加，然而，Ca-P 处理下叶片磷含量的增加并未促进峨眉冷杉幼苗生物量的累积(图 3-3)。其原因可能是 Ca-P 的添加导致了钙在峨眉冷杉幼苗叶片中的累积，从而引起无机磷在植物叶片中的沉积(Marschner，2012)。同时，叶片 N∶P 值随磷添加浓度的增加而逐渐下降(图 3-4)。添加 100 mg·kg^{-1}磷时，峨眉冷杉幼苗分配更多磷到茎，而不添加磷时则有较多的磷被分配到根系，说明峨眉冷杉能够调节植物体内的磷在地上和地下生物量中的分配(Raghothama，1999)。

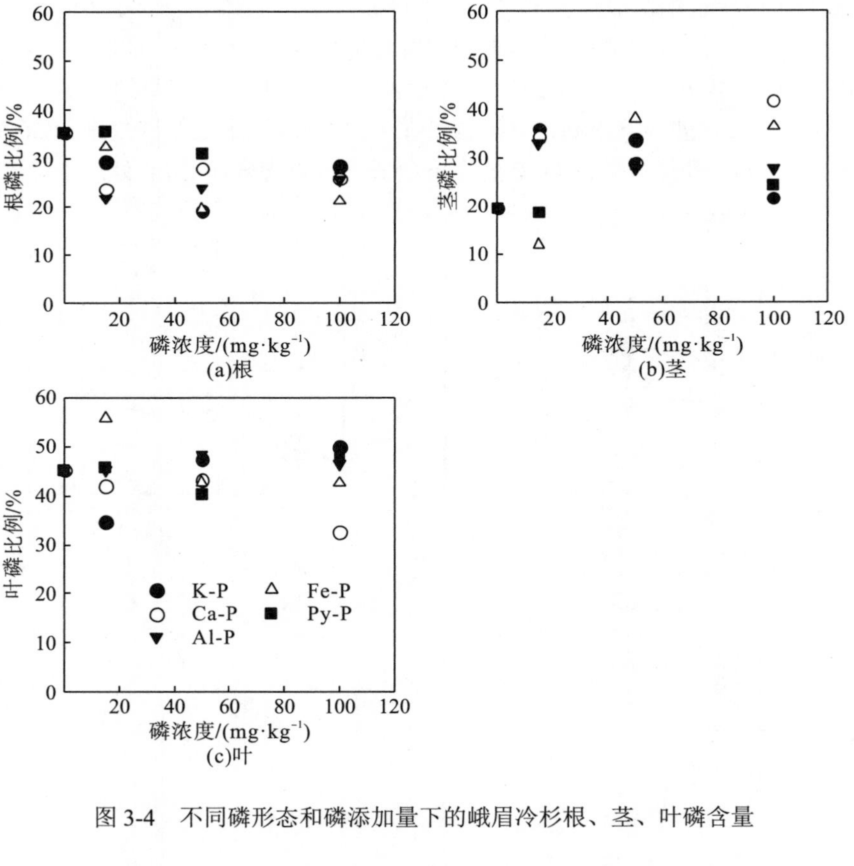

图 3-4 不同磷形态和磷添加量下的峨眉冷杉根、茎、叶磷含量

3.1.3 峨眉冷杉幼苗磷的需求和利用策略

植物从土壤中获取磷并对其进行有效利用以形成生物量是植物适应低磷土壤的重要

特征(Handreck，1997；Pang et al.，2010)。磷形态($F=32.9$，$p<0.001$)和磷添加浓度($F=227$，$p<0.001$)对峨眉冷杉幼苗对磷的需求效率均具有显著影响，而且磷形态和磷添加浓度具有交互作用($F=8.6$，$p<0.001$)。当磷添加浓度为 50mg·kg^{-1}和 100mg·kg^{-1}时，K-P 处理下峨眉冷杉幼苗对磷的需求效率最高；当磷添加浓度为 15 mg·kg^{-1}时，Al-P 处理下的磷需求效率最高。无论添加的磷浓度为多大，峨眉冷杉幼苗的磷需求效率均在 Fe-P 处理下最小。随磷添加浓度的增加，峨眉冷杉幼苗的磷需求效率逐渐增加(图 3-5)。当磷添加浓度为 100 mg·kg^{-1}时，K-P、Ca-P、Al-P、Fe-P 和 Py-P 处理下磷需求效率与对照相比分别增加了 273%、162%、211%、152%和 204%。相反，除 Al-P 外，各种磷处理下磷利用效率随磷添加浓度的增加逐渐下降。Fe-P 和 Ca-P 作用下峨眉冷杉幼苗的磷利用效率高于 K-P、Al-P 和 Py-P 作用下的磷利用效率(图 3-5)。

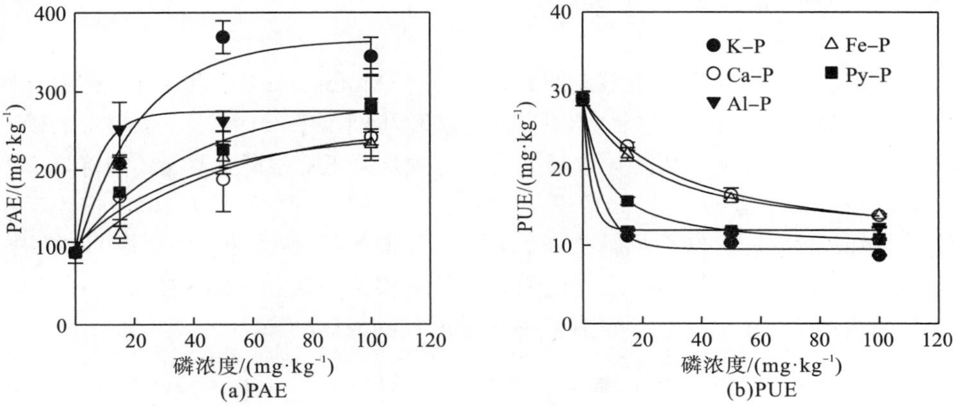

图 3-5　不同磷形态下的峨眉冷杉幼苗磷需求效率(PAE)和磷利用效率(PUE)与磷添加量的关系

3.1.4　峨眉冷杉幼苗根系对土壤磷的影响

早期研究表明，当植物根系对磷元素的吸收大于质流为植物提供的磷元素时，往往会在植物根系周围形成磷元素耗竭区(Barber，1995)。例如，王震宇等(2009)发现植物根际土壤溶液 PO_4^{3-} 质量浓度低于非根际(距离根表> 5 mm)。土壤中施入不同形态磷之后，无机磷形态会发生变化，这种变化因各种磷源的溶解性及其他物理化学性质的不同而不同(蒋柏藩，1992；安志装等，2002；李有田等，2002)。溶解度较高的 K-P 会向 Ca-P、Al-P 等有效性相对较差的形态转化；有效性较低的 Ca-P、Al-P 和 Fe-P 等大部分主要以自身的形态存在，仅少部分向其他形态的磷转化(庞荣丽等，2007)。本书研究发现，峨眉冷杉幼苗根际和非根际土壤有效磷含量均随磷添加浓度的增加而逐渐增加，根际土有效磷含量均大于非根际土(图 3-6)。这一结果与 Gerke 等(1994)对白羽扇豆根际、非根际可溶性磷的研究结果相似，说明添加的磷在植物根系的作用下向着植物可利用的形态转化。随着磷添加浓度的增加，峨眉冷杉幼苗根际、非根际土壤有效磷含量差值也逐渐增加，但不同形态磷处理下根际、非根际土壤有效磷含量差之间的差异不显著(图 3-6)。

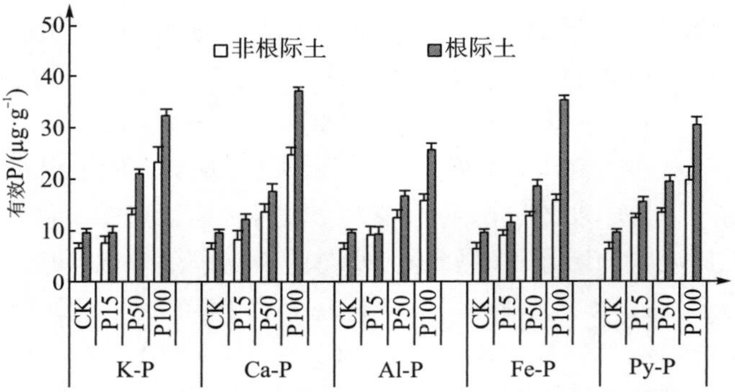

图 3-6 峨眉冷杉幼苗根际、非根际土壤速效磷含量

3.1.5 根际-非根际土壤 pH

土壤 pH 可以明显改变土壤溶液的磷元素含量(Morel and Hinsinger，1999)，因此是影响土壤中磷酸盐形态和转化的重要因素(范晓晖和刘芷宇，1992)。土壤中的磷常常与钙、铁、铝形成难溶性盐，从而导致磷的生物有效性降低。根际土壤 pH 的降低有利于难溶性磷酸盐向土壤溶液的释放(范晓晖和刘芷宇，1992；刘世亮等，2002)。本节中，除不施磷对照外，峨眉冷杉幼苗根际土壤 pH 均小于非根际土壤(图 3-7)。根际-非根际土壤 pH 差值与根际-非根际有效磷含量差值间具有显著相关关系(R^2=0.4836，p < 0.01)(图 3-7，表 3-3)，说明根际 pH 下降是导致有效磷含量增加的原因之一。

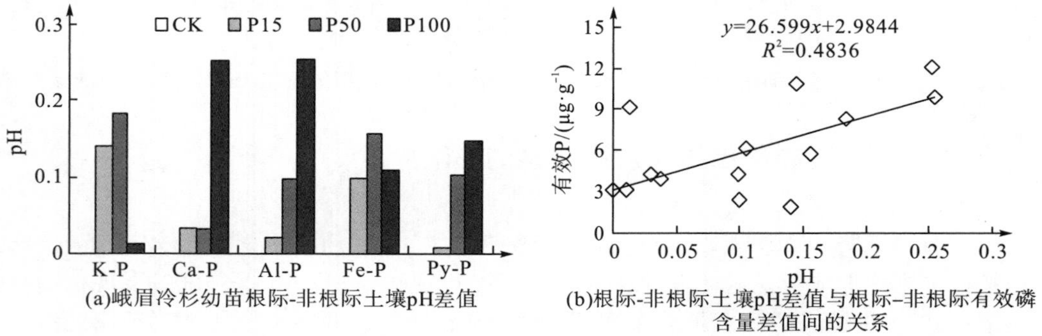

图 3-7 峨眉冷杉幼苗根际-非根际土壤 pH 差值及与根际-非根际有效磷含量差值间的关系

表 3-3 Pearson 相关分析结果

	pH	速效磷	琥珀酸	草酸	酸性磷酸酶活性	AMF
pH	1.00	0.66**	0.071	−0.81**	−0.63**	0.03
速效磷	0.66**	1.00	0.251	−0.62**	−0.56**	−0.39
琥珀酸	0.071	0.251	1.000	−0.053	0.172	0.276
草酸	−0.81**	−0.62**	−0.053	1.00	0.88**	−0.05
酸性磷酸酶活性	−0.63**	−0.56**	0.172	0.88**	1.00	−0.22
AMF	0.03	−0.39	0.276	−0.05	−0.22	1.00

注：*p< 0.05，** p< 0.01。

3.1.6 根系分泌的有机酸

根系分泌的有机酸不仅可以通过降低根际土壤的 pH，溶解土壤中的铁、铝氧化物的方式活化土壤难溶磷元素(Traina et al.，1986)，还可以与 Fe、Al、Ca 等离子形成螯合物，通过离子交换等作用增加土壤难溶磷元素的释放(Johnson et al.，1994)，因此被认为是提高非酸性土壤磷元素利用率的主要机制之一(Hinsinger，2001)。Dinkelaker 等(1989)发现，缺磷条件下，白羽扇豆(*Lupinus* spp.)的簇生根分泌大量的柠檬酸，并释放到根际，从而提高了土壤中磷的有效性。Gerke 等(1994)也认为，白羽扇豆根际可溶性磷含量增加的原因是白羽扇豆根系分泌的有机酸(特别是柠檬酸)引起了难溶态磷向可溶态磷的转化。Nelemans 和 Findehegg(1990)发现，根系分泌柠檬酸和苹果酸是欧洲油菜(*Brassica napus*)能有效利用磷矿石的主要原因。有机酸主要通过消除土壤中磷吸附位点，使原来被这些吸附位所吸附的磷释放进入土壤溶液，具体机制包括：①与磷酸根之间的竞争作用，降低土壤对磷的吸附固定作用；②与 Ca、Fe、A1 等发生螯合反应，促进土壤中难溶性磷化合物的溶解(陆文龙等，1998)。

有研究表明，不同有机酸对土壤难溶性磷的活化能力不同。陆文龙等(1998)用流动法研究了柠檬酸、苹果酸、草酸和酒石酸对土壤磷元素释放的影响，结果表明，有机酸对石灰性土壤磷元素的活化能力为草酸≥柠檬酸>苹果酸>酒石酸。本节也发现，研究涉及的 6 种有机酸组分中，峨眉冷杉幼苗根际土壤中仅草酸和琥珀酸含量高于非根际土壤，表明峨眉冷杉根系仅能分泌这两种有机酸来活化土壤磷元素、促进根系对磷元素的吸收。这两种有机酸不仅可降低根际土壤的 pH、增加难溶态磷的活性，而且还能与 Fe、Al、Ca 等形成螯合物，并通过离子交换和还原化作用抑制吸附或有机磷的沉淀，增加对土壤难溶态磷的释放(Dinkelaker et al.，1989；Jane et al.，1994)。

各处理下草酸含量均大于琥珀酸含量，而且仅草酸含量与根际-非根际土壤 pH 差值具有相关关系(R=0.662，p<0.01)(表 3-3)，说明草酸是峨眉冷杉幼苗促进土壤磷形态转化过程中分泌的最重要的一种有机酸。磷水平、形态对植物根系分泌有机酸具有重要影响。尤其是峨眉冷杉幼苗分泌的草酸含量在施磷条件下较低，草酸含量随着 Al-P、Fe-P 和 Py-P 添加浓度的增加而逐渐下降(图 3-8)，进一步证明草酸能够释放磷酸铁、磷酸铝

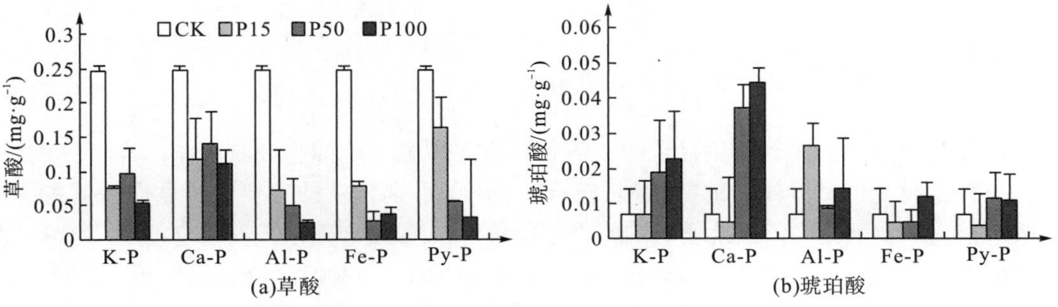

图 3-8 峨眉冷杉幼苗根际-非根际土壤草酸和琥珀酸含量差值

中的磷(Otani et al.，1996；Ae et al.，1990)。本节峨眉冷杉幼苗草酸分泌物的含量受可利用磷含量的抑制，其原因可能是，缺磷条件下植物体内多种酶(如蔗糖合成酶、磷酸葡糖转氨酶、果糖酶、PEP 羧化酶等)活性增强，从而影响碳水化合物的代谢和有机酸的生物合成。与草酸相比，不同浓度磷处理下琥珀酸含量的变化不是很显著，说明草酸对峨眉冷杉幼苗根际磷形态转化的作用较琥珀酸的作用更大。这一结果与庞荣丽等(2007)的研究结果相似。

3.1.7　土壤磷酸酶活性

磷酸酶对促进土壤有机磷的矿化具有重要作用(赵小蓉和林启美，2001)，尤其是酸性磷酸酶的释放是植物适应低磷环境的一个重要机制。Tox(1992)研究林地灰化土壤中根际磷酸酶的活性发现，根际磷酸酶的活性比非根际的活性大，Haussling(1989)对云杉的相关研究表明，根际土壤酸性磷酸酶的活性是非根际土壤的 2～2.5 倍。Hedley 发现油菜在栽培 35 天后，根际土壤中磷酸酶的活性是非根际土壤的 10 倍，这促进了土壤中有机磷化合物被作物吸收利用(赵小蓉和林启美，2001)。本节根际土壤磷酸酶活性显著高于非根际土壤，磷形态($F = 4.71$，$p < 0.01$)和磷添加浓度($F = 75.4$，$p < 0.001$)对根际-非根际土壤磷酸酶活性差值具有显著影响，但二者无交互作用(图 3-9)。对照处理下根际-非根际土壤磷酸酶活性差值显著高于施磷处理。然而根际-非根际土壤磷酸酶与根际-非根际土壤有效磷含量差值之间并无显著相关关系(表 3-3)，说明根际土壤磷酸酶活性的增加并不是峨眉冷杉幼苗利用难溶性磷的主要机制。

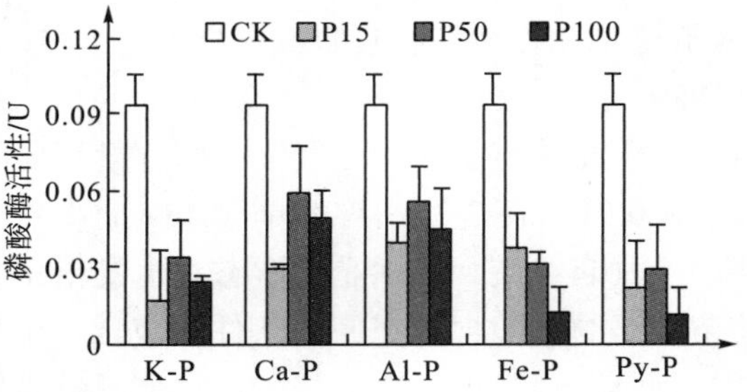

图 3-9　不同形态磷作用下峨眉冷杉幼苗根际-非根际土壤磷酸酶活性差异

3.1.8　丛枝菌根侵染率

菌根是土壤中的菌根真菌菌丝与高等植物营养根系形成的一种联合体。二者形成互利互助、互通有无的高度统一的共生体(David，2000)。菌根菌的主要作用是提高宿主植物的吸磷能力。本研究中，各处理下峨眉冷杉幼苗丛枝菌根侵染率较高(最大达到 50%)，说明峨眉冷杉幼苗为菌根植物(Siqueira and Saggin-Junior，2001)。磷形态($F = 19.9$，$p < 0.001$)、磷浓度($F = 58.5$，$p < 0.001$)及二者的交互作用对丛枝菌根侵染率均有显著影响(图 3-10)。丛枝菌根侵染率在低磷浓度下较高，当磷添加浓度为 $15mg \cdot kg^{-1}$ 时，K-P 和

Ca-P 处理下丛枝菌根侵染率显著高于其他形态磷；当磷添加浓度为 100 $mg \cdot kg^{-1}$ 时，不同形态磷对丛枝菌根侵染率的影响无显著差异。除 Al-P 外，添加 15 $mg \cdot kg^{-1}$ 和 50 $mg \cdot kg^{-1}$ 磷时的丛枝菌根侵染率高于对照和添加 100 $mg \cdot kg^{-1}$ 磷时的丛枝菌根侵染率，这种趋势在添加 K-P 和 Ca-P 时尤其明显，添加 Fe-P 和 Py-P 时这种趋势稍弱。添加 15 $mg \cdot kg^{-1}$ 的 K-P、Ca-P、Fe-P 和 Py-P 时，丛枝菌根侵染率分别为 56.0%、51.3%、30.0%和 25.0%；磷浓度进一步增加时，丛枝菌根侵染率下降，说明一定程度的磷养分含量能促进丛枝菌根的形成。

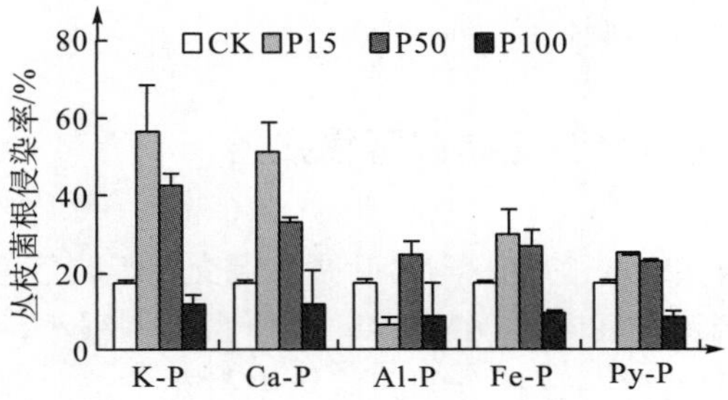

图 3-10　不同形态磷作用下峨眉冷杉幼苗的丛枝菌根侵染率

研究表明，菌根侵染影响植物的生理代谢活动，也对根系的分泌作用产生影响，进而造成根际土壤 pH 的变化。菌根菌丝向根外土壤中广泛分枝伸展，增加了植物根系的吸收面积，吸收利用对根本身是空间无效的那部分磷，通过菌丝运输到寄主植物的根系。菌根菌利用土壤难溶性无机磷的主要机制包括：①菌根菌分泌有机酸活化难溶性磷。很多真菌在进行碳水化合物代谢过程中都产生有机酸，将其分泌到土壤中，螯合钙、铁和铝，使难溶性磷转化为可溶性磷（蔡元定，1990）。②刺激土壤中其他微生物活动。在一定条件下菌根菌丝可以刺激菌丝际磷细菌和真菌的生长、繁殖，从而溶解更多的难溶性磷，进而为菌根菌所利用。③改变菌丝际土壤的 pH 有利于难溶性磷的溶解。菌根真菌增加了根际土壤酸性和碱性磷酸酶（ALP）活性（冯固和杨茂秋，1993），从而促进了植物对有机磷的吸收利用。然而本节中，丛枝菌根侵染率无论是与根系分泌物、根际 pH 还是与有效磷含量均无显著相关关系，说明丛枝菌根并不是峨眉冷杉幼苗利用难溶性磷的主要机制。

3.1.9　小结

在保证氮、钾等养分的条件下，峨眉冷杉幼苗生物量随着磷施加量的增加而逐渐增加。不同形态的磷中，峨眉冷杉幼苗生物量对 K-P 的响应最为显著，对 Ca-P 的响应最差。峨眉冷杉幼苗在利用土壤磷的同时，也会通过分泌有机酸的方式来影响土壤 pH 和土壤有效磷含量，以满足自身对土壤磷的需求。鉴于 Ca-P 是海螺沟冰川退缩初期土壤磷的主要存在形态（Zhou et al.，2013），我们推测磷可能是该区峨眉冷杉幼苗的生长乃至森林演替和更新的主要限制因子。

3.2 森林生态系统凋落物分解及对土壤磷的归还作用

森林的生长发育和有机体的分解死亡是其生命活动中重要的两个方面。凋落物及其营养元素的归还在维持森林正常功能以及森林群落动态中发挥着重要作用。高山垂直带上不同林分的凋落物成分复杂，各种成分所占比例变化非常大，凋落物的年际变化也较大。凋落物中通常以枯叶为主，由于林分的林龄、立地条件以及演替阶段不同，枯叶在凋落物中所占比例呈现出一定规律性的变化。

3.2.1 常绿与落叶阔叶混交林凋落物归还

位于贡嘎山东坡海拔 2200m 的常绿与落叶阔叶混交林年凋落量为 3811.017 $kg \cdot hm^{-2} \cdot a^{-1}$（表 3-4），其中枯叶占凋落物总量的 62.92%。枝所占比例很小，为 7.78%，呈现温带落叶阔叶林的特点。地衣和苔藓在该林分的凋落物中占有一定比例，在一定程度上反映了立地的水热状况。碎屑在凋落物中占比较大，为 16.67%，主要是由于杨树枯叶易碎且分解得较快。落叶阔叶树主要在秋季落叶，常绿阔叶树 1 年中有 2 个凋落高峰期，分别在夏季和冬季，也就是出现在雨季开始和雨季结束，这点与南亚热带季风常绿阔叶林的特点相似。贡嘎山常绿与落叶阔叶混交林的凋落量除春季较少外，其他各个季节变化不大。

表 3-4 常绿与落叶阔叶混交林年凋落量及其组分 （单位：$kg \cdot hm^{-2} \cdot a^{-1}$）

季节	落叶阔叶	常绿阔叶	地衣苔藓	树皮	枝	碎屑	合计
春季	269.780	87.130	111.500	11.963	64.221	25.339	569.933
夏季	186.553	509.687	149.717	8.259	107.670	96.604	1058.490
秋季	557.067	103.563	46.727	21.863	26.036	326.957	1082.213
冬季	73.445	610.536	87.326	44.280	98.470	186.324	1100.381
合计	1086.845	1310.916	395.270	86.365	296.397	635.224	3811.017

贡嘎山常绿与落叶阔叶混交林凋落物中落叶阔叶成分的 N 和 K 含量在生长季逐月升高，N 在枯叶中含量很高，超过了一般枯叶的平均含量。Ca 的含量也很高，但在生长季逐月下降。Cu 和 Zn 的含量季节变化较小(表 3-5)。

表 3-5 常绿与落叶阔叶混交林凋落物中落叶阔叶成分的元素含量 （单位：$g \cdot kg^{-1}$）

月份	N	P	K	Ca	Mg	Mn	Cu	Fe	Zn
5	12.250	0.300	1.735	18.519	3.269	0.150	0.010	0.418	0.073
6	16.210	0.613	3.389	18.542	1.695	0.407	0.015	0.829	0.085
7	21.170	1.074	4.502	16.678	3.282	0.145	0.011	0.291	0.167
8	21.230	0.934	5.112	15.217	3.197	0.119	0.012	0.184	0.161
9	22.880	0.929	5.135	14.495	2.664	0.220	0.011	0.427	0.115

贡嘎山常绿与落叶阔叶混交林凋落物中常绿阔叶成分的 N、P、K 含量在生长季基本逐月下降。Ca 和 Mg 含量在生长季变动幅度不大，枯叶中 Ca 的含量很高，在生长季逐月显著升高。Cu 和 Zn 的含量季节变化同样较小(表 3-6)。

表 3-6　常绿与落叶阔叶混交林凋落物中常绿阔叶成分的元素含量　(单位：$g·kg^{-1}$)

月份	N	P	K	Ca	Mg	Mn	Cu	Fe	Zn
3	16.300	1.027	5.093	7.334	1.388	0.466	0.005	0.253	0.021
5	13.570	0.701	3.179	10.914	1.389	0.453	0.005	0.140	0.018
6	12.360	0.521	1.908	17.102	1.458	0.732	0.004	0.829	0.025
7	12.170	0.497	1.605	18.502	1.608	0.740	0.004	0.147	0.040
8	11.700	0.405	1.431	20.870	1.601	0.888	0.004	0.128	0.022
9	10.750	0.454	1.290	21.244	1.612	0.616	0.004	0.147	0.027

贡嘎山常绿与落叶阔叶混交林凋落物元素年归还量较大，N、P、K 和有机碳年归还量为 2128.896$kg·hm^{-2}·a^{-1}$(表 3-7)。其中枯叶的年归还量占年归还总量的 64.35%，占有机碳年归还总量的 64.21%，占 N 年归还总量的 77.82%，其他成分在年归还量的不同元素中所占比例都较小。生长中的植物体各器官矿质营养元素含量较高，C 含量相对较低，在凋落过程中存在部分元素回流以及部分元素被加速淋洗掉等因素，使得有机碳在凋落物的不同组分中含量有所上升。由此可见，枯叶在各种元素年归还量中占重要地位并在生态系统 C 循环里起重要作用。

表 3-7　常绿与落叶阔叶混交林凋落物元素年归还量　(单位：$kg·hm^{-2}·a^{-1}$)

	有机碳	N	P	K	合计
落叶阔叶	614.827	20.975	0.506	4.216	640.524
常绿阔叶	706.374	18.344	1.045	3.719	729.482
地衣苔藓	190.239	1.245	0.239	1.245	192.968
树皮	41.714	0.380	0.285	0.510	42.889
枝	164.708	1.770	0.222	1.440	168.140
碎屑	344.457	7.813	0.476	2.147	354.893
合计	2062.319	50.527	2.773	13.277	2128.896

3.2.2　峨眉冷杉近熟林年凋落物归还

贡嘎山东坡海拔 3050m 的峨眉冷杉近熟林年凋落量为 2809.925 $kg·hm^{-2}·a^{-1}$(表 3-8)，其中枯叶占凋落物总量的 74.84%，枯叶中的阔叶主要是灌木叶，峨眉冷杉针叶占绝大多数，二者在 10 月凋落最多。峨眉冷杉林树木染腐朽病比例较高，林木成熟后枯枝、短梢较多，所以在凋落物中枯枝所占比例较大，为 17.31%，5 月和 6 月枯枝凋落很少，10 月凋落最多。

表 3-8 峨眉冷杉近熟林年凋落量及其组分 (单位：kg·hm^{-2}·a^{-1})

月份	阔叶	针叶	地衣苔藓	树皮	枝	冷杉球果	碎屑	合计
5	9.752	134.128	4.935	4.873	12.764	1.916	10.744	179.112
6	0.089	118.241	13.931	1.931	12.794	1.243	8.567	156.796
7	0.796	241.661	12.772	3.75	50.345	1.811	11.417	322.552
8	41.914	189.364	25.081	4.959	35.792	2.727	3.695	303.532
9	27.869	171.98	28.461	5.627	68.75	0.018	6.323	309.028
10	78.881	703.156	13.895	24.872	113.486	0.014	4.516	938.820
11～次年 4	7.323	377.822	12.335	6.636	192.546	0.031	3.392	600.085
合计	166.624	1936.352	111.410	52.648	486.477	7.760	48.654	2809.925

在贡嘎山东坡海拔 3050m 的峨眉冷杉近熟林凋落物中，针叶的元素含量年动态变化很大(表 3-9)。生长季中针叶的 N、P、K 含量逐月升高，生长季结束时针叶的 N、P 含量迅速下降至最低点，冬季的含量有所回升，K 的含量在冬季达到最低点。针叶中 Fe 含量年变化最大，其他元素含量变化较小。

表 3-9 峨眉冷杉近熟林凋落物中针叶的元素含量 (单位：g·kg^{-1})

月份	N	P	K	Ca	Mg	Mn	Cu	Fe	Zn
5	13.650	0.803	1.714	6.635	0.869	0.242	0.007	1.618	0.041
6	15.300	0.880	2.555	5.518	0.646	0.252	0.005	0.527	0.030
7	15.520	0.919	2.991	6.089	1.023	0.248	0.007	2.000	0.043
8	16.610	0.958	3.474	6.490	0.669	0.237	0.006	0.709	0.034
9	11.810	0.841	2.747	7.519	0.676	0.289	0.004	0.378	0.027
10	8.845	0.491	1.287	8.780	0.516	0.258	0.004	0.241	0.021
11～次年 4	11.710	0.555	1.081	7.811	0.950	0.228	0.006	2.100	0.041

与常绿与落叶阔叶混交林相比，贡嘎山东坡海拔 3050m 的峨眉冷杉近熟林凋落物元素年归还量较少(表 3-10)，N、P、K 和有机碳年归还量为 1466.697 kg·hm^{-2}·a^{-1}这种结果不仅是峨眉冷杉林年凋落量较少造成的，还由于占峨眉冷杉林年凋落量 68.91%的针叶 N、K 含量明显比常绿与落叶阔叶混交林的阔叶少，N 含量约少 1/2。峨眉冷杉林凋落物元素年归还量中枯叶的归还量占总量的 75.44%，占有机碳归还总量的 75.19%，占 N 归还总量的 86.25%，其他成分在年归还量的不同元素中所占比例都较小。生长中的植物体各器官 C 含量较低，凋落物的 C 含量相对较高。林分中各种植物的芽 C 含量很高，苔藓、地衣 C 含量很低；凋落物中枯枝 C 含量很高，苔藓、地衣 C 含量很低，但是各种组分的差异缩小。

表 3-10　贡嘎山东坡海拔 3050m 的峨眉冷杉近熟林凋落物元素年归还量（单位：$kg \cdot hm^{-2} \cdot a^{-1}$）

	有机碳	N	P	K	合计
阔叶	73.281	1.700	0.073	0.162	75.216
针叶	1003.224	23.213	1.139	3.699	1031.275
地衣苔藓	50.045	1.058	0.063	0.351	51.517
树皮	24.350	0.260	0.025	0.028	24.663
枝	252.265	2.024	0.117	0.283	254.689
冷杉球果	3.824	0.039	0.004	0.043	3.910
碎屑	24.658	0.592	0.021	0.156	25.427
合计	1431.647	28.886	1.442	4.722	1466.697

3.2.3　贡嘎山海拔 3580m 峨眉冷杉林年凋落量

分布在贡嘎山东坡海拔 3580m 的峨眉冷杉林接近林线，林分生物量和生产力都不高，但是每年凋落大量的枯叶和枯枝，树木的干物质积累并不多(表 3-11)。位于贡嘎山东坡林线附近的峨眉冷杉林年凋落量为 2908.501 $kg \cdot hm^{-2} \cdot a^{-1}$，其中枯叶占凋落物总量的 78.37%，枯叶中的灌木杜鹃叶占有一定比例，达 22.41%，其他灌木成分很少。峨眉冷杉针叶占大多数，达 55.96%，与以上几种林分相比，乔木的枯叶所占比例下降了许多。

表 3-11　贡嘎山东坡海拔 3580m 峨眉冷杉林年凋落量及其组分（单位：$kg \cdot hm^{-2} \cdot a^{-1}$）

杜鹃叶	针叶	地衣苔藓	花果	枝	碎屑	合计
651.702	1627.611	76.390	169.200	346.995	36.603	2908.501

贡嘎山东坡海拔 3580m 的峨眉冷杉林凋落物中 N、P、K 和有机碳年归还量为 1524.309 $kg \cdot hm^{-2} \cdot a^{-1}$(表 3-12)。虽然林分的凋落量较高，但枯叶中 N、P、K 和有机碳含量并不高，所以，峨眉冷杉林凋落物中 N、P、K 和有机碳年归还量较低。

表 3-12　贡嘎山东坡海拔 3580m 峨眉冷杉林凋落物中元素年归还量（单位：$kg \cdot hm^{-2} \cdot a^{-1}$）

	有机碳	N	P	K	合计
杜鹃叶	353.418	8.016	0.502	0.684	362.620
针叶	811.633	23.428	0.953	1.962	837.976
地衣苔藓	31.325	0.636	0.044	0.024	32.029
花果	86.647	1.049	0.071	0.958	88.725
枝	181.548	1.415	0.086	0.202	183.251
碎屑	18.980	0.437	0.163	0.128	19.708
合计	1483.551	34.981	1.819	3.958	1524.309

将暗针叶林凋落物中针叶的元素含量与常绿与落叶阔叶混交林的元素含量进行比较发现，针叶 N 平均含量较低，阔叶 N 含量较高，在生长季各月常绿阔叶中 N 含量变化趋势与落叶阔叶和针叶明显相反；落叶阔叶中 P 平均含量较高，而常绿的阔叶和针叶 P 平均含量较低，在生长季各月常绿阔叶中 P 含量的变化趋势与落叶阔叶和针叶明显相反；落叶阔叶 K 平均含量很高，常绿阔叶 K 平均含量较高，而针叶 K 平均含量较低。

与海拔 3000m 的峨眉冷杉林和常绿与落叶阔叶混交林相比，海拔 3580m 的峨眉冷杉林草本层和地被层植物十分简单，树木根系不发达，它们每年向土壤输送的物质有限。若考虑到这些因素，贡嘎山海拔 2200～3580m 天然林的凋落物总量有明显减少的趋势。乔木层的凋落物在减少，阔叶成分逐步消失，针叶成分从无到有；凋落物中灌木枯叶所占比例由小到大；凋落物中地衣、苔藓所占比例由大到小；碎屑所占比例趋于减小，表明凋落物的机械粉碎作用减弱。

3.2.4 演替林生态系统的凋落物归还

1. 峨眉冷杉中龄林的凋落物归还

贡嘎山海拔 3080m 峨眉冷杉中龄林在 19 世纪 20 年代的泥石流迹地上演替而来，已趋于形成峨眉冷杉纯林，年凋落量为 2787.085 $kg \cdot hm^{-2} \cdot a^{-1}$(表 3-13)。凋落物中峨眉冷杉的枯叶占 68.72%，枯枝占有较高比例，达 16.87%，阔叶成分和灌木成分在凋落物中所占比例是所有林分中最小的，表明林冠郁闭度很高，林下有效光合辐射很低，限制了很多林下植物生长。林木的竞争主要表现为由种间竞争转变为种内竞争。峨眉冷杉中龄林 5 月和 10 月凋落物较多，生长季凋落较少，针叶凋落在各月分配最不均匀，这与落叶与阔叶混交林中的常绿树种落叶周期相似，而与其他峨眉冷杉针叶凋落方式不同。这可能与峨眉冷杉种内竞争加剧、冠幅变小、针叶叶龄较短有关。峨眉冷杉开始性成熟，在林缘个别生长很好的植株形成球果，凋落物中只有极少量的球果凋落。

表 3-13 峨眉冷杉中龄林年凋落量及其组分 (单位：$kg \cdot hm^{-2} \cdot a^{-1}$)

月份	阔叶	针叶	地衣苔藓	树皮	枝	碎屑	合计
5	10.148	505.071	24.178	5.350	57.183	16.202	618.132
6	0.108	136.382	16.707	3.115	62.710	22.238	241.260
7	8.967	36.067	12.556	3.789	10.433	6.653	78.465
8	12.962	36.858	9.172	2.478	76.84	5.097	143.407
9	18.551	163.632	3.786	3.719	50.271	5.724	245.683
10	56.390	367.603	1.8769	4.439	41.693	6.021	478.002
11～次年 4	6.338	669.712	76.468	22.053	170.957	36.588	982.116
合计	113.464	1915.325	144.743	44.943	470.087	98.523	2787.085

在贡嘎山东坡海拔 3000m 的峨眉冷杉中龄林的凋落物中，针叶的元素含量年动态变化很大(表 3-14)。生长季中针叶的 N、P、K 含量逐月升高，生长季结束时针叶的 N、P

含量迅速下降至最低点，冬季的 N、P 含量有所回升，K 的含量在冬季达到最低点。针叶中 Fe 含量年变化最大，其他元素含量变化较小，Mn 含量的年变化最小。

表 3-14 峨眉冷杉中龄林凋落物中针叶的元素含量年动态变化 (单位：$g\cdot kg^{-1}$)

月份	N	P	K	Ca	Mg	Mn	Cu	Fe	Zn
5	13.200	0.561	1.121	6.364	0.570	0.243	0.003	0.798	0.039
6	16.010	0.816	1.281	6.059	0.677	0.252	0.004	0.974	0.048
7	16.840	0.837	1.700	6.213	0.723	0.213	0.005	0.992	0.045
8	17.790	0.863	1.883	6.692	0.798	0.229	0.005	1.211	0.058
9	11.230	0.540	1.545	6.748	0.518	0.273	0.003	0.426	0.033
10	8.264	0.370	1.195	7.557	0.423	0.315	0.002	0.206	0.027
11～次年 4	11.910	0.557	1.005	7.120	0.605	0.249	0.003	0.819	0.043

与峨眉冷杉近熟林相比较，峨眉冷杉中龄林的凋落物中针叶大多数元素的含量年动态变化较大。N 含量在生长季开始较低，在生长季盛期达到最高，在 10 月下降至最低点。P 含量在生长季开始较低，在 10 月下降至最低点。K 含量月动态变化较小。

虽然峨眉冷杉中龄林在生长盛期针叶的 N 含量最高，但由于其年动态变化大，针叶凋落最多的月份 N 含量最低，针叶在凋落前 N 回流充分。针叶中 N 的平均含量很低，故单位质量的针叶向土壤归还 N 较少，同时也反映了峨眉冷杉中龄林 N 较缺乏，植物养分争夺激烈。峨眉冷杉中龄林针叶 P 含量动态与 N 动态相似。峨眉冷杉中龄林针叶 K 的平均含量比峨眉冷杉近熟林低很多，K 含量月动态变化幅度比近熟林小得多。Ca 和 Mg 的含量还是林龄较大的近熟林较高。Mn 含量的月动态在两种林分中变化幅度最小，而且 Mn 在两种林分叶中的平均含量接近。

贡嘎山东坡海拔 3080m 的峨眉冷杉中龄林凋落物中 N、P、K 和有机碳年归还量为 1434.295 $kg\cdot hm^{-2}\cdot a^{-1}$(表 3-15)，由于峨眉冷杉中龄林年凋落量较少、针叶的矿质元素含量较低等，上述元素归还量比同一海拔峨眉冷杉近熟林略少，若将草本层和地被层的元素归还计算在内，峨眉冷杉中龄林年归还量会更少。峨眉冷杉中龄林凋落物元素年归还量中枯叶的归还量占总量的 73.78%，占有机碳归还总量的 73.55%，占 N 归还总量的 85.47%，其他成分在年归还量的不同元素中所占比例都较小。

表 3-15 峨眉冷杉中龄林凋落物中元素年归还量 (单位：$kg\cdot hm^{-2}\cdot a^{-1}$)

	有机碳	N	P	K	合计
阔叶	68.748	1.541	0.1	0.121	70.51
针叶	961.493	22.956	1.053	2.236	987.738
地衣苔藓	57.326	1.263	0.088	0.048	58.725
树皮	21.550	0.314	0.024	0.031	21.919
枝	242.671	1.952	0.214	0.697	245.534
碎屑	49.022	0.634	0.041	0.172	49.869
合计	1400.810	28.660	1.520	3.305	1434.295

2. 峨眉冷杉演替林凋落物

贡嘎山海拔 3002m 处在 19 世纪 40 年代末又发生了一次大规模的泥石流，现在在泥石流迹地上形成峨眉冷杉演替林，群落发生比峨眉冷杉中龄林晚 20 多年。峨眉冷杉演替林年凋落量为 2043.585 $kg·hm^{-2}·a^{-1}$（表 3-16）。凋落物中落叶阔叶所占比例最大，达 65.70%。枯枝占有较高比例，达 13.88%。生长季中针叶在各月凋落分配比较均匀，且有逐月增加的趋势。凋落物中树皮所占比例在以上林分中是最高的，这主要是先锋树种死亡后，最初几年树皮大量脱落所致。演替前期和中期枯死树木树皮仅次于枯叶，由于大量凋落的枯枝和树皮，树木在演替过程中对土壤形成的作用是在不断加强的，演替前期和中期凋落物中的树皮发挥了重要作用。与以上几种林分相比，峨眉冷杉演替林凋落物中针叶、地衣和苔藓、碎屑等成分所占比例较低，峨眉冷杉尚未性成熟，没有球果凋落。峨眉冷杉演替林的凋落物在生长季逐月增加，冬季的凋落物较少，春季的凋落物最少。

表 3-16 峨眉冷杉演替林年凋落量及其组分 （单位：$kg·hm^{-2}·a^{-1}$）

月份	阔叶	针叶	地衣苔藓	树皮	枝	碎屑	合计
5	4.368	9.580	2.078	3.568	0.770	1.157	21.521
6	3.473	6.340	2.603	1.605	12.569	1.970	28.560
7	100.144	10.286	0.385	6.238	10.623	0.847	128.523
8	344.643	6.205	0.230	15.681	18.258	0.860	385.877
9	349.775	14.773	6.123	48.703	57.473	1.162	478.009
10	506.499	95.469	1.564	23.507	94.992	14.714	736.745
11～次年 4	33.696	101.820	20.087	15.288	89.005	4.454	264.350
合计	1342.598	244.473	33.070	114.500	283.690	25.164	2043.585

贡嘎山东坡海拔 3002m 的峨眉冷杉演替林凋落物中 N、P、K 和有机碳年归还量为 1212.288 $kg·hm^{-2}·a^{-1}$（表 3-17），由于峨眉冷杉演替林年凋落量少，凋落物中 N、P、K 和有机碳年归还量最低，若只统计 N、P、K 矿质元素的年归还量，近熟林和中龄林的年归还量分别只有演替林的 78.81%和 75.29%，从生态系统的养分循环方面来看，枯叶中含养分较高的阔叶（这里主要指冬瓜杨）每年大量的养分归还，对于在演替前期、中期养分含量很低的迹地生长的各种植物是十分必要的，对土壤的发育也有着重要作用。峨眉冷杉演替林凋落物元素年归还量中枯叶的年归还量占总量的 80.76%，占有机碳年归还总量的 80.54%，占 N 年归还总量的 87.48%，峨眉冷杉演替林凋落物中枯叶的这三方面都比峨眉冷杉近熟林和中龄林林分的高，可见在植被原生演替过程中，落叶对生态系统中的养分周转发挥了重要作用。其他成分在年归还量的不同元素中所占比例都较小，作用也不明显。

表 3-17 峨眉冷杉演替林凋落物中元素年归还量 （单位：$kg·hm^{-2}·a^{-1}$）

	有机碳	N	P	K	合计
阔叶	820.193	32.491	1.212	1.519	855.415
针叶	120.159	3.011	0.137	0.285	123.596
地衣苔藓	12.128	0.299	0.020	0.011	12.458
树皮	53.144	0.781	0.063	0.069	54.057
枝	149.003	3.795	0.118	0.403	153.319
碎屑	12.865	0.208	0.010	0.040	13.447
合计	1167.492	40.585	1.560	2.651	1212.288

演替阶段针叶林的针叶 K 平均含量最低，在生长季各月常绿阔叶林的阔叶中 K 含量变化趋势与落叶阔叶和针叶的 K 含量变化趋势明显相反。演替过程中，叶子中矿质养分含量高的树种在逐步减少或消失，而被叶子中矿质养分含量较低的云冷杉逐步替代。在云冷杉中，演替阶段的云冷杉叶子矿质养分含量较低，进入顶级群落后叶子矿质养分含量较高。

在演替的前期和中期凋落物增加十分明显，峨眉冷杉中龄林以后增幅减缓，林下灌木成分有所增加，凋落物中枯叶减少，枯枝等其他成分增加。过熟林后，凋落物中灌木成分增加，乔木成分下降。

叶子在凋落过程中不断将矿质养分回流到体内，在常绿阔叶和针叶树木叶片中的 N、P、K 回流体内明显。可以将凋落物中矿质元素最高含量与加权平均含量的差值认为是回流的最低量，这样可以大概统计出不同林分中树木矿质元素回流量(表 3-18)。结果表明，常绿与落叶阔叶混交林中的常绿成分每年 N、P、K 约回流 6.282 $kg·hm^{-2}$，落叶阔叶在生长季开始有一些矿质元素回流，生长季中期和后期回流很少，在自然森林生态系统中，常绿与落叶阔叶混交林除 K 回流最高外，回流的总量并不高，而每年以凋落物方式归还的矿质元素最多。

表 3-18 贡嘎山东坡天然林矿质元素年回流量 （单位：$kg·hm^{-2}·a^{-1}$）

	叶性	N	P	K	合计
常绿与落叶阔叶混交林	常绿阔叶	3.024	0.301	2.957	6.282
海拔 3050m 的峨眉冷杉林	针叶	8.950	0.716	2.039	11.705
峨眉冷杉中龄林	针叶	11.118	0.600	1.371	13.089
峨眉冷杉演替林	针叶	1.338	0.174	0.175	1.678
海拔 3580m 的峨眉冷杉林	针叶	5.527	0.452	1.103	7.082

海拔 3050m 的峨眉冷杉近熟林的针叶每年约有 11.705 $kg·hm^{-2}$ 矿质元素回流，N 回流较多；海拔 3580m 的峨眉冷杉林针叶每年约有 7.082 $kg·hm^{-2}$ 矿质元素回流，在峨眉冷杉纯林中其回流量最少。

虽然峨眉冷杉中龄林净光合速率很高，但是群落组成和结构都很不稳定，迹地土壤矿质营养十分有限，林木之间对生存空间和养分的争夺激烈，矿质元素回流可能是保存实力的很好手段。峨眉冷杉中龄林针叶每年约有 13.089 $kg\cdot hm^{-2}$ 矿质元素回流，N 回流的总量最高，对于叶量并不很大的中龄林来说，N 的利用效率可能是最高的。峨眉冷杉演替林中峨眉冷杉的作用有限，针叶每年约有 1.678 $kg\cdot hm^{-2}$ 矿质元素回流，其 N、P、K 的回流量和总量都最少。

高山垂直带上不同林分的凋落物成分复杂，各种成分所占比例变化非常大，凋落物的年际变化也较大。凋落物中通常以枯叶为主，由于林分的林龄、立地以及演替阶段不同，枯叶在凋落物中所占比例呈现出一定规律性变化。位于贡嘎山东坡海拔 2200m 的常绿与落叶阔叶混交林年凋落量为 3811.017 $kg\cdot hm^{-2}\cdot a^{-1}$，其中枯叶占凋落物总量的 62.92%。枝所占比例很小，为 7.78%，呈现温带落叶阔叶林的特点。地衣和苔藓在该林分的凋落物中占有一定比例，在一定程度上反映了立地的水热状况。碎屑在凋落物中占比较大，为 16.67%，主要是因为杨树叶易碎，且分解较快。落叶阔叶树主要在秋季落叶，常绿阔叶树一年中有两个凋落高峰期，分别在夏季和冬季，也就是出现在雨季开始和雨季结束，这点与南亚热带季风常绿阔叶林的特点相似。贡嘎山常绿与落叶阔叶混交林的凋落量除春季较少外，其他各个季节变化不大。

贡嘎山常绿与落叶阔叶混交林凋落物中落叶阔叶成分的 N 和 K 含量在生长季逐月升高，N 在枯叶中含量很高，超过了一般枯叶的平均含量。Ca 的含量也很高，但在生长季逐月下降。Cu 和 Zn 的含量季节变化较小。

贡嘎山常绿与落叶阔叶混交林凋落物中常绿阔叶成分的 N、P、K 含量在生长季逐月下降。Ca 和 Mg 含量在生长季呈逐月升高的趋势，枯叶中 Ca 的含量很高，在生长季逐月显著升高。Cu 和 Zn 的含量季节变化同样较小。

贡嘎山东坡海拔 3000m 附近是峨眉冷杉生长的最适气候范围，峨眉冷杉群落稳定，年凋落量为 2809.925 $kg\cdot hm^{-2}\cdot a^{-1}$。虽然凋落物中针叶占比较高，但是在凋落前 N、P、K 都有回流，N、P 的回流量最高，峨眉冷杉凋落的针 N、P、K 含量较低，这样归还到林地的养分较少。凋落叶中的阔叶主要是灌木叶，它们的分解在一定程度促进了林地的营养元素循环。

贡嘎山东坡海拔 3000m 附近的峨眉冷杉近熟林和中龄林凋落物中针叶中 N、P 含量季节变化很大，在生长季中逐月升高，生长季结束时针叶其含量迅速下降至最低点，冬季的含量略回升，K 的含量在冬季都是最低点，演替林阶段针叶的 K 含量最低。峨眉冷杉近熟林、中龄林和演替林对 N、P、K 的利用策略存在一定差异，随着演替进展，P 的归还呈明显减少的趋势。

通过比较贡嘎山东坡的峨眉冷杉林和常绿与落叶阔叶混交林凋落物，发现凋落物中阔叶 N 含量较高，而针叶 N 平均含量较低。在生长季各月中，常绿阔叶与落叶阔叶和针叶的 N 含量变化趋势明显相反。常绿的阔叶和针叶 P 平均含量较低，而落叶阔叶 P 平均含量较高，在生长季各月常绿阔叶的叶中 P 含量变化趋势与落叶阔叶和针叶的明显相反。总之，在贡嘎山东坡随着海拔的升高，水热条件的改变，峨眉冷杉林和常绿与落叶阔叶混交林对 N、P 的利用策略明显不同，同一群落中常绿阔叶成分与落叶阔叶成分对 N、P 的利用策略也不同。

贡嘎山东坡天然林 P 年归还量：常绿与落叶阔叶混交林>林线峨眉冷杉成熟林>针阔

混交林>峨眉冷杉中龄林>峨眉冷杉成熟林。

陆地生态系统磷元素循环是指磷以各种途径输入、输出生态系统以及磷在系统内部植物-土壤之间、各营养级生物之间、生物体内和土壤内部的迁移转化。磷的生物地球化学循环属沉积型循环，生态系统中磷的主要来源不是生物作用，而是源于缓慢的矿物岩石的风化作用。在大多数生态系统中，在较短的时间内，有效磷的主要来源是土壤，因此短期的磷元素的迁移转化、储存是由生物因素控制的；而在较长时间尺度上，母岩的类型、组成等地球化学因素起控制作用。

3.2.5　贡嘎山凋落物的长期分解试验

P 对植物的重要性仅次于 N，很容易成为植物生长的限制性因子，凋落物作为森林生态系统生产力构成的一部分，其分解是生物地球化学循环中的重要环节之一。

贡嘎山凋落物的落叶阔叶成分中 P 平均含量较高，而常绿阔叶成分中的 P 平均含量通常较低。在一年生长季各月中，落叶阔叶和针叶的 P 含量变化呈现相同趋势，而常绿阔叶中的 P 含量变化趋势明显相反。

成熟林生长发育需要的氮和磷主要由凋落物分解提供，所以凋落物及其分解在物质循环中占有极为重要的地位，是森林生态系统得以维持的重要因素。在此以主要森林类型的凋落物分解加以说明。

冷杉叶分解非常缓慢，分解掉 50%需要 7.8 年，完全分解需要 34.5 年；生长在海拔 3000m 的冬瓜杨凋落叶分解较快，在交互试验中，放置在海拔 2780m 和 2200m 时，分解速率明显加快；而将海拔 2200m 的苞槲柯叶放置在海拔 3000m 时，分解速率在 $t_{0.5}$ 时降低 39.1%，在 $t_{0.95}$ 时降低 26.6%。

各种凋落物分解过程中 P 的释放表现得较平稳，随着凋落物的失重而相应地释放出 P 来。在这里需要指出，以前的研究中通常采用 1～3 年的凋落物分解数据，所获得的分解速率非常高，分解归还的量也非常大，用公式计算的 $t_{0.5}$ 和 $t_{0.95}$ 等分解周期也非常短。在本次试验中采用 10 年的凋落物分解数据，前 1～3 年数据所获得的结果与目前大多数研究结果相近，分解速率也非常高。但是，当继续试验时，我们的结果与通常推测的结果明显不同。看来，需要开展生态学的长期试验来验证模拟结果的可信度(表 3-19)。

表 3-19　贡嘎山凋落物的分解速率

海拔/m	凋落物成分	回归方程	R^2	$t_{0.5}$/月	$t_{0.95}$/月
3000	冷杉叶	y= 0.9835 $e^{-0.00719t}$	0.951	94.09	414.34
3000	杨树落叶	y= 0.8124 $e^{-0.00748t}$	0.866	64.89	372.72
2780	杨树落叶	y= 0.7717 $e^{-0.00822t}$	0.822	52.80	332.92
2200	杨树落叶	y= 0. 8790 $e^{-0.02767t}$	0.917	20.39	103.61
2200	苞槲柯叶	y= 0. 8855$e^{-0.02294t}$	0.898	24.91	125.29
3000	苞槲柯叶	y= 0. 9513$e^{-0.01857t}$	0.955	34.64	158.63

注：y 为月残留率；t 为分解时间。

确定森林生态系统对磷的需求量、森林生态系统是否受磷限制以及临界值是非常必要的。N∶P < 14，表明是氮限制；N∶P > 16 表明是磷限制；N∶P 处于二者之间为氮磷共同限制或者二者都不限制，这个结论被广泛地应用于生态系统限制因子的判断。植物各器官中 N∶P 随演替的进行也呈增加趋势，且叶片和根系中的 N∶P 相近。

虽然凋落物在落叶前 N、P 都有回流，我们在此还是利用同步的观测资料对峨眉冷杉落叶 N∶P 进行分析，结果表明峨眉冷杉成熟林和中龄林全年基本上都是磷限制，中龄林限制程度更高，成熟林在生长季末期有所缓解(表 3-20)。

表 3-20 峨眉冷杉林凋落物 N、P 季节变化

月份	成熟林			中龄林		
	N	P	N∶P	N	P	N∶P
5	13.65	0.803	17	13.2	0.561	23.53
6	15.3	0.88	17.39	16.01	0.816	19.62
7	15.52	0.919	16.89	16.84	0.837	20.12
8	16.61	0.958	17.34	17.79	0.863	20.61
9	11.81	0.841	14.04	11.23	0.54	20.8
10	8.845	0.491	18.01	8.264	0.37	22.34
11～次年 4	11.71	0.555	21.1	11.91	0.557	21.38

凋落物剩余质量与时间呈显著负相关关系，同时海拔对同种凋落物的分解速率也存在影响(与海拔呈显著负相关)。在同一海拔，不同凋落物的分解速率也存在差别，具体表现为：杜鹃＞苞槲柯＞桦木＞冷杉＞杨树，由此得出针叶树凋落物更难分解。凋落物类型对分解速率也具有显著影响，叶的分解速率明显大于枝的分解速率，一方面是由于叶与土壤微生物、土壤动物的相互作用面积较大，另一方面是因为树枝中含有较难分解的木质素。

N 的分解速率远大于 C，在同一海拔，C 的分解速率冷杉大于冬瓜杨，N 分解速率冷杉小于冬瓜杨。随着海拔的增加，C 分解越来越慢，N 分解越来越快。凋落物中 N 元素含量越低，凋落物分解越慢。主要因为氮元素含量低限制了微生物的生长活动，从而导致凋落物分解速率下降(表 3-20)。

3.3 贡嘎山东坡植被带谱中磷的生物地球化学循环

3.3.1 贡嘎山东坡森林土壤营养元素储量

植物中营养元素含量取决于植物种类和器官，也与土壤中可给态元素的量密切相关。林木体内各营养元素含量与土壤中营养元素含量之间的相关关系，可用其比值［或称为富集因子(EF)］来表示。不同植物及器官对不同营养元素的积累和富集特征有所差异，富集因子的大小取决于植物对营养元素的需要强度、土壤中营养元素的存在状态、土壤营养

元素含量及植物对某一元素的富集能力。

土壤中 N、P 的含量较低，而 N、P 是植物所必需的大量元素，因而 EF 较高；而 K 在土壤中含量丰富，植物对 K 具有较强的富集能力，因而 EF 较小。从各器官对土壤营养元素的 EF 来看，总的变化趋势为叶＞果＞枝＞树根＞树干，N＞P＞K。

根据土壤的化学特性——土壤容重的年平均值的测定结果，经计算获得贡嘎山东坡森林不同土壤 0～60 cm 土层营养元素储量(表 3-21)。不同海拔和不同土地利用方式的有机碳、N、P、K 储量差异很大。土壤中的有机碳、N、P 储量从高海拔向低海拔有减少的趋势，K 的储量有相反的变化趋势(土壤 A、B 厚度减少也是重要因素)。植被演替不同阶段形成的粗骨土中有机碳、N、P、K 储量不断增加，森林生态系统有机碳和矿质元素不断积累。采伐迹地土壤中有机碳、N、P 储量迅速下降，K 的储量变化不大，表明土壤侵蚀十分明显。林线附近的山地暗棕色森林土除 K 外，其他元素储量都高于其他土壤类型，表明土壤中有机质分解和矿质元素的矿化活动程度很低。

表 3-21 贡嘎山天然林土壤营养元素储量 （单位：$t \cdot hm^{-2}$）

土壤类型	森林类型	N	P	K
山地黄棕壤	常绿与落叶阔叶混交林	4.326	1.409	11.120
山地棕壤	针阔混交林	6.523	1.686	24.387
山地暗棕色森林土	暗针叶林	7.882	2.122	30.165
粗骨土	暗针叶林中龄林	3.279	1.653	23.682

3.3.2 贡嘎山东坡天然林的 N、P、K 生物循环

大多数植物叶片中 N 含量为 1%～3%，P 含量为 0.05%～0.20%，K 含量为 0.5%～2%，Ca 含量为 0.5%～2%，Mg 含量为 0.2%～0.6%，Fe 含量为 0.005%～0.1%。在酸性黄壤、红壤和山地棕壤上植物的养分特征属 N>K>Na>Mg>P 型。

石灰岩发育的土壤，植物的养分含量特征属 Ca>N>K>Mg>P。Ca 含量一般为 2.5%～5.0%，有些榆科植物甚至高达 8.0%，是同亚区酸性黄壤、红壤和山地棕壤上植物 Ca 含量的数倍。N、P、K、Mg 等元素则无明显的差别。

寒温带森林群落优势植物叶片中各营养元素含量的格局基本上和亚热带、温带植物营养元素含量一样，如 N、P、K、Ca、Mg 含量分别为：0.72%～4.01%、0.08%～0.24%、0.26%～2.26%、0.31%～2.78%、0.14%～1.29%，排列序列为：N>Ca>K>Mg>P。

植物磷的含量很低，一般都在 0.1%以下。寒温带森林群落优势植物的磷含量较高，优势植物磷的含量为 0.1%～0.37%，樟子松为 0.1%，落叶松为 0.18%，阔叶树种为 0.1%～0.35%。

针叶树种的营养元素含量较阔叶树种的低，后者一般是前者的一至数倍。寒温带森林群落优势植物的磷含量还是比较高的。

营养元素在森林生态系统中的积累、迁移过程依赖于 C 循环，不同森林生态系统中营养元素的循环速率反映了其功能水平。营养元素的循环强度可用循环系数来表示，归还

量与吸收量的比值为循环系数，循环系数越大，循环强度越高，林分对土壤的营养元素消耗越小，并有利于土壤营养元素的积累；营养元素的吸收量与积累量的比值为利用系数，系数越小，利用效率就越高。

贡嘎山常绿与落叶阔叶混交林总积累量较低，为 1720.076 kg·hm^{-2}(表 3-22)，林中常绿阔叶树体内 N 和 P 含量不高，落叶阔叶树的枯叶含 N 和 P 很高，N 和 P 总归还量大，存留率较低；K 虽然归还量大，但存留量也大，所以存留率较高。

表 3-22　常绿与落叶阔叶混交林营养元素生物循环

元素	存留量 /(kg·hm^{-2}·a^{-1})	归还量 /(kg·hm^{-2}·a^{-1})	吸收量 /(kg·hm^{-2}·a^{-1})	总积累量 /(kg·hm^{-2})	存留率/%	循环系数	利用系数
N	41.925	50.527	92.452	899.051	45.348	0.547	0.103
P	3.348	2.773	6.121	73.097	54.697	0.453	0.083
K	28.486	13.277	41.763	747.928	68.209	0.318	0.056
合计	73.759	66.577	140.336	1720.076	52.558	0.474	0.082

常绿与落叶阔叶混交林 P 的平均循环强度和利用效率明显高于针阔混交林，以及峨眉冷杉成熟林和中龄林(表 3-23～表 3-25)。

表 3-23　针阔混交林 P 生物循环

元素	存留量 /(kg·hm^{-2}·a^{-1})	归还量 /(kg·hm^{-2}·a^{-1})	吸收量 /(kg·hm^{-2}·a^{-1})	总积累量 /(kg·hm^{-2})	存留率/%	循环系数	利用系数
P	3.857	1.683	5.540	113.635	69.621	0.30	0.049

峨眉冷杉成熟林 N、P 和 K 总积累量非常高，达 2103.290 kg·hm^{-2}(表 3-24)，其中主要是峨眉冷杉枝、叶以及地被层 N 含量很高，生物量在林分总量中占有较高比例，积累了大量的 N，加之根和茎中也积累了大量的 N。N、P 和 K 营养元素大多用于存留。林下植物的存留量约占总量的 1/3，K 存留率最高，P 次之，N 存留率最低。表 3-24 中显示，峨眉冷杉成熟林营养元素循环强度较低，利用效率也很低。

表 3-24　峨眉冷杉成熟林营养元素生物循环

元素	存留量 /(kg·hm^{-2}·a^{-1})	归还量 /(kg·hm^{-2}·a^{-1})	吸收量 /(kg·hm^{-2}·a^{-1})	总积累量 /(kg·hm^{-2})	存留率/%	循环系数	利用系数
N	70.857	28.686	99.543	1373.293	71.182	0.288	0.072
P	3.684	1.442	5.126	104.615	71.875	0.281	0.049
K	20.846	4.722	25.568	625.382	81.532	0.184	0.041
合计	95.387	34.850	130.237	2103.290	73.241*	0.268*	0.062*

注：*为平均值。

峨眉冷杉中龄林总积累量较高，达 1748.229kg·hm^{-2}，林分的乔木层积累了大量的 N、P 和 K，N、P 和 K 归还量小，而存留率高(表 3-25)。林下植物在养分循环过程中作用较小。在中龄林中，K 存留率最高，P 次之，N 最低。峨眉冷杉中龄林营养元素循环强度较低，利用效率较低。峨眉冷杉中龄林中 N、P 和 K 的储量比成熟林还低，森林生态系统中营养元素十分缺乏，N、P 和 K 的循环特点与成熟林十分相似。

表 3-25 峨眉冷杉中龄林营养元素生物循环

元素	存留量 /($kg \cdot hm^{-2} \cdot a^{-1}$)	归还量 /($kg \cdot hm^{-2} \cdot a^{-1}$)	吸收量 /($kg \cdot hm^{-2} \cdot a^{-1}$)	总积累量 /($kg \cdot hm^{-2}$)	存留率/%	循环系数	利用系数
N	58.746	28.660	87.406	1131.186	67.210	0.328	0.077
P	3.276	1.520	4.796	81.425	68.307	0.317	0.059
K	19.581	3.737	23.318	535.618	83.974	0.160	0.044
合计	81.603	33.917	115.520	1748.229	70.640	0.294	0.066

存留和归还的相对大小取决于群落组成、群落发育以及分布区环境因素。森林群落演替初期一般存留量大，而归还量小；当成熟林分布在营养元素缺乏的环境中时，也表现出存留量大、归还量小的趋势。①贡嘎山东坡天然林 P 生物循环的循环系数依次为：常绿与落叶阔叶混交林>峨眉冷杉中龄林>针阔混交林>峨眉冷杉成熟林。②贡嘎山东坡天然林 P 生物循环的利用系数依次为：常绿与落叶阔叶混交林>峨眉冷杉中龄林>针阔混交林=峨眉冷杉成熟林。③贡嘎山东坡天然林 P 生物循环的存留率依次为：常绿与落叶阔叶混交林<峨眉冷杉中龄林<针阔混交林<峨眉冷杉成熟林。

在落叶过程中，贡嘎山东坡常绿与落叶阔叶混交林比峨眉冷杉林营养元素回流的少。峨眉冷杉成熟林土壤营养元素虽然储量很高，但是凋落物的分解和矿化速率都很低，植物对生存空间和养分的争夺激烈，因此营养元素存留在维持其群落中的地位方面显得十分重要，回流也是保存营养元素的重要途径。峨眉冷杉林具有较高的生物量和较低的营养元素循环速率，营养元素保持能力良好，减少了土壤养分的损失，有利于林分生物量和生产力维持在较高水平，峨眉冷杉林的养分循环机制有利于其在营养元素贫乏的立地上同其他物种竞争，并保持其自身的稳定性。

贡嘎山峨眉冷杉林的 N 循环强度和利用效率最高；P 在峨眉冷杉林中储量很低，其循环强度和利用效率也较高；K 在土壤中储存较多，在森林生态系统中积累也很多，加之其在植物体内流动性好，所以，K 在林分的营养元素生物循环中循环强度和利用效率最低。峨眉冷杉林营养元素的循环强度和利用效率比我国很多天然林和人工林都低，与长白山天然阔叶红松林营养元素的循环强度和存留率相近，而营养元素总积累量较高，利用效率非常低。贡嘎山峨眉冷杉林 P 和 K 归还量很小，可能与当地年降雨量很大、淋溶归还量大有关。贡嘎山峨眉冷杉林与针阔混交林生物循环的特点相近，与川西亚高山云杉林养分生物循环的特点也十分相近。

本书对暗针叶林树木器官和凋落物的营养元素含量进行全年不同季节的测定，发现峨眉冷杉林在生长季末大量落叶时，凋落的枯叶的 N、P 和 K 含量明显比小枝上着生的 1～2 年生叶低，表明落叶时这些营养元素回流很多，而落叶阔叶树木落叶时 N、P 和 K 的回流不明显。

在贡嘎山东坡从低海拔到高海拔，群落组成中常绿成分逐渐增加，树木生长季变短，枝叶量增加，叶龄增加，各器官营养元素含量增加；凋落物量减少，凋落物中营养元素含量有所降低，凋落物分解变慢。这些特点表明低海拔分布的森林生态系统在落叶过程中表现出的生物循环作用较强，高海拔分布的森林生态系统生物化学循环作用较强。

3.3.3 贡嘎山不同森林类型中的磷循环

通过对全国不同生态系统的研究，结果表明：岩石风化进入生态系统中的P为0.05～1 $kg\cdot hm^{-2}\cdot a^{-1}$，以前人们一直认为空气沉降的磷酸盐在生态系统的磷循环中可忽略，但是一些研究发现，在很多生态系统中空气沉降是系统磷补给的一个重要来源，通过大气沉降进入生态系统中的磷为0.07～1.7 $kg\cdot hm^{-2}\cdot a^{-1}$。

在贡嘎山生态系统营养元素的生物循环中，P的循环强度和利用效率较高。植物的养分利用效率是刻画那些具有潜在限制作用的养分在凋落和再吸收两个途径之间的分配等多种生理学过程及其与生长速率之间的关系，凋落物量、凋落物中的养分含量、凋落物分解速率与养分利用效率的关系非常密切。

养分利用效率可以用来评价林分的养分状况，利用效率高的养分可能是限制林分生长的养分。经过长期的适应，植物对低磷胁迫已形成两类基本对策：①加强对土壤中磷的吸收能力，增加体内磷的含量；②提高自身的磷元素利用效率。

(1) 常绿与落叶阔叶混交林。如图3-11所示，贡嘎山常绿与落叶阔叶混交林中，常绿阔叶树体内N和P含量不高，落叶阔叶树的枯叶含P很高，地上部分归还的P总量大，存留率较低。常绿阔叶树的凋落叶分解比较慢，但是落叶阔叶分解速率最快，提高了常绿与落叶阔叶混交林P的生物循环速率，常绿与落叶阔叶混交林P元素的平均循环强度和利用效率明显高于针阔混交林和峨眉冷杉成熟林(图3-11)。

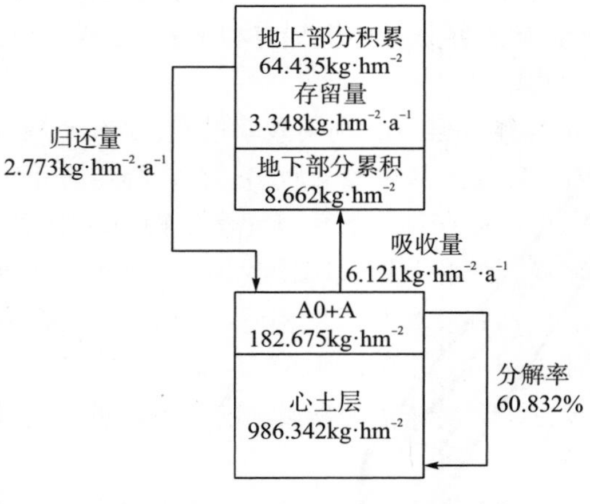

图3-11 常绿与落叶阔叶混交林的磷循环

(2) 针阔混交林。如图3-12所示，针阔混交林生物量和生产力较高，对P需求较大。林中落叶阔叶成分占一定比例，凋落物分解速率不高，P的存留率和归还量较高，灌木和草本在养分循环过程中有一定作用。P 元素循环强度和利用效率较高(图 3-12)。

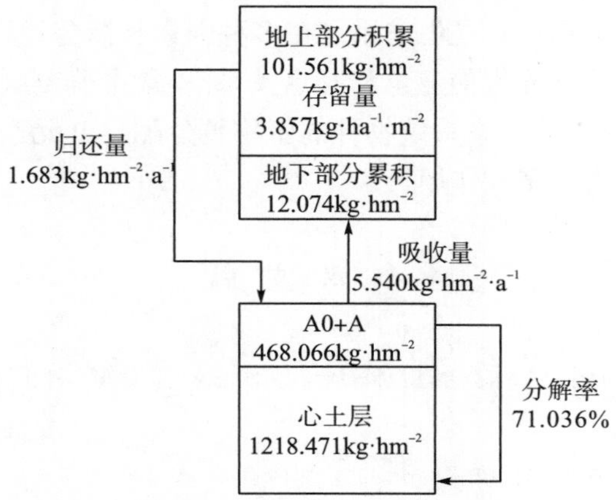

图 3-12　针阔混交林的磷循环

(3)峨眉冷杉成熟林。如图 3-13 所示，在贡嘎山通过大气沉降进入生态系统的 P 低于全国水平，可输出是沉降的 2 倍多，需要岩石风化进入生态系统中的 P 来补充。峨眉冷杉成熟林的存留率和归还量都很高，落叶阔叶成分很少，凋落物分解速率最低，分解释放的磷非常有限，灌木和草本对养分循环过程起着一定作用，导致 P 元素循环强度和利用效率也较高。在 3000m 这一海拔的峨眉冷杉林生长对策是将 P 保留在生态系统中，突出生物化学循环，降低生物地球化学循环，在峨眉冷杉成熟林生态系统中其建群种峨眉冷杉在这一方面表现得尤为突出(图 3-13)。

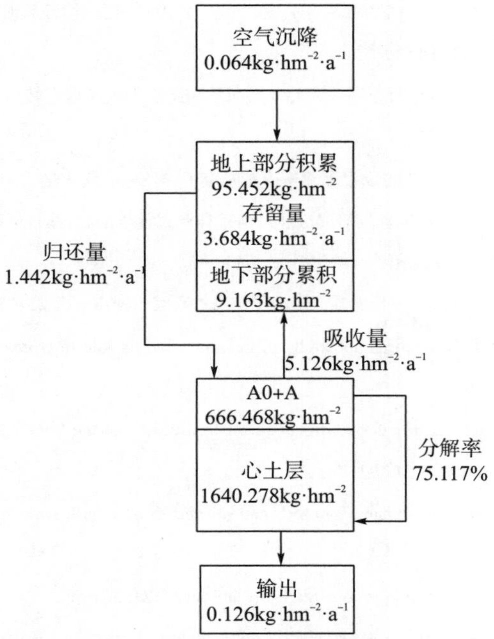

图 3-13　峨眉冷杉成熟林的磷循环

垂直带典型森林生态系统的生物量构成及其 P 元素储存和分配是演替到顶级群落的结果。生态系统物种之间的竞争是一个动态变化过程，森林生态系统的演替也是一个动态过程。通过测定可知，生物量只是生态系统在多种因素和演替过程的影响下的一种表现，不能准确反映物种之间的 P 元素的竞争和互惠关系，不能准确刻画各自的资源捕获能力以及其营养对策。今后需要开展生态系统物种的生物量分配与 P 元素获取过程之间关系的研究，还需要研究营养元素的交互作用等。

参考文献

安志装, 介晓磊, 李有田, 等. 2002. 不同水分和添加物料对石灰性土壤无机磷形态转化的影响. 植物营养与肥料学报, 8: 58-64.

蔡元定. 1990. 菌根在改善植物磷营养上的作用. 土壤学进展, 2: 46-49.

董兆佳, 孟磊. 2010. 海南蕉园根际与非根际土壤氮素含量特征. 中国农学通报, 26(6): 309-312.

范晓晖, 刘芷宇. 1992. 根际 pH 环境与磷素利用研究进展. 土壤通报, 23: 38-240.

冯固, 杨茂秋. 1993. 石灰性土壤上 VA 菌根真菌对土壤有机磷矿化的影响及其机理初探. 土壤通报, 24(4): 184-186.

贺永华, 沈东升, 朱荫湄. 2006. 根系分泌物及其根际效应. 科技通报, 22(6): 761-766.

黄敏, 吴金水, 黄巧云. 2003. 土壤磷素微生物作用的研究进展. 生态环境, 12(3): 366-370.

蒋柏藩. 1992. 石灰性土壤无机磷有效性的研究. 土壤, 1: 61-64.

李有田, 庞荣丽, 介晓磊, 等. 2002. 低分子量有机酸对石灰性潮土磷吸附与解析的影响. 河南农业大学学报, 2: 133-137.

刘世亮, 介晓磊, 李有田, 等. 2002. 土壤-植物根际磷的生物有效性研究进展. 土壤与环境, 11: 178-182.

陆文龙, 王敬国, 曹一平, 等. 1998. 低分子量有机酸对土壤磷释放动力学的影响. 土壤学报, 35(4): 493-500.

马敬, 曹一平, 李春俭, 等. 1995. 磷胁迫下植物根系有机酸的分泌及其对土壤难溶性磷的活化//现代农业中的植物营养与施肥. 北京: 中国农业科技出版杜, l49-152.

庞荣丽, 介晓磊, 方金豹, 等. 2007. 有机酸对不同磷源施入石灰性潮土后无机磷形态转化的影响. 植物营养与肥料学报, 13: 39-43.

王震宇, 温胜芳, 罗先香, 等. 2009. 2 种水生植物根际溶液磷素时空变异及有机酸分泌. 环境科学, 30: 2248-2252.

曾曙才, 苏志尧, 陈北光, 等. 2003. 植物根际营养研究进展. 南京林业大学学报(自然科学版), 27(6): 79-83.

赵小蓉, 林启美. 2001. 微生物解磷的研究进展. 土壤肥料, 3: 7-11.

周垡君, 王校常, 吴文彬. 2001. 根系分泌物对几种难溶磷活化作用的研究. 西南农业大学学报, 23(5): 401-403.

Ae N, Atiham J, Okada K, et al. l990. Phosphorus uptake by pi geon pea and its role in cropping system of the India subcontinent. Science, 248: 477-480.

Albaugh T J, Allen, H Lee, et al. 2007. Historical patterns of forest fertilization in the Southeast United States from 1969 to 2004. Southern Journal of Applied Forestry, 31: 129-137.

Arai Y, Sparks D L. 2007. Phosphate reaction dynamics in soils and soil minerals: a multi scale approach. Advances in Agronomy, 94: 135-179.

Attiwill P M, Adams M A. 1993. Nutrient cycling in forests. New Phtologist, 124: 561-582.

Barber S A. 1995. Soil Nutrient Bioavailability: A Mechanistic Approach. New York : John Wiley.

Bhadoria P S, Steingrobe B, Claassen N, et al. 2002. Phosphorus efficiency of wheat and sugar beet seedlings grown in soils with mainly calcium, or iron and aluminium phosphate. Plant and Soil, 246: 41-52.

Blanes M C, Emmett B A, Viñegla B, et al. 2012. Alleviation of P limitation makes tree roots competitive for N against microbes in a N-saturated conifer forest: a test through P fertilization and 15N labeling. Soil Biology and Biochemistry, 48: 51-59.

Chang S X. 2003. Seedling sweetgum（Liquidambar styraciflua L.）half-sib family response to N and P fertilization: growth, leaf area, net photosynthesis and nutrient uptake. Forest Ecology and Management, 173: 281-291.

Chapin F S, Walker L R, Fastie C L, et al. 1994. Mechanisms of primary succession following deglaciation at Glacier Bay, Alaska. Ecological Monographs, 64: 149-175.

Cheaïb A, Mollier A, Thunot S, et al. 2005. Interactive effects of phosphorus and light availability on early growth of maritime pine seedlings. Annals of Forest Science, 62: 575-583.

Chen X, Tang J J, Fang Z G, et al. 2002. Phosphate-solubilizing microbes in rhizosphere soils of 19 weeds in southeastern China. Journal of Zhejiang University, 3: 355-361.

Chen X, Tang J, Zhi G, et al. 2005. Arbuscular mycorrhizal colonization and phosphorus acquisition of plants, effects of coexisting plant species. Applied Soil Ecology, 28: 259-269.

Cook A J, Fox A J, Vaughan D G, et al. 2005. Retreating glacier fronts on the Antarctic Peninsula over the past half-century. Science, 308: 541-544.

Corrales I, Amenós M, Poschenrieder C, et al. 2007. Phosphorus efficiency and root exudates in two contrasting tropical maize varieties. Journal of Plant Nutrition, 30: 887-900.

David A R. 2000. Review of phosphorus acid and its salts as fertilizer materials. Journal of Plant Nutrition, 23（2）: 161-180.

De Grandcourt A, Epron D, Montpied P, et al. 2004. Contrasting responses to mycorrhizal inoculation and phosphorus availability in seedlings of two tropical rainforest tree species. New Phytologist, 161: 865-875.

De Groot C C, Marcelis L F M, Van den Boogaard R, et al. 2001. Growth and dry-mass partitioning in tomato as affected by phosphorus nutrition and light. Plant Cell and Environment, 24: 1309-1317.

Dinkelaker B, Römheld V, Marschner H. 1989. Citric acid excretion and precipitation of calcium citrate in the rhizosphere of white lupin（Lupinus albus L.）. Plant Cell and Enuironment, 12: 285-292.

Du Y M, Tian J, Liao H, et al. 2009. Aluminium tolerance and high phosphorus efficiency helps Stylosanthes better adapt to low-P acid soils. Annals of Botany, 103: 1239-1247.

Everett C J, Palm-Leis H. 2009. Availability of residual phosphorus fertilizer for loblolly pine. Forest Ecology and Managerment, 258: 2207-2213.

Fober H. 1993. Nutrient supply//Bialobok S, Boratyński A, Bugala W. Scots Pine Biology. Poznań-Kórnik: Sorous Press.

Fox T R, Comerford N B.1992. Rhizosphere phosphatase activity and phosphatase hydrolyzable organic phosphorus in two forested spodosols. Soil Biology and Biochemistry, 24: 579-583.

Fransson P M A, Taylor A F S, Finlay R D. 2000. Effects of continuous optimal fertilization on belowground ectomycorrhizal community structure in a Norway spruce forest. Tree Physiology, 20: 599-606.

Gardner W K, Barber D A, Parbery D G. 1983. The acquisition of phosphorus by Lupinus albus L III. probable mechanism by which phosphorus movement in die soil, loot interface is enhanced. Plant and Soil, 70: 107-l24.

George T S, Gregory P J, Robinson J S, et al. 2002. Changes in phosphorus concentrations and pH in the rhizosphere of some agroforestry and crop species. Plant and Soil, 246: 65-73.

Gerke J, Romer W, Jungk A. 1994. The excretion of citric and malic-acid by proteoid roots of lupinus-albus L-effects on soil solution concentrations of phosphate, iron, and aluminum in the proteoid rhizosphere in samples of an oxisol and a luvisol. Zeitschrift Fur Pflanzenernahrung und Bodenkunde, 157: 289-294.

Gilbert J, Gowing D, Wallace H. 2009. Available soil phosphorus in semi-natural grasslands: assessment methods and community tolerances. Biology Conservation, 142: 1074-1083.

Gonçalves J L M, Stape J L, Laclau J P, et al. 2004. Silvicultural effects on the productivity and wood quality of eucalypt plantations. Forest Ecology and Management, 193: 45-61.

Groot C C D , L F M Marcelis, R V D Boogaard, et al.2001.Growth and dry-mass partitioning in tomato as affected by phosphorus nutrition and light. Plant Cell & Environment, 24 (12) : 1309-1317.

Handreck K A. 1997. Phosphorus requirements of Australian native plants. Australian Journal of Soil Research, 35: 241-289.

Haussling M. 1989. Organic and inorganic in soil phosphates and acid phosphatnase activity in the rhizosphere of 80 years old Norway spruce [Picea abies (L.) Karsr] trees. Biology and fertility of soil, 8 (2) : 128-133.

Hill J O, Simpson R J, Moore A D, et al. 2006. Morphology and response of roots of pasture species to phosphorus and nitrogen nutrition. Plant and Soil, 286: 7-19.

Hinsinger P. 2001. Bioavailability of soil inorganic P in the rhizosphere as affected by root-induced chemical changes: a review. Plant and Soil, 237: 173-195.

Hoffland E, Fmdenegg G R, Nelmans J A. 1989. Solubilization of rock phosphate by rape. I. Evaluation of the role of die nutrient uptake pattern. Plant and Soil, 113: 155-160.

Homeier J, Hertel D, Camenzind T, et al. 2012. Tropical Andean forests are highly susceptible to nutrient inputs-rapid effects of experimental N and P addition to an Ecuadorian montane forest. PLoS ONE, 7: e47128.

Hutchings M J, John E A. 2004. The effects of environmental heterogeneity on root growth and root/shoot partitioning. Annals of Botany, 94: 1-8.

IUSS Working Group WRB. 2006. World Soil Resource Reports No. 103. Rome: FAO.

Jane F J, Allan D L, Vance C D. 1994. Phosphorus stress-induced proteoid roots show altered metablism in Lupinus albus. Plant Physiology, 104: 657-665.

Johnson J F, Alland D L, Vance C P. 1994. Phosphorus stress-induced proteoid roots show altered metabolism in Lupinus albus. Journal of Plant Physiology, 104 : 657-665.

Johnson J F, Vance C P, Allan D L. 1996. Phosphorus deficiency in *Lupinus albus*, altered lateral root development and enhanced expression of phosphoenolpyruvate carboxylase. Plant Physiology, 111: 31-41.

Kitajima K. 2002. Do shade-tolerant tropical tree seedlings depend longer on seed reserves? Functional growth analysis of three Bignoniaceae species. Functional Ecology, 16: 433-444.

Leuschner C, Hertel D, Schmid I, et al. 2003. Stand fine root biomass and fine root morphology in old growth beech forests as a function of precipitation and soil fertility. Plant Soil, 258: 43-56.

Lewis D G, Quirk J P. 1967. Phosphate diffusion in soil and uptake by plants. Ⅲ. P312 movement and uptake by plants as indicated by P322 autoradiography. Plant and Soil, 27 : 445-453.

Li Y F, Luo A C, Wei X H, et al. 2008. Changes in phosphorus fractions, pH, and phosphatase activity in rhizosphere of two rice genotypes. Pedosphere, 18: 785-794.

Li Z, He Y, Pu T, et al. 2010. Changes of climate, glaciers and runoff in China' s monsoonal temperate glacier region during the last several decades. Quaternary International, 218: 13-28.

Liu Q. 2002. Ecological Research on Subalpine Coniferous Forests in China. Chengdu: Sichuan University Press.

Louw-Gaume A E, Rao I M, Gaume A J, et al. 2010. A comparative study on plant growth and root plasticity responses of two Brachiaria forage grasses grown in nutrient solution at low and high phosphorus supply. Plant and Soil, 328: 155-164.

Marschner P. 2012. Marschner' s mineral nutrition of higher plants. 3rd. CA Elsevier: Academic Press.

Mason P A, Ingleby K, Munro R C, et al. 2000. Interactions of nitrogen and phosphorus on mycorrhizal development and shoot growth of Eucalyptus globulus (Labill.) seedlings inoculated with two different ectomycorrhizal fungi. Forest Ecology and Management, 128: 259-268.

Morel C, Hinsinger P. 1999. Root-induced modifications of the exchange of phosphate ion between soil solution and soil solid phase. Plant and Soil, 211: 103-110.

Mortimer P E, Archer E, Valentine A J. 2005. Mycorrhizal C costs and nutritional benefits in developing grapevines. Mycorrhiza, 15: 159-165.

Motomizu S, Wakimoto T, Toei K. 1983. Spectrophotometric determination of phosphate in river waters with molybdate and malachite green. Analyst, 108: 361-367.

Naples B, Fisk M. 2010. Belowground insights into nutrient limitation in northern hardwood forests. Biogeochemistry, 97: 109-121.

Nuruzzaman M, Lambers H, Bolland M D A, et al. 2006. Distribution of carboxylates and acid phosphatase and depletion of different phosphorus fractions in the rhizosphere of a cereal and three grain legumes. Plant Soil, 281: 109-120.

Oelkers E H, Valsami-Jones E. 2008. Phosphate mineral reactivity and global sustainability. Elements, 4: 83-87.

Otani F, Ae N, Tanaka H. 1996. Uptake mechanisms of crops grown in soils with low P status. II. Significance of organic acids in root exudates of pigeon pea. Journal of Soil Science and Plant Nutrition, 42: 533-560.

Otani T, Ae N, Tanaka H. 1996. Phosphorus (P) uptake mechanisms of crops grown in soils with low P status II significance of organic acids in root exudates of pigeonpea. Soil Science and Plant, Nutrition, 42(1): 553-560.

Pang J, Ryan M H, Tibbett M, et al. 2010. Variation in morphological and physiological parameters in herbaceous perennial legumes in response to phosphorus supply. Plant and Soil, 331: 241-255.

Parks S E, Haigh A M, Cresswell G C. 2000. Stem tissue phosphorus as an index of phosphorus status of *Banksia ericifolia* L. Plant and Soil, 227: 59-65.

Pietrzykowski M, Woś B, Haus N. 2013. Scots pine needles macronutrient (N, P, K, Ca, Mg, and S) supply at different reclaimed mine soil substrates —as an indicator of the stability of developed forest ecosystems. Environmental Monitoring and Assessment, 185: 7445-7457.

Place G, Bowman D, Burton M, et al. 2008. Root penetration through a high bulk density soil layer, differential response of a crop and weed species. Plant and Soil, 307: 179-190.

Prietzel J R, Stetter U. 2010. Long-term trends of phosphorus nutrition and topsoil phosphorus stocks in unfertilized and fertilized Scots pine (*Pinus sylvestris*) stands at two sites in Southern Germany. Forest Ecology and Management, 259: 1141-1150.

Radersma S, Grierson P F. 2004. Phosphorus mobilization in agroforestry, Organic anions, phosphatase activity and phosphorus fractions in the rhizosphere. Plant and Soil, 259: 209-219.

Raghothama K G. 1999. Phosphate acquisition. Annual Review of Plant Physiology and Plant Molecular Biology, 50: 665-693.

Reich P B, Oleksyn J. 2004. Global patterns of plant leaf N and P in relation to temperature and latitude. Procedeings of the National Acodemy of Sciences of the United States of America, 101: 11001-11006.

Richardson A E, Lynch J P, Ryan P R, et al. 2011. Plant and microbial strategies to improve the phosphorus efficiency of agriculture.

Plant and Soil, 349: 121-156.

Scott J T, Condron L M. 2003. Dynamics and availability of phosphorus in the rhizosphere of a temperate silvopastoral system. Biology and Fertility of Soil, 39: 65-73.

Shane M W, McCully M, Lambers H. 2004. Tissue and cellular phosphorus storage during development of phosphorus toxicity in Hakea prostrate (Proteaceae). Journal of Experimental Botany, 55: 1033-1044.

Shen J, Zhang F. 2011. Phosphorus dynamics: from soil to plant.Plant Physiology, 156(3): 997-1005.

Shen J, Tang C, Rengel Z, et al. 2004. Root-induced acidification and excess cation uptake by N_2-fixing *Lupinus albus* grown in phosphorus-deficient soil. Plant and Soil, 260: 69-77.

Shen J, Yuan L, Zhang J, et al. 2011. Phosphorus dynamics: from soil to plant. Plant Physiology, 156: 997-1005.

Shibata R, Yano K. 2003. Phosphorus acquisition from non-labile sources in peanut and pigeonpea with mycorrhizal interaction. Applied Soil Ecology, 24: 133-141.

Shu L, Shen J, Rengel Z, et al. 2007. Formation of cluster roots and citrate exudation by *Lupinus albus* in response to localized application of different phosphorus sources. Plant Science, 172: 1017-1024.

Siqueira J O, Saggin-Junior O J. 2001. Dependency on arbuscular mycorrhizal fungi and responsiveness of some Brazilian species. Mycorrhiza, 11: 245-255.

Tabatabai M A, Bremner J M. 1969. Use of p-nitrophenyl phosphate for assay of soil phosphatase activity. Soil Bilolgy and Biochemistry, 1: 301-307.

Tadano T, Sakai H. 1991. Secretion of acid phosphatase by the roots of several crop species under phosphorus-deficient conditions. Soil Science and Plant Nutrition, 37(1): 129-140.

Tarafdar J C, Claassen N. 2005. Preferential utilization of organic and inorganic sources of phosphorus by wheat plant. Plant and Soil, 275: 285-293.

Tchienkoua Nolte C, Jemo M, Sanginga N, et al. 2008. Biomass and phosphorus uptake responses of maize to phosphorus application in three acid soils from southern Cameroon. Commun. Communications in Soil Science Plant Analysis, 39: 1546-1558.

Traina S J, Sposito G, Hesterberg D, et al. 1986. Effects of organic acids on orthophosphate solubility in an acidic, montmorillonitic soil. Soil Science Society of America Journal, 50 : 45 -52.

Utriainen J, Holopainen T. 2002. Responses of Pinus sylvestris and Picea abies seedlings to limited phosphorus fertilization and treatment with elevated ozone concentrations. Scandinavian Journal of Forest Research, 17: 501-510.

Vance C P, Uhde-Stone C, Allan D L. 2003. Phosphorus acquisition and use, critical adaptations by plants for securing a nonrenewable resource. New Phytology, 157: 423-447.

Warren C R, Adams M A. 2002. Phosphorus affects growth and partitioning of nitrogen to Rubisco in Pinus pinaster. Tree Physiology, 22: 11-19.

Weinbaum S A, Picchioni G A, Muraoka T T, et al. 1994. Nitrogen usage, accumulation of carbon and nitrogen reserves, and the capacity for labelled fertilizer nitrogen and boron uptake varies during the alternate-bearing cycle in pistachio. Journal of the American Society for Horticultural Science, 119: 24-31.

Zhou J, Wu Y H, Prietzel J, et al. 2013. Changes of soil phosphorus speciation along a 120-year soil chronosequence in the Hailuogou Glacier retreat area (Gongga Mountain, SW China). Geoderma, 195-196: 251-259.

第4章　贡嘎山土壤微生物与磷生物地球化学

磷独特的生物地球化学循环过程，以及与碳、氮等其他营养元素的关系，使其对生态系统的营养限制越来越明显。微生物参与磷的生物地球化学过程，对磷的形态转换及磷的生物有效性具有重要作用，因而日益受到关注。尤其，微生物参与含磷矿物的磷释放过程、磷从无机磷库进入有机磷库的过程、磷从有机磷库回归到无机磷库的过程，对土壤磷地球化学循环至关重要。

土壤有效磷的最终来源为岩石的风化，因此含磷矿物是地球陆地生态系统磷循环流动的源头，其中最主要的原生矿物就是磷灰石（Sun et al.，2013）。原生矿物的物理化学风化速度慢，释放出的P、K等营养元素不能满足微生物对矿质营养的需求，微生物为了获得足够的矿质营养元素，会利用自身所具备的物理生化功能加速矿物的风化，释放营养元素(连宾，2009)，也加速磷元素地球化学循环的过程。微生物的这种生物风化作用对全球陆地生态系统的建立和岩石圈的演化具有十分重要的意义(Ehrlich，1996)。

目前对含磷矿物风化释磷的微生物作用研究，绝大部分是在试验室培养条件下进行的微生物对难溶磷矿物的溶磷规律研究。已被确认对含磷矿物具备风化释放有效磷能力的微生物有：细菌、真菌、放线菌(方亭亭等，2010)。例如，易艳梅和黄为一(2010)在所研究的盐渍区、磷矿区和重金属污染区土壤中分离得到了青霉属、曲霉属的溶磷真菌和链霉菌属的溶磷放线菌。有研究用热带土壤中低溶解度的无机磷酸盐验证了几株热带豆类接种细菌的溶磷特性，发现洋葱伯克霍尔德菌在液体培养基上能溶解 $CaHPO_4$、$Al(H_2PO_4)_3$和 $FePO_4·2H_2O$(Marra et al.，2011)。这些微生物常常被称为溶磷微生物，广泛分布在土壤中，把难溶的含磷矿物中磷元素变为可溶的无机磷酸盐离子，加速磷元素向生物群落迁移转化，是促进无机磷生物地球化学循环的重要力量。赵小蓉等在试验室条件下研究了肠杆菌(*Enterobacter* sp.)、欧文氏菌(*Erwinia* sp.)、节杆菌(*Arthrobacter* spp.)、青霉菌(*Penicillium* spp.)和曲霉菌(*Aspergillus* spp.)对铁磷［$FePO_4·4H_2O$］、铝磷($AlPO_4$)、氟磷灰石［$Ca_{10}(PO_4)_6·F_2$］和磷矿粉 4 种土壤中常见的难溶性含磷矿物的溶磷特性，发现供试菌株大多能较轻易从氟磷灰石和磷矿粉中释放磷，对铝磷和铁磷的溶磷能力相对较弱，不过曲霉菌对铁磷有较强释放磷的能力(赵小蓉等，2002)，并且发现供试真菌从这些难溶磷源中释放磷的能力是细菌的几倍，甚至上百倍，这与 Illmer 和 Schinner(1995)对难溶性钙磷的微生物溶磷试验结果相同。但是土壤中溶磷细菌种类和数量都大大多于溶磷真菌，Banik 和 Dey 认为在相同土壤中分离到的溶磷真菌只是溶解细菌数的几分之一、几十分之一甚至几百分之一(Banik and Dey，1982)，可见环境中细菌和真菌对矿物磷的风化释放作用大小是要看具体情况的。

微生物风化溶解矿物磷的机理，目前较为认同的有如下理论。①产酸溶磷理论。该理论认为微生物通过分泌酸(无机酸、有机酸)改变周围环境的酸碱条件使含磷矿物溶出磷元素。而微生物产酸的机理，Liu 等研究认为微生物细胞壁膜系统存在着一套直接氧化的酶途径，使一些微生物能够向环境中释放强酸(Liu et al.，1992)。②质子理论。该理论认为微生物通过 NH_4^+ 同化作用过程中产生质子使难溶无机磷溶解。这一理论主要用来解释一些微生物只有在介质中存在 NH^{4+} 时才具有从难溶磷酸盐中释放磷的现象(杨慧，2007)。③螯合理论。该理论认为微生物的生理产物可以与 Al^{3+} 、 Ca^{2+} 等离子形成螯合物，从而阻止这些离子再与磷酸根结合成难溶磷酸盐矿物沉淀(Chen et al.，2006；Whitelaw et al.，1999)。④H_2S 作用机理。该理论认为一些微生物能够产生 H_2S 与铁离子反应生成正磷酸盐离子(Sperber，1957)。此外，还有人认为微生物对 Ca^{2+}的吸收使磷酸根离子失去成为钙磷的机会从而使磷元素进入土壤溶液(王义，2009)。

在磷的地球化学循环环节中，磷元素从无机界(磷矿物)释放出来成为无机磷库中最自由活跃的磷形态，是生态系统中磷迁移转化的第一步过程，这为磷的下一步转化迁移过程奠定了基础。有效磷从矿物中释放出来后，下一步过程可以是通过吸附、沉淀等无机物理化学机制重新固定回矿物中，这对地球岩石圈的矿物演变是有意义的。但对生态系统演化发展更有意义的过程是，磷元素也可以通过微生物、植物等的生物过程转化、迁移进入有机磷库，构建出复杂多样的生物体，成为地球生态系统功能的物质载体之一，从而对地球环境的演化产生深远影响。

在根系与土壤之间、无机磷与有机磷之间的磷元素生物地球化学循环过程中，微生物起着重要甚至根本的作用。根际土壤中自由生活的微生物通过各种溶解和矿化机制从土壤TP 库中释放磷元素促进磷元素向有机化合物转化，进而持续影响土壤肥力(Ravikumar et al.，2007；Sahu et al.，2007)，直接提高植物根系对磷酸盐的可利用性(Richardson et al.，2009a；Richardson et al.，2009b)。Gerretsen(1948)用试验证明微生物能显著促进磷元素进入植物体，他发现有微生物土壤中的植物吸磷量比无微生物土壤中的植物高 79%～340%。许多土生微生物还通过产生强化根系密度和功能的植物激素，直接改善植物对磷元素的可利用性(Harvey et al.，2009)，一些微生物(如菌根真菌)也能通过与根系形成互利共生关系促进植株对磷元素的吸收，增加有机磷利用，从而导致整个磷循环的有机库阶段流通加快(Richardson et al.，2011)。

通过溶解或矿化作用直接提高土壤中有效磷含量的微生物中，解磷菌是典型的代表。有研究者用盆栽土培试验研究溶磷真菌对植物吸收磷的促进作用得出，青霉菌 P8 能增强作物从土壤吸收磷的能力，与不接种青霉菌的处理比较，接种处理的各作物产量都一致增加，特别是需磷多的花生增幅最大，并且在有效磷高的土壤中供试青霉菌也可较好地增加作物的生物量和吸磷量(范丙全等，2004)。此外，微生物还能通过一些植物激素促进植物根系生长和强化根系的生理功能，进而促进植物对磷元素的吸收利用。许多植物促生细菌能够分泌植物生长素(IAA)、细胞分裂素(CTK)等一些有促生活性的物质及其衍生物(Gray and Smith，2005)，直接或间接地增强植物根系功能，利于改善植物对磷的吸收能力。

在微生物促进磷元素进入植物的研究中，菌根真菌促磷吸收报道最多，最典型的就是丛枝菌根真菌。在生态系统中，丛枝菌根广泛分布于植物王国，对植物的磷元素营养协调和贡献功不可没(Smith and Read，2008)。在分室施磷试验中，植物所吸收的磷元素有 90%是菌根真菌的贡献(Li et al.，1991a；Li et al.，1991b)。据估算，有菌根真菌侵染的植物对磷元素的吸收量比非菌根植物至少高 10 倍，在土壤磷扩散速率受限时，可达到 60 倍(Gerdeman，1968)。从枝菌根真菌促进磷元素进入植物体的机制首先在于菌根真菌具备一套从低浓度磷库向高浓度磷库运输磷元素的转运系统：菌根真菌在菌丝处依靠自身编码的、磷亲和力高的转运蛋白吸收土壤中低浓度的可溶性磷，使之转变为多聚磷酸盐并在液泡内积累储藏，多聚磷酸盐在菌丝中顺着浓度梯度扩散到丛枝，在丛枝结构中被多聚磷酸酶或激酶水解为无机磷，然后通过丛枝-寄主界面把磷元素传递给寄主植物吸收利用(White and Brown，1979；曹庆芹，2011；李晓林和冯固，2001)。其次，菌根真菌形成的庞大菌丝网极大地扩展了对磷元素的吸收面积，可以穿过根系形成的磷亏缺区，到达根系触及不到的区域，甚至可能进入包裹体吸收有效磷(李晓林和冯固，2001)。此外，菌根真菌还能提高根际土壤磷酸酶的活性，促进有机磷矿化(吴强盛等，2006)。基于菌根等共生微生物对植物吸收磷元素的促进作用，目前研究者们认为这是一条解决植物磷元素限制问题、提高作物产量的好途径，即各种各样的共生体细菌在全球广泛应用以提高植物生产力(Cocking，2003)。

进入生物体中的磷，随着生物死亡腐烂，在微生物分解作用下磷元素开始从有机磷库向无机磷库回归，在生态学的概念上也称为有机磷的矿化，这个过程的功能就是把地球生物产生的有机残屑和有机遗弃物中的磷元素分解释放出来，重归无机磷库或直接再被生物利用，它是磷元素进行生物地球化学循环的必要环节，也是磷元素生物小循环的必经环节，该环节中具有“分解者”之称的微生物是最主要的执行者(黄昌勇，2000；李孝良和于群英，2003)。

微生物对有机磷矿化的机理主要是酶解反应，土壤解磷微生物和磷酸酶以其所具有的各种生物化学活性，积极参与土壤有机磷的各种生物化学过程，与土壤有机磷的有效化密切相关(孟庆华和李根英，2006)，微生物分解有机磷的酶主要是酸性磷酸酶和碱性磷酸酶，不同的微生物在不同条件下的有机磷酶解反应过程复杂多样。Greaves(1967)在研究产气杆菌(*Aerobacter aerogenes*)对有机磷的水解过程时发现，对肌醇多磷酸盐的水解可以分段方式进行，有多种磷酸盐中间产物。微生物对有机磷的矿化分解的能力很强，Yadav 和 Tarafdar 等从土壤中分离出的 *Penicillium* 属、*Aspergillus* 属的真菌对肌醇磷酸钙镁和甘油磷酸酯的水解能力可分别高达 $2.1\mu g\cdot min^{-1}\cdot g^{-1}$、$4.85\mu g\cdot min^{-1}\cdot g^{-1}$(Yadav and Tarafdar，2003)；Tao 等(2008)在培养条件下研究了土壤中两类芽孢杆菌，发现其对有机磷的矿化量可高达 $62.8g\cdot ml^{-1}$。还有报道称，移植了巨大芽孢杆菌解磷菌后，土壤中无机磷含量提高了 15%以上，并且在有机磷含量高的土壤中移植该解磷菌效果更佳，究其原因是微生物把有机磷转化为了无机磷(黄敏，2003)，说明微生物的确促进了磷元素从有机磷库向无机磷库回归。

影响有机磷矿化的因素可分为如下三类：①微生物种类。不同微生物有不同生理功能和效率，微生物种类不同，对同一形态有机磷释放有效磷的效果也不同。有研究报道指出，溶磷微生物种类与溶磷效果强弱相关，并且田间试验表明，单一溶磷菌剂的溶磷效果小于由不同溶磷性能菌体组成的复合菌剂(吕学斌等，2007；钟传青，2004)。②温度条件、水分条件以及土壤中化感物质等环境条件。例如，一些研究也观测发现在热带森林中微生物量在雨季出现最大值(Devi and Yadava，2006；Cleveland et al.，2002)。③有机磷形态。例如，卵磷脂较易矿化，而肌醇六磷酸盐较难矿化(曹志平，2007)。

土壤微生物与磷元素有着复杂的生态关系，微生物在推动磷元素进行生物地球化学循环流动的同时，磷元素转化和迁移也影响着微生物的数量、组成、功能等状态。目前对此研究主要集中在以下三个方面。

(1)磷含量对微生物生长具有重要意义。一些研究报道指出，将磷灰石加入磷缺乏的森林土壤中，对真菌生长有显著的正效应，而在磷充足的森林土壤中却没有这种效果(Hagerberg et al.，2003；Nilsson and Wallander，2003)。在研究磷是否是微生物的限制性营养因素时，常把添加磷后微生物是否有正向响应作为判断依据。Liu 等对老龄林进行添加磷元素试验后，发现微生物生长有显著的正向响应，并结合林地的营养特征分析，判断该林地中磷元素的可利用性是微生物生长的限制因素(Liu et al.，2012)。还有研究指出，当土壤有效磷含量低于 34 $mg \cdot kg^{-1}$ 时，丛枝菌根的生长与有效磷含量呈负相关，并且土壤有效磷含量越低，越有利于菌根真菌侵染植物根系发挥促磷功能(Menge et al.，1982)。Liu 等(2012)也发现由于氮沉降的增加，土壤磷变得相对不足，不能满足微生物生长的需求，在向老熟林土壤施入磷时，土壤 MBP 显著升高，并且改变了土壤微生物群落结构，表现为革兰氏阴性菌显著增加而丛枝菌根真菌降低。

(2)磷种类对微生物种群及解磷方式有影响，有的研究结果暗示了一些判断磷是否成为限制性因素的标准。DeForest 和 Scott(2010)研究了土壤中可利用有机磷对土壤微生物的影响发现，微生物磷脂脂肪酸(PLFA)类别沿着土壤 pH 梯度和可利用有机磷梯度显著变化，并且判断土壤微生物群落组成和功能是因可利用有机磷而变化的，因此认为供试土壤中磷元素是微生物群落的限制性因素，在该研究中还得出，有机磷的可利用性的变化没有引起微生物生物量变化的现象表明，微生物可以不改变生物量而通过改变群落组成来缓解磷元素限制的影响。当土壤中无机磷的可利用性降低时，微生物的响应是增加酶的分泌量和活性来降解有机磷(Olander and Vitousek，2004)。因此磷酸酶活性高低也是磷元素是否成为限制因素的判定指标。例如，Kunito 等(2012)对日本 21 个森林土样进行了磷元素的分级提取研究，发现这些土壤中磷酸单酯酶和磷酸二酯酶的活性较高，进而认为这暗示了这些森林土壤中的微生物可能受到磷的限制。钟传青和黄为一在进行细菌、酵母和霉菌溶磷培养时发现，在培养基中添加 KH_2PO_4 等可溶性磷源后，菌体产生的酸性磷酸酶(ACP)活性较低，而加入难溶性磷酸盐为磷源时磷酸酶活性较高，证明低磷条件促进酸性磷酸酶活性增加(钟传青和黄为一，2005)。

(3)磷元素与其他元素的化学计量关系决定着微生物对有机磷是矿化还是固持。Knops 等(2002)提出的“微生物瓶颈效应”理论认为土壤中的生物残体废屑等有机物被微生物分解释放出的养分，首先是被微生物吸收固持，剩余的才释放到土壤环境供给其他生物吸收利用。微生物是释放还是固持土壤磷元素，主要受有机物中磷元素与其他元素化学计量关系的影响。例如，有研究认为当 C∶P≥300 时，微生物对有机磷矿化过程表现出对磷元素的固持，而 C∶P≤200 时，就表现为微生物对磷元素的矿化释放(王敬国，1955)。

4.1 贡嘎山垂直带谱微生物与磷的生物地球化学

4.1.1 贡嘎山垂直带谱土壤微生物群落结构分布

微生物多样性和群落组成是土壤微生物研究中的重要参数。尽管土壤微生物种群数量庞大，但因为微生物具有高度传播和扩散速率，以往普遍认为它们没有生物地理学特征。然而，一些研究者质疑这一观点并开始在不同尺度调查微生物地理学特征。在土壤的小空间尺度上，基于土壤空隙尺度的显著微生物地理学特征被观测到(Ruamps et al.，2011)。在大空间尺度上，有研究表明在中国东部微生物群落结构随纬度呈现出一定的地理分布特征(Wu et al.，2009)。从美国北部到南部收集的土壤中，细菌多样性分析表明微生物的地理学特征主要受到土壤变量的控制(Fierer and Jackson，2006)。然而，在高山和亚高山区域，微生物的地理学特征很少被提及。

尤其，高山区域是理解微生物地理学分布怎样受环境因素影响的理想区域。山地生态系统存在着巨大的高差，这导致了各种环境梯度的存在，包括气候梯度、植被带演替和土壤演替。在纬度上要产生这样的环境梯度需要跨越数千公里的水平距离，而在山地垂直带谱上数十公里的水平距离内就能实现。这样的梯度变化能引起气候、植被和土壤等环境因素在许多水平上组合而产生多种生态环境。气候、植被和土壤相互作用常常影响微生物群落对山地环境的适应性(Schinner and Gstraunthaler，1981)。理解土壤微生物与高山环境因素之间的联系，将有助于我们理解微生物的地理学特征的产生机制，尤其在全球变化背景下。并且，关于海拔梯度对微生物地理学分布的成果也可以应用于纬度对微生物效应的相关研究中。

近来，有研究者调查了未受干扰的山地区域中微生物群落组成及其影响因素。Margesin 等(2009)调查了奥地利中部阿尔卑斯山高山和亚高山土壤中微生物群落和活性。Djukic 等(2010)比较了不同高山植被带的土壤营养和土壤微生物群落组成。Mannisto 等(2007)着重关注了在不同海拔带上细菌群落的格局。这些调查和其他一些研究表明微生物群落结构组成、微生物活性和地理分布特征受到土壤 pH 的强烈影响(Rousk et al.，2010；Pietri and Brookes，2008；Fierer and Jackson，2006)。同时，土壤 pH 与土壤磷之间具有很显著的相关关系(Murrmann and Peech，1969)。众所周知，土壤 pH 影响磷的溶解性和吸收(Ortas and Rowell，2000)。土壤微生物和根系的分泌物能改变土壤 pH 以获取足够的磷元素支持其生长(Gyaneshwar et al.，2002；Hinsinger，1998)。在关于山地微生物群落的研究中，认为温度是影响微生物沿海拔(或沿纬度)分布的主要因素。Staddon 等(1998)指出不断上升的海拔能引起微生物种群的降低，因为海拔的上升会导致环境的恶劣程度增加，如更低的营养可利用性、更低的温度和土壤酸度升高等。因为温度梯度的存在，微生物活性随海拔的升高而降低(Margesin et al.，2009)。此外，一个关于微生物分解功能的研究指出，在热带安第斯山随着海拔的升高土壤枯落物的分解速率明显降低(Couteaux et al.，2002)。

研究微生物群落传统的方法通常依赖于培养技术(如微生物计数和膜过滤技术)，它常常需要从土壤样品中对微生物进行分离。这些传统方法提供的微生物群落的信息有限，因为土壤中大多数微生物不能在室内条件下进行培养(Joseph et al.，2003)。此外，土壤中酶活性和微生物的代谢活性也被用来估计微生物群落组成的格局(如 Biolog 微平板技术)(Kelly and Tate，1998)。近来，依赖于 DNA、RNA 和 PLFA 分析的分子技术被广泛用于确定自然环境中微生物群落的特征。PLFA 是微生物细胞膜上主要的组成成分，在微生物死亡后会快速分解。并且，不同的 PLFA 能区分不同的微生物群组，因此 PLFA 常常被称为微生物群组的生物标记(Tunlid and White，1992)。PLFA 分析方法已经产生了相当有价值的信息，包括微生物群落分布、微生物功能组分和微生物影响因素信息(DeForest et al.，2012；Frostegard and Baath，1996)。已经证明 PLFA 分析方法是分析微生物群落结构组成实用而有效的方法(Margesin et al.，2009)。

贡嘎山海拔梯度上根际土壤中识别出了 44 种 PLFA，求和计算出的总 PLFA，与其他样地相比，样地 C 和 I 根际土中总 PLFA 相对丰度较高，其他样地的总 PLFA 相对丰度水平相似。沿整个海拔梯度带，总 PLFA 相对丰度没有明显的生物地理学分布格局。细菌 PLFA(图 4-1)占总 PLFA 的绝大部分，比例为 40%～54%。在总 PLFA 中，细菌 PLFA 的相对丰度沿海拔梯度呈现出明显的抛物线分布格局(R^2=0.86，p=0.003)，其峰值在样地 F 处被发现，那里有最高的降水量和高的植被覆盖度(图 4-1)。真菌 PLFA 相对丰度沿海拔梯度有明显的线性分布格局(R^2=0.60，p=0.01)，尽管各个样地间真菌 PLFA 的相对丰度没有显著的差异(图 4-1)。这结果表明，在所研究的样地处高山草甸微生物群落中放线菌的比例高于高山森林(图 4-1)。并且发现，总 PLFA 丰度被磷组分 resin-P_i(R= −0.45，p<0.05)和 HCl-P_o(R= −0.44，p<0.05)影响。

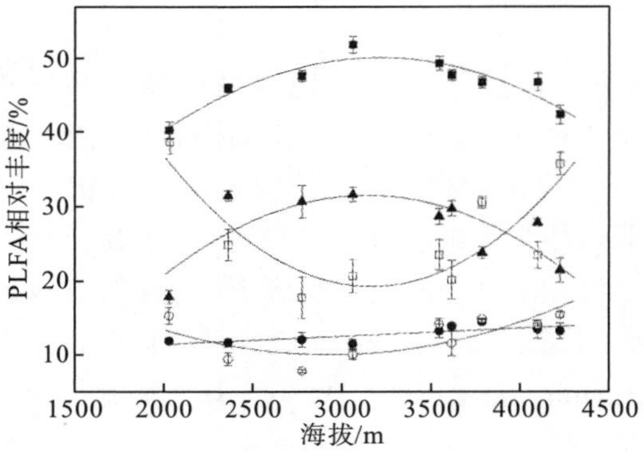

图 4-1 PLFA 的相对丰度沿海拔梯度分布

从高海拔到低海拔，样地依次编号 A、B、C、D、E、F、G、H、I。实心方块代表细菌 PLFA，实心圆代表真菌 PLFA，实心三角代表革兰氏阳性菌 PLFA，空心圆代表革兰氏阴性菌 PLFA，空心方块代表单不饱和 PLFA。用抛物线进行拟合，拟合结果为：细菌 R^2=0.86，p = 0.003；革兰氏阳性菌 R^2=0.62，p = 0.06；革兰氏阴性菌 R^2=0.59，p = 0.07；单不饱和 PLFA R^2=0.69，p = 0.03。真菌 PLFA 与海拔之间更符合线性关系，用直线拟合结果为 R^2=0.60，p = 0.01。

因为革兰氏阳性菌 PLFA 占细菌 PLFA 的大部分，所以和细菌 PLFA 相对丰度一样，革兰氏阳性菌 PLFA 相对丰度沿海拔梯度也呈现出明显的抛物线分布格局（R^2=0.62，p=0.06）（图 4-1）。从图 4-1 上看，似乎明显的分布格局是由样地 I（海拔约 2000m）的“异常值”引起，然而，如果我们把这个样地去除，图 4-1 中的分布格局将更显著（R^2=0.7，p=0.05）。在微生物群落中，革兰氏阳性菌的相对丰度在高海拔样地的根际土中趋于降低，而革兰氏阴性菌的相对丰度趋于增加。革兰氏阳性菌 PLFA 相对丰度的最高值在大约海拔 3000m 的样地土壤中出现。革兰氏阴性菌 PLFA 相对丰度也呈现出了抛物线格局（R^2=0.59，p=0.07），它的最低值大约出现在海拔 3000m 的样地土壤中。相比于革兰氏阴性菌 PLFA 相对丰度，单不饱和 PLFA 沿海拔梯度有更加显著的抛物线型分布格局（R^2=0.69，p=0.03）。另外，丛枝菌根真菌（AMF）的特征 PLFA 为 16∶1ω5c，在总 PLFA 中所占比例不大，比例变化为 1%～4%。沿海拔梯度带丛枝菌根真菌 PLFA 的相对丰度呈现出明显抛物线分布格局（R^2=0.79，p=0.009），在暗针叶林样地出现最低值。

因为微生物的生物属性（如低的灭绝率和物种形成速率以及扩散的容易性）以及我们对微生物多样性在技术和概念上理解缺乏，土壤微生物物种的空间分布通常被认为是随机的、遍布世界各处的（Green and Bohannan，2006）。然而，越来越多的研究从微尺度到全球尺度证明和确认微生物地理分布特性的存在（Rout and Callaway，2012；Sato et al.，2012；Ruamps et al.，2011）。目前已经在微生物多样性和生物地理学分布研究的基础上，融入微生物分类和属性的方法研究微生物的分布格局（Green et al.，2008）。通过研究样地属性的变异来理解沿地理学梯度植被属性变化的规律，以预测变化的环境中生物栖息的边界（Green et al.，2008）。类似的研究方法用于确定土壤微生物的地理学分布格局是可行的。在本节中，沿海拔梯度土壤中 PLFA 可以被看作是土壤微生物群落的一项属性。趋势回归分析显示，沿海拔梯度土壤微生物的空间格局是明显的（图 4-1）。这一趋势结果暗示，基于特性的微生物地理分布规律在山地海拔带上存在。

本书研究结果显示，除真菌 PLFA 外，其他微生物 PLFA 相对丰度沿贡嘎山东坡海拔梯度带（2000～4300m）呈明显抛物线型分布。温度一般被看作影响土壤微生物的主要因素（Margesin et al.，2009；Niklinska and Klimek，2007；Couteaux et al.，2002）。然而，本书研究结果（表 4-1）显示，沿海拔梯度带（2000～4300m）温度对土壤微生物的影响不明显。除真菌 PLFA 外，其他微生物特征 PLFA 与土壤温度的相关系数的绝对值小于 0.3，相比之下，与其他土壤属性（即 SOM、TN、pH 和磷组分）的相关系数的绝对值大多大于 0.3，并且这些相关性均到达显著水平（$p < 0.05$）（表 4-1）。这暗示温度可能不是影响沿海拔梯度带微生物分布的主要因素，而土壤营养、土壤湿度和 pH 似乎影响作用更大。一个可能的解释是，土壤中高含水量（在绝大多数样地土壤湿度超过 85%）能减缓土壤温度的变化，并且该研究区有大面积的冰川分布，冰川也能缓冲土壤温度的变化（Gardner et al.，2009）。

特别地，本书研究结果表明，在高海拔带根际土中，土壤营养可利用性高低是决定高海拔梯度带谱（3000～4300m）上微生物分布格局的重要因素。尽管总细菌 PLFA 主要来自革兰氏阳性菌和革兰氏阴性菌，但总细菌 PLFA 的分布格局与革兰氏阴性菌 PLFA 的分布格局并不相似（图 4-1），然而与革兰氏阳性菌 PLFA 的分布格局相似（图 4-1）。并且，各海拔带样地上革兰氏阳性菌与革兰氏阴性菌 PLFA 之比为 1～4.4。这表明，在研究样地中细菌群落主要以革兰氏阳性菌为主导。尤其，在所有研究的海拔梯度带谱上，环境因子（包括植被演替、降水量变化、土壤演替和温度梯度）梯度变化最显著的带谱段为海拔 3000～4300m。在这个典型的海拔梯度带上，革兰氏阳性菌 PLFA 相对丰度随海拔升高而降低，而革兰氏阴性菌 PLFA 相对丰度随海拔升高而升高（图 4-1）。一般认为升高的纬度常常导致微生物种群的降低，因为随着海拔的升高，环境的恶劣程度提升，如土壤营养物质的可利用性降低，温度降低和酸度上升（Ma et al.，2004；Staddon et al.，1998）。尽管海拔对地理环境的影响相似于纬度对环境的影响，但这种解释不能完全解释由升高的海拔所导致的微生物群落变化。

表 4-1　基于海拔梯度带上土壤样品分析出的土壤属性指标与特征 PLFA 相对丰度之间的 Spearman 等级相关显著性（n= 27）

特征 PLFA	resin-P_i	$NaHCO_3$-P_i	$NaHCO_3$-P_o	NaOH-P_i	NaOH-P_o	HCl-P_i[a]	HCl-P_o[b]	ST	SM	SOM	TN	pH
细菌	-	-	*	-	-	**	-		-	-	-	**
真菌	-	-	*	-	-	-	*	**	-	-	-	-
放线菌 s	*	-	-	-	**	**	*	-	**	-	*	-
AMF 丛枝菌	-	-	-	-		**	-	-	**	-	-	**
革兰氏阳性菌	**	-	-	-	*	*	**	-	**	-	**	*
革兰氏阴性菌	*	-	-	*	-	-	**	-	**	-	*	-
cy：pre	-	-	*	-	-	**	-	-	*	-	-	**
iso：anteiso	-	-	-	*	-	-	*	-	**	-	-	-
sat：monounsat	*	-	-	*	-	**	*	-	**	-	-	-

注：a 为 HCl-P_i= HCl-P_i + HCl_{conc}-P_i，b 为 HCl-P_o=HCl-P_o + HCl_{conc}-P_o。ST 表示土壤温度，SM 表示土壤湿度，SOM 表示土壤有机质，TN 表示土壤 TN，*表示到达 0.05 显著水平；**表示到达 0.01 显著水平；-表示未达到显著水平。用公式（cy17:0 + cy19:0）/（16:1ω7 + 18:1ω7）计算 cyclopropyl：precursor（cy：pre）值，iso：anteiso 值用（i15:0 + i17:0）/（a15:0 + a17:0）计算。saturated：monounsaturated（sat：mono）值为饱和脂肪酸（14:0，15:0，16:0，18:0 和 20:0）总和与单不饱和脂肪酸（14:1ω5c，16:1ω11c，16:1ω9c，16:1ω7c，16:1ω5c，17:1ω8c，18:1ω9c，18:1ω7c 和 18:1ω5c）总和的比值。

本节结果表明，温度可能是所观察到的分布格局的重要因素，因为低温会对革兰氏阴性细菌不饱和的 PLFA 产生正影响（Pettersson and Baath，2003）。

然而，本节结果也表明土壤营养是我们所观察的分布格局的另外一个重要解释。沿着这个由高海拔样地（样地 A～F）组成的典型海拔梯度带，单不饱和 PLFA 相对丰度明显的增长趋势被观测到（图 4-1）。在一些研究中，单不饱和 PLFA 被确定与营养的高有效性强烈相关（Baath et al.，1995；Borga et al.，1994），并且不饱和 PLFA 对高的底物可利用性敏感，能指示底物的高有效性（Bossio and Scow，1998）。尽管随着海拔升高，温度降低，但在本节中，典型海拔梯度带上各样地根际土壤营养物质相对丰度相似并且酸度较低。例如，样地 A 的土壤营养相对丰度（SOC、TN、TP）与大多数其他样地的土壤营养相对丰度明显不同，甚至高于一些样地。此外，在生长季，高海拔样地中相对增加的枯落物分解会增加土壤营养元素的可利用性。放线菌和真菌 PLFA 沿这个典型的海拔梯度带（3000～4300m）也出现增长的趋势。这暗示在高海拔样地中枯落物的分解相对增加，因为放线菌和真菌被认为是枯落物主要的分解者，它们的增加意味着分解的增长（Waring，2013；Sonia et al.，2011；Jayasinghe and Pakinson，2008；de Boer et al.，2005；McKinley et al.，2005；Anderson and Domsch，1975）。

此外，在本节研究中革兰氏阴性细菌的 PLFA 不仅包含不饱和 PLFA，还包括一些饱和的 PLFA。那种低温解释似乎不能完整解释所观察到的分布格局(即沿这个典型海拔梯度带上革兰氏阳性菌 PLFA 相对丰度降低，而革兰氏阴性菌 PLFA 相对丰度增加)。并且，在一个关于根系分泌物的研究中，革兰氏阳性菌 PLFA 的相对丰度被观测到随分泌物的添加而降低，而革兰氏阴性菌 PLFA 的相对丰度出现增加(Griffiths et al.，1999)。同样，另有研究指出微生物群落中优势菌种由革兰氏阳性菌变为革兰氏阴性菌，这意味着土壤营养条件由差转好(Yao et al.，2000)。在研究区域中，高海拔样带非生长季很长。例如，在本节中，由于雪的覆盖，样地 A、B、C 的非生长季长达 8 个月。因此，高海拔样地的土壤营养能在非生长季出现累积，而在生长季集中释放。尽管对于同一枯落物来讲，在较低温度下分解速率低，但对于不同的枯落物，分解速率也要取决于枯落物的种类(Gartner and Cardon，2004)。在我们的高海拔研究区，枯落物主要来自草和一些低矮植被，这些枯落物一般容易被分解并且在生长季分解速率较高(Murphy et al.，1998)。因此可以推断，在高海拔样地带，在生长季根际土壤营养的有效性不像我们想象的那样差，并且这种土壤营养释放模式可为我们观察的 PLFA 的分布格局提供解释。

磷和其他土壤元素(如碳、氮)一样对土壤微生物生长至关重要(Esberg et al.，2010)，但与碳、氮这些有大气来源的元素相比，在陆地生态系统中磷的最终来源只有土壤矿物的风化，而微生物的生化作用能加速风化过程。

土壤中有效磷形态具有较好的物理化学反应活性，很容易和一些土壤成分(如铁、铝和钙的氧化物以及一些其他化合物)结合，随着生态系统的发育演化，磷很容易成为生态系统的限制性元素，对微生物群落产生影响。在大多数高风化程度土壤上的热带生态系统中，土壤微生物过程尤其被磷元素限制(Cleveland et al.，2002；Hobbie and Vitousek，2000)。Kunito 等(2012)报道日本森林土壤中磷酸二酯酶和磷酸单酯酶高活性，暗示了土壤中微生物被磷限制。在一些温带森林土壤中，磷元素影响土壤微生物生物量(Gallardo and Schlesinger，1994)。在 Dysart Woods 的温带森林中，Deforest 和 Scott(2010)证明碳酸氢钠提取有机磷形态对微生物群落组成有强烈的影响，与 pH 对微生物群落的影响相似。然而，Groffman 和 Fisk(2011)报道在北方阔叶林土壤中微生物对磷添加并不敏感。此外，植物根系对磷的吸收利用会在根际土中产生一个磷耗竭区(离根表面大约 1～2 mm 区域)(Li et al.，1991a；Mosse，1973)。这个区域的磷环境必然会对微生物群落结构产生影响。土壤中磷元素随水淋失的量可以忽略不计，土壤中 TP 相对丰度变化很小，因此在土壤微生物磷地球化学循环中产生变化的主要是磷的各种形态。基于以上原因，要理解山地环境中土壤微生物群落与磷的关系，势必要从微生物群落结构与磷形态的关系上进行考虑，才能获取关于山地微生物磷循环机制的有效信息。

4.1.2　垂直带谱微生物与磷生物地球化学循环

1. 垂直带谱微生物量磷与磷形态的关系

土壤微生物量磷(MBP)通常是指土壤微生物群落中构成活体微生物体的磷，主要是磷脂、核酸、ATP 等易被分解的有机磷和一部分无机磷，一般占微生物干物质质量的 1.4%～4.7%(Joergensen et al.，1995；Jenkinson and Ladd，1981)。MBP 是土壤中最活跃的磷组分之一，是生态系统中重要的生物有效性磷源(Chen et al.，2000；Sparling et al.，1985)，也是微生物群落联系土壤磷的磷库，并且周转速率快。根据 Brookes 等(1984)的研究，在英格兰 MBP 的周转周期大约是 2.5 年。而中国红壤中周转速率更快，为 0.36～0.59 年(Chen and He，2002)。可见，由于 MBP 的高活性和快速周转性，MBP 成为推动生态系统中磷地球化学循环(各种磷形态的迁移、转化)的主要力量之一。

依据植被带分布规律选出 6 个海拔样点，研究 MBP 海拔分布格局。贡嘎山 MBP 沿海拔梯度分布符合抛物线趋势。MBP 最高值(167 μg·g^{-1})在大约海拔 3300 m 被观测到，那里是亚高山暗针叶林带(图 4-2)。MBP 最低值(51μg·g^{-1})在高山草甸带(海拔 4223 m)被观测到。在海拔 3300～4200 m，MBP 浓度降低。在其他海拔带上，MBP 变化较小。

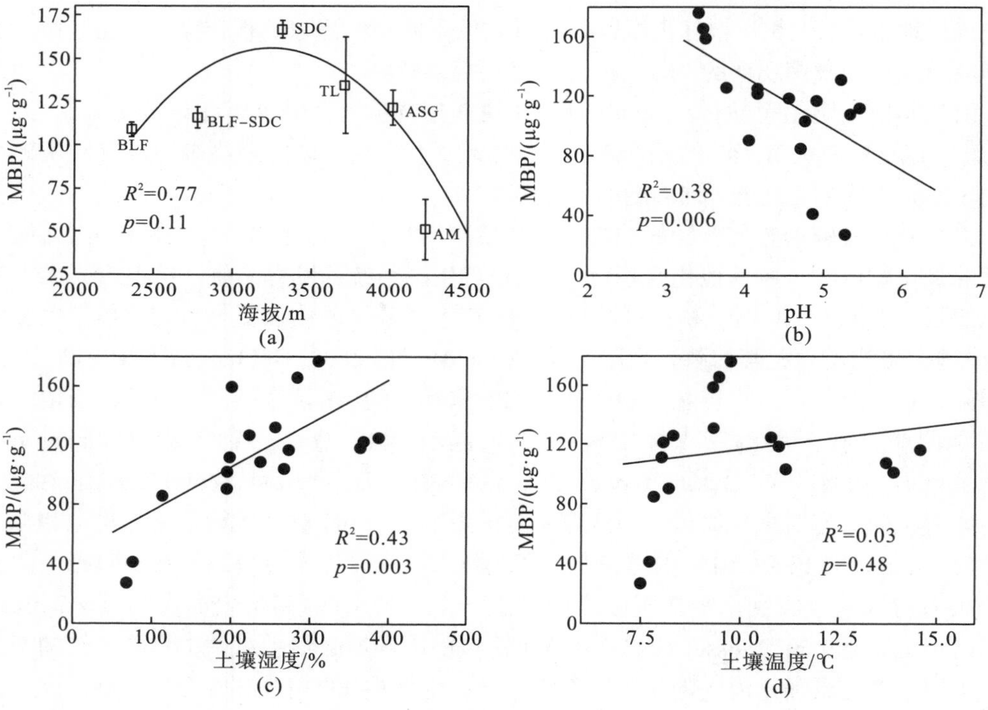

图 4-2　海拔带上 MBP 浓度及其与环境因素的关系

BLF：阔叶林带；BLF-SDC：针阔混交林带；SDC：亚高山暗针叶林带；TL：林线(森林盖度<10%)；ASG：高山灌草带；AM：高山草甸带

贡嘎山东坡海拔不同的环境条件(如土壤、气候和植被)可能是产生 MBP 这一分布格局的最主要原因。土壤湿度和温度是影响微生物活性的两个最重要的环境因素(Kirschbaum，2006)。一般说来，当土壤湿度为土壤持水能力的 50%～70%时，微生物的活性较大(Franzluebbers，1999；Linn and Doran，1984)。在调查中，沿海拔梯度 MBP 抛物线型分布的峰值出现在海拔 3300m 附近。一个可能的原因是这一抛物线分布趋势与降水沿海拔分布相关。沿海拔梯度上，降水分布格局与 MBP 分布格局相似，降水的峰值在大约 3500m 海拔处被观测到(Cheng，1996)。并且，我们的结果也显示土壤湿度与 MBP 浓度有显著的相关性[图 4-2(c)]。微生物活性应该与温度有显著的正相关性(Stres et al.，2008)。然而，我们的结果并没有显示出温度对 MBP 分布有显著影响，尤其是海拔 2300～3500m 处。可能的解释是，温度的变化幅度被这一海拔段上分布的森林(即阔叶林、针阔混交林和暗针叶林)缓冲了(Hashimoto and Suzuki，2004)。并且，这一区域高的土壤含水量也能调节土壤温度，让土壤温度不会变化太大(Ju et al.，2011)。值得一提的是，这个研究区大面积的冰川也能降低不同海拔上温度的差异(Gardner et al.，2009)。另外，尽管基于所有样地数据考虑 MBP 与土壤温度的关系时，两者没有明显的关系，但当我们只分析海拔 3500m 以上样地数据时，发现 MBP 与土壤温度有显著的线性关系(R^2=0.69，$p < 0.01$，n=9)。这一结果暗示在海拔 3500m 以上，温度成了影响 MBP 的主要因素之一。

因为枯落物是微生物主要的营养源，在植物体中的 P 浓度能影响 MBP 随海拔的变化。在这些样地中，针叶林相对于落叶林有更强的 P 富集能力。例如，冷杉枝条磷浓度均值为 1258 $mg \cdot kg^{-1}$，而杜鹃为 705$mg \cdot kg^{-1}$(Rodriguez et al.，2004)。然而，MBP 最低值(51$\mu g \cdot g^{-1}$)出现在 AM 带(海拔 4223m)，这归因于 AM 带寒冷的气候和较稀疏的植被。

沿海拔梯度带上，pH 与 MBP 的显著负相关关系表明低的 pH 会带来高的 MBP 浓度(图 4-2)。一些研究也确认微生物能产生酸性物质而降低土壤 pH，从土壤矿物中释放磷(Sharma et al.，2005；Yang and Post，2011)。

总之，降水、植被类型和 pH 是影响该研究区 MBP 浓度的主要因素。并且，在海拔 3500m 以上，温度也能明显影响 MBP 分布。相应地，我们在测定样地土壤 MBP 的同时，也对土壤中的磷形态进行了测定，以探讨它们之间的关系。

在本书中，resin-P_i 沿海拔升高呈降低趋势，但在 AM 带出现少许升高(图 4-3)。resin-P_i 是用阴离子交换树脂从土壤溶液中得到的磷组分，被看作溶液中易被微生物和植物吸收利用的磷组分(Chauhan et al.，1981)。然而，MBP 并不符合 resin-P_i 沿海拔梯度分布的格局[图 4-2(a)]。不同于 Chauhan(1981)的研究结果，我们的结果显示 MBP 与 resin-P_i 之间没有显著的相关关系。这一结果表明，在山地环境中，根际土中 resin-P_i 浓度不仅仅受 MBP 的影响，也受多种因素的影响。例如，土壤中 resin-P_i 不仅能被微生物和根系吸收消耗，也能被其他磷库补充。

在多数海拔带，根际土中 $NaHCO_3$-P_o 浓度比 $NaHCO_3$-P_i 浓度高(图 4-3)。这一结果表明大部分吸附在土壤颗粒表面的磷是有机磷。并且，回归分析表明 MBP 浓度与 $NaHCO_3$-P_o 存在正相关关系，而与 $NaHCO_3$-P_i 存在负相关关系。这表明 MBP 与 $NaHCO_3$-P_o 有较好的源或汇的关系。另外，也表明与 $NaHCO_3$-P_o 相比，$NaHCO_3$-P_i 更容易被微生物利用。一些研究也显示在添加无机磷后微生物量出现增加(Henri et al.，2008)。

沿海拔梯度，NaOH-P_o 浓度的变化比 NaOH-P_i 显著得多(图 4-3)。由此推断，根际土中 NaOH-P_o 浓度更易受环境因素影响，如土壤类型和微生物种群结构。在高度风化的土壤中，有高含量的铁、铝化合物，它们能吸附或结合磷元素形成 NaOH-P 组分；同时，土壤中一些微生物能够从这些化合物中释放有效磷。然而，这个研究区域土壤风化程度很低。

土壤母质多为新生代花岗岩和二叠纪石英片岩(Wu et al.，2011)。因此，NaOH-P 浓度潜在被微生物群落中溶磷微生物的比例控制。假如 AM 带被排除(因为 NaOH-P_i 浓度低于检测限)，MBP 与 NaOH-P_i 存在显著的线性关系(p<0.05)。Esberg(2010)研究表明，微生物生长与 NaOH-P 相关，NaOH-P 是微生物重要的磷源。NaOH-P 与 MBP 这种显著的相关关系，可能的原因为 NaOH-P 是 NaOH 提取磷中的主要部分，并且这部分磷在较长的时间尺度上也是可以被微生物利用并转化为 MBP。

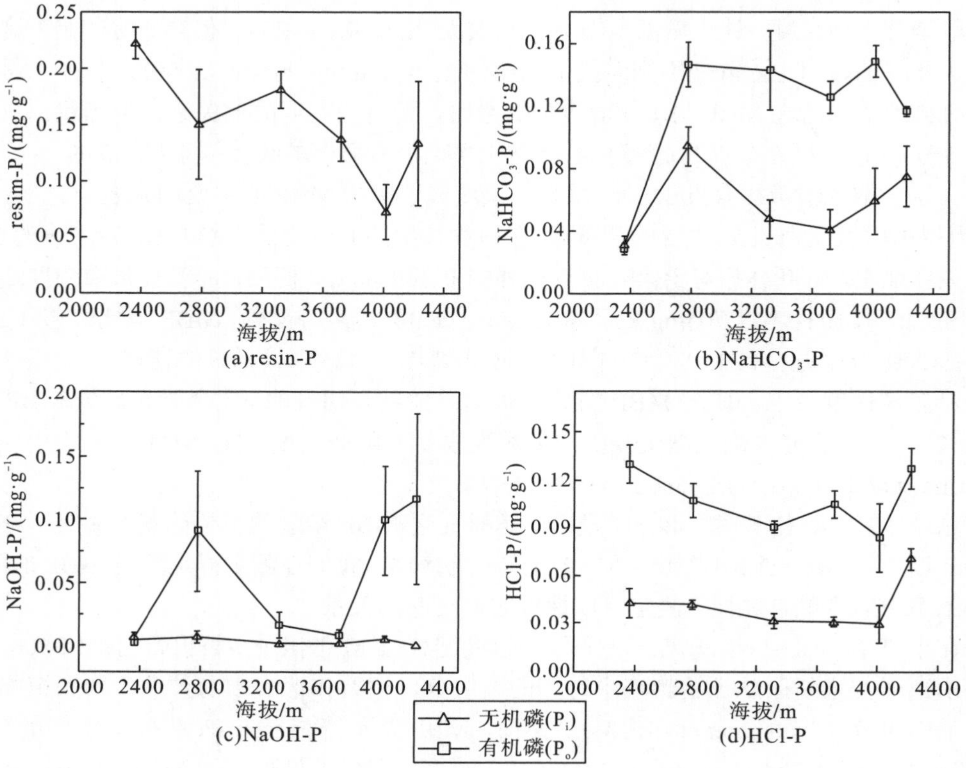

图 4-3 海拔梯度上 resin-P、NaHCO$_3$-P、NaOH-P 和 HCl-P 浓度

resin-P 为交换树脂提取态磷；NaHCO$_3$-P 为碳酸氢钠提取态磷；NaOH-P 为氢氧化钠提取态磷；HCl-P 为盐酸提取态磷

在 AM 带，尽管 NaOH-P_i 浓度在检出限以下，但 HCl-P(尤其是 HCl-P_i)浓度比其他海拔带高得多(图 4-3)。HCl-P_i 与 MBP 之间有显著的线性负相关性(p<0.05)。并且，本节的结果表明，根际土中 HCl-P_i 对于 MBP 是重要的预测变量。HCl-P_i 主要从钙磷酸盐中提取。在高风化土壤中，无机磷主要来自有机磷的降解。而在低风化土壤中，无机磷最可能从矿物磷酸盐中释放(Bowman and Cole，1978a)。在 AM 带的土壤中，铝、钙和铁(这些元素常常形成固定 P 的化合物)含量比其他海拔带上土壤中的高。因此，矿物磷酸盐(如磷灰石)是微生物潜在的主要磷源。此外，pH 与 MBP 之间显著的相关关系表明，在 AM 带微生物溶磷功能最可能在矿物磷酸盐的利用中起到重要作用。并且，在 AM 带(海拔 4223m)温度和降水量相对较低。因此，这些非生物机制造成的土壤风化速率和磷释放量低。

本书的研究结果显示，MBP 与 NaOH-P_i 和 HCl-P_i 之间都存在显著的线性关系($p<0.05$)。然而，与 resin-P_i 和 $NaHCO_3$-P_i 之间却没有这种显著相关关系。resin-P_i 和 $NaHCO_3$-P_i 是微生物和植物易于利用的有效磷组分。然而在天然生态系统中，resin-P_i 和 $NaHCO_3$-P_i 在相对短的时间内不能被其他磷库快速补充。在长时间尺度下，resin-P_i 和 $NaHCO_3$-P_i 来源于微生物过程和物理化学风化过程(Richter et al.，2006；Gyaneshwar et al.，2002)。

在研究区，有机磷是主要的土壤磷组分(平均为 TP 的 52%)，并且有机磷比无机磷有更好的移动性(Bowman and Cole，1978；Redfield，1958)。Zhou 等(2013)发现，在贡嘎山样地有机磷是主要的磷组分。这些结果表明有机磷是微生物潜在的重要磷库。此外，有机磷的比例和高的磷浓度(图 4-3)表明，这个研究区土壤风化程度相对较低(Chen et al.，2000；Ross et al.，1999)。

2. 微生物群落组成与磷形态

为更准确地评估贡嘎山海拔梯度上微生物群落组成与磷形态的关系，我们把样地布设点扩展到九个海拔点上，测定了各个样地根际土中磷形态和微生物群落结构。

基于 Hedley 等(1982)的磷形态分级提取法，其中的 resin-P_i、$NaHCO_3$-P_i 和 $NaHCO_3$-P_o 三种磷组分被认为是能被微生物和植物直接利用的生物有效磷(Araujo et al.，2004)。各个海拔带样地的数据表明，根际土中三种生物有效磷的总量变化为 62～390 $\mu g \cdot g^{-1}$。除样地 A 和 I 外，在其他所有样地中生物有效磷占根际土 TP 的 20%以上。NaOH-P_i 组分在所有样地上浓度均较低，在样地 A 和 F 处该磷组分的浓度甚至低于检测限。高海拔样地(样地 A 和 B)和低海拔样地(样地 H 和 I)处根际土 HCl-P_i 组分的含量比中海拔样地(样地 C、D、E、F 和 G)处高。HCl-P_o 组分在样地 H 处出现最高值(104.9 $\mu g \cdot g^{-1}$)，在其他样地该磷组分的含量在 50～80 $\mu g \cdot g^{-1}$ 变化。在所研究的大多数样地中，Res-P 组分占 TP 的比例最大，含量在 500～700 $\mu g \cdot g^{-1}$ 变化。对于所有样地来讲，盐酸提取态磷组分(稀盐酸和浓盐酸提取态磷)和 Res-P 占根际土 TP 的 64%～83%。在所研究的土壤中，resin-P_i 含量随土壤 pH 的降低而升高($p < 0.01$)，而 $NaHCO_3$-P_i 含量随土壤中 Ca 含量的增加而降低。NaOH-P_o 含量与根际土中 Al、Fe 含量有显著的正相关关系($p < 0.01$)。我们也发现根际土中 HCl-P_i 与 pH 的相关关系($p < 0.01$)。此外，HCl-P_i 与 Ca 之间也有显著的相关关系($p < 0.01$)。

冗余分析(redundancy analysis，RDA)基于微生物特征 PLFA 相对丰度和环境变量数据进行(图 4-4)，以识别在天然山地环境中影响微生物群落组成的主要环境因素。RDA 分析的第一轴对微生物 PLFA 相对丰度变异的解释是显著的(p=0.002)，RDA 分析的前四轴一起对变异解释也是显著的(p=0.002)。典型特征根值的总量为 60.9%。在前两轴下，拟合的 PLFA 数据变异的 39.5%被解释。对于第一轴到第四轴，PLFA 与环境变量变异的累积百分比分别为 49.7%、64.8%、73.0%和 79.7%。这些变异可以被环境变量解释，第一轴强烈相关于磷组分 HCl-P_i、resin-P_i、$NaHCO_3$-P_i、TN 和土壤湿度，第二轴强烈相关于磷组分 $NaHCO_3$-P_o 和土壤 pH，第三轴相关于磷组分 NaOH-P_o，第四轴相关于 TP 和土壤有机质含量。

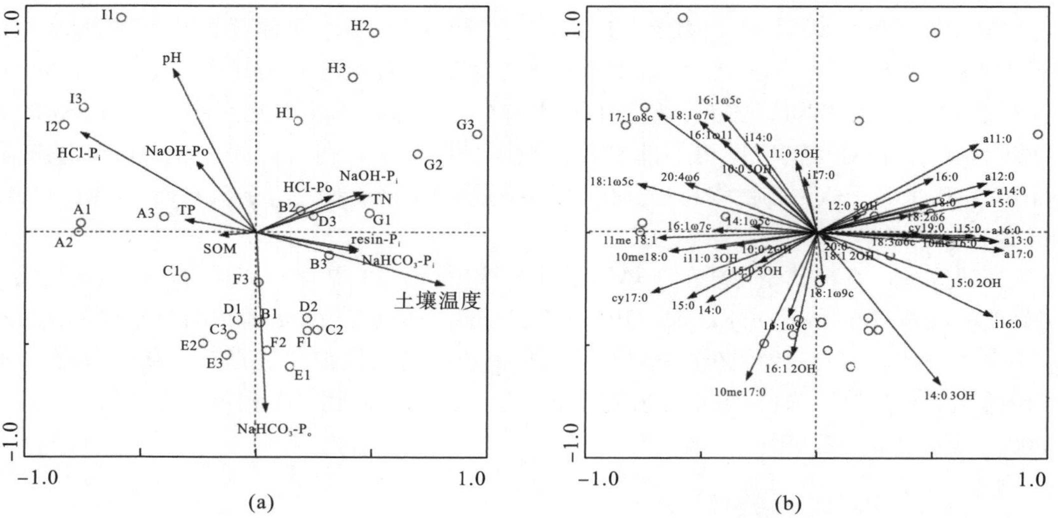

图 4-4　27 个土壤样下 44 种 PLFA 和 12 种环境变量的冗余分析(RDA)结果

(a)图中小圆圈旁边的字母和数字为样地编号，(b)图中小圆圈和(a)图中意义一样；(a)图中箭头代表环境梯度，(b)图中箭头代表 PLFA

磷组分 $NaHCO_3$-P_o 和土壤湿度在高山暗针叶林样地(样地 D、E、F)的排列方向上增加，而磷组分 HCl-P_i、NaOH-P_o 和土壤 pH 沿高山草甸样地(样地 A)排列方向增加(图 4-4)。TN、NaOH-P_i 和 HCl-P_o 在阔叶林样地(样地 G、H)排列的大致方向上增加。此外，RDA 分析结果显示，$NaHCO_3$-P_o、HCl-P_i、pH 和土壤湿度是影响研究区所有样地排布的主要因素。一些 PLFA 的相对丰度[图 4-4(b)]高度相关于土壤湿度，resin-P_i 和 $NaHCO_3$-P_i(PLFA：i16:0，18:3ω6c，10me16:0，a13:0，i15:0，a17:0，a16:0，15:0 2OH，cy19:0)，TN，NaOH-P_i 和 HCl-P_o(PLFA：a11:0，16:0，a12:0，18:2ω6，a15:0，a14:0，18:0)，pH，HCl-P_i 和 NaOH-P_o(PLFA：i17:0，11:0 3OH，i14:0，16:1ω11，10:0 3OH，16:1ω5c，17:1ω8c，18:1ω7c，20:4ω6，18:1ω5c)和 $NaHCO_3$-P_o(PLFA：10me17:0，16:1ω9c，16:1 2OH，14:0 3OH 18:1ω9c)。

关于 PLFA 相对丰度的排布格局有一般规律出现[图 4-4(b)]。在直链饱和 PLFA 中，长链 PLFA(如 16:0，18:0 和 20:0)排布在轴 1 的正方向上，而短链 PLFA(14:0，15:0)在轴 1 的负端。大多数单不饱和 PLFA 也在轴 1 的负端。在末端支链 PLFA 中，反异构支链 PLFA(a11:0，a12:0，a13:0，a14:0，a15:0，a16:0 和 a17:0)位于轴 1 的正向端，而正异构支链 PLFA(i14:0 和 i17:0)位于轴 1 的负向端。

被选作生物标记物的各个 PLFA 随磷组分的变化而变化。为了进一步探索特征 PLFA 与土壤磷组分的关系，我们进行了相关分析(表 4-1)。细菌和真菌 PLFA 的相对丰度显著相关于磷组分 $NaHCO_3$-P_o($p<0.05$)。放线菌、革兰氏阳性菌和革兰氏阴性菌 PLFA 相对丰度都高度相关于磷组分 resin-P_i($p < 0.05$)。有趣的是，革兰氏阳性菌 PLFA 相对丰度与磷组分 resin-P_i、HCl-P_o 成正相关关系，而革兰氏阴性菌却与这些磷组分成负相关关系。磷组分 NaOH-P_o 与放线菌、革兰氏阳性菌 PLFA 的相对丰度之间的相关关系都到达显著水平($p<0.05$)。磷组分 HCl-P_i 与一些特征 PLFA(细菌、放线菌、丛枝菌和革兰氏阳性菌)的

关系非常紧密。并且，磷组分 HCl-P_o 与真菌、放线菌、革兰氏阳性菌、革兰氏阴性菌 PLFA 相对丰度的相关性也较高(p<0.05)。

相比于温度、纬度和地理距离，尤其在大空间尺度上，做一个单一的环境变量，土壤 pH 对土壤微生物群落的组成和多样性有更显著的影响(Fierer and Jackson，2006)。微生物依赖于土壤营养元素生长繁殖，而不是单单依靠于决定 pH 的氢离子。尽管 pH 影响生物细胞膜活性，但在很大程度上，土壤 pH 对微生物群落的影响也是由于土壤 pH 对土壤营养可利用性的影响。例如，土壤 pH 被发现与土壤磷和氮元素有紧密的相关关系(Pietri and Brookes，2008；Zhou et al.，2013)。在本节中，我们的结果指出，土壤磷组分的一些组分对土壤微生物群落有显著的影响。表 4-1 显示，一些微生物特征 PLFA 与各种磷组分在统计学意义上有显著的相关性。此外，RDA 分析结果中那些长箭头也确认一些磷组分(如 $NaHCO_3$-P_o 和 HCl-P_i)像土壤 pH 一样在本研究区对海拔带谱上微生物 PLFA 相对丰度的分布产生影响(图 4-4)。我们也发现，细菌 PLFA 和真菌 PLFA 的相对丰度与磷组分 $NaHCO_3$-P_o 都有显著的相关性(R>0.4，p<0.05)。这个结果与 DeForest 和 Scott(2010)的结果相一致，他们的研究也表明 $NaHCO_3$-P_o 磷组分对微生物的群落组成有强烈的影响。$NaHCO_3$-P_o 磷组分一般被认为是生物有效磷，它在土壤中主要是吸附在土壤颗粒和有机质上(Bolan，1991)。也有研究发现，$NaHCO_3$-P_o 磷组分与微生物的生长有密切的相关性(Esberg et al.，2010)。

此外，我们还发现 $NaHCO_3$-P_o 磷组分与酸性磷酸酶之间有显著的正相关关系(R=0.45，p=0.02)。这一结果与 DeForest 和 Scott(2010)的结果相一致。类似的关系在本节中并没有在酸性磷酸酶和其他磷组分之间观测到。相比于无机磷，有机磷更能影响酸性磷酸酶的活性。这是因为有机磷在酸性磷酸酶水解出无机磷的过程中是作为反应物存在的(DeForest and Scott，2010)。尽管高的 ACP 可以被植物根系产生，但土壤中 ACP 的增加也能反映微生物群落组成的状况(DeForest and Scott，2010)。因此，本书的研究结果暗示 ACP 很可能是联系微生物群落与有机磷之间的重要因素。

在某种程度上，土壤中出现的 $NaHCO_3$-P_o 形态应该归因于土壤微生物。从死的微生物体中释放的磷能转化为 $NaHCO_3$-P_o。例如，灭菌后的土壤中可溶态磷、磷酸单酯和双酯比对照土壤要高得多(Anderson and Magdoff，2005)。并且，Louche 等 (2010)报道土壤灭菌处理能提高 $NaHCO_3$-P_o 50%以上的量。这一结果归因于死的微生物。在我们的研究样地，微生物死亡是经常发生的事情，因为土壤微生物总是处在生长繁殖与死亡的动态平衡中。在一个大的微生物群落中，必然会有数量庞大的微生物死亡，从而释放出数量可观的有效态 P。这些被死亡微生物体释放出来的磷也会以可观的数量转化为 $NaHCO_3$-P。此外，对微生物生长繁殖供应的磷也很可能来源于有效磷组分 resin-P_i 和 $NaHCO_3$-P_i，并且在我们研究样地中有相对大量的这类磷组分。这能解释为什么细菌和真菌 PLFA 与 $NaHCO_3$-P_o 磷组分有正相关关系(R>0.4，p<0.05)。然而，$NaHCO_3$-P_o 磷组分也是高反应活性和易于矿化为无机磷的磷组分，它能被微生物较快地吸收利用。此外，一小部分有机磷也可以被直接吸收利用(Tarafdar and Claassen，1988)。这些过程都能降低 $NaHCO_3$-P_o 的浓度。大数量的 $NaHCO_3$-P_o 能维持对大微生物群落的磷供应。我们的结果也显示除了 $NaHCO_3$-P_o 与细菌、真菌 PLFA 有正相关关系外，与放线菌和丛枝菌根真菌 PLFA 也有正相关性。

此外，本书的研究结果也表明溶磷微生物在贡嘎山磷地球化学循环过程中起的作用。

在几乎所有土壤中，磷溶微生物都能被发现，它们能从含磷岩石（如磷灰石）中释放出有效磷（Kucey et al.，1989）。在所研究的样地带上，土壤母质的主要成分大多来源于新生代花岗岩和二叠纪石英片岩的风化，而不是碳酸盐岩（Wu et al.，2011）。并且，在我们结果中发现，土壤中 NaOH-P 含量很低并且有高含量的原生矿物，这表明在本研究区域土壤风化程度低，HCl-P_i 磷组分主要来源于原生矿物（如磷灰石）。因此，结果中 HCl-P_i 与细菌 PLFA 相对丰度之间的负相关关系（p<0.01）表明微生物的溶磷功能是研究区山地生态系统土壤磷库调节的重要力量，尤其是有效磷库。

本节研究结果也显示丛枝菌根真菌 PLFA 相对丰度随 HCl-P_i 磷组分含量增加而增加。可能的解释是丛枝菌根真菌的菌丝体能降低细菌的活性（也包括溶磷微生物的活性）（Olsson and Wallander，1998），从而导致对 HCl-P_i 磷组分溶解能力下降。并且，众所周知当土壤中有效磷浓度低时能促进丛枝菌根真菌的生长和提高侵染率（Shukla et al.，2012；Covacevich et al.，2007）。从枝菌根真菌的这一特性表明，在低风化土壤中有效磷与 HCl-P_i 之间存在着负相关关系。的确，本节研究数据集也表明，有效磷组分（resin-P_i + $NaHCO_3$-P_i + $NaHCO_3$-P_o）与 HCl-P_i 组分之间呈显著的负相关关系（p<0.02）。

本节研究的数据论证丛枝菌根真菌与放线菌之间有高度的相关关系（R=0.6，p<0.001）。两种微生物类群与各种磷组分的相关性非常相似。这种相似性可以暗示丛枝菌根真菌与放线菌之间有某种依赖关系。相比之下，革兰氏阳性菌与革兰氏阴性菌对各种磷组分的响应明显不同。基于革兰氏阳性菌与革兰氏阴性菌之间的比例变化，可以作为微生物群落受到环境胁迫的指标（Kaur et al.，2005）。此外，一些其他的 PLFA 之间的比例（如 cy∶pre，iso∶anteiso 和 sat∶monounsat）也能反映环境对微生物群落的胁迫（Bossio and Scow，1998；Kieft et al.，1997），并且，我们的结果发现这些 PLFA 比例与各种磷组分存在明显的相关性，但我们目前的数据并不能很好地解释产生这些关系的本质原因。根据相关系数，我们推断 $NaHCO_3$-P_o 磷组分能增加根际土中微生物群落里细菌和真菌的比例。高浓度的 resin-P_i 磷组分能增加革兰氏阳性菌比例和降低革兰氏阴性菌和放线菌比例。高浓度的 HCl-P_i 能增加放线菌和丛枝菌根真菌的比例和降低细菌和革兰氏阳性菌的比例。

3. 碳氮对垂直带谱微生物溶磷作用的影响

磷是生态系统演化过程中必不可少的大量元素，微生物的溶磷功能在磷的地球化学循环中起着重要作用。从岩石风化过程中释放的磷是控制土壤碳周转的一个主要因素（Hamdan et al.，2012）。在土壤中，生物有效磷的耗竭会降低植物生长速率、限制土地的初级生产力和阻碍生态系统的发展演化（Vitousek et al.，2010）。在陆地生态系统中，生物量磷主要来源于岩石中磷的风化释放（Walker and Syers，1976）。作为一典型的陆地生态系统，贡嘎山高山生态系统因为坡度较大、土壤风化程度低以及土层浅薄，使得磷的来源非常依赖于岩石磷的风化释放（Wu et al.，2013）。然而，土壤微生物对岩石磷的风化释放能维持土壤中生物有效磷水平（Richardson，2011）。因此，土壤微生物群落的溶磷功能对高山生态系统生物有效磷供应能力的维持起到至关重要的作用。

对于土壤微生物群落溶磷功能，溶磷微生物（PSM）是一个关键组成部分，其溶磷能力受到广泛关注。在许多研究中，多种具有溶磷作用的微生物种被发现，研究它们的高效溶磷能力以改善土壤磷的生物有效性和持续供应。在 Chen 等(2006)的研究中，来自台湾中部的 36 株溶磷微生物被分离、筛选和确定其特性。他们第一次报道了 4 种菌株(i.e. *Arthrobacter ureafaciens*，*Phyllobacterium myrsinacearum*，*Rhodococcus erythropolis* 和 *Delftia sp.*)具有在培养基上分泌有机酸溶解相当数量磷酸三钙的能力。并且，Ndung' u-Magiroi 等(2012)对13个Kenyan土壤中的溶磷微生物着重进行了识别和测定,发现就溶磷效率来看,分离菌株总数中仅 5%是高效的。他们相信高效溶磷微生物的培育对改善土壤磷营养是必需的。尽管在溶磷微生物分离识别和单一菌株溶磷能力评估方面已有了令人鼓舞的进展,但很少有研究关注微生物群落(包含溶磷微生物和非溶磷微生物)的溶磷功能。

在谈及微生物的溶磷功能时，必须考虑碳、氮条件，碳和氮被看作影响微生物溶磷效率的关键因素。作为自然界的生物类群，溶磷微生物需要碳源和氮源生成新的细胞物质和合成代谢产物(Moat and Foster，1988)。低浓度的碳、氮能限制这些异养微生物的生长和影响微生物种群结构和功能(Alden et al.，2001；Bossio and Scow，1995)。并且，含碳氮化合物的种类对溶磷微生物溶磷效率的影响是显著的。Banik(1983)研究显示，在所测试的四种碳源中葡萄糖能在短期实验中使微生物产生最高溶磷效率，而蔗糖在长期实验中对溶磷效率的提高最佳。Kim 等(1998)结果也显示溶磷微生物能很容易地利用葡萄糖来增加微生物量，但他们发现 PA(植酸十二碳钠盐)处理和 GP(2-甘油磷酸二钠)处理的磷浓度更大。在另一个研究中，研究者观测到葡萄糖、蔗糖和果糖都能使溶磷微生物溶磷性能最大化，并且硫酸铵是所实验微生物最好的氮源(Vora and Shelat，1998)。另外，一个对 10 种黑曲霉进行无机磷溶解的研究显示，就溶磷性能而言，黑曲霉更偏好于甘露醇，并且硝态氮对溶解无机磷非常有效(Seshadri et al.，2004)。相比于碳氮种类，我们对碳氮化学计量关系对微生物的溶磷效率的关系的了解非常有限，尽管这种计量关系影响着微生物群落结构和生物量(Waring et al.，2013；Cleveland and Liptzin，2007)。

土壤碳氮化学计量关系是生态系统功能的主要驱动因素(Wei et al.，2013)。就土壤碳氮含量而言，高山和极地区域通常被认为是对全球变化和人为活动的敏感区域。氮沉降加剧和大气二氧化碳量升高会导致土壤中碳氮化学计量关系的变化(Yang et al.，2011)。此外，高山和极地区域土壤枯落物的分解速率低，能造成土壤碳氮的积累，所以这些高寒区域对碳氮的封存起着关键的作用(Jiang et al.，2013)。全球变暖能通过增强土壤微生物的活性导致土壤中碳的释放，然而，全球变暖也能增强高山植被同化二氧化碳的速率驱动碳输入到土壤中(Budge et al.，2011；Bardgett et al.，2008)。因此，全球变暖会导致土壤碳储量变化(增加或减少)(Reth et al.，2009)。随着人类社会工业化的快速发展，在过去的几十年间全球范围内大气氮沉降急剧增加(Jia et al.，2014)。氮沉降能扰乱生态系统的元素内稳性，影响生态过程。氮的富集会改变土壤微生物群落结构和功能，增加土壤碳的矿化和加重一些生态系统生物磷的限制(Wei et al.，2013；Currey et al.，2010；Turner et al.，2003)。以上提及的效应意味着全球变化和人类活动能通过影响碳氮化学计量平衡来改变生态过程。作为对环境变化敏感的生态系统，高山生态系统的许多过程已经被广泛地研究。然而，很少有研究对高山生态系统中土壤微生物群落的溶磷功能进行报道，尽管溶磷过程是磷生物地球化学循环的重要生态过程。因此，我们调查研究碳氮对高山土壤中微生物群落溶磷功能的影响。

贡嘎山从海拔 2000～4300 m 依次跨越了阔叶林带(BLF)、针阔混交林带(BLF-SDC)、暗针叶林带(SDC)、林线(TL，森林盖度<10%)、高山灌草带(ASG)、高山草甸带(AM)。在这些植被带根际土中，微生物 C∶P 值在 4.8～13.5，微生物 N∶P 值在 0.5～2.3(图 4-5)。微生物 C∶P 最低值出现在 ASG 带(图 4-5)，它与 TL 带和 SDC 带的微生物 C∶P 值显著不同(p<0.05)。微生物 C∶P 最大值出现在 TL 带，它与 ASG 带和 BLF-SDC 带显著不同(p<0.05)。此外，在 BLF 带和 AM 带的微生物 C∶P 值与其他植被带没有显著的差异(p>0.05)。微生物 N∶P 值在 ASG 带出现最低值(0.5)，并且其与两个与其相邻的植被带(TL 和 AM)有显著差异(p<0.05)。在 AM 带微生物 N∶P 值要比其他植被带的大得多(p<0.05)。

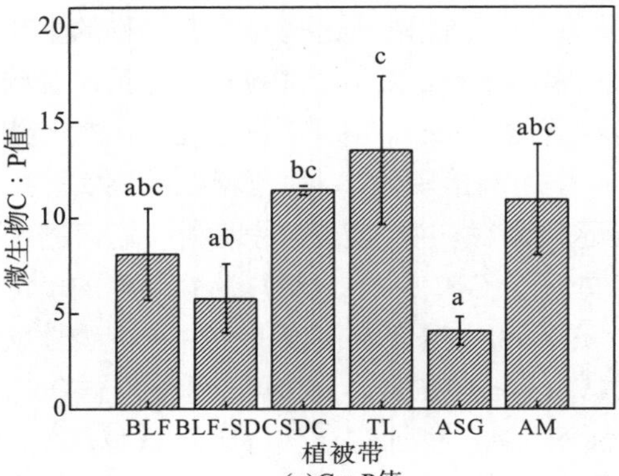

(a)C∶P值

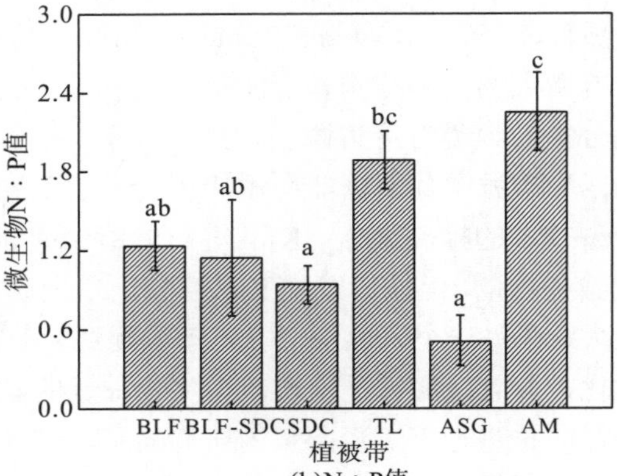

(b)N∶P值

图 4-5 在海拔梯度上微生物 C∶P 值和 N∶P 值

Redfield(1958)报道在海洋浮游生物中存在一个特征原子比(均值为 C∶N∶P=106∶16∶1，被称为“redfield ratio”)。尽管土壤环境和水环境不同，但 Cleveland 和 Liptzin(2007)基于大量的文献综述，相信在土壤微生物中也存在一个相对恒定的元素比。在我们的研究中微生物 C∶P 值和 N∶P 值结果支持 Cleveland 和 Liptzin(2007)的结论，他们指出全球平均状态下微生物量中 C∶N∶P 值为 60∶7∶1(原子数比)，即转化为质量比值为 7.579∶1.032∶1(P 基于磷酸根离子质量转化)。在本节中，微生物 C∶N∶P 质量比平均值为 8.952∶1.329∶1，与 Cleveland 和 Liptzin(2007)提出的比例并没有显著的不同(表 4-2)。并且，海拔梯度并没有显著影响微生物 C∶P 值和 N∶P 值(图 4-5)。统计各海拔带，微生物 C∶P 值为 4.8～13.5，微生物 N∶P 值为 0.5～2.3(图 4-5)。

表 4-2 微生物碳氮磷比率与参考比率之间的显著性 T 检验

比率	参考比率	微生物量统计					
		最小值	平均值	最大值	n	t	p
C∶P	7.579	5.766	8.952	13.496	6	0.932	>0.05
N∶P	1.032	0.515	1.329	2.525	6	1.592	>0.05
C∶N∶P	7.579∶1.032∶1		8.952∶1.329∶1				

注：参考比率是参考于 Cleveland 和 Liptzin(2007)提出的比率；n、t、p 分别为样本数、t 统计值和显著水平。

在不同环境下，微生物元素比可能波动。例如，不同的植被带有不同的元素比。微生物通过同化植被枯落物营养元素可以在某种程度上继承植被元素比(Feng et al.，2007；Paul and Clark，1996)。并且，我们的结果显示在海拔 3500m 以上(TL 带、ASG 带和 AM 带)微生物元素比波动较大，而在海拔 3500m 以下(BLF 带、BLF-SDC 带和 SDC 带)波动较小(图 4-5)。海拔带上植被类型的变异潜在地解释了这种不同性。气候在微生物种群发展和组成上也有重要作用(Sun et al.，2007；Reiners，1986)。因此，在一个微生物种群内土壤微生物元素比能随微生物种类比率(如细菌与真菌之比)变化而变化(Agbenin and Goladi，1998)。

此外，我们从贡嘎山东坡 3 个高山带上分别采集根际土壤样品，这三个高山带被编号为高海拔带(HE，4200 m)、中海拔带(ME，3600 m)和低海拔带(LE，3000 m)，以这些土样中微生物群落为研究对象，探求在实验控制条件下碳氮添加对其溶磷能力的影响。

本书进行了 3 × 6 振荡培养试验，每个处理设置了 6 个重复，包括 3 个接种处理(HE 接种、ME 接种和 LE 接种)，6 个碳氮添加处理，共计 108 个培养瓶。碳氮添加的 6 个处理通过改变 100 mL PVK 液体培养基中葡萄糖和硫酸铵含量来实现。在无菌条件下，用移液枪吸取 0.5 mL 接种剂注入每个处理的培养瓶中。所有培养瓶在振荡式培养箱中 25℃、140rpm 条件下培养 14 天。

当 C∶N 由碳添加量主导时(氮添加量被设定为恒定值)，C∶N 对溶磷微生物(PSM)群落有如下效应(表 4-3)：PSM 群落的溶磷能力随 C∶N 的增大而增强。在高 C∶N(=137)条件下，HE 接种的培养液有最大的总溶磷量，它是中 C∶N(=34)和低 C∶N(=6.2)条件下总溶磷量的两倍以上。在 HE 接种的培养液中，PO_4^{3-} 浓度、真菌和细菌 PLFA 浓度(表 4-4)随 C∶N 的变大而显著升高，相应的 pH 也更低。尽管 LE 接种的培养液对 C∶N 变化的响应不如 HE 培养液强烈，但它们的各培养指标的变化趋势非常相似(表 4-3)。相比之下，ME 培养液对 C∶N 变化的响应较为迟钝，尤其在中 C∶N(=34)和高 C∶N(=137)的响应对比中。

表 4-3　当培养液中 N = 10.6 mg 时 C∶N 对三种 PSM 群落溶磷能力的效应

处理	总溶磷量/mg			PO_4^{3-} 浓度/(mg·L^{-1})			pH		
	HE	ME	LE	HE	ME	LE	HE	ME	LE
1	25.67±2.62a	18.32±2.35a	16.98±2.34a	50.21±5.31a	112.16±6.09a	77.35±5.62a	5.81±0.12c	5.29±0.11b	5.99±0.21c
2	28.17±2.31a	24.81±2.53a	31.19±2.62b	165.91±6.55b	175.04±5.97b	109.85±6.72b	5.02±0.07b	4.82±0.09a	5.19±0.16b
3	62.52±3.62b	25.85±2.28a	44.58±3.48c	341.52±6.04c	165.96±5.48b	161.28±6.20c	4.17±0.09a	4.83±0.09a	4.60±0.14a

注：HE、ME 和 LE 分别表示高海拔菌群、中海拔菌群和低海拔菌群。以上 3 个处理氮添加量都为 10.6mg，其中，处理 1：C∶N=6.2；处理 2：C∶N=34；处理 3：C∶N=137。表中数据形式为：平均值±标准误差。

表 4-4　培养液中 N = 10.6 mg 时 C∶N 对 PSM 群落结构的效应

处理	真菌 PLFA 浓度/(ng·μL^{-1})			细菌 PLFA 浓度/(ng·μL^{-1})		
	HE	ME	LE	HE	ME	LE
1	1.88±0.16a	1.20±0.16a	9.98±0.16a	4.74±0.32a	2.58±0.26a	4.85±0.25a
2	5.93±0.15b	1.57±0.18a	13.81±0.26b	16.26±0.47b	5.78±0.40b	16.17±0.49b
3	14.06±0.29c	2.22±0.16b	20.86±0.26c	21.12±0.55c	5.91±0.26b	26.05±0.46c

注：HE、ME 和 LE 分别表示高海拔菌群、中海拔菌群和低海拔菌群。以上 3 个处理氮添加量都为 10.6mg，其中，处理 1：C∶N=6.2；处理 2：C∶N=34；处理 3：C∶N=137。表中数据形式为：平均值±标准误差。

当 C∶N 变化被设置为由氮添加量主导时(表 4-5)，对比上述 C∶N 变化条件，C∶N 对溶磷微生物群落效应明显不同。HE 接种的培养液在低 C∶N(等于 6.2)条件下，总溶磷量和 PO_4^{3-} 浓度出现最大值，并且远远大于中 C∶N(等于 34)和高 C∶N(等于 137)时的总溶磷量和 PO_4^{3-} 浓度。虽然 HE 接种的培养液在中 C∶N(等于 34)时总溶磷量和 PO_4^{3-} 浓度值最低，但真菌和细菌 PLFA 浓度在这一 C∶N 下出现最高值(表 4-6)。就总溶磷量和 PO_4^{3-} 浓度而言，ME 和 LE 接种的培养液对 C∶N 的响应趋势相似，几乎达到显著水平。在 ME 和 LE 培养液中，PO_4^{3-} 浓度随 C∶N 的增大而减小。在 LE 培养液中，中 C∶N 条件下真菌 PLFA 出现最低值而细菌 PLFA 出现最高值。在 ME 培养液中，在三种 C∶N 条件下真菌 PLFA 没有显著的差别，但细菌 PLFA 浓度在低 C∶N 下比在中 C∶N 下有更高的值(表 4-6)。

表 4-5　当培养液中 C = 364 mg 时 C∶N 对三种 PSM 群落溶磷能力的效应

处理	总溶磷量/mg			PO_4^{3-} 浓度/(mg·L^{-1})			pH		
	HE	ME	LE	HE	ME	LE	HE	ME	LE
5	32.97±2.63a	21.9±3.19a	17.11±2.29a	204.79±6.10b	118.83±5.63a	97.36±5.99a	4.74±0.06a	5.04±0.08a	5.28±0.25a
2	28.17±2.31a	24.81±2.53a	31.19±2.62b	165.91±6.55a	175.04±5.97b	109.85±6.72a	5.02±0.07b	4.82±0.09a	5.19±0.16a
4	56.22±3.07b	25.24±2.15a	31.45±2.40b	370.75±6.16c	202.71±6.03c	149.03±5.46b	4.63±0.05a	5.05±0.09a	5.38±0.18a

注：HE、ME 和 LE 分别表示高海拔菌群、中海拔菌群和低海拔菌群。以上 3 个处理碳添加量都为 364mg，其中，处理 5：C∶N=137；处理 2：C∶N=34；处理 4：C∶N=6.2。表中数据形式为：平均值±标准误差。

表 4-6　当培养液中 C = 364 mg 时 C∶N 对 PSM 群落结构的效应

处理	真菌 PLFA 浓度/(ng·μL^{-1})			细菌 PLFA 浓度/(ng·μL^{-1})		
	HE	ME	LE	HE	ME	LE
5	3.93±0.20b	1.95±0.15a	31.06±0.24c	6.37±0.41a	5.70±0.31a	9.65±0.42a
2	5.93±0.15c	1.57±0.18a	13.81±0.26a	16.26±0.47b	5.78±0.40a	16.17±0.49b
4	1.54±0.16a	2.12±0.15a	27.32±0.24b	7.39±0.28a	9.32±0.40b	8.54±0.25a

注：HE、ME 和 LE 分别表示高海拔菌群、中海拔菌群和低海拔菌群。以上 3 个处理碳添加量都为 364mg，其中，处理 5：C∶N=137；处理 2：C∶N=34；处理 4：C∶N=6.2。表中数据形式为：平均值±标准误差。

4. 碳、氮水平对溶磷微生物群落的效应

在低 C∶N(等于 6.2)条件下，相比于低碳氮水平处理，高碳氮水平处理下各个溶磷微生物群落培养液都出现较高的总溶磷量和 PO_4^{3-} 浓度(表 4-7)。特别，在这个碳氮比的高碳氮水平处理下，HE 培养液具有三种培养液中最高的总溶磷量和 PO_4^{3-} 浓度。三种溶磷微生物群落接种的培养液在高碳氮水平下都有较高的细菌 PLFA 浓度(表 4-8)。ME 和 LE 培养液中真菌 PLFA 在高碳氮水平下显著增加而 HE 培养液中真菌 PLFA 出现减少。

表 4-7　当培养液中 C∶N = 6.2 时 C∶N 对三种 PSM 群落溶磷能力的效应

处理	总溶磷量/mg			PO_4^{3-} 浓度/(mg·L^{-1})			pH		
	HE	ME	LE	HE	ME	LE	HE	ME	LE
1	25.67±2.62a	18.32±2.35a	16.98±2.34a	50.21±5.31a	112.16±6.09a	77.35±5.62a	5.81±0.12b	5.29±0.11a	5.99±0.21b
4	56.22±3.07b	25.24±2.15a	31.45±2.40b	370.75±6.16b	202.71±6.03b	149.03±5.46b	4.63±0.05a	5.05±0.09a	5.38±0.18a

注：HE、ME 和 LE 分别表示高海拔菌群、中海拔菌群和低海拔菌群。以上 2 个处理的 C∶N=6.2，其中，处理 1：低碳氮水平，C 添加量为 65.6mg，N 添加量为 10.6mg；处理 4：高碳氮水平，C 添加量为 364mg，N 添加量为 58.8mg。表中数据形式为：平均值±标准误差。

表 4-8　当培养液中 C∶N = 6.2 时，碳氮水平对 PSM 群落结构的影响

处理	真菌 PLFA 浓度/(ng·μL^{-1})			细菌 PLFA 浓度/(ng·μL^{-1})		
	HE	ME	LE	HE	ME	LE
1	1.89±0.16a	1.20±0.16a	9.98±0.16a	4.74±0.32a	2.58±0.26a	4.85±0.25a
4	1.54±0.16a	2.12±0.15b	27.32±0.24b	7.39±0.28b	9.32±0.40b	8.54±0.25b

注：HE、ME 和 LE 分别表示高海拔菌群、中海拔菌群和低海拔菌群。以上 2 个处理的 C∶N=6.2，其中，处理 1：低碳氮水平，C 添加量为 65.6mg，N 添加量为 10.6mg；处理 4：高碳氮水平，C 添加量为 364mg，N 添加量为 58.8mg。表中数据形式为：平均值±标准误差。

相比之下，在中 C∶N(等于 34)条件下，碳氮水平对 HE、ME 和 LE 培养液的效应不同。尽管 HE 培养液仍然在高碳氮水平下有较高的总溶磷量和 PO_4^{3-} 浓度，但 ME 培养液在高碳氮水平和低碳氮水平条件下有相似的总溶磷量和 PO_4^{3-} 浓度(表 4-9)。对于 LE 培养液，高碳氮水平和低碳氮水平条件下总溶磷量没有显著的不同，但 PO_4^{3-} 浓度在高碳氮水平条件下更高。在 HE 培养液中，细菌 PLFA、真菌 PLFA 浓度在高和低碳氮水平下没有显著的不同(表 4-10)。在高碳氮水平下，ME 培养液有更高真菌 PLFA，细菌 PLFA 在高和低碳氮水平下的 ME 培养液中没有明显的差异。对于 LE 培养液，在高碳氮水平下真菌 PLFA 更高而细菌 PLFA 更低(表 4-10)。

表 4-9　当培养液中 C∶N = 34 时，碳氮水平对 PSM 群落溶磷能力的影响

处理	总溶磷量/mg			PO_4^{3-} 浓度/(mg·L^{-1})			pH		
	HE	ME	LE	HE	ME	LE	HE	ME	LE
2	28.17±2.31a	24.81±2.53a	31.19±2.62a	165.91±6.55a	175.04±5.97a	109.85±6.72a	5.02±0.07b	4.82±0.09a	5.19±0.16a
6	51.42±2.24b	21.81±2.31a	28.84±2.37a	411.99±5.91b	150.45±5.20a	199.53±5.97b	4.54±0.04a	5.01±0.05a	5.09±0.12a

注：HE、ME 和 LE 分别表示高海拔菌群、中海拔菌群和低海拔菌群。以上 2 个处理的 C∶N=34，其中，处理 2：低碳氮水平，C 添加量为 364mg，N 添加量为 10.6mg；处理 6：高碳氮水平，C 添加量为 1455mg，N 添加量为 42.5mg。表中数据形式为：平均值±标准误差。

表 4-10 当培养液中 C∶N = 34 时，碳氮水平对 PSM 群落结构的影响

处理	真菌 PLFA 浓度/($ng\cdot\mu L^{-1}$)			细菌 PLFA 浓度/($ng\cdot\mu L^{-1}$)		
	HE	ME	LE	HE	ME	LE
2	5.93±0.15a	1.57±0.18a	13.81±0.26a	16.26±0.47a	5.78±0.40a	16.17±0.49b
6	6.25±0.24a	2.75±0.19b	25.52±0.28b	15.9±0.25a	6.19±0.30a	6.40±0.27a

注：HE、ME 和 LE 分别表示高海拔菌群、中海拔菌群和低海拔菌群。以上 2 个处理的 C∶N=34，其中，处理 2：低碳氮水平，C 添加量为 364mg，N 添加量为 10.6mg；处理 6：高碳氮水平，C 添加量为 1455mg，N 添加量为 42.5mg。表中数据形式为：平均值±标准误差。

当 C∶N 被设置为 137 时，碳氮水平对三种接种体培养液的效应如下：在 HE 和 LE 培养液中，总溶磷量、PO_4^{3-} 浓度、真菌 PLFA 和细菌 PLFA 在高碳氮水平条件下显著增加($p < 0.05$)(表 4-11，表 4-12)。在 ME 培养液中，高碳氮水平下的真菌 PLFA 和 PO_4^{3-} 浓度比低碳氮水平下的高。然而，ME 培养液中高和低碳氮水平条件下总溶磷量和细菌 PLFA 没有显著的差异。

表 4-11 当培养液中 C∶N= 137 时，碳氮水平对 PSM 群落溶磷能力的影响

处理	总溶磷量/mg			PO_4^{3-} 浓度/($mg\cdot L^{-1}$)			pH		
	HE	ME	LE	HE	ME	LE	HE	ME	LE
5	32.97±2.63a	21.90±3.19a	17.11±2.29a	204.79±6.10a	118.83±5.63a	97.36±5.99a	4.74±0.06b	5.04±0.08a	5.28±0.25b
3	62.52±3.62b	25.85±2.28a	44.58±3.48b	341.52±6.04b	165.96±5.48b	161.28±6.20b	4.17±0.09a	4.83±0.09a	4.60±0.14a

注：HE、ME 和 LE 分别表示高海拔菌群、中海拔菌群和低海拔菌群。以上 2 个处理的 C∶N=137，其中，处理 5：低碳氮水平，C 添加量为 364mg，N 添加量为 2.65mg；处理 3：高碳氮水平，C 添加量为 1455mg，N 添加量为 10.6mg。表中数据形式为：平均值±标准误差。

表 4-12 当培养液中 C∶N = 137 时，碳氮水平对 PSM 群落结构的影响

处理	真菌 PLFA 浓度/($ng\cdot\mu L^{-1}$)			细菌 PLFA 浓度/($ng\cdot\mu L^{-1}$)		
	HE	ME	LE	HE	ME	LE
5	3.93±0.20a	1.95±0.15a	31.06±0.24b	6.37±0.41a	5.70±0.31a	9.65±0.42a
3	14.06±0.29b	2.22±0.16a	20.86±0.26a	21.12±0.55b	5.91±0.26a	26.05±0.46b

注：HE、ME 和 LE 分别表示高海拔菌群、中海拔菌群和低海拔菌群。以上 2 个处理的 C∶N=137，其中，处理 5：低碳氮水平，C 添加量为 364mg，N 添加量为 2.65mg；处理 3：高碳氮水平，C 添加量为 1455mg，N 添加量为 10.6mg。表中数据形式为：平均值±标准误差。

在本节中发现，高碳水平能明显增强溶磷微生物群落的溶磷能力。尤其，当氮添加量恒定为 10.6mg 时，三个溶磷微生物群的溶磷能力(以总溶磷量和 PO_4^{3-} 浓度为指标)随 C∶N 的升高而增大。这个结果归因于添加的葡萄糖量。这些接种的微生物群落生命活动能被添加的有机能源物质所激发(Kim et al.，1998)。添加的葡萄糖是微生物生长繁殖所需的物质和能量(Dey et al.，1976)，同时这些添加的物质和能量能导致微生物对磷的同化。重要的是，添加进来的葡萄糖也是微生物代谢过程有机酸合成所需的物质。有机酸在溶磷过程中起着重要的作用。Leyal 和 Berthelin(1989)相信，有机酸的分泌是引起无机含磷化合物溶解的主要因素。我们的实验结果也表明相比于低碳处理，高碳处理的培养液具有更低的 pH。此外，三种溶磷微生物群落对碳添加量的响应明显不同。从中 C∶N(34)到高 C∶N(137)，HE 溶磷微生物群落的溶磷能力比 ME 和 LE 群落增长快。这个结果暗示，在高山草甸带碳的累积能引起 MBP 的增长和植物磷营养的改善。然而，我们的结果也表明，这一响应很可能在林线带和高山森林带不明显。

三种溶磷微生物群落对氮添加量的响应也明显不同。当碳添加量被恒定为 364mg 时，ME 和 LE 群落的溶磷能力随碳氮比的增加而减小(表 4-5)。然而，对于 HE 群落却有不同的效应。HE 群落的溶磷能力在中碳氮比(C∶N = 34)时出现了最小值(表 4-5)，在低碳氮比和高碳氮比条件下都出现了较高值。在一个以单一菌株(Penicillium spp.)的试验中，Illmer 和 Schinner(1992)也发现当培养液中氮浓度为 4 mg·mL^{-1} 时溶磷能力出现最小值。他们把这一结果归因于不适碳氮比对微生物磷吸收的抑制或 NH_4^+ 对 K^+ 的取代作用。因此，如果存在不适碳氮比，那么我们的试验表明碳氮比为 34 时对于 HE 溶磷微生物群落是个不利于溶磷能力发挥的值。

不仅 C∶N 对无机含磷化合物溶解有影响，而且碳氮水平也能影响溶磷结果。一些研究指出，高水平的碳氮能增强溶磷微生物的溶磷能力。Whitelaw 等(1999)证明菌株 *P. radicum* 在含有 30 g·L^{-1} 葡萄糖的培养基中比在含有 10 g·L^{-1} 葡萄糖中有更强的溶磷能力。Nahas (2007)认为氮的浓度也对溶磷微生物有显著的影响。较低浓度的氨氮会降低溶磷性能和减少柠檬酸的分泌(Reyes et al.，1999)。然而，当两因素(即碳氮比和碳氮水平)被同时考虑时，我们试验所用的三种溶磷微生物群落对碳氮添加的响应明显不同。我们结果显示，在碳氮比为 6.2 时，高水平的碳氮使 HE 群落培养液中 PO_4^{3-} 浓度强烈升高(表 4-7)，也意味着当碳氮比为 6.2 时，HE 溶磷微生物群落对高水平碳氮反应敏感。在这个低碳氮比下，高水平碳氮增强 HE 和 ME 群落磷溶解能力应归因于细菌的增长，而对 LE 群落应归因于真菌和细菌的增长。

然而，在高 C∶N(等于 137)和中 C∶N(等于 34)条件下结果非常不同。高水平的碳氮仍然会提升 HE 溶磷微生物群落的溶磷能力，但 HE 溶磷微生物群落中真菌和细菌的量没有出现明显的变化。并且，在 HE 培养液中高水平的碳氮条件下明显出现更低的 pH(表 4-9)。因此，对 HE 溶磷微生物群落来讲，磷溶性的增加应该归因于增强的微生物代谢活性(如有机酸的分泌)。通常认为分泌有机酸是溶磷微生物发挥溶磷性能的主要机制(Goldstein，1995；Kim et al.，1997)。据报道，这些有机酸的种类常常为柠檬酸、葡糖酸、乳酸、琥珀酸、丙酸以及一些未知酸(Chen et al.，2006)，这些酸通过与磷酸根结合的阳离子(主要为钙离子)络合来把难溶磷形态转化为可溶性磷形态。

我们发现中碳氮比(等于 34)下碳氮水平似乎不影响 ME 溶磷微生物群落的溶磷能力(表 4-9)，并且在高 C∶N(等于 137)下碳氮水平对 ME 溶磷微生物群落的效应相似于在中 C∶N(等于 34)下碳氮水平对 HE 溶磷微生物群落的效应。这一研究结果表明，中碳氮比下高碳氮水平容易增强HE溶磷微生物群落的代谢活性来提升溶磷能力，而对于ME溶磷微生物群落而言，高碳氮比下高碳氮水平容易增强其代谢活性来提供其溶磷能力。至于LE溶磷微生物群落，在三种碳氮比条件下，高的碳氮水平都能诱导出高的溶磷能力，但在中C：N(等于34)下，高碳氮水平增加真菌PLFA浓度，降低细菌PLFAp浓度(表4-10)，而在高碳氮比下，高碳氮水平对LE群落造成的效应却是相反的(表4-12)。这三种溶磷微生物群落对同一碳氮条件显示出了不同的响应。因为它们来自不同的生态系统，其对营养元素添加的响应被生态系统类型显著影响(Vinhal-Freitas et al.，2012)。研究的结果表明，微生物群落结构和代谢活性的变化是解释这些试验响应的进一步研究方向。

4.2 冰川退缩区土壤微生物与磷的生物地球化学

4.2.1 贡嘎山冰川退缩区微生物群落结构

1. 高通量测序

随着全球气候变化，冰川退缩已在世界范围内广泛地发生而且退缩速度在加快(Zemp et al.，2006；Oerlemans，2005)。冰川退缩后，新的裸地出现并且开始朝向地带性生态系统演替。冰川末端时间序列为利用空间代替时间的方法研究陆地生态系统原生演替过程，进而揭示演替发育机理提供了绝好的研究条件。基于这种时间序列的研究，大多数研究关注的是植物群落、动物群落和土壤发育(He and Tang，2008；Hodkinson et al.，2003；Kaufmann，2001)。相比之下，对整个发育序列上微生物群落分布格局了解得尚不多。

鉴于微生物在土壤发育、元素地球化学循环和植被定植过程中的关键作用(Brunner et al.，2011；Schutte et al.，2010)，关于微生物演替的研究越来越受关注(Schmidt et al.，2014；Chen et al.，2015)。基因克隆测序分析(Zumsteg et al.，2013；Jumpponen，2003)、微生物脂肪酸分析和酶测定(Tscherko et al.，2005)等技术已用于冰川末端时间序列微生物演替的研究。在冰川末端时间序列微生物多样性和演替研究方法也取得了一些进展，但是学者们常常出现不同的观测结果和不一致的结论。Schutte等(2010)基于北极的冰川退缩迹地的研究指出，细菌种群的丰富度随样地年龄显著增加。然而，Jangid等(2013)分析了另一个长序列的冰川退缩迹地的细菌种群格局，得出细菌丰富度和多样性随样地年龄的增加而显著降低。同时，Wu等(2012)在亚洲一个冰川退缩迹地的研究得出相反的结果：不仅细菌丰富度随土壤发育时间增加，而且细菌的多样性也随土壤发育时间增加。

此外，Sigler和Zeyer(2002)分析位于同一地区的两个冰川退缩迹地的基因指纹，发现细菌多样性和演替格局在两个退缩迹地之间也有明显的不同。至于冰川退缩迹地时间序列上真菌的演替格局，仅有很少一些研究，并且这些研究也没得出统一的结论。在Lyman冰川退缩迹地时间序列上，Brown和Jumpponen(2014)研究显示真菌的丰富度和多样性沿序列是静态的。他们的数据强调真菌和细菌的演替策略有着不同的驱动方式。相比之下，Blaalid(2012)发现在挪威的一个冰川退缩迹地时间序列上，真菌丰富度随时间序列显著地增加。他们的结果暗示真菌的丰富度变化格局相似于细菌。这些不一致的结果表明冰川退缩迹地时间序列上微生物演替的基本知识是很缺乏的，进而需要进行更多的研究来揭示潜在的机理。

位于中国西南的贡嘎山海螺沟冰川是典型的温带冰川。相比于极地和大陆冰川，贡嘎山海螺沟冰川对气候变化更为敏感(Liu et al.，2010)。据我们所知，几乎没有研究提供类似冰川退缩条件下微生物群落变化的信息，并且贡嘎山区域是第三古植物区系少有的避难所，因此土壤中很可能庇护有相对独特的微生物种群。在本节中，利用 454 测序技术分析了沿海螺沟冰川退缩迹地原生演替序列下微生物群落的变化，研究贡嘎山冰川退缩区微生物群落，以查明在温带冰川退缩迹地土壤中优势微生物种群，识别微生物群落结构组成如何随土壤年龄变化。这项研究能提供冰川退缩迹地时间序列上关于微生物演替的更多信息，并且能为陆地生态系统原生演替的驱动力的理解提供线索。

海螺沟冰川退缩迹地(29° 34′ N，102° 00′ E，2951～2886 m)位于贡嘎山区域(主峰：7556m)。而贡嘎山位于青藏高原和四川盆地之间的过渡区域。在贡嘎山东坡，海螺沟冰川是最大的冰川，面积为 25 km^2。这里的气候区类型属于亚热带温暖湿润季风气候，年平均降水量 1949mm，年平均气温 4℃，年平均相对湿度 90%。

从 1820 年以来，海螺沟冰川退缩迹地已扩展了大约 2 km，发育出一个从冰碛物到森林土的时间序列(Zhou et al.，2013)。石英岩、花岗闪长岩、黑云母片岩、板岩和千枚岩构成了这个区域的土壤母质(Xu，1989)。随着土壤年龄的增加，植被不同演替阶段依次出现。第一阶段(样地 1，属年轻样地)的植物群落主要由沙打旺、香青、柳叶菜和其他豆科植物构成。第二阶段(样地 2，属年轻样地)植物以沙棘、川滇柳和冬瓜杨为主。接下来通过种间竞争，冬瓜杨成了优势种群，其间也混杂有杜鹃、沙棘和川滇柳，这形成了第三阶段(样地 3，属中龄样地)的植物群落。在第四阶段(样地 4，属中龄样地)，糙皮桦、麦吊云杉和冷杉开始大量出现。第五阶段(样地 5，属老龄样地)原来次要的针叶树种逐渐长入冠层，冬瓜杨逐渐消失。最后，生态系统发育出以麦吊云杉和冷杉为优势种的植物群落(样地 6，属老龄样地)。

通过对退缩区土样采集与分析，观测到的序列数随不同年龄样地而变化。沿退缩迹地时间序列真菌序列数变异性高于细菌序列数(细菌序列数变异系数 0.11，真菌为 0.38)。进行低质量序列清除后，用于分析的序列平均长度：细菌为 495 base pairs (bp)，真菌为 450 bp。在门水平上，不能分类的未知序列比例相对较小：细菌为 5.7%，真菌为 2.3%。在以序列相似度 97%进行分类后，细菌序列被分类到 16710 个运算分类单元或可操作分类单元(OTU)中，真菌序列被分类到 564 个 OTU 中(图 4-6)。

通过焦磷酸测序，细菌 OTU 被归类为 24 个细菌门。其中，大部分 OTU 被分类为 Proteobacteria 和 Acidobacteria。28347 条序列(43%)及 5764 个 OTU(34%)被分类到 Proteobacteria。10933 条序列(16%)及 1919 个 OTU 被分类到 Acidobacteria(图 4-6)。此外，一些包含有较多序列数量的 OTU 被划分为如下分类：1832 个 OTU(11%)及其 6138 条序列(9.2%)被分类到 Bacteroidetes，1249 个 OTU(7.5%)及其 5105 条序列(7.7%)被分类到 Actinobacteria，以及 1659 个 OTU(9.9%)及其 4025 条序列(6.0%)被分类到 Planctomycetes。其次，被分类到 Verrucomicrobia 和 Chloroflexi 的序列也较为丰富(图 4-7)。

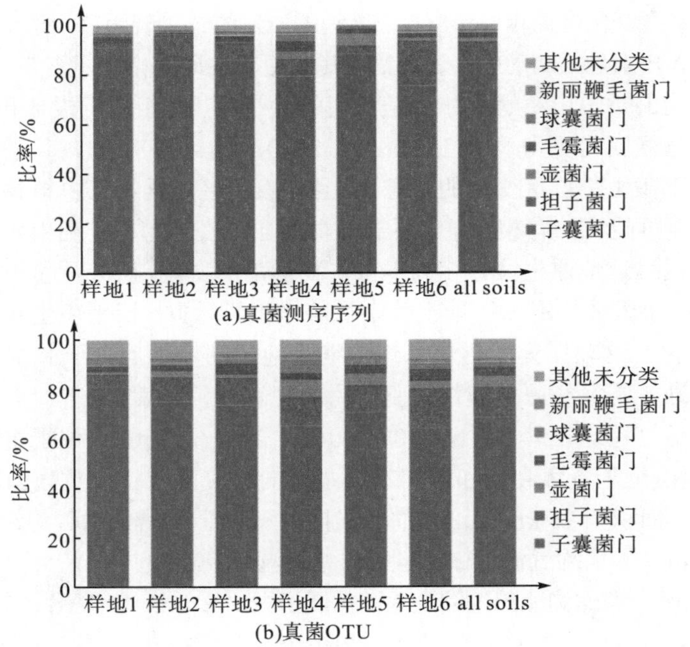

图 4-6 海螺沟冰川退缩区真菌种群比例

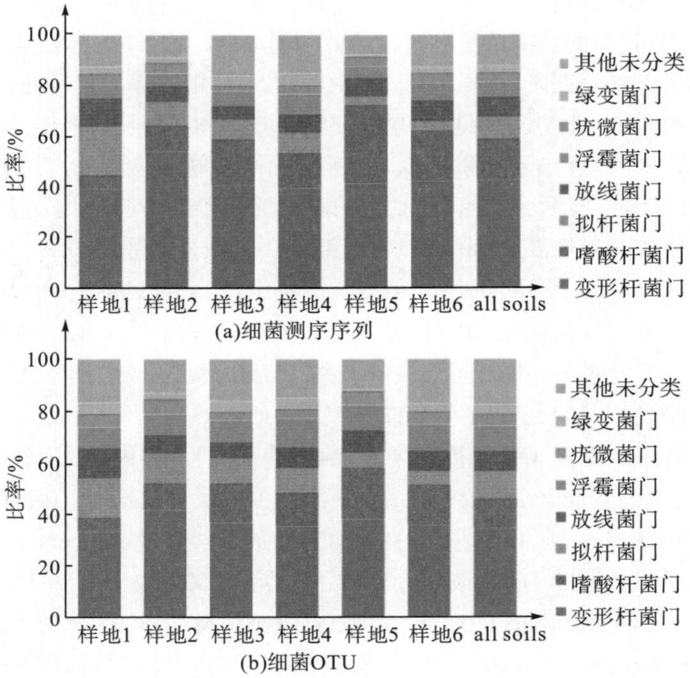

图 4-7 海螺沟冰川退缩区细菌种群比例

我们也探测到一些其他细菌门，但它们序列数很少。例如，与 Gemmatimonadetes、Nitrospirae 和 Cyanobacteria 关联的序列数量仅占细菌总序列数的 2%。值得注意的是，我们发现大量与光合作用细菌相关的 OTU。例如，639 个 OTU 及其 2015 条序列(3%)被分类到 Chloroflexi，145 个 OTU 及其 517 条序列(0.8%)被分类到 Cyanobacteria，以及 67 个 OTU 及其 219 条序列(0.3%)被分类到 Chlorobi。在所有分类得到的 35 个细菌纲中，分类到 Acidobacteria 的序列数(10154 条序列，15%)是最多的。此外，包含 27572 条序列(41%)的 OTU 被分类到 4 个纲：Alphaproteobacteria、Betaproteobacteria、Gammaproteobacteria 和 Deltaproteobacteria。其他一些细菌纲中序列数也较为丰富：Sphingobacteria(3919 条序列，5.9%)、Planctomycetacia(2940 条序列，4.4%)和 Actinobacteria(1936 条序列，2.9%)。这些 OTU 又被分类为 62 个细菌目，其中主要的有：Burkholderiales(6063 条序列，9.1%)，Sphingobacteriales(3919 条序列，5.9%)，Rhizobiales(3554 条序列，5.3%)和 Planctomycetales(2940 条序列，4.4%)。接下来，共有 6995 个 OTU 被分类到了 126 个细菌科，主要的细菌科有：Comamonadaceae(3221 条序列，4.8%)，Planctomycetaceae(2940 条序列，4.4%)，Acidobacteriaceae(2433 条序列，3.7%)和 Sinobacteraceae(2160 条序列，3.2%)。

此外，33922 条序列不能分类到科，这些序列可能来自新的细菌类群。我们也发现一些细菌类群在老龄样地大量存在，但在年轻样地很少(如 Isosphaera)或没有(如 Labrysmiyagiensis)。与之相反，一些细菌类群(如 *Arenimonas oryziterrae*、*Pseudoxanthomonas ginsengisoli* 和 *Pedobacter cryoconitis*)在年轻样地土壤中很丰富，而在老龄样地中稀少。

研究区真菌群落相关的 OTU 绝大部分归类于真菌门或亚门。这些 OTU 中绝大部分归类于 Ascomycota 门(387 OTU 占 69%，7672 序列占 85%)和 Basidiomycota 门(68 OTU 占 12%，723 序列占 8%)(图 4-7)。我们也检测到被归类到其他真菌门的 OTU，但它们的数量很稀少：Chytridiomycota 门检测到 27 个 OTU，Neocallimastigomycota 门检测到 6 个 OTU，Glomeromycota 门检测到 13 个 OTU，它们对应的序列数分别为 163 条(1.8%)、54 条(0.6%)和 47 条(0.5%)。我们也检测到了一些真菌亚门，例如，19 个 OTU(177 条序列，占序列数的 2%)被归类到 Mucoromycotina 亚门。另外，在我们的研究中尚有大量的基因序列未知，不能被归类于现在已知的真菌类群中。在纲分类水平上，15 个纲的真菌被识别，其中较为丰富的真菌纲有：Agaricomycetes 纲(712 条序列，占 7.9%)、Pezizomycetes 纲(679 条序列，占 7.5%)、Sordariomycetesand 纲(567 条序列，占 6.3%)和 Leotiomycetes 纲(507 条序列，占 5.6%)。进一步到目分类水平，OTU 归类得到了 42 个真菌目，其中主要的有：Pezizales 目(679 条序列，占 7.5%)、Hypocreales 目(431 条序列，占 4.8%)和 Helotiales 目(287 条序列，占 3.2%)。在科水平上，OTU 归类到 57 个真菌科，主要有：Pyronemataceae 科(234 条序列，占 2.6%)、Sarcosomataceae 科(199 条序列，占 2.2%)、Tuberaceae 科(158 条序列，占 1.7%)和 Cantharellaceae 科(119 条序列，占 1.3%)。

我们得到的许多序列不能归类到目前已知的纲中，这些序列来自一些未知的真菌类群(例如，318 个 OTU 不能归类到目前已知的真菌类群中)。沿整个土壤发育序列，识别为来自 *Craterellus tubaeformis*(Cantharellaceae 科)的大量基因序列出现在老龄样地，但很少出现在年轻样地。此外，来自 Cantharellaceae 的基因序列不出现在年轻样地。Chytriomyces、*Mortierella verticillata* 和 *Leotia lubrica* 也有类似的分布格局。相比之下，*Mortierella alpina*

和 *Bionectria ochroleuca* 广泛分布于年轻样地，而很少分布于老龄样地。

在每个样地土壤中，细菌群落均以 Proteobacteria 门、Acidobacteria 门、Bacteroidetes 门、Actinobacteria 门、Planctomycetes 门、Verrucomicrobia 门和 Chloroflexi 门为优势群落。它们占到了所测得的基因序列总数的 84%～92%(图 4-6)。除样地 2 以外，所有样地之间 Proteobacteria 门细菌所占的比例差别不大(39%～42%)。Acidobacteria 门细菌的比例在年轻样地较中龄和老龄样地小。相比之下，Bacteroidetes 门细菌的比例在年轻样地较中龄和老龄样地大。Chloroflexi 门和 Planctomycetes 门细菌的比例在中龄样地最大，而 Verrucomicrobia 门细菌的比例在中龄样地最小。沿这个土壤发育序列，归类于 Proteobacteria 门的 OTU 比例在 34%～42%(图 4-6)。归类到 Acidobacteria 门和 Planctomycetes 门的 OTU 比例随土壤年龄有递增趋势。然而，Bacteroidetes 门的 OTU 比例随土壤年龄有明显递减趋势。此外，Verrucomicrobia 门的 OTU 比例在中龄样地土壤中低，而在年轻样地土壤中高。

对于真菌群落，Ascomycota 门真菌在每个样地都是优势真菌，比例为 75%～91%，随土壤年龄有稍微降低的趋势(图 4-6)。在所测得的真菌序列中，归类到 Basidiomycota 门的真菌基因序列数在中龄样地土壤中低，而在年轻样地土壤中高。对于 Chytridiomycota 门，测得的基因序列数比例为 0.1%～5%，从样地 1 到样地 5 明显增加(图 4-6)。此外，除样地 2(0.8%)外，发现 Mucoromycotina 亚门真菌比例在所有样地中超过 1.5%(最高为 4%)。

沿整个土壤发育序列，尽管归类到 Ascomycota 门的 OTU 占了绝大多数(64%～81%)，但它随土壤年龄呈现降低趋势(图 4-6)。相比之下，归类到 Basidiomycota 门的 OTU 沿土壤发育序列呈现明显增加的趋势(4%～16%)。对于 Mucoromycotina 亚门的 OTU，总体上呈现递增趋势(2%～5%)。

稀释曲线显示，通过焦磷酸测序法，大部分细菌和真菌 OTU 被检测到，但细菌的稀释曲线还没有达到完全饱和，这表明还需要测定更多的序列以获得所有的 OTU。细菌群落的多样性指数在中龄样地土壤中达到最大值，而在年轻和老龄样地土壤中显示相对低的值(图 4-8)。真菌群落多样性也出现相似的格局，并且与细菌群落相比，这种格局真菌更明显。

沿这个土壤发育序列，真菌 OTU 的丰富度随土壤年龄趋于降低(rs =−0.67，p =0.078)。而细菌 OTU 丰富度与土壤年龄没有明显的线性关系。对于单种细菌 OTU 的数量与土壤年龄的线性关系，我们发现：有 0.8%的细菌 OTU 与土壤年龄有极显著的线性关系(p<0.01)，6.1%的细菌 OTU 与土壤年龄有显著的线性关系(p<0.05)，40%的细菌 OUT 与土壤年龄有略为显著的线性关系(p<0.1)。对于单种真菌 OTU 的数量与土壤年龄的线性关系，我们发现：1.4%的真菌 OTU 与土壤年龄有极显著的线性关系(p<0.01)，7.4%的真菌 OUT 与土壤年龄有显著的线性关系(p<0.05)，37%的真菌 OUT 与土壤年龄有略为显著的线性关系(p<0.1)。

沿冰川退缩序列，本节采用焦磷酸测序揭示了发育一百多年的原生演替系统中细菌和真菌群落变化。以往研究报道 Proteobacteria 细菌门在土壤细菌群落中比例为 30%～50%(Zumsteg et al.，2012；Knelman et al.，2012；Miyashita et al.，2013；Shen et al.，2013；Brown and Jumpponen，2014)，这与我们的结果一致。这暗示 Proteobacteria 细菌门的相对丰度在原生演替土壤和地带性土壤之间差异不大。相比之下，Bacteroidetes 细菌门的相对丰度容易变化。在一些原生演替土壤中，Bacteroidetes 细菌门的相对丰度为 6%～13%(Zumsteg et al.，2012；Knelman et al.，2012)，这与我们的结果非常相似。然而，在温带森林的地带性土壤中，Bacteroidetes 细菌门的相对丰度却非常低，平均值为 2.4%～3.5%(Shen et al.，2013；Miyashita et al.，2013)。这表明 Bacteroidetes 细菌门很可能是土壤发育早期阶段一种特别的细菌类型。

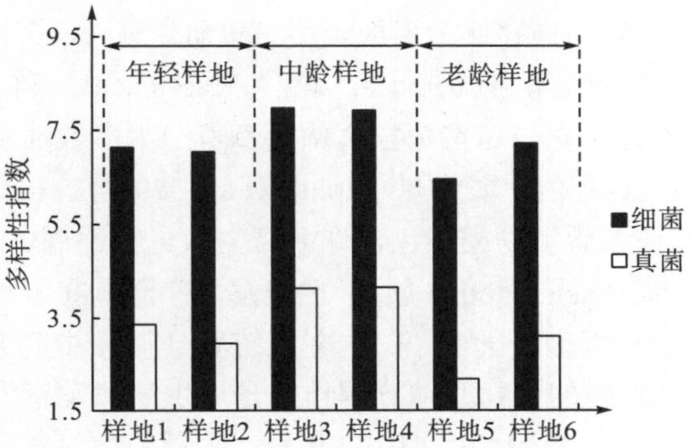

(a)

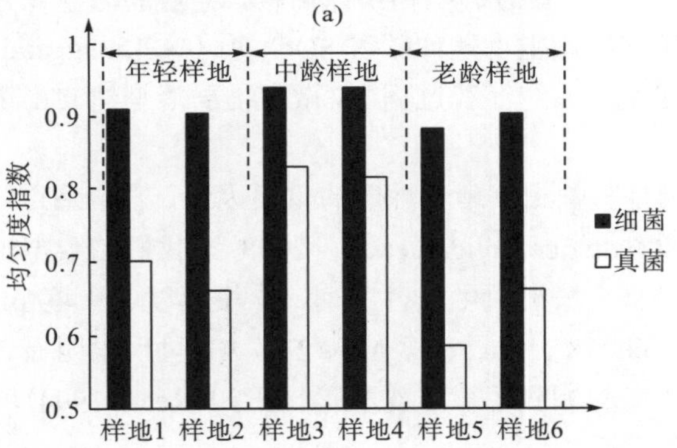

(b)

图 4-8　海螺沟冰川退缩区土壤序列细菌、真菌多样性与均匀度指数

对于真菌群落，本节和其他研究表明 Ascomycota 真菌门是原生演替土壤中主要的真菌(Cutler et al.，2014；Brown and Jumpponen，2014)。在这些研究的原生演替中，Ascomycota 真菌门的相对丰度非常高(65%～85%)，而且其他土壤低于其的 50%(Blaalid et al.，2014；Shen et al.，2014；Liu et al.，2015)。Cutler 等(2014)发现 Mucoromycotina 真菌亚门在火山起源的原生演替土壤中相对丰度较高，可达 2.6%，而在其他土壤中只有 0.1%，如北极群岛的一些土壤(Blaalid et al.，2014)。在另外一些地带性土壤研究中，由于 Mucoromycotina 真菌亚门比例太小而没有被报道(Rincon et al.，2015；Shen et al.，2014；Liu et al.，2015)。因此，我们推断 Mucoromycotina 真菌亚门是土壤中一种重要的早期定居真菌。

本书中的演替系统的物种公认是正向演替(Yang and Zhang，2014；Zhou et al.，2013)，这可看作是形成一个地带性的、成熟的生态系统过程的一部分。该系统自身有机物的产生和积累，以及外来生物（或碎屑）的进入很可能驱动着早期生态系统的建立（Brown and Jumpponen，2014）。在这个过程中，土壤微生物在建立土壤有机库中表现出它们重要的生态功能。第一，微生物中的光合细菌（如 Chlorobi 和 Cyanobacteria）能利用空气、水、阳光和矿质元素生产土壤有机物。这些光合微生物主要分布在无植被或植被稀疏的年轻样地土壤中。第二，一些微生物是能杀死土壤动物的病原微生物。例如，本研究区，在细菌种群中比例高达43%的Proteobacteria细菌门就包含了多种多样的病原微生物类型（Madigan and Martinko，2005）。这表明在本研究区病原细菌杀死土壤动物的现象很可能是存在的。而被杀死的土壤动物随着时间的推移逐渐形成土壤有机质。第三，在该原生演替土壤中，我们也发现许多菌根真菌类群（如 Tuberaceae 科和 Russulaceae 科，以及 Geopora 属和 Craterellustubaeformis 属的真菌）。这些菌根真菌负责着绝大多数陆生植物对土壤养分的吸收，是驱动陆地生态系统过程的重要力量（Mohan et al.，2014）。在原生演替中，它们也是重要的驱动者。此外，许多微生物类群包含许多腐生微生物种群（如 Sarcosomataceae 科、Saccharomyces 属和 Coniochaetavelutina 属），也被发现广泛分布于冰川退缩迹地。这些腐生微生物群主要负责生物残渣的分解，在生态系统养分循环中起着重要作用（Koukol et al.，2006）。这表明建立完整的生物残体分解体系是原生演替发育为一个成熟生态系统必不可少的任务。更重要的是，随着微生物快速周转，大量的微生物残体也会贡献于土壤有机质中。根据近来的研究，微生物残体碳占 SOC 的 80%（Liang and Balser，2011）。以上描述的生态功能表明在生态系统演替过程中，微生物群落是建立土壤有机库和促进成土作用的主要驱动力。

不可否认，植被也是影响土壤理化性质的重要因素，它们通过凋落物、根系生长和根系分泌物影响土壤性质（van der Heijden et al.，2008）。我们的数据也表明植物对土壤性质有重要影响。尤其，沿整个植被原生演替序列，土壤温度、土壤 pH、土壤湿度以及各种养分指标（SOM、TN、TP、K、Ca、Na、Mg、Fe、Al）呈现出明显（递增或递减）的分布趋势。这些土壤性质的改变影响到了微生物群落。正如 Read（1994）所说，植被与土壤微生物群落之间存在紧密的联系。

相比于土壤性质的线性变化和植物群落的正向演替，微生物群落呈现出不同变化格局。细菌和真菌的均匀度指数和多样性指数在中龄样地的最高值表明，在该原生演替的中期对于微生物群落有相对较好的土壤环境。的确，在关于本研究区以往的研究也表明，在中龄样地植被种类丰富，许多树年轻有活力（Cheng and Luo，2002）。此外，这个演替阶段土壤风化程度相对较低，这时的土壤很容易提供有效矿质养分。因此，对于微生物群落而言，在一个完整的原生演替序列（从裸地到地带性生态系统）中，中龄样地处于一个环境胁迫少、生态位多的演替阶段。

相比于我们的结果，在 Lyman 冰川退缩序列，Brown 和 Jumpponen（2014）观测了一个静态的微生物多样性和降低的细菌均匀度。并且，他们也指出它们的结果不是普适的。这种不一致的结果，可能是两个研究区之间演替的速度和生态系统类型的差异导致的。根据我们的调查和以往的数据，海螺沟冰川退缩区的生长季比 Lyman 冰川退缩区长得多，前者为每年 6 个月，后者为每年 3 个月（Cazares et al.，2005）。更长的生长季导致了我们研究区快速的植被演替。例如，在冰川退缩 20～30 年后，我们的研究区就达到了植被定植的阶段；而 82 年后，就到达了茂密的森林阶段，而此时的 Lyman 冰川退缩区却处于草灌阶段(Jumpponen et al.，1998)。也有研究(He and Tang，2008)表明，本研究区的土壤有机碳氮的累积速率显著高于其他演替序列。例如，碳、氮的累积速率分别是其他演替序列土壤的 3～4 倍、7～11 倍(Egli et al.，2001；Lichter，1998)。上述讨论表明相比于其他原生演替序列，海螺沟原生演替序列正在快速发育。

2. PLFA 测定结果

不同演替阶段海螺沟冰川退缩区的微生物物种组成有显著差异(图 4-9)。有研究表明，生态系统发育早期，随干扰程度降低，微生物的群落组成会由细菌主导的群落结构向真菌

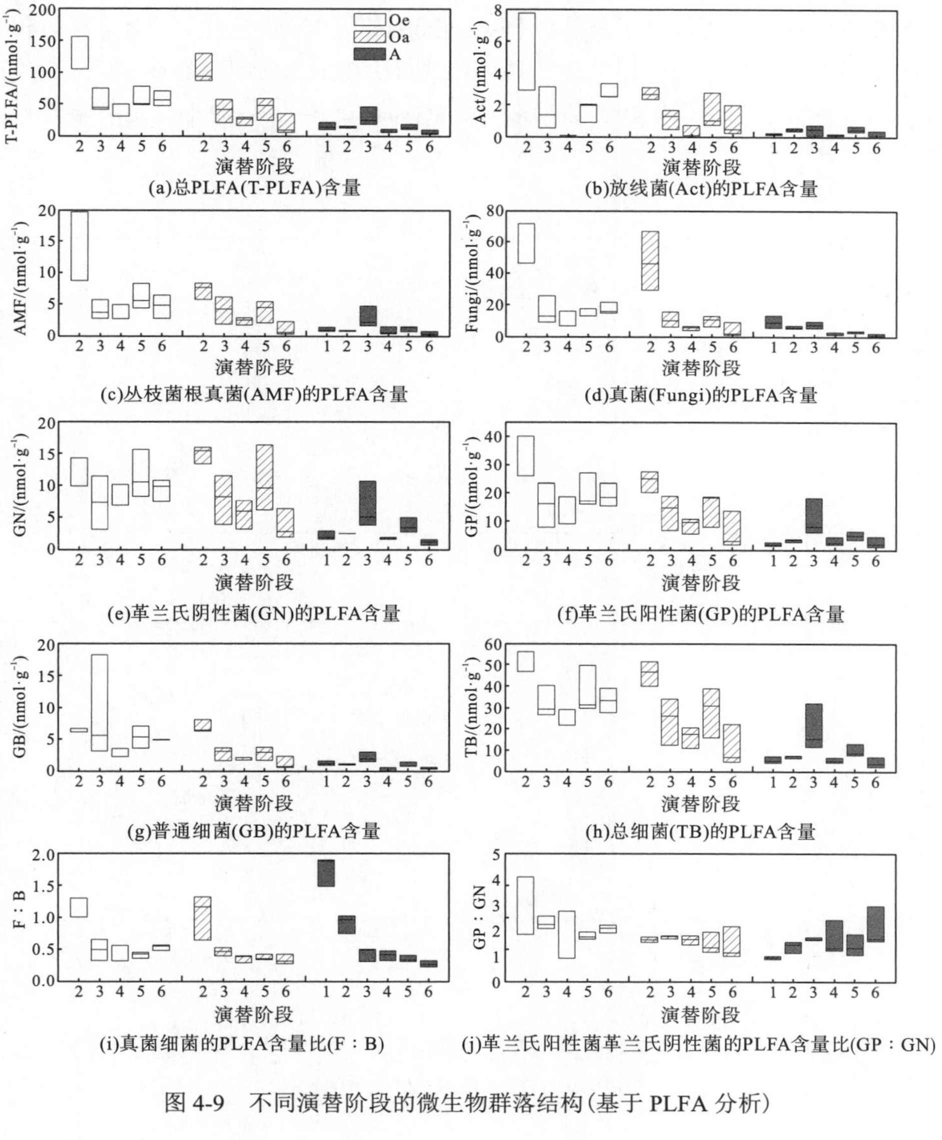

图 4-9　不同演替阶段的微生物群落结构(基于 PLFA 分析)

主导的群落结构演替(Ohtonen et al.，1999)。然而，海螺沟冰川退缩区土壤微生物群落的真菌细菌比在裸地阶段(样点1)最高，其次为固氮植被阶段(样点2)，之后在落叶阔叶林(样点3)、针叶林(样点4和样点5)和针阔混交林(样点6)阶段保持稳定[图4-9(i)]。由于在有些研究中18:1ω9c未被作为真菌标记物(Yang and Zhang，2014)，本书进一步分别分析了两种真菌标记分子18:2ω6,9c和18:1ω9c分别随演替阶段的变化(图4-10)。除18:1ω9c在裸地阶段未出现，两种标记分子与总细菌PLFA含量的比值均在固氮植被阶段最高，之后保持相对稳定，不支持真菌群落在演替后期优势度增加的观点(Bardgett et al.，2005；van der Heijden et al.，2008)。分析Ohtonen等(1999)在美国Lyman冰川退缩迹地的研究结果可以发现，土壤真菌细菌比随演替时间的推移而增加只在裸地出现，而在植物冠层下一般保持稳定或波动变化。也有学者发现奥地利Rotmoos冰川退缩迹地根际土壤微生物群落的真菌细菌比随演替进行呈下降趋势(Tscherko et al.，2004)。因此，土壤真菌和细菌相对比例在生态系统发育早期可能更多受其所处演替阶段的植物群落影响[如不同植物通过影响土壤碳质量影响地下微生物群落(Tscherko et al.，2004)]，而不一定随演替阶段发生趋势性变化。

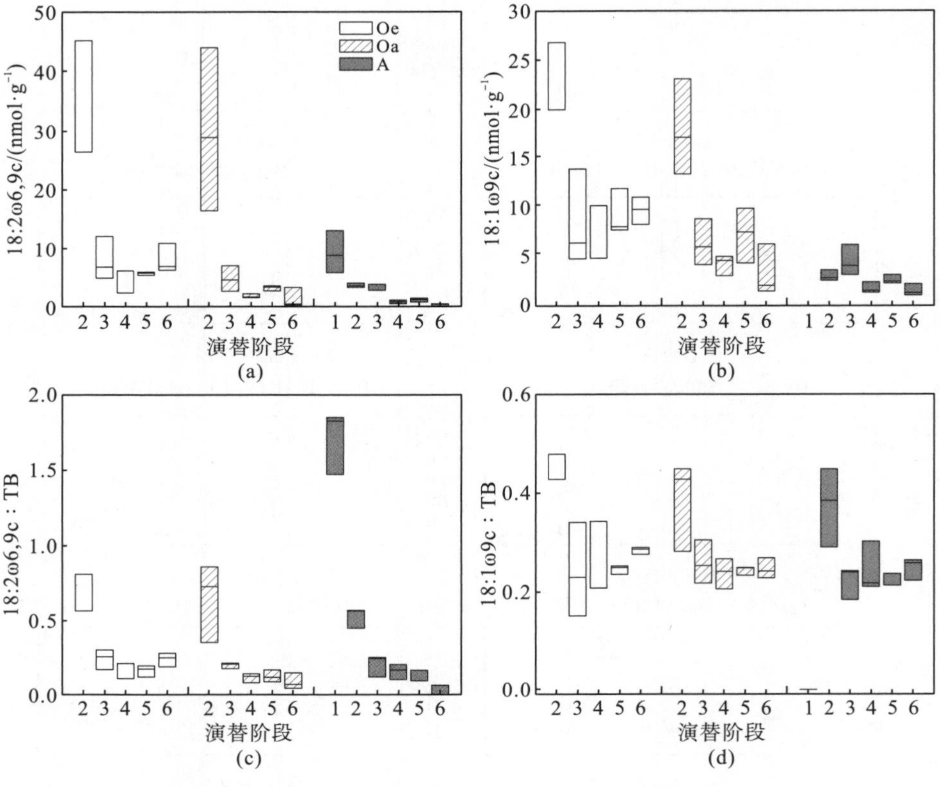

图4-10 不同演替阶段土壤中两种真菌标记分子(18:2ω6，9c和18:1ω9c)含量及其与总细菌PLFA含量的比值

固氮植被阶段的微生物群落结构明显区别于其他演替阶段。N 是早期土壤微生物的限制因子之一(Göransson et al.，2011)，固氮植被的出现使土壤 N 养分状况改善，并超过之后的落叶阔叶和针叶林阶段。结合 PLFA 分析和微生物量 C、N 和 P 的分析可知，固氮植被阶段土壤有机层的微生物量高于之后的演替阶段(图 4-9，图 4-11)，一定程度上反映了成土早期 N 对土壤微生物繁殖的重要性。一般认为真菌适合生长于贫瘠土壤，而细菌在营养丰富的土壤占优势(van der Heijden et al.，2008)，然而，固氮植被阶段的真菌细菌比却明显高于其他演替阶段[图 4-9(i)]，造成这一现象的原因有待进一步分析。基于海螺沟冰川退缩区的研究结果显示，固氮植被出现后，土壤养分状况和地下微生物量(均指浓度)均达到一个峰值，表明固氮植被对后续植被定植的重要性，这一结果对裸地植被的恢复具有启示意义。

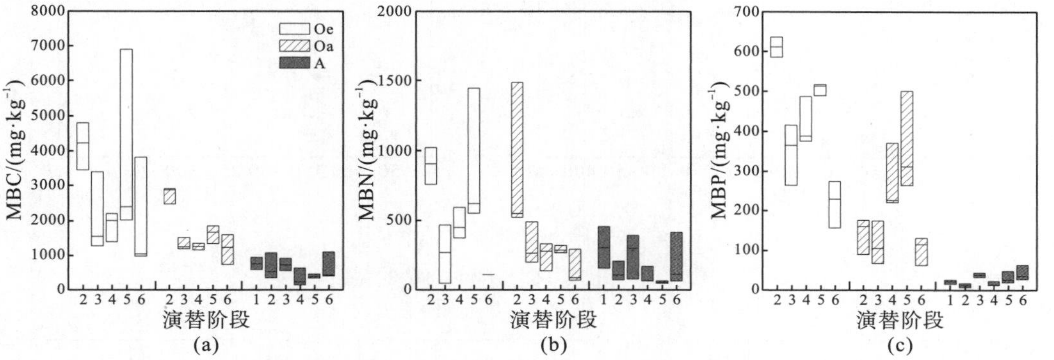

图 4-11　不同演替阶段的土壤微生物量 C(MBC)、N(MBN)和 P(MBP)含量

相对于 N 和 P，C 可能是海螺沟冰川退缩区土壤微生物群落的主要限制因子。首先，Spohn 等(2015a)认为微生物量和土壤 C 含量的正相关可作为土壤微生物受 C 限制的证据，在海螺沟冰川退缩区中，土壤 C 含量是影响微生物量的主要因素，随土壤 C 含量增加，反映微生物量的各指标均呈显著增加趋势(图 4-12)。其次，Cleveland 和 Liptzin(2007)发现土壤微生物存在相对稳定的计量比，其中森林土壤微生物的 C∶N 和 C∶P 计量比的平均值分别为 8∶1 和 74∶1，低于这一比值可能表示微生物受 C 限制程度强于受营养元素限制的程度。海螺沟冰川退缩区所有样品的微生物 C∶N 计量比的平均值为 6.5∶1，C∶P 计量比的平均值为 39.9∶1(图 4-13)，均低于全球平均水平。以上两点证据表明，C 可能是海螺沟冰川退缩区微生物的主要限制因子，这支持 Göransson 等(2011)在 Damma 冰川退缩区利用土壤培养实验得出的结论，即成土早期 C 是土壤微生物最重要的限制因子。

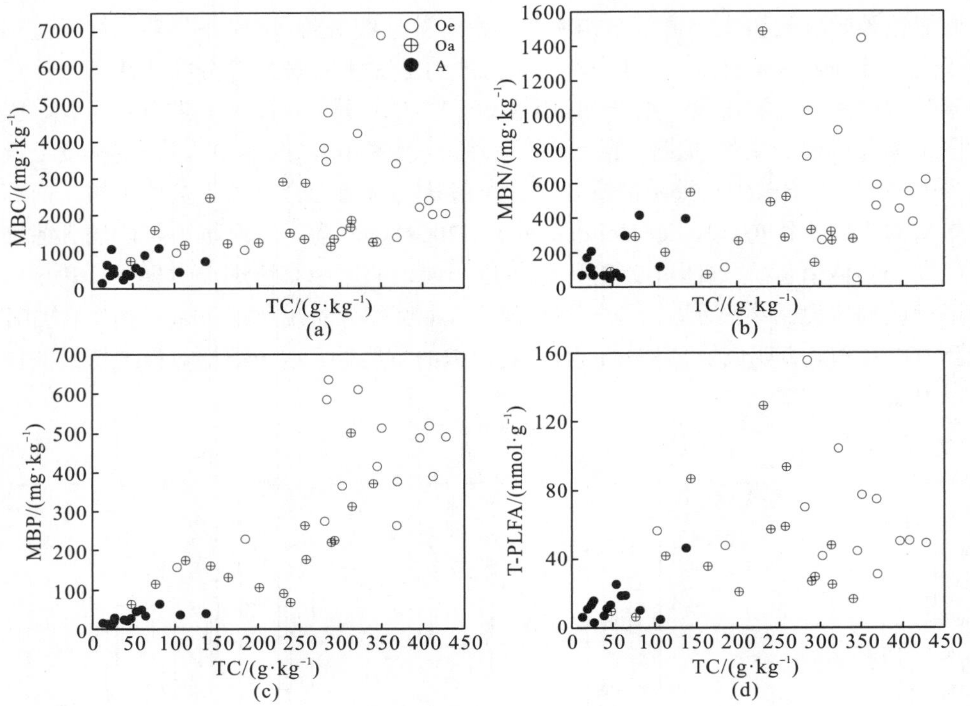

图 4-12　土壤 TC 与微生物量的关系

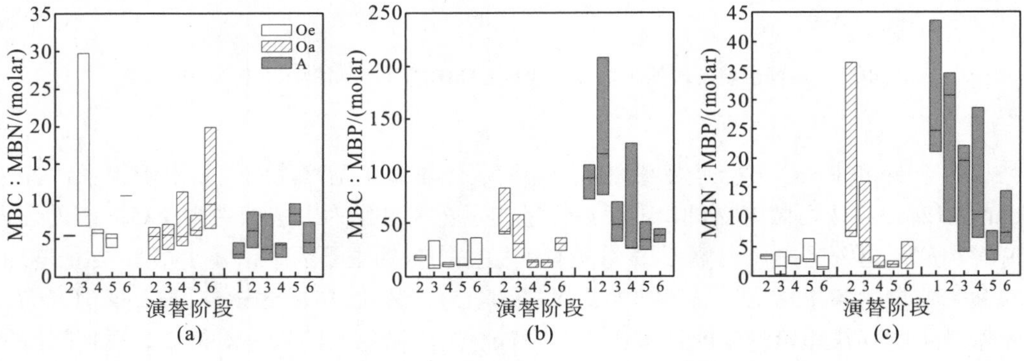

图 4-13　不同演替阶段的微生物量 C、N 和 P 的计量比

4.2.2　冰川退缩区微生物与磷的生物地球化学

全球变暖导致山地冰川退缩加剧，形成裸露的冰川退缩迹地(苏珍和施雅风，2000)。另外，山地也是滑坡、泥石流等地质灾害的多发区，存在大量山地灾害遗留的裸地；山区水电和道路等工程建设和采矿活动也会全面改变其原有生态系统。随时间推移，这些“新鲜”地质体上会发育生态系统的原生演替序列。如何恢复和管理这些早期生态系统并预测其对当前和未来全球变化的响应成为值得关注的课题。

早期生态系统发育的特点是土壤有机质快速积累和植被迅速演替，而 P 的有效供给是这些生态过程得以发生的必要条件。作为生物必需的大量元素，P 参与生物体的遗传、代谢、调节过程和结构物质的构建，也是影响生态系统结构和功能的重要因素（Filippelli，2008；Wassen et al.，2005；Wardle et al.，2004b）。在早期生态系统，植物生物量、土壤微生物量和土壤有机质含量随发育时间快速增加（Bernasconi et al.，2011；Yang et al.，2014；Zhou et al.，2013），成为一个重要的碳汇。根据生物计量学原理，生物量的积累需要 C、N 和 P 养分的平衡供给（Elser et al.，2010）。类似的，在未高度风化的土壤中，土壤有机质一定程度上具有稳定的 C∶N∶P 计量比（Kirkby et al.，2011；Yang and Post，2011）。这说明土壤有机质的积累需要 P 的参与。例如，P 添加可以增加植物凋落物中的 C 向稳定土壤有机 C 转化的效率（Kirkby et al.，2013）。就早期生态系统植被演替而言，P 是固氮过程的重要限制因子，因此固氮植被的成功定植需要充足的 P 供给（Vitousek et al.，2010），这为之后 N 养分状况的改善和后续的植被演替奠定基础。在后续植被演替中，由于不同生长型的植被（如常绿树种和落叶树种）会因凋落物质量和养分获取能力的差异而发生替代（Aerts，1999），因此 P 的养分状况也在一定程度上影响植被群落的演替方向（Richardson et al.，2004）。所以，P 的生物有效性对早期生态系统发育和土壤有机质积累至关重要。

P 对初级生产力的限制可能存在于发育在山地的早期生态系统。一般认为 N 是早期生态系统初级生产力的主要限制因子，而 P 的限制主要局限于土壤风化程度较高的热带生态系统。但 Elser 等（2007）分析全球养分添加实验后发现，P 对初级生产力的限制普遍存在于全球范围内的各种生态系统，并多以 N-P 共同限制的形式表现出来。山地生态系统中 P 的生物地球化学循环不同于低地生态系统，由于明显的垂直高差，水文过程和重力过程可能会导致 P 的流失加速。例如，在贡嘎山海螺沟冰川退缩区土壤发育的 120 多年的时间内，表层土壤（30cm）的总 P 储量降低了 17.6%，降低幅度显著高于其他年龄与之相近的土壤（Wu et al.，2015）。养分添加实验和野外监测结果表明，P 对初级生产力的限制存在于全球范围内的山地生态系统（王吉鹏和吴艳宏，2016）。例如，Prietzel 等（2015）发现德国 Bavarian Alps 山地森林中约 20%的森林受 P 生物有效性不足的限制。Schlesinger 等（1998）在印度尼西亚 Rakata 岛的研究表明，发育 110 年的土壤可能存在植物的 P 限制。基于此，不能排除发育在山地的早期生态系统会受到 P 限制或 N-P 共同限制的影响。另外，在全球 CO_2 浓度和 N 沉降增加的背景下，陆地生态系统 C∶N∶P 计量比可能会失衡，进一步增加了早期生态系统的初级生产力受 P 限制的可能性。因此，有必要在早期生态系统开展 P 的生物地球化学研究，认识 P 的限制情况以及生物有效态 P 的更新机制。

微生物是早期生态系统中 P 的生物地球化学循环的重要参与者。影响土壤 P 的生物地球化学循环的过程包括物理-化学过程和生物过程。物理-化学过程包括吸附解吸、溶解沉淀，生物过程包括微生物过程、植物对 P 的吸收以及通过凋落物和根系分泌物向土壤返还。微生物主要通过以下方式影响土壤 P 的生物有效性：①通过生物量周转，改变土壤界面的吸附解吸平衡或增加土壤有机 P 的移动性；②通过分泌质子、有机酸以及铁载体等，溶解含 P 矿物，释放被土壤黏土矿物和铁铝氧化物吸附的 P；③通过分泌磷酸酶和其他酶，水解土壤含 P 有机质，释放磷酸根（Richardson and Simpson，2011）。最初成土阶段（如冰川前缘的砂质冰碛物中），P 主要存在于原生矿物中而无法被生物直接利用（Prietzel et al.，

2013；Zhou et al.，2013)，微生物参与花岗岩的风化和养分释放(Lapanje et al.，2012；Brunner et al.，2011；Frey et al.，2010)，为之后的物种演替提供了条件。土壤发育早期，土壤微生物的活性和生物量均随时间呈增加趋势(Bernasconi et al.，2011；Sigler and Zeyer，2002)，微生物量P的周转逐渐在土壤生物有效态P更新的过程中发挥重要作用。例如，Tamburini等(2012)根据土壤树脂提取态P的磷酸根氧同位素组成推断，在Damma冰川前缘的土壤年代序列，土壤中生物有效态P在被释放前几乎全部经历了微生物的周转过程。同时，土壤有机P随土壤发育在总P中所占比例快速增加(Prietzel et al.，2013；Zhou et al.，2013；Egli et al.，2012)，意味着微生物对有机P的矿化作用逐渐成为土壤中生物有效态P的重要来源。另外，成土早期微生物群落结构随土壤发育发生显著变化(Cutler et al.，2014；Zumsteg et al.，2012；Edwards et al.，2006；Sigler and Zeyer，2004；Sigler et al.，2002)，不同微生物群落占主导的生态系统中养分循环特征差别明显(van der Heijden et al.，2008)，例如，Damma冰川前缘土壤N循环特征因微生物群落演替而不同(Brankatschk et al.，2011；Toewe et al.，2010)，可以推测P的生物地球化学循环可能也会受到微生物群落组成的影响。当前，仍然缺乏定量化探讨土壤发育早期微生物量P周转和有机矿化过程对P的生物有效性影响的研究，对土壤有机P矿化机理的认识存在分歧(Spohn et al.，2015b；Spohn and Kuzyakov，2013；McGill and Cole，1981)，也少有研究关注微生物群落结构变化对早期生态系统中P的生物地球化学循环过程可能会产生的影响。这些问题的解决是认识早期生态系统中微生物如何影响P的生物地球化学循环的基础。

贡嘎山海螺沟冰川退缩区是研究早期成土过程中微生物对P的生物有效性的影响的“天然实验室”。自小冰期结束以来，海螺沟冰川持续退缩，形成一个长约2 km，宽约200 m，垂直高差约100 m的冰川退缩迹地(Bing et al.，2014)。在冰川底碛，发育了由裸地到顶级群落的植被原生演替序列和一个年龄约为120年的土壤年代序列(李逊和熊尚发，1995)。这一土壤年代序列是研究早期生态系统演替规律的理想场所。首先，利用野外数据进行生态过程监测和分析的难点在于多种环境因子共同变化且相互影响。在海螺沟土壤年代序列，成土母质、气候和地形相对一致(Zhou et al.，2016)，土壤发育年龄已准确测定(钟祥浩等，1999)，而且土壤性质和植被群落组成发生有规律的变化(Zhou et al.，2013；李逊和熊尚发，1995)，这为原位研究成土早期微生物结构和功能的演化规律，以及P的生物地球化学循环在短时间尺度上的变化规律提供了条件。其次，在海螺沟冰川退缩区的不同演替阶段和土层，与微生物和P的生物有效性相关的指标具有明显的环境梯度。例如，随土壤发育，微生物生物量增加(Zhou et al.，2013)，而且P的形态和生物有效性也因土层和土壤发育阶段而异(Prietzel et al.，2013；Zhou et al.，2013)。这些环境梯度为利用统计方法分析野外状态下微生物对P的生物有效性的影响提供了条件。最后，地上-地下生态系统的关联是生态学研究的重要课题(Wardle et al.，2004a)，将土壤微生物对P的生物有效性的影响机制与植被演替结合，为早期生态系统的恢复提供依据是生态学研究的目的所在。海螺沟冰川退缩区完整的植被带谱为这一方面的探索提供了条件。我们针对海螺沟冰川退缩区，在土壤发育程度不同的样点采集有机层和矿质土壤表层样品，分析土壤P和微生物的演化特征，从微生物量P周转和微生物参与的有机P矿化两个过程入手，探讨成土早期微生物对土壤P的生物地球化学循环过程的影响机制。

1. 材料与方法

采样点的布置如图 2-2 所示，包括海螺沟冰川退缩区内的 5 个样点(样点 1～5，出露时间为 2～125 年)(钟祥浩等，1999)和一个参考点(样点 6，出露时间约为 1400 年)(Wang et al.，2013a)。2015 年 5 月，在样点 1～6 进行土壤样品采集，每个样点随机设置 3 个土壤剖面(剖面间隔大于 10 m)。在每个土壤剖面自下而上采集矿质土壤表层(A 层，表层 1.5 cm)、腐殖质层(Oa 层)以及半分解层(Oe)的样品，每一土层采集鲜重约 50 g 的土壤。采用 Hedley 连续提取法和原位树脂袋法监测土壤 P 的生物有效性，氯仿熏蒸法测定微生物量，PLFA 分析法分析土壤微生物群落组成，对硝基苯酚(P-nitrophenol，PNP)底物培养-比色法测定土壤酶活性，最后利用多元统计手段揭示微生物量 P 周转和微生物参与的有机 P 矿化对土壤 P 的生物有效性的影响。

2. 微生物量 P 周转对 P 的生物有效性的影响

在海螺沟冰川退缩区，微生物量 P 是重要的土壤 P 库(图 4-14)。森林群落和土壤有机层的出现为微生物繁殖提供了 C 源，而土壤发育过程中原生矿物 P 的快速风化为微生物提供了有效态 P 的来源(Zhou et al.，2016)，这可能是微生物 P 储量迅速积累的原因。海螺沟冰川退缩区的微生物 P 储量计算结果与 Turner 等(2013)在 Franz Josef 土壤年代序列上的计算结果吻合，均表明微生物的 P 储量和植物比较接近(在样点 2～6，微生物 P 储量与植物 P 储量的比例为 0.3～2.7)，甚至在某些阶段超过植物；不同之处在于在海螺沟冰川退缩区针叶树成为优势树种之后，植被 P 储量超过微生物 P 储量，这可能和针叶树阶段相对大的生物量(Wu et al.，2015)以及针叶树相对强的 P 获取能力和相对封闭的 P 循环有关(Richadson et al.，2004；Aerts，1999)。根据以上分析，微生物量 P 周转在 P 循环中的通量可能超过植被生物量 P 的周转，因为微生物量 P 的周转速率远大于植被(Tamburini et al.，2012；Kouno et al.，2002)。除裸地阶段，微生物量 P 的年周转量保守估计(周转周期为一年)(Tamburini et al.，2012)为 2.7～8.1 $g \cdot m^{-2}$，远大于贡嘎山峨眉冷杉的每年通过凋落物归还(0.1～0.2 $g \cdot m^{-2}$)和吸收(0.5 $g \cdot m^{-2}$)的 P 量(罗辑等，2005)。在全球 P 矿有可能耗竭的背景下(Cordell et al.，2009)，需要加深对微生物量 P 循环及对土壤 P 的生物有效性的影响机理的认识，从而为实现农业的可持续化提供帮助。

微生物量 P 一定程度上可以指示 Hedley 方法提取的生物有效态 P 的高低[图 4-15(a)、(c)和(d)]。这一结果支持 Walbridge 和 Vitousek(1987)利用同位素稀释技术获得的结论，即微生物量 P 和酸提取态无机 P(30 $mmol \cdot L^{-1}$ NH_4F + 25 $mmol \cdot L^{-1}$ HCl)相结合可以较准确地表征土壤中的即时可利用态 P 的含量。Hedley 等(1982)发现活体微生物量 P 中小于 1%～8%的 P 可以在 resin-P_i 中被提取出来，1%～15%的 P 可以在 HCO_3-P_i 中提取出来，1%～6%的 P 可以在 HCO_3-P_o 中提取出来，而且提取效率因微生物种类而异。也有研究表明在吸附能力较强的火山灰土(又名暗色土，andosols)中，Olsen 方法(0.5 $mol \cdot L^{-1}$ 的 $NaHCO_3$)提取的 P 有 39%来自微生物量 P(Sugito et al.，2010)；在吸附能力较弱的森林土壤有机层，土壤 RNA 和磷脂的含量变化可能和微生物的动态相关(Vincent et al.，2013)。所以活体微生物可能贡献了部分生物有效态 P，这一定程度上可以解释本研究中微生物量 P 和生物有效态 P 之间的正相关关系。值得指出的是，本研究的结果仅来自相关分析，因此不能排除微生物量 P 和生物有效态 P 同时受其他因素影响而发生协同变化，例如，海螺沟冰川退缩区土壤 TC 含量分别可以分别解释 HCO_3-P_o 和微生物量 P 变异的 40%和超过 70%。因此，需要同位素示踪等技术将土壤微生物量 P 的动态与植物的 P 养分状况直接联系起来，这样才能准确地判识微生物量 P 对生物有效态 P 的贡献。

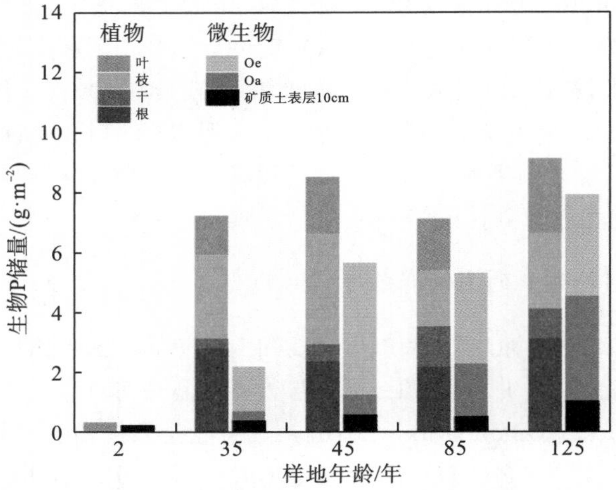

图 4-14 不同演替阶段的微生物 P 储量及与植物 P 储量的对比

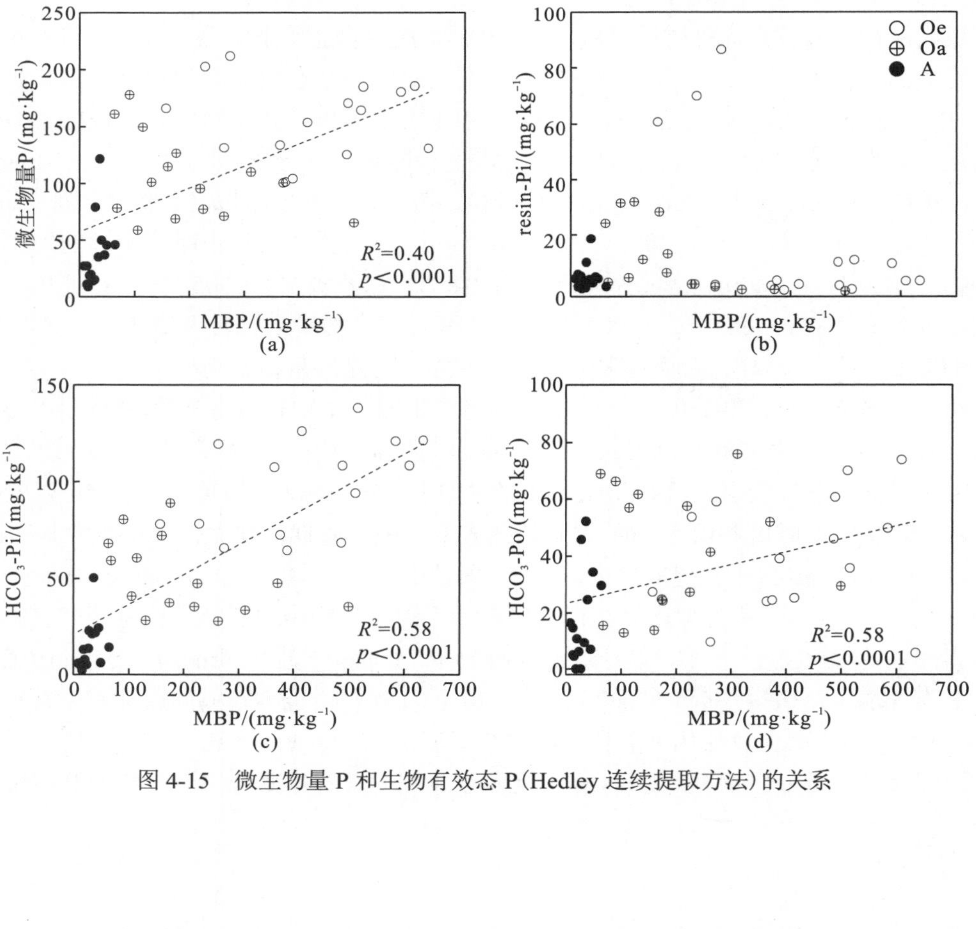

图 4-15 微生物量 P 和生物有效态 P(Hedley 连续提取方法)的关系

然而，微生物量 P 与 resin-P_i 和原位监测的 P 释放速率无线性相关关系[图 4-15(b)，图 4-16]，这可能与研究区森林土壤中相对封闭的 P 循环相关。在海螺沟冰川退缩区，除参考点外，resin-P_i 和 P 的释放速率均处于较低水平，而且流经退缩区的溪流的溶解态无机 P 浓度也较低(8.32 μg·L^{-1})。Wood 等(1984)也发现，在北方阔叶林森林土壤的 P 循环处于相当封闭的状态，水体中的 P 含量极低。这说明森林表层土壤的微生物量 P 发生快速周转，但微生物对 P 的固持和释放处于动态平衡状态，使土壤溶液中的 P 和易解吸的 P 处于较低的水平。

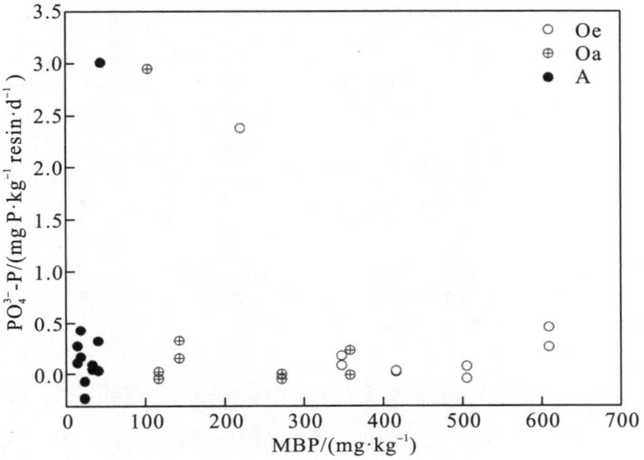

图 4-16　微生物量 P 和 P 的释放速率(原位树脂袋包埋法)的关系

3. 成土早期微生物对土壤有机 P 的矿化机理

微生物分泌磷酸酶实现对土壤有机 P 的矿化，然而土壤有机 P 矿化的驱动机制仍没有定论。根据 McGill 和 Cole(1981)的模型，土壤有机 P 的矿化受微生物 P 需求驱动，而相对独立于 C 的矿化。然而，在海螺沟冰川退缩区，P 的生物有效性和 P 的矿化速率之间仅存在弱相关。基于多元线性回归分析，resin-P_i 分别解释了酸性和碱性磷酸酶变异的 9%和 7%(表 4-13)。因为酶活性除了与微生物资源分配策略有关，还受微生物量影响(Allison et al., 2007)，所以本研究也分析了 P 的生物有效性和磷酸酶效率(酶活性/微生物量)的关系。结果显示 resin-P_i 与磷酸酶效率相关性较弱(R^2< 0.10，表 4-13)。另外，在样点 6 的 Oe 层，resin-P_i 高达 87 mg·kg^{-1}，而该样点磷酸酶活性仍然较高，体现在土壤 β-葡糖苷酶与磷酸酶的比值为 0.49，低于世界土壤的平均值 0.62(Sinsabaugh et al., 2009)。之前也有报道表明在 P 的生物有效性的自然梯度上，磷酸酶活性不随 P 的生物有效性的增加而下降。例如，在夏威夷土壤年代序列的发育中期，磷酸酶活性和 P 的生物有效性同时达到最高(Olander and Vitousek, 2000)；在 Franz Josef 土壤年代序列的前期，P 的浓度发生明显变异，而磷酸酶活性变化不明显(Allison et al., 2007)。另外，也有研究报道长期(10 年)添加 P 肥后，土壤磷酸酶的活性依然维持较高水平(Turner and Wright, 2014)。因此，本书研究结果显示，McGill 和 Cole 的模型可能不适用于海螺沟冰川退缩区，有机 P 的矿化速率可能受 P

的生物有效性之外的因素控制。

表 4-13　有机 P 矿化速率和潜在影响因素的相关关系(多元线性回归)

因变量	入选模型的自变量[a]	单变量 R^2	模型 R^2	F 值	P
ACP	β-葡糖苷酶活性(+)[b]	0.57	0.66	56.43	< 0.0001
	resin-P_i (−)	0.09		12.33	= 0.0011
ALP	β-葡糖苷酶活性(+)	0.69	0.78	95.52	< 0.0001
	resin-P_i(−)	0.07		12.82	= 0.0011
	生物有效态 P (+)	0.02		4.31	= 0.0443
酸性磷酸酶效率	β-葡糖苷酶效率(+)	0.41	0.46	30.02	< 0.0001
	resin-P_i(−)	0.05		4.06	= 0.0502
碱性磷酸酶效率	−-葡糖苷酶效率(+)	0.56	0.65	54.93	< 0.0001
	resin-P_i(−)	0.09		11.39	= 0.0016

注：a：对于磷酸酶活性，自变量包括 resin-P_i、生物有效态 P 和 β-葡糖苷酶活性；对于磷酸酶效率，选择的自变量包括 resin-P_i、生物有效态 P 和 β-葡糖苷酶效率。b：(+)表示正相关，(−)表示负相关。

在海螺沟冰川退缩区，微生物对 C 的需求可能是驱动有机 P 矿化的主要因素。土壤微生物普遍受 C 限制，而在土壤发育初期尤其明显(Göransson et al.，2011；Wardle，1992)。在样点 2～6，微生物量 C∶P 计量比的平均值为 37∶1，明显低于世界森林土壤微生物量 C∶P 计量比的平均值(74∶1)(Cleveland and Lipzin，2007)，所以海螺沟冰川退缩区土壤微生物可能主要受 C 限制。微生物优先从 C∶P 计量比较低的有机质中获取 C 源(Hoppe and Ullrich，1999)。为利用含 P 有机质作为 C 源，需首先分泌磷酸酶断开磷酸酯键，因而 C 的分解和有机 P 的矿化是同步的(Spohn et al.，2015b)。在样点 2～6，C 的分解和有机 P 的矿化强度呈显著正相关，这体现在 β-葡糖苷酶活性(表征 C 的潜在分解速率)分别解释了 ACP 和 ALP(表征有机 P 的潜在矿化速率)变异的 57%和 69%；类似地，β-葡糖苷酶效率分别解释了酸性和碱性磷酸酶效率变异的 41%和 56%(表 4-13)。因此，C 的分解可能是影响有机 P 矿化的重要因素。

当 C 的分解速率较高时，微生物会发生对 P 的过度积累，说明磷酸根可能会作为 C 矿化的副产物释放出来。随 β-葡糖苷酶效率增加，微生物量 C∶P 计量比降低，最低值达 8∶1[图 4-17(a)]，而不是随土壤 C∶P 计量比的增加而增加[图 4-17(a)和(b)]。类似地，在易分解 C 含量高(表现为 $\delta^{13}C$ 值低)时(Wang et al.，2013b)，微生物量 C∶P 也较低(图 4-18)。这说明在 C 矿化强度较高的土壤有机层，一部分磷酸根作为 C 矿化的副产物被释放出来，并在微生物细胞内富集。Spohn 和 Kuzyakov(2013)、Heuck 等(2015)也报道了有机质分解过程中会有超过微生物需求的 P 被释放出来。通过土壤培养实验，他们发现温带土壤中微生物矿化葡萄糖-6-磷酸，但只吸收小部分矿化产生的磷酸根。因此，本节研究结果显示 C 驱动模型很可能适用于海螺沟冰川退缩区。

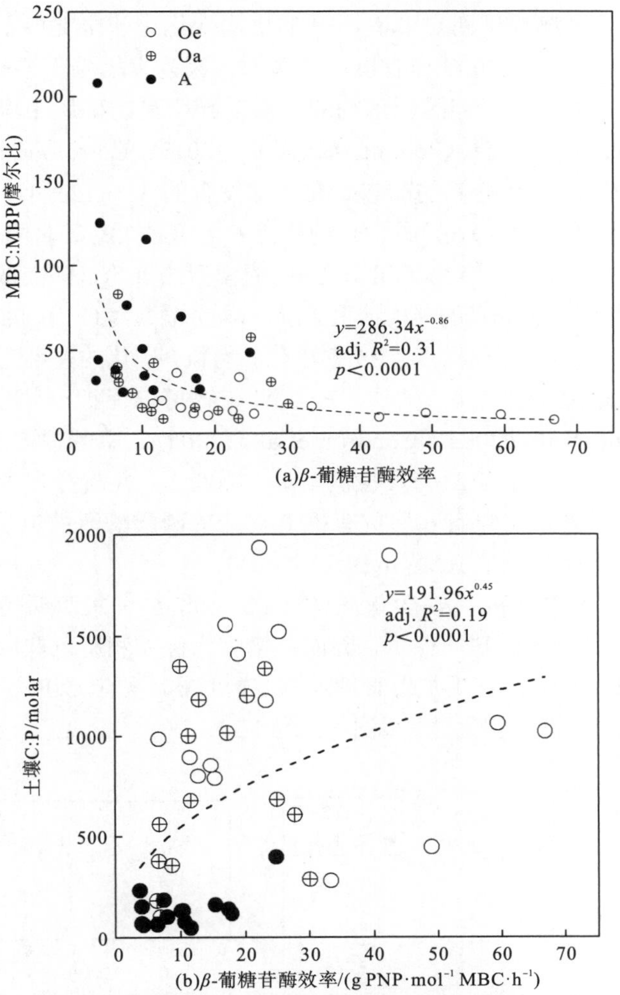

图 4-17　β-葡糖苷酶效率和微生物 C∶P 计量比的关系以及 β-葡糖苷酶效率和土壤 C∶P 计量比的关系

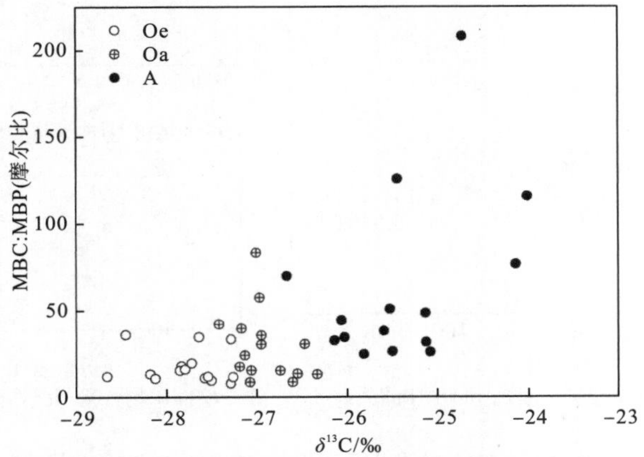

图 4-18　稳定 C 同位素组成和微生物量 C∶P 计量比的关系

海螺沟冰川退缩区演替早期 C 和有机 P 的协同变化进一步支持了 C 驱动模型。本节研究未分析 Oe 层和 Oa 层土壤 C 和有机 P 的关系，因为有机层土壤来源复杂，其 C：P_o 受凋落物性质影响较大，而研究区凋落物的质量差异明显。矿质土壤的有机质来源相对较为一致（Cotrufo et al.，2015；Clemmensen et al.，2013；Cotrufo et al.，2013），因而可以辨识出矿化过程中 C 和有机 P 的动态。在土壤发育的 35～125 年，矿质表层土壤的 C 和有机 P 含量密切相关[图 4-19(a)]。然而，到样点 6 土壤 C：P_o 显著降低[t 检测，$p<0.001$；图 4-19(a)]。这一现象似乎支持 McGill 和 Cole 的模型的推论，即在成土早期，有机 P 的积累速率大于 C。然而，进一步的分析结果显示，样点 6 土壤 C：P_o 的下降与无定形 Fe 和 Al 的增加有关。首先，在样点 6 和样点 2～5，C 矿化和有机 P 矿化的关系无明显差异（图 4-20），这说明 C 驱动模型适用于样点 6；其次，Fe、Al 矿物可以保护一部分有机 P，使其不受磷酸酶水解（Vincent et al.，2012；Condron et al.，2005）。草酸提取态 Fe、Al 及其结合态 P 均在样点 6 显著高于样点 2～5（t 检测，$p<0.001$），并与样点 6 土壤 C：P_o 的下降相关[图 4-19(b)]。另外，在样点 6 单位有机 P 对应的磷酸酶活性也显著下降，这可能也与无定形 Fe、Al 的保护作用有关[图 4-19(c) 和 (d)]。

综上，成土早期无定形 Fe、Al 含量低（样点 2～5），C 需求驱动的有机 P 矿化使 C 和有机 P 同步积累（此时有机 P 缺乏保护，因而被微生物优先利用以获取 C 源，可能造成早期土壤 C：P_o 计量比较高）；在更加发育的土壤（样点 6），无定形 Fe、Al 增加，使更多有机 P 受到保护，因此有机 P 积累速率高于 C（图 4-21）。

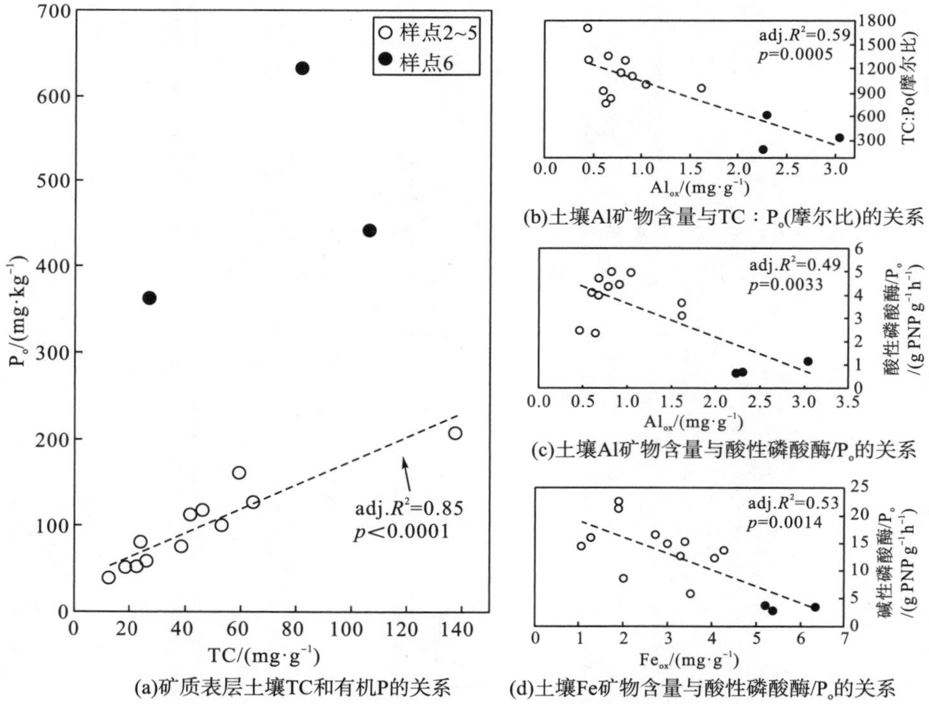

(a)矿质表层土壤TC和有机P的关系

(b)土壤Al矿物含量与TC：P_o(摩尔比)的关系

(c)土壤Al矿物含量与酸性磷酸酶/P_o的关系

(d)土壤Fe矿物含量与酸性磷酸酶/P_o的关系

图 4-19 矿质表层土壤 TC 和有机 P 的关系以及土壤 Fe、Al 矿物对土壤有机 P 的保护作用

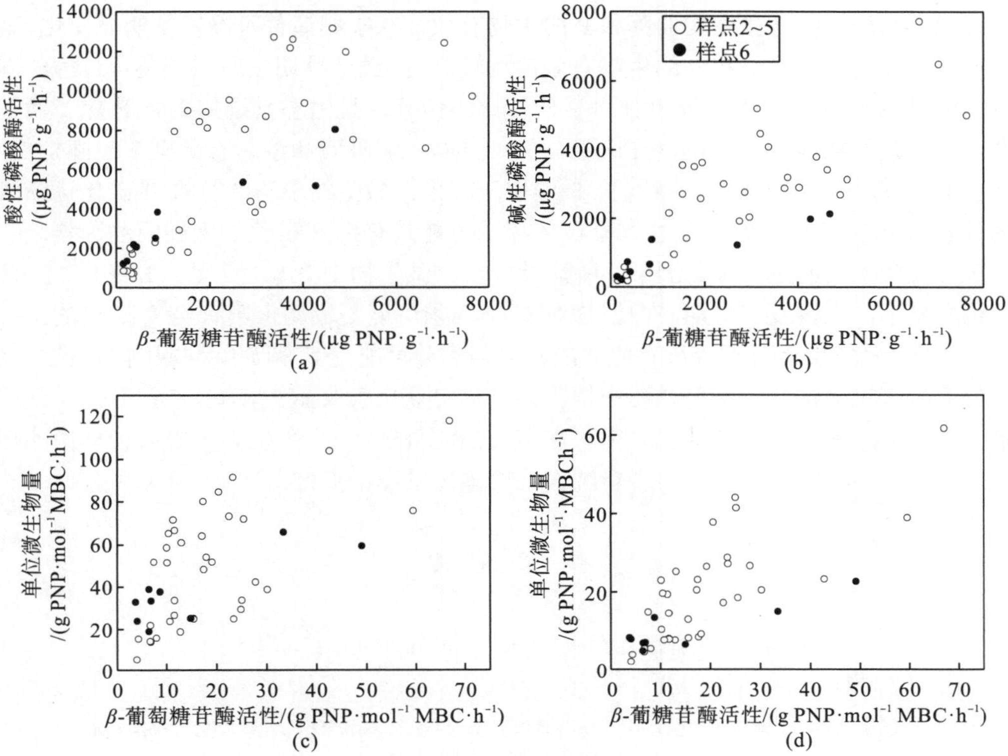

图 4-20　*β*-葡糖苷酶和磷酸酶的关系

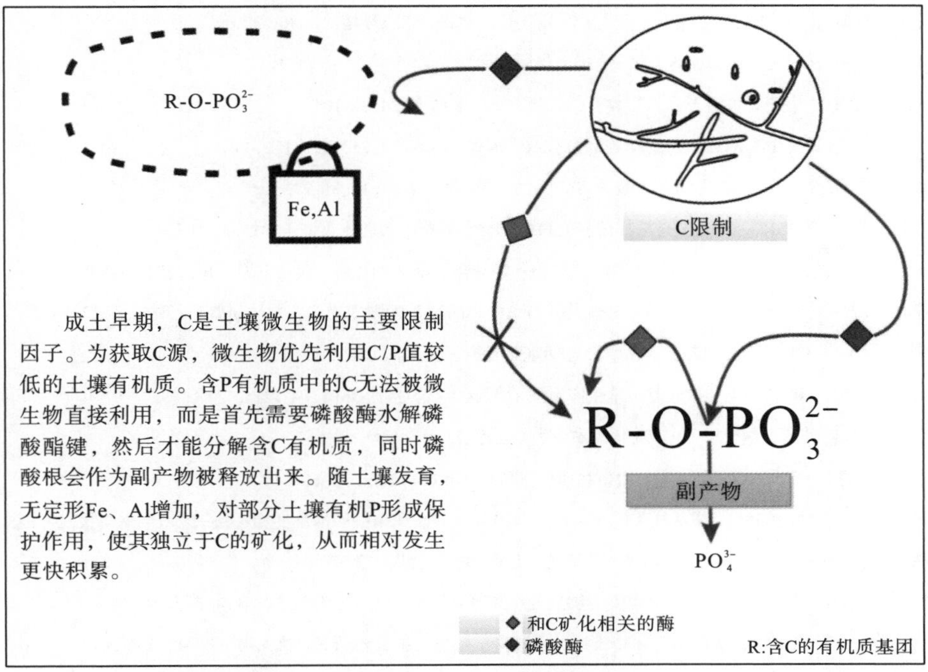

R-O-PO₃²⁻
Fe,Al
C限制
成土早期，C是土壤微生物的主要限制因子。为获取C源，微生物优先利用C/P值较低的土壤有机质。含P有机质中的C无法被微生物直接利用，而是首先需要磷酸酶水解磷酸酯键，然后才能分解含C有机质，同时磷酸根会作为副产物被释放出来。随土壤发育，无定形Fe、Al增加，对部分土壤有机P形成保护作用，使其独立于C的矿化，从而相对发生更快积累。
R-O-PO₃²⁻
副产物
PO₄³⁻
和C矿化相关的酶
磷酸酶
R:含C的有机质基团

图 4-21　成土早期有机 P 矿化机理的概念模型

海螺沟冰川退缩区微生物群落和P的生物有效性在不同演替阶段发生明显变化，其中固氮植被阶段的微生物量和P的生物有效性均较高，凸显了早期生态系统发育过程中固氮植被的重要性。微生物P储量和植物P储量比较接近，是生态系统的重要P库。微生物量P一方面是生物有效态P的潜在来源，另一方面对弱吸附和溶解态无机P起固持作用，降低了P的流失风险。伴随土壤有机P的快速积累，微生物参与的有机P矿化逐渐成为生物有效态P的重要来源，微生物对C的需求可能是有机P矿化的主要驱动因素。C是退缩区土壤微生物的主要限制因子，酶活性分析、微生物C∶P计量比、土壤C∶P_o计量比等结果显示，土壤发育早期，微生物对C的需求可能是驱动土壤有机P矿化的主要机制。基于生态系统发育早期植被有较大的养分需求并可能受N和P共同限制，由微生物C需求驱动的有机P矿化对演替过程中植物的P养分获取意义重大。这些认识有助于理解生态系统发育早期P的生物地球化学循环和植被的演替规律，也可以为恢复和管理由冰川退缩、地质灾害和工程活动导致的“新鲜”地质体提供理论支持。

参考文献

曹庆芹, 冯永庆, 刘玉芬, 等. 2011. 菌根真菌促进植物磷吸收研究进展. 生命科学, 23: 407-413.

曹志平, 2007. 土壤生态学. 北京: 化学工业出版社.

范丙全, 金继运, 葛诚. 2004. 溶磷真菌促进磷素吸收和作物生长的作用研究. 植物营养与肥料学报, 10: 620-624.

方亭亭, 邓桂芳, 刘华中, 等. 2010. 一株磷矿粉分解细菌的筛选与鉴定. 湖北民族学院学报: 自然科学版, 28: 30-32.

黄昌勇. 2000. 土壤学. 北京: 中国农业出版社.

黄敏, 吴金水, 黄巧云, 等. 2003. 土壤磷素微生物作用的研究进展. 生态环境, 12: 366-370.

李晓林, 冯固. 2001. 丛枝菌根生态生理. 北京: 华文出版社.

李孝良, 于群英. 2003. 土壤有机磷形态的生物有效性研究. 土壤通报, 34: 98-101.

李逊, 熊尚发. 1995. 贡嘎山海螺沟冰川退却迹地植被原生演替. 山地研究, 13: 109-115.

连宾, 陈烨, 朱立军, 等. 2009. 微生物对碳酸盐岩的风化作用. 地学前缘, 15: 90-99.

罗辑, 程根伟, 李伟, 等. 2005. 贡嘎山天然林营养元素生物循环特征. 北京林业大学学报, 2: 13-17.

吕学斌, 孙亚凯, 张毅民. 2007. 几株高效溶磷菌株对不同磷源溶磷活力的比较. 农业工程学报, 23: 195-197.

孟庆华, 李根英. 2006. 山东省主要土类的有机磷及其与磷酸化酶和解磷微生物的相关性研究. 土壤通报, 37: 84-87.

苏珍, 施雅风. 2000. 小冰期以来中国季风温冰川对全球变暖的响应. 冰川冻土, 22: 223-229.

王吉鹏, 吴艳宏. 2016. 磷的生物有效性对山地生态系统的影响. 生态学报, 36: 1204-1214.

王敬国, 1955. 植物营养的土壤化学. 北京: 北京农业大学出版社.

王义, 贺春萍, 郑肖兰, 等. 2009. 土壤解磷微生物研究进展. 安徽农学通报, 15: 60-64.

吴强盛, 夏仁学, 邹英宁. 2006. 柑橘丛枝菌根真菌生长与根际有效磷和磷酸酶活性的相关性. 应用生态学报, 17: 685-689.

杨慧. 2007. 溶磷高效菌株筛选鉴定及其溶磷作用研究. 北京: 中国农业科学院.

易艳梅, 黄为一. 2010. 不同生态区土壤溶磷微生物的分布特征及影响因子. 生态与农村环境学报, 26: 448-453.

赵小蓉, 林启美, 李保国. 2002. 溶磷菌对4种难溶性磷酸盐溶解能力的初步研究. 微生物学报, 42: 236-241.

钟传青, 黄为一. 2005. 不同种类解磷微生物的溶磷效果及其磷酸酶活性的变化. 土壤学报, 42: 286-293.

钟传青. 2004. 解磷微生物溶解磷矿粉和土壤难溶磷的特性及其溶磷方式研究. 南京: 南京农业大学.

钟祥浩, 张文敬, 罗辑. 1999. 贡嘎山地区山地生态系统与环境特征. Ambio-人类环境杂志, 28: 648-654.

Aerts R. 1999. The mineral nutrition of wild plants revisited: a re-evaluation of processes and patterns. Advances in Ecological Research, 1-67.

Agbenin J O, Goladi J T. 1998. Dynamics of phosphorus fractions in a savanna Alfisol under continuous cultivation. Soil Use and Management, 14: 59-64.

Alden L, Demoling F, Baath E. 2001. Rapid method of determining factors limiting bacterial growth in soil. Applied and Environmental Microbiology, 67: 1830-1838.

Allison V, Condron L, Peltzer D, et al. 2007. Changes in enzyme activities and soil microbial community composition along carbon and nutrient gradients at the Franz Josef chronosequence, New Zealand. Soil Biology and Biochemistry, 39: 1770-1781.

Anderson B H, Magdoff F R. 2005. Autoclaving soil samples affects algal-available phosphorus. Journal of Environmental Quality, 34: 1958-1963.

Anderson J P E, Domsch K H. 1975. Measurement of bacterial and fungal contributions to respiration of selected agricultural and forest soils. Canadian Journal of Microbiology, 21: 314-322.

Araujo M S B, Schaefer C E R, Sampaio E V S B. 2004. Soil phosphorus fractions from toposequences of semi-arid Latosols and Luvisols in northeastern Brazil. Geoderma, 119: 309-321.

Baath E, Frostegard A, Pennanen T, et al. 1995. Microbial community structure and ph response in relation to soil organic-matter quality in wood-ash fertilized, clear-cut or burned coniferous forest soils. Soil Biology & Biochemistry, 27: 229-240.

Banik S, Dey B K. 1982. Available phosphate content of an alluvial soil as influenced by inoculation of some isolated phosphate-solubilizing microorganisms. Plant and Soil, 69: 353-364.

Banik S. 1983. Variation in potentiality of phosphate-solubilizing soil-microorganisms with phosphate and energy-source. zentralblatt fur mikrobiologie, 138: 209-216.

Bardgett R D, Bowman W D, Kaufmann R, et al. 2005. A temporal approach to linking aboveground and belowground ecology. Trends in Ecology Evolution, 20: 634-641.

Bardgett R D, Freeman C, Ostle N J. 2008. Microbial contributions to climate change through carbon cycle feedbacks. I Journal, 2: 805-814.

Bernasconi S M, Stefano M, Andreas B, et al. 2011. Chemical and biological gradients along the Damma glacier soil chronosequence, Switzerland. Vadose Zone Journal, 10: 867-883.

Bing H, Wu Y, Zhou J, et al. 2014. Atmospheric deposition of lead in remote high mountain of eastern Tibetan Plateau, China. Atmospheric Environment, 99: 425-435.

Blaalid R, Carlsen T, Kumar S, et al. 2012. Changes in the root-associated fungal communities along a primary succession gradient analysed by 454 pyrosequencing. Molecular Ecology, 21 (8): 1897-1908.

Blaalid R, Davey M L, Kauserud H, et al. 2014. Arctic root-associated fungal community composition reflects environmental filtering. Molecular Ecology, 23 (3): 649-659.

Bolan N S. 1991. A critical-review on the role of mycorrhizal fungi in the uptake of phosphorus by plants. Plant and Soil, 134: 189-207.

Borga P, Nilsson M, Tunlid A. 1994. Bacterial communities in peat in relation to botanical composition as revealed by phospholipid fatty-acid analysis. Soil Biology & Biochemistry, 26: 841-848.

Bossio D A, Scow K M. 1995. Impact of carbon and flooding on the metabolic diversity of microbial communities in soils. Applied and Environmental Microbiology, 61: 4043-4050.

Bossio D A, Scow K M. 1998. Impacts of carbon and flooding on soil microbial communities: phospholipid fatty acid profiles and substrate utilization patterns. Microbial Ecology, 35: 265-278.

Bowman R A, Cole C V. 1978a. An exploratory method for fractionation of organic phosphorus from grassland soils. Soil Science, 125: 95-101.

Bowman R A, Cole C V. 1978b. Transformations of organic phosphorus substrates in soils as evaluated by nahco3 extraction. Soil Science, 125: 49-54.

Brankatschk R, Towe S, Kleineidam K, et al. 2011. Abundances and potential activities of nitrogen cycling microbial communities along a chronosequence of a glacier forefield. The ISME journal, 5: 1025-1037.

Brate J, Logares R, Berney C, et al. 2010. Freshwater Perkinsea and marine-freshwater colonizations revealed by pyrosequencing and phylogeny of environmental rDNA. ISME Journal, 4 (9) : 1144-1153.

Brookes P C, Powlson D S, Jenkinson D S. 1984. Phosphorus in the soil microbial biomass. Soil Biology & Biochemistry, 16: 169-175.

Brown S P, Jumpponen A. 2014. Contrasting primary successional trajectories of fungi and bacteria in retreating glacier soils. Molecular Ecology, 23 (2) : 481-497.

Brunner I, Plötze M, Rieder S, et al. 2011. Pioneering fungi from the Damma glacier forefield in the Swiss Alps can promote granite weathering. Geobiology, 9: 266-279.

Budge K, Leifeld J, Hiltbrunner E, et al. 2011. Alpine grassland soils contain large proportion of labile carbon but indicate long turnover times. Biogeosciences, 8: 1911-1923.

Cavalier-Smith T, Lewis R, Chao E E, et al. 2009. Helkesimastix marina n. sp (Cercozoa: Sainouroidea superfam. n.) a gliding zooflagellate of novel ultrastructure and unusual ciliary behaviour. Protist, 160 (3) : 452-479.

Cazares E, Trappe J M, Jumpponen A. 2005. Mycorrhiza-plant colonization patterns on a subalpine glacier forefront as a model system of primary succession. Mycorrhiza, 15 (6) : 405-416.

Chauhan B S, Stewart J W B, Paul E A. 1981. Effect of labile inorganic-phosphate status and organic-carbon additions on the microbial uptake of phosphorus in soils. Canadian Journal of Soil Science, 61: 373-385.

Chen C R, Condron L M, Davis M R, et al. 2000a. Effects of afforestation on phosphorus dynamics and biological properties in a New Zealand grassland soil. Plant and Soil, 220: 151-163.

Chen G C, He Z L, Huang C Y. 2000b. Microbial biomass phosphorus and its significance in predicting phosphorus availability in red soils. Communications in Soil Science and Plant Analysis, 31: 655-667.

Chen G C, He Z L. 2002. Microbial biomass phosphorus turnover in variable-charge soils in China. Communications in Soil Science and Plant Analysis, 33: 2101-2117.

Chen M, Xu P, Zeng G, et al. 2015. Bioremediation of soils contaminated with polycyclic aromatic hydrocarbons, petroleum, pesticides, chlorophenols and heavy metals by composting: applications, microbes and future research needs. Biotechnology Advances, 33 (6) : 745-755.

Chen Y P, Rekha P D, Arun A B, et al. 2006. Phosphate solubilizing bacteria from subtropical soil and their tricalcium phosphate solubilizing abilities. Applied Soil Ecology, 34: 33-41.

Cheng G, Luo J. 2002. Successional features and dynamic simulation of sub-alpine forest in the Gongga Mountain, China. Acta Ecologica Sinica, 22 (7) : 1049-1056.

Cheng G. 1996. Exploration of precipitation features on extra-high zone of Mt. Gongga. Mountain research, 14: 177-182.

Clemmensen K E, Bahr A, Ovaskainen O, et al. 2013. Roots and associated Fungi Drive long-term carbon sequestration in boreal forest. Science, 339: 1615-1618.

Cleveland C C, Liptzin D. 2007. C∶N∶P stoichiometry in soil: is there a “Redfield ratio” for the microbial biomass? Biogeochemistry, 85: 235-252.

Cleveland C C, Townsend A R, Schmidt S K. 2002. Phosphorus limitation of microbial processes in moist tropical forests: evidence from short-term laboratory incubations and field studies. Ecosystems, 5: 680-691.

Cocking E C. 2003. Endophytic colonization of plant roots by nitrogen-fixing bacteria. Plant and Soil, 252: 169-175.

Condron L M, Turner B L, Cade-Menun B J. 2005. Chemistry and dynamics of soil organic phosphorus. Agronomy, 46: 87.

Cordell D, Drangert J-O, White S. 2009. The story of phosphorus: global food security and food for thought. Global Environ Change, 19: 292-305.

Cotrufo M F, Soong J L, Horton A J, et al. 2015. Formation of soil organic matter via biochemical and physical pathways of litter mass loss. Nature Geoscience, 8(10): 776-779.

Cotrufo M F, Wallenstein M D, Boot C M, et al. 2013. The Microbial Efficiency-Matrix Stabilization (MEMS) framework integrates plant litter decomposition with soil organic matter stabilization: do labile plant inputs form stable soil organic matter? Global Change Biology, 19: 988-995.

Couteaux M M, Sarmiento L, Bottner P, et al. 2002. Decomposition of standard plant material along an altitudinal transect (65-3968 m) in the tropical Andes. Soil Biology & Biochemistry, 34: 69-78.

Covacevich F, Echeverria H E, Aguirrezabal L A N. 2007. Soil available phosphorus status determines indigenous mycorrhizal colonization of field and glasshouse-grown spring wheat from Argentina. Applied Soil Ecology, 35: 1-9.

Currey P M, Johnson D, Sheppard L J, et al. 2010. Turnover of labile and recalcitrant soil carbon differ in response to nitrate and ammonium deposition in an ombrotrophic peatland. Global Change Biology, 16: 2307-2321.

Cutler N A, Chaput D L, van der Gast C J. 2014. Long-term changes in soil microbial communities during primary succession. Soil Biology & Biochemistry, 69: 359-370.

De Boer W, Folman L B, Summerbell R C, et al. 2005. Living in a fungal world: impact of fungi on soil bacterial niche development. Fems Microbiology Reviews, 29: 795-811.

DeForest J L, Scott L G. 2010. Available organic soil phosphorus has an important influence on microbial community composition. Soil Science Society of America Journal, 74: 2059-2066.

DeForest J L, Smemo K A, Burke D J, et al. 2012. Soil microbial responses to elevated phosphorus and pH in acidic temperate deciduous forests. Biogeochemistry, 109: 189-202.

Devi N B, Yadava P S. 2006. Seasonal dynamics in soil microbial biomass C, N and P in a mixed-oak forest ecosystem of Manipur, North-east India. Applied Soil Ecology, 31: 220-227.

Dey B, Banik S, Nath S. 1976. Residual effect of organic manures on the microbial population and phosphate solubilizing power of wheat [*Triticum aestivum* L.] rhizosphere soils. Indian Agriculturist, 20: 245-249.

Djukic I, Zehetner F, Mentler A, et al. 2010. Microbial community composition and activity in different Alpine vegetation zones. Soil Biology & Biochemistry, 42: 155-161.

Edwards I, Bürgmann H, Miniaci C, et al. 2006. Variation in microbial community composition and culturability in the rhizosphere of *Leucanthemopsis alpina* (L.) Heywood and adjacent bare soil along an alpine chronosequence. Microbial Ecology, 52: 679-692.

Egli M, Filip D, Mavris C, et al. 2012. Rapid transformation of inorganic to organic and plant-available phosphorous in soils of a glacier forefield. Geoderma, 189-190: 215-226.

Egli M, Fitze P, Mirabella A. 2001. Weathering and evolution of soils formed on granitic, glacial deposits: results from chronosequences of Swiss alpine environments. Catena, 45(1): 19-47.

Ehrlich H L. 1996. Geomicrobiology. New York: Marcel Dekker ,Inc.

Elser J J, Bracken M E S, Cleland E E, et al. 2007. Global analysis of nitrogen and phosphorus limitation of primary producers in freshwater, marine and terrestrial ecosystems. Ecology Letters, 10: 1135-1142.

Elser J J, Fagan W, Kerkhoff A, et al. 2010. Biological stoichiometry of plant production: metabolism, scaling and ecological response to global change. New Phytologist, 186: 593-608.

Erlich H L. 1996. Geomicrobiology. New York: Marcel Dekker.

Esberg C, du Toit B, Olsson R, et al. 2010. Microbial responses to P addition in six South African forest soils. Plant and Soil, 329: 209-225.

Feng X J, Nielsen L L, Simpson M J. 2007. Responses of soil organic matter and microorganisms to freeze-thaw cycles. Soil Biology & Biochemistry, 39: 2027-2037.

Fierer N, Jackson R B. 2006. The diversity and biogeography of soil bacterial communities. Proceedings of the National Academy of Sciences of the United States of America, 103: 626-631.

Filippelli G M. 2008. The global phosphorus cycle: past, present, and future. Elements, 4: 89-95.

Franzluebbers A J. 1999. Microbial activity in response to water-filled pore space of variably eroded southern Piedmont soils. Applied Soil Ecology, 11: 91-101.

Frey B, Rieder S R, Brunner, et al. 2010. Weathering-associated bacteria from the Damma glacier forefield: physiological capabilities and impact on granite dissolution. Applied and Environmental Microbiology, 76: 4788-4796.

Frostegard A, Baath E. 1996. The use of phospholipid fatty acid analysis to estimate bacterial and fungal biomass in soil. Biology and Fertility of Soils, 22: 59-65.

Gallardo A, Schlesinger W H. 1994. Factors limiting microbial biomass in the mineral soil and forest floor of a warm-temperate forest. Soil Biology & Biochemistry, 26: 1409-1415.

Gardner A S, Sharp M J, Koerner R M, et al. 2009. Near-surface temperature lapse rates over Arctic glaciers and their implications for temperature downscaling. Journal of Climate, 22: 4281-4298.

Gartner T B, Cardon Z G. 2004. Decomposition dynamics in mixed-species leaf litter. Oikos, 104: 230-246.

Gerdeman J W. 1968. Vesicular-arbuscular mycorrhiza and plant growth. Annual Review of Phytopathology, 6: 397-418.

Gerretsen F C. 1948. The influence of microorganisms on the phosphate intake by the plant. Plant and Soil, 1: 51-81.

Goldstein A H. 1995. Recent progress in understanding the molecular-genetics and biochemistry of calcium-phosphate solubilization by gram-negative bacteria. Biological Agriculture & Horticulture, 12: 185-193.

Göransson H, Olde Venterink H, Bååth E. 2011. Soil bacterial growth and nutrient limitation along a chronosequence from a glacier forefield. Soil Biology and Biochemistry, 43: 1333-1340.

Gray E J, Smith D L. 2005. Intracellular and extracellular PGPR: commonalities and distinctions in the plant-bacterium signaling processes. Soil Biology & Biochemistry, 37: 395-412.

Greaves M P, Anderson G, Webley D M. 1967. Hydrolysis of inositol phosphates by aerobacter aerogenes. Biochimica Et Biophysica Acta, 132: 412-418.

Green J L, Bohannan B J M, Whitaker R J. 2008. Microbial biogeography: from taxonomy to traits. Science, 320: 1039-1043.

Green J, Bohannan B J M. 2006. Spatial scaling of microbial biodiversity. Trends in Ecology & Evolution, 21: 501-507.

Griffiths B S, Ritz K, Ebblewhite N, et al. 1999. Soil microbial community structure: effects of substrate loading rates. Soil Biology & Biochemistry, 31: 145-153.

Groffman P M, Fisk M C. 2011. Phosphate additions have no effect on microbial biomass and activity in a northern hardwood forest. Soil Biology & Biochemistry, 43: 2441-2449.

Gyaneshwar P, Kumar G N, Parekh L J, et al. 2002. Role of soil microorganisms in improving P nutrition of plants. Plant and Soil, 245: 83-93.

Hagerberg D, Thelin G, Wallander H. 2003. The production of ectomycorrhizal mycelium in forests: relation between forest nutrient status and local mineral sources. Plant and Soil, 252: 279-290.

Hamdan R, El-Rifai H M, Cheesman A W, et al. 2012. Linking phosphorus sequestration to carbon humification in wetland soils by P-31 and C-13 NMR spectroscopy. Environmental Science & Technology, 46: 4775-4782.

Harvey P R, Warren R A, Wakelin S. 2009. Potential to improve root access to phosphorus: the role of non-symbiotic microbial inoculants in the rhizosphere. Crop & Pasture Science, 60: 144-151.

Hashimoto S, Suzuki M. 2004. The impact of forest clear-cutting on soil temperature: a comparison between before and after cutting, and between clear-cut and control sites. Journal of Forest Research, 9: 125-132.

He L, Tang Y. 2008. Soil development along primary succession sequences on moraines of Hailuogou glacier, Gongga Mountain, Sichuan, China. Catena, 72(2): 259-269.

Hedley M J, Stewart J W B, Chauhan B S. 1982. Changes in inorganic and organic soil-phosphorus fractions induced by cultivation practices and by laboratory incubations. Soil Science Society of America Journal, 46: 970-976.

Henri F, Laurette N N, Annette D, et al. 2008. Solubilization of inorganic phosphates and plant growth promotion by strains of Pseudomonas fluorescens isolated from acidic soils of Cameroon. Afr J Microbiol Res, 2(7): 171-178.

Heuck C, Weig A, Spohn M. 2015. Soil microbial biomass C∶N∶P stoichiometry and microbial use of organic phosphorus. Soil Biology and Biochemistry, 85: 119-129.

Hinsinger P. 1998. How do plant roots acquire mineral nutrients? Chemical processes involved in the rhizosphere. Advances in Agronomy, 64: 225-265.

Hobbie S E, Vitousek P M. 2000. Nutrient limitation of decomposition in Hawaiian forests. Ecology, 81: 1867-1877.

Hodkinson I D, Coulson S J, Webb N R. 2003. Community assembly along proglacial chronosequences in the high Arctic: vegetation and soil development in north-west Svalbard. Journal of Ecology, 91(4): 651-663.

Hoppe H G, Ullrich S. 1999. Profiles of ectoenzymes in the Indian Ocean: phenomena of phosphatase activity in the mesopelagic zone. Aquatic Microbial Ecology, 19: 139-148.

Illmer P, Schinner F. 1992. Solubilization of inorganic phosphates by microorganisms isolated from forest soils. Soil Biology & Biochemistry, 24: 389-395.

Illmer P, Schinner F. 1995. Solubilization of inorganic calcium phosphates-solubilization mechanisms. Soil Biology & Biochemistry, 27: 257-263.

Jangid K, Whitman W B, Condron L M, et al. 2013. Soil bacterial community succession during long-term ecosystem development. Molecular Ecology, 22(12): 3415-3424.

Jayasinghe B A T D, Parkinson D. 2008. Actinomycetes as antagonists of litter decomposer fungi. Applied Soil Ecology, 38: 109-118.

Jenkinson D S, Ladd J N. 1981. Microbial biomass in soil: measurement and turnover//Paul E A, Ladd J N. Soil Biochemistry. New York: Marcel Dekker.

Jia Y, Yu G, He N, et al. 2014. Spatial and decadal variations in inorganic nitrogen wet deposition in China induced by human activity. Scientific Reports, 4: 3763.

Jiang J, Li Y K, Wang M Z, et al. 2013. Litter species traits, but not richness, contribute to carbon and nitrogen dynamics in an alpine meadow on the Tibetan Plateau. Plant and Soil, 373: 931-941.

Joergensen R G, Kuble H, Meyer B, et al. 1995. Microbial biomass phosphorus in soils of beech（Fagus-Sylvatica L）forests. Biology and Fertility of Soils, 19: 215-219.

Joseph S J, Hugenholtz P, Sangwan P, et al. 2003. Laboratory cultivation of widespread and previously uncultured soil bacteria. Applied and Environmental Microbiology, 69: 7210-7215.

Ju Z Q, Ren T S, Hu C S. 2011. Soil thermal conductivity as influenced by aggregation at intermediate water contents. Soil Science Society of America Journal, 75: 26-29.

Jumpponen A, Mattson K, Trappe J M, et al. 1998. Effects of established willows on primary succession on Lyman Glacier forefront, North Cascade Range, Washington, USA: evidence for simultaneous canopy inhibition and soil facilitation. Arctic and Alpine Research, 30(1): 31-39.

Jumpponen A. 2003. Soil fungal community assembly in a primary successional glacier forefront ecosystem as inferred from rDNA sequence analyses. New Phytologist, 158(3): 569-578.

Kaufmann R. 2001. Invertebrate succession on an alpine glacier foreland. Ecology, 82(8): 2261-2278.

Kaur A, Chaudhary A, Kaur A, et al. 2005. Phospholipid fatty acid—a bioindicator of environment monitoring and assessment in soil ecosystem. Current Science, 89: 1103-1112.

Kelly J J, Tate R L. 1998. Use of BIOLOG for the analysis of microbial communities from zinc-contaminated soils. Journal of Environmental Quality, 27: 600-608.

Kieft T L, Wilch E, O' Connor K, et al, 1997. Survival and phospholipid fatty acid profiles of surface and subsurface bacteria in natural sediment microcosms. Applied and Environmental Microbiology, 63: 1531-1542.

Kim K Y, Jordan D, Krishnan H B. 1997. Rahnella aquatilis, a bacterium isolated from soybean rhizosphere, can solubilize hydroxyapatite. Fems Microbiology Letters, 153: 273-277.

Kim K Y, Jordan D, McDonald G A. 1998. Enterobacter agglomerans, phosphate solubilizing bacteria, and microbial activity in soil: effect of carbon sources. Soil Biology & Biochemistry, 30: 995-1003.

Kirkby C A, Kirkegaard J A, Richardson A E, et al. 2011. Stable soil organic matter: a comparison of C∶N∶P∶S ratios in Australian and other world soils. Geoderma, 163: 197-208.

Kirkby C A, Richardson A E, Wade L J, et al. 2013. Carbon-nutrient stoichiometry to increase soil carbon sequestration. Soil Biology and Biochemistry, 60: 77-86.

Kirschbaum M U F. 2006. The temperature dependence of organic-matter decomposition—still a topic of debate. Soil Biology & Biochemistry, 38: 2510-2518.

Knelman J E, Legg T M, O' Neill S P, et al. 2012. Bacterial community structure and function change in association with colonizer plants during early primary succession in a glacier forefield. Soil Biology & Biochemistry, 46: 172-180.

Knops J M H, Bradley K L, Wedin D A. 2002. Mechanisms of plant species impacts on ecosystem nitrogen cycling. Ecology Letters, 5: 454-466.

Koukol O, Novak F, Hrabal R, et al. 2006. Saprotrophic fungi transform organic phosphorus from spruce needle litter. Soil Biology & Biochemistry, 38 (12) : 3372-3379.

Kouno K, Wu J, Brookes P. 2002. Turnover of biomass C and P in soil following incorporation of glucose or ryegrass. Soil Biology and Biochemistry, 34: 617-622.

Kucey R M N, Janzen H H, Leggett M E. 1989. Microbially Mediated Increases in Plant-Available Phosphorus. Adv Agron, 42：199-228.

Kunito T, Tsunekawa M, Yoshida S, et al. 2012. Soil properties affecting phosphorus forms and phosphatase activities in Japanese forest soils: soil microorganisms may be limited by phosphorus. Soil Science, 177: 39-46.

Lane D J. 1991. 16S/23S rRNA sequencing//Stackebrandt E, Goodfellow M. Nucleic Acid Techniques in Bacterial Systematics. New York: John Wiley & Sons: 115-175.

Lapanje A, Wimmersberger C, Furrer G, et al. 2012. Pattern of elemental release during the granite dissolution can be changed by aerobic heterotrophic bacterial strains isolated from Damma glacier (Central Alps) deglaciated granite sand. Microbial Ecology, 63: 865-882.

Leyval C, Berthelin J. 1989. Interactions between laccaria-laccata, agrobacterium-radiobacter and beech roots - influence on P, K, Mg, and Fe mobilization from minerals and plant-growth. Plant and Soil, 117: 103-110.

Li X L, George E, Marschner H. 1991a. Extension of the phosphorus depletion zone in Va-mycorrhizal white clover in a calcareous soil. Plant and Soil, 136: 41-48.

Li X L, Marschner H, George E. 1991b. Acquisition of phosphorus and copper by Va-mycorrhizal hyphae and root-to-shoot transport in white clover. Plant and Soil, 136: 49-57.

Liang C, Balser T C. 2011. Microbial production of recalcitrant organic matter in global soils: implications for productivity and climate policy. Nature Reviews Microbiology, 9 (1) : 75-75.

Lichter J. 1998. Rates of weathering and chemical depletion in soils across a chronosequence of Lake Michigan sand dunes. Geoderma, 85 (4) : 255-282.

Linn D M, Doran J W. 1984. Effect of water-filled pore-space on carbon-dioxide and nitrous-oxide production in tilled and nontilled soils. Soil Science Society of America Journal, 48: 1267-1272.

Liu J J, Sui Y Y, Yu Z H, et al. 2015. Soil carbon content drives the biogeographical distribution of fungal communities in the black soil zone of northeast China. Soil Biology & Biochemistry, 83: 29-39.

Liu L, Gundersen P, Zhang T, et al. 2012. Effects of phosphorus addition on soil microbial biomass and community composition in three forest types in tropical China. Soil Biology & Biochemistry, 44: 31-38.

Liu Q, Liu S, Zhang Y, et al. 2010. Recent shrinkage and hydrological response of Hailuogou glacier, a monsoon temperate glacier on the east slope of Mount Gongga, China. Journal of Glaciology, 56 (196) : 215-224.

Liu S T, Lee L Y, Tai C Y, et al. 1992. Cloning of an Erwinia-herbicola gene necessary for gluconic acid production and enhanced mineral phosphate solubilization in escherichia-coli HB101-nucleotide-sequence and probable involvement in biosynthesis of the coenzyme pyrroloquinoline quinone. Journal of Bacteriology, 174: 5814-5819.

Louche J, Ali M A, Cloutier-Hurteau B, et al, 2010. Efficiency of acid phosphatases secreted from the ectomycorrhizal fungus Hebeloma cylindrosporum to hydrolyse organic phosphorus in podzols. Fems Microbiology Ecology, 73: 323-335.

Ma X J, Chen T, Zhang G S, et al, 2004. Microbial community structure along an altitude gradient in three different localities. Folia Microbiologica, 49: 105-111.

Madigan M T, Martinko J M. 2005. Brock Biology of Microorganisms, 11th. Lebanon: Prentice Hall.

Mannisto M K, Tiirola M, Haggblom M M. 2007. Bacterial communities in Arctic fjelds of Finnish Lapland are stable but highly pH-dependent. Fems Microbiology Ecology, 59: 452-465.

Margesin R, Jud M, Tscherko D, et al. 2009. Microbial communities and activities in alpine and subalpine soils. Fems Microbiology Ecology, 67: 208-218.

McGill W B, Cole C V. 1981. Comparative aspects of cycling of organic C, N, S and P through soil organic-matter. Geoderma, 26: 267-286.

McKinley V L, Peacock A D, White D C. 2005. Microbial community PLFA and PHB responses to ecosystem restoration in tallgrass prairie soils. Soil Biology & Biochemistry, 37: 1946-1958.

Menge J A, Jarrell W M, Labanauskas C K, et al. 1982. Predicting mycorrhizal dependency of Troyer citrange on glomus-fasciculatus in California citrus soils and nursery mixes. Soil Science Society of America Journal, 46: 762-768.

Miyashita N T, Iwanaga H, Charles S, et al. 2013. Soil bacterial community structure in five tropical forests in Malaysia and one temperate forest in Japan revealed by pyrosequencing analyses of 16S rRNA gene sequence variation. Genes & Genetic Systems, 88(2): 93-103.

Moat A, Foster J. 1988. Microbial Physiology. New York: Wiley.

Mohan J E, Cowden C C, Baas P, et al. 2014. Mycorrhizal fungi mediation of terrestrial ecosystem responses to global change: mini-review. Fungal Ecology, 10: 3-19.

Mosse B. 1973. Advances in the study of vesicular-arbuscular mycorrhiza. Annual Review of Phytopathology, 11: 171-196.

Murphy K L, Klopatek J M, Klopatek C C. 1998. The effects of litter quality and climate on decomposition along an elevational gradient. Ecological Applications, 8: 1061-1071.

Murrmann R P, Peech M. 1969. Effect of pH on labile and soluble phosphate in soils. Soil Science Society of America Proceedings, 33: 205-210.

Nahas E. 2007. Phosphate solubilizing microorganisms: Effect of carbon, nitrogen, and phosphorus sources//Velázquez E, Rodríguez-Barrueco C. First International Meeting on Microbial Phosphate Solubilization. Netherlands: Springer: 111-115.

Ndung' u-Magiroi K W, Herrmann L, Okalebo J R, et al. 2012. Occurrence and genetic diversity of phosphate-solubilizing bacteria in soils of differing chemical characteristics in Kenya. Annals of Microbiology, 62: 897-904.

Niklinska M, Klimek B. 2007. Effect of temperature on the respiration rate of forest soil organic layer along an elevation gradient in the Polish Carpathians. Biology and Fertility of Soils, 43: 511-518.

Nilsson L O, Wallander H. 2003. Production of external mycelium by ectomycorrhizal fungi in a Norway spruce forest was reduced in response to nitrogen fertilization. New Phytologist, 158: 409-416.

Oerlemans J. 2005. Extracting a climate signal from 169 glacier records. Science, 308(5722): 675-677.

Ohtonen R, Fritze H, Pennanen T, et al. 1999. Ecosystem properties and microbial community changes in primary succession on a glacier forefront. Oecologia, 119: 239-246.

Olander L P, Vitousek P M. 2000. Regulation of soil phosphatase and chitinase activity by N and P availability. Biogeochemistry, 49: 175-191.

Olander L P, Vitousek P M. 2004. Biological and geochemical sinks for phosphorus in soil from a wet tropical forest. Ecosystems, 7: 404-419.

Olsson P A, Wallander H. 1998. Interactions between ectomycorrhizal fungi and the bacterial community in soils amended with various primary minerals. Fems Microbiology Ecology, 27: 195-205.

Ortas I, Rowell D L. 2000. Effect of pH on amount of phosphorus extracted by 10 mM calcium chloride from three rothamsted soils. Communications in Soil Science and Plant Analysis, 31: 2917-2923.

Paul E A, Clark F E. 1996. Soil Microbiology and Biochemistry. San Diego: Academic Press.

Pettersson M, Baath E. 2003. Temperature-dependent changes in the soil bacterial community in limed and unlimed soil. Fems Microbiology Ecology, 45: 13-21.

Pietri J C A, Brookes P C. 2008. Nitrogen mineralisation along a pH gradient of a silty loam UK soil. Soil Biology & Biochemistry, 40: 797-802.

Prietzel J, Christophel D, Traub C, et al. 2015. Regional and site-related patterns of soil nitrogen, phosphorus, and potassium stocks and Norway spruce nutrition in mountain forests of the Bavarian Alps. Plant Soil, 386: 151-169.

Prietzel J, Dümig A, Wu Y, et al. 2013. Synchrotron-based P *K*-edge XANES spectroscopy reveals rapid changes of phosphorus speciation in the topsoil of two glacier foreland chronosequences. Geochim Cosmochim Acta, 108(5): 154-171.

Pruesse E, Quast C, Knittel K, et al. 2007. SILVA: a comprehensive online resource for quality checked and aligned ribosomal RNA sequence data compatible with ARB. Nucleic Acids Research, 35(21): 7188-7196.

Ravikumar S, Williams G P, Shanthy S, et al. 2007. Effect of heavy metals (Hg and Zn) on the growth and phosphate solubilising activity in halophilic phosphobacteria isolated from Manakudi mangrove. Journal of Environmental Biology, 28: 109-114.

Read D J. 1994. Plant-microbe mutualisms and community structure//Schulze E D, Mooney H A. Biodiversity and ecosystem function. Heidelberg: Springer: 181-209.

Redfield A C. 1958. The biological control of chemical factors in the environment. American Scientist, 46: 205-221.

Reiners W A. 1986. Complementary models for ecosystems. American Naturalist, 127: 59-73.

Reth S, Graf W, Reichstein M, et al. 2009. Sustained stimulation of soil respiration after 10 years of experimental warming. Environmental Research Letters, 4: 1-5.

Reyes I, Bernier L, Simard R R, et al. 1999. Effect of nitrogen source on the solubilization of different inorganic phosphates by an isolate of Penicillium rugulosum and two UV-induced mutants. Fems Microbiology Ecology, 28: 281-290.

Richardson A E, Barea J M, McNeill A M, et al. 2009a. Acquisition of phosphorus and nitrogen in the rhizosphere and plant growth promotion by microorganisms. Plant and Soil, 321: 305-339.

Richardson A E, Hocking P J, Simpson R J, et al. 2009b. Plant mechanisms to optimise access to soil phosphorus. Crop & Pasture Science, 60: 124-143.

Richardson A E, Lynch J P, Ryan P R, et al. 2011. Plant and microbial strategies to improve the phosphorus efficiency of agriculture. Plant and Soil, 349: 121-156.

Richardson A E, Simpson R J. 2011. Soil microorganisms mediating phosphorus availability update on microbial phosphorus. Plant Physiology, 156: 989-996.

Richardson S J, Peltzer D A, Allen R B, et al. 2004. Rapid development of phosphorus limitation in temperate rainforest along the Franz Josef soil chronosequence. Oecologia, 139: 267-276.

Richter D D, Allen H L, Li J W, et al. 2006. Bioavailability of slowly cycling soil phosphorus: major restructuring of soil P fractions over four decades in an aggrading forest. Oecologia, 150: 259-271.

Rincon A, Santamaria-Perez B, Rabasa S G, et al. 2015. Compartmentalized and contrasted response of ectomycorrhizal and soil fungal communities of Scots pine forests along elevation gradients in France and Spain. Environmental Microbiology, 17(8):

3009-3024.

Rodriguez H, Gonzalez T, Goire I, et al, 2004. Gluconic acid production and phosphate solubilization by the plant growth-promoting bacterium Azospirillum spp. Naturwissenschaften, 91: 552-555.

Ross D J, Tate K R, Scott N A, et al. 1999. Land-use change: effects on soil carbon, nitrogen and phosphorus pools and fluxes in three adjacent ecosystems. Soil Biology & Biochemistry, 31: 803-813.

Rousk J, Brookes P C, Baath E. 2010. The microbial PLFA composition as affected by pH in an arable soil. Soil Biology & Biochemistry, 42: 516-520.

Rout M E, Callaway R M. 2012. Interactions between exotic invasive plants and soil microbes in the rhizosphere suggest that oeverything is not everywhere'. Annals of Botany, 110: 213-222.

Ruamps L S, Nunan N, Chenu C. 2011. Microbial biogeography at the soil pore scale. Soil Biology & Biochemistry, 43: 280-286.

Sahu M K, Sivakumar K, Thangaradjou T, et al. 2007. Phosphate solubilizing actinomycetes in the estuarine environment: an inventory. Journal of Environmental Biology, 28: 795-798.

Sato H, Tsujino R, Kurita K, et al. 2012. Modelling the global distribution of fungal species: new insights into microbial cosmopolitanism. Molecular Ecology, 21: 5599-5612.

Schinner F, Gstraunthaler G. 1981. Adaptation of microbial activities to the environmental-conditions in alpine soils. Oecologia, 50: 113-116.

Schlesinger W H, Bruijnzeel L, Bush M B, et al. 1998. The biogeochemistry of phosphorus after the first century of soil development on Rakata Island, Krakatau, Indonesia. Biogeochemistry, 40: 37-55.

Schloss P D, Westcott S L, Ryabin T, et al. 2009. Introducing mothur: open-source, platform-independent, community-supported software for describing and comparing microbial communities. Applied and Environmental Microbiology, 75 (23): 7537-7541.

Schmidt S K, Nemergut D R, Darcy J L, et al. 2014. Do bacterial and fungal communities assemble differently during primary succession? Molecular Ecology, 23 (2): 254-258.

Schutte U M E, Abdo Z, Foster J, et al. 2010. Bacterial diversity in a glacier foreland of the high Arctic. Molecular Ecology, 19: 54-66.

Seshadri S, Ignacimuthu S, Lakshminarasimhan C. 2004. Effect of nitrogen and carbon sources on the inorganic phosphate solubilization by different Aspergillus niger strains. Chemical Engineering Communications, 191: 1043-1052.

Sharma V, Kumar V, Archana G, et al. 2005. Substrate specificity of glucose dehydrogenase (GDH) of Enterobacter asburiae PSI3 and rock phosphate solubilization with GDH substrates as C sources. Canadian Journal of Microbiology, 51: 477-482.

Shen C C, Liang W J, Shi Y, et al. 2014. Contrasting elevational diversity patterns between eukaryotic soil microbes and plants. Ecology, 95 (11): 3190-3202.

Shen C, Xiong J, Zhang H, et al. 2013. Soil pH drives the spatial distribution of bacterial communities along elevation on Changbai Mountain. Soil Biology & Biochemistry, 57: 204-211.

Shukla A, Kumar A, Jha A, et al. 2012. Phosphorus threshold for arbuscular mycorrhizal colonization of crops and tree seedlings. Biology and Fertility of Soils, 48: 109-116.

Sigler W V, Zeyer J. 2002. Microbial diversity and activity along the forefields of two receding glaciers. Microbial Ecology, 43 (4): 397-407.

Sigler W, Crivii S, Zeyer J. 2002. Bacterial succession in glacial forefield soils characterized by community structure, activity and opportunistic growth dynamics. Microbial Ecology, 44: 306-316.

Sigler W, Zeyer J. 2004. Colony-forming analysis of bacterial community succession in deglaciated soils indicates pioneer stress-tolerant opportunists. Microbial Ecology, 48: 316-323.

Sinsabaugh R L, Hill B H, Shah J J F. 2009. Ecoenzymatic stoichiometry of microbial organic nutrient acquisition in soil and sediment. Nature, 462: 795-798.

Smith S E, Read D J. 2008. Mycorrhizal Symbiosis, Academic Press.London: UK: 483.

Sonia M T, Naceur J, Abdennaceur H. 2011. Studies on the ecology of actinomycetes in an agricultural soil amended with organic residues: I. identification of the dominant groups of Actinomycetales. World Journal of Microbiology & Biotechnology, 27: 2239-2249.

Sparling G P, Whale K N, Ramsay A J. 1985. Quantifying the contribution from the soil microbial biomass to the extractable p-levels of fresh and air-dried soils. Australian Journal of Soil Research, 23: 613-621.

Sperber J I. 1957. Solution of mineral phosphates by soil bacteria. Nature, 180: 994-995.

Spohn M, Kuzyakov Y. 2013. Phosphorus mineralization can be driven by microbial need for carbon. Soil Biology and Biochemistry, 61: 69-75.

Spohn M, Novák T J, Incze J, et al. 2016. Dynamics of soil carbon, nitrogen, and phosphorus in calcareous soils after land-use abandonment—A chronosequence study. Plant and Soil, 1-12: 185-196.

Spohn M, Treichel N S, Cormann M, et al. 2015b. Distribution of phosphatase activity and various bacterial phyla in the rhizosphere of Hordeum vulgare L. depending on P availability. Soil Biology and Biochemistry, 89: 44-51.

Staddon W J, Trevors J T, Duchesne L C, et al. 1998. Soil microbial diversity and community structure across a climatic gradient in western Canada. Biodiversity and Conservation, 7: 1081-1092.

Stres B, Danevcic T, Pal L, et al. 2008. Influence of temperature and soil water content on bacterial, archaeal and denitrifying microbial communities in drained fen grassland soil microcosms. Fems Microbiology Ecology, 66: 110-122.

Sugito T, Yoshida K, Takebe M, et al. 2010. Soil microbial biomass phosphorus as an indicator of phosphorus availability in a Gleyic Andosol. Soil Sci Plant Nutr, 56: 390-398.

Sun B, Shi J, Yang L. 2007. Protocols for Standard Soil Observation and Measure-ment in Terrestrial Ecosystems. Beijing: Chinese Environment Science Press.

Sun H, Wu Y, Yu D, et al. 2013. Altitudinal Gradient of Microbial Biomass Phosphorus and Its Relationship with Microbial Biomass Carbon, Nitrogen, and Rhizosphere Soil Phosphorus on the Eastern Slope of Gongga Mountain, SW China. PLos One, 8: e72952.

Tamburini F, Pfahler V, Buenemann E K, et al. 2012. Oxygen isotopes unravel the role of microorganisms in phosphate cycling in soils. Environmental Science and Technology, 46: 5956-5962.

Tao G C, Tian S J, Cai M Y, et al. 2008. Phosphate-solubilizing and -mineralizing abilities of bacteria isolated from soils. Pedosphere, 18: 515-523.

Tarafdar J C, Claassen N. 1988. Organic phosphorus-compounds as a phosphorus source for higher-plants through the activity of phosphatases produced by plant-roots and microorganisms. Biology and Fertility of Soils, 5: 308-312.

Toewe S, Albert A, Kleineidam K, et al. 2010. Abundance of microbes involved in nitrogen transformation in the rhizosphere of leucanthemopsis alpina（L.）heywood grown in soils from different sites of the Damma Glacier Forefield. Microb Ecol, 60: 762-770.

Tscherko D, Hammesfahr U, Marx M-C, et al. 2004. Shifts in rhizosphere microbial communities and enzyme activity of Poa alpina across an alpine chronosequence. Soil Biology and Biochemistry, 36: 1685-1698.

Tscherko D, Hammesfahr U, Zeltner G, et al. 2005. Plant succession and rhizosphere microbial communities in a recently deglaciated alpine terrain. Basic and Applied Ecology, 6(4): 367-383.

Tunlid A, White D. 1992. Biochemical analysis of biomass, community structure, nutritional status and metabolic activity of microbial communities in soil//Stotzky G, Bollagy J M. Soil Biochemistry. New York: Marcel Dekker: 229-262.

Turner B L, Chudek J A, Whitton B A, et al. 2003. Phosphorus composition of upland soils polluted by long-term atmospheric nitrogen deposition. Biogeochemistry, 65: 259-274.

Turner B L, Lambers H, Condron L M, et al. 2013. Soil microbial biomass and the fate of phosphorus during long-term ecosystem development. Plant and Soil, 367(1-2): 225-234.

Turner B L, Wright S J. 2014. The response of microbial biomass and hydrolytic enzymes to a decade of nitrogen, phosphorus, and potassium addition in a lowland tropical rain forest. Biogeochemistry, 117: 115-130.

van der Heijden M G A, Bardgett R D, van Straalen N M. 2008. The unseen majority: soil microbes as drivers of plant diversity and productivity in terrestrial ecosystems. Ecology Letters, 11(3): 296-310.

Vincent A G, Schleucher J, Grobner G, et al. 2012. Changes in organic phosphorus composition in boreal forest humus soils: the role of iron and aluminium. Biogeochemistry, 108: 485-499.

Vincent A G, Vestergren J, Grobner G, et al. 2013. Soil organic phosphorus transformations in a boreal forest chronosequence. Plant Soil, 367: 149-162.

Vinhal-Freitas I C, Ferreira A S, Correa G F, et al. 2012. Influence of phosphorus and carbon on soil microbial activity in a Savannah agroecosystem of Brazil. Communications in Soil Science and Plant Analysis, 43: 1291-1302.

Vitousek P M, Porder S, Houlton B Z, et al. 2010. Terrestrial phosphorus limitation: mechanisms, implications, and nitrogen-phosphorus interactions. Journal of Applied Eedogy, 20: 5-15.

Vora M S, Shelat H N. 1998. Impact of addition of different carbon and nitrogen sources on solubilization of rock phosphate by phosphate-solubilizing microorganisms. Indian Journal of Agricultural Sciences, 68: 292-294.

Walbridge M R, Vitousek P M. 1987. Phosphorus mineralization potentials in acid organic soils-processes affecting (PO_4^{3-})-P-32 isotope-dilution measurements. Soil Biology and Biochemistry, 19: 709-717.

Walker T, Syers J. 1976. The fate of phosphorus during pedogenesis. Geoderma, 15: 1-19.

Wang J, Pan B, Zhang G, et al. 2013a. Late Quaternary glacial chronology on the eastern slope of Gongga Mountain, eastern Tibetan Plateau, China. Science China Earth Sciences, 56: 354-365.

Wang S, Fan J, Song M, et al. 2013b. Patterns of SOC and soil ^{13}C and their relations to climatic factors and soil characteristics on the Qinghai–Tibetan Plateau. Plant Soil, 363: 243-255.

Wardle D A. 1992. A comparative assessment of factors which influence microbial biomass carbon and nitrogen levels in soil. Biological reviews, 67: 321-358.

Wardle D A, Bardgett R D, Klironomos J N, et al. 2004a. Ecological linkages between aboveground and belowground biota. Science, 304: 1629-1633.

Wardle D A, Walker L R, Bardgett R D. 2004b. Ecosystem properties and forest decline in contrasting long-term chronosequences. Science, 305: 509-513.

Waring B G, Averill C, Hawkes C V. 2013. Differences in fungal and bacterial physiology alter soil carbon and nitrogen cycling: insights from meta-analysis and theoretical models. Ecology Letters, 16: 887-894.

Waring B G. 2013. Exploring relationships between enzyme activities and leaf litter decomposition in a wet tropical forest. Soil

Biology & Biochemistry, 64: 89-95.

Wassen M J, Venterink H O, Lapshina E D, et al. 2005. Endangered plants persist under phosphorus limitation. Nature, 437: 547-550.

Wei C Z, Yu Q, Bai E, et al. 2013. Nitrogen deposition weakens plant-microbe interactions in grassland ecosystems. Global Change Biology, 19: 3688-3697.

Wei M, Yu Z, Zhang H. 2015. Molecular characterization of microbial communities in bioaerosols of a coal mine by 454 pyrosequencing and real-time PCR. Journal of Environmental Sciences, 30: 241-251.

Weisburg W G, Barns S M, Pelletier D A, et al. 1991. 16s ribosomal DNA amplification for phylogenetic study. Journal of Bacteriology, 173(2): 697-703.

White J A, Brown M F. 1979. Ultrastructure and X-ray-analysis of phosphorus granules in a vesicular-arbuscular mycorrhizal fungus. Canadian Journal of Botany-Revue Canadienne De Botanique, 57: 2812-2818.

Whitelaw M A, Harden T J, Helyar K R. 1999. Phosphate solubilisation in solution culture by the soil fungus Penicillium radicum. Soil Biology & Biochemistry, 31: 655-665.

Wood T, Bormann F, Voigt G. 1984. Phosphorus cycling in a northern hardwood forest: biological and chemical control. Science, 223: 391-393.

Wu X, Zhang W, Liu G, et al. 2012. Bacterial diversity in the foreland of the Tianshan No. 1 glacier, China. Environmental Research, Letters, 7(1): 1-9.

Wu Y H, Bin H J, Zhou J, et al. 2011. Atmospheric deposition of Cd accumulated in the montane soil, Gongga Mt. , China. Journal of Soils and Sediments, 11: 940-946.

Wu Y H, Zhou J, Yu D, et al. 2013. Phosphorus biogeochemical cycle research in mountainous ecosystems. J Mt Sci-Engl,10: 43-53.

Wu Y P, Ma B, Zhou L, et al. 2009. Changes in the soil microbial community structure with latitude in eastern China, based on phospholipid fatty acid analysis. Applied Soil Ecology, 43: 234-240.

Wu Y, Zhou J, Bing H, et al. 2015. Rapid loss of phosphorus during early pedogenesis along a glacier retreat choronosequence, Gongga Mountain (SW China). PeerJ, 3: e1377.

Xu Z. 1989. Preliminary analysis of origin of Hai Luo Ditch Glacier. Journal of Sounthwest Petroleum Institute, 11(4): 16-24.

Yadav R S, Tarafdar J C. 2003. Phytase and phosphatase producing fungi in and and semi-arid soils and their efficiency in hydrolyzing different organic P compounds. Soil Biology & Biochemistry, 35: 745-751.

Yang D, Zhang M. 2014. Effects of land-use conversion from paddy field to orchard farm on soil microbial genetic diversity and community structure. European Journal of Soil Biology, 64: 30-39.

Yang X, Post W M. 2011. Phosphorus transformations as a function of pedogenesis: a synthesis of soil phosphorus data using Hedley fractionation method. Biogeosciences, 8: 2907-2916.

Yang Z H, Xiao Y, Zeng G M, et al. 2007. Comparison of methods for total community DNA extraction and purification from compost. Applied Microbiology and Biotechnology, 74(4): 918-925.

Yao H, He Z, Wilson M J, et al. 2000. Microbial biomass and community structure in a sequence of soils with increasing fertility and changing land use. Microbial Ecology, 40: 223-237.

Yin K. 1987. Rare plants in the areas of the Gong ga Mountain. Exploration of nature, 6(20): 135-140.

Zemp M, Haeberli W, Hoelzle M, et al. 2006. Alpine glaciers to disappear within decades？ Geophysical Research Letters, 33(13): 1-4.

Zhou J, Bing H J, Wu Y, et al. 2016. Rapid weathering processes of a 120-year-old chronosequence in the Hailuogou Glacier foreland,

Mt. Gongga, SW China. Geoderma, 267: 78-91.

Zhou J, Wu Y, Prietzel J, et al. 2013. Changes of soil phosphorus speciation along a 120-year soil chronosequence in the Hailuogou Glacier retreat area（Gongga Mountain, SW China）. Geoderma, 195: 251-259.

Zumsteg A, Baath E, Stierli B, et al. 2013. Bacterial and fungal community responses to reciprocal soil transfer along a temperature and soil moisture gradient in a glacier forefield. Soil Biology & Biochemistry, 61: 121-132.

Zumsteg A, Luster J, Göransson H, et al. 2012. Bacterial, archaeal and fungal succession in the forefield of a receding glacier. Microbial Ecology, 63(3): 552-564.

第5章　贡嘎山东坡峨眉冷杉林土壤有机磷的生物有效性

5.1　高山和亚高山森林土壤有机磷的研究现状

随着成土作用进行，土壤中原生矿物磷含量逐渐降低，有机磷含量逐渐升高，土壤生物有效磷由原生矿物风化释放转变为主要源自有机磷矿化（分解）。土壤发育到一定程度后，保留在土壤中的磷主要为闭蓄态磷和有机磷（Walker and Syers，1976）。诸多高山和亚高山森林土壤的研究表明，土壤磷库各种形态的磷中，有机磷占 TP 的比例较高（Doolette et al.，2017；Prietzel et al.，2016；Seaman et al.，2015），已经成为土壤生物有效磷的最主要贡献者。土壤有机磷的生物地球化学循环过程越来越受到关注，正成为陆地生态系统磷生物地球化学循环研究的热点。

随着土壤发育，土壤有机磷逐渐取代原生矿物磷，成为生物有效磷的主要来源。土壤有机磷的转化决定土壤生物有效磷的供给，不仅关系着山地森林生态系统健康稳定的发展，而且对维持下游生态系统的生态安全也具有重要意义。土壤有机磷通常来源于植物、动物和微生物残体，植物体内有机磷占 TP 的 30%～60%，而微生物体内则高达 90%（Turner et al.，2007）。从世界范围的土壤看，有机磷在土壤中的比例为 15%～80%（Sibbesen，1993），我国大部分土壤有机磷占 TP 的 20%～40%，且有逐年增加的趋势（赵少华等，2004）。因此，土壤有机磷的生物地球化学循环对陆地生态系统中生物有效磷供给的影响日益增大。

Condron 等（2005）把与碳结合的磷（通常通过酯键）定义为有机磷。植物和微生物摄取无机磷后，通过一系列生物化学过程将其酸化，在与碳基团结合后形成有机磷。土壤中的有机磷主要以正磷酸酯、多磷酸酯和磷酸酐形式存在，根据酯基团数量，正磷酸酯可分为磷酸单酯和磷酸二酯（Condron et al.，2005）。在大多数土壤中，磷酸单酯是最常见的有机磷形态，其含量能达到土壤 TP 的 60%，包括极少量的磷酸糖、磷蛋白、单核苷酸和大量磷酸肌醇（Celi et al.，2005）。磷酸肌醇包括从一磷酸肌醇到六磷酸肌醇的一系列磷酸盐，其中又以六磷酸肌醇（植酸）为主。早期的研究常使用连续提取法将有机磷划分为具有不同稳定状态的有机磷库（Bowman and Cole，1978），提供了关于土壤有机磷形态的初步信息。然而，连续提取法既无法辨识土壤有机磷的化学形态（Turner et al.，2005），更无法真实地反映有机磷的生物有效性状态（Fox et al.，2011）。例如，研究发现通常被视为很难为植物利用的 NaOH 提取的有机磷，很可能能够被一些松科植物所利用（Liu et al.，2004）。尽管有机磷形态识别手段在不断进步，出现了如一维和二维核磁共振（1D 和 2D NMR）、红外线光谱（IR）和纳米二次离子质谱（NanoSIMS）等光谱分辨技术（Kruse et al.，2015），但仍有诸多因素使其识别困难，如土壤有机磷的化学复杂性(Tate，1984)；在提取过程中一些有机磷化合物对水解的敏感性、黏土对有机磷的强烈吸附以及与金属阳离子形成不溶性盐等(Condron et al.，2005；Zhang et al.，2016)。目前仍约有 50%的有机磷形态无法鉴别(Ivan，2013)。

土壤有机磷含量因土壤母质、土壤质地、土壤类型、土壤性质和植被类型等的差异而不同。一般认为土壤有机磷含量与母质 TP 量呈正相关关系(Brédoire et al.，2016；Prietzel et al.，2016)。从土壤质地来看，黏粒和粉砂对有机磷的吸附能力较强。因此，泥炭和腐泥等质地的土壤中有机磷含量较高，而壤质砂土、砂和细砂的有机磷含量较低(Jalali et al.，2016)。从土壤类型来看，有机土中有机磷含量较高，软土和变性土中有机磷含量居中，氧化土和灰化土中有机磷含量较低(Turner et al.，2002)。从土壤性质来看，土壤有机磷含量和土壤有机质及总氮(TN)含量呈正相关关系(Stutter et al.，2015；Huang et al.，2017)。酸性土壤较高的植酸铁和植酸铝导致有机磷大量沉淀，因而 pH 较低的土壤易积累有机磷(Bol et al.，2016；Van Breemen et al.，1983)。与水输入量较大的地区相比，干旱地区土壤有机磷库相对较小。首先，因为水限制，生物生长发育减慢，导致有机磷的形成减少；其次，干旱地区土壤有机质含量少；最后，水的输入量减少阻止了淋溶过程的发生，无机碳酸盐累积并成为生物有效磷的主要来源(Feng et al.，2016；Delgado-Baquerizo et al.，2013)。温度对土壤有机磷含量的影响仍存在较大争议(Kirschbaum，2006)。通常，在土壤温度较高的地区，植被发育状况相对较好，土壤有机质与土壤有机磷均快速积累(Zhang et al.，2016)；但也有研究表明，温度升高导致微生物活性增强，有机磷分解速率大于其累积速率(Sumann et al.，1998)。从植被类型来看，森林生态系统较大的生物量和草地生态系统中较弱的微生物活性，导致土壤腐殖质累积量较高，因而有机磷含量相对其他陆地生态系统较高(Jonczak，2015；裴海昆等，2001)。以上因素均影响土壤有机磷的赋存特征，但各因素对不同土层的有机磷含量的影响有何差异，如何准确表达多种因素耦合作用对有机磷赋存特征的综合影响有待进一步探索。

土壤有机磷生物地球化学过程主要包括生物过程(凋落物归还、矿化、根吸收、微生物固定和微生物–植物相互作用等)和地球化学过程(溶解、沉淀、吸附、解吸和淋溶等)(Achat et al.，2016；D' Amico et al.，2014；Negassa and Leinweber，2009；Crews et al.，1995)。在这两个过程中，植物、微生物及土壤理化性质发挥重要作用，决定不同形态有机磷的转化及其生物有效性。

不同植物物种或同一物种在不同生长期对磷的吸收、利用能力不同，因而有机磷含量也不同(周俊等，2016；Zhou et al.，2016a)。Lodhiyal 和 Lodhiyal(1997)发现，营养吸收能力最强的是乔木，其次是灌木和草本植物；同一植物组织在幼年期磷浓度较低；同一植物的不同组织磷含量也存在差异，地上部分磷含量大小依次为：生殖器官>叶>树干树皮>树枝>树干；地下部分为：细根>侧根>直根。此外，由于植物的吸收，土壤磷向根际迁移，从植物根际到较大范围的土壤形成磷浓度梯度。研究表明，在许多生态系统中植物返还的磷是土壤磷的主要来源，Lodhiyal 和 Lodhiyal(1997)发现喜马拉雅山脉中部的森林凋落物返还的磷是 5～7 kg $P\cdot hm^{-2}\cdot a^{-1}$。尽管还不清楚根释放返还的磷的具体数量，但鉴于根释放出大量含碳化合物，这个数值应该较大。植物根分泌物(包括酸性磷酸酶、低分子有机酸和质子）也参与磷的生物地球化学循环过程，特别是根际难溶性有机磷的水解释放（De Feudis et al.，2016；Antoniadis et al.，2017；Carvalhais et al.，2011）。植物分泌物中的碳水化合物通过刺激菌根的生长和发育，促使其矿化有机磷，也可以间接地改变土壤磷形态及其生物有效性（Schwab，2010）。此外，根系还在改变土壤结构从而改变土壤性质方面发挥作用。

微生物从风化作用到凋落物分解，参与了整个磷的生物地球化学循环过程，并在磷的生物有效性上发挥重要作用。土壤微生物作为土壤有机磷重要的源和汇，是土壤磷迁移转化的主要媒介。土壤微生物对有机磷生物有效性的影响主要体现在以下四个方面：首先，微生物固定土壤中的生物有效磷，形成 MBP。其次，微生物死亡后，释放到土壤中的 MBP 是土壤有机磷的重要来源，占土壤总有机磷（TOP）的 20%～30%（Tate，1984）。不仅如此，这部分有机磷极易周转，英国施肥土壤中有机磷年转化率达到 11～190 $kg \cdot hm^{-2}$（黄敏等，2003）。Bünemann 和 Condron（2007）利用 ^{32}P 同位素标记法对南澳大利亚多个样地土壤的研究表明，有机磷净矿化速率为 0.5～0.9 $mg \cdot kg^{-1} \cdot d^{-1}$，占 TOP 矿化速率的 42%以上。因此，MBP 也成为潜在的生物有效磷。第三，微生物分泌酸性磷酸酶和/或碱性磷酸酶，导致土壤 pH 变化，形成铝或钙螯合物，阻碍不溶性磷酸盐的形成（Oliveira et al.，2009）。第四，微生物的代谢产物能够分解和催化有机磷，促进磷形态转化（Nilsson and Wallander，2003）。例如，微生物分泌的磷酸酶能够降解甘油磷素、核酸和植酸（张林等，2012）；甚至所有植酸钙、镁结合态的磷和 1/2 以上的核酸及某些磷脂都能被矿化（Turner and Engelbrecht，2011）。

土壤酶是有机磷矿化过程中的重要催化剂，主要来源于植物根系、微生物代谢物以及动植物残体分解过程。而用于有机磷形态转化的土壤酶主要指磷酸酶（Schneider et al.，2017）。近几年的研究表明，土壤有机磷的矿化速率与磷酸酶活性呈正相关，其活性高低直接影响土壤中有机磷的分解转化及其生物有效性，在磷酸酶缺乏的情况下，有机磷的矿化需要几百年（Zou et al.，1992；李孝良等，2003；于群英和李孝良，2003）。土壤中有机磷大部分以磷酸单脂和磷酸二酯的形式存在，在酸性环境中磷酸单脂酶活性较高，磷酸二酯酶活性较低。磷酸二酯酶主要促进土壤中核酸和磷脂等二酯类磷酸向磷酸单酯降解（Hou et al.，2015）。土壤中存在多种酶，多种酶混合状态下总酶活性比单一一种酶活性高。例如，对加拿大沙质土磷酸酶的研究发现，碱性磷酸酶和核酸酶混合比单独使用核酸酶情况下有机磷矿化量提高 60%，磷脂酶和碱性磷酸酶在混合情况下比磷脂酶单独使用效果提高 62%，酸性磷酸酶和磷脂酶混合情况下比磷酸酶单独使用效果提高近 49%（Pant and Warman，2000）。

土壤温度变化影响微生物的繁殖和酶的活性，土壤微生物活动最适温度为 25～30℃；土壤磷酸酶的最适温度为 45～65℃；0℃或 0℃以下，某些种类的磷酸酶仍具活性，但 -10℃或-20℃时其活性不到 5℃时的 5%，而在-30℃时会失活。由此可以推断在土温低于 30℃时，微生物的活动对土壤有机磷的矿化起决定性作用，酶的活性起次要作用。当温度高于 30℃，酶的活性开始增强，微生物活动也较强，在微生物和酶共同作用下，矿化速率加快（赵少华等，2004）。一般认为温度升高，土壤有机磷的矿化速率加快（Turner and Haygarth，2003），但也有学者认为温度升高降低了土壤湿度，导致微生物活性降低

(Nannipieri and Warman，2012)。目前还发现碱性磷酸酶在16℃时比37℃时有机磷矿化量高，核酸酶在37℃时有机磷矿化量较高(Pant and Warman，2000)。温度、植物和微生物对磷生物有效性的影响通常是同时进行的，许多研究都利用海拔梯度的变化来研究三者的共同作用。Vitousek(1988)等在夏威夷山地雨林的研究发现，随海拔升高，温度降低，微生物分解矿化有机磷速率降低，从而导致土壤生物有效磷随海拔升高而降低。Vincent等(2014)在瑞典的研究也发现，草甸和杜鹃两种植被类型中的土壤磷生物有效性随着温度的降低而降低，主要原因也为温度影响微生物的活性从而影响生物有效磷库。这些研究强调了温度-微生物活动对土壤有机磷及生物有效磷的控制作用。然而，Sundqvist等(2014)发现，尽管土壤磷的生物有效性随温度的降低而降低，但是温度对有效磷的影响程度受优势树种的控制，强调了温度-植被的控制作用。此外，还有研究发现生物有效磷含量随温度降低而升高。Unger等(2010)在厄瓜多尔东北部的研究发现，有机质层和矿质土壤层中生物有效磷库随海拔的升高(温度降低)而升高，其主要原因是随着海拔升高，植物对磷需求量逐渐降低，从而导致生物有效磷逐渐积累。该研究也强调了温度-植被对有机磷及生物有效磷的控制作用。

土壤湿度是影响土壤发育(Oliva et al.，2003；Zhou et al.，2016b)、土壤有机质变化(Bing et al.，2016；De Feudis et al.，2016)和微生物活动(Hinsinger et al.，2011；Hou et al.，2015)的关键因素之一。通常认为以上过程均会调节陆地生态系统中土壤有机磷形态分布。多数学者认为，土壤有机磷在淹水或湿度较大的环境中矿化速率快(Sardans and Peñuelas，2005)，例如，淹水土壤中肌醇六磷酸盐矿化程度最高(Ivanoff et al.，1998)。但也有研究表明，由于湿润土壤中含有大量铁和铝，能吸附有机磷使其聚集(Giesler et al.，2004；Augusto et al.，2010)，因而相对干燥的土壤中有机磷的溶解性增大(Yavitt et al.，2004)。Mcnamara等(2007)经过204次干湿交替试验发现，土壤干湿交替也有利于有机磷矿化，干湿交替破坏了土壤水稳性团聚体，干燥造成稳定有机物和细胞的分解，有机磷溶解性增加。在湿润的环境下释放出的可溶性有机磷进入土壤，从而促进有机磷矿化。与其他生态系统相比，由于山地存在陡峭的山坡和相对丰富的径流(Wu et al.，2015)，地球化学过程(如淋溶作用)更为显著。高山地中海松树林(Cassagne et al.，2000)、亚热带亚高山次生林(Jien et al.，2016)以及欧洲温带山毛榉成熟林(Werner et al.，2017)等山地森林中已发现淋溶过程造成了土壤有机磷的垂向迁移。此外，淋溶强度不同会导致其他土壤性质(如pH)的变化不同最终造成有机磷循环发生改变(Bol et al.，2016；Lavkulich and Arocena，2011)。鉴于淋溶过程在冷、湿山地生态系统中广泛发生，且其强度随海拔不同而改变(Werner et al.，2017；Mukai et al.，2016)，在未来研究中更应关注淋溶过程对土壤有机磷形态和生物有效磷海拔分布的影响。

土壤pH影响有机磷的溶解性、微生物群落和酶活性。研究表明，有机磷在$pH<5.0$的环境中易与铁、铝形成铁磷和铝磷从而阻止酶水解有机磷，磷的生物有效性降低(Giesler et al.，2004；Giesler et al.，2002)。但也有研究表明，较高的pH能使黏性土层对土壤有机磷的吸附能力增强，阻止有机磷的渗透。例如，$pH>7.5$的环境中磷易与钙形成稳定的钙磷(Neina et al.，2016)。然而，在更高pH条件下，羟基将和磷酸盐竞争有机键或者金属-有机键的结合点，反而促进有机磷的矿化(Turner et al.，2003)。由于土壤中大多数微生物(细菌、藻类和原生动物等)最适宜的 pH 为 4.0～7.5，则土壤 pH 为 5.5～7.0 时，土壤磷的生物有效性较高(姜一等，2014)。研究表明，土壤 pH 为 5.5～8.5 时，随着 pH 的增加，土壤有机磷的矿化速率增大(宋顶峰等，2011)。然而，在低分子有机酸对有机磷的活化研究试验中发现，相同浓度的低分子有机酸其 H^+浓度越高，即酸性越强越有利于有机磷的活化(Pant and Warman，2000)。不同形态、不同土层的有机磷矿化最适 pH 也不同。例如，pH 为 7.0 时有利于核酸磷的矿化(于洋等，2009)；pH 为 8.5 时，透水黏土层有机磷矿化率可达 99.95% (Pant and Warman，2000)。

土壤中存在不同的阴阳离子，电荷量高的阴离子能够结合土壤中复杂的阳离子，吸附在铁、铝氧化物的表面(Golterman and Groot，1993)，和无机正磷酸盐竞争土壤结合点(Ognalaga et al.，1994)。磷酸带有正负官能团，能被土壤静电吸附，影响着有机磷矿化产生磷酸根离子的数量(Pant and Warman，2000)，也改变着土壤磷酸酶的活性，影响有机磷矿化。在 pH 较低的环境下，Al^{3+}和 Fe^{3+}会与磷酸盐结合进而阻止酶水解作用(Condron et al.，2005；Vincent et al.，2012)。pH 为 7 时，Fe^{3+}可能与溶解的腐殖质反应将磷绑定在沉积物中(Letkeman et al.，1996)。随土壤发育，更多无定形铁铝含量逐渐增多，一定程度上隔离部分土壤有机磷，抑制其矿化过程。肌醇磷易在土壤颗粒表面积累，使其可溶性和易被矿化性降低(Turner et al.，2002)。

通气状况主要影响的是微生物活性、土壤氧化还原电位和有机物质分解状况。土壤通气良好，有利于满足好氧微生物生理反应过程中对氧的需求，提高微生物活性，有利于核酸磷的矿化(于洋等，2009)。厌氧情况下，土体处于还原状态，有机磷的矿化速率增加，最有利于肌醇六磷酸盐矿化，核酸磷矿化和固定作用较为活跃(Ivanoff et al.，1998)。氧化还原电位明显影响铁、铝在土壤中存在的价态，进而影响土壤对有机磷的吸附，改变土壤有机磷的含量。关于氧化还原电位和有机磷矿化的研究目前还没有详细资料，这也是今后研究的重点。目前，对于土壤有机磷的生物有效性的评价存在以下较大困难。

(1)没有完善的方法直接鉴别和量化土壤有机磷的各种形态，无法为分析和准确评估其在土壤中的生物地球化学行为提供依据(Condron et al.，2005)。当前，土壤有机磷的测定方法主要包括两类：一类是传统分析化学方法；另一类是直接鉴别有机磷化合物的方法。传统分析化学方法是通过间接燃烧法或化学湿提取方法估计土壤有机磷的含量和形态。间接燃烧法操作简单，经常用于测定有机磷总量(姜一等，2014；石文静，2014)。与间接燃烧法相比，化学湿提取中的连续提取分级方法能够根据提取液酸碱强度差异，一定程度上表征有机磷的结合态及其生物有效性(Bowman and Moir，1993；Sibbesen，1993)。但连续提取分级方法操作较复杂，且浸提不完全，提取过程中部分有机磷形态易水解(Turner et al.，2005；石文静，2014)。此外，该方法既无法准确辨识土壤有机磷的化学形态(Turner et al.，2005)，更无法真实地反映有机磷的生物有效性状态(Fox et al.，2011)。为弥补这种不足，利用磷的光谱信息鉴别有机磷化合物类别的测定方法应运而生。当前较为常见的准确辨识有机磷化学形态的可靠手段是 20 世纪 80 年代由 Newman 和 Tate(1980)提出的 ^{31}P NMR。明确知道这些有机磷的化学形态，为分析和预测其生物地球化学行为提供了可靠依据。例如，占土壤 TOP 含量 40%～80%的植酸，因易被蛋白质和无定形金属化合物吸附和沉淀，不易被水解，因而其生物有效性较低(Bunemann et al.，2007)。磷酸二酯是植物和微生物细胞中最主要的成分，在土壤中具有相对较高的周转速率，因此，Condron 等(2005)认为其生物有效性相对较高。

(2)对山地土壤有机磷的生物地球化学循环过程的认识尚有不足(Buendía et al.，2010)。作为特殊的陆地地貌单元，山地与其他陆地生态系统磷的生物地球化学循环过程存在异同。在大多数陆地生态系统中，磷的大气沉降仅占极小部分(Runyan et al.，2012)，其最终来源为岩石风化(主要是磷灰石)(Vitousek et al.，2010)。一部分风化释放的无机磷能够直接被植物或微生物同化，转化成有机磷(Zhou et al.，2016b)。另一部分与次生矿物(铁、锰和铝的氢氧化物)结合或吸附于其表面(Vincent et al.，2012)。这部分无机磷不能直接被植物和微生物利用，但在环境条件(如土壤 pH、温度和氧化还原电位等)发生改变后可能转化为生物有效磷(Camêlo et al.，2015；Rosset et al.，2016)。还有一部分岩石风化释放的无机磷将随土壤径流或淋溶等过程耗散(Wu et al.，2015)。随着生物体死亡和腐烂，体内的有机磷将返还给土壤。一部分有机磷能够通过分解和矿化过程转化为生物有效磷，经生物吸收同化继续参与生态系统磷循环。另一部分有机磷难以分解和矿化，形成闭蓄态磷，很难被生物体继续利用(Walker and Syers，1976)。山地(尤其是高山)生态系统特有的垂直地带性使其有机磷的生物地球化学循环有其独有特征。①由于地带性植被、土壤及生态系统受干扰的程度存在差异，有机磷的陆地小循环(岩石圈—生物圈—土壤圈)区别于一般陆地生态系统(Mukai et al.，2016)；②由于森林初级生产力较高，大部分磷以有机磷形态存储于生物体内(De Feudis et al.，2016)；③凋落物分解和矿化为土壤生物有效磷提供了重要补给(Marklein et al.，2016)；④由于山地坡降大，径流在有机磷迁移转换中的作用不容忽视，易导致有机磷的快速流失(Julich et al.，2017；Sharma et al.，2017)。

(3)对于影响有机磷对生物有效磷贡献的矿化过程的机理仍存在较大争议，很难定量估算土壤有机磷的生物有效性(Huang et al.，2017；Turner et al.，2005)。当前关于土壤有机磷矿化机理主要存在两种概念模型。Mcgill 和 Cole(1981)认为土壤有机磷的矿化独立于有机碳的矿化过程，其强度依赖于植物根系、菌根和土壤微生物对磷的需求，主要受土壤磷的生物有效性反馈调节。这一模型被许多野外实验支持，例如，施加磷肥和自然条件下磷的生物有效性增加均导致土壤磷酸酶活性下降(Allison，2006；Olander and Vitousek，2000)。其他学者则提出了一种“碳驱动模型”，他们认为土壤有机磷的矿化可能受微生物对碳和能量的需求驱动，微生物偏好含磷的有机质作为碳源，为获取碳和能量，需分泌磷酸酶打破磷酸酯键，同时将 PO_4^{3-} 作为有机碳矿化的副产物释放出来(Wang et al.，2016)。Achat 等(2010)的研究表明，SOC 含量越高有机磷矿化速率越快。上述两种有机磷矿化机理中土壤微生物和酶活性的重要作用毋庸置疑(Margalef et al.，2017)，而土壤微生物和酶活性主要受土壤温度(Fang et al.，2015)、湿度(Hou et al.，2015)和 pH(Xu et al.，2017)等土壤理化性质的影响，因此，将土壤性质纳入有机磷矿化机制可能会提高其合理性和适用性。土壤微生物不仅能矿化有机磷，还能同化生物有效磷，因此，有学者认为有机磷对生物有效磷的贡献量应为有机磷总矿化量减去总固定量(Saggar，1998)。然而，矿化和生物固定过程同时进行，该贡献量并不能如实阐明这一演化机制，而仅是对这一机制量的体现。

5.2 贡嘎山东坡峨眉冷杉林土壤有机磷的赋存特征及影响因素

5.2.1 采样点及土壤性状

本课题组于 2016 年 5 月在贡嘎山东坡海拔 2628 m (S1)、2781 m (S2)、3044 m (S3) 和 3210 m(S4) 的峨眉冷杉林中共设置 4 个采样点，每个采样点选择坡度较小区挖掘 6 个土壤剖面，每个剖面间距大于 10m。通过测试不同海拔分解强烈的凋落物有机质层(O 层)、淋溶层(A 层)、淀积层(B 层)和风化母质层(C 层)的理化性质发现(表 5-1)，除 A 层外，其他各土层土壤含水率在 S2 样点均最高。除 C 层外，其他各土层土壤 pH 在 S2 样点均最低。无定形铝(Al_{ox})的浓度在 S3 样点最低。除 A 层外，TC、TN、ACP 和 ALP 的值均在 S2 样点最高。S2 样点 TC/TOP 值显著高于其他样点($p< 0.05$)。植物磷年吸收量和土壤 TP 浓度随海拔升高有增加趋势。随着土层深度增加，土壤 pH 有增大趋势，但最小值均出现在 A 层土壤。无定形铁(Fe_{ox})和 Al_{ox} 浓度最大值均出现在 B 层。TC、TN、TP、TC/TOP 和 MBP 浓度以及磷酸单酯酶活性随土层深度增加均显著减小($p< 0.05$)。

总体上看，本节 4 个采样点土壤性质具有以下三个特点：①TC、TN 浓度和 TC∶TN 均在 2781 m 样点最高。随着土层深度增加，TC、TN 浓度均逐渐降低。各土层 TC∶TN 均值的变化范围为 19～23。TC、TN 储量随海拔升高总体呈增加趋势，但最大储量均出现在 2781 m 样点，分别为 227 $t\cdot hm^{-2}$ 和 10 $t\cdot hm^{-2}$。对比 TC、TN 储量各层均值发现，两者均在 B 层最大，分别占总储量的 33%和 32%。②随海拔升高，有机质层的 MBC 和 MBN 浓度均呈降低趋势，但矿质土层的 MBC 和 MBN 浓度梯度趋势不明显。与 MBC 和 MBN 浓度相比，MBC∶MBN 梯度趋势更弱。随土层深度增加，MBC 和 MBN 浓度显著降低。由 O 层至 C 层 MBC∶MBN 均值分别为 5.38、8.75、3.18 和 4.36。MBC 储量在最低海拔最大，为 329$kg\cdot hm^{-2}$。由 2781 m 样点至 3210 m 样点，MBC 储量逐渐增大。随海拔升高 MBN 储量逐渐减小。MBC 和 MBN 储量集中于有机质层和矿质土壤表层，分别占总储量的 71.3%和 66.9%。③随海拔升高，贡嘎山东坡峨眉冷杉林有机质层碳、氮浓度呈降低趋势，但在 2781 m 样点最大。这种分布模式主要受凋落物碳归还量的海拔分布特征控制。与有机质层相比，矿质土层碳、氮浓度并没有明显的梯度变化趋势，淋溶作用的强弱导致矿质土壤中碳、氮由 A 层迁移至 B 层累积的通量不同，使得贡嘎山东坡针叶林矿质土壤碳、氮含量在海拔梯度上的分布特征发生改变。

表 5-1 贡嘎山东坡峨眉冷杉林部分土壤性质

土层	采样点	厚度/cm	容重/(g·cm^{-3})	温度/℃^{a}	含水率/%	pH	Fe_{ox}/(g·kg^{-1})	Al_{ox}/(g·kg^{-1})	植物磷年吸收量^b/(kg·hm^{-2})	土壤 CNP 浓度/(g·kg^{-1})			TC/TOP	微生物量磷/(mg·kg^{-1})	酶活性/(μgPNP·g^{-1}·h^{-1})	
										TC	TN	TP			ACP	ALP
O	S1	8.0±1.8b	0.20±0.02b	9.2±0.0a	214±14bc	5.1±0.1a	2.3±0.4a	0.88±0.14a	6.1	305±17a	14.7±0.7a	1.10±0.02cA	644±41abA	119.71±9.12aA	8485±511abA	2905±226abA
	S2	17.3±5.0a	0.15±0.02b	7.9±0.2b	338±30a	4.2±0.1b	1.2±0.1b	0.68±0.09a	6.2	345±10a	16.7±0.7a	1.15±0.02cA	745±49aA	97.08±7.84aA	10684±1334aA	3477±471aA
	S3	4.6±0.7b	0.21±0.03b	7.0±0.0c	281±35ab	4.9±0.1a	1.4±0.3b	0.66±0.11a	/	281±26a	15.5±1.3a	1.23±0.02bA	536±47bA	107.99±10.57aA	6471±560bcA	2047±329bcA
	S4	8.5±0.2b	0.30±0.03a	5.7±0.2d	174±8c	5.0±0.1a	2.5±0.1a	0.94±0.06a	8.0	197±29b	10.8±1.0b	1.31±0.03aA	387±48cA	65.70±6.91bA	5073±616cA	1439±174cA
	平均值	9.6±1.6B	0.21±0.02D	7.5±0.4A	252±17A	4.8±0.1C	1.9±0.2C	0.79±0.05C	/	282±15A	14.4±0.6A	1.20±0.02A	578±35A	97.62±5.84A	7678±586A	2467±221A
A	S1	8.8±1.0ab	0.74±0.06b	8.9±0.2a	61±14ab	5.0±0.1a	7.8±0.8a	3.57±0.43a	/	43±2ab	2.8±0.2b	1.02±0.04bAB	125±10bB	15.94±3.06aB	1172±57aB	479±41aB
	S2	6.7±1.0b	0.83±0.06ab	7.1±0.2b	63±6a	4.3±0.1c	4.0±0.6c	1.90±0.29b	/	44±7ab	2.3±0.6b	1.05±0.02bA	193±32aB	3.08±1.50bB	549±165bB	180±63bB
	S3	10.3±0.8a	0.81±0.04ab	6.3±0.3c	64±6a	4.5±0.1bc	5.0±0.4bc	1.67±0.16b	/	55±4a	4.1±0.4a	1.10±0.04abA	130±10bB	21.22±4.36aB	1190±104aB	380±50aB
	S4	11.7±1.1a	0.94±0.05a	5.4±0.1d	37±2b	4.8±0.1ab	6.1±0.6ab	2.85±0.31a	/	33±4b	2.0±0.2b	1.20±0.03aA	95±5bB	4.04±1.21bB	683±37bB	220±33bB
	平均值	9.4±0.6B	0.83±0.03C	6.9±0.4A	56±4B	4.6±0.1C	5.7±0.4B	2.50±0.22B	/	43±3B	2.8±0.2B	1.09±0.02B	136±11B	11.07±2.09B	899±77B	315±34B
B	S1	24.0±5.0a	0.95±0.08a	8.4±0.2a	45±6ab	5.7±0.2a	6.2±0.6b	4.66±0.68b	/	22±2b	1.3±0.1b	0.92±0.05aAB	107±15bBC	1.63±0.72aC	500±63abBC	92±20aC
	S2	18.2±3.4a	0.86±0.12a	6.7±0.4b	56±13a	4.9±0.1b	13.8±1.2a	7.59±0.68a	/	45±6a	1.9±0.3a	0.70±0.04bC	211±26aB	0.79±0.79aB	519±54aB	285±96bB
	S3	22.5±1.6a	1.06±0.06a	5.6±0.0c	31±1b	5.3±0.1a	5.1±0.3b	2.49±0.16c	/	17±1b	1.0±0.1b	0.95±0.04aB	108±6bB	1.54±0.65aC	255±32cC	42±4aB
	S4	21.5±2.2a	1.11±0.02a	4.7±0.3c	29±2b	5.4±0.1a	5.7±0.5b	3.95±0.18b	/	20±2b	1.1±0.1b	1.01±0.05aB	109±14bB	0.90±0.49aB	350±55bcB	56±15aB
	平均值	21.5±1.6A	0.99±0.04B	6.3±0.4A	41±4B	5.3±0.1B	7.7±0.8A	4.67±0.45A	/	26±3BC	1.4±0.1C	0.89±0.03C	134±12B	1.22±0.32C	406±33B	119±31B
C	S1	17.3±5.0a	1.37±0.02a	/	18±2b	6.4±0.2a	1.3±0.1c	1.96±0.32b	/	4±0b	0.4±0.0b	0.85±0.09aB	44±3bC	0.85±0.85aC	53±9bC	22±9bC
	S2	25.2±2.9a	0.97±0.07b	/	43±6a	5.6±0.2b	6.9±0.2a	6.34±1.20a	/	18±3a	0.8±0.1a	0.91±0.05aB	162±20aB	0.90±0.49aB	263±72aB	67±19aB
	S3	17.2±1.6a	1.09±0.04b	/	34±3a	5.8±0.1b	4.4±0.4b	1.94±1.20b	/	13±1a	0.8±0.1a	0.92±0.07aB	78±12bB	0.43±0.43aC	155±26abC	38±8abB
	S4	16.8±2.6a	1.03±0.03b	/	34±4a	5.5±0.0b	4.9±0.7ab	3.56±0.34b	/	15±2a	0.8±0.1a	0.99±0.04aB	70±11bB	0.16±0.16aB	212±31aB	26±4bB
	平均值	19.1±1.7A	1.12±0.04A	/	32±3B	5.8±0.1A	4.4±0.5B	3.45±0.48B	/	12±1C	0.7±0.1C	0.92±0.03C	89±11C	0.59±0.26C	171±25B	38±6B

注：(1)表格中的数据为平均值±标准误差，每个样点 $n=6$，4 个样点均值 $n=24$。

(2)数据后不同小写字母代表同一土层不同梯度间存在显著性差异($p<0.05$)，不同大写字母代表不同土层间存在显著性差异($p<0.05$)。

(3)土层 O、A、B 和 C：分别表示分解强烈的凋落物有机质层、淋溶层、淀积层和风化母质层。

(4)采样点 S1、S2、S3 和 S4：分别表示在贡嘎山东坡海拔 2628 m、2781 m、3044 m 和 3210 m 的峨眉冷杉林冠下设置的 4 个采样点。

(5)Fe_{ox} 和 Al_{ox}：分别表示酸性草酸铵提取的无定形铁和无定形铝；TC、TN 和 TP 分别表示总碳、总氮和总磷浓度。ACP 和 ALP：分别表示酸性磷酸单酯酶(EC 3.1.3.2)和碱性磷酸单酯酶活性(EC 3.1.3.1)。

(6)a 为土壤温度数据为平均值±标准误差，每个样点 $n=3$，4 个样点均值 $n=12$；根据纽扣式温湿度记录仪(Maxim DS 1923，USA)对各剖面 O 层、A 层和 B 层的土壤温度连续监测数据，换算月平均土壤温度。

(7)b 根据罗辑等(2000，2005)估算，/表示数据缺失。

(8)c 为 TC/TOP：表示贡嘎山东坡峨眉冷杉林 TC 与 TOP 比值。由于在酸性条件下无机碳含量极少，本研究中将 TC 视为总有机碳(Zhou et al.，2016a)。

5.2.2　贡嘎山东坡峨眉冷杉林土壤有机磷的赋存特征

1. 土壤不同有机磷形态的浓度变化

活性有机磷(LOP)、中稳性有机磷(MROP)和 TOP 浓度随海拔升高有增大趋势，而高稳性有机磷(HROP)浓度的变化趋势则相反[图 5-1(a)、(c)、(d)和(e)]。A 层和 B 层中活性有机磷(MLOP)浓度随海拔升高有降低趋势，但其 O 层和 C 层的浓度在海拔梯度上均不存在显著性差异[图 5-1(b)]($p>0.05$)。

LOP、MROP 和 TOP 浓度随土层深度增加显著降低[$p<0.05$；图 5-1(a)、(c)和(e)]。MROP 占 TOP 的比例最高，从 O 层至 C 层所占百分比依次为 61%、46%、59%和 68%。MLOP 浓度在 B 层最高，为 52.04 mg·kg^{-1}[图 5-1(b)]。O 层和 A 层 HROP 浓度显著高于 B 层和 C 层[图 5-1(d)]($p< 0.05$)。

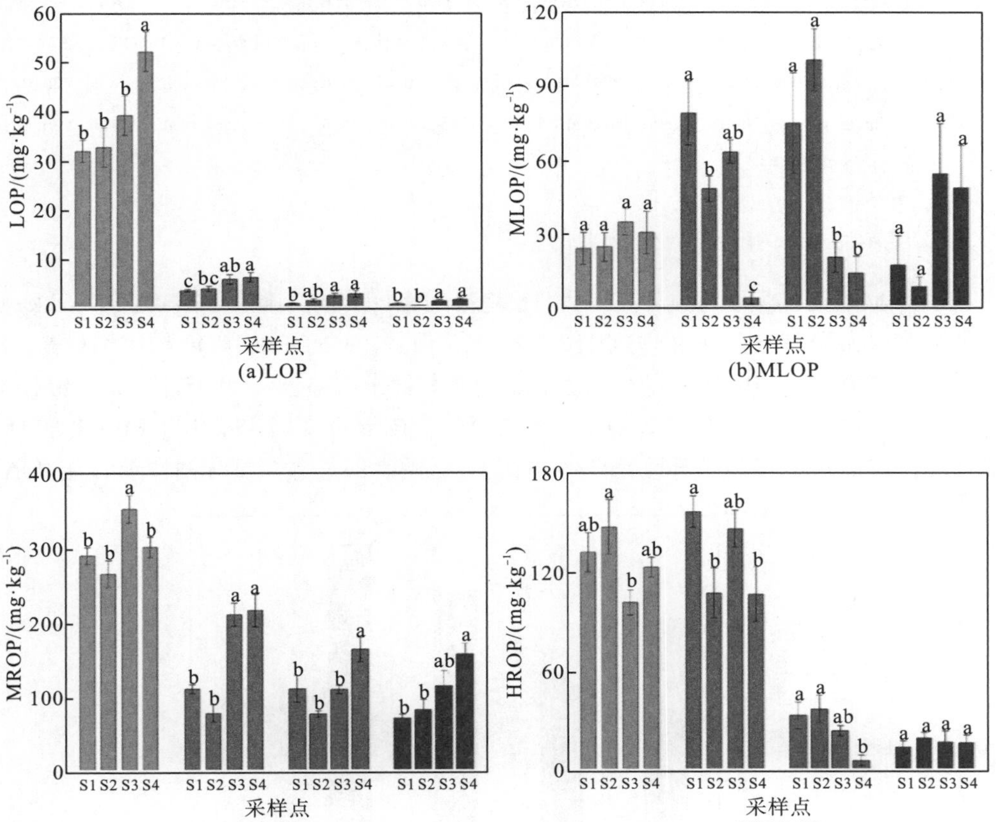

(a)LOP　(b)MLOP

(c)MROP　(d)HROP

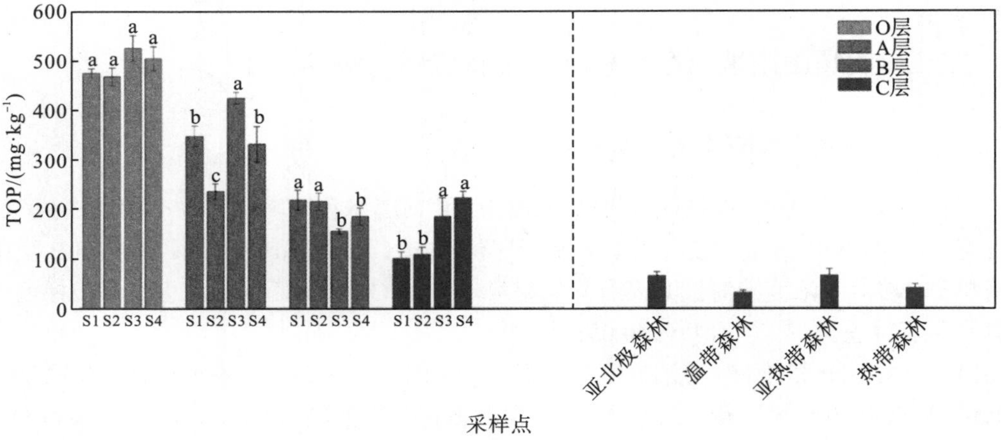

(e)TOP

图 5-1　贡嘎山东坡峨眉冷杉林土壤不同有机磷形态的浓度变化

(a) LOP：0.5 mol·L^{-1} $NaHCO_3$ 提取；(b) MLOP：1 mol·L^{-1} H_2SO_4 提取；(c) MROP（富里酸磷）：0.5 mol·L^{-1} NaOH 提取液经 HClconc 酸化后提取；(d) HROP（胡敏酸磷）：0.5 mol·L^{-1} NaOH 提取液中的有机磷减去 MROP；(e) TOP：LOP、MLOP、MROP 和 HROP 之和。亚北极森林（n = 7）、温带森林（n = 36）、亚热带森林（n = 9）和热带森林（n = 18）C 层土壤 TOP 浓度根据相关资料（Achat et al.，2009）、（Beck et al.，1999）、（Brédoire et al.，2016）、（Celi et al.，2013）、（Dieter et al.，2010）、（Jien et al.，2016）、（Kitayama et al.，2000）、（Letkeman et al.，1996）、（Mage et al.，2013）、（Maranguit et al.，2017）、（Walker et al.，1976）和（Zhang et al.，2015）估算

2. 土壤不同有机磷形态的储量变化

TOP 和 MROP 储量随海拔升高均呈增长趋势，但两者的最小储量（依次为 824.69 kg·hm^{-2} 和 410.56 kg·hm^{-2}）却出现在 S2 样点[图 5-2(a)]。而且，MROP 占 TOP 的比例最高，约为 59%。B 层 TOP 和 MROP 储量均显著高于两者其他土层储量（p<0.05）[图 5-2(b)]。LOP 储量随海拔升高逐渐增加[图 5-2(a)]，且绝大部分存在于 O 层[图 5-2(b)]。MLOP 和 HROP 储量在 4 个样点均不存在显著性差异（p>0.05），且两者的最大储量分别位于 B 层和 A 层。

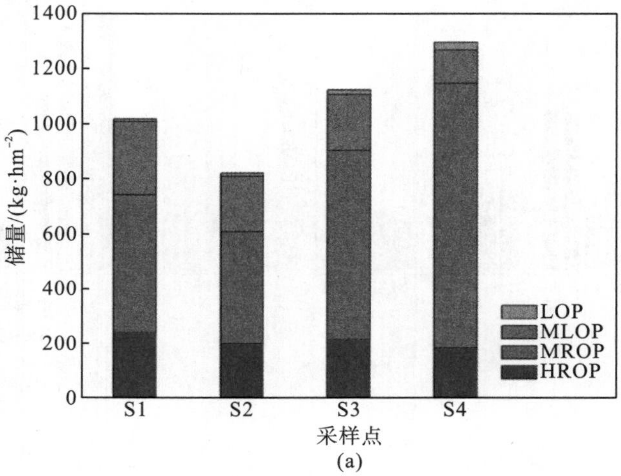

(a)

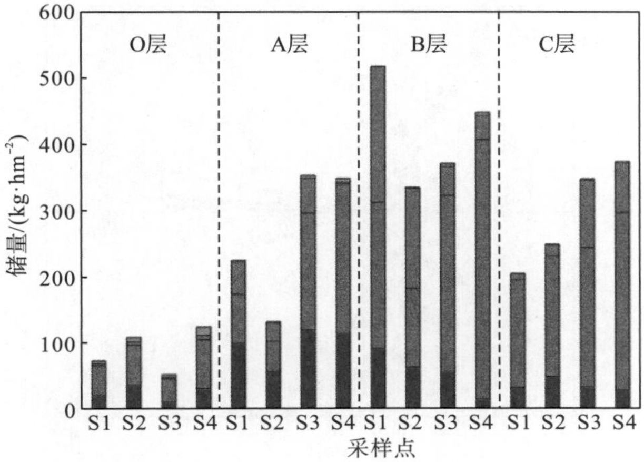

(b)

图 5-2　贡嘎山东坡峨眉冷杉林土壤有机磷形态储量变化（O 层和 0～50 cm 矿质土层）

5.2.3　贡嘎山东坡峨眉冷杉林土壤有机磷的赋存的影响因素

大多数 P 形态的变化可以用冗余分析（RDA）的第一轴表示，它可以解释磷形态 73.8%的变化和磷形态与环境因子关系的 88.6%（$F = 236.2$，$p = 0.002$；图 5-3）。第二轴可以解释磷形态 5.5%的变化和磷形态与环境因子关系的 6.6%。总体来看，本模型能够解释 83.3%拟合的磷形态数据（所有典型特征值之和）（$F = 38.0$，$p = 0.002$）。

由图 5-3 磷形态的冗余分析可知，土壤 TP 是控制 TOP 空间分布的主要影响因素之一，这与许多在山地森林土壤中的研究结果类似（Turner et al.，2011；Prietzel et al.，2016）。本研究中，O 层 TOP/TP 浓度比为 41%，与大多数温带森林（40%～82%）相比较低（Seaman et al.，2015；Prietzel et al.，2016），但该比值高于高度风化的热带森林土壤（14%～39%）（Dieter et al.，2010；Turner et al.，2011）。在森林生态系统中，凋落物产量是土壤 TOP 的主要来源（Bray and Gorham，1964；Vincent et al.，2010）。由于采样点均位于峨眉冷杉林冠下，由植被类型差异引起的土壤 TOP 空间变化可忽略不计。罗辑等（2003）的研究表明，随海拔升高凋落物产量逐渐降低，则归还于土壤表层的磷含量也应逐渐减少（羊留冬等，2010）。因此，土壤 TOP 储量应随海拔升高而降低。然而，本书发现土壤 TOP 浓度和储量在海拔梯度上存在增大趋势[图 5-1（e）和图 5-2（a）]。这可能是由于随着海拔升高温度降低，微生物活性减弱（表 5-1），有机磷的矿化速率减慢（Unger et al.，2010；Vincent et al.，2014）。而 TOP 储量的最小值出现在 S2 样点而不是 S1 样点 [图 5-2（a）]，则温度变化这一因素并不能完全解释有机磷的矿化速率和 TOP 的海拔分布特征。这一推论可由下列证据支持：①磷酸酶活性在 S2 样点最高，而不是 S1 样点（表 5-1）；②土壤温度和 TOP 浓度的相关性较弱（$R = 0.33$）。因此，一定存在其他因素导致 S2 样点的有机磷矿化速率加快或直接导致 TOP 的流失，干扰了 TOP 的梯度分布特征。

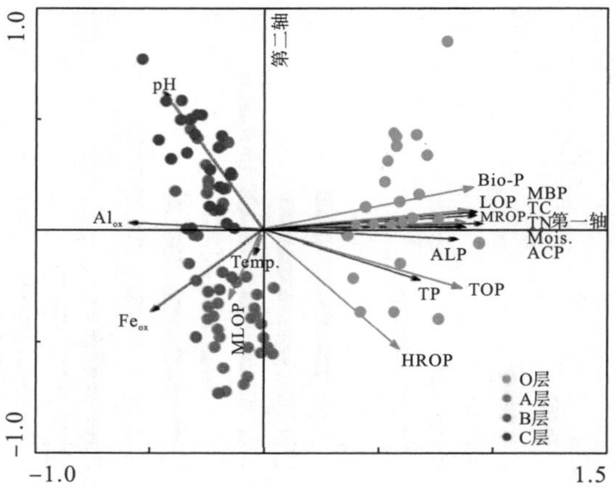

图 5-3 磷形态的冗余分析

其中有机磷形态和生物有效磷作为种类，共 11 个环境变量。LOP 浓度、MLOP 浓度、MROP 浓度、HROP 浓度、TOP 浓度和 Bio-P 浓度单位为 $mg \cdot kg^{-1}$；Temp.是土壤温度，且 C 层数据由 B 层替代，℃；Mois.是土壤湿度，%；TC 浓度、TN 浓度、Fe_{ox} 浓度和 Al_{ox} 浓度单位为 $g \cdot kg^{-1}$；TP 和 MBP 是土壤总磷和微生物量磷浓度，$mg \cdot kg^{-1}$；ACP 和 ALP 分别为酸性磷酸单酯酶和碱性磷酸单酯酶活性，$\mu g\ PNP \cdot g^{-1} \cdot h^{-1}$。

淋溶过程及其引起的土壤有机磷垂向迁移在山地生态系统中可能更显著(Wu et al.，2015)，且淋溶过程已经在许多森林生态系统中被发现(Werner et al.，2017；Jien et al.，2016；Cassagne et al.，2000)。在前人的研究中也已发现贡嘎山东坡针叶林存在淋溶现象(余大富，1984；王良健，1991)，该现象的发生在本研究中也有如下证据支持：①A 层土壤 pH 小于其他各土层(表 5-1)，这主要是由于淋溶过程造成碱基离子的大量流失(Bol et al.，2016；Lavkulich et al.，2011)；②B 层土壤 TC 和 TN 储量比其他矿质土层高[图 5-4(a)和(b)]，这表明土壤有机质(SOM)随淋溶过程在土壤 B 层中富集；③B 层 Fe_{ox}、Al_{ox} 浓度和储量显著高于 A 层($p< 0.05$)[表 5-1、图 5-4(d)]。因此，在淋溶作用下，土壤 TOP 向下迁移且 B 层有机磷储量占 TOP 的比例最高，均值为 39%[图 5-2(b)]。不仅如此，C 层 TOP 浓度比亚北极森林、温带森林、亚热带森林和热带森林高[图 5-1(e)]。该结果可能是由于本研究区土壤较“年轻”，薄铁盘层并未完全形成，并不能将有机磷全部扣押于土壤 B 层(Jien et al.，2016；Zhou et al.，2016a；Turner et al.，2012)，仍有部分有机磷随淋溶过程迁移至土壤 C 层。

对 S2 样点的研究发现，该样点土壤 pH 在四个样点中最低(表 5-1)，表明此处由于淋溶过程造成碱基离子的流失量最大。此外，该样点 Fe_{ox}、Al_{ox}、TC 和 TN 中 B 层比 A 层的浓度比最高(表 5-2)，这种 B 层富集现象进一步说明该样点淋溶过程较强。S2 样点较高的 TC/TOP 值同样支持在该采样点由于淋溶作用较强导致 TOP 的大量流失这一观点[图 5-5]。综上所述，推测在本节中 S2 样点的淋溶强度最大。贡嘎山东坡峨眉冷杉林土壤有机磷的海拔分布特征受淋溶过程的影响较为显著。

与其他在山地生态系统的研究结果(Cassagne et al.，2000；De Feudis et al.，2016；Jien et al.，2016)类似，矿质土层中的 LOP 占总活性磷($NaHCO_3$-TP)的比例最高。由 O 层至 C

层 LOP/$NaHCO_3$-TP 的值依次为 32%、60%、72%和 76%。尽管 O 层 LOP 浓度占总活性磷浓度的比例较小，但其浓度显著高于矿质土层[图 5-1(a)]。不仅如此，所有采样点 LOP_B/LOP_A 的值均较小(表 5-2)。以上结果表明，O 层 LOP 的消耗主要是由于矿化作用而不是淋溶作用。

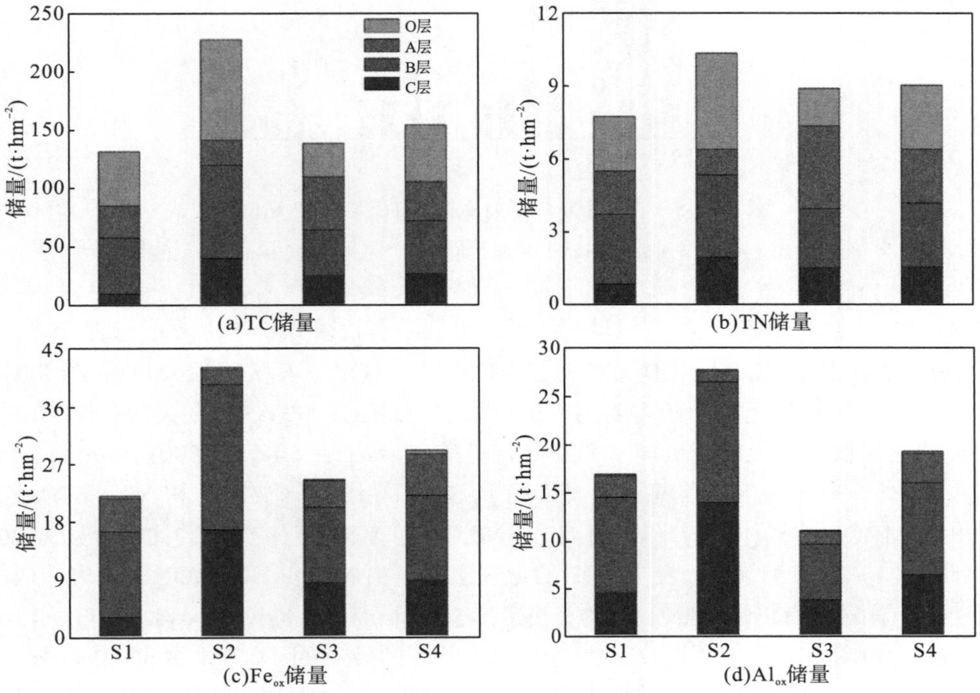

图 5-4　贡嘎山东坡峨眉冷杉林 TC、TN、Fe_{ox} 和 Al_{ox} 储量(O 层和 0～50 cm 矿质土层)

表 5-2　贡嘎山东坡峨眉冷杉林部分土壤属性 B 层比 A 层的浓度比

采样点	S1	S2	S3	S4	均值
Fe_{oxB}/Fe_{oxA}	0.83 (0.10) b	3.89 (0.65) a	1.04 (0.11) b	0.94 (0.04) b	1.68 (0.31)
Al_{oxB}/Al_{oxA}	1.40 (0.28) b	4.50 (0.89) a	1.55 (0.13) b	1.45 (0.12) b	2.22 (0.35)
TC_B/TC_A	0.52 (0.04) b	1.06 (0.12) a	0.31 (0.02) c	0.62 (0.04) b	0.63 (0.07)
TN_B/TN_A	0.46 (0.03) bc	0.97 (0.13) a	0.26 (0.02) c	0.57 (0.03) b	0.57 (0.06)
LOP_B/LOP_A	0.18 (0.05) b	0.31 (0.06) ab	0.41 (0.04) a	0.41 (0.05) a	0.32 (0.03)
$MLOP_B/MLOP_A^*$	1.30 (0.54) ab	2.21 (0.28) ab	0.33 (0.10) b	3.38 (3.38) a	1.49 (0.37)
$MROP_B/MROP_A$	1.00 (0.15) a	1.07 (0.14) a	0.53 (0.04) b	0.76 (0.07) ab	0.84 (0.07)
$HROP_B/HROP_A$	0.22 (0.05) ab	0.41 (0.12) a	0.16 (0.02) b	0.08 (0.05) b	0.22 (0.04)
TOP_B/TOP_A	0.65 (0.09) b	0.94 (0.12) a	0.37 (0.02) c	0.57 (0.06) bc	0.63 (0.06)

注：表格中的数据为平均值(标准误差)，每个样点 $n = 6$，4 个样点均值 $n = 24$；不同小写字母代表同一土层不同样点间存在显著性差异($p< 0.05$)，不同大写字母代表同一样点不同土层间存在显著性差异($p< 0.05$)。*表示表格中的数据为平均值(标准误差)，S4 样点 $n = 2$，4 个样点均值 $n = 20$。

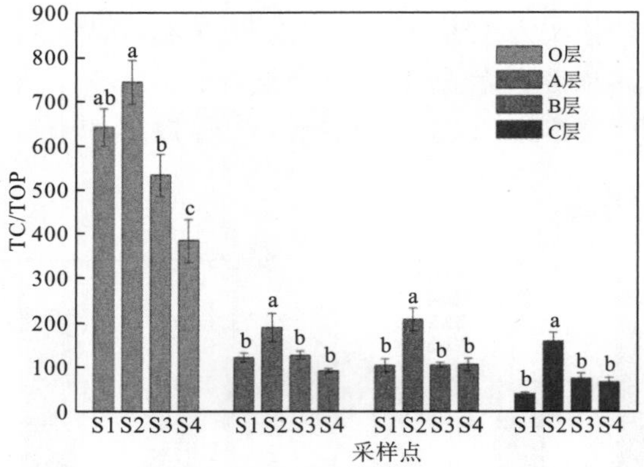

图 5-5　贡嘎山东坡峨眉冷杉林 TC 与 TOP 比值

由于在酸性条件下无机碳含量极少，本节中将 TC 视为总有机碳(Zhou et al.，2016b)

MLOP 和 MROP(富里酸有机磷)是 B 层土壤中有机磷累积的主要形态[图 5-2(b)]。由于 MROP 占土壤 TOP 的比例最高，且 MROP 与 TOP 正相关[图 5-2(a)和图 5-3]，则 MROP 是随淋溶过程迁移的最主要的有机磷形态。MROP 和 TC 的相关性表明[图 5-3]，有机磷的迁移依赖于土壤有机酸，特别是富里酸(Cassagne et al.，2000；Werner et al.，2017)。此外，有机磷的迁移并不仅仅依赖于 SOM，土壤矿物(Fe_{ox} 和 Al_{ox})的迁移也是 MLOP 和 MROP 的载体之一[图 5-3]。C 层 MLOP 和 MROP 占 TOP 的比例分别为 20%和 68%[图 5-1(b)、(c)和(e)]，表明 TOP 的流失主要是由 MLOP 和 MROP 的流失造成的。

HROP(胡敏酸有机磷)是最稳定的有机磷形态(Batsula and Krivonosova，1973；Rosset et al.，2016)。由图 5-3 可知，影响 HROP 空间分布特征的最主要因素为土壤 pH(Bedrock et al.，1997)。由于 O 层和 A 层 HROP 的浓度最高，且在海拔梯度上 HROP 储量并不存在显著性差异[图 5-1(d)和图 5-2(a)]，淋溶过程并没有对 HROP 的海拔分布特征产生较强的影响。

5.3　贡嘎山东坡峨眉冷杉林土壤生物有效磷的时空分异

由于山地坡度大、土层薄，土壤磷易流失，山地生态系统生物有效磷供给不足(Wu et al.，2015)。此外，大气氮浓度和氮沉降增加(Tian et al.，2010)，也会产生因氮磷比失衡而引起的磷限制(Vitousek et al.，2010)。生态系统磷限制广泛存在于多种陆地生态系统中，部分热带(Okada et al.，2016；Kitayama，2013)、亚热带(Huang et al.，2013)、温带(Prietzel et al.，2016)和亚极地高山(Litaor et al.，2005)森林中，磷已成为影响生态系统生产力和生物多样性的主要限制因子。因此，土壤生物有效磷是否能充足供给是决定山地生态系统稳定发展的基础。

土壤生物有效磷含量受成土母质(Mage and Porder，2013)、成土时间(Walker and Syers，1976)、气候(Vincent et al.，2014)、生物活动(De Feudis et al.，2016)和土壤理化性质(Vincent et al.，2012)等因素共同影响。具有较大高差的山地是研究上述因素变化对生态系统磷生物有效性的综合作用、评估各因素对土壤生物有效磷时空分布相对重要性的理想场所。Sundqvist 等(2013；2014)、Vincent 等(2014)和 Vitousek 等(1988)对山地土壤的研究发现，随海拔升高，温度降低导致微生物分解速率降低，生物有效磷含量呈降低趋势。Mukai 等(2016)在日本屋久岛的研究发现，在高海拔冷、湿环境下，土壤湿度过大和较低的土壤 pH 加速了磷淋溶流失。Zhou 等(2016a)对贡嘎山东坡 6 种植被带的研究发现，随海拔升高，土壤生物有效磷的浓度和储量呈“抛物线”形分布，亚高山针叶林土壤生物有效磷的浓度和储量最大，温度、土壤 pH 和凋落物产量是影响生物有效磷空间分布的主要因素。可见，当前有关土壤生物有效磷的梯度变化模式和主控因素还存在较多争论。因此，有必要开展更多的相关研究，为阐明土壤生物有效磷随海拔梯度的变化和机制提供依据。

本节分别利用湿化学浸提法(Bowman and Cole，1978)和 Bowman 等(2003)原位树脂袋包埋法测定贡嘎山东坡峨眉冷杉林(2600～3200 m)土壤生物有效磷含量($Bio\text{-}P_L$)和生物有效磷供给量($Bio\text{-}P_S$)，以阐明土壤生物有效磷的海拔分布和季节变化特征以及影响该区土壤生物有效磷时空分异的主要因素。

5.3.1　贡嘎山东坡峨眉冷杉林土壤生物有效磷的时空分布特征

通过测试分析不同海拔各土层土壤 $Bio\text{-}P_L$ 发现[图 5-6(a)]，随海拔升高，$Bio\text{-}P_L$ 有增加趋势；除 C 层外，各层 $Bio\text{-}P_L$ 均在 S3 样点最高。随着土层深度增加，$Bio\text{-}P_L$ 显著降低($p<0.05$)，且矿质土层间 $Bio\text{-}P_L$ 均值无显著性差异($p>0.05$)。随海拔升高，生物有效磷储量($StockBio\text{-}P_L$)有增大趋势[图 5-6(b)]。O 层 $StockBio\text{-}P_L$ 显著高于其他土层，约占总 $StockBio\text{-}P_L$ 的 75%。

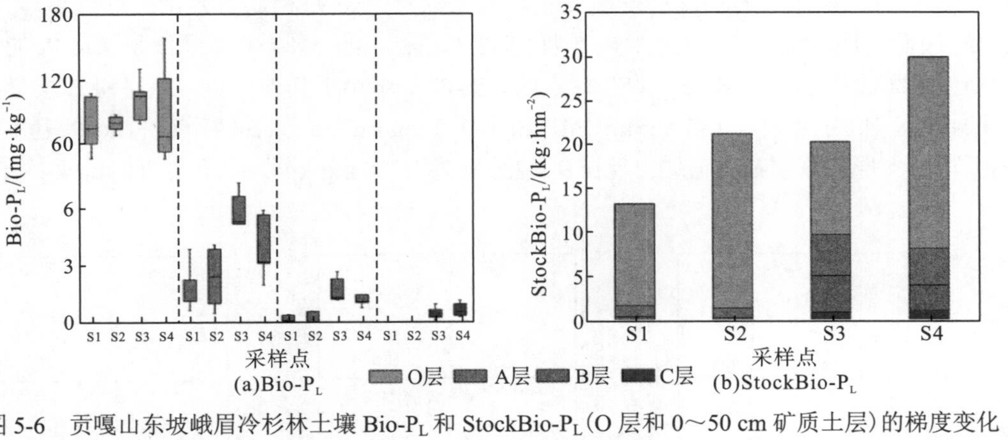

图 5-6　贡嘎山东坡峨眉冷杉林土壤 $Bio\text{-}P_L$ 和 $StockBio\text{-}P_L$(O 层和 0～50 cm 矿质土层)的梯度变化

本研究利用室内分析和野外原位监测 2 种方式测定土壤生物有效磷。①室内分析：称 0.5 g 风干土样，用 30 mL 0.5 mol·L^{-1} $NaHCO_3$ 浸提。为避免风干效应造成土壤生物有效磷含量偏高，本研究将 $NaHCO_3$ 提取的无机态磷($NaHCO_3\text{-}P_i$)作为室内湿化学提取测定的生物有效磷含量($Bio\text{-}P_L$)，mg·kg^{-1}。②野外原位监测：用 2 mol·L^{-1} KCl 按 1∶10 的树脂∶浸提剂(重量∶体积)浸提树脂吸附的 P。然后利用 AutoAnalyzer 3 流动分析仪(Seal Analytical, Germany)测定浸提液中 PO_4^{3-} 浓度。用单位质量树脂每天吸附的 P 表征原位树脂袋包埋法测定的土壤生物有效磷供给量($Bio\text{-}P_S$)，mg·kg^{-1}·d^{-1}。

与 Bio-P_L 梯度变化一致，随海拔升高，生物有效磷供给量(Bio-P_S)呈增大趋势，且均在 S3 样点最大[图 5-6(a)和图 5-7]；但 Bio-P_S 最小值出现在 S2 样点。O 层 Bio-P_S 均为正值，低海拔地区(S1 和 S2 样点)Bio-P_S 在矿质土层出现负值，此时的土壤并未释放磷，而是处于生物有效磷吸附状态。

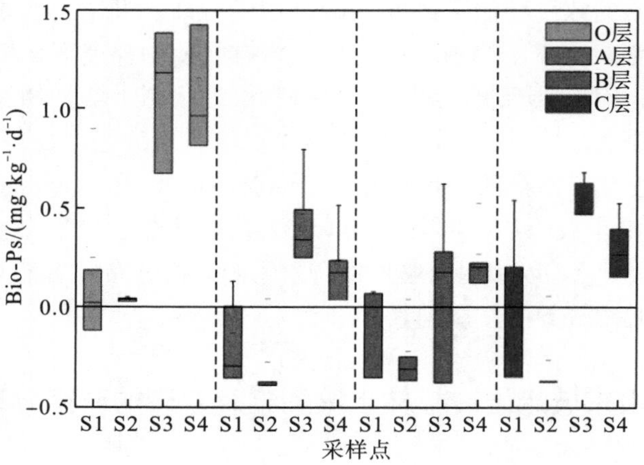

图 5-7 贡嘎山东坡峨眉冷杉林土壤 Bio-P_S 梯度变化(2016 年 6 月)

各样点 O 层土壤 Bio-P_S 全年均为正值[图 5-8(a)]。S1 样点 O 层 Bio-P_S 无显著季节变化(p>0.05)。S2 样点 Bio-P_S 在 9～10 月较大，其他月份的均值约为 0 $mg \cdot kg^{-1} \cdot d^{-1}$(“单峰”)。S3 和 S4 样点 Bio-$P_S$ 的季节变化均呈“双峰”(6 月和 9 月是两个峰值点)，两者 Bio-P_S 最低值均出现在 11 月至次年 5 月(非生长季)。同一采样点矿质土层 Bio-P_S 的季节变化趋势类似[图 5-8(b)和(c)]。S2 样点的 Bio-P_S 基本小于其他样点，A 层和 B 层最小值均出现在 8 月(分别为−1.143 $mg \cdot kg^{-1} \cdot d^{-1}$ 和−0.943 $mg \cdot kg^{-1} \cdot d^{-1}$)。S4 样点的 Bio-$P_S$ 基本大于其他样点，A 层和 B 层最大值均出现在 9 月(分别为 1.368 $mg \cdot kg^{-1} \cdot d^{-1}$ 和 0.760 $mg \cdot kg^{-1} \cdot d^{-1}$)。

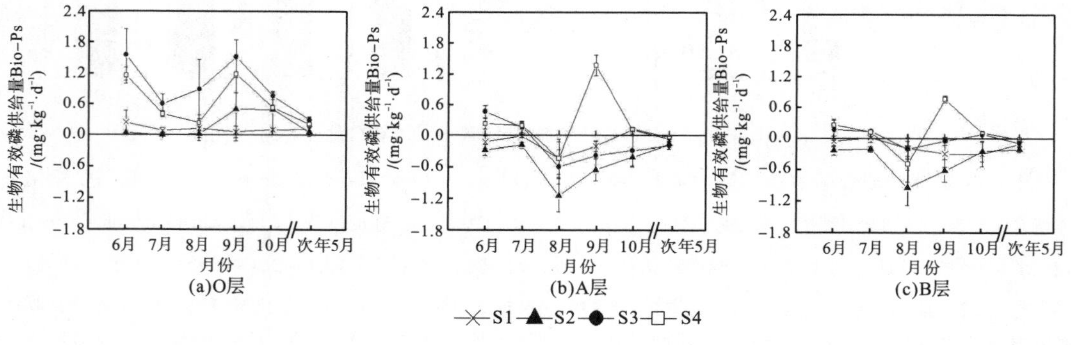

图 5-8 贡嘎山东坡峨眉冷杉林 O 层、A 层和 B 层土壤 Bio-P_S 的季节变化

O 层 Bio-P_L 和 StockBio-P_L 与各土壤性质均无显著相关关系(表 5-3)；Bio-P_S 与 TP 呈显著正相关，与土壤温度、磷酸酶活性呈显著负相关(p<0.05)。A 层 Bio-P_L 分别与 TC、TN 呈显著正相关，与土壤 pH、Al_{ox} 呈显著负相关；Bio-P_S 与 TOP 呈显著正相关，与土壤温度呈显著负相关(p<0.05)。B 层 Bio-P_L 和 StockBio-P_L 均与 TP 呈显著正相关，且两者均分别与土壤温度、Fe_{ox}、Al_{ox}、TC、TN、TOP、磷酸酶活性呈显著负相关；Bio-P_S 分别与 TP、MBP 呈显著正相关，与土壤含水量、Fe_{ox}、TC、TN 呈显著负相关(p<0.05)。C 层 Bio-P_L 和 StockBio-P_L 均与 TOP 呈显著正相关；Bio-P_S 与 Al_{ox} 呈显著负相关(p<0.05)。

表 5-3　贡嘎山东坡峨眉冷杉林土壤生物有效磷与土壤性质的关系

土壤性质	O			A			B			C		
	Bio-P_L	StockBio-P_L	Bio-P_S	Bio-P_L	StockBio-P_L	Bio-P_S	Bio-P_L	StockBio-P_L	Bio-P_S	Bio-P_L	StockBio-P_L	Bio-P_S
土壤温度			−0.699			−0.594	−0.730	−0.681				
土壤含水量									−0.571			
pH				−0.575								
Fe_{ox}							−0.539	−0.655	−0.574			
Al_{ox}				−0.553			−0.722	−0.757				−0.585
TC				0.522			−0.523	−0.630	−0.609			
TN				0.519			−0.435	−0.601	−0.681			
TP			0.609				0.422	0.460	0.700			
TOP						0.579	−0.448	−0.436		0.682	0.671	
MBP									0.598			
磷酸酶活性 [a]			−0.735				−0.535	−0.664				

注：(1) 数据为利用 Spearman 相关分析获得的显著相关系数(p< 0.05)。

(2) Fe_{ox}、Al_{ox}、TC 和 TN 是土壤无定形铁、无定形铝、总碳和总氮浓度，$g·kg^{-1}$；TP、TOP 和 MBP 是土壤总磷、有机磷和微生物量磷浓度，$mg·kg^{-1}$。

(3) a 磷酸酶活性是指酸性磷酸单酯酶(EC 3.1.3.2)和碱性磷酸单酯酶活性(EC 3.1.3.1)之和，$\mu g\ PNP·g^{-1}·h^{-1}$。

5.3.2　贡嘎山东坡峨眉冷杉林土壤生物有效磷的时空分布的影响因素

土壤生物有效磷的主要来源为矿物风化、解吸过程(酸性土壤主要来自 Fe 和 Al 氧化物)和有机磷矿化(De Feudis et al.，2016；Vincent et al.，2012；Walker and Syers，1976)，其消耗过程主要包括生物同化和径流流失(Mukai et al.，2016；Wu et al.，2015；Unger et al.，2010)。风化过程与岩性、温度、降水、土壤发育和植被类型密切相关(Zhou et al.，2016b；Mage and Porder，2013)。本节所研究的 4 个海拔梯度上岩性和植被类型差异较小，温度和降水是不同海拔岩石风化的主要影响因子。在低海拔地区，土壤温度高、湿度大(表 5-1)，岩石风化程度较强(Zhou et al.，2016b)，因此，生物有效磷含量应更高。然而，这与我们的实测结果相反[图 5-6 和图 5-7]。酸性土壤中 Fe 和 Al 氧化物对生物有效磷的吸附是导致生物有效磷降低的主要地球化学过程(Vincent et al., 2012)。但本节中，一方面生物有效磷主要储存于 O 层(图 5-6)，且 O 层中 Bio-P_L、StockBio-P_L 和 Bio-P_S 均与 Fe_{ox}、Al_{ox} 浓度无显著相关关系(p>0.05)；另一方面矿质土层中除 B 层外，A 层和 C 层生物有效磷与 Fe_{ox}、Al_{ox} 浓度的相关性均较弱(表 5-3)。因此，由 Fe_{ox} 和 Al_{ox} 的吸附造成生物有效磷梯度特征改变的可能较小。土壤有机磷矿化是生物有效磷的主要来源(Prietzel et al., 2016; Wang et al., 2016)，随海拔升高，温度和土壤水分降低，微生物活性减弱(表 5-1)，有机磷的矿化速率减慢(Vincent et al., 2014)，生物有效磷含量应逐渐降低。有机磷储量确实出现随海拔升高而增大的趋势(依次为 1021kg·hm^{-2}、825kg·hm^{-2}、1125kg·hm^{-2} 和 1296 kg·hm^{-2})，但此时生物有效磷含量也随海拔升高而增加[图 5-6 和图 5-7]，且与土壤温度、磷酸酶活性均显著负相关(p< 0.05；表 5-3)。植物的同化吸收是影响生物有效磷梯度变化的又一因素(Unger et al., 2010)，但根据罗辑等(2000, 2005)的估算发现随海拔升高，植物对磷的年需求量有增大趋势(表 5-1)。因此，造成生物有效磷随海拔升高而增大这一分布特征的主要原因可能是低海拔地区生物有效磷流失量较大。对贡嘎山东坡亚高山土壤的多个研究已发现了较为明显的淋溶过程(王良健，1991；余大富，1984)，该过程造成了土壤溶质快速、大量运移(梁建宏等，2017；牛健植等，2009)。在本节 S2 样点所处小流域的研究发现，该区域磷由陆地向水体迁移的主要形态为树脂提取态磷(吴艳宏等，2013)。本节中低海拔地区相对较高的土壤含水量(表 5-1)也说明此处淋溶作用是土壤生物有效磷大量流失的重要原因之一。S2 样点 2016 年 6 月各层 Bio-P_S 均低于其他样点(图 5-7)，表明在更酸、更湿的 S2 样点生物有效磷的流失量更大(Mukai et al., 2016)。

总体来看，StockBio-P_L 远大于植物磷年需求量[图 5-6(b)，表 5-1]，这一结果与多个研究一致(Johnson et al., 2003; Yang and Post, 2011)。土壤中 Bio-P_L 主要储存于 O 层[图 5-6(b)]，且全年 O 层 Bio-P_S 均大于 0 mg·kg^{-1}·d^{-1}[图 5-8(a)]，说明贡嘎山东坡峨眉冷杉林土壤有机质层有潜力全年为植物和微生物提供充足的生物有效磷(Johnson et al., 2003)。然而，矿质土层较低的 Bio-P_L 含量[图 5-6(a)]和 Bio-P_S 负值的出现[图 5-7、图 5-8(b)和(c)]表明，某些月份矿质土层的生物有效磷供给能力较差。表层土壤生物有效磷含量显著高于底层的分布模式，从一定程度上展现了植物和微生物对生物有效磷垂直分层的控制作用(吴艳宏等，2013)。植物吸收各层生物有效磷，并以凋落物形式将有机磷归还至土壤表层，因此表层有机磷矿化后释放的生物有效磷含量比下层土壤更高。与矿质层相比，O 层中较高的 TP 和 TOP 含量和较强的磷酸酶活性是造成土壤生物有效磷主要蓄积于 O 层的重要因素[图 5-1(e)，表 5-1]。

通过比较植物磷年需求量、Bio-P_L 和 StockBio-P_L，一定程度上能反映生态系统土壤磷的养分状况，但 Bio-P_L 和 StockBio-P_L 无法与即时的生物有效磷供给量等同。已有研究表明，植物在土壤生物有效磷充足的情况下仍需将相对易分解和易解吸的磷转化为可直接利用的 PO_4^{3-} (Vitousek et al., 2010; Yang and Post, 2011)。与 Bio-P_L 相比，Bio-P_S 更能表现土壤磷生物有效性的实时动态。首先，Bio-P_S 最小值出现在 S2 样点[图 5-7]，与 Bing 等(2016)通过对贡嘎山东坡 5 种植被类型土壤 C∶N∶P 化学计量比的研究，得出该样点磷的生物有效性较低这一结论相一致；其次，某些月份矿质土层 Bio-P_S 负值的出现[图 5-7、图 5-8(b)和(c)]表明，此时生物有效磷处于被土壤吸附的状态，生物有效磷供给能力较低。因此，Bio-P_S 可有效地表征土壤生物有效磷的季节变化特征。同一土层不同样点的 Bio-P_S 季节变化存在一定差异[图 5-8(a)]。由高海拔(S3 和 S4 样点)至低海拔(S2 和 S1 样点)，有机质层 Bio-P_S 季节变化依次出现 S4 和 S3 样点的“双峰型”(6 月和 9 月)、S2 样点的“单峰型”(9 月)和 S1 样点的“无峰型”。S4 和 S3 样点在 6 月也出现“峰值”是因为此时低海拔植物已进入生长季，开始吸收土壤中的生物有效磷，而高海拔较低的温度(表 5-1)使得植物和微生物活性较差(彭亮等，2015)，生物有效磷仍主要储存于土壤中。与 8 月相比，9 月温度和降雨量分别下降 25%和 26%(Wu et al.，2013a)，生物有效磷被生物吸收量和随径流流失量减少。因此，9 月是贡嘎山东坡峨眉冷杉林 O 层土壤磷的生物有效性最高的月份，S2、S3 和 S4 样点 Bio-P_S 均在此时出现“峰值”。S2 样点有机质层 Bio-P_S 的均值在绝大多数月份(除 9 月外)均为 0 $mg \cdot kg^{-1} \cdot d^{-1}$[图 5-8(a)]。此外，该样点 A 层和 B 层的 Bio-P_S 全年均为负值且低于其他样点[图 5-8(b)和(c)]，因此，该样点全年磷的生物有效性均较低(Bing et al.，2016)。为保证 S2 样点生物有效磷的充足供给，生态系统一方面通过 MBP 直接补偿；另一方面，通过提高磷酸酶活性矿化土壤有机磷以补偿有效磷库(表 5-1)。在生态系统补偿机制下，S2 样点 O 层土壤中的生物有效磷输入量(岩石风化、有机磷矿化和矿物解吸等)基本等于其消耗量(生物吸收、矿物吸附和随径流流失等)(Bowman et al.，2003)。相较于有机质层，矿质土层 Bio-P_S 季节变化的梯度差异较小，各样点 A 层和 B 层 Bio-P_S 均在 8 月最小且为负值[图 5-8(b)和(c)]。此时，贡嘎山东坡气温最高且降雨量最大(分别为 12℃和 310 mm)(Wu et al.，2013a)，处于旺盛生长季的生物对土壤生物有效磷的大量吸收及强降雨导致生物有效磷的大量流失可能是造成此时矿质土壤生物有效磷含量较低的主要原因。

综上，海拔、土层和季节差异一方面造成降雨量和土壤湿度不同，直接影响生物有效磷随径流流失状况；另一方面，通过改变生物生存环境(如土壤温度等)，间接影响生物对有机磷的矿化和对生物有效磷的吸收。本节强调了海拔、土层和季节差异对山地森林土壤中生物有效磷时空分布的重要影响。

5.4　贡嘎山东坡峨眉冷杉林土壤有机磷的生物地球化学循环

土壤有机磷循环的主要部分是生物量磷。有机磷通过分泌物或细胞溶解进入土壤环境(矿化过程)，一部分被土壤生物或植物吸收(Vestergren et al.，2013)，另一部分通过有机分子或与磷酸基矿物相互作用而固定，成为土壤有机质的一部分(Vestergren et al.，2011)。由于本节所有采样点均位于峨眉冷杉林冠下，植物差异较小，则在提高土壤磷的生物有效性方面微生物发挥着重要作用(Adhya et al.，2015)。微生物吸收生物有效磷转化为有机磷，其本身有机磷含量占土壤 TOP 的 20%～30%(Iii et al.，2011)。由于 MBP 较快的周转速率(Liebisch et al.，2014；Achat et al.，2010)，其也成为潜在的生物可利用磷。微生物除了分泌酸性物质和磷酸酶等生物化学过程以使土壤磷向有效态转化外，还能在矿化含磷有机物获取碳源的过程中释放生物有效磷(Wang et al.，2016；Heuck et al.，2015)。目前对于

MBP 库和微生物酶活性的研究多集中在植物根系分布较为集中的表层土壤(Attiwill and Adams，1993；Oehl et al.，2004)，对整个土壤剖面的 MBP 库的重要性尚不明确。由于山地(尤其是高山生态系统)特有的垂直地带性，磷的生物地球化学循环有其独有特点。特别是本研究区淋溶作用强烈，导致土壤有机磷和生物有效磷大量流失，干扰了土壤有机磷和生物有效磷的赋存特征。因此，在评估贡嘎山东坡峨眉冷杉林土壤有机磷的生物有效性之前，必须明确土壤有机磷的生物地球化学循环过程。

5.4.1 贡嘎山东坡峨眉冷杉林土壤有机磷形态与生物有效性

利用 Bowman–Cole 连续提取法获得的 4 种有机磷形态中，土壤 Bio-P_L 和 LOP、MROP、HROP 呈显著正相关(adj.R^2 依次为 0.77、0.62 和 0.24)，而和 MLOP 无线性相关关系(图 5-9)。土壤 Bio-P_S 分别与 LOP 浓度、MROP 浓度呈显著正相关(adj.R^2 依次为 0.342 和 0.337)；与 MLOP 浓度呈显著负相关，但 adj.R^2 仅为 0.05；与 HROP 浓度无线性相关关系(图 5-10)。

生物有效磷(Bio-P_L 和 Bio-P_S)表示弱吸附于晶体化合物表面的无机磷，LOP 是活性有机化合物(如甘油磷酸酯和核糖核酸)中的一部分(Hu et al.，2016；Johnson et al.，2003)，这 2 种磷形态在 Bowman–Cole 方法中被认为是最易为植物和微生物利用的部分(Bowman and Cole，1978)。本节通过分析土壤不同有机磷形态和生物有效磷的关系[图 5-9 和图 5-10]也发现，4 种有机磷形态中 LOP 和生物有效磷的正相关性最强。此外，5.2.3 节的结果也表明，相较于淋溶过程对 MLOP 和 MROP 的垂向迁移的影响，O 层 LOP 的消耗主要是由于微生物的矿化作用。Bio-P_S 和 MLOP 浓度呈显著负相关[图 5-10(b)]表明，在相对较短的时间尺度上，MLOP 可能是生物有效磷的潜在来源(Reed et al.，2011)。但值得注意的是，Bio-P_S 和 MLOP 浓度的 adj.R^2 极低，且虽然 Bio-P_L 和 MLOP 浓度间呈负向趋势，但两者无显著线性相关关系[图 5-9(b)]。因此，MLOP 能否成为短期内土壤生物有效磷的潜在来源仍需进一步探索。在相对较长的时间尺度上，氢氧化钠提取的有机磷(NaOH-P_o)可能是森林生态系统中生物有效磷的重要来源，特别是在热带森林土壤(Dieter et al.，2010；Turner and Engelbrecht，2011)和较长时间序列、高度风化的生态系统中(Walker and Syers，1976；Wardle et al.，2004)。本节中，MROP 浓度分别与 Bio-P_L 和 Bio-P_S 呈显著正相关关系[图 5-9(c)和图 5-10(c)]，且 HROP 浓度也与 Bio-P_L 显著正相关[图 5-9(d)]，表明 NaOH-P_o 确实在一定程度上能成为土壤生物有效磷的重要来源。然而，HROP 浓度与 Bio-P_S 无显著线性相关关系，且 HROP 浓度和 Bio-P_L 线性拟合 adj.R^2 较低[图 5-9(d)]。因此，相较于胡敏酸有机磷(HROP)，富里酸有机磷(MROP)更易被植物和微生物利用(Bowman and Cole，1978)。

由贡嘎山东坡峨眉冷杉林土壤各有机磷形态与 MBP 浓度的线性拟合(图 5-11)可知，土壤 MBP 浓度分别与 LOP 浓度、MROP 浓度、HROP 浓度呈显著正相关(adj. R^2 依次为 0.72、0.61 和 0.32)，而与 MLOP 浓度无线性相关关系。由土壤生物有效磷和 MBP 的关系(图 5-12)可知，土壤 MBP 分别与 Bio-P_L 和 Bio-P_S 呈显著正相关，adj.R^2 依次为 0.83 和 0.13。

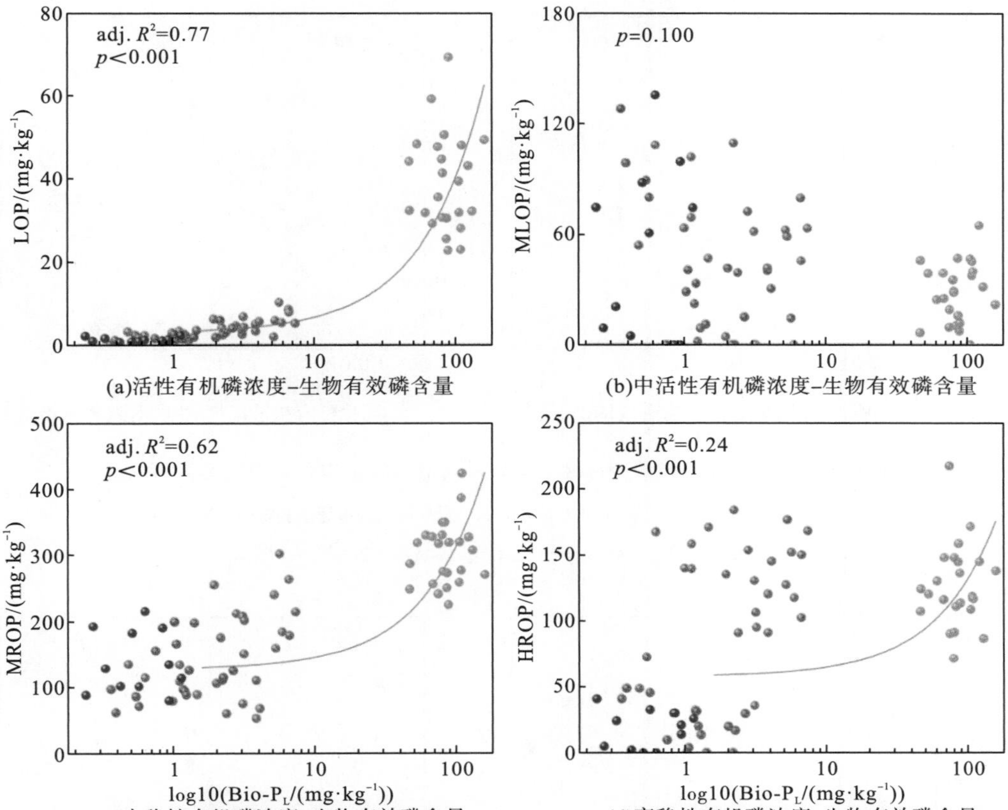

(a)活性有机磷浓度–生物有效磷含量　(b)中活性有机磷浓度–生物有效磷含量

(c)中稳性有机磷浓度–生物有效磷含量　(d)高稳性有机磷浓度–生物有效磷含量

图 5-9　贡嘎山东坡峨眉冷杉林土壤有机磷形态和生物有效磷含量的关系

生物有效磷含量是指利用室内化学湿提取测定的 $NaHCO_3$-P_i 浓度；●O层　●A层　●B层　●C层

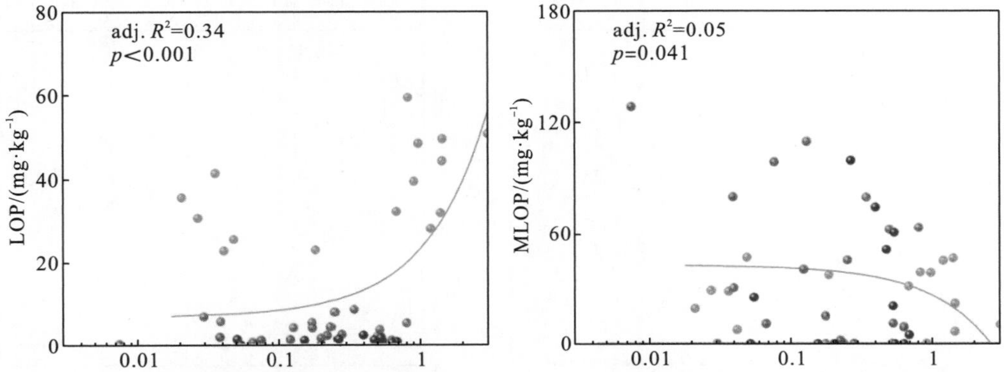

(a)活性有机磷浓度–生物有效磷供给量　(b)中活性有机磷浓度–生物有效磷供给量

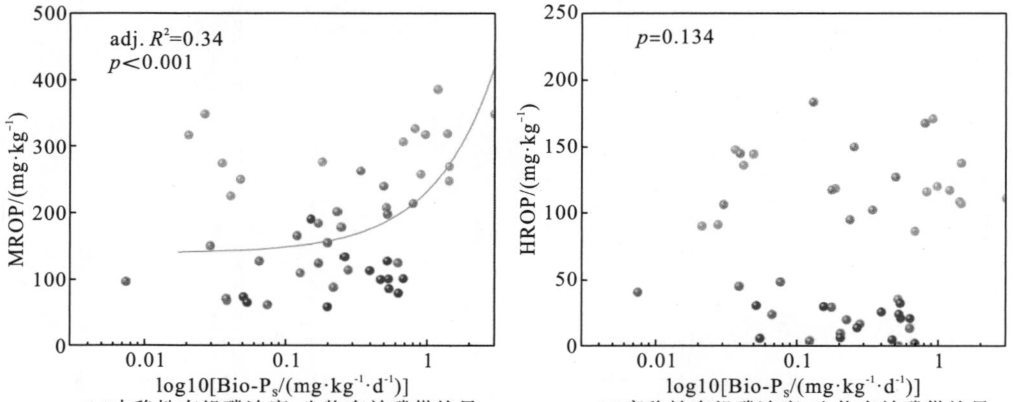

(c)中稳性有机磷浓度-生物有效磷供给量　(d)高稳性有机磷浓度-生物有效磷供给量

图 5-10　贡嘎山东坡峨眉冷杉林土壤有机磷形态和生物有效磷供给量的关系

生物有效磷供给量是指 2016 年 6 月利用野外树脂袋包埋法测定的土壤

可交换态磷每天的供给量；●O层　●A层　●B层　●C层

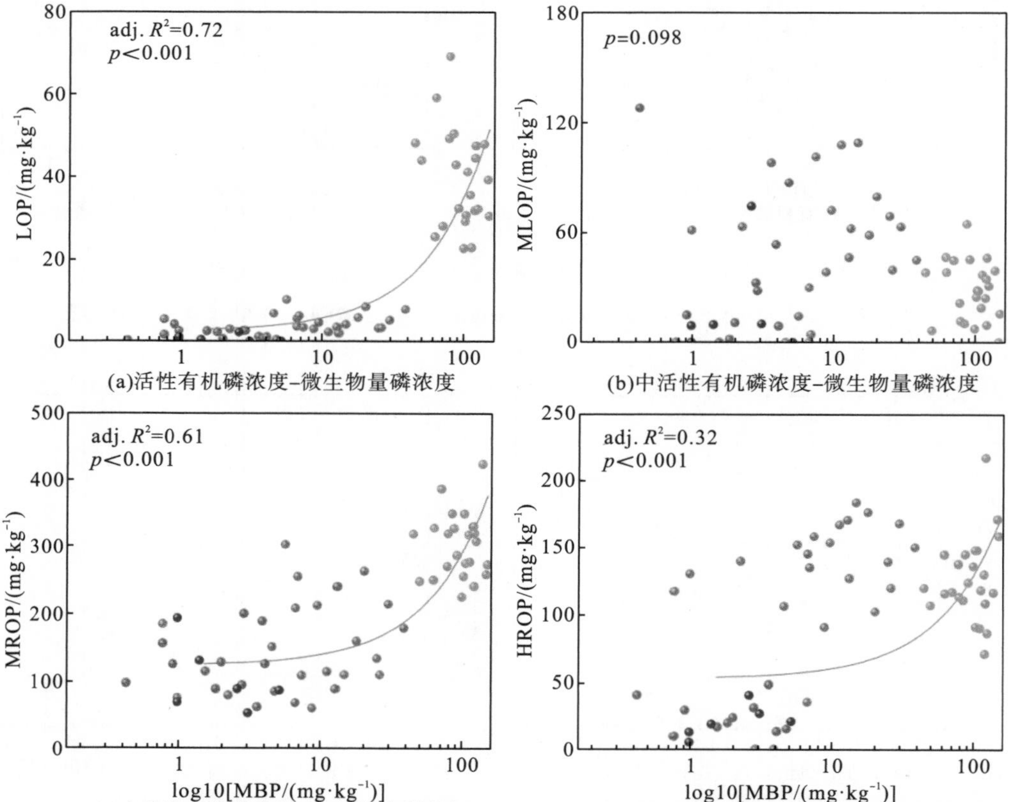

(a)活性有机磷浓度-微生物量磷浓度　(b)中活性有机磷浓度-微生物量磷浓度

(c)中稳性有机磷浓度-微生物量磷浓度　(d)高稳性有机磷浓度-微生物量磷浓度

图 5-11　贡嘎山东坡峨眉冷杉林土壤各有机磷形态与 MBP 浓度的线性拟合

●O层　●A层　●B层　●C层

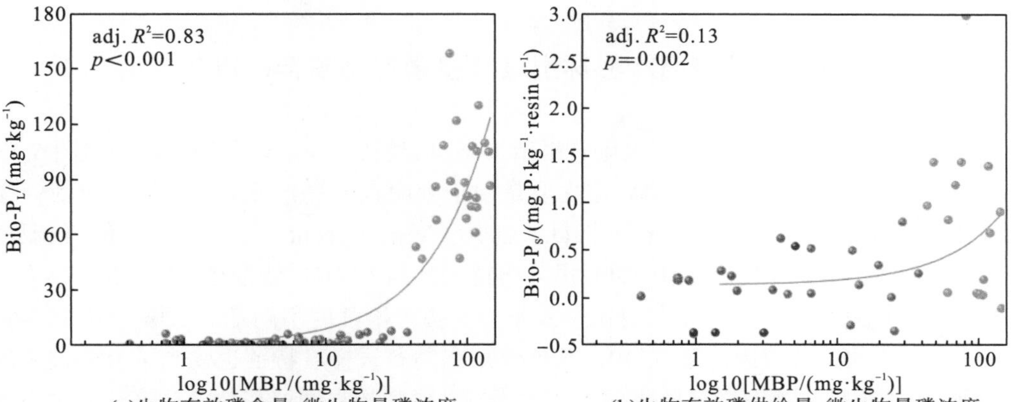

(a)生物有效磷含量–微生物量磷浓度　　(b)生物有效磷供给量–微生物量磷浓度

图 5-12　贡嘎山东坡峨眉冷杉林土壤生物有效磷和 MBP 的关系

O层　A层　B层　C层

本节中土壤 MBP 浓度与 LOP 浓度呈极强的正相关关系，与 MROP 浓度和 HROP 浓度的正相关性逐渐减弱，而与 MLOP 浓度无线性相关关系(图 5-11)。此外，前人的研究表明，MBP 的年周转率保守估计为 2.7～8.1 g·m^{-2}(Tamburini et al.，2012)，远大于贡嘎山峨眉冷杉每年通过凋落物归还(0.1～0.2 g·m^{-2})和吸收(0.6～0.8 g·m^{-2})的磷含量(罗辑等，2005，2003)。鉴于 LOP 主要为甘油磷酸酯和核糖核酸等的活性有机化合物，且 MBP 储量是 LOP 储量的 1.87 倍，表明本研究中利用 Bowman–Cole 方法提取的 LOP 的主要成分是 MBP(Bowman and Cole，1978；Hu et al.，2016)。

由土壤生物有效磷和 MBP 浓度的关系(图 5-12)可知，土壤 MBP 一定程度上可以指示生物有效磷的高低。这一结果支持 Walbridge 和 Vitousek(1987)利用同位素稀释技术获得的结论，即 MBP 和酸提取无机磷(30 m mol·L^{-1} NH_4F + 25 m mol·L^{-1} HCl)相结合可以较准确地表征土壤中的即时可利用态磷的含量。Hedley 等(1982)发现活体 MBP 中约 1%～23%的磷可以在 $NaHCO_3$-P_i 中提取出来，而且提取效率因微生物种类而异。也有研究表明在吸附能力较强的火山灰土(andosols)中，0.5 mol·L^{-1} 的 $NaHCO_3$ 提取的磷有约 40%来自 MBP(Sugito et al.，2010)；在吸附能力较弱的森林土壤有机层，土壤 RNA 和磷脂的含量变化可能和微生物的动态相关(Vincent et al.，2013)。所以，活体微生物可能贡献了部分生物有效磷，这在一定程度上可以解释本节中 MBP 分别与 Bio-P_L 和 Bio-P_S 之间的正相关关系。值得注意的是，本研究的结果仅来自相关分析，因此不能排除 MBP 和生物有效磷同时受其他因素影响而发生的协同变化，需要同位素示踪等技术将土壤 MBP 的动态与植物的磷养分状况直接联系起来，这样才能准确地判识 MBP 对生物有效磷的贡献。此外，虽然 MBP 与原位监测的 Bio-P_S 呈线性相关，但 adj.R^2 极低[图 5-12(b)]，这可能是由于室内一次性提取实验和野外实时监测的土壤中磷的生物地球化学循环过程差异较大。

5.4.2 贡嘎山东坡峨眉冷杉林土壤有机磷形态赋存的概念模型

根据贡嘎山东坡峨眉冷杉林土壤有机磷形态赋存特征，构建了其概念模型[图 5-13]。TOP 储量随海拔升高呈增大趋势，这主要是由于随海拔升高温度降低，微生物活性减弱(表 5-1)导致有机磷矿化减缓(Unger et al.，2010；Vincent et al.，2014)。然而，仅温度变化这一因素并不能完全解释 TOP 的海拔分布特征，因为 TOP 储量在 S2 样点最小而不是 S1 样点。山地森林中相对丰富的降雨量及不同海拔淋溶强度不同是对土壤 TOP 赋存特征造成以上干扰的重要原因。除 LOP，其他磷形态的海拔梯度特征也受到了淋溶过程的强烈影响。由于土壤生物有效磷随淋溶过程大量流失，生物将通过有效策略来适应生态系统较低的生物有效磷供给。一方面 MBP 能够为生物有效磷提供直接来源；另一方面，通过刺激磷酸单酯酶活性矿化 LOP 以获得足够的生物有效磷。S2 样点淋溶作用最强，该样点 MBP 急剧下降和磷酸单酯酶活性的增强(表 5-1)意味着生物有效磷随淋溶过程的流失量越大，对其直接补偿和矿化补偿越强。MLOP 和 MROP 是随淋溶迁移的主要有机磷形态，其中以 MROP 为主，两者依赖 SOM 和矿物(无定形铁、无定形铝)的垂向迁移。淋溶迁移过程中大部分有机磷在 B 层土壤累积，但仍有少量有机磷流失，这主要是由于本研究区土壤发育时间短，并未形成成熟的薄铁磐层以扣押所有的有机磷(Jien et al.，2016；Zhou et al.，2016a)。HROP 是最稳定的有机磷形态，主要储存于 O 层和 A 层，受淋溶作用较小。

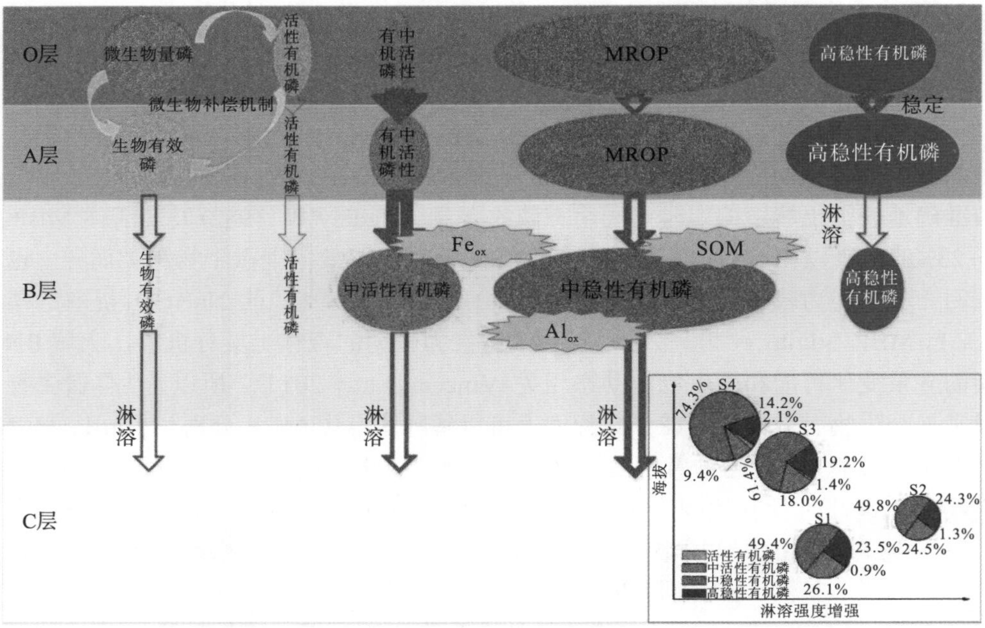

图 5-13 贡嘎山东坡峨眉冷杉林土壤有机磷形态赋存特征的概念模型

LOP 储量、MLOP 储量、MROP 储量、HROP 储量、Bio-P 储量和 MBP 储量单位为 kg·hm^{-2}；SOM、Fe_{ox} 和 Al_{ox} 是土壤有机质、无定形铁和无定形铝。右下角小图表示 TOP 和不同有机磷形态随海拔升高和淋溶强度增强的储量变化。大图中灰色箭头边框粗细表征淋溶强度大小。黄色箭头与 MBP、LOP 和 Bio-P 表示在淋溶环境下微生物的补偿机制

5.5　贡嘎山东坡峨眉冷杉林土壤磷对生物有效磷的贡献

土壤无机磷和有机磷均是生态系统生物有效磷的重要供给。在大多数自然生态系统中，磷的大气沉降仅占极小部分(Runyan et al.，2012)，磷最终来源于岩石风化(主要是磷灰石)(Vitousek et al.，2010)。一些风化释放的无机磷能够被直接纳入植物组织或被微生物同化，然后转化成有机磷(Zhou et al.，2016b)。另一些释放的无机磷与次生矿物结合或吸附在其表面(Vincent et al.，2012)。这部分无机磷不能直接被植物和微生物吸收利用，但在环境条件发生变化后可能转化为生物有效磷(Camêlo et al.，2015；Rosset et al.，2016)。还有一部分岩石风化释放的无机磷将随土壤径流或淋溶等过程耗散(Wu et al.，2015)。本节中将 1 $mol\cdot L^{-1}$ H_2SO_4 提取的土壤 C 层无机磷($Ca\text{-}P_i$)含量作为岩石风化产生的无机磷。将 0.5 $mol\cdot L^{-1}$ NaOH 提取的无机磷含量作为被次生矿物结合或吸附的磷含量(Zhou et al.，2016a)。

对有机磷形态的研究表明，相较于磷酸单酯磷酸二酯含量极少，主要由核酸(RNA 和 DNA)、磷脂、磷壁酸和芳香化合物组成(Condron et al.，2005)。但磷酸二酯是最具生物有效性的有机磷形态，也是植物和微生物细胞中最主要的成分(Quiquampoix et al.，2005)。由于本研究所有采样点均位于峨眉冷杉林冠下，植被差异较小，则在提高土壤磷的生物有效性方面，微生物发挥重要作用(Adhya et al.，2015)。由 5.4 节的结果可知，4 种有机磷形态中 LOP 和生物有效磷的正相关性最强，且本节中利用 Bowman–Cole 方法提取的 LOP 的主要成分是 MBP。

本节试图通过计算无机磷和有机磷分别对生物有效磷的贡献量，定量评估贡嘎山东坡峨眉冷杉林土壤有机磷的生物有效性。

5.5.1　贡嘎山东坡峨眉冷杉林土壤 $H_2SO_4\text{-}P_i$ 和 $NaOH\text{-}P_i$ 的空间变化

通过测定并计算土壤 $H_2SO_4\text{-}P_i$ 及 $NaOH\text{-}P_i$ 浓度和储量(图 5-14)发现，除 C 层外，其他各层 $H_2SO_4\text{-}P_i$ 浓度随海拔升高均有增加趋势。但是 S2 样点所有土层的 $H_2SO_4\text{-}P_i$ 浓度显著低于其他样点($p< 0.05$)。随土层深度增加，$H_2SO_4\text{-}P_i$ 浓度均值有逐渐增大趋势。随海拔升高，各层 $NaOH\text{-}P_i$ 浓度均有增大趋势。其中，O 层和 A 层中 S2 样点的 $NaOH\text{-}P_i$ 浓度显著低于其他样点($p<0.05$)；B 层和 C 层中 S4 样点的 $NaOH\text{-}P_i$ 浓度显著高于其他样点($p<0.05$)，且 S1、S2 和 S3 样点的 $NaOH\text{-}P_i$ 浓度不存在显著性差异($p>0.05$)。随海拔升高，$H_2SO_4\text{-}P_i$ 及 $NaOH\text{-}P_i$ 总储量(O 层和 0～50 cm 矿质土层)有增大趋势，但两者的最低储量均出现在 S2 样点，分别为 1384$kg\cdot hm^{-2}$ 和 249 $kg\cdot hm^{-2}$。随土层深度增加，各层 $H_2SO_4\text{-}P_i$ 及 $NaOH\text{-}P_i$ 储量均值有逐渐增大趋势，其中 C 层储量分别占总储量的 47%和 39%。

5.5.2　贡嘎山东坡峨眉冷杉林土壤有机磷与生物有效磷比值的空间变化

除 C 层外，其他各层 $MBP/Bio\text{-}P_L$ 值随海拔升高均有减小趋势[图 5-15(a)]。随土层深度增加，各层 MBP/Bio-P_L 均值依次为 1.18、4.41、2.66 和 1.10。不同土层 LOP/Bio-P_L 值的梯度变化趋势差异较大[图 5-15(b)]。随海拔升高，O 层 LOP/Bio-P_L 值有增大趋势；A 层中 4 个样点的 LOP/Bio-P_L 值不存在显著性差异($p>0.05$)；B 层 LOP/Bio-P_L 值有减小趋势，但最大值出现在 S2 样点。随土层深度增加，各层 LOP/Bio-P_L 均值依次增大，其中 O 层 LOP/Bio-P_L 均值小于 1，为 0.49。

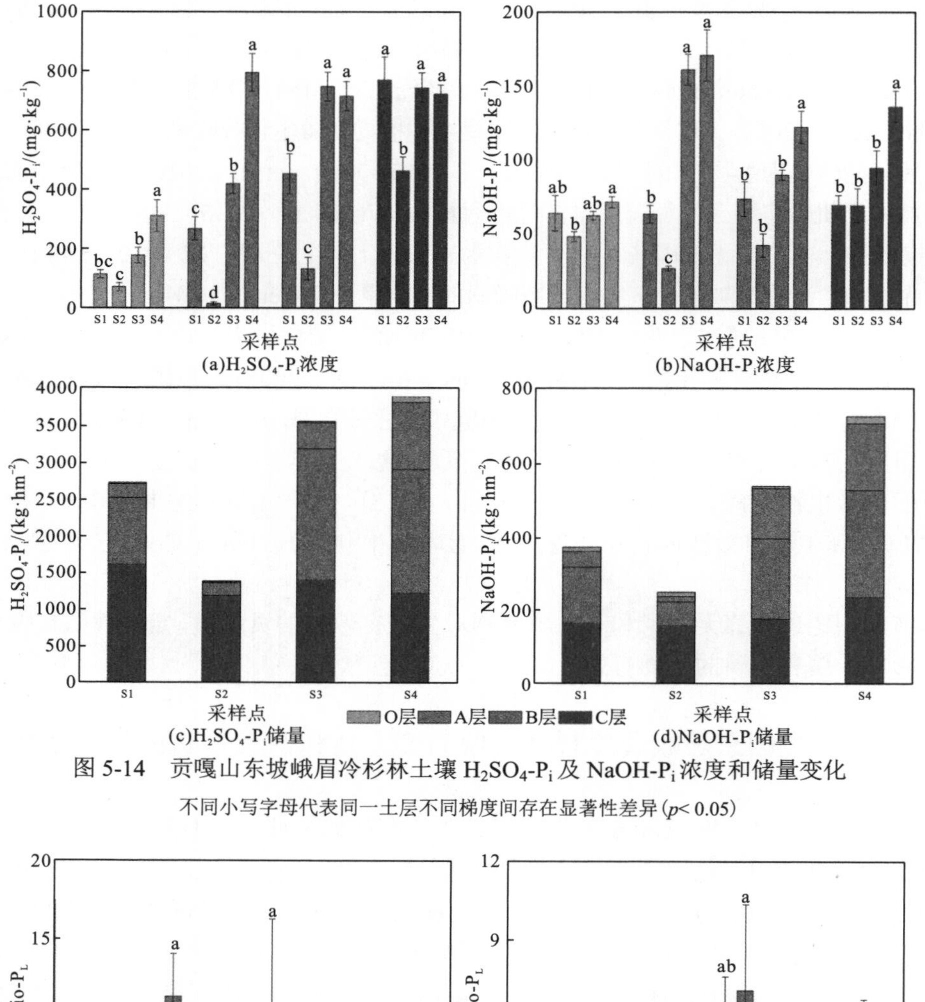

图 5-14 贡嘎山东坡峨眉冷杉林土壤 H_2SO_4-P_i 及 NaOH-P_i 浓度和储量变化

不同小写字母代表同一土层不同梯度间存在显著性差异($p<0.05$)

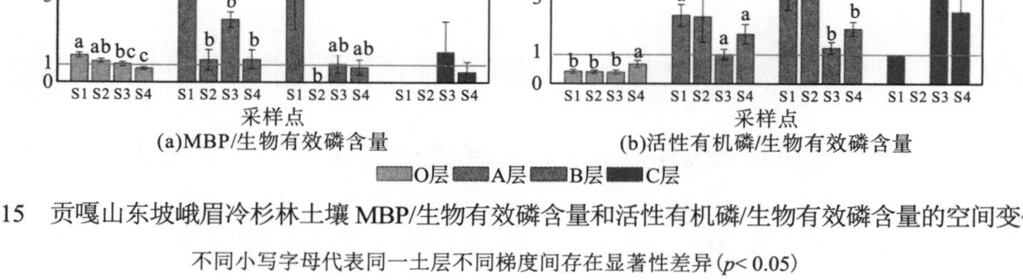

图 5-15 贡嘎山东坡峨眉冷杉林土壤 MBP/生物有效磷含量和活性有机磷/生物有效磷含量的空间变化

不同小写字母代表同一土层不同梯度间存在显著性差异($p<0.05$)

5.5.3　贡嘎山东坡峨眉冷杉林土壤无机磷对生物有效磷的贡献

土壤生物有效磷的主要来源为大气沉降、矿物风化、解吸过程(酸性土壤主要来自 Fe 和 Al 氧化物)和有机磷矿化(De Feudis et al.，2016；Vincent et al.，2012；Walker and Syers，1976)，其消耗过程主要包括生物同化、吸附和径流流失(Mukai et al.，2016；Unger et al.，2010；Wu et al.，2015)。在大多数陆地自然生态系统中，磷的大气沉降仅占极小部分(Runyan et al.，2012)，根据中国科学院贡嘎山站(海拔 3000 m)长期观测的大气本底气溶胶数据发现，$PM_{2.5}$ 和 PM_{10} 颗粒粒径的磷酸根离子低于检测限。因此，在本节中忽略大气沉降对土壤生物有效磷的贡献量。本研究中将土壤 C 层 1 $mol \cdot L^{-1}$ H_2SO_4 提取的无机磷($Ca\text{-}P_i$)含量作为岩石风化产生的总无机磷含量。将 0.5 $mol \cdot L^{-1}$ NaOH 提取的无机磷含量作为被次生矿物结合或吸附的磷含量(Zhou et al.，2016a)。则母质层(C 层)$Ca\text{-}P_i$ 含量与土壤表层(A 层)的 $Ca\text{-}P_i$ 含量之差即为随着成土过程进行，母质层风化释放的无机磷总含量。风化释放的无机磷总含量减去被次生矿物结合或吸附的磷含量($NaOH\text{-}P_i$)以及随径流流失的生物有效磷含量即为土壤中无机磷对生物有效磷的最大贡献量[图 5-16]。前人对贡嘎山东坡海拔 2800 m 峨眉冷杉林带草海子流域的研究结果表明，由陆地向水体迁移的主要磷形态为本研究中的生物有效磷(吴艳宏等，2013)。此外，由 5.2 节土壤生物有效磷的梯度变化特征及其影响因素研究结果可知，随海拔升高土壤生物有效磷含量有增大趋势，形成这一梯度特征的主要原因是低海拔地区(特别是 2781 m)生物有效磷随径流大量流失。因此，在估算海拔梯度上生物有效磷流失量时，将 2628 m 和 2781 m 的流失量记为 337.69 $mg \cdot kg^{-1}$(吴艳宏等，2013)，将 3044 m 和 3210 m 的流失量记为 0 $mg \cdot kg^{-1}$。则随海拔升高 A 层无机磷对生物有效磷的贡献率依次为 50%、67%、83%和 0%。A 层无机磷对生物有效磷的贡献率的梯度变化趋势与 $Bio\text{-}P_L$ 和 $Bio\text{-}P_S$ 梯度变化一致，随海拔升高呈增大趋势，且均在 S3 样点最大[图 5-6(a)和图 5-7]。但值得注意的是，S4 样点 A 层无机磷对生物有效磷贡献率具有特殊性。通过分析计算过程发现，S4 样点 A 层 1 $mol \cdot L^{-1}$ H_2SO_4 提取的无机磷($Ca\text{-}P_i$)含量与 C 层 $Ca\text{-}P_i$ 含量不存在显著性差异($p> 0.05$)，表明在高海拔地区土壤温度较低、湿度较小(表 5-1)，导致矿物风化程度极弱，由岩石风化产生的磷的含量较低(Zhou et al.，2016b)。S4 样点矿质土层最大的土壤容重也为此结果提供支持(表 5-1)。此外，S4 样点 A 层土壤中较高的 $NaOH\text{-}P_i$ 含量[图 5-14(b)]表明，被次生矿物结合或吸附的无机磷含量相对于低海拔样点较高。而通过分析土壤理化性质发现，S4 样点 A 层土壤中 Fe_{ox} 和 Al_{ox} 含量确实比 S2 和 S3 样点高(表 5-1)。因此，低海拔地区淋溶过程强烈导致无机磷对生物有效磷的贡献率随海拔升高有增大趋势；而随海拔升高，土壤温度降低、水分减少，风化作用减弱，无机磷对生物有效磷的贡献率明显下降。

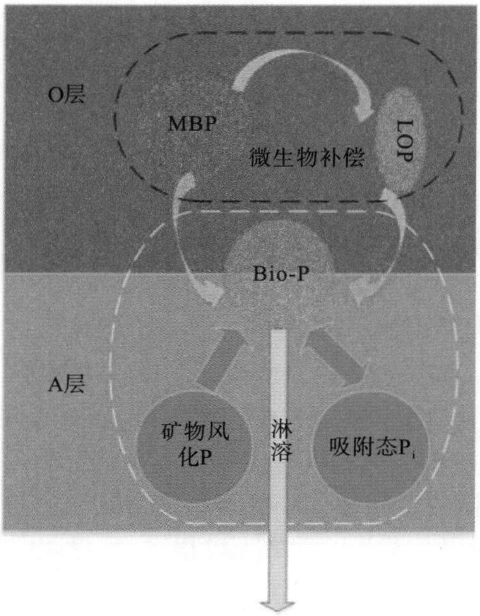

图 5-16 贡嘎山东坡峨眉冷杉林土壤有机质层有机磷和矿质土层无机磷对生物有效磷的贡献

有机质层：由于土壤生物有效磷随淋溶过程大量流失，一方面 MBP 能够为生物有效磷提供直接来源；另一方面，通过刺激磷酸单酯酶活性矿化 LOP 以获得足够的生物有效磷。矿质土壤表层：风化释放的无机磷总含量减去被次生矿物结合或吸附的磷含量以及随径流流失的生物有效磷含量即为土壤中无机磷对生物有效磷的最大贡献量

5.5.4 贡嘎山东坡峨眉冷杉林土壤有机磷对生物有效磷的贡献

由本节的研究结果可知，贡嘎山东坡峨眉冷杉林土壤有机磷对生物有效磷的贡献主要来自 LOP，而 LOP 的主要成分是 MBP(图 5-17)。

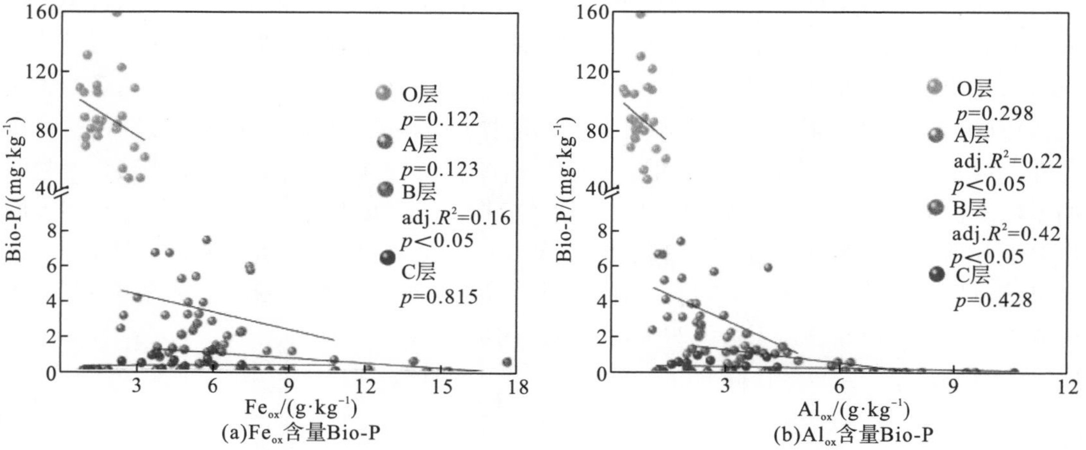

图 5-17 贡嘎山东坡峨眉冷杉林土壤生物有效磷含量和 Fe_{ox} 含量、Al_{ox} 含量的关系

由于 LOP 主要储存于有机质层[图 5-1 和图 5-2(b)]，且 O 层磷酸酶活性显著高于矿质土层(表 5-1)，则本节中土壤有机磷对生物有效磷的贡献主要考虑有机质层(Yu et al.，2018)。此外，O 层 Fe_{ox} 和 Al_{ox} 含量显著低于矿质土层中 Fe_{ox} 和 Al_{ox} 含量(表 5-1)，且该层 Fe_{ox}、Al_{ox} 浓度与生物有效磷含量均无显著相关关系(p> 0.05；表 5-3，图 5-17)。因此，在 O 层估算有机磷矿化对生物有效磷贡献率时可以排除 Fe_{ox} 和 Al_{ox} 对矿化产生的无机磷的吸附。由图 5-15 可知，随海拔升高，O 层 LOP 对生物有效磷的贡献率依次为 44%、42%、40%和 70%。由于本研究所有采样点均位于峨眉冷杉林冠下，植被差异较小，则在提高土壤磷的生物有效性方面微生物发挥着重要作用(Adhya et al.，2015)。本研究中 O 层 MBP 占土壤 TOP 的 20%，与诸多学者的研究结果一致(Iii et al.，2011)。MBP 周转速率高(Liebisch et al.，2014；Achat et al.，2010)，因此也成为潜在的生物可利用磷。此外，微生物还能通过分泌酸性物质和磷酸酶等生物化学过程矿化有机磷，释放生物有效磷(Heuck et al.，2015；Wang et al.，2016)(图 5-16)。随海拔升高，温度降低，MBP 含量和磷酸酶活性均有减小趋势(表 5-1)，因此有机磷对生物有效磷的贡献率有降低趋势。然而，S4 样点 LOP 对生物有效磷的贡献率显著高于其他样点，这可能是由于在 S4 样点无机磷对生物有效磷供应不足，生物体对有机磷的矿化增强以维持生态系统中生物有效磷供给。

通过对比土壤有机质层有机磷和矿质土层无机磷对生物有效磷的贡献率可知，本研究区生物有效磷的主要来源为岩石风化。这可能是由于本区处于成土作用早期，土壤还较“年轻”(Zhou et al.，2016b)，土壤母质快速风化产生的生物有效磷能够满足生态系统中植物和微生物对磷的需求，土壤有机磷在较长时间尺度上仍处于累积状态。同时，本节研究也表明，岩石风化产生的无机磷对生物有效磷的贡献率随海拔变化发生改变。低海拔淋溶过程导致的生物有效磷的大量流失和高海拔地区岩石风化程度较弱，使得贡嘎山东坡峨眉冷杉林土壤磷循环策略出现由“磷获取”向“磷再循环”转变(Achat et al.，2010；Jonard et al.，2009；Lang et al.，2017)。这一结果已被诸多学者认可，特别是在热带沙化土壤或生态系统已出现磷限制的情况下(Goll et al.，2012；Runyan et al.，2012；Yang et al.，2014)，有机磷矿化的贡献率高达 80%(Yu et al.，2018)。综上所述，随着山地森林生态系统中成土过程进行，土壤有机磷的生物有效性的重要作用日益显现。

参 考 文 献

陈晓丽，王根绪，杨燕，等. 2015. 山地森林表层土壤酶活性对短期增温及凋落物分解的响应. 生态学报，(21)：7071-7079.

范业宽，胡晓玲，李世俊. 1997. Bowman-Cole 提取石灰性土壤稳定性与中度活性有机磷方法的改进. 华中农业大学学报，(5)：39-42.

冯跃华，张杨珠，黄运湘，等. 2001. 湖南省主要类型水稻土有机磷形态分级研究. 湖南农业大学学报(自科版)，27(1)：24-28.

冯跃华，张杨珠. 2002. 土壤有机磷分级研究进展. 湖南农业大学学报(自然科学版)，(3)：259-264.

贺鸣. 2006. 贡嘎山东坡林地土壤微生物学特性. 雅安：四川农业大学.

贺铁，李世俊. 1987. Bowman-Cole 土壤有机磷分组法的探讨. 土壤学报，(2)：152-159.

黄敏，吴金水，黄巧云，等. 2003. 土壤磷素微生物作用的研究进展. 生态环境，(3)：366-370.

黄宇，张海伟，范业宽，等. 2008. 土壤有机磷组分及其生物有效性. 磷肥与复肥，(4)：46-48.

江晓波. 2008. 中国山地范围界定的初步意见. 山地学报, 26(2): 129-136.
姜一, 步凡, 张超, 等. 2014. 土壤有机磷矿化研究进展. 南京林业大学学报(自然科学版), (3): 160-166.
李和生, 马宏瑞, 赵春生. 1998. 根际土壤有机磷的分组及其有效性分析. 土壤通报, (3): 116-118.
李和生, 李昌纬. 1995. 施肥对磷素在红油土中形态及分布的影响. 西北农业学报, 4(3): 77-80.
李林峰. 2000. 贡嘎山东坡峨眉冷杉林生产力形成机制. 兰州: 甘肃农业大学.
李孝良, 于群英, 陈如梅. 2003. 土壤有机磷形态的生物有效性研究. 土壤通报, (2): 98-101.
李逊, 熊尚发. 1995. 贡嘎山海螺沟冰川退却迹地植被原生演替. 山地研究, 13(2): 109-115.
李忠佩, 王效举. 2000. 小区域水平土壤有机质动态变化的评价与分析. 地理科学, 20(2): 182-188.
梁建宏, 吴艳宏, 周俊, 等. 2017. 土壤类型对优先流路径和磷形态影响的定量评价. 农业机械学报, (1): 220-227.
刘纯, 刘延坤, 金光泽. 2014. 小兴安岭 6 种森林类型土壤微生物量的季节变化特征. 生态学报, 34(2): 451-459.
刘建玲, 张福锁. 2000. 北方耕地和蔬菜保护地土壤磷素状况研究. 植物营养与肥料学报, 6(2): 179-186.
刘爽, 王传宽. 2010. 五种温带森林土壤微生物生物量碳氮的时空格局. 生态学报, 30(12): 3135-3143.
刘照光, 胡孝宏. 1985. 贡嘎山地区植物区系特点. 山地研究, (2): 73-78, 129-130.
罗辑, 程根伟, 李伟, 等. 2005. 贡嘎山天然林营养元素生物循环特征. 北京林业大学学报, 27(2): 13-17.
罗辑, 程根伟, 宋孟强, 等. 2003. 贡嘎山峨眉冷杉林凋落物的特征. 植物生态学报, (1): 59-65.
罗辑, 杨忠, 杨清伟. 2000. 贡嘎山森林生物量和生产力的研究. 植物生态学报, (2): 191-196.
罗辑, 赵义海, 李林峰. 1999. 贡嘎山东坡峨眉冷杉林 C 循环的初步研究. 山地学报, (3): 59-63.
罗天祥, 李文华, 罗辑, 等. 1999. 青藏高原主要植被类型生物生产量的比较研究. 生态学报, 19(6): 823-831.
牛健植, 余新晓, 张志强. 2009, 贡嘎山暗针叶林生态系统溶质优先运移分析. 北京林业大学学报, (5): 48-53.
裴海昆, 朱志红, 乔有明, 等. 2001. 不同草甸植被类型下土壤腐殖质及有机磷类型探讨. 草业学报, 10(4): 18-23.
彭亮, 彭尽晖, 孙守琴, 等. 2015. 贡嘎山生态系统土壤呼吸带谱特征. 山地学报, 33(6): 696-702.
彭少麟, 李跃林, 任海, 等. 2002. 全球变化条件下的土壤呼吸效应. 地球科学进展, 17(5): 705-713.
秦胜金, 刘景双, 王国平. 2006. 影响土壤磷有效性变化作用机理. 土壤通报, (5): 1012-1016.
石文静. 2014. 土壤有机磷的研究进展. 安徽农业科学, (33): 11697-11701, 11703.
宋顶峰, 李红艳, 李建萍, 等. 2011. pH 值对有机磷在弱透水层中迁移转化的试验模拟. 世界地质, (1): 121-127.
宋明琨. 1985. 贡嘎山的气候特点. 气象, (3): 18-21.
王吉鹏, 吴艳宏. 2016. 磷的生物有效性对山地生态系统的影响. 生态学报, 36(5): 1204-1214.
王良健, 李显明, 林致远. 1995. 也论我国西南高山地区暗针叶林下发育的土壤. 地理学报, (6): 542-551.
王良健. 1994. 贡嘎山东坡森林土壤有机质的垂直分布规律研究. 国土与自然资源研究, (3): 29-33.
王良健. 1991. 贡嘎山东坡森林土壤类型、发生学基本特征的研究. 西南师范大学学报(自然科学版), (1): 117-125.
王琳, 欧阳华, 周才平, 等. 2004. 贡嘎山东坡土壤有机质及氮素分布特征. 地理学报, 59(6): 1012-1019.
王旭东, 张一平, 李祖荫. 1997. 有机磷在土娄土中组成变异的研究. 中国土壤与肥料, (5): 16-18.
吴艳宏, 邴海健, 周俊. 2015. 山地表生地球化学研究现状与展望. 地球科学与环境学报, 37(2): 75-82.
吴艳宏, 周俊, 邴海健. 2013. 贡嘎山冷杉林带草海子小流域土壤及湖泊沉积物中磷的形态及迁移特征. 地球环境学报, 4(1): 1208-1214.
熊恒多, 李世俊, 范业宽. 1993. 酸性水稻土有机磷分组法的探讨. 土壤学报, (4): 390-399.
羊留冬, 杨燕, 王根绪, 等. 2011. 短期增温对贡嘎山峨眉冷杉幼苗生长及其 CNP 化学计量学特征的影响. 生态学报, (13): 3668-3676.

羊留冬, 王根绪, 杨燕, 等. 2010. 贡嘎山峨眉冷杉成熟林凋落物量动态研究. 江西农业大学学报, 32(6): 1163-1167.

杨平平, 徐仁扣, 黎星辉. 2012. 淋溶条件下马尾松针对土壤的酸化作用. 生态环境学报, (11): 1817-1821.

杨清伟. 2001. 贡嘎山峨眉冷杉原始林及其更新群落凋落物的特征. 植物资源与环境学报, (3): 35-38.

于群英, 李孝良. 2003. 土壤有机磷组分动态变化和剖面分布. 安徽技术师范学院学报, (3): 225-227.

于洋, 王晓燕, 吴在兴, 等. 2009. 沉积物中核酸态有机磷及其矿化过程研究. 农业环境科学学报, 28(7): 1469-1472.

余大富. 1984. 贡嘎山的土壤及其垂直地带性. 土壤通报, (2): 65-68.

余大富. 1983. 贡嘎山土壤生态功能浅析. 生态学杂志, (2): 5-10.

袁东海, 李道林. 1997. 安徽省主要土壤磷素形态的研究. 安徽农业大学学报, (1): 37-39.

张金屯. 1998. 全球气候变化对自然土壤碳、氮循环的影响. 地理科学, 18(5): 463-471.

张林, 丁效东, 王菲, 等. 2012. 菌丝室接种解磷细菌 *Bacillus megaterium* C4 对土壤有机磷矿化和植物吸收的影响. 生态学报, (13): 4079-4086.

赵少华, 宇万太, 张璐, 等. 2004. 土壤有机磷研究进展. 应用生态学报, 15(11): 2189-2194.

钟祥浩, 张文敬, 罗辑. 1999. 贡嘎山地区山地生态系统与环境特征. A-人类环境杂志, (8): 648-654.

周俊, 邴海健, 吴艳宏, 等. 2016. 贡嘎山燕子沟土壤磷海拔梯度特征及影响因素. 山地学报, 34(4): 385-392.

周鹏, 朱万泽, 罗辑, 等. 2013. 贡嘎山典型植被地上生物量与碳储量研究. 西北植物学报, (1): 162-168.

Achat D L, Bakker M R, Augusto L, et al. 2009. Evaluation of the phosphorus status of p-deficient podzols in temperate pine stands: combining isotopic dilution and extraction methods. Biogeochemistry, 92(3): 183-200.

Achat D L, Bakker M R, Augusto L, et al. 2013. Contributions of microbial and physical—chemical processes to phosphorus availability in podzols and arenosols under a temperate forest. Geoderma, 211-212: 18-27.

Achat D L, Bakker M R, Zeller B, et al. 2010. Long-term organic phosphorus mineralization in spodosols under forests and its relation to carbon and nitrogen mineralization. Soil Biology and Biochemistry, 42(9): 1479-1490.

Achat D L, Pousse N, Nicolas M, et al. 2016. Soil properties controlling inorganic phosphorus availability: general results from a national forest network and a global compilation of the literature. Biogeochemistry, 127(2-3): 255-272.

Adhya T K, Kumar N, Reddy G, et al. 2015. Microbial mobilization of soil phosphorus and sustainable P management in agricultural soils. Currrent Science, (7): 1280-1287.

Allison ，Allison V, Condron L, et al.2007. Changes in enzyme activities and soil microbial community composition along carbon and nutrient gradients at the Franz Josef chronosequence, New Zealand. Soil Biol Biochem, 39: 1770-1781.

Amitava, Chatterjee, George, et al. 2015. Variation in soil organic matter accumulation and metabolic activity along an elevation gradient in the Santa Rosa mountains of Southern California, USA. Journal of Arid Land, 7(6): 814-819.

Anderson G. 1964. Investigations on the analysis of inositol hexaphosphate in soils. In ‘Transactions of the 8th International Congress of Soil Science’, 31 August - 9 September 1964, Bucharest, Romania, Vol. 4: 563-571.

Antoniadis V, Levizou E, Shaheen S M, et al. 2017. Trace elements in the soil-plant interface: phytoavailability, translocation, and phytoremediation—a review. Earth-Science Reviews, 171: 621-645.

Attiwill P M, Adams M A. 1993. Nutrient cycling in forests. New Phytologist, 124(4): 561-582.

Augusto L, Bakker M R, Morel C, et al. 2010. Is “grey literature” a reliable source of data to characterize soils at the scale of a region? A case study in a maritime pine forest in Southwestern France. European Journal of Soil Science, 61(6): 807-822.

Batsula A A, Krivonosova G M. 1973. Phosphorus in the humic and fulvic acids of some ukrainian soils. Soviet Soil Science, 5(3): 347-350.

Beck M A, Elsenbeer H. 1999. Biogeochemical cycles of soil phosphorus in southern alpine spodosols. Geoderma, 91 (3) : 249-260.

Bedrock C N, Cheshire M V, Shand C A. 1997. The involvement of iron and aluminum in the bonding of phosphorus to soil humic acid. Commun. Communications in Soil Science and Plant Analysis, 28 (11-12) : 961-971.

Beniston M, Diaz H F, Bradley R S. 1998. Climatic change at high elevation sites: an overview. Climatic Change, 36 (3-4) : 233-251.

Beusen A H W, Dekkers A L M, Bouwman A F, et al. 2005. Estimation of global river transport of sediments and associated particulate C, N, and P. Global Biogeochemical Cycles, 19 (4) : 1-17.

Bing H, Wu Y, Zhou J, et al. 2016. Stoichiometric variation of carbon, nitrogen, and phosphorus in soils and its implication for nutrient limitation in alpine ecosystem of Eastern Tibetan Plateau. J. Soils and Sediments, 16 (2) : 405-416.

Bol R, Julich D, Brödlin D, et al. 2016. Dissolved and colloidal phosphorus fluxes in forest ecosystems—an almost blind spot in ecosystem research. Journal of Plant Nutrition and Soil Science, 179 (4) : 425-438.

Bonito G M, Coleman D C, Haines B L, et al. 2003. Can nitrogen budgets explain differences in soil nitrogen mineralization rates of forest stands along an elevation gradient? Forest Ecology & Management, 176 (1–3) : 563-574.

Bowman R A, Cole C V. 1978. An exploratory method for fractionation of organic phosphorus from grassland soils. Soil Science, 125 (2) : 95-101.

Bowman R A, Moir J O. 1993.Basic EDTA as an extractant for soil organic phosphorus. Soil Science Society of America Journal, 57 (6) : 1516-1518.

Bowman W D, Bahn L, Damm M.2003. Alpine landscape variation in foliar nitrogen and phosphorus concentrations and the relation to soil nitrogen and phosphorus availability. Arctic, Antarctic, and Alpine Research, 35 (2) : 144-149.

Bradley R S. 2004. Projected temperature changes along the American Cordillera and the planned GCOS network. Geophysical Research Letters, 31 (16) : L16210.

Bray J R, Gorham E. 1964. Litter production in forests of the world. Advances in Ecdogical Research, 2 (8) : 101-157.

Brédoire F, Bakker M R, Augusto L, et al. 2016. What is the P value of siberian soils? Soil phosphorus status in South-Western Siberia and comparison with a global data set. Biogeosciences, 13 (8) : 2493-2509.

Brookes P C, Powlson D S, Jenkinson D S. 1982. Measurement of microbial biomass phosphorus in soil. Soil Bilolgy and Biochemistry, 14 (4) : 319-329.

Buendía C, Kleidon A, Porporato A. 2010. The role of tectonic uplift, climate, and vegetation in the long-term terrestrial phosphorous cycle. Biogeosciences, 7 (6) : 2025-2038.

Bünemann E K, Condron L M. 2007. Phosphorus and Sulphur Cycling in Terrestrial Ecosystems. Heidelberg: Springer Berlin.

Bünemann E K, Oberson A, Liebisch F, et al. 2012. Rapid microbial phosphorus immobilization dominates gross phosphorus fluxes in a grassland soil with low inorganic phosphorus availability. Soil Biology & Biochemistry, 51 (3) : 84-95.

Bünemann E K. 2015. Assessment of gross and net mineralization rates of soil organic phosphorus—a review. Soil Biology and Biochemistry, 89: 82-98.

Bunemann E, Marschner P, Mcneill A, et al. 2007. Measuring rates of gross and net mineralisation of organic phosphorus in soils. Soil Biology and Biochemistry, 39 (4) : 900-913.

Camêlo D D L, Ker J C, Novais R F, et al. 2015. Sequential extraction of phosphorus by mehlich-1 and ion exchange resin from B horizons of ferric and perferric latosols (oxisols). Revista Brasileira de Ciência do Solo, 39 (4) : 1058-1067.

Carpenter S R. 2005. Eutrophication of aquatic ecosystems: bistability and soil phosphorus. Proceedings of the National Academy of Science of the United States of America, 102 (29) : 10002-10005.

Carvalhais L C, Dennis P G, Fedoseyenko D, et al. 2011. Root exudation of sugars, amino acids, and organic acids by maize as affected by nitrogen, phosphorus, potassium, and iron deficiency. Journal of Plant Nutrition and Soil Science, 174(1): 3-11.

Cassagne N, Remaury M, Gauquelin T, et al. 2000. Forms and profile distribution of soil phosphorus in alpine inceptisols and Spodosols (Pyrenees, France). Geoderma, 95(1-2): 161-172.

Celi L, Barberis E, Turner B L, et al. 2005. Abiotic stabilization of organic phosphorus in the environment. In Turner B, Frossad E and Baldwin D. Edit, Organic Phosphorus in the Environment. CAB publishing, Cambridge, USA: 113-132.

Celi L, Cerli C, Turner B L, et al. 2013. Biogeochemical cycling of soil phosphorus during natural revegetation of pinus sylvestris on disused sand quarries in Northwestern Russia. Plant Soil, 367(1-2): 121-134.

Chang S, Jackson M. 1957. Fractionation of soil phosphorus. Soil Science, 84(84): 133-144.

Cleveland C C, Liptzin D. 2007. C∶N∶P stoichiometry in soil: is there a "redfield ratio" for the microbial biomass? Biogeochemistry, 85(3): 235-252.

Condron L M, Frossard E, Tiessen H, et al. 1990. Chemical nature of organic phosphorus in cultivated and uncultivated soils under different environmental conditions. European Journal of Soil Science, 41(1): 41-50.

Condron L M, Tiessen H, Turner B L, et al. 2005. Interactions of organic phosphorus in terrestrial ecosystems. Uspekhi Mat Nauk, 38(2): 205-206.

Costa A D R, Silva Júnior M L, Kern D C, et al. 2017. Forms of soil organic phosphorus at black earth sites in the Eastern Amazon. Revista CiÊncia AgronÔmica, 48(1): 1-12.

Courchesne F, Turmel M C, Beauchemin P. 1996. Magnesium and potassium release by weathering in spodosols: grain surface coating effects. Soil Science Society of America Journal, 60: 1188-1196.

Crews T E, Farrington H, Vitousek P M. 2000. Changes in asymbiotic, heterotrophic nitrogen fixation on leaf litter of metrosideros polymorpha with long-term ecosystem development in Hawaii. Ecosystems, 3(4): 386-395.

Crews T E, Kitayama K, Fownes J H, et al. 1995. Changes in soil phosphorus fractions and ecosystem dynamics across a long chronosequence in Hawaii. Ecological Society of America, 76: 1407-1424.

Cross A F, Schlesinger W H. 1995. A literature review and evaluation of the Hedley fractionation: applications to the biogeochemical cycle of soil phosphorus in natural ecosystems. Geoderma, 64(3-4): 197-214.

D' amico M E, Freppaz M, Leonelli G, et al. 2014. Early stages of soil development on serpentinite: the proglacial area of the Verra Grande glacier, Western Italian Alps. Journal of Soils and Sediments, 15(6): 1292-1310.

De Feudis M, Cardelli V, Massaccesi L, et al. 2016. Effect of beech (fagus sylvatica l.) rhizosphere on phosphorous availability in soils at different altitudes (central italy). Geoderma, 276: 53-63.

Delgado-Baquerizo M, Maestre F T, Gallardo A, et al. 2013. Decoupling of soil nutrient cycles as a function of aridity in global drylands. Nature, 502(7473): 672-676.

Di H J, Cameron K C, Mclaren R G. 2000. Isotopic dilution methods to determine the gross transformation rates of nitrogen, phosphorus, and sulfur in soil: a review of the theory, methodologies, and limitations. Australian Journal of Soil Research, 38(1): 213-230.

Dieter D, Elsenbeer H, Turner B L. 2010. Phosphorus fractionation in lowland tropical rainforest soils in central Panama. Catena, 82(2): 118-125.

Doolette A L, Smernik R J, Mclaren T I. 2017. The composition of organic phosphorus in soils of the snowy mountains region of south-eastern australia. Soil Research, 55(1): 10-18.

Duane A P, David A W, Victoria J A, et al. 2010. Understanding ecosystem retrogression. Ecological Monographs, 80(4): 509–529.

Ducic V, Milovanovic B, Djurdjic S. 2011. Identification of recent factors that affect the formation of the upper tree line in Eastern Serbia. Archives of Biological Sciences, 63(3): 825-830.

Dunne J A, Saleska S R, Fischer M L, et al. 2004. Integrating experimental and gradient methods in ecological climate change research. Ecology, 85(4): 904-916.

Eriksson A K, Hillier S, Hesterberg D, et al. 2016. Evolution of phosphorus speciation with depth in an agricultural soil profile. Geoderma, 280: 29-37.

Fan Y K, Li S J. 1998. Fractionation of moderately and highly stable organic phosphorus in acid soil. Pedosphere, 8(3): 261-266.

Fang X, Zhou G, Li Y, et al. 2015. Warming effects on biomass and composition of microbial communities and enzyme activities within soil aggregates in subtropical forest. Biology and Fertility of Soils, 52(3): 353-365.

Feng J, Turner B L, Lü X, et al. 2016. Phosphorus transformations along a large-scale climosequence in arid and semi-arid grasslands of Northern China. Global Biogeochemical Cycles, 30: 1261-1275.

Filippelli G M. 2008. The global phosphorus cycle: past, present, and future. Elements, 4(2): 89-95.

Fox T R, Miller B W, Rubilar R, et al. 2011. Phosphorus nutrition of forest plantations: The role of inorganic and organic phosphorus. Soil Biology, 26: 317-338.

Friedel J K, Herrmann A, Kleber M. 2000. Ion exchange resin-soil mixtures as a tool in net nitrogen mineralisation studies. Soil Biology & Biochemistry, 32(11): 1529-1536.

Frossard E, Lopezhernandez D, Brossard M. 1996. Can isotopic exchange kinetics give valuable information on the rate of mineralization of organic phosphorus in soils? Soil Biology & Biochemistry, 28(7): 857-864.

Giesler R, Petersson T, Högberg P. 2002. Phosphorus limitation in boreal forests: effects of aluminum and iron accumulation in the humus layer. Ecosystems, 5(3): 300-314.

Giesler R, Satoh F, Ilstedt U, et al. 2004. Microbially available phosphorus in boreal forests: Effects of aluminum and iron accumulation in the humus layer. Ecosystems, 7(2): 208-217.

Goll D S, Brovkin V, Parida B R, et al. 2012. Nutrient limitation reduces land carbon uptake in simulations with a model of combined carbon, nitrogen and phosphorus cycling. Biogeosciences Discussions, 9(3): 3547-3569.

Gong S, Zhang T, Guo R, et al. 2015. Response of soil enzyme activity to warming and nitrogen addition in a meadow steppe. Soil Research, 53(3): 242.

Groot C J D, Golterman H L. 1993. On the presence of organic phosphate in some camargue sediments: evidence for the importance of phytate. Hydrobiologia, 252: 117-126.

Hartmann J, Moosdorf N, Lauerwald R, et al. 2014. Global chemical weathering and associated p-release—the role of lithology, temperature and soil properties. Chemical Geology, 363: 145-163.

Hedley M J, Stewart J W B, Chauhan B S. 1982. Changes in inorganic and organic soil phosphorus fractions induced by cultivation practices and by laboratory incubations1. Soil Science Society of America Journal, 46(5): 970-976.

Heuck C, Weig A, Spohn M. 2015. Soil microbial biomass C∶N∶P stoichiometry and microbial use of organic phosphorus. Soil Biology and Biochemistry, 85: 119-129.

Hinsinger P, Brauman A, Devau N, et al. 2011, Acquisition of phosphorus and other poorly mobile nutrients by roots. Where do plant nutrition models fail? Plant and Soil, 348(1-2): 29-61.

Hollings P E, Dutch M, Stout J D. 1969. Bacteria of four tussock grassland soils on the old man range, central otago, new zealand.

New Zealand Journal of Agricultural Research, 12(1): 177-192.

Hou E, Chen C, Wen D, et al. 2015. Phosphatase activity in relation to key litter and soil properties in mature subtropical forests in China. Science of the Total Environment, 515-516: 83-91.

Hu B, Yang B, Pang X, et al. 2016. Responses of soil phosphorus fractions to gap size in a reforested spruce forest. Geoderma, 279: 61-69.

Huang L M, Jia X X, Zhang G L, et al. 2017. Soil organic phosphorus transformation during ecosystem development: a review. Plant and Soil, 417(1-2): 17-42.

Huang W, Liu J, Wang Y P, et al. 2013. Increasing phosphorus limitation along three successional forests in Southern China. Plant and Soil, 364(1-2): 181-191.

Huang W, Liu J, Zhou G, et al. 2011. Effects of precipitation on soil acid phosphatase activity in three successional forests in southern china. Biogeosciences, 8(7): 1901-1910.

Iii F S C, Matson P A, Mooney H A. 2011. Principles of Terrestrial Ecosystem Ecology. Berlin: Springer-Verlag.

Inger K S, Sven J, Anders M. 1999. Mineralization and microbial immobilization of N and P in arctic soils in relation to season, temperature and nutrient amendment. Applied Soil Ecology, 11: 147-160.

Ivan C V. 2013. Soil phosphorus dynamics and bioavailability in New Zealand forest ecosystems. Lincoln: Lincoln University.

Ivanoff D B, Reddy K, Robinson S. 1998. Chemical fractionation of organic phosphorus in selected histosols. Soil Science, 163(1): 36-45.

Jalali M, Jalali M. 2016. Relation between various soil phosphorus extraction methods and sorption parameters in calcareous soils with different texture. Science of the Total Enviroment, 566-567: 1080-1093.

Jien S H, Baillie I, Hu C C, et al. 2016. Forms and distribution of phosphorus in a placic podzolic toposequence in a subtropical subalpine forest, Taiwan. Catena, 140: 145-154.

Johnson A H, Frizano J, Vann D R. 2003. Biogeochemical implications of labile phosphorus in forest soils determined by the hedley fractionation procedure. Oecologia, 135(4): 487-499.

Jonard M, Augusto L, Hanert E, et al. 2010. Modeling forest floor contribution to phosphorus supply to maritime pine seedlings in two-layered forest soils. Ecological Modelling, 221(6): 927-935.

Jonard M, Augusto L, Morel C, et al. 2009. Forest floor contribution to phosphorus nutrition: experimental data. Annals of Forest Science, 66(5): 510-510.

Jonczak J S, Vladimir, Pollakova, et al. 2015. Content and profile distribution of phosphorus fractions in arable and forest cambic chernozems. Sylwan, 159(11): 931-939.

Jones D L, Willett V B. 2006. Experimental evaluation of methods to quantify dissolved organic nitrogen (don) and dissolved organic carbon (doc) in soil. Soil Biology & Biochemistry, 38(5): 991-999.

Julich D, Julich S, Feger K-H. 2017. Phosphorus fractions in preferential flow pathways and soil matrix in hillslope soils in the Thuringian Forest (central Germany). Journal of Plant Nutrition and Soil Science, 180(3): 407-417.

Kellogg L E, Bridgham S D, López-Hernández D. 2006. A comparison of four methods of measuring gross phosphorus mineralization. Soil Science Society of America Journal, 70(4): 1349-1358.

Khanna P, Bauhus J, Meiwes K, et al. 2011. Assessment of changes in the phosphorus status of forest ecosystems in Germany-literature review and analysis of existing data a report to the German Federal Ministry of Food, agriculture and consumer protection.

Kirkby C A, Kirkegaard J A, Richardson A E, et al. 2011. Stable soil organic matter: a comparison of C∶N∶P∶S ratios in australian and other world soils. Geoderma, 163 (3) : 197-208.

Kirkham D, Bartholomew W V. 1954. Equations for following nutrient transformations in soil, utilizing tracer data1. Soil Science Society of America Journal, 18 (1) : 33-34.

Kirschbaum M U F. 2006. The temperature dependence of organic-matter decomposition—still a topic of debate. Soil Biol. Biochem, 38 (9) : 2510-2518.

Kitayama K, Majalap-Lee N, Aiba S. 2000. Soil phosphorus fractionation and phosphorus-use efficiencies of tropical rainforests along altitudinal gradients of Mount Kinabalu, Borneo. Oecologia, 123: 342-349.

Kitayama K. 2013. The activities of soil and root acid phosphatase in the nine tropical rain forests that differ in phosphorus availability on Mount Kinabalu, Borneo. Plant and Soil, 367 (1-2) : 215-224.

Korner C. 2007. The use of "altitude" in ecological research. Trends in Ecology & Evolution, 22 (11) : 569-574.

Kruse J, Abraham M, Amelung W, et al.2015. Innovative methods in soil phosphorus research: a review. Journal of plant nutrition and soil science, 178 (1) : 43-88.

Lang F, Krüger J, Amelung W, et al. 2017. Soil phosphorus supply controls P nutrition strategies of beech forest ecosystems in central Europe. Biogeochemistry, 136 (1) : 5-29.

Lavkulich L M, Arocena JM. 2011. Luvisolic soils of Canada: genesis, distribution, and classification. Camadian Journal of Soil Science, 91 (5) : 781-806.

Lenoir J, Gegout J C, Marquet P A, et al. 2008. A significant upward shift in plant species optimum elevation during the 20th century. Science, 320 (5884) : 1768-1771.

Leps J, Smilauer P. 2003. Multivariate analysis of ecological data using canoco. Cambridge: Cambridge University Press.

Letkeman L P, Tiessen H, Campbell C A. 1996. Phosphorus transformations and redistribution during pedogenesis of Western Canadian soils. Geoderma, 71 (3-4) : 201-218.

Liebisch F, Keller F, Huguenin-Elie O, et al. 2014. Seasonal dynamics and turnover of microbial phosphorusin a permanent grassland. Biology & Fertility of Soils, 50 (3) : 465-475.

Likens G E, Bormann F H. 1974. Linkages between terrestrial and aquatic ecosystems. Bioscience, 24 (8) : 447-456.

Litaor M I, Seastedt T R, Walker M D, et al. 2005. The biogeochemistry of phosphorus across an alpine topographic/snow gradient. Geoderma, 124 (1-2) : 49-61.

Liu Q, Loganathan P, Hedley M J, et al. 2004. The mobilisation and fate of soil and rock phosphate in the rhizosphere of ectomycorrhizal pinus radiata seedlings in an allophanic soil. Plant & Soil, 264 (1-2) : 219-229.

Lodhiyal L S, Lodhiyal N. 1997. Aspects of productivity and nutrient cycling of poplar (populus deltoides marsh) plantation in the moist plain area of the central Himalaya. British Journal of Surgery, 93 (2) : 254.

M A Tabatabai, Soil enzymes, IR W Weaver, etal.1994. Methods of Soil Analysis. Part 2-Microbiological and Biochemical Properties, Soil Science Society of America, Madison, US: 775-833

Mage S M, Porder S. 2013. Parent material and topography determine soil phosphorus status in the Luquillo Mountains of Puerto Rico. Ecosystems, 16 (2) : 284-294.

Makarov M I, Haumaier L, Zech W. 2002. The nature and origins of diester phosphates in soils: a ^{31}P-NMR study. Biology & Fertility of Soils, 35 (2) : 136-146.

Maranguit D, Guillaume T, Kuzyakov Y. 2017. Land-use change affects phosphorus fractions in highly weathered tropical soils. Catena, 149: 385-393.

Margalef O, Sardans J, Fernandez-Martinez M, et al. 2017. Global patterns of phosphatase activity in natural soils. Scientific Report, 7(1): 1337.

Marklein A R, Winbourne J B, Enders S K, et al. 2016. Mineralization ratios of nitrogen and phosphorus from decomposing litter in temperate versus tropical forests. Global Ecology and Biogeography, 25(3): 335-346.

Mastný J, Urbanová Z, Kaštovská E, et al. 2016. Soil organic matter quality and microbial activities in spruce swamp forests affected by drainage and water regime restoration. Soil Use and Management, 32(2): 200-209.

Matson P, Hall S J. 2002. The globalization of nitrogen deposition: consequences for terrestrial ecosystems. Ambio, 31(2): 113-119.

Maynard D G, Curran M P. 2006. Soil density measurement in forest soils//M R Cartery, E G Gregorich. Soil sampling and methods of analysis. 2nd. Boca Raton: CRC Press: 863-869.

Mayor J R, Sanders N J, Classen A T, et al. 2017. Elevation alters ecosystem properties across temperate treelines globally. Nature, 542(7639): 91-95.

Mcgill W B, Cole C V. 1981. Comparative aspects of cycling of organic C, N, S and P through soil. Geoderma, 26: 267-286.

Mcgroddy M E, Silver W L, De Oliveira R C, et al. 2008. Retention of phosphorus in highly weathered soils under a lowland amazonian forest ecosystem. Journal of Geophysical Research, 113(G4): 608-615.

Mckercher R B, Anderson G. 2010. Content of inositol penta- and hexaphosphates in some Canadian soils. European Journal of Soil Science, 19(1): 47-55.

Mcnamara N P, Griffiths R I, Tabouret A, et al. 2007. The sensitivity of a forest soil microbial community to acute gamma-irradiation. Applied Soil Ecology, 37(1-2): 1-9.

Meeteren M J M V, Tietema A, Westerveld J W. 2007. Regulation of microbial carbon, nitrogen, and phosphorus transformations by temperature and moisture during decomposition of calluna vulgaris litter. Biology & Fertility of Soils, 44(1): 103-112.

Moen J, Cairns D M, Lafon C W. 2008. Factors structuring the treeline ecotone in fennoscandia. Plant Ecology & Diversity, 1(1): 77-87.

Mukai M, Aiba S, Kitayama K. 2016. Soil-nutrient availability and the nutrient-use efficiencies of forests along an altitudinal gradient on Yakushima Island, Japan. Ecological Research, 31(5): 719-730.

Müller M, Oelmann Y, Schickhoff U, et al. 2017. Himalayan treeline soil and foliar C∶N∶P stoichiometry indicate nutrient shortage with elevation. Geoderma, 291: 21-32.

Murphy D V, Recous S, Stockdale E A, et al. 2003. Gross nitrogen fluxes in soil: theory, measurement and application of 15 N pool dilution techniques. Advances in Agronomy, 79(6): 69-118.

Murphy J, Riley J P. 1962. A modified single solution method for the determination of phosphate in natural waters. Analytica Chimica. Acta, 27: 31-36.

Nannipieri P, Giagnoni L, Renella G, et al. 2012. Soil enzymology: classical and molecular approaches. Biology and Fertility of Soils, 48(7): 743-762.

Negassa W, Leinweber P. 2009. How does the hedley sequential phosphorus fractionation reflect impacts of land use and management on soil phosphorus: a review. Journal of Plant Nutrition and Soil Science, 172(3): 305-325.

Neina D, Buerkert A, Joergensen R G. 2016. Potential mineralizable N and P mineralization of local organic materials in tantalite mine soils. Applied Soil Ecology, 108: 211-220.

Newman R H, Tate K R. 1980. Soil phosphorus characterisation by ^{31}P nuclear magnetic resonance. Communications in Soil. Science and Plant Analysis, 11(9): 835-842.

Nilsson L O, Wallander H. 2003. Production of external mycelium by ectomycorrhizal fungi in a norway spruce forest was reduced in response to nitrogen fertilization. New Phytologist, 158 (2) : 409-416.

Noe G B. 2011. Measurement of net nitrogen and phosphorus mineralization in wetland soils using a modification of the resin-core technique. Soil Science Society of America Journal, 75 (2) : 760.

Oades J M. 1988. The retention of organic matter in soils. Biogeochemistry, 5 (1) : 35-70.

Oehl F, Frossard E, Fliessbach A, et al. 2004. Basal organic phosphorus mineralization in soils under different farming systems. Soil Biology and Biochemistry, 36 (4) : 667-675.

Oehl F, Oberson A, Sinaj S, et al. 2001. Organic phosphorus mineralization studies using isotopic dilution techniques sponsoring organization: Swiss Federal Inst. of Technology（eth）, Zurich. Soil Science Society of America Journal, 65 (3) : 780-787.

Ognalaga M, Frossard E, Thomas F. 1994. Glucose-1-phosphate and myo-inositol hexaphosphate adsorption mechanisms on goethite. Soil Science Society of America Journal, 58: 332-337.

Okada K-I, Aiba S-I, Kitayama K. 2016. Influence of temperature and soil nitrogen and phosphorus availabilities on fine-root productivity in tropical rainforests on Mount Kinabalu, Borneo. Ecological Research, 32 (2) : 145-156.

Okin G S, Mahowald N, Chadwick O A, et al. 2004. Impact of desert dust on the biogeochemistry of phosphorus in terrestrial ecosystems. Global Biogeochemical Cycles, 18 (2) : 649-655.

Olander L P, Vitousek P M .2000. Regulation of soil phosphatase and chitinase activityby N and P availability. Biogeochemistry, 49: 175-191.

Oliva P, Viers J, Dupré B. 2003. Chemical weathering in granitic environments. Chemical Geology, 202 (3-4) : 225-256.

Oliveira C A, Alves V M C, Marriel I E, et al. 2009. Phosphate solubilizing microorganisms isolated from rhizosphere of maize cultivated in an oxisol of the Brazilian cerrado biome. Soil Biology and Biochemistry, 41 (9) : 1782-1787.

Pant H K, Warman P R. 2000. Enzymatic hydrolysis of soil organic phosphorus by immobilized phosphatases. Biology and Fertility of Soils, 30 (4) : 306-311.

Parfitt R L, Ross D J, Coomes D A, et al. 2005. N and P in New Zealand soil chronosequences and relationships with foliar N and P. Biogeochemistry, 75 (2) : 305-328.

Peng X, Wang W. 2016. Stoichiometry of soil extracellular enzyme activity along a climatic transect in temperate grasslands of Northern China. Soil Biology and Biochemistry, 98: 74-84.

Porder S, Chadwick O A. 2009. Climate and soil - age constraints on nutrient uplift and retention by plants. Ecology, 90 (3) : 623-636.

Porder S, Ramachandran S. 2012. The phosphorus concentration of common rocks—a potential driver of ecosystem P status. Plant and Soil, 367 (1-2) : 41-55.

Porder S, Vitousek P M, Chadwick O A, et al. 2007. Uplift, erosion, and phosphorus limitation in terrestrial ecosystems. Ecosystems, 10 (1) : 159-171.

Post W M, Emanuel W R, Zinke P J, et al. 1982. Soil carbon pools and world life zones. Nature, 298 (5870) : 156-159.

Post W M, Kwon K C. 2000. Soil carbon sequestration and land-use change: processes and potential. Global Change Biology, 6 (3) : 317-327.

Predotova M, Bischoff W A, Buerkert A. 2011. Mineral - nitrogen and phosphorus leaching from vegetable gardens in Niamey, Niger. Journal of Plant Nutrition & Soil Science, 174 (1) : 47-55.

Prescott C E, Chappell H N, Vesterdal L. 2000. Nitrogen turnover in forest floors of coastal douglas - fir at sites differing in soil nitrogen capital. Ecology, 81 (7) : 1878-1886.

Prietzel J, Klysubun W, Werner F. 2016. Speciation of phosphorus in temperate zone forest soils as assessed by combined wet-chemical fractionation and xanes spectroscopy. Journal of Plant Nutrition and Soil Science, 179(2): 168-185.

Quiquampoix H, Mousain D, et al. 2005. Enzymatic hydrolysis of organic phosphorus. In Turner B, Frossad E and Baldwin D. Edit, Organic Phosphorus in the Environment. CAB publishing, Cambridge, USA: 89-112.

Randriamanantsoa L, Frossard E, Oberson A, et al. 2015. Gross organic phosphorus mineralization rates can be assessed in a ferralsol using an isotopic dilution method. Geoderma, 257-258: 86-93.

Raymo M E, Ruddiman W F, Froelich P N. 1988. Influence of late cenozoic mountain building on ocean geochemical cycles. Geology, 16(7): 649.

Reed S C, Townsend A R, Taylor P G, et al. 2011. Phosphorus cycling in tropical forests growing on highly weathered soils. Soil Biology, 26: 339-369.

Reich P B, Hobbie S E, Lee T, et al. 2006. Nitrogen limitation constrains sustainability of ecosystem response to CO_2. Nature, 440(7086): 922-925.

Reiners W A, Lang G E. 1987. Changes in litterfall along a gradient in altitude. Journal of Ecology, 75(3): 629-638.

Rosset J S, Guareschi R F, Pinto La R D S, et al. 2016. Phosphorus fractions and correlation with soil attributes in a chronosequence of agricultural under no-tillage. Semina: Ciências Agrárias, 37(6): 3915-3926.

Rui Y, Wang Y, Chen C, et al. 2012. Warming and grazing increase mineralization of orga. nic P in an alpine meadow ecosystem of Qinghai-Tibet Plateau, China. Plant and Soil, 357(1-2): 73-87.

Runyan C W, D' odorico P, Lawrence D. 2012. Effect of repeated deforestation on vegetation dynamics for phosphorus-limited tropical forests. Journal of Geophysical Research: Biogeosciences, 117(G1): 189-202.

Runyan C W, D' odorico P, Lawrence D. 2012. The effect of repeated deforestation on vegetation dynamics for phosphorus limited ecosystems. Journal of Geophysical Research, 117(G1): 1008.

Runyan C W, D' odorico P. 2012. Hydrologic controls on phosphorus dynamics: a modeling framework. Advances in Water Resources, 35(1): 94-109.

Saggar S, Parfitt R L, Salt G, et al. 1998. Carbon and phosphorus transformations during decomposition of pine forest floor with different phosphorus status. Biology and Fetility of Soils, 27: 197-204.

Sardans J, Peñuelas J. 2005. Drought decreases soil enzyme activity in a Mediterranean Quercus ilex L. forest. Soil Biology and Biochemistry, 37(3): 455-461.

Schneider K D, Voroney R P, Lynch D H, et al. 2017. Microbially-mediated P fluxes in calcareous soils as a function of water-extractable phosphate. Soil Biology and Biochemistry, 106: 51-60.

Schwab S M. 2010. Regulation of nutrient transfer between host and fungus in vesicular-arbuscular mycorrhizas. New Phytologist, 117(3): 387-398.

Scott J T, Condron L M. 2005. Short term effects of radiata pine and selected pasture species on soil organic phosphorus mineralisation. Plant & Soil, 266(1-2): 153-163.

Seaman B J, Albornoz F E, Armesto J J, et al. 2015. Phosphorus conservation during post-fire regeneration in a chilean temperate rainforest. Austral Ecology, 40(6): 709-717.

Seastedt T R, Vaccaro L. 2001. Plant species richness, productivity, and nitrogen and phosphorus limitations across a snowpack gradient in alpine tundra, Colorado, U.S.A. Arctic Antarctic & Alpine Research, 33(1): 100-106.

Selmants P C, Hart S C. 2010. Phosphorus and soil development: does the walker and syers model apply to semiarid ecosystems?

Ecology, 91(2): 474-484.

Sharma R, Bella R W, Wong M T. 2017. Dissolved reactive phosphorus played a limited role in phosphorus transport via runoff, throughflow and leaching on contrasting cropping soils from Southwest Australia. Science of the Total Environment, 577: 33-44.

Sharpley A N. 1985. Phosphorus cycling in unfertilized and fertilized agricultural soils1. Soil Science Society of America Journal, 49(4): 905-911.

Sibbesen G H R E. 1993. Resin extraction of labile, soil organic phosphorus. Journal of Soil Science, 44: 467-478.

Siegfried K, Dietz H, Schlecht E, et al. 2011. Nutrient and carbon balances in organic vegetable production on an irrigated, sandy soil in Northern Oman. Journal of Plant Nutrition and Soil Science, 174(4): 678-689.

Siemens J, Bischoff W A, Kaupenjohann M. 1999. Stoffeintrag ins grundwasser – feldmethodenvergleich unter berücksichtigung von preferential flow.Wasser Boden, 51: 37-42.

Solomon D, Lehmann J, Mamo T, et al. 2002. Phosphorus forms and dynamics as influenced by land use changes in the sub-humid Ethiopian Highlands. Geoderma, 105(1-2): 21-48.

Song B L, Yan M J, Hou H, et al. 2016. Distribution of soil carbon and nitrogen in two typical forests in the semiarid region of the Loess Plateau, China. Catena, 143(143): 159-166.

Spehn E M, Rudmann-Maurer K, Körner C. 2011. Mountain biodiversity. Plant Ecology & Diversity, 4(4): 301-302.

Spohn M, Kuzyakov Y. 2013. Distribution of microbial- and root-derived phosphatase activities in the rhizosphere depending on P availability and Callocation-coupling soil zymography with ^{14}C imaging. Soil Biology and Biochemistry, 67: 106-113.

Spohn M, Kuzyakov Y. 2013. Phosphorus mineralization can be driven by microbial need for carbon. Soil Biology and Biochemistry, 61: 69-75.

Stark S, Männistö M K, Eskelinen A. 2014. Nutrient availability and pH jointly constrain microbial extracellular enzyme activities in nutrient-Poor tundra soils. Plant and Soil, 383(1-2): 373-385.

Stutter M I, Shand C A, George T S, et al. 2015. Land use and soil factors affecting accumulation of phosphorus species in temperate soils. Geoderma, 257-258: 29-39.

Sugito T, Yoshida K, Takebe M, et al. 2010. Soil microbial biomass phosphorus as an indicator of phosphorus availability in a gleyic andosol. Soil Science & Plant Nutrition, 56(3): 390-398.

Sumann M, Amelung W, Haumaier L, et al. 1998. Climatic effects on soil organic phosphorus in the North American great plains identified by phosphorus-31 nuclear magnetic resonance. Soil Science Society of America Journal, 62(6): 1580-1586.

Sun H, Wu Y, Yu D, et al. 2013. Altitudinal gradient of microbial biomass phosphorus and its relationship with microbial biomass carbon, nitrogen, and rhizosphere soil phosphorus on the eastern slope of Gongga Mountain, SW China. PLoS One, 8(9): 1123-1126.

Sun H, Wu Y, Zhou J, et al. 2017. Incubation experiment demonstrates effects of carbon and nitrogen on microbial phosphate-solubilizing function. Science China-Life Sciences, 60(4): 436-438.

Sundqvist M K, Sanders N J, Wardle D A. 2013. Community and ecosystem responses to elevational gradients: processes, mechanisms, and insights for global change. Annual Review of Ecology, Evolution, and Systematics, 44(1): 261-280.

Sundqvist M K, Wardle D A, Vincent A, et al. 2014. Contrasting nitrogen and phosphorus dynamics across an elevational gradient for subarctic tundra heath and meadow vegetation. Plant and Soil, 383(1-2): 387-399.

Tahovská K, Čapek P, Šantrůčková H, et al. 2016. Measurement ofin situphosphorus availability in acidified soils using iron-infused resin. Communications in Soil Science and Plant Analysis, 47(4): 487-494.

Tamburini F, Pfahler V, Bünemann E K, et al. 2012. Oxygen isotopes unravel the role of microorganisms in phosphate cycling in soils. Environmental Science & Technology, 46(11): 5956.

Tate K R, Newman R H. 1982. Phosphorus fractions of a climosequence of soils in New Zealand tussock grassland. Soil Biology & Biochemistry, 14(3): 191-196.

Tate K R. 1984. The biological transformation of P in soil. Plant and Soil, 76: 245-256.

Ter Braak C J F, Prentice I C. 1988. A theory of gradient analysis. Advances in Ecological Research, 18(2004): 271-317.

Tian H, Chen G, Zhang C, et al. 2010. Pattern and variation of C：N：P ratios in China' s soils: a synthesis of observational data. Biogeochemistry, 98(1-3): 139-151.

Tiessen H , Moir J O , 1993. Characterization of available P by sequential extraction. In: M.R. Cater (ed) Soil Sampling and Methods of Analysis. Lewis Publishers, Boca Raton. FL, USA: 75-86.

Tiessen H. 2008. Phosphorus in the Global Environment//White P J. Hammond J. Ecophysiology of Plant-Phosphorus Interactions. Netherlands: Springer.

Trumbore S E, Chadwick O A, Amundson R. 1996. Rapid exchange between soil carbon and atmospheric carbon dioxide driven by temperature change. Science, 272(5260): 393-396.

Turner B L, Cade-Menun B J, Condron L M, et al. 2005. Extraction of soil organic phosphorus. Talanta, 66(2): 294-306.

Turner B L, Condron L M, Richardson S J, et al. 2007. Soil organic phosphorus transformations during pedogenesis. Ecosystems, 10(7): 1166-1181.

Turner B L, Condron L M, Wells A, et al. 2012. Soil nutrient dynamics during podzol development under lowland temperate rain forest in New Zealand. Catena, 97(97): 50-62.

Turner B L, Engelbrecht B M J. 2011. Soil organic phosphorus in lowland tropical rain forests. Biogeochemistry, 103(1-3): 297-315.

Turner B L, Haygarth P M. 2003. Changes in bicarbonate-extractable inorganic and organic phosphorus by drying pasture soils. Soil Science Society of America Journal, 67(1): 344-350.

Turner B L, Paphazy M J, Haygarth P M, et al. 2002. Inositol phosphates in the environment. Philosophical Transactions Royal Society. Biological Sciences. Lond B Biol Sciences, 357(1420): 449-469.

Turrion M B, Gallardo J F, Gonzalez M I. 2009. Nutrient availability in forest soils as measured with anion - exchange membranes. Geomicrobiology Journal, 14(1): 51-64.

Unger M, Leuschner C, Homeier J. 2010. Variability of indices of macronutrient availability in soils at different spatial scales along an elevation transect in tropical moist forests (ne ecuador). Plant and Soil, 336(1-2): 443-458.

Van Breemen N, Mulder J, Driscoll C T. 1983. Acidification and alkalinization of soils. Plant and Soil, 75(3): 283-308.

Vestergren J E, Vincent A G, Persson P, et al. 2013. Novel approaches for identifying phosphorus species in terrestrial and aquatic ecosystems with ^{31}P NMR. Biophysical Journal, 104(2): 501a-502a.

Vestergren J E, Vincent A, Persson P, et al. 2011. Speciation of organic phosphorus in p-immobilizing soils: a ^{31}P NMR study. Biophysical Journal, 100(3): 604a.

Vincent A G, Schleucher J, Gröbner G, et al. 2012. Changes in organic phosphorus composition in boreal forest humus soils: the role of iron and aluminium. Biogeochemistry, 108(1-3): 485-499.

Vincent A G, Sundqvist M K, Wardle D A, et al. 2014. Bioavailable soil phosphorus decreases with increasing elevation in a subarctic tundra landscape. PLoS One, 9(3): e92942.

Vincent A G, Tanner E V J. 2013. Major litterfall manipulation affects seedling growth and nutrient status in one of two species in a lowland forest in Panama. Journal of Tropical Ecology, 29(5): 449-454.

Vincent A G, Turner B L, Tanner E V J. 2010. Soil organic phosphorus dynamics following perturbation of litter cycling in a tropical moist forest. European Journal of Soil Science, 61(1): 48-57.

Vincent A G, Vestergren J, Gröbner G, et al. 2013. Soil organic phosphorus transformations in a boreal forest chronosequence. Plant and Soil, 367(1-2): 149-162.

Vitousek P M, Matson P A, Turner D R. 1988. Elevational and age gradients in Hawaiian montane rainforest: foliar and soil nutrients. Oecologia, 77: 565-570.

Vitousek P M, Porder S, Houlton B Z, et al. 2010. Terrestrial phosphorus limitation: mechanisms, implications, and nitrogen-phosphorus interactions. Ecological Applications, 20(1): 5-15.

Walbridge M R, Vitousek P M. 1987. Phosphorus mineralization potentials in acid organic soils: processes affecting $^{32}PO_4^{3-}$ isotope dilution measurements. Soil Biology & Biochemistry, 19(6): 709-717.

Walker T W, Syers J K. 1976. The fate of phosphorus during pedogenesis. Geoderma, 15(1): 1-19.

Wang J, Wu Y, Zhou J, et al. 2016. Carbon demand drives microbial mineralization of organic phosphorus during the early stage of soil development. Biology and Fertility of Soil, 52(6): 825-839.

Wang Y P, Houlton B Z, Field C B. 2007. A model of biogeochemical cycles of carbon, nitrogen, and phosphorus including symbiotic nitrogen fixation and phosphatase production. Global Biogeochemical Cycles, 21(1): 1-15.doi:10.1029/2006GB002797.

Wardle D A, Walker L R, Bardgett R D. 2004. Ecosystem properties and forest decline in constrasting long-term chronosequence. Science, 305: 509-513.

Wassen M J, Venterink H O, Lapshina E D, et al. 2005. Endangered plants persist under phosphorus limitation. Nature, 437(7058): 547-550.

Werner F, De La Haye T R, Spielvogel S, et al. 2017. Small-scale spatial distribution of phosphorus fractions in soils from silicate parent material with different degree of podzolization. Geoderma, 302: 52-65.

Wu G, Wei J, Deng H, et al. 2006. Nutrient cycling in an alpine tundra ecosystem on Changbai Mountain, Northeast China. Applied Soil Ecology, 32(2): 199-209.

Wu J, He Z L, Wei W X, et al. 2000. Quantifying microbial biomass phosphorus in acid soils. Biology and Fertility of Soil, 32(6): 500-507.

Wu Y, Li W, Zhou J, et al. 2013a. Temperature and precipitation variations at two meteorological stations on eastern slope of Gongga Mountain, SW China in the past two decades. Journal of Mountain Science, 10(3): 370-377.

Wu Y, Zhou J, Bing H, et al. 2015. Rapid loss of phosphorus during early pedogenesis along a glacier retreat choronosequence, Gongga Mountain (SW China). PeerJ, 3: e1377.

Wu Y-H, Zhou J, Yu D, et al. 2013. Phosphorus biogeochemical cycle research in mountainous ecosystems. Journal of Mountain Science, 10(1): 43-53.

Xu X, Thornton P E, Post W M. 2013. A global analysis of soil microbial biomass carbon, nitrogen and phosphorus in terrestrial ecosystems. Global Ecology & Biogeography, 22(6): 737-749.

Xu Z, Yu G, Zhang X, et al. 2015. The variations in soil microbial communities, enzyme activities and their relationships with soil organic matter decomposition along the northern slope of Changbai Mountain. Applied Soil Ecology, 86: 19-29.

Xu Z, Yu G, Zhang X, et al. 2017. Soil enzyme activity and stoichiometry in forest ecosystems along the north-south transect in Eastern China (nstec). Soil Biology and Biochemistry, 104: 152-163.

Yanai R D. 1992. Phosphorus budget of a 70-year-old northern hardwood forest. Biogeochemistry, 17(1): 1-22.

Yang H, Yuan Y, Zhang Q, et al. 2011. Changes in soil organic carbon, total nitrogen, and abundance of arbuscular mycorrhizal fungi along a large-scale aridity gradient. Catena, 87(1): 70-77.

Yang L, Wang G, Yang Y, et al. 2010. Dynamics of litter fall in *Abies fabric* mature forest at Gongga Mountain. Acta Agriculturae Universitis Jiangxiensis, 32(6): 1163-1167 (in Chinese with English abstract).

Yang X, Post W M. 2011. Phosphorus transformations as a function of pedogenesis: a synthesis of soil phosphorus data using hedley fractionation method. Biogeosciences, 8(10): 2907-2916.

Yang X, Thornton P E, Ricciuto D M, et al. 2014. The role of phosphorus dynamics in tropical forests—a modeling study using clm-cnp. Biogeosciences, 11(6): 1667-1681.

Yavitt J B, Joseph Wright S, Kelman Wieder R. 2004. Seasonal drought and dry-season irrigation influence leaf-litter nutrients and soil enzymes in a moist, lowland forest in Panama. Austral Ecology, 29: 177-188.

Yu L, Zanchi G, Akselsson C, et al. 2018. Modeling the forest phosphorus nutrition in a Southwestern Swedish forest site. Ecological Modelling, 369: 88-100.

Yuan Z Y, Chen H Y H. 2015. Decoupling of nitrogen and phosphorus in terrestrial plants associated with global changes. Nature Climate Change, 5(5): 465-469.

Zhang G, Chen Z, Zhang A, et al. 2013. Influence of climate warming and nitrogen deposition on soil phosphorus composition and phosphorus availability in a temperate grassland, China. Journal of Arid Land, 6(2): 156-163.

Zhang H, Shi L, Wen D, et al. 2015. Soil potential labile but not occluded phosphorus forms increase with forest succession. Biology and Fertility of Soil, 52(1): 41-51.

Zhang N, Guo R, Song P, et al. 2013. Effects of warming and nitrogen deposition on the coupling mechanism between soil nitrogen and phosphorus in songnen meadow steppe, Northeastern China. Soil Biology and Biochemistry, 65: 96-104.

Zhang W, Jin X, Rong N, et al. 2016. Organic matter and pH affect the analysis efficiency of P-NMR. Journal of Environmental Sciences(China), 43: 244-249.

Zhou J, Bing H, Wu Y, et al. 2016b. Rapid weathering processes of a 120-year-old chronosequence in the Hailuogou glacier foreland, Mt. Gongga, SW China. Geoderma, 267: 78-91.

Zhou J, Wu Y H, Bing H J, et al. 2016a. Variations in soil phosphorus biogeochemistry across six vegetation types along an altitudinal gradient in SW China. Catena, 142: 102-111.

Zhou J, Wu Y, Prietzel J, et al. 2013. Changes of soil phosphorus speciation along a 120-year soil chronosequence in the Hailuogou glacier retreat area (Gongga Mountain, SW China). Geoderma, 195-196(1): 251-259.

Zou X, Dan B, Doxtader K G. 1992. A new method for estimating gross phosphorus mineralization and immobilization rates in soils. Plant & Soil, 147(2): 243-250.

第 6 章　贡嘎山微量金属元素表生地球化学特征

6.1　引言

自工业革命以来，人类活动对生物圈的影响已从区域扩展到全球，微量金属污染已成为当今全球性的环境问题。20 世纪全球十大环境污染事件中，日本骨痛病事件和水俣病事件就是由于大量的镉和汞进入环境中对人类健康产生的危害。以化石燃料燃烧和金属冶炼为主的人类活动使释放到大气中的微量金属显著增高(许嘉琳和杨居荣，1995；游秀花等，2005)，在某些区域超过了它们的自然输入量(Jones，1991)，甚至通过长距离传输输送到偏远的极地和高山。

在人们普遍关注的微量金属中，Cd、Hg 和 Pb 越来越受到人们的重视。Cd、Hg 和 Pb 可以吸附于细颗粒物中，通过大气长距离传输而被输送到比较偏远和洁净的地区(Nriagu，1980；Wu et al.，2011)。微量金属在植被中有较强的迁移能力(许嘉琳和杨居荣，1995)，而在土壤中的移动性较弱，大量积累在土壤表层(夏增禄等，1985)，对人体、植物产生毒害作用。19 世纪中后期以后，世界范围内开始观察到环境中 Cd、Hg 和 Pb 含量的增加(霍文冕等，1999 ；Candelone et al.，1995；Boutron et al.，1991)；亚洲地区受区域性大气污染影响，青藏高原古里雅冰芯记录的 Cd 含量在 20 世纪中后期开始持续增加(李月芳和姚檀栋，2000)。因此，针对微量金属对生态安全和人类健康的潜在威胁，开展高山生态系统中微量金属地球化学研究，有利于认识微量金属的毒性效应，丰富微量金属地球化学研究的理论和方法，为陆地生态系统微量金属的生态安全和管理提供依据。

青藏高原东缘位于我国一、二级地形交界部位，是地球各圈层相互作用最剧烈的地区，环境复杂，生态脆弱，对污染物非常敏感。某些地区土壤和降水中出现了较高的微量金属含量与富集因子(EF)，预示着受到了人类活动的影响(Sheng et al.，2012；Cong et al.，2010)。随着我国经济的快速发展，青藏高原东麓偏远地区与山区环境逐渐得到了人们的重视，20 世纪以来，陆续有了对青藏高原大气、土壤、植被中微量金属赋存状况的研究。Cong 等(2010)对青藏高原纳木错降水中的微量金属含量进行分析，研究表明，降水中 CdR EF 高于 10，说明受到人为的影响。Fu 等(2008a，b)估算出贡嘎山雨季降水中 Hg 的沉降量占其年沉降量达 80%以上。Yang 等(2009)对贡嘎山低海拔地区 $PM_{2.5}$ 与 PM_{10} 中微量金属的浓度进行了分析，发现 $PM_{2.5}$ 中 Pb、Tl、As、Ni、Cu、Zn 的 EF 也高于 10，反映出该区域明显受人类活动的影响。Wang 等(2017)调查了青藏高原东麓 25 个山地森林点位土壤中 Hg 的分布特征，发现 Hg 在低海拔的累积受到了人类活动的影响，而高海拔区域的累积归因于大气远距离传输。Li 等(2018)对青藏高原东麓螺髻山土壤中微量金属的研究发现，Cd、Pb 等金属明显受到了当地人为排放以及远距离大气传输的影响。Luo 等(2013)对青藏高原东部横断山区 8 个地点高山林线植被(冷杉或云冷杉)不同部位中 Cd 的含量进行了研究，指出 Cd 的含量顺序为根>皮>枝>干>叶，根、皮、枝中 Cd 的含量与降水呈显著正相关关系，说明这些大气降水对植物体内 Cd 含量有一定的影响，东南季风给东南区域带来更多的污染物。

贡嘎山位于青藏高原东麓，由于其接近人类活动范围，近些年面临的环境问题较为突出。贡嘎山东坡具有多种多样的生态系统，其独特的自然条件及演化过程十分有利于探索复杂生态系统中微量金属的地球化学行为。目前，在贡嘎山生态系统中有关微量金属的生物地球化学特征研究还较少。为了解贡嘎山生态系统中微量金属的分布特征，本章选择贡嘎山不同的海拔梯度、植被类型以及冰川退缩迹地，调查了不同环境样品(土壤、植物组织和大气湿沉降样品)中 Cd、Cu、Hg、Pb、Zn 等微量金属的赋存特征，判识了环境样品中微量金属的来源，分析了微量金属在土壤中的迁移转化机制；重点分析了 Cd、Hg 和 Pb 在土壤-植物系统的生物地球化学循环特征。

6.2　贡嘎山微量金属的海拔分布特征

6.2.1　样品采集与分析

1. 样品的采集

本章选择在贡嘎山东坡、西坡和北坡沿海拔梯度采集土壤、苔藓和植物组织样品。土壤样品的采集在东坡 2000～4300 m、西坡 3300～4100 m、北坡 2400～4100 m(图 6-1)。在每个海拔处分别挖掘三个土壤剖面。由于海螺沟土壤发育于冰川堆积物，发育程度较弱，不同植被带差异明显，难以按土壤学传统分层方法区分出土壤层，野外根据直观判识土壤有机质含量、颜色、粒径大小，将土壤剖面分为 O 层：棕褐色、棕黑色，富含分解、半分解有机质；A 层：棕色、棕褐色，含腐殖质层；B 层：淀积、残积层；C 层：母质层。由于贡嘎山海螺沟土壤发育不均一，某些土壤剖面常有层位缺失(如 O 层和 B 层)(吴艳宏等，2012)。为了研究土壤微量金属的季节分布特征，于 2010 年 5 月、9 月、12 月和 2011 年 7 月分别选择贡嘎山海螺沟流域的高山草甸带、高山灌丛带、针叶林带、针阔混交林带和阔叶林带(表 6-1)，分层采集土壤样品。所有样品均现场用聚乙烯密封袋封装，低温(4℃)运至实验室以待分析。

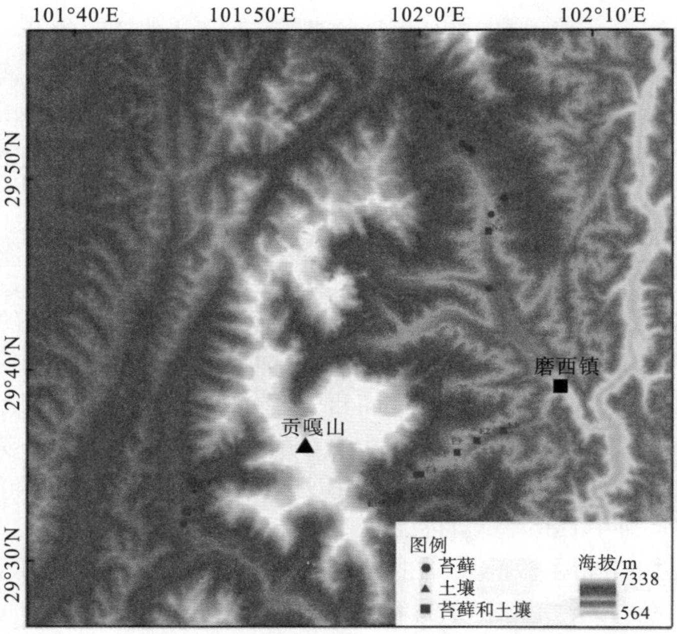

图 6-1 贡嘎山位置及采样点分布图

表 6-1 贡嘎山东坡采样点背景特征

植被带	样点	海拔/m	经度	纬度	土壤类型	优势植物
阔叶林带	1	2032	102° 04′14.1″	29° 36′12.0″	棕黄壤	*Lithocarpus cleistocarpus* (Seem.) Rehd. et Wils.，*Betula insignis*
	2	2362	102° 02′40.9″	29° 35′43.1″		
针阔混交林带	3	2772	102° 01′32.0″	29° 35′07.9″	棕壤	*Picea brachytyla*，*Betula insignis*
	4	2856	102° 00′32.1″	29° 34′36.0″		
	5	2883	102° 00′19.4″	29° 34′28.9″		
针叶林带	6	2911	102° 00′03.5″	29° 34′21.2″	暗棕壤	*Abies fabri*
	7	3048	101° 59′37.6″	29° 34′31.6″		
	8	3090	101° 59′19.1″	29° 34′21.8″		
	9	3544	101° 58′07.0″	29° 33′09.3″		
	10	3614	101° 58′07.3″	29° 32′59.7″		
高山灌丛带	11	3896	101° 57′43.6″	29° 32′46.7″	草甸土	*Rhododendron cephalanthum*，R. *Phaeochrysum*
	12	4015	101° 57′36.0″	29° 32′46.3″		
高山草甸带	13	4221	101° 57′23.3″	29° 32′37.8″	草甸土	*Kobresia*，*Potentilla*，*Festucaovina*

苔藓样品的采集在东坡 2000～4300 m、北坡 2000～4100 m、西坡 3300～3800 m 处进行。作为贡嘎山东坡占优势的植物群落，冷杉主要分布于海拔 2600～3600 m 处，而杜鹃分布于海拔 2600～4000 m 处。在海拔 2700～4000 m 处选择 15 个位置采集冷杉和杜鹃细枝和叶片样品。每种样品均选择至少 10 棵成熟植株(至少 20 年)进行采集，同时考虑采集

不同朝向和高度的植物组织，样品现场混合为一个样品进行分析。

湖泊沉积物采自贡嘎山东坡海拔 2780 m 的草海子，该湖泊形成于小冰期(钟祥浩等，2002)，其面积较小(小于 1.0 km^2)，平均水深大约为 1.4 m，草海子没有明显的入湖和出湖河流，主要通过大气降水补给。在草海子中心位置共采集两根沉积物岩芯，沉积物长度分别为 38cm 和 42 cm。较短的沉积物用于定年，而较长的沉积物用于分析沉积物理化性质、微量金属浓度和铅同位素。沉积物上部 20 cm 按照 0.5 cm 的间隔分样，下部则按照 1.0 cm 间隔取样。

2. 化学分析

土壤和沉积物样品室温晾干后过 2 mm 筛，使用玛瑙研钵研磨样品过 200 目尼龙筛。植物组织样品利用去离子水冲洗后，放置烘箱中 60℃烘干，然后粉碎过 100 目尼龙筛。土壤和植物样品分别采用 $HCl\text{-}HNO_3\text{-}HF\text{-}HClO_4$ 和 $HNO_3\text{-}H_2O_2$ 消解法，元素浓度采用 ICP-AES 和 ICP-MS 分析，采用美国标准物质 $SPEX^{TM}$ 作为标准物质，重复分析样品、空白样品以及参考物质(土壤：GSD-9 和 DSD-11；植物：GBW07603 和 GBW07604)用于质量控制。通过多次分析重复样品和参考物质，仪器测量误差均低于 5%，标准物质的回收率为 90%±6%。

称取 0.2 g 植物样品于特氟龙罐中，加入 2.5 mL HNO_3 和 0.5 mL H_2O_2 于 195～210℃蒸至近干，冷却之后向残渣中加入 0.5 mL HCl，最后用去离子水定容到 25 mL，并使用 ICP-MS 测定微量金属的浓度，ICP-AES 测定其他元素(Al、Ca、Fe、Mn、K、Mg、V 和 Ti)的浓度。通过分析对照、平行样品和标准物质(植物标准样品为 GBW07603 和 GBW07604)进行质量控制，ICP-MS、ICP-AES 法测试精度的相对标准差(RSD)分别在 5%以内和 3%以内，标准物质回收率变化范围分别为 92%～108%、90%～110%。

沉积物年代采用 ^{137}Cs 和 ^{210}Pb 放射性核素定年技术(Bing et al.，2016)。^{137}Cs、^{210}Pb 和 ^{226}Ra 的活性采用 Ortec HPGe GWL 测定。土壤和植物样品消解后，Pb 的同位素(^{206}Pb、^{207}Pb 和 ^{208}Pb)采用 ICP-MS(Agilent 7700x)测定。国际标准物质(SRM981-NIST)用于精度控制，标准物质(GBW04426)用于质量控制。$^{206}Pb/^{207}Pb$ 和 $^{208}Pb/^{206}Pb$ 重复样品的测试误差为 0.002，同位素比值测试精度的相对标准差分别为 0.08%和 0.16%(Bing et al.，2014，2016a，b)。

3. 计算

(1)地球化学指标法，如式(6-1)～式(6-3)所示

$$[Me]_L=[Ti]_S\times(Me/Ti)_B \tag{6-1}$$

$$[Me]_P=[Me]_T-[Me]_L \tag{6-2}$$

$$\text{污染 Me}(\%) = [Me]_P/[Me]_T \tag{6-3}$$

式中：$[Me]_L$ 为土壤中自然源中微量金属的浓度；$[Me]_T$ 为土壤样品中微量金属的浓度；$[Me]_P$ 为土壤中污染源中微量金属的浓度；$[Me]_B/[Ti]_B$ 为土壤中微量金属的地球化学背景值；$[Ti]_S$ 为土壤中 Ti 的浓度；$[Ti]_B$ 为土壤中 Ti 的地球化学背景值；污染 Me 代表污染金属的比例，%，本节选择土壤 C 层中各元素的浓度作为背景值。

(2) Pb 同位素二元混合模型，如式(6-4)所示

$$Pb_{pollution}(\%)=[(^{206}Pb/^{207}Pb_{sample}-^{206}Pb/^{207}Pb_{background})/(^{206}Pb/^{207}Pb_{pollution}-^{206}Pb/^{207}Pb_{background})]\times 100\% \quad (6\text{-}4)$$

式中：$^{206}Pb/^{207}Pb_{sample}$ 表示样品中 Pb 的同位素比值；$^{206}Pb/^{207}Pb_{pollution}$ 表示污染源的 Pb 同位素比值，本节使用 1.16；$^{206}Pb/^{207}Pb_{background}$ 表示背景中 Pb 的同位素比值，本节中使用土壤 C 层作为背景。

4. 统计分析

利用单因素方差分析法(One-way ANOVA，Fisher test，$p < 0.05$)分析不同海拔各层土壤和植物中微量金属浓度以及 Pb 同位素比值的差异。微量金属的分类采用主成分分析法，该方法通过降维能以较少的变量反映原数据的大部分信息，将不同来源的微量金属区分开来，该研究选取特征值大于 1 的因子作为主因子。微量金属与其他变量的关联性采用相关分析法和回归分析法，并采用 R^2 和 t 检验分别对回归方程的拟合优度及参数进行检验。本节中所采用的分析方法均利用 SPSS 19.0 和 Origin 8.0 软件完成。

6.2.2　贡嘎山不同坡向土壤理化性质特征

随着成土作用和植被演替，贡嘎山土壤随着海拔的降低发育程度逐渐增加。贡嘎山三个坡向土壤 pH 大多呈现出 O 层< A 层< C 层的趋势($p < 0.05$，表 6-2)。东坡土壤 O 层中 pH 为 3.39～6.76(均值±标准误差：4.95±0.33)，A 层中 pH 为 3.63～7.19(5.21±0.32)，C 层中 pH 为 4.28～8.02(5.77±0.31)；在海拔梯度上，各层土壤的 pH 总体呈现出随海拔升高逐渐降低的趋势，并在海拔 2000～2360 m 处较高($p < 0.05$)。北坡土壤 O 层中 pH 为 3.24～5.77(4.52±0.27)，A 层中 pH 为 3.53～5.43(3.75±0.47)，C 层中 pH 为 3.96～7.33(4.33±0.58)；在海拔梯度上，各层土壤 pH 总体呈现随海拔升高逐渐下降的趋势($p < 0.05$)。西坡土壤 O 层中 pH 为 4.20～6.03(5.07±0.21)，A 层中 pH 为 4.16～5.42(4.89±0.32)，C 层中 pH 为 5.33～7.34(5.71±0.47)；在海拔梯度上，各层土壤 pH 总体呈现随海拔升高逐渐上升的趋势($p < 0.05$)。

贡嘎山三个坡向土壤有机物含量(LOI)均呈现出 O 层> A 层> C 层的趋势($p < 0.05$，表 6-2)。在海拔梯度上，东坡各层土壤的 LOI 总体变化比较平稳，只有在 3615 m 处的土壤 O 层中显著较高($p < 0.05$)；北坡各层土壤的 LOI 在海拔梯度上无显著差异；西坡除了海拔 3800 m 处土壤 LOI 显著较低外($p < 0.05$)，其余海拔处均没有呈现出显著性的差异。

贡嘎山东坡土壤中主要元素(如 Al、Ca、Fe、Mn、K、Li、Mg 和 Ti)的浓度大多随土壤深度的增加而增加(表 6-2)。在海拔梯度上，土壤各层中这些元素的浓度变化趋势不明显，只有土壤 O 层中 Al、Ca 和 Ti 的浓度在海拔 3250 m 处显著高于其他海拔($p < 0.05$)，而在土壤 A 层和 C 层中主要元素的浓度没有显著的海拔差异。北坡各层土壤中 Al、Fe、K、Li、Mg 和 Ti 的浓度均随土壤深度的增加而增加，Ca 和 Mn 的浓度随土壤深度没有呈现出显著性的变化；在海拔梯度上，各层土壤中这些元素的浓度均随海拔升高呈现出先减少后增加的变化特征。西坡土壤中除了 Mn 和 Li 外，其余元素的浓度均随海拔升高而增加。

表 6-2　贡嘎山不同坡向土壤理化性质特征

坡向	海拔/m	土层	土壤深度/cm	pH	LOI/%	浓度/(mg·g^{-1})							
						Al	Ca	Fe	Mn[1)]	K	Li[a]	Mg	Ti
东坡	2000	O	0～3	6.33±0.23	31.2±2.4	48.4±1.7	28.2±0.5	26.5±0.5	708±26	23.9±1.9	30.0±0.9	18.8±1.6	3.05±0.04
		A	4～15	6.28±0.12	17.5±1.9	56.3±0.9	25.0±1.4	31.7±1.4	739±41	27.3±1.7	36.0±1.6	21.8±2.8	3.63±0.16
		C	>40	6.50±0.23	3.3±0.4	67.9±8.7	26.8±1.9	40.4±4.4	871±43	31.2±3.2	43.4±1.7	28.6±0.9	4.68±0.53
	2360	O	0～3	6.26±0.21	27.9±4.2	40.9±11.3	30.5±0.7	20.5±5.9	608±17	10.4±2.4	19.2±5.3	12.8±3.7	2.41±0.77
		A	4～15	6.93±0.22	14.4±3.2	60.8±5.9	32.3±1.6	31.1±3.2	735±27	14.8±1.4	28.8±3.9	19.1±2.6	3.81±0.43
		C	>38	7.64±0.28	1.1±0.2	74.0±1.8	38.7±5.5	34.9±4.7	768±153	14.0±0.5	29.4±1.1	21.4±3.0	4.44±0.66
	2770	O	0～7	4.32±0.09	31.8±1.7	15.5±1.4	10.6±2.1	9.86±1.0	506±46	5.0±0.6	8.6±1.3	4.4±0.5	1.11±0.16
		A	8～15	4.33±0.13	22.1±0.8	59.5±3.8	28.6±3.3	48.7±4.2	707±50	13.5±1.4	33.4±6.3	14.2±2.9	3.93±0.22
		C	>60	6.30±0.36	2.6±0.8	63.4±2.8	17.6±2.4	58.8±8.8	2499±134	27.1±6.3	47.5±13.2	42.3±15.7	2.62±0.59
	3250	O	0～4	3.44±0.03	26.9±6.2	58.5±4.0	31.1±3.1	42.5±5.5	1064±154	15.7±0.4	33.9±6.1	17.0±2.4	6.55±0.74
		A	5～11	3.75±0.04	15.5±3.9	68.1±4.5	35.8±3.9	55.9±3.7	1090±190	15.9±1.2	46.5±6.6	20.6±3.3	8.76±0.61
		C	>40	4.35±0.01	5.0±0.0	78.9±0.5	39.6±0.7	61.0±0.8	1012±13	19.7±0.3	68.3±1.3	25.0±0.2	9.43±0.21
	3615	O	0～2	3.77±0.03	36.5±2.5	27.9±4.5	11.2±1.8	13.1±2.3	159±28	8.7±1.5	6.8±1.1	5.1±0.9	2.21±0.40
		A	3～7	3.88±0.13	14.7±1.2	55.8±5.9	24.2±5.9	24.1±7.7	409±137	19.6±2.6	13.2±2.1	13.3±4.7	5.33±0.58
		C	>30	4.60±0.24	3.8±0.6	69.7±4.7	33.0±7.0	45.1±4.0	620±128	22.4±4.1	25.8±5.2	24.0±4.9	5.78±1.30
	3896	O	0～2	3.68±0.06	29.8±6.2	34.6±10.7	21.7±2.4	22.8±7.1	1148±211	11.9±2.0	16.1±2.4	10.7±5.0	4.53±0.62
		A	3～10	4.01±0.01	12.7±3.2	50.6±1.9	27.7±2.1	33.4±3.3	851±176	16.9±2.8	14.2±2.7	12.8±3.2	5.02±0.29
		C	>30	4.85±0.01	2.1±0.2	72.7±1.1	33.9±0.9	52.4±3.0	951±77	25.1±4.8	17.3±4.4	18.3±3.7	5.86±0.39
	4015	O	0～3	4.09	35.1	16.1	18.4	10.4	1111	5.0	8.6	4.4	1.15
		A	4～11	4.22±0.05	15.9±2.8	50.6±2.7	23.7±1.2	27.9±2.4	995±262	16.9±3.7	22.3±2.6	15.4±3.5	4.24±0.65
		C	>30	—	1.1±0.2	68.3±0.1	31.0±0.5	36.7±1.4	600±26	25.1±2.4	46.2±4.1	23.6±4.5	5.73±0.30
	4225	A	0～4	4.60±0.03	11.8±3.2	61.2±4.9	27.7±0.5	37.3±2.1	712±34	18.2±4.0	20.9±3.1	17.5±4.3	4.12±0.29
		C	>20	—	1.4±0.4	73.6±0.6	31.8±1.0	43.1±0.5	772±43	25.5±4.5	33.1±5.5	21.1±7.1	4.60±0.12
北坡	2450	O	0～1	5.18±0.38	34.6±0.5	50.0±1.3	15.7±2.5	30.9±2.0	814±93	14.2±0.7	31.7±2.0	10.5±0.8	3.53±0.17
		A	1～8	5.13±0.15	12.2±0.7	53.8±4.8	14.9±2.8	33.4±4.3	813±94	14.8±1.1	34.5±4.6	11.5±1.8	3.95±0.57
		C	>50	6.29±0.53	4.0±0.3	73.8±0.9	13.7±0.7	43.7±0.5	808±20	20.3±0.9	48.5±0.9	15.8±0.7	5.32±0.10

续表

坡向	海拔/m	土层	土壤深度/cm	pH	LOI/%	浓度/(mg·g^{-1})							
						Al	Ca	Fe	Mn[1)]	K	Li[a]	Mg	Ti
	2810	O	0～4	4.05±0.24	38.8±0.4	17.3±2.5	8.1±2.2	8.77±1.6	477±109	4.6±0.5	5.2±0.6	2.5±0.7	0.97±0.17
		A	4～14	3.75±0.12	20.6±1.3	43.2±3.6	11.9±1.3	24.2±6.8	248±32	9.6±1.2	10.0±1.3	4.9±0.7	2.75±0.48
		C	>22	4.33	3.8	71.0	11.0	30.5	232	10.7	23.9	4.8	3.57
	3100	O	0～9	4.08±0.50	34.8±1.3	39.6±1.7	10.0±1.7	12.3±0.9	399±215	10.7±1.1	9.5±0.4	2.7±0.3	2.08±0.09
		A	9～17	3.87±0.24	17.2±0.9	55.4±2.2	12.0±1.1	17.9±4.2	268±40	12.8±1.2	12.3±0.9	3.6±0.3	2.93±0.03
		C	>24	4.65±0.56	6.5±0.9	67.1±2.2	15.2±0.9	26.6±5.6	451±33	12.9±1.9	15.2±1.3	5.1±0.8	2.74±0.37
北坡	3830	O	0～5	4.23	35.1	36.3	12.4	17.5	1640	10.7	18.2	4.0	2.06
		A	5～8	4.67±0.19	23.1±1.3	64.3±0.13	11.1±1.1	21.0±5.0	1282±234	18.7±0.3	25.8±5.9	5.1±0.8	3.71±0.05
		C	>20	4.82±0.07	7.9±0.4	69.1±3.52	10.2±3.9	25.7±4.3	489±177	24.4±4.9	29.5±1.9	5.6±1.7	3.46±0.49
	4090	O	0～3	5.04	39.4	49.6	16.3	24.9	1551	11.4	19.2	7.1	2.69
		A	3～8	4.76	16.5	64.2±1.3	16.4±0.2	31.9±1.1	500±44	15.2±0.4	27.7±0.9	8.6±0.1	3.76±0.12
		C	>8	5.15	3.1	72.5	16.4	34.8	599	14.9	36.4	9.1	3.26
西坡	3360	O	0～5	4.72±0.43	35.9±1.5	42.8±6.0	12.3±4.1	20.8±3.5	1290±493	13.8±2.1	27.7±5.9	4.6±0.9	2.57±0.28
		A	5～13	4.78±0.25	8.5±0.8	70.0±0.5	5.0±0.9	34.8±1.1	491±185	20.9±0.8	50.7±1.2	6.8±0.2	4.23±0.06
		C	>33	6.35±0.50	1.6±0.3	76.2±0.6	5.2±0.3	38.5±1.3	622±17	24.4±0.7	55.8±0.9	7.8±0.3	4.43±0.13
	3590	O	0～6	4.55±0.13	32.8±1.6	41.9±1.0	6.4±0.4	21.6±0.6	1935±425	13.1±0.3	30.5±0.7	4.7±0.1	2.87±0.06
		A	6～16	4.65±0.37	14.7±0.8	60.5±1.1	4.6±0.8	32.1±0.5	1177±437	17.6±0.5	49.0±0.5	6.7±0.1	4.02±0.09
		C	>28	5.69±0.32	6.1±0.5	70.6±0.9	4.5±0.3	35.5±0.5	822±132	20.3±0.7	56.5±0.8	8.3±0.1	4.67±0.08
	3800	O	0～7	5.19±0.26	25.8±0.9	46.9±7.1	5.4±1.2	25.8±3.8	2554±856	15.4±2.3	67.4±12.1	3.2±0.3	3.04±0.47
		A	7～11	4.66±0.26	9.9±0.5	65.2±1.5	2.7±0.2	35.9±0.9	554±145	20.5±0.3	97.6±2.5	4.1±0.1	4.36±0.16
		C	>30	5.38±0.10	2.5±0.2	71.2±0.8	3.0±0.4	38.2±0.4	969±155	20.9±0.4	110±4.4	4.7±0.1	4.81±0.05
	4065	O	0～1	5.83±0.14	30.1±1.2	59.5±0.7	6.6±0.6	33.6±0.1	981±1	19.1±0.1	49.7±1.2	5.4±0.1	4.08±0.08
		A	1～15	5.46±0.03	8.1±0.7	63.8±0.4	3.2±0.3	35.9±0.3	953±11	19.7±0.2	53.9±1.0	5.7±0.1	4.34±0.07
		C	>50	5.42±0.07	2.4±0.3	67.8±0.9	1.9±0.2	35.7±0.3	622±22	22.2±0.6	52.9±0.2	6.0±0.1	4.62±0.05

注：a 表示单位为 mg·kg^{-1}；末列到 O 层样品，无数据。

表 6-3 列出了贡嘎山东坡土壤中主要元素浓度的季节变化特征。随着土壤深度增加，主要元素在土壤中的浓度逐渐增加，反映了随着土壤的发育以及植被的影响，表层土壤中元素的亏损。在不同季节，C 层土壤中各个元素的浓度没有表现出显著的季节差异，这充分反映了 C 层土壤没有受到植物根系的影响，从而 C 层土壤中各个元素的浓度可以作为它们的当地背景值。但是，在表层土壤中，主要元素表现出了明显的季节差异，尤其是 5 月份采集的样品中主要元素的浓度整体上高于其他月份样品中的浓度水平，这可能与生长季开始植被没有产生明显影响有关。

表 6-3　土壤中主要元素浓度的季节变化特征

	土层	5 月(n=88)		7 月(n=153)		9 月(n=153)		12 月(n=51)		总计(n=445)	
		范围	均值	范围	均值	范围	均值	范围	均值	范围	均值
Al/(mg·g^{-1})	O	10.5～60.9	38.3^{a}	9.85～58.6	28.3^{b}	8.39～59.5	22.7^{b}	11.3～56.4	28.5^{ab}	8.39～60.9	28.5
	A	15.9～83.0	52.3^{a}	18.1～66.6	49.0^{a}	13.9～66.2	44.4^{a}	23.7～60.6	43.0^{a}	13.9～83.0	47.3
	B	31.5～79.2	67.6^{a}	55.7～72.8	65.8^{a}	33.0～75.9	62.9^{a}	52.2～69.3	62.4^{a}	31.5～79.2	64.8
	C	40.9～82.6	71.4^{a}	56.0～79.8	68.8^{a}	38.3～82.6	69.3^{a}	65.2～76.2	70.4^{a}	38.3～82.6	69.6
Ca/(mg·g^{-1})	O	11.4～33.3	22.9^{a}	5.49～42.7	20.0^{a}	6.39～45.0	18.0^{a}	8.86～36.2	19.4^{a}	5.49～45.0	19.9
	A	9.03～42.3	23.5^{a}	8.24～44.9	24.3^{a}	4.62～46.2	25.4^{a}	11.8～31.3	20.5^{a}	4.62～46.2	23.1
	B	8.16～49.7	30.5^{a}	10.9～44.1	29.3^{a}	8.97～44.0	26.3^{a}	13.3～43.5	22.7^{a}	8.16～49.7	27.8
	C	11.4～53.2	31.7^{a}	8.92～45.7	30.4^{a}	7.33～103	31.4^{a}	13.3～46.1	31.0^{a}	7.33～103	31.0
Fe/(mg·g^{-1})	O	5.74～47.6	23.2^{a}	6.39～45.1	17.6^{b}	5.28～45.7	13.8^{b}	6.90～27.4	15.0^{b}	5.28～47.6	17.2
	A	9.12～54.3	31.4^{a}	9.88～47.2	27.5^{a}	7.98～52.0	25.4^{ab}	13.4～34.3	20.3^{b}	7.98～54.3	26.6
	B	13.0～88.0	40.4^{a}	13.4～51.1	39.2^{ab}	12.7～61.7	36.5^{ab}	17.0～39.5	30.3^{b}	12.7～88.0	37.7
	C	19.1～77.8	42.4^{a}	25.2～60.5	41.8^{a}	16.1～83.3	40.7^{a}	28.2～56.4	39.2^{a}	16.1～83.3	41.2
Mn/(mg·kg^{-1})	O	347～1760	775^{a}	86.7～1450	558^{b}	85.2～1640	521^{b}	145～854	450^{b}	85.2～1760	576
	A	102～1690	658^{a}	102～1060	565^{ab}	77.8～1410	509^{ab}	195～630	395^{b}	77.8～1690	543
	B	112～1660	717^{a}	217～1130	702^{a}	169～1490	583^{ab}	237～613	478^{b}	112～1660	641
	C	343～1410	757^{a}	301～1130	734^{a}	255～1310	656^{a}	495～947	702^{a}	255～1410	707
Sr/(mg·kg^{-1})	O	55.2～481	232^{a}	70.6～404	170^{b}	46.7～451	129^{b}	49.9～394	172^{ab}	46.7～481	170
	A	72.5～644	287^{a}	104～505	287^{a}	75.8～604	263^{a}	104～371	212^{a}	72.5～644	270
	B	93.2～676	425^{a}	100～637	394^{a}	123～743	387^{ab}	124～454	249^{b}	93.2～743	385
	C	108～764	440^{a}	106～644	402^{a}	93.2～751	440^{a}	106～585	347^{a}	93.2～764	415
Ti/(mg·kg^{-1})	O	667～6540	2930^{a}	698～5910	2160^{b}	560～5840	1760^{b}	843～3660	1950^{b}	560～6540	2160
	A	867～7370	3910^{a}	1330～6910	3800^{a}	1210～7260	3370^{a}	1640～4970	3210^{a}	869～7370	3600
	B	3260～14200	5290^{a}	3570～7380	5480^{a}	2470～8370	4820^{a}	3050～6870	4850^{a}	2470～14200	5130
	C	3030～12000	5530^{a}	3900～7650	5280^{a}	3100～13700	5180^{a}	3140～6650	4720^{a}	3030～13700	5220
V/(mg·kg^{-1})	O	17.3～132	69.0^{a}	18.5～167	54.2^{ab}	13.8～165	41.6^{b}	19.1～88.9	45.5^{ab}	13.8～167	52.1
	A	18.7～146	92.1^{a}	28.8～173	90.8^{a}	23.3～174	78.2^{a}	38.9～108	73.3^{a}	18.7～174	84.6
	B	60.8～203	120^{ab}	75.3～195	132^{a}	51.4～181	113^{b}	85.7～132	107^{b}	51.4～203	120
	C	73.3～196	126^{a}	81.7～198	130^{a}	66.8～219	118^{ab}	82.2～116	103^{b}	66.8～219	122

注：同样的小写字母代表不同土壤层中元素浓度没有显著性差异(单因素方差分析，Fisher Test，$p < 0.05$)。

6.2.3 贡嘎山土壤和植物中微量金属的地球化学特征

1. Cd、Cu、Pb、Zn 的地球化学特征

1) Cd

Cd 的原子量为 112，原子密度为 8.64 $g·cm^{-3}$，价态为+2 价。Cd 在自然界中主要来自母岩风化，地壳中 Cd 的丰度为 0.2 $mg·kg^{-1}$。但是，也有研究显示，Cd 在全球地壳中的含量为 0.01～2.00 $mg·kg^{-1}$，中值为 0.35 $mg·kg^{-1}$(柳絮等，2008)，Cd 的全球平均浓度为 0.102 $mg·kg^{-1}$(Wedepohl，1995)。母岩矿物决定了土壤中 Cd 的浓度水平，从沉积岩发育而来的土壤含 Cd 量最高，其次为变质岩，最后为火成岩(Lepp，1981)。在我国土壤中，Cd 的背景值分布为西部地区>中部地区>东部地区，北方地区>南方地区，中值为 0.076 $mg·kg^{-1}$，与美国、日本、英国土壤含量大体相当(魏复盛等，1991)，较世界土壤中的浓度水平低。Lu 等(1992)研究显示，在中国 41 个不同类型土壤中，Cd 的浓度变化范围为 0.01～2.00 $mg·kg^{-1}$，平均浓度为 0.35 $mg·kg^{-1}$。Cd 是典型的亲铜元素，在表生过程中，Cd 的地球化学性质与 Zn 类似，但是 Cd 更加稳定，不易发生迁移。Cd 在自然界含量很低，没有已知的生物作用(Yao and Zhang，1999)，当植物从土壤中吸收过量的 Cd 之后，可能对植物产生伤害，如对根与种子萌发的毒害作用、抑制 Cu、Zn、Mn 等元素的吸收、扰乱水平衡、改变植物叶片气孔导度等(Gill et al.，2012；Sun et al.，2011；Liu et al.，2005)。Cd 在高山生态系统中的富集会对下游水体、人类健康和粮食安全产生潜在威胁。

在未受污染的自然土壤中，微量金属形态分布的一般特征是：可交换态(包括溶解态)所占比例甚低，多为 10^{-9} 数量级，残渣态所占比例较高。土壤中 Cd 的形态特征受到土壤理化性质(土壤 pH、有机物、碳酸盐、铁锰氧化物等)和生物作用(植物和微生物)的制约，然而，在有外源金属输入时，元素的形态分布会发生明显变化(许嘉琳和杨居荣，1995)。例如，甘肃白银灰钙土区，在受地表径流或灌溉水影响而使土壤遭受污染的农田中，随污染程度加剧，Cd 的残渣态在总量中所占比例减小，而非残渣态(可交换态、碳酸盐结合态、铁锰氧化物结合态、有机质-硫化物结合态之和)的比例则随着总量增加呈上升趋势(许嘉琳和陈若，1989)。

Cd 在人们的日常生活中随处可见。最重要的是，由于熔点较低，Cd 成为重要的合金原料，0.008 mm 的厚度即可保护钢铁免受腐蚀。而且，长期的施肥会造成土壤中 Cd 的大量富集。除此之外，Cd 还被广泛地用于摄影、印刷、雕刻、杀菌剂等。近年来，人类活动已经造成了环境中 Cd 含量的升高(易海涛，2011；柳絮等，2008)。Cd 的形态包括元素态 Cd 及 Cd 的硫化物、氧化物和氢氧化物，以及与其他金属混合的氧化物。研究表明，颗粒态的 Cd 溶解性较强，比颗粒态的 Pb 易溶，二者的溶解度均随粒径减小而增加(许嘉琳和杨居荣，1995)。大气中的 Cd 主要吸附于细颗粒中进行迁移(Nriagu，1980)。进入生态系统的 Cd 可以随着土壤侵蚀或淋溶作用而迁移出生态系统。由于人类活动持续排放各种污染物，自然生态系统可能遭受长期的大气微量金属输入，从而成为微量金属的“汇”。英国洛桑实验站研究了 19 世纪中期到 20 世纪末土壤中 Cd 的浓度变化，发现百年来土壤

中微量金属含量呈持续增长趋势，到 20 世纪末约增长了 60%。

2) Cu

Cu 的原子量为 64，原子密度为 8.92 $g\cdot cm^{-3}$，熔点为 1083℃。Cu 在自然界具有 3 个价态：Cu^0、Cu^+和 Cu^{2+}。Cu 具有较强的亲硫性，在自然界中，Cu 主要存在于独立的矿物中或者以类质同象的形式存在于硫化物中，如辉铜矿(Cu_2S)、铜蓝(CuS)、黄铜矿($CuFeS_2$)、斑铜矿(Cu_5FeS_4)等。Cu 的地壳丰度为 24～55 $mg\cdot kg^{-1}$(Cox，1979)。在全球土壤中，Cu 的浓度变化范围较广，一般为 2～250 $mg\cdot kg^{-1}$，平均值为 30 $mg\cdot kg^{-1}$，母岩类型决定了 Cu 的背景水平。我国土壤中 Cu 的浓度平均值为 20 $mg\cdot kg^{-1}$ ($n = 3938$) (Wu et al., 1991)，与加拿大(22 $mg\cdot kg^{-1}$)和美国(25 $mg\cdot kg^{-1}$)土壤中 Cu 的浓度水平相近。

Cu 是生物必需的微量营养元素，在生物生理上具有重要作用，动植物的色素和酶中都含有 Cu。Cu 的亏损会导致植物产生萎黄、细胞坏死、叶片变形、顶梢枯死等症状，但生物体中过量的 Cu 会产生毒害作用。土壤中 Cu 的迁移性和生物可利用性与其形态密切相关，可交换态的 Cu 容易被植物吸收，而铁锰氧化物和氢氧化物结合态以及有机物结合态的 Cu 具有潜在的生物可利用性，残渣态的 Cu 不具有生态危害。目前，针对 Cu 的形态提取有多种方法(包括连续提取法和单步提取法)，而不同方法的有效性取决于土壤质地。一般地，在酸性和偏中性的土壤中，采用 EDTA 和 NH_4OAc 溶液进行提取；在中性和钙质土壤中，采用 DPTA 和 $CaCl_2$ 溶液进行提取；在受到污染的土壤中，一般采用 EDTA 和 NH_4OH 溶液进行提取。影响土壤中 Cu 的迁移性和生物可利用性的因素包括土壤 pH、有机物、铁锰氧化物、土壤类型和质地、与其他营养元素的相互作用以及生物因素。

生活中，Cu 是常用的金属，包括电线和合金材料、化肥、杀菌剂、灭藻剂以及饲料添加剂。自 20 世纪末期，全球铜矿的开采明显增加，而 Cu 的消耗也呈现了逐渐增加的趋势，随之而来的是对全球环境的污染。目前，农业面源污染是 Cu 污染最重要的来源，包括大量化肥和农药的使用。此外，动物粪便的排放、城市污水和工业排放也增加了环境中 Cu 的负荷。在高山生态系统中，除了具有铜矿开采外，还鲜有关于大气沉降造成 Cu 显著污染的报道。

3) Pb

Pb 的原子量为 207，原子密度为 11.3 $g\cdot cm^{-3}$，熔点为 327.3℃。自然界中 Pb 有 4 个稳定同位素：^{204}Pb、^{206}Pb、^{207}Pb 和 ^{208}Pb，其丰度分别为 1.7%、23.7%、52.5%和 22.6%。^{206}Pb、^{207}Pb 和 ^{208}Pb 分别是 ^{238}U、^{235}U 和 ^{232}Th 的衰变产物，其丰度随时间逐渐增加。自然界中，Pb 大都以+2 价的形式存在，而在强的氧化环境中，Pb 也会以+4 价出现(如 PbO_2)。Pb 的独立矿物已知的有 200 多种，主要是以硫化物的形式存在，此外还有硫酸盐、磷酸盐等，而主要的工业矿物包括方铅矿和硫锑铅矿等。在钾长石中 Pb 的含量较高，云母中也含有 Pb。此外，一些含钙的矿物(如单斜辉石、磷灰石)中均含有 Pb。

在原子数大于 60 的微量金属中，Pb 是地壳中丰度最高的元素。地壳中 Pb 的丰度一般在 13～16$mg\cdot kg^{-1}$，Heinrichs 和 Mayer(1980)给出了更加准确的 Pb 的地壳丰度 13～15 $mg\cdot kg^{-1}$。在土壤中，Pb 的背景水平在不同国家存在一定差异，其平均浓度为 18(加拿大)～27(中国)$mg\cdot kg^{-1}$(Wu et al., 1991)。但是，通常情况下，土壤类型决定了 Pb 的背景水平，例如，Pb 的最高值存在于粗骨土中(均值为 30 $mg\cdot kg^{-1}$)，而最低值出现在软土中(均值为 18 mg·kg^{-1})。Pb 在土壤剖面中的分布通常呈现出随深度增加显著下降的趋势，成土过程、气候因素、地形以及生物(包括植物和微生物)影响了 Pb 的土壤剖面分布；此外，人类活动产生的 Pb 也是影响土壤中 Pb 分布模式的重要因素。

Pb 是有毒元素，没有研究发现 Pb 的生物功能作用，过量的 Pb 能导致生物出现病状，严重时可能引起生物死亡。人体遭受 Pb 的胁迫主要来自两个途径：食物链和直接接触空气、水体或者土壤。除了植物叶片能从大气中吸收或者吸附一部分 Pb 以外，植物通常从土壤中摄取 Pb，如果植物生长需要 Pb，其理想浓度为 2～6 μg·kg^{-1}(Broyer et al.，1972)。在所有常见的微量金属元素中，土壤中 Pb 的迁移能力最低，从而总 Pb 的浓度不是一个指示 Pb 生物可利用性的理想指标。目前，针对 Pb 的生物可利用性研究，采用较多的是化学提取 Pb 的形态，一般采用的试剂包括 HNO_3、HCl、$CaCl_2$、NH_4OAc、有机酸等。试剂的选择由土壤的类型、植物种类以及其他因素决定。此外，连续提取法能够反映 Pb 在土壤中迁移转化潜力，可交换态的 Pb 往往被认为是生物可直接利用的形态，而铁锰氧化物/氢氧化物结合态和有机物结合态是具有潜在迁移能力的形态，残渣态的 Pb 不具有潜在迁移能力和生物可利用性。土壤中 Pb 的迁移转化受到诸多因素的影响，如土壤理化属性(包括土壤粒径组成、pH、有机物、氧化还原条件、金属氧化物等)、生物(植物和微生物)作用以及人类活动的影响。

Pb 具有较长的使用历史，距今 4000～5000 年前就有记录 Pb 的冶炼活动。Pb 最重要的用途是制造充电电池，其占全球 Pb 使用量的 65%；其他 Pb 的使用还包括生产染料、卷和挤塑产品、电缆包装、合金、杀虫剂、汽油添加剂等。目前，人类活动已经造成大量的 Pb 进入大气圈，从而随着大气环流进行传输，人类活动产生的 Pb 在全球均有分布，甚至是人类罕至的南极、北极和珠穆朗玛峰地区。人类活动产生的 Pb 的来源主要包括工业排放、矿产开采及冶炼、化石燃料燃烧、汽车尾气等。近几十年来，人类活动产生的 Pb 主要来自化石燃料的燃烧和矿石开采及冶炼。我国西南地区社会和经济发展相对落后，大部分地区还没有条件改善能源利用效率，所以在石燃料仍然是主要的能源利用方式；此外，我国西南地区分布着大量的铅锌矿，这些矿山的开采以及矿物的就近冶炼活动势必造成西南地区 Pb 的污染，甚至是西南遥远的高山区域。

4) Zn

Zn 的原子量为 65，原子密度为 7.14 g·cm^{-3}，熔点达 907℃。自然界中 Zn 有 5 种稳定同位素，其丰度分别为 ^{64}Zn(48.9%)、^{66}Zn(27.8%)、^{67}Zn(4.11%)、^{68}Zn(18.6%)和 ^{70}Zn(0.62%)。Zn 主要以+2 价的形式存在，有强烈的亲硫性，自然界中主要形成硫化物矿床；同时，Zn 也表现出一定的亲氧性。因此，自然界中 Zn 的独立矿物大多以硫化物和氧化物的形式存在，如闪锌矿(ZnS)、菱锌矿($ZnCO_3$)、硅锌矿($ZnSiO_4$)等。

地壳中 Zn 的丰度为 70 mg·kg^{-1}，但是在不同的岩石中其丰度存在一定的差异，一般地，其丰度表现出页岩>火成岩>砂岩>石灰岩。世界土壤中，Zn 的平均浓度为 60～89 mg·kg^{-1}，根据土壤质地和土壤类型而异。中国土壤中，Zn 的平均浓度为 74 mg·kg^{-1} ($n = 3939$)(Wu et al.，1991)，地理上，中国南方土壤中 Zn 的浓度要高于北方土壤中的浓度水平，而且酸性土壤中 Zn 的浓度较高。在森林生态系统中，尤其是高山森林生态系统中，Zn 可能会受到大气沉降的影响，土壤中 Zn 的浓度水平可能会存在一定的差异。土壤剖面中，Zn 的分布一般呈现随深度增加而下降的趋势，但是也存在不确定性，主要影响因素包括植物吸收、侵蚀、淋滤以及人类活动。

Zn 是生物圈主要的微量营养元素之一，缺 Zn 会影响生物发育、新陈代谢以及酶的分泌等。在陆地生态系统中，Zn 的亏损在世界范围内都是普遍存在的，尤其是在热带和温带的气候条件下更为明显，而且酸性土壤中 Zn 的亏损更为严重。在中国，土壤缺 Zn 的面积多达 20%以上(鲍碧娟，1998)，Zn 的亏损通常出现在黄土高原和北方平原的钙质土壤中，Zn 的添加能够增加粮食和蔬菜的产量。由于不同植物对 Zn 的需求差异，建立 Zn 的亏损阈值是比较困难的，但是一般认为植物组织中 Zn 的含量低于 20mg·kg^{-1}(干重)可能存在 Zn 的亏损风险。另外，过量的 Zn 也会对生物产生毒害作用，如生长受阻、产量降低、光合作用受抑制等。植物 Zn 的亏损或者富集与土壤中 Zn 的生物可利用性密切相关。水溶态和可交换态的 Zn 最容易被植物吸收利用，而 Fe/Mn 氧化物或者氢氧化物结合态和有机物/硫化物结合态的 Zn 具有潜在可利用性，残渣态的 Zn 是没有植物可利用性的。土壤中 Zn 的迁移性和生物可利用性受到土壤质地、矿物组成、土壤有机物、pH、金属氧化物以及人类活动的影响。

在日常生活中，Zn 是利用率较高的金属之一。世界上大约 50%的 Zn 用于镀锌工业，其他 Zn 的用途还包括用于汽车制造、机械制造、生产电池、含锌化肥等。Zn 的需求造成含锌矿产的大量开发，例如，我国西南地区具有储量在全国首位的大量铅锌矿，以及云南省的金顶矿山、四川的会东和会理铅锌矿等一大批大中小型的矿山。Zn 的广泛使用和矿山开采势必会导致大量人为产生的 Zn 进入大气中，不仅对大气环境造成污染，而且结合于气溶胶中的 Zn 可能会随着大气环流发生远距离的大气传输，最终在大气冷凝作用下在极地及高山地区发生沉降，对极地和高山生态系统造成影响。

2. 贡嘎山东坡 Cd、Cu、Pb、Zn 的海拔分布特征

1) 土壤中 Cd、Cu、Pb、Zn 的分布特征

总体上，贡嘎山东坡 Cd 的浓度在土壤 O 层和 A 层中明显高于 B 层和 C 层，而土壤 O 层中的浓度又明显高于 A 层中的浓度，呈现了随土壤深度的增加而显著下降的趋势(图 6-2)。在土壤 O 层中，Cd 的浓度为 0.24～5.74 mg·kg^{-1}，平均值为 2.41 mg·kg^{-1}；在土壤 A 层中其浓度为 0.059～3.20 mg·kg^{-1}，平均值为 0.824 mg·kg^{-1}；在土壤 B 层中，Cd 的浓度为 0.061～0.881 mg·kg^{-1}，平均值为 0.190 mg·kg^{-1}；在土壤 C 层中，Cd 的浓度在 0.050～0.535 mg·kg^{-1} 变化，平均值为 0.163mg·kg^{-1}。在同一层土壤中，Cd 的浓度不存在季节差异。在贡嘎山东坡，土壤母岩矿物主要为冰川冰碛物和坡积物。在 7 个检测的冰川冰碛物样品中 Cd 的浓度为 0.22～0.26 mg·kg^{-1}，平均浓度为 0.25mg·kg^{-1}，该浓度稍微高于土壤 B 层和 C 层中的平均水平(Wu et al.，2011)。在不同植被带的土壤中，Cd 的浓度存在不同的时空分布特征(图 6-2)。在土壤 O 层中，Cd 的浓度呈现了随海拔增加而下降的趋势，最高浓度出现在阔叶林带；在土壤 A 层中，Cd 的最高浓度同样出现在阔叶林带。在土壤 B 层和 C 层中，Cd 的浓度没有表现出明显的带谱差异。

根据 Cd 浓度的剖面变化特征以及与冰碛物中 Cd 的浓度对比可以发现，土壤底层样品中 Cd 的浓度能够更好地体现当地 Cd 的背景水平。根据土壤 C 层中 Cd 的浓度作为背

景值计算了土壤O层、A层和B层中Cd的富集水平(图6-2)。在有机物富集的土壤O层中，Cd的EF远大于1.0，Cd的EF值最高达到281，平均值为56.4。在土壤A层中，Cd也呈现出明显的富集(EF > 1.0)，但是在土壤B层中，Cd的富集特征不是很明显，EF值大约为1.0。季节上，在土壤O层中9月份Cd的富集程度要高于其他月份，而在土壤A层中，7月份Cd的富集明显较低。在土壤B层中Cd的富集特征没有出现季节差异。空间上，较高Cd的富集出现在针阔混交林的土壤O层和B层中以及阔叶林和针阔混交林的土壤A层中(主要在5月份)。

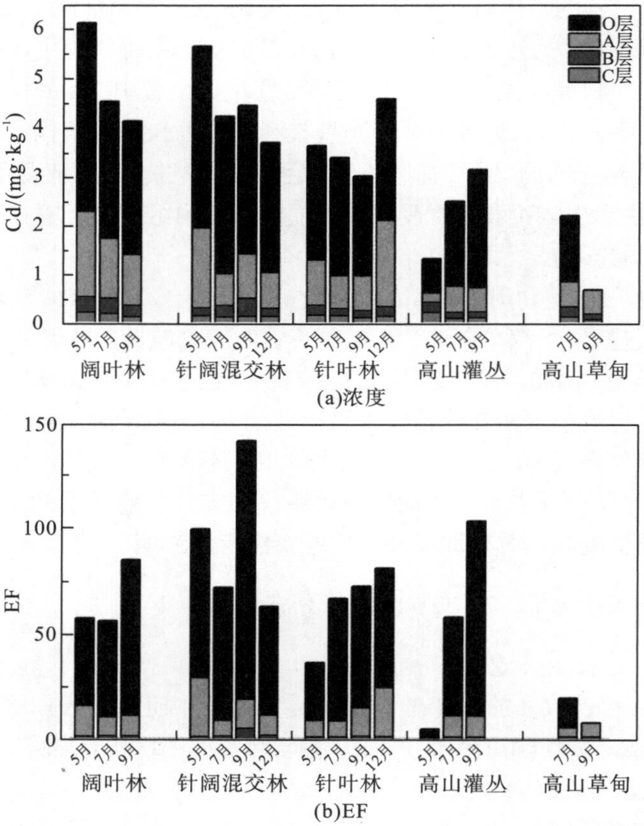

图6-2 贡嘎山东坡土壤中Cd的浓度和EF的时空分布特征

鉴于海螺沟冰川冰碛物已经暴露于大气，与背景浓度相比，Cd在土壤O层和A层中的浓度明显较高，尤其在海拔2300～3600 m处，Cd的浓度达到最高水平。此外，结合表层土壤中较高的Cd的EF(图6-2)，贡嘎山东坡土壤中Cd的累积很可能受到外源输入的影响。

贡嘎山东坡土壤中Cu的浓度分布特征如图6-3所示。总体上，Cu在土壤O层和C层中的浓度高于土壤A层和B层中的水平，反映了在土壤发育和植物影响下矿物土壤中Cu呈现出亏损现象。具体地，在土壤O层中，Cu的浓度为7.7～40.0 mg·kg^{-1}，平均值为14.5 mg·kg^{-1}；在土壤A层中，其浓度为5.1～43.6mg·kg^{-1}，平均值为13.2 mg·kg^{-1}；在土壤 B 层中，Cu 的浓度为 2.2～55.7 $mg \cdot kg^{-1}$，平均值为 13.8 $mg \cdot kg^{-1}$；在土壤 C 层中，Cu 的浓度为 2.2～76.2$mg \cdot kg^{-1}$，平均值为 16.0 $mg \cdot kg^{-1}$。季节上，Cu 在土壤 O 层、A 层和 B 层中没有显示出明显差异，而在土壤 C 层中，Cu 在 9 月份呈现出相对低的浓度。在土壤 O 层和 A 层中，Cu 的浓度随海拔增加呈现了下降的趋势，但是在土壤 B 层和 C 层中，较高的 Cu 的浓度出现在阔叶林带。

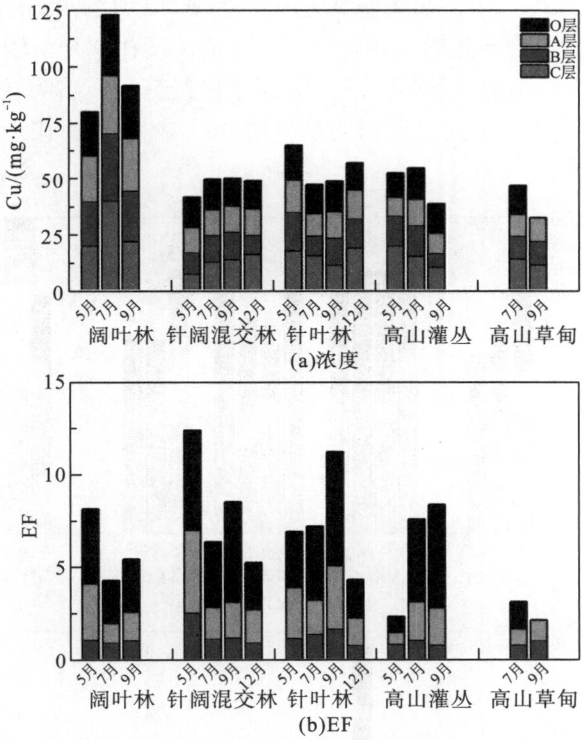

图 6-3　贡嘎山东坡土壤中 Cu 的浓度和 EF 的时空分布特征

通过对比发现，尽管贡嘎山东坡土壤 C 层中 Cu 的浓度存在一定的变化，但是 Cu 的浓度与全球地壳中的水平处于相近似的范围内。此外，郑远昌等(1993)报道了贡嘎山土壤 Cu 的背景水平，但是其结果没有考虑土壤分层，从而得到了高于本研究中所得出的 Cu 的背景值。同时，余大富(1984)所建立的贡嘎山土壤中 Cu 的水平与我们的研究相似。因此，研究中我们采用当地母质层(C 层)中 Cu 的浓度作为其背景值，获得了 Cu 的富集特征(图 6-3)。在土壤 O 层中，所有植被带 Cu 的 EF 均大于 1.0，而且除了 5 月份土壤中 Cu 的富集随海拔增加出现下降外，其他月份土壤中 Cu 的富集特征没有随海拔(或者植被带差异)出现明显变化。在土壤 A 层中，Cu 在所有植被带土壤中的 EF 仍然大于 1.0，而且 9 月份 Cu 在针叶林带的 EF 显著高于其他植被带的水平；除此以外，其他月份 Cu 的 EF 均随海拔增加而下降。在土壤 B 层中，Cu 的 EF 在 1.0 左右变化；而且，Cu 的 EF 在不同月份和不同植被带的土壤中均没有出现显著性差异。

总体上，贡嘎山东坡 Pb 的浓度在土壤 O 层和 A 层中明显高于土壤 B 层和 C 层中的水平，而土壤O层中的浓度又明显高于土壤A层，呈现了随土壤深度的增加而显著下降的趋势(图6-4)。在土壤O层中，Pb的浓度为18.6～125 mg·kg^{-1}，平均值为54.5 mg·kg^{-1}；在土壤A层中其浓度为7.3～78.4 mg·kg^{-1}，平均值为32.4 mg·kg^{-1}；在土壤B层中，Pb的浓度为10.9～61.2 mg·kg^{-1}，平均值为29.6mg·kg^{-1}；在土壤C层中，Pb的浓度为8.2～49.1 mg·kg^{-1}，平均值为26.0 mg·kg^{-1}。季节上，在土壤O层中7月份Pb的浓度要明显低于其他月份土壤中的浓度水平，在土壤A层中5月和12月份Pb的浓度高于7月和9月份土壤中的浓度水平，而在土壤B层和C层中Pb的浓度在9月份较低。在土壤O层中较高的Pb的浓度存在于针阔混交林带，在土壤A层中没有呈现出明显的带谱差异，在土壤B层中针阔混交林和高山草甸带呈现出明显高的Pb的浓度，而在土壤C层中Pb的浓度整体上随着海拔的增加而增加。

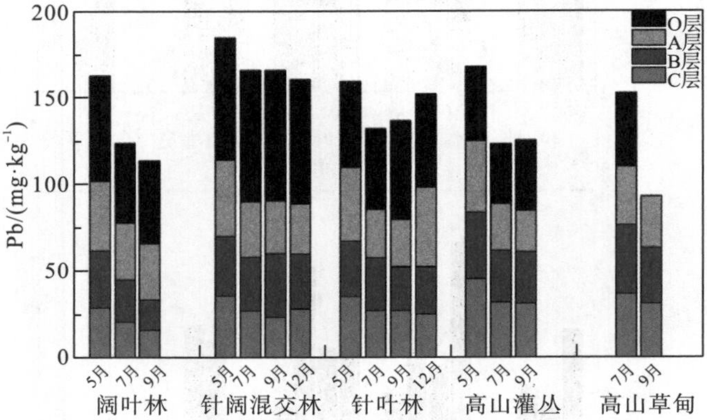

(a)浓度

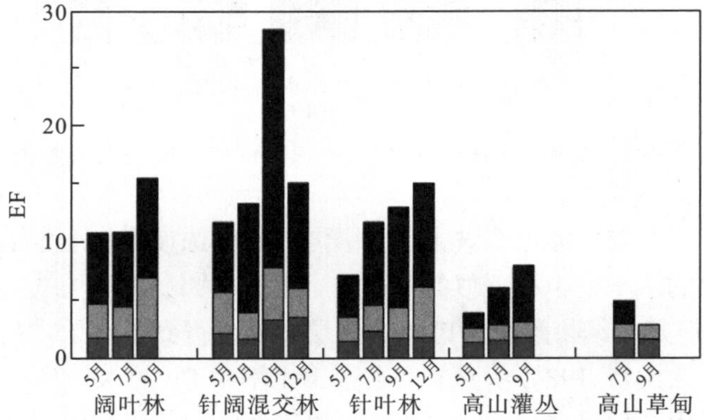

(b)EF

图6-4　贡嘎山东坡土壤中Pb的浓度和EF的时空分布特征

根据贡嘎山东坡土壤C层中Pb的浓度分布趋势可以发现，Pb的分布特征在不同海拔(或者植被带)存在一定差异。但是，通过与全球陆壳、全球土壤以及中国土壤中Pb的浓度对比，Pb在土壤C层中的浓度与其基本一致。同时，本节的研究与前人的研究也具有较好的一致性(郑远昌等，1993；余大富，1984)。因此，本节选择C层土壤中Pb的浓度为背景值计算了Pb在土壤O层、A层和B层中的富集状态(图6-4)。在土壤O层中，Pb

的 EF 在所有季节和所有带谱中均远大于 1.0，表现出明显的富集；而且在 9 月份土壤 Pb 的富集明显高于其他季节，反映了植物的解毒效应。空间上，土壤 O 层中 Pb 的较高富集出现在针阔混交林带。在土壤 A 层中，Pb 的 EF 依然大于 1.0，7 月份土壤中 Pb 的富集相对较低，可能与植物吸收作用有关；而在空间分布上，低海拔地区的森林中(阔叶林、针阔混交林和针叶林)Pb 的富集较高。在土壤 B 层中，Pb 的 EF 在 1.0 左右变化，而且在季节和空间上均未出现较为明显的差异。

贡嘎山东坡土壤中 Zn 的浓度分布特征如图 6-5 所示。总体上，Zn 在土壤 O 层中的浓度高于其他层土壤中的水平。具体地，在土壤 O 层中，Zn 的浓度为 31.5～238 $mg\cdot kg^{-1}$，平均值为 108 $mg\cdot kg^{-1}$；在土壤 A 层中，其浓度为 26.5～149 $mg\cdot kg^{-1}$，平均值为 67.9 $mg\cdot kg^{-1}$；在土壤 B 层中，Zn 的浓度为 24.0～113 $mg\cdot kg^{-1}$，平均值为 66.0 $mg\cdot kg^{-1}$；在土壤 C 层中，Zn 的浓度为 22.2～117 $mg\cdot kg^{-1}$，平均值为 71.1 $mg\cdot kg^{-1}$。季节上，在土壤 O 层中 Zn 没有明显的季节差异；在土壤 A 层中较高的 Zn 的浓度出现在 5 月份，在土壤 B 层中 9 月和 12 月份 Zn 的浓度较低；而在土壤 C 层中，较低的 Zn 的浓度出现在 9 月份。空间上，针阔混交林和针叶林带的土壤 O 层中 Zn 的浓度较低，而且在 7 月份表现得更加明显；在土壤 A 和 B 层中，较低的 Zn 浓度依然出现在针阔混交林和针叶林带；在土壤 C 层中，Zn 的浓度呈现了随海拔增加而逐渐增加的趋势。

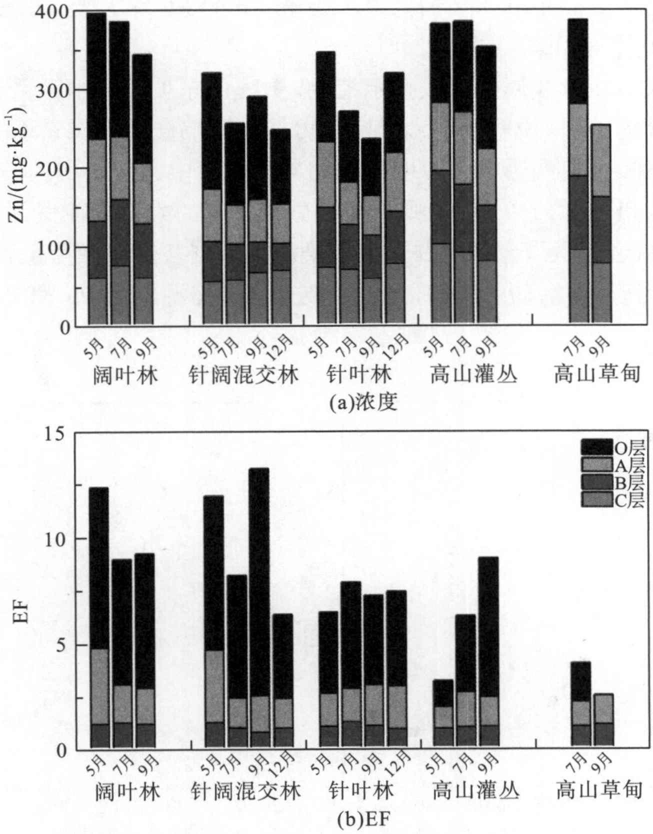

图 6-5　贡嘎山东坡土壤中 Zn 的浓度和 EF 的时空分布特征

尽管在土壤C层中Zn的浓度表现出一定的差异，但是其浓度变化范围较小，而且与全球陆壳以及中国土壤中 Zn 的浓度相比，基本处于同一范围内。与此同时，郑远昌等(1993)报道的贡嘎山东坡土壤C层中Zn的背景浓度要高于本书研究的背景水平，这种差异与他们的研究未考虑土壤分层有关，即他们的研究使用表层土壤建立Zn的背景值具有一定的不确定性，例如，表层土壤中Zn的累积可能受到外源输入的影响。但是，本书得到的Zn的背景值与余大富(1984)建立的背景值处于同一范围内。因此，本节采用土壤C层Zn的浓度作为其当地背景值计算了Zn的EF(图6-5)。结果发现，所有季节和植被带的土壤O层中Zn的EF远大于1.0，而且9月份Zn的EF要高于其他月份；空间上，随着海拔的增加，Zn的EF具有下降的趋势，较高的EF出现在针阔混交林带。在土壤A层中，Zn的EF依然大于1.0，但是季节上没有出现明显的差异；空间上，在5月份阔叶林和针阔混交林带的土壤中Zn的EF较高。在土壤B层中，Zn的EF在1.0左右波动，除了在针阔混交林带Zn的EF较低外，其他季节和植被带上Zn的EF均没有显著差异。

2) 苔藓中Cd、Cu、Pb、Zn的分布特征

贡嘎山东坡苔藓中Cd、Cu、Pb和Zn的平均浓度±标准误差分别为2.0±0.8mg·kg^{-1}、37.8±6.4mg·kg^{-1}、56.6±17.6mg·kg^{-1}和144±33.1 mg·kg^{-1}；在海拔梯度上，苔藓中Cd、Cu、Pb和Zn的浓度均随海拔升高而降低(图6-6)。苔藓中Cd、Cu、Pb和Zn的EF的计算结果显示，苔藓中Cu的EF均小于1.0，Pb和Zn的EF均大于1.0且小于10.0，而Cd的EF均大于10.0(图6-7)。

苔藓是大气来源微量金属的有效指示植物，贡嘎山东坡苔藓中微量金属的浓度均呈现随海拔升高而下降的趋势，说明当地人类活动可能是影响微量金属累积的主要因素。但是，人类活动对不同微量金属的影响具有明显的差异。苔藓中微量金属的EF小于1.0，说明微量金属主要来自自然源，大于1.0则说明该微量金属的累积可能受到人类活动的影响，而大于10.0则说明这种微量金属主要来自污染源。根据苔藓中微量金属的EF可以得出，苔藓中Cd明显受到人类活动的影响，Cu主要来自自然源，而Pb和Zn则一定程度上受到人类活动的影响。

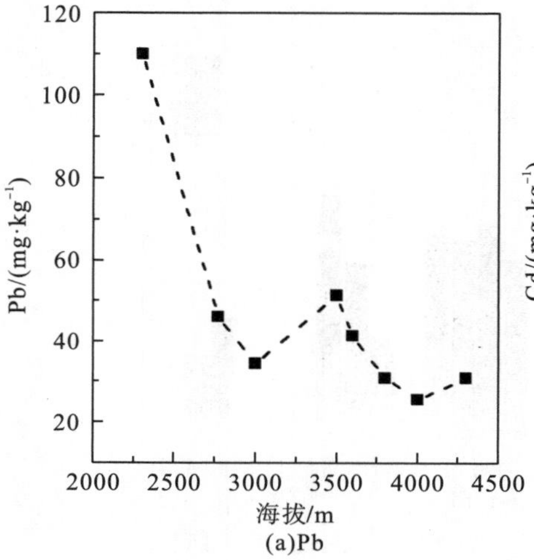

(a)Pb

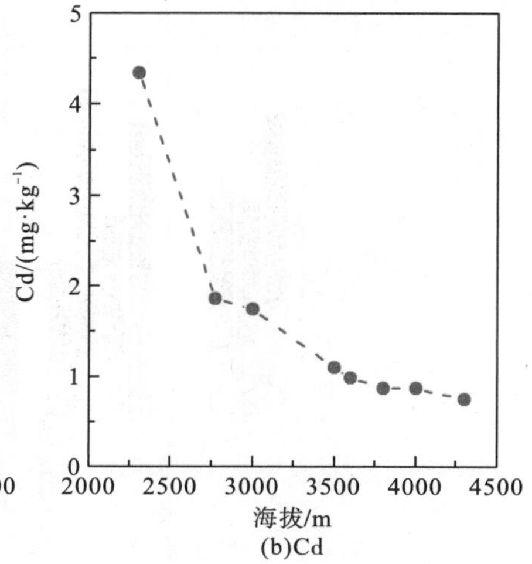

(b)Cd

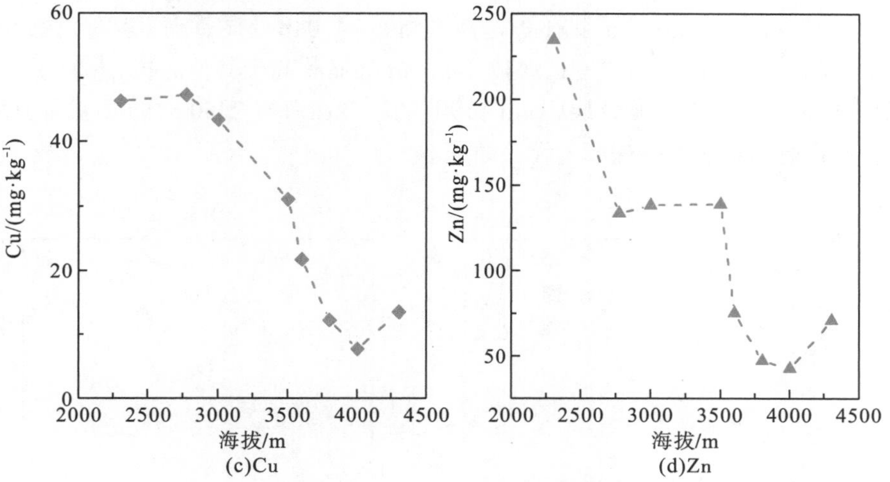

图 6-6　贡嘎山东坡苔藓中 Cd、Cu、Pb 和 Zn 的海拔分布特征

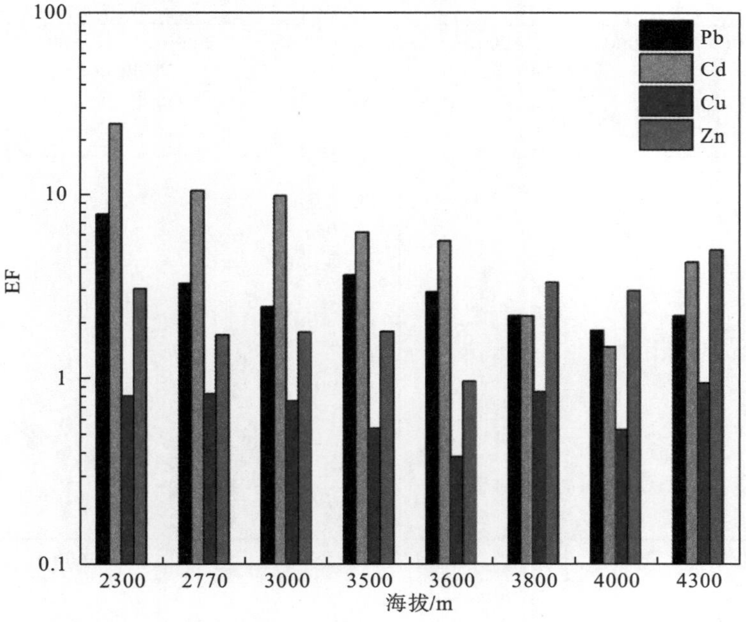

图 6-7　贡嘎山东坡不同海拔苔藓中 Cd、Cu、Pb 和 Zn 的 EF

3. 贡嘎山北坡的 Cd、Cu、Pb、Zn 分布特征

1) 土壤中 Cd、Cu、Pb、Zn 的浓度特征

贡嘎山北坡各层土壤中 Cd、Pb 和 Zn 的浓度总体呈现 O 层>A 层> C 层的趋势($p<0.05$)，Cu 的浓度呈现 C 层(20.1±6.2) $mg·kg^{-1}$>O 层(17.5±4.1) $mg·kg^{-1}$>A 层(17.0±6.6) $mg·kg^{-1}$的趋势(图 6-8)。在海拔梯度上，土壤 O 层中 Cd 和 Pb 的浓度在海拔 2450 m 和 2810 m 处

显著高于其他海拔($p<0.05$)，Cu和Zn的浓度在海拔2450 m处显著高于其他海拔($p<0.05$)；土壤A层中Cd、Cu和Zn的浓度在海拔2450 m处显著高于其他海拔($p<0.05$)，Pb的浓度没有显著的海拔差异；土壤C层中Cu和Zn的浓度在海拔2450 m处显著高于其他海拔($p < 0.05$)，其他元素在海拔梯度上无显著差异。

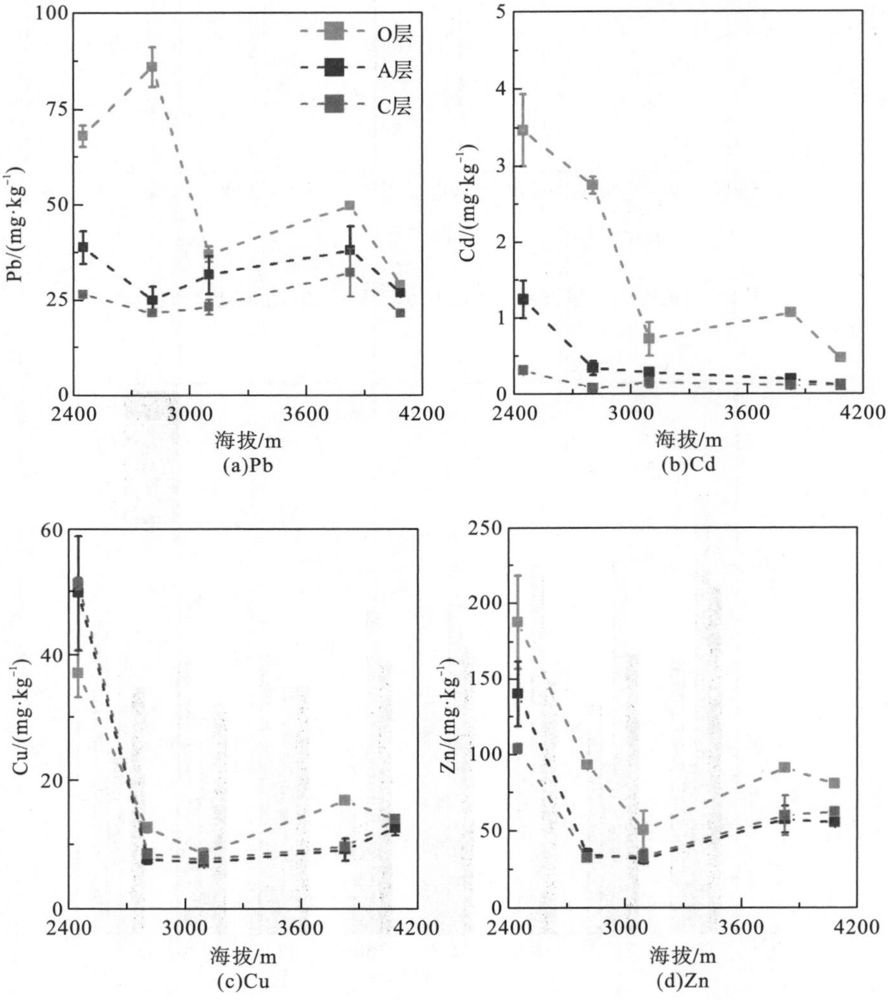

图 6-8 贡嘎山北坡土壤中 Cd、Cu、Pb 和 Zn 的海拔分布特征

在海拔梯度上，土壤O层中Cd、Cu、Pb和Zn的浓度与有机物标准化后在低海拔地区显著高于高海拔地区(图 6-9)。但是，Cd、Cu、Pb和Zn的EF的海拔分布模式呈现出与浓度和标准化浓度不同的趋势(图 6-9)，说明母质可能是导致这种差异的主要因素，海拔2810 m的土壤C层中可能存在微量金属的亏损。

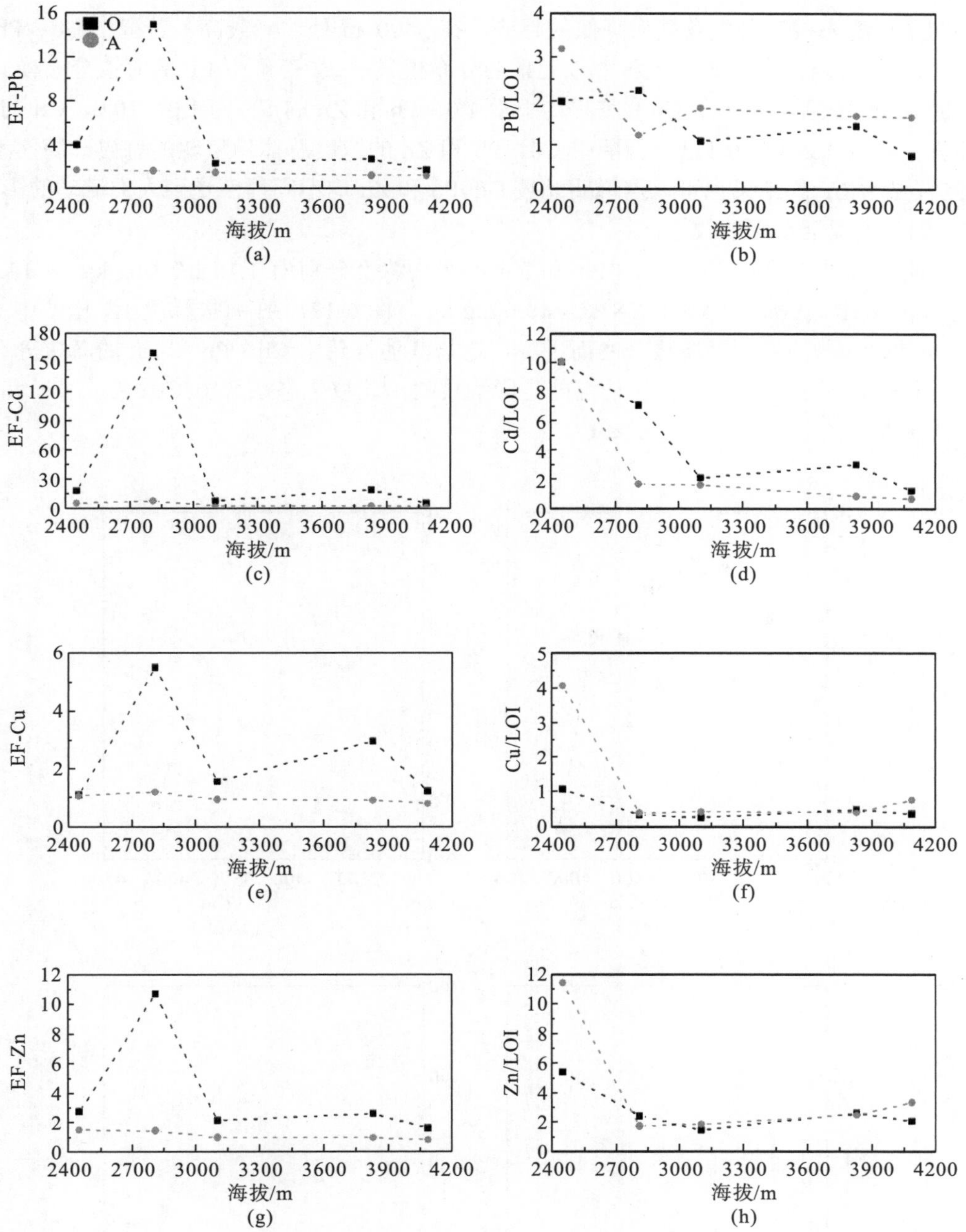

图 6-9　贡嘎山北坡土壤中 Cd、Cu、Pb 和 Zn 的 EF 和标准化浓度

2) 苔藓中 Cd、Cu、Pb、Zn 的分布特征

北坡苔藓中 Cd、Cu、Pb 和 Zn 的平均浓度分别为 1.3±0.3mg·kg^{-1}、10.5±1.7mg·kg^{-1}、27.5±3.0mg·kg^{-1} 和 83.3±17.2 mg·kg^{-1}(图 6-10)。在海拔梯度上，Cd 和 Zn 的浓度随海拔升高逐渐下降，苔藓中 Pb 的浓度呈现随海拔升高先降低、后升高、再降低的趋势，Cu 的

浓度则呈现随海拔升高先升高后降低的趋势，在 3400 m 处达到最高。苔藓中 Cd、Pb 和 Zn 的浓度的海拔分布模式与土壤中该元素的分布模式一致。苔藓中 EF 的海拔分布模式与浓度的分布模式基本一致，Cu 的 EF 均小于 1.0，Pb 和 Zn 的 EF 为 1.0～10.0，Cd 的 EF 最高甚至超过 10.0(图 6-11)。苔藓中 Cd、Pb 和 Zn 的浓度总体均呈现随海拔升高而下降的趋势，结合 EF 的结果也可以这说明北坡 Cd、Pb 和 Zn 均不同程度受到人类活动的影响，而 Cu 则受人类活动影响较小。

贡嘎山北坡松萝中 Cd、Cu、Pb 和 Zn 的平均浓度分别为 $1.15\pm0.3mg\cdot kg^{-1}$、$14.1\pm4.3mg\cdot kg^{-1}$、$18.1\pm6.8mg\cdot kg^{-1}$ 和 $81.2\pm19.6\ mg\cdot kg^{-1}$(图 6-12)。在海拔梯度上，松萝中 Cd、Cu、Pb 和 Zn 的浓度均随海拔升高而下降，这与其他苔藓中 Cd、Pb 和 Zn 的海拔分布特征基本相似，印证了当地人类活动可能是影响贡嘎山北坡生态系统中 Cd、Cu、Pb 和 Zn 累积的重要因素。

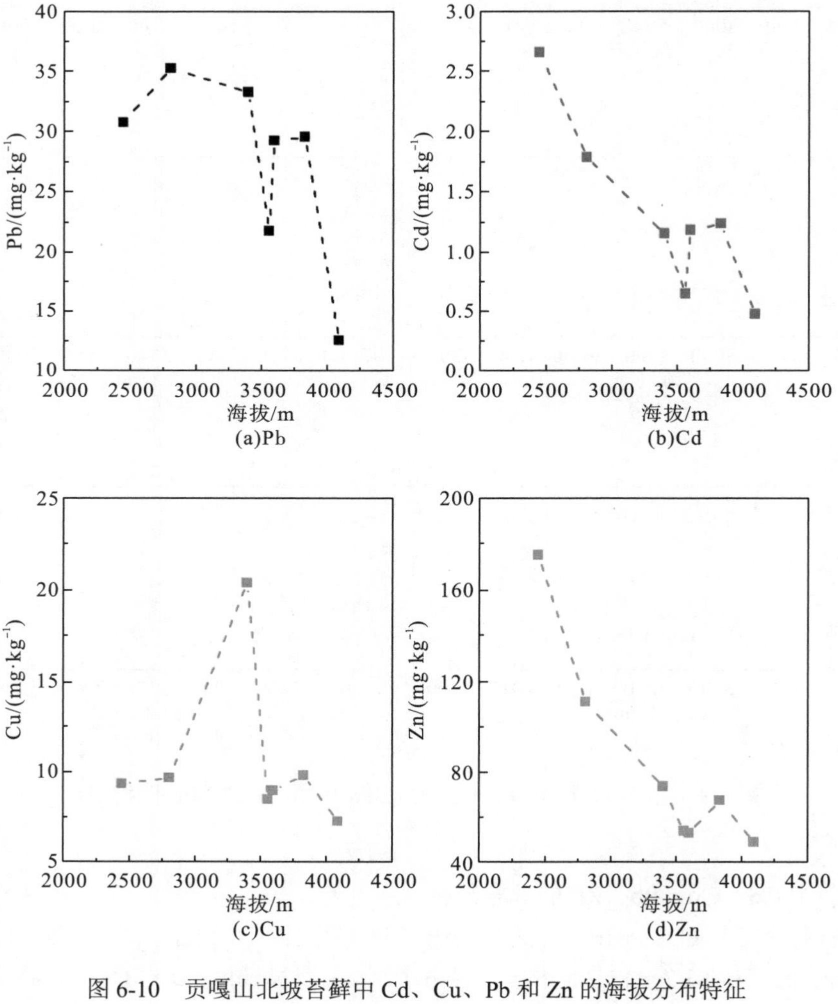

图 6-10 贡嘎山北坡苔藓中 Cd、Cu、Pb 和 Zn 的海拔分布特征

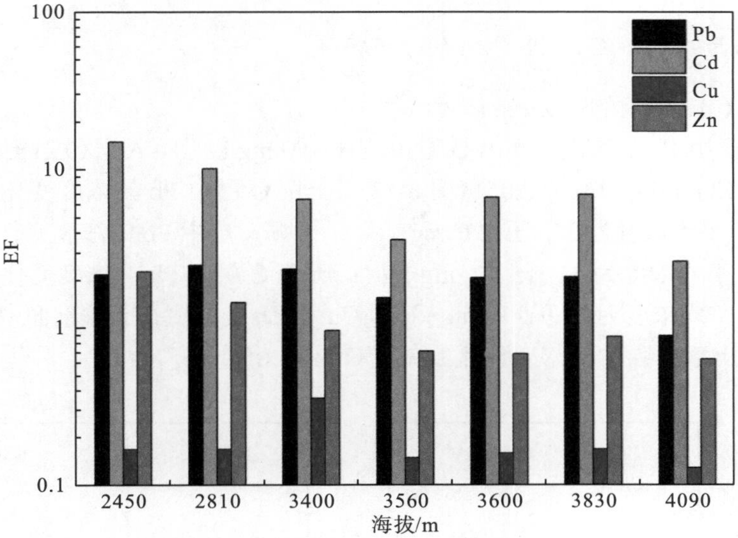

图 6-11　贡嘎山北坡苔藓中 Cd、Cu、Pb 和 Zn 的 EF

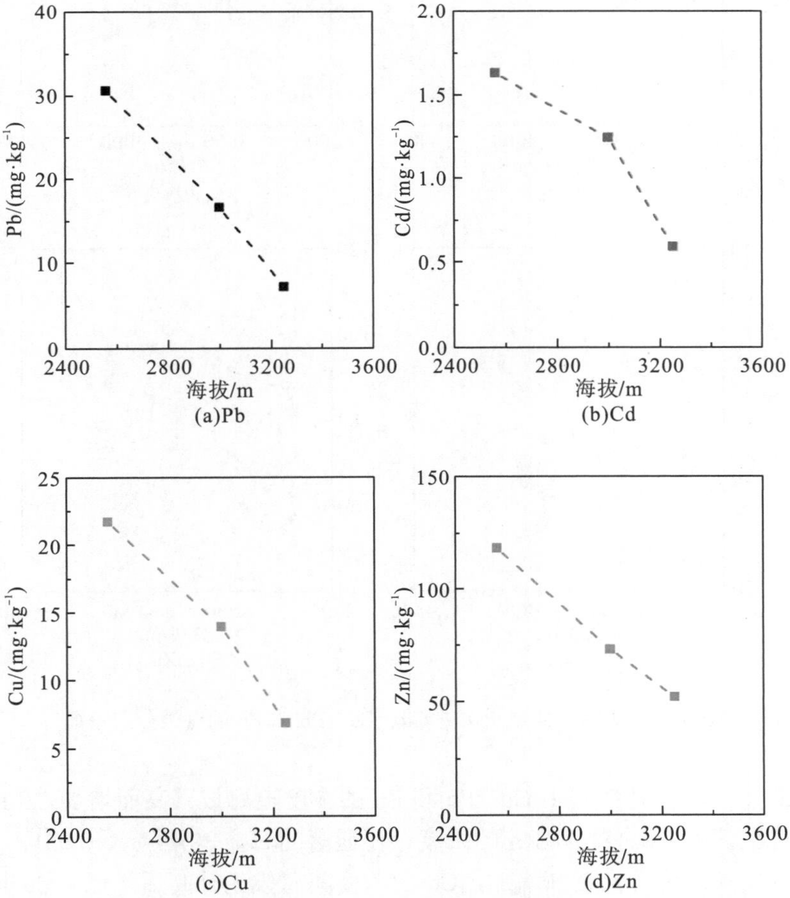

图 6-12　贡嘎山北坡松萝中 Cd、Cu、Pb 和 Zn 的海拔分布特征

4. 贡嘎山西坡 Cd、Cu、Pb、Zn 的分布特征

1) 土壤中 Cd、Cu、Pb、Zn 的浓度特征

在土壤剖面中 Cd 的浓度呈现出 O 层(0.36±0.03 mg·kg^{-1}) > A 层(0.21±0.03 mg·kg^{-1}) > C 层(0.23±0.02 mg·kg^{-1}) ($p < 0.05$)(图 6-13)。土壤 O 层中 Pb 的浓度变化范围为 18.3～33.5 mg·kg^{-1}，平均浓度为 26.3± 2.0 mg·kg^{-1}；土壤 A 层中 Pb 的浓度变化范围为 26.8～35.8mg·kg^{-1}，平均浓度为 31.1±1.7 mg·kg^{-1}；土壤 C 层中 Pb 的浓度变化范围为 25.8～39.7 mg·kg^{-1}，平均浓度为 31.9±1.5mg·kg^{-1}。Cu 和 Zn 的浓度在土壤剖面中的变化不存在显著性差异，土壤 C 层中的浓度整体上高于 O 层和 A 层。

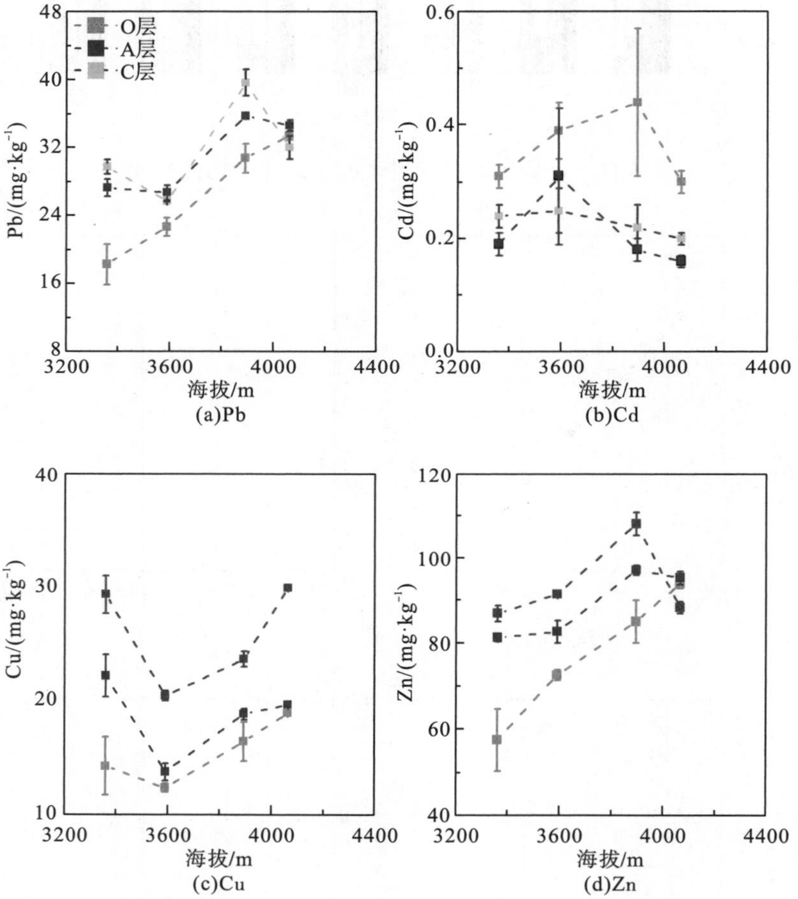

图 6-13 贡嘎山西坡土壤中 Cd、Cu、Pb 和 Zn 的海拔分布特征

在海拔梯度上，土壤 O 层中 Cu、Pb 和 Zn 的浓度随海拔升高而增加，Cd 的浓度则是先升高后降低，而且 Cd、Pb 和 Zn 的浓度存在显著的海拔差异($p < 0.05$)。土壤 A 层中 Pb 和 Zn 的浓度随海拔升高逐渐增加，Cd 的浓度随海拔先升高后降低，Cu 与 Cd 的海拔分布模式相反，除了 Cu 之外，其余元素均有显著的海拔差异($p < 0.05$)。土壤 C 层中 Pb

和 Zn 的浓度随海拔升高先增加后降低，Cu 的分布模式恰好相反，Cd 的浓度变化比较平稳，其中 Pb 和 Zn 的浓度存在显著的海拔差异($p < 0.05$)。

除了 Cd 以外，其余微量金属的浓度均在土壤 C 层达到最高值，并呈现 C 层> A 层> O 层的趋势，这说明西坡土壤中 Cu、Pb 和 Zn 可能主要来自母岩的风化。土壤 O 层中 Pb 和 Zn 的浓度随海拔升高呈线性增加，可能是因为土壤 C 层中 Pb 和 Zn 的浓度在高海拔地区显著高于低海拔地区，西坡土壤中 Cd、Cu、Pb 和 Zn 的 EF 均小于 10.0(图 6-14)，说明土壤 O 层中 Pb 和 Zn 可能主要来自母岩风化。

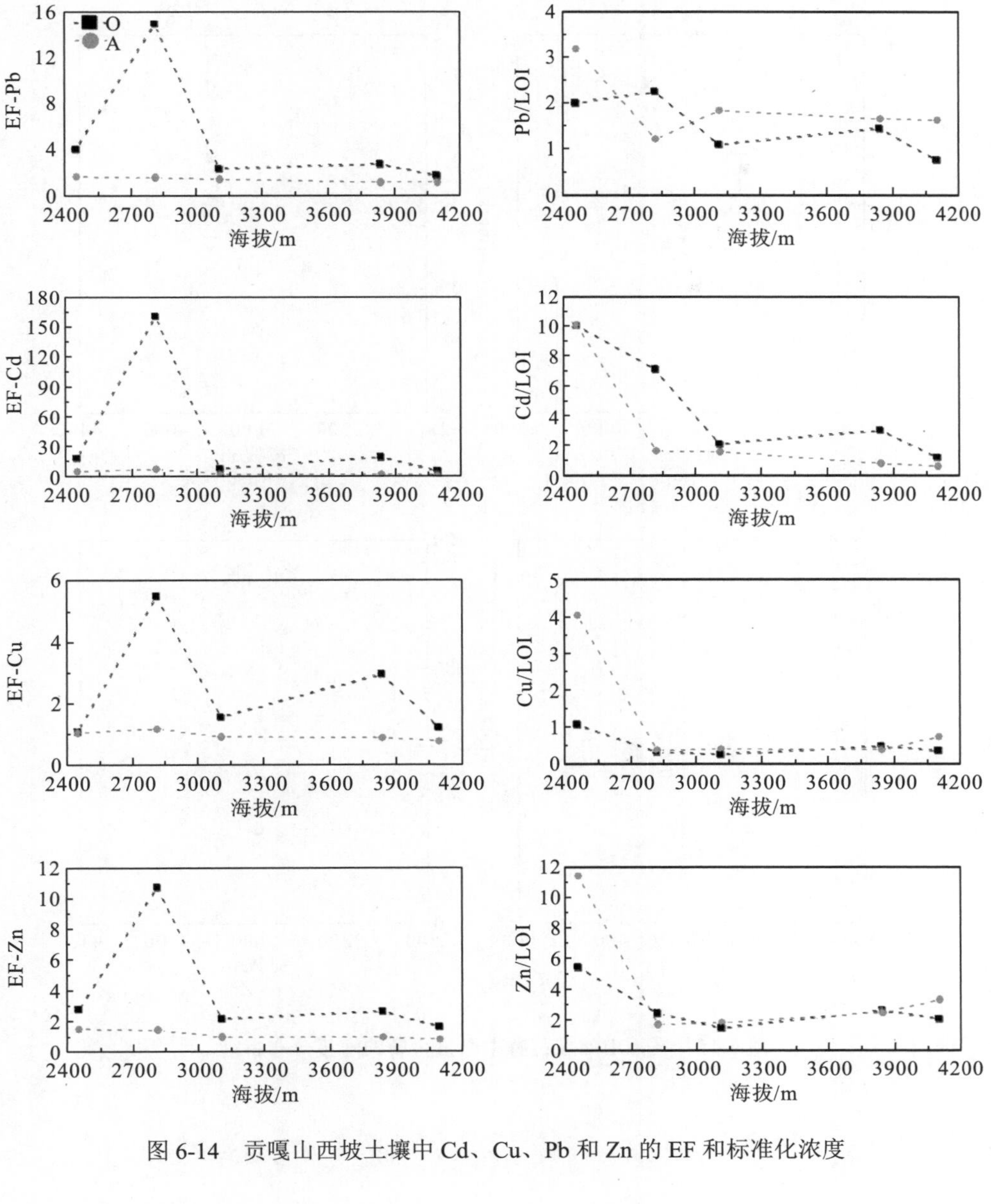

图 6-14　贡嘎山西坡土壤中 Cd、Cu、Pb 和 Zn 的 EF 和标准化浓度

2）苔藓中 Cd、Cu、Pb、Zn 的分布特征

西坡苔藓中 Cd、Cu、Pb 和 Zn 的平均浓度分别为 0.52±0.2mg·kg^{-1}、9.5±1.1mg·kg^{-1}、12.3±3.1mg·kg^{-1} 和 60.7±1.5 mg·kg^{-1}（图 6-15）。在海拔梯度上，只有 Cu 的浓度随海拔升高先增加后降低，其余微量金属的浓度均呈现相反的趋势。与东坡和北坡相比，西坡苔藓中 Cd、Cu、Pb 和 Zn 的浓度显著偏低（$p < 0.05$）。从西坡苔藓中 Cd、Cu、Pb 和 Zn 的 EF 来看，Cd、Pb 和 Zn 的 EF 均在 1.0～10.0 变化，而 Cu 的 EF 则小于 1.0（图 6-16），Cu、Pb 和 Zn 的 EF 与东坡和北坡的 EF 相当，但西坡苔藓中 Cd 的 EF 则远低于东坡和北坡的水平，说明西坡 Cd、Cu、Pb 和 Zn 的累积程度均较低，受人类活动影响较小。

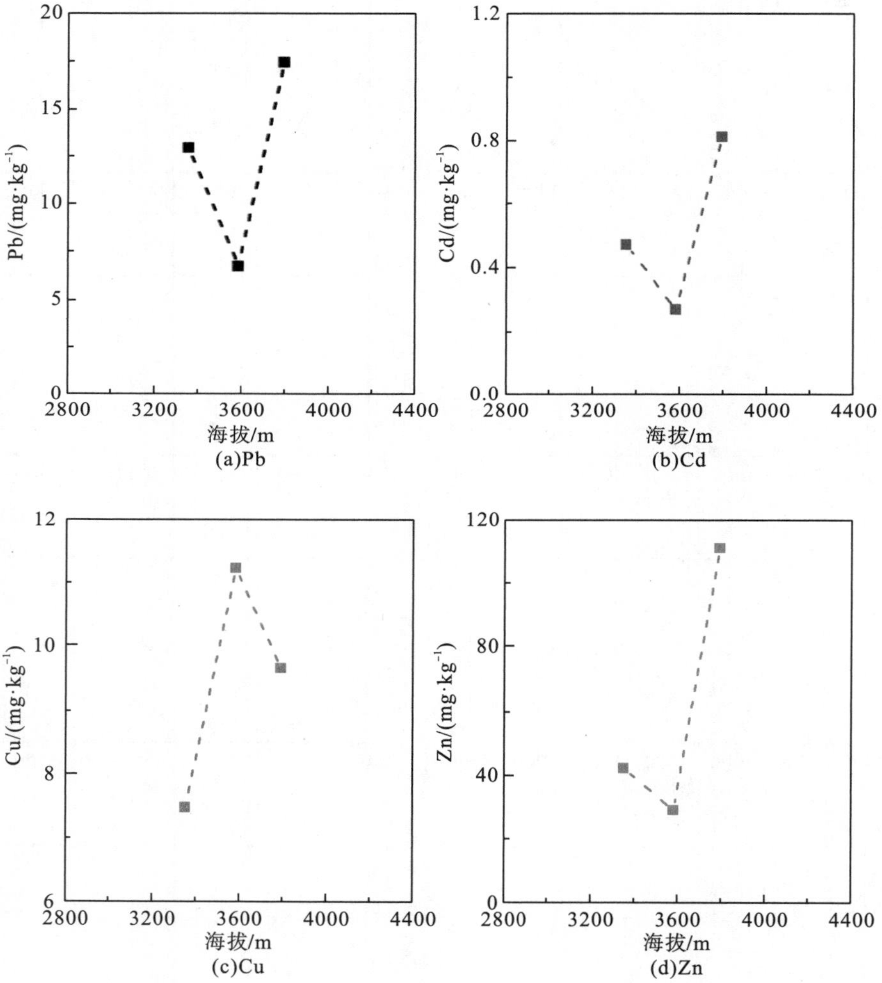

图 6-15 贡嘎山西坡苔藓中微量金属的海拔分布特征

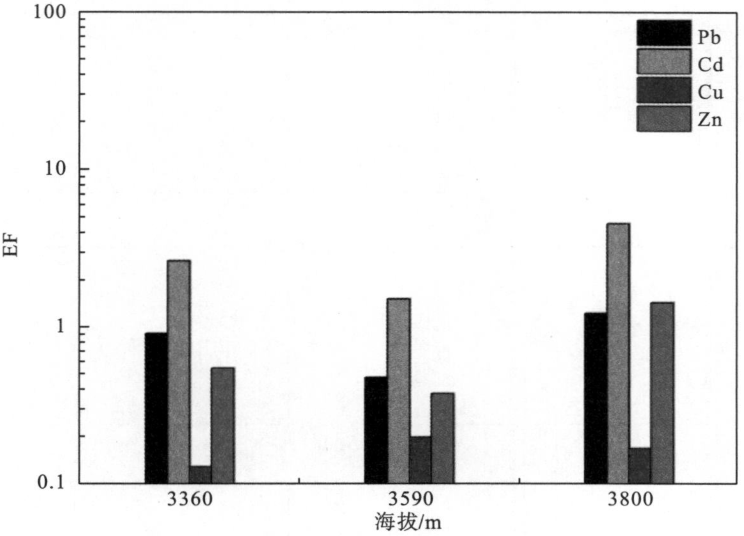

图 6-16　贡嘎山西坡苔藓中微量金属的 EF

5. 贡嘎山不同坡向 Cd、Cu、Pb、Zn 的分布差异

1) 贡嘎山不同坡向土壤中 Cd、Cu、Pb、Zn 的浓度差异

贡嘎山西坡土壤 O 层中 Pb 和 Zn 的浓度显著低于东坡和北坡($p < 0.05$)，而东坡和北坡土壤 O 层中 Pb 和 Zn 的浓度则无显著性差异(图 6-17)。三个坡向土壤 A 层中 Pb 的浓度并无显著性差异，一方面说明 Pb 的垂向迁移能力较差(Kaste et al.，2003)，土壤 A 层中的 Pb 可能主要来自母岩的风化；另一方面可能与不同坡向的样品量有关。东坡和北坡土壤 O 层和 A 层中 Cd 的浓度均显著高于西坡($p < 0.05$)，东坡和北坡则无显著性差异(图 6-17)。三个坡土壤中 Cu 的浓度没有呈现出显著性差异。

贡嘎山不同坡向土壤中 Cd、Pb 和 Zn 的分布差异很可能反映了其来源上的差异。据报道，南亚地区是我国西南地区 Cd、Pb 和 Zn 的重要污染源地(Ahmed and Ishiga，2006；Salam et al.，2003)，来自南亚的气流受青藏高原高大山脉的阻挡，含有 Cd、Pb 和 Zn 的大气颗粒物和降水难以传输到贡嘎山西坡。但是，贡嘎山东坡和北坡均受东亚季风和印度洋季风的影响，季风所经过的区域基本为人口密集的区域，大气中的微量金属能够在季风作用下进行远距离传输，在遇到高大山体后形成冷凝沉降。贡嘎山是青藏高原东麓最高山，是大气污染物传输的天然屏障体，从而能够将来自东南和西南地区或国家的微量金属拦截，造成森林地 Cd、Cu、Pb 和 Zn 的累积(Bing et al.，2016，2018)。

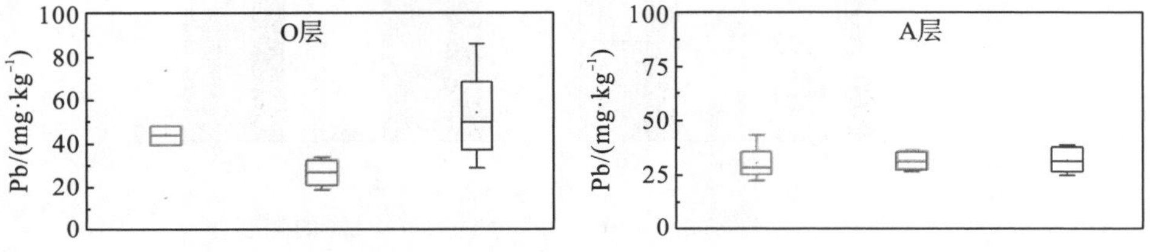

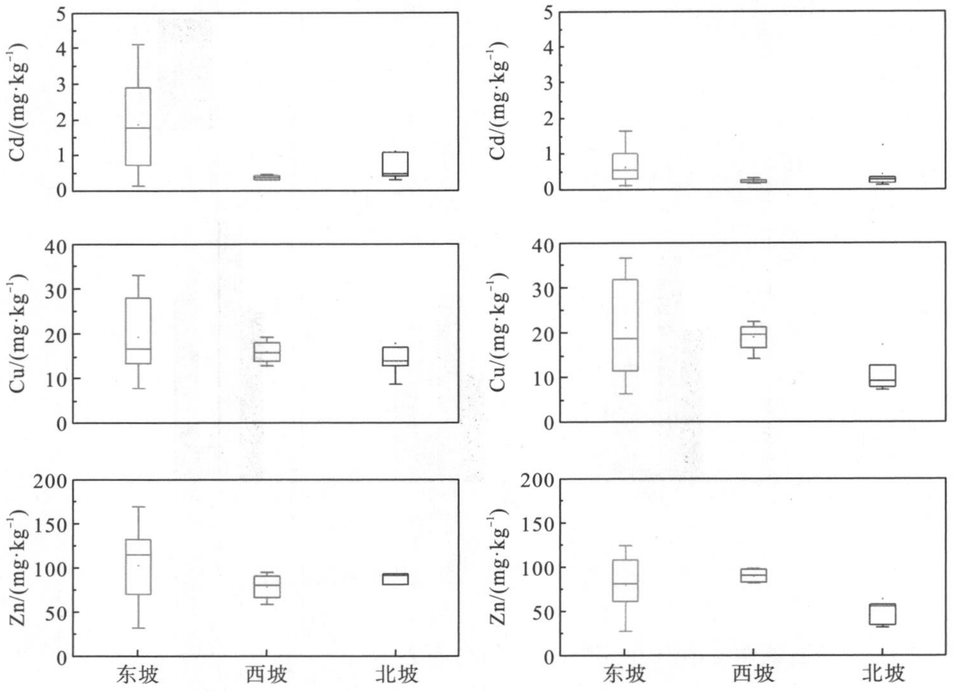

图 6-17 贡嘎山不同坡向土壤中 Cd、Cu、Pb 和 Zn 的浓度差异

2) 贡嘎山不同坡向苔藓中 Cd、Cu、Pb、Zn 的浓度差异

贡嘎山东坡和北坡苔藓中 Cd、Pb 和 Zn 的浓度显著高于西坡($p < 0.05$)，但是东坡和北坡苔藓中 Cd、Pb 和 Zn 的浓度无显著性差异(图 6-18)。东坡苔藓中 Cu 的浓度显著高于西坡和北坡($p < 0.05$)，而西坡和北坡 Cu 的浓度没有显著性差异。

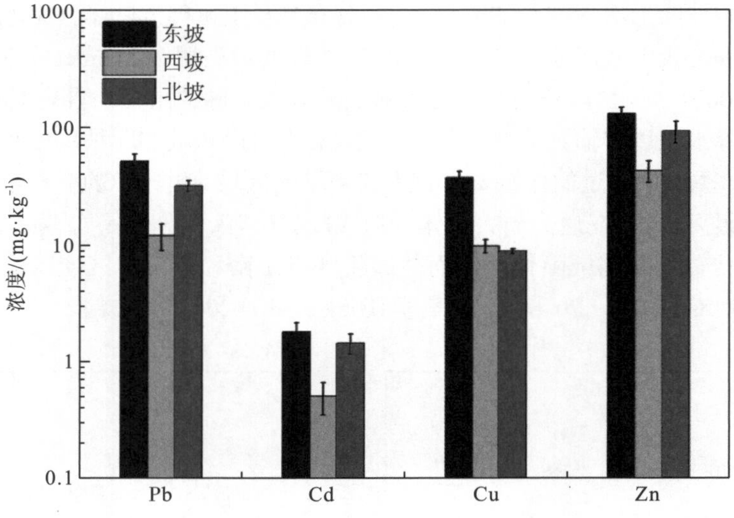

图 6-18 贡嘎山不同坡向苔藓中 Cd、Cu、Pb 和 Zn 的浓度差异

西坡苔藓中 Cd、Pb 和 Zn 的浓度均显著低于东坡，这说明贡嘎山西坡没有受到明显的人类活动干扰，西南季风和东南季风无法将大气颗粒物中携带的微量金属跨越贡嘎山而在西坡沉降，这与土壤中微量金属的结果基本一致。东坡和北坡苔藓中具有相似程度的 Cd、Pb 和 Zn 的累积，这可能归因于这两个坡向的苔藓均受到当地人类活动的影响。东坡苔藓中 Cu 的浓度显著高于西坡和北坡可能和当地土壤母质有关。虽然苔藓中 Cu 并不主要来自土壤，但是在母岩风化过程中，颗粒态的 Cu 可能被苔藓吸附、转化进而被吸收。

在贡嘎山不同坡向土壤 C 层中 Cd、Cu、Pb 和 Zn 的浓度能够较好地反映其当地的地球化学背景值，但是受土壤发育以及植被因素的影响，这些金属元素的背景在海拔差异下有所不同。总体上，Cd、Cu、Pb 和 Zn 在土壤剖面中的分布呈现出随深度增加而减小的趋势，其 EF 反映了有机层土壤中存在微量金属显著富集的特征。在季节上，贡嘎山东坡不同微量金属元素在不同层次的土壤中具有较大的差异；但是，在空间分布上，东坡表层土壤和苔藓中微量金属的浓度总体上呈现了随海拔增加先增加后降低(最高浓度位于海拔 2900 m 左右)的分布模式。北坡呈现出随海拔增加而逐渐下降的趋势；而在西坡，由于 Cd、Cu、Pb 和 Zn 的浓度整体上较低，其海拔分布特征不明显。不同坡向苔藓中 Cd、Cu、Pb 和 Zn 浓度的海拔分布特征与其在土壤中的分布基本一致。

贡嘎山不同坡向土壤和苔藓中 Cd、Cu、Pb、Zn 的浓度呈现出明显的差异，其中东坡和北坡整体上呈现较高的 Cd、Pb 和 Zn 的累积，而 Cu 的分布差异不明显，这一定程度上反映了不同坡向受到的人类活动影响存在差异。但是，人类活动对贡嘎山生态系统 Cd、Cu、Pb、Zn 的累积的贡献有多大，需要进一步识别其来源。

6.3　贡嘎山 Cd、Cu、Pb、Zn 海拔分布的影响因素

高山地区由于受到冷凝效应的影响往往成为来自大气传输污染物的主要的“汇”(Stromose et al.，2013；Zhang et al.，2009；Cong et al.，2007；Gerdol and Bragazza，2006)。贡嘎山东坡具有海拔高差大和植被分布多样的特征，海拔梯度决定了不同海拔和植被带的局地小气候，例如温度和降水随海拔差异的显著变化，最终导致了大气沉降的微量金属具有不同的海拔分布特征。通过分析贡嘎山东坡气溶胶中微量金属的浓度，Yang 等(2009)发现远距离的大气传输已经影响到贡嘎山地区微量金属的分布。因此，贡嘎山东坡土壤和苔藓中 Cd、Cu、Pb 和 Zn 的分布很大程度上受到人类活动、海拔、植被等因素的影响。

6.3.1　大气沉降

1. Cd、Cu、Pb、Zn 大气沉降特征

根据富集因子理论，如果土壤中微量元素完全来自母岩矿物的风化，那么该元素的 EF 应该为 1.0(Soto-Jimenez and Paez-Osuna，2001；Szefer et al.，1996)；如果 EF 大于 1.0，

非自然的来源可能导致该元素的累积。贡嘎山东坡表层土壤中(O 层和 A 层)，微量金属的 EF 整体上呈现了 Cd >> Pb > Zn > Cu 的特征，反映贡嘎山东坡土壤中 Cd 和 Pb 是主要的污染元素。大量研究已经表明，土壤中微量金属的高度富集主要与大气沉降有关(Takamatsu et al.，2010；Sakata et al.，2006；Outridge et al.，2005；Poikolainen et al.，2004；Čeburnis and Steinnes，2000)。大气中的 Cd 和 Pb 主要来自人类活动的排放，包括金属冶炼、化石燃料的燃烧以及其他工业活动。然而，在遥远的贡嘎山生态系统，城市化、工业化以及人口数量均处于非常低的水平，这里通常被认为是空气清新、生态环境较为原始的区域，土壤处于未污染的状态(Liang et al.，2008)。但是，根据 2010 年 9 月份海拔 3000 m 处降雨的检测发现，Cd 在雨水中能够明显检出(0.02～0.14 $\mu g\cdot L^{-1}$)，这反映了大气传输导致的 Cd 沉降是贡嘎山东坡土壤 Cd 来源的重要组成部分。此外，通过贡嘎山东坡降水量的年际变化(图 6-19)可知，较高的降水量主要分布于海拔 3000 m 左右(针阔混交林和针叶林带)，这与土壤中 Cd 和 Pb 的海拔分布趋势基本一致，进一步表明大气湿沉降是表层土壤中微量金属(如 Cd 和 Pb)的重要来源。

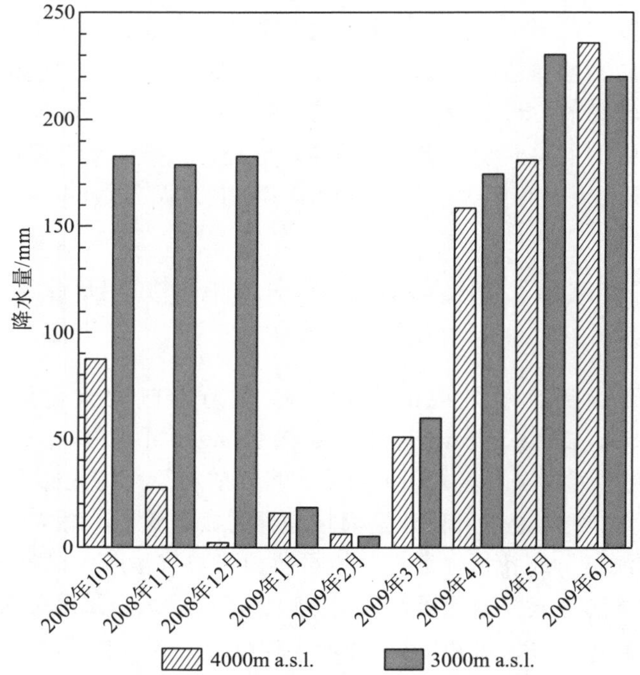

图 6-19 贡嘎山东坡降水量年际变化

为了进一步明确大气沉降对贡嘎山微量金属的贡献，选择贡嘎山东坡林内、林外按季节分别收集降水样品，并分析降水中 Cd、Cu、Pb 和 Zn 的浓度，进而获取 Cd、Cu、Pb 和 Zn 的湿沉降通量。贡嘎山林内(林外)大气降水中 Pb、Cd、Cu 和 Zn 的平均浓度±标准误差(单位：$\mu g\cdot L^{-1}$)分别为 4.27±0.49(3.50±0.53) $\mu g\cdot L^{-1}$、0.18±0.02(0.15±0.02) $\mu g\cdot L^{-1}$、2.97±0.38(2.12±0.34) $\mu g\cdot L^{-1}$ 和 29.9±0.47(23.8±2.03) $\mu g\cdot L^{-1}$；平均沉降通量分别为 1.33±0.09

(1.09±0.07) mg·m^{-2}·a^{-1}、0.06±0.01 (0.05±0.01) mg·m^{-2}·a^{-1}、0.92±0.27 (0.66± 0.11) mg·m^{-2}·a^{-1}、9.27±0.95 (7.40±1.02) mg·m^{-2}·a^{-1} (表 5-4)。林内大气降水中 Pb、Cd 和 Zn 的浓度和沉降通量均显著高于林外，而 Cu 的浓度和沉降通量在林内、外无显著性差异，这与其他研究的结论基本一致(Ghimire et al.，2012)。林内降水的冲刷作用(即将植物干、枝和叶片上吸附的微量金属冲刷到林下)是导致这种差异的主要原因(Gandoiset al.，2010；Kaste et al.，2003)。贡嘎山东坡林内和林外湿沉降中 Pb、Cd、Cu 和 Zn 的浓度和沉降通量远低于珠江三角洲、澳大利亚黄金海岸、博洛尼亚、首尔和芝加哥等城区(表 6-4)，这说明距离污染源的远近可能是影响降水中 Cd、Cu、Pb 和 Zn 浓度的重要因素。但是，在贡嘎山东坡森林降水中 Cd、Cu、Pb 和 Zn 的浓度高于一些偏远地区的水平，如西藏自治区拉萨城区和纳木措地区，而拉萨城区降水中微量金属主要受到人类活动的影响(Guo et al.，2015) (表 6-4)。因此，贡嘎山东坡湿沉降中较高的 Cd、Cu、Pb 和 Zn 的浓度很大程度上受到了人类活动的影响。

表 6-4　贡嘎山东坡湿沉降与其他研究区大气降水中微量金属的浓度和沉降通量的比较

研究区	浓度/(μg·L^{-1})				沉降通量/(mg·m^{-2}·a^{-1})				参考文献
	Pb	Cd	Cu	Zn	Pb	Cd	Cu	Zn	
贡嘎山(林内)	4.27±0.49	0.18±0.02	2.97±0.38	29.9±0.47	1.33±0.09	0.062±0.01	0.923±0.27	9.27±0.95	本书
贡嘎山(林外)	3.50±0.53	0.15±0.02	2.12±0.34	23.8±2.03	1.09±0.07	0.053±0.01	0.664±0.11	7.40±1.02	本书
拉萨	—	—	—	—	0.52	—	—	—	Guo 等(2015)
纳木措	—	—	—	—	0.061	—	—	—	Cong 等(2010)
珠江三角洲	—	—	—	—	12.7	—	—	—	Wong 等(2003)
澳大利亚黄金海岸	—	—	—	—	52.0	—	1.25	—	Gunawardena 等(2013)
博洛尼亚	—	—	—	—	10.3	0.184	7.21	82.4	Morselli 等(2003)
芝加哥	—	—	—	—	25.5	—	21.9	73.2	Paode 等(1998)
首尔	—	—	—	—	18.3	—	21.9	40.2	Yun 等 (2002)

贡嘎山东坡林线以下林内和林外大气湿沉降中 Pb、Cd、Cu 和 Zn 的浓度随海拔的分布特征如图 6-20 所示。除了在海拔 2300 m 处 Pb 的浓度较低以外，林外大气湿沉降中 Pb 的浓度总体上呈现出随海拔的升高而逐渐下降的趋势，Cd 和 Zn 的浓度则总体呈现随海拔升高而降低的分布模式，降水中 Cu 的浓度则没有表现出明显的海拔差异。林内湿沉降中 Pb 的浓度总体呈现随海拔先升高、后降低的趋势，Cd 和 Zn 的浓度总体呈现出随着海拔升高而逐渐下降的趋势，Cu 的浓度随海拔没有表现出明显的变化趋势。由各个海拔 Cd、Cu、Pb 和 Zn 的湿沉降通量可以发现(图 6-21)，林内(林外) Pb、Cd、Cu 和 Zn 的湿沉降通量分别为 1.33 (1.09) mg·m^{-2}·a^{-1}、0.06 (0.05) mg·m^{-2}·a^{-1}、0.92 (0.66) mg·m^{-2}·a^{-1} 和 9.27 (7.40) mg·m^{-2}·a^{-1}，其海拔分布模式与浓度基本一致。降水中 Pb、Cd 和 Zn 的浓度及其沉降通量总体上呈现出随着海拔的升高而下降的趋势，这与海拔 1600～3600 m 处土壤和苔藓中 Pb、Cd 和 Zn 的海拔分布模式类似。产生这种现象的原因可能是贡嘎山海拔低于 3600 m 的区域环境样品中微量金属主要来自当地人类活动的贡献。在贡嘎山低海拔地区存在常住

居民，当地居民所采取的日常生活(如直接燃烧化石燃料)所排放的 Pb、Cd 和 Zn 能够进入周围大气中，导致降水中这些微量金属的浓度较高。但是，随着海拔升高，一方面人类活动的直接影响程度减小；另一方面，低海拔大气中的微量金属难以爬升至高海拔区域，从而使得湿沉降中 Pb、Cd 和 Zn 的浓度呈现随海拔增加而降低的趋势。

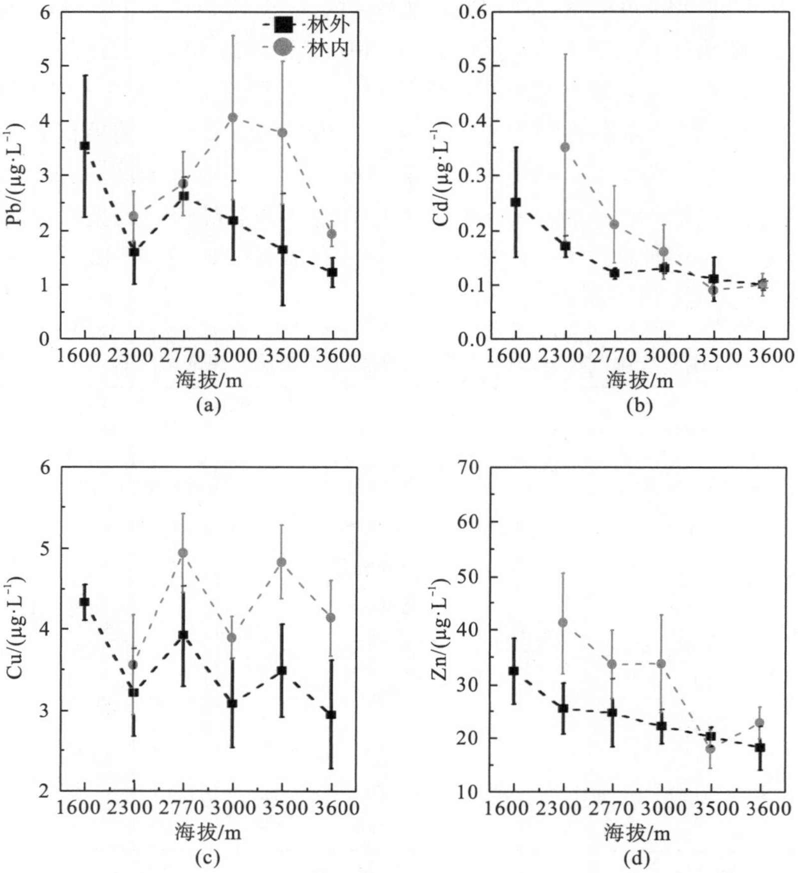

图 6-20　贡嘎山东坡林内和林外湿沉降中 Cd、Cu、Pb 和 Zn 浓度的海拔分布特征

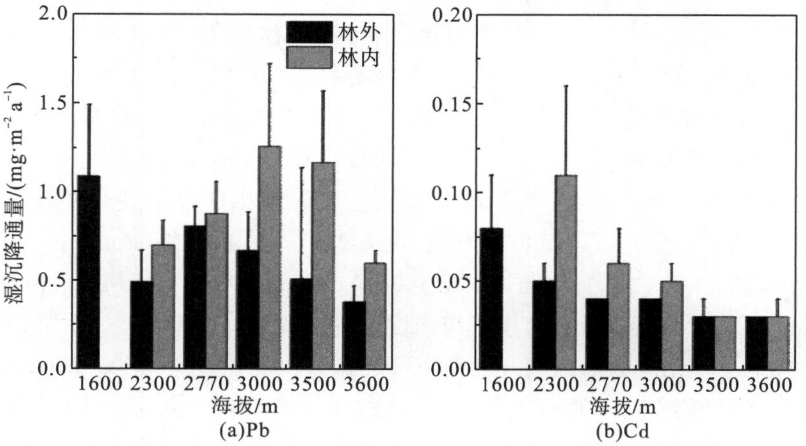

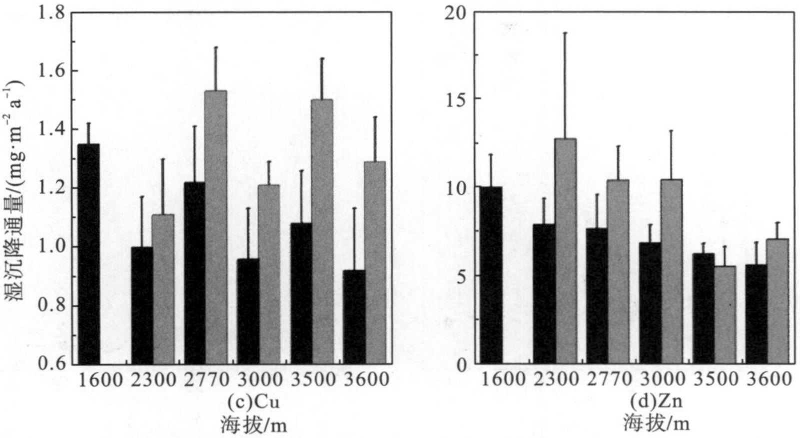

图 6-21　贡嘎山东坡林内和林外湿沉降中 Cd、Cu、Pb 和 Zn 沉降通量的海拔分布特征

从贡嘎山东坡不同森林系统中林内、林外湿沉降中 Cd、Cu、Pb 和 Zn 的浓度和沉降通量的差异来看(图 6-20，图 6-21)，Cd、Cu、Pb 和 Zn 的浓度和沉降通量整体上表现为林内大于林外。其中，林内和林外湿沉降中 Pb 的浓度和沉降通量在海拔 3000 m 和 3500 m 处差异最大，而 Cd 和 Zn 的浓度和沉降通量则在海拔 2300 m 处差异最大($p < 0.05$)，Cu 的浓度和沉降通量在海拔梯度上无显著差异性。这种差异主要归因于不同植被类型对不同微量金属的拦截效应有所差异。海拔 3000 m 和 3500 m 处为针叶林带，针叶林叶片表面含有蜡质，能有效吸附大气干沉降的 Pb(Kaste et al.，2003)，穿透雨将针叶林表面吸附的 Pb 冲刷下来，导致林内降水中 Pb 的浓度显著高于林外。另外，Cd 和 Zn 的浓度在阔叶林下的湿沉降中较高，这主要与森林的拦截效应有关。在贡嘎山东坡森林生态系统中，针叶林和针阔混交林的叶面积指数显著高于阔叶林(Luo et al.，2003)，从而导致阔叶林对大气降水的截留量显著小于针叶林(Ghimire et al.，2012；Gandois et al.，2010)。

在季节上，贡嘎山东坡冬季(12 月～次年 2 月)林内和林外湿沉降中 Cd、Pb 和 Zn 的浓度和沉降通量均显著高于其他月份($p < 0.05$)，而其他季节 Cd、Pb 和 Zn 的浓度与沉降通量均无显著差异，Cu 的浓度和沉降通量均无显著的季节差异(图 6-22 和图 6-23)。冬季林内和林外降水中 Cd、Pb 和 Zn 的浓度和沉降通量显著较高的原因可能包括两个方面：一方面是冬季当地及周边地区居民燃煤取暖导致 Cd、Pb 和 Zn 的排放量增加(Duan et al.，2012)；另一方面是冬季湿沉降以降雪为主，雪较雨水有着更强的吸附微量金属的能力(Kim et al.，2012)。Cu 的浓度和沉降通量均无显著的季节差异可能是因为 Cu 的大气沉降量较低，这与苔藓中 Cu 的浓度较低相符。

根据林内和林外 Cd、Cu、Pb 和 Zn 的浓度和沉降通量差异，各月份降水中 Cu 的浓度和沉降通量均无显著差异性，Cd 和 Zn 的浓度和沉降通量在冬季和春季存在显著的林内外差异，Pb 的浓度和沉降通量在冬季存在显著的林内外差异。林内外 Cd、Pb 和 Zn 的浓度和沉降通量的差异均在冬季最大，可能是因为冬季供暖导致化石燃料燃烧排放的微量金属增多，植物叶片易于吸附干沉降的微量金属(Gandois et al.，2010；Gartenet al.，1988)，经湿沉降冲刷，使得林内湿沉降中 Cd、Pb 和 Zn 的浓度升高。

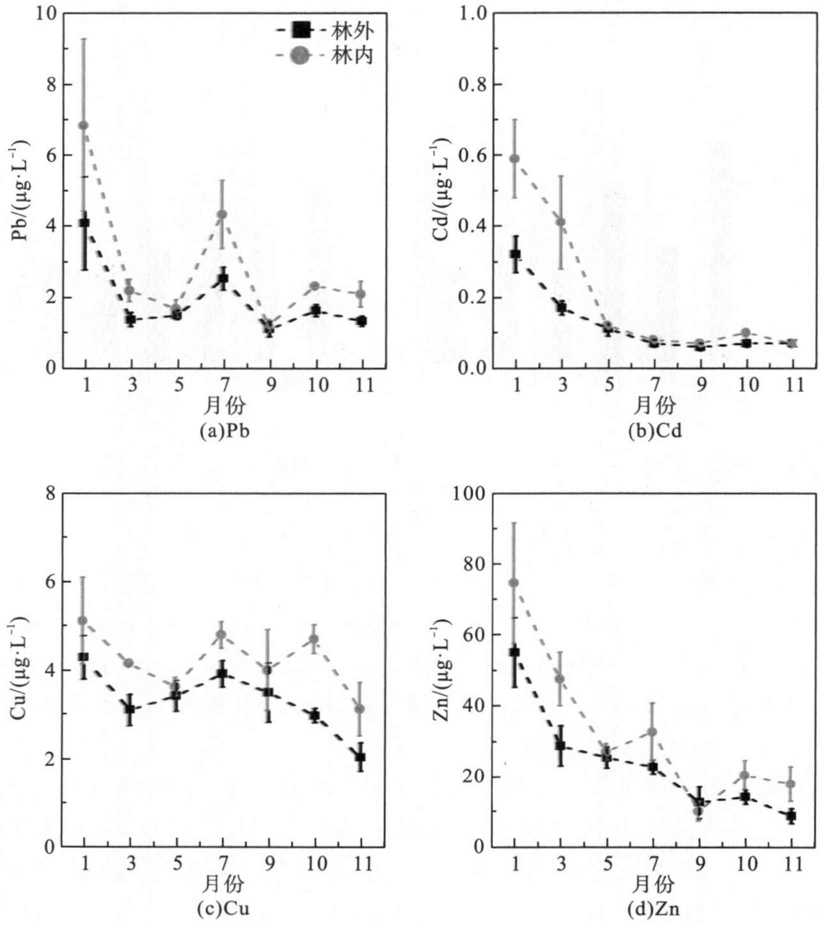

图 6-22 贡嘎山东坡林内和林外湿沉降中 Cd、Cu、Pb 和 Zn 浓度的季节差异

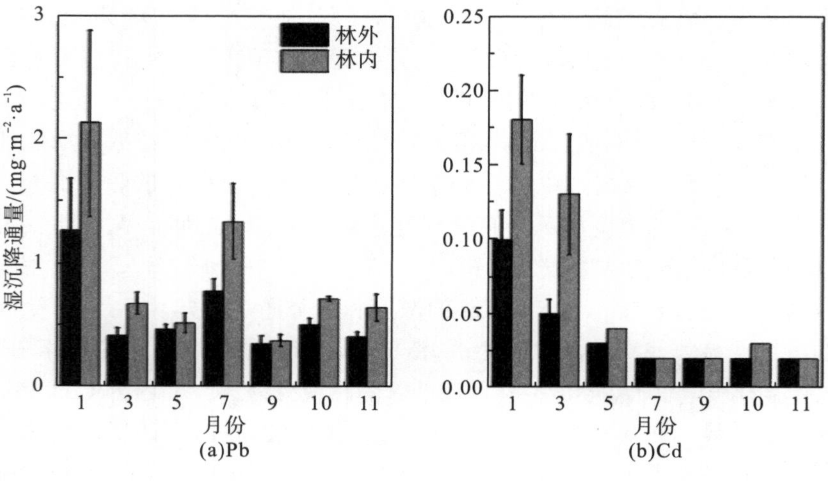

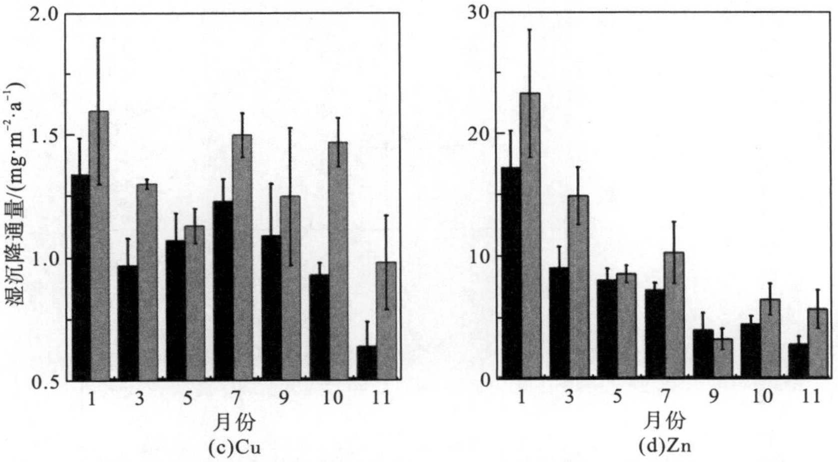

图 6-23 贡嘎山东坡林内和林外湿沉降中 Cd、Cu、Pb 和 Zn 沉降通量的季节差异

2. 土壤中 Cd、Cu、Pb 和 Zn 的来源特征——统计分析

选择贡嘎山东坡土壤，利用统计分析来判识 Cd、Cu、Pb 和 Zn 的来源。通过因子分析结果显示，贡嘎山东坡表层土壤(O 层和 A 层)中所分析的元素总体上分为两个主成分(图 6-24)。在土壤 O 层中两个主成分分别解释了总累积方差的 54.5%和 21.6%，而在土壤 A 层中该方差分别为 49.9%和 19.9%。在土壤 O 层和 A 层中，Cd、Cu、Pb 和 Zn 构成了第一主成分，而其他元素构成了第二主成分，这反映出两组元素不同的地球化学性质和来源。在第二主成分中的元素大多是造岩性元素，从而反映了当地的自然来源，但是它们和 Cd、Cu、Pb、Zn 的差异揭示了后者主要受到外源因素的干扰。另外，通过因子分析，Cd、Cu、Pb 和 Zn 之间也存在差异。即，Cd 和 Pb 分布在 y 轴的左侧，而 Cu 和 Zn 分布在 y 轴右侧，从而可以推断 Cd 和 Pb 主要受到外源性输入的影响，而 Cu 和 Zn 除了受到外源输入的影响外可能还有其他因素决定了其分布。

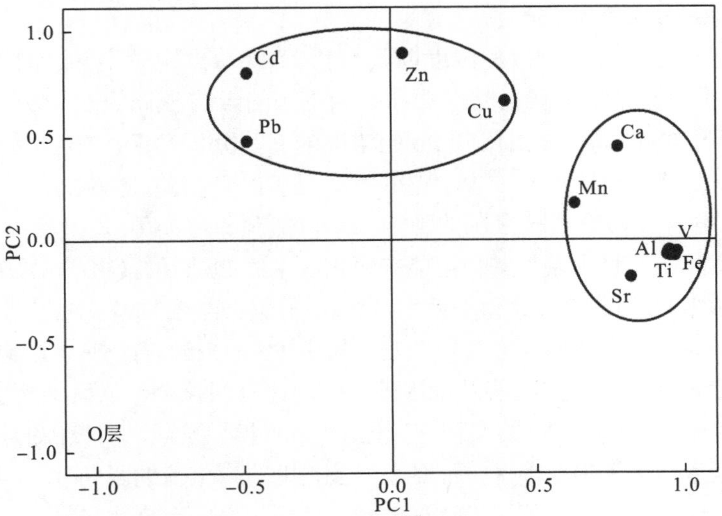

(a)O层

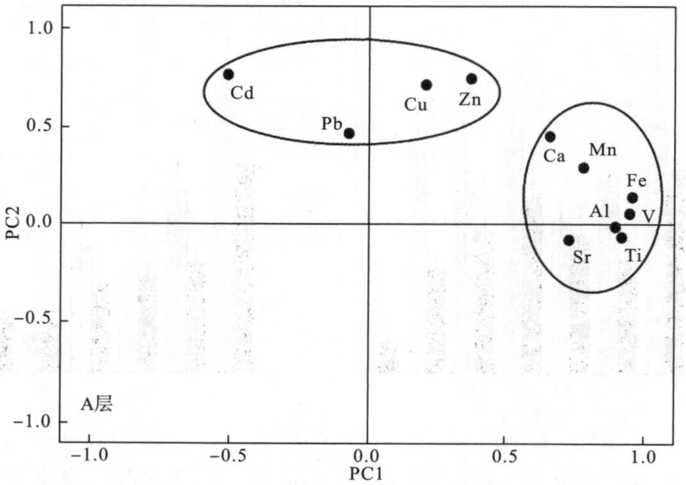

(b)A层

图 6-24 贡嘎山东坡表层土壤中微量金属的主成分负荷

3. 土壤中 Cd、Cu、Pb 和 Zn 的来源特征——Pb 同位素示踪

在过去的几十年，人类活动(如化石燃料的燃烧、矿产开采及冶炼)已经改变了大气中 Pb 的浓度(Flegal et al.，2013；Li et al.，2012a，b)，而且大气沉降已经成为 Pb 的最主要来源之一(Wang et al.，2013；Harmens et al.，2008；Eichler et al.，2012；Steinnes et al.，2005)。Pb 同位素示踪技术是判断分析微量金属来源成熟而可靠的方法(Xiang et al.，2017；Bing et al.，2016a；Bing et al.，2014；Borrok et al.，2009)。由于 Pb 同位素的组成只与源区的同位素组成有关，而与其迁移行为和轨迹关系不大，Pb 同位素示踪技术广泛地应用到监测和研究环境重金属来源的变化(Bi et al.，2017；Cheng and Hu，2010；Komárek et al.，2008)。高山生态系统中重金属来源会受到多重因素的影响，进而会造成单一介质中 Pb 同位素组成可能不均一。因此，多介质 Pb 同位素示踪，并且结合其他方法，能够更加准确和客观地解析微量金属来源。

如果 Pb 的同位素组成与 Pb 的浓度以及 $^{206}Pb/^{207}Pb$ 和 $^{208}Pb/^{206}Pb$ 之间都具有显著相关性，则说明 Pb 的来源可能受到自然来源和人为来源的影响(Jiao et al.，2015；Klaminder et al.，2011)。通过 Pb 的同位素组成和 Pb 的浓度的回归分析发现，Pb 的浓度与 $^{206}Pb/^{207}Pb$ 呈显著负相关，而 $^{206}Pb/^{207}Pb$ 和 $^{208}Pb/^{206}Pb$ 存在显著的负相关(图 6-25)，说明贡嘎山东坡表层土壤中的 Pb 存在两个显著来源的影响——自然源和污染源。

根据对比贡嘎山东坡土壤与其他可能来源物质中的 Pb 同位素组成(图 6-26)可以发现，贡嘎山东坡土壤中 Pb 的同位素比值与西南地区化石燃料燃烧排放物中的比值以及我国燃煤中的比例吻合，说明化石燃料的燃烧可能是土壤中 Pb 的来源。此外，土壤中 Pb 的同位素比值与我国西南地区矿物中的比值及中国矿石中的比例相符合，从而推断金属矿物的开采和冶炼也影响到当地土壤中 Pb 的累积。通过 Hysplit 模型发现，贡嘎山的气流轨迹在夏季主要来自我国西南地区和南亚地区，而冬季受到西北方向气流的影响(图 6-27)。在最近几十年中，南亚国家排放了大量的污染物进入到大气中，这些污染物(包括 Pb)能够通过大气远距离传输进入我国西南遥远的高山生态系统(Kulshrestha et al.，2009；Patel et al.，2006)。

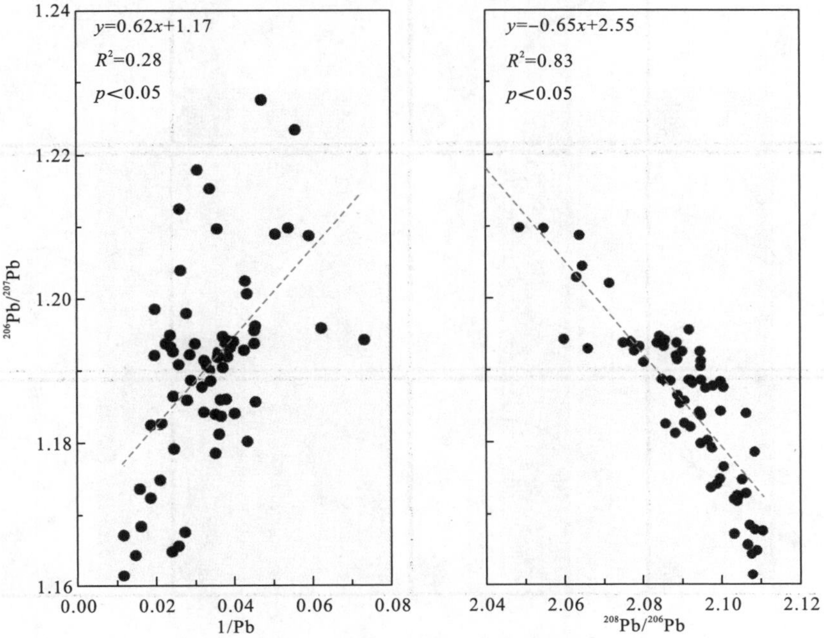

图 6-25　土壤中 Pb 的同位素组成与 Pb 的浓度以及 $^{206}Pb/^{207}Pb$ 和 $^{208}Pb/^{206}Pb$ 之间的关系

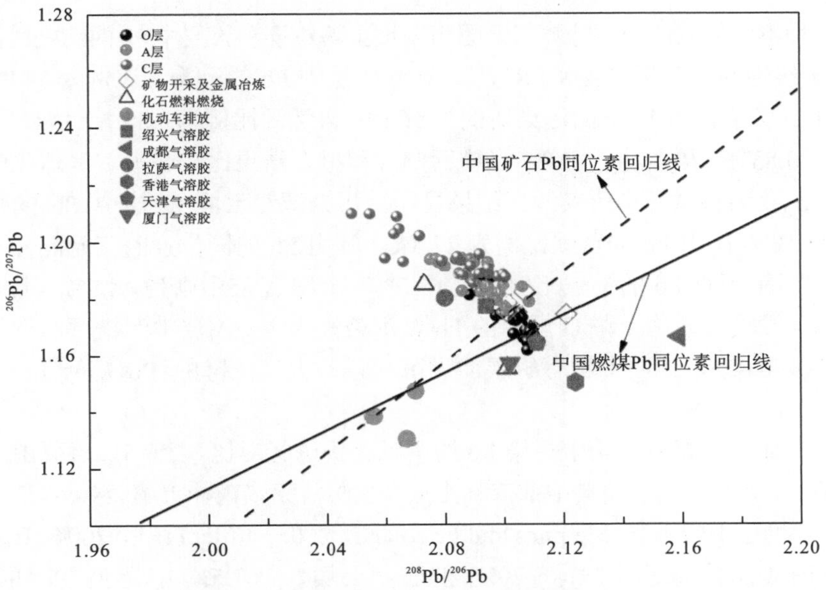

图 6-26　土壤及其他环境样品中 Pb 的同位素比值

文献来源：矿物开采及金属冶炼(Cheng and Hu, 2010)，化石燃料燃烧(Bi et al., 2007; Chen et al., 2005; Mukai et al., 2001)，机动车尾气排放(Mukai et al., 2001; Luo et al., 2015)，绍兴、成都、香港气溶胶(Bollhofer and Rosman, 2010)，拉萨气溶胶(Cong et al., 2011)，天津气溶胶(Wang et al., 2006)，厦门气溶胶(Zhu et al., 2010)。

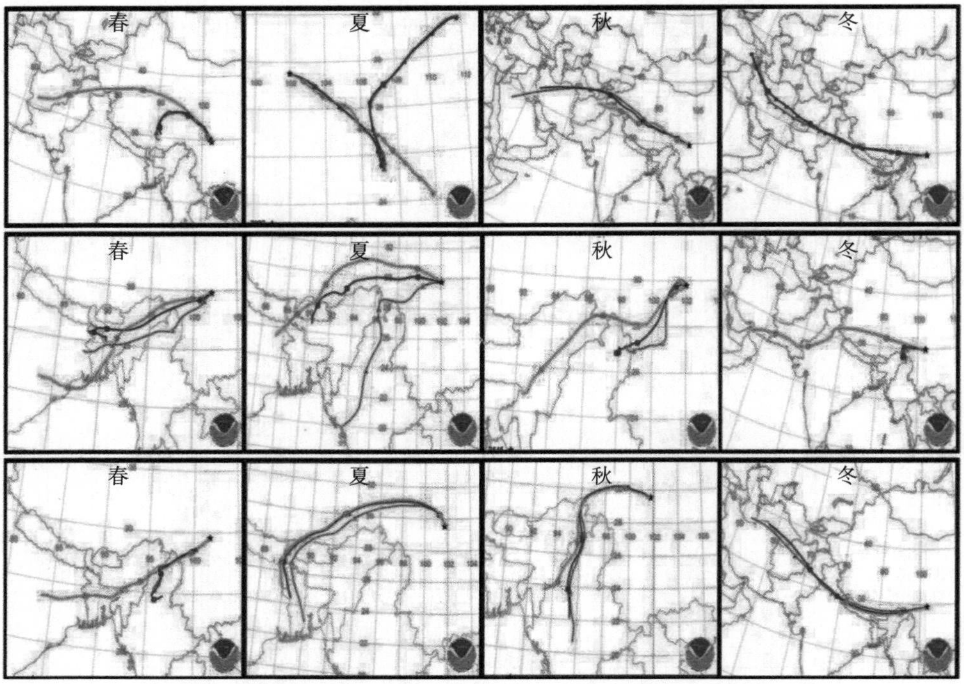

图 6-27 研究区大气气流的 72 小时后向轨迹

时间为 2012 年 1～12 月；以海拔 2000 m、3615 m 和 4015 m 处作为代表点

根据三种不同的方法分别计算了贡嘎山东坡土壤O层和A层中Pb的污染比例(表6-5)。通过因子-多线性回归分析(FA-MLR)法，土壤 O 层中 Pb 的污染源比例为 84.9%，自然源比例为15.1%;土壤A层中Pb的污染比例为56.6%,自然源比例为8.5%,土壤O层(R^2=0.85)和 A 层(R^2=0.83)的 R^2 都大于 0.8，说明回归方程拟合结果比较合理。地球化学指标法将土壤中的 Pb 分为自然源和污染源。结果显示，污染源对土壤 O 层中 Pb 的贡献比例为66.0%，对土壤 A 层中 Pb 的贡献比例为 27.8%。利用 Pb 的同位素的三元混合模型方法，土壤 O 层中污染源对 Pb 的贡献比例达到 63.7%，土壤 A 层中则为 44.9%。上述三种方法的结果表明，贡嘎山地区土壤 O 层中的 Pb 以污染源为主，A 层中污染源的贡献比例显著低于 O 层(p<0.05)，说明土壤有机层能吸附和拦截大气沉降的 Pb(Bing et al.，2014；Klaminder et al.，2008)。

通过与其他地区森林土壤中污染 Pb 的贡献比例进行对比(表 6-5)，贡嘎山东坡土壤 O 层中人为源 Pb 的比例低于瑞典中部森林土壤(>90%)、挪威森林土壤(>90%)和捷克森林土壤(～95%)有机层中的水平(Steinnes and Friedland，2005；Ettler et al.，2004；Bindler et al.，1999)，与瑞典北部森林土壤(～70%)和丹麦土壤(～67.5%)中污染 Pb 的比例相近(Klaminder et al.，2003，2005)；土壤 A 层中污染 Pb 的比例低于捷克森林土壤(～60%)，但高于苏格兰山地森林土壤(1.6%～2.8%)中的水平(Ettler et al.，2004)。上述结果显示，贡嘎山东坡土壤中 Pb 的污染程度总体较欧洲低，这可能与欧洲地区土壤中人为源 Pb 主要与当地污染源和大气沉降的长期累积有关(Klaminder et al.，2008b)，而且欧洲工业化历史较长，人为源 Pb 的累积量可能较高。而贡嘎山地区周边的城市化和工业化发展相对落后、人口密度小，当地污染排放总体上对土壤中 Pb 的贡献相对较小，土壤中的 Pb 主要通过大气传输进入山地系统，从而其累积程度相对较低。

表 6-5　不同地区土壤中 Pb 的污染比例对比　（单位：%）

研究区	方法	O 层		A 层		参考文献
		自然源	污染源	自然源	污染源	
贡嘎山地区	因子回归分析	15.1	84.9	8.5	56.6	本书
	地球化学指标	34.0	66.0	72.2	27.8	本书
	Pb 同位素	36.3	63.7	55.1	44.9	本书
瑞典中部	Pb 同位素	<10	>90	—	—	Bindler (1999)
挪威	Pb 同位素	<10	>90	—	—	Steinnes 等 (2005)
瑞典北部	Pb 同位素	～30	～70	—	—	Klaminder 等 (2005)
丹麦	Pb 同位素	～32.5	～67.5	—	—	Klaminder 等 (2003)
捷克	Pb 同位素	～5	～95	～40	～60	Ettler 等 (2004)
苏格兰	Pb 同位素	—	—	～97.8	～2.2	Bacon 等 (2005)

根据地球化学指标法和 Pb 同位素的三元混合模型计算出不同海拔不同来源对土壤中 Pb 的贡献比例（表 6-6）。在土壤 O 层中，两种方法得到的人为源 Pb 的比例均显示，随着海拔的升高，污染源的贡献比例总体呈现先升高、后降低、再升高的趋势。海拔 2000～2770 m 的土壤中污染源对 Pb 的贡献比例较高，这可能和距离居民定居点较近有关。海拔 2770～3615 m，污染源对 Pb 的贡献比例迅速降低，到 3615 m 达最低值，通过对不同海拔土壤中 Pb 与其他元素的相关分析发现，3615 m 土壤 O 层中 Pb 的浓度与 Al、Mg 和 K 呈显著正相关（$R>0.998$，$p<0.05$），说明当地母质是土壤 O 层中 Pb 的重要来源（Almomani，2003）。海拔 3700 m 以上地区（林线以上），污染源比例的逐渐增加主要是因为高山冷凝效应使大气中的 Pb 发生了冷凝沉降（Bing et al.，2016；Bacardit and Camarero，2010）；此外，在林线上方区域，当地植被主要以高山灌丛和草甸为主，植被较小的叶面积指数对大气沉降的 Pb 的拦截作用较针叶林和针阔混交林树种弱，从而导致大气沉降的 Pb 能够直接进入土壤中（Ghimire et al.，2014；Gandois et al.，2010）。

通过Pb同位素的三元混合模型区分了化石燃料燃烧和矿物开采及冶炼两种Pb的主要人为来源的海拔分布特征（表 6-6）。在贡嘎山东坡海拔 2000～2770 m 处，土壤 O 层中 Pb 的污染源以化石燃料燃烧为主，进一步表明当地居民的化石燃料燃烧活动影响了土壤中 Pb 的累积。在林线以上地区的土壤 O 层中，人类活动的排放源则以金属冶炼源为主，证明 Pb 的大气远距离传输导致了 Pb 的冷凝沉降。土壤 A 层中 Pb 的污染源比例与 O 层中的类似。海拔 2000～2770 m 处，Pb 的污染源主要以化石燃料燃烧源为主，林线以上地区金属冶炼源比例迅速增加。但是，在土壤 A 层中自然源对 Pb 的贡献比例远高于土壤 O 层，这可能与 Pb 在土壤剖面中的迁移能力、母岩风化以及植物作用等因素有关（李睿等，2015；Steinnes and Friedland，2005）。

表 6-6　土壤中污染源对 Pb 的贡献比例的海拔分布　　(单位：%，平均值)

海拔/m	土层	Pb 同位素			地球化学指标	
		自然源	化石燃料燃烧	矿物开采及冶炼	自然源	污染源
2000	O	28.0	72.0	0	25.6	74.4
	A	41.9	57.5	0.6	41.6	58.4
2360	O	32.5	64.4	3.1	23.9	76.1
	A	68.4	14.0	17.7	52.9	47.1
2770	O	12.4	87.6	0	9.7	90.3
	A	39.4	60.6	0	64.6	35.4
3250	O	30.2	39.0	30.8	27.1	72.9
	A	39.8	36.2	24.0	59.1	40.9
3615	O	92.7	7.3	0	81.0	19.0
	A	96.5	3.5	0	99.9	0.1
3896	O	25.4	33.1	41.5	56.1	43.9
	A	59.2	11.0	35.9	90.0	10.0
4015	O	4.7	2.9	92.4	14.8	85.2
	A	41.0	22.7	36.3	69.1	30.9
4225	A	64.8	18.4	16.8	99.9	0.1

注：无 O 层样品，无数据。

根据以上研究发现，土壤中的 Pb 能够作为参考指标以反映其他微量金属的大气来源。通过分析贡嘎山东坡表层土壤中 Pb 与其他微量金属之间的关系(图 6-28)，结合微量金属 EF 的结果，可以发现表层土壤中 Cd 与 Pb 具有显著的相关关系，揭示了 Cd 最可能来自大气沉降。Zn 在一定程度上与 Pb 也具有相关关系，尤其在土壤 O 层中这种相关性更为显著，反映了 Zn 受到了大气沉降和自然因素的共同影响。但是，Cu 与 Pb 之间没有呈现出显著的相关性。相较于自然因素，大气沉降对贡嘎山东坡土壤中 Cu 的贡献较小。

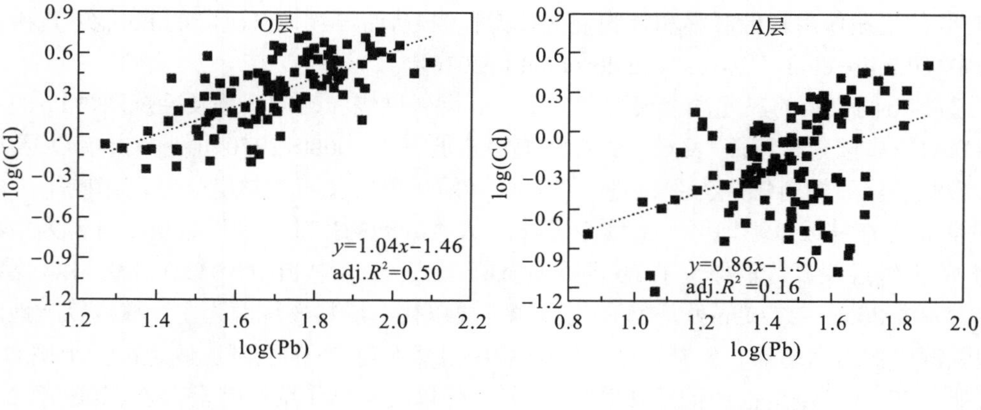

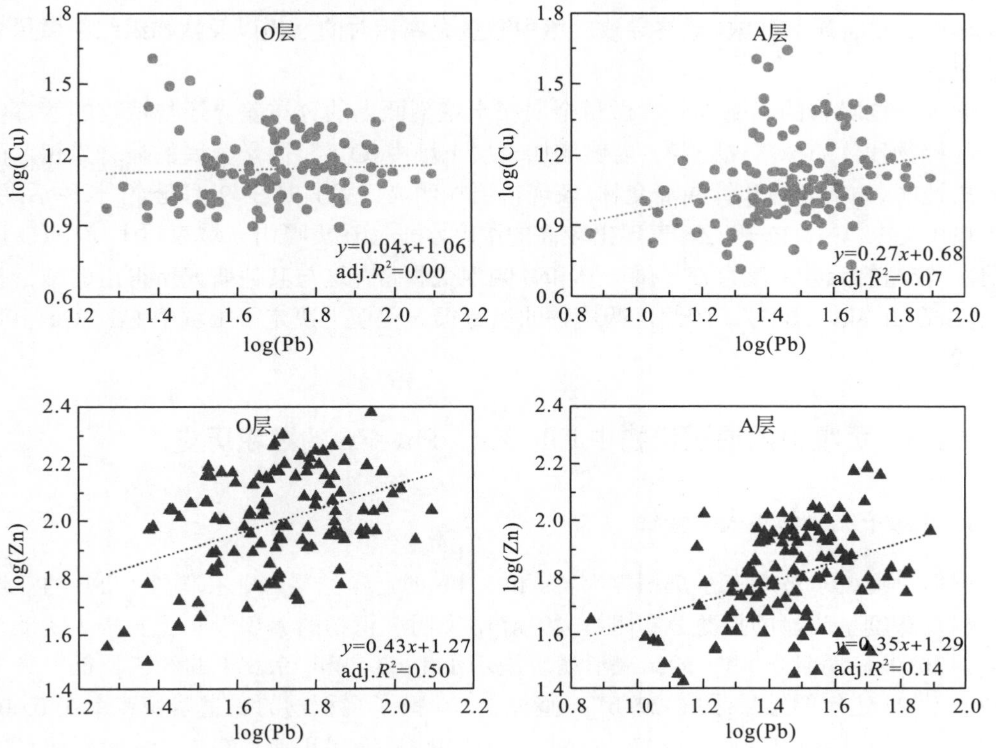

图 6-28 贡嘎山东坡表层土壤中 Cd、Cu、Zn 与 Pb 的关系

6.3.2 植物作用

植物能够通过其自身的作用影响生态系统中微量金属的分布特征(Bing et al.，2016b)。植物通过叶片可以直接从大气中吸收微量金属元素，从而植物组织中微量金属的浓度即可反映大气微量金属的污染特征，即植物的生物指示作用。而且，植物叶片吸附的微量金属能够通过植物的新陈代谢以及凋落物的降解进入土壤表层并且累积。通过贡嘎山东坡冷杉和杜鹃叶片和嫩枝中微量金属的浓度随海拔的变化特征(Sun et al.，2011)，较高的微量金属浓度主要分布在海拔 2000～3000 m 处，而且 Cd 和 Pb 的浓度在 3000 m 左右的针叶林带较高，一方面反映了降水的影响；另一方面与植物自身的属性有关。

植物的吸收作用还表现在通过植物的根从土壤中吸收微量金属。例如，在高海拔地区母岩中 Pb 的含量较高，造成这种分布的原因可能与低海拔植物演替有关。在低海拔地区，植被发育完整，并且具有较高的多样性，从而导致植物通过“泵吸”效应影响深层土壤中微量金属的浓度分配，这种影响在土壤 B 层中更为明显。植物根的分泌物(如酸性磷酸酶、低分子有机酸等)在物理或者生物化学过程作用下能够增加土壤矿物的风化(即生物风化作用)，从而改变土壤中元素的生物可利用性(Kidd et al.，2009；Balogh-Brunstad et al.，2008；Dakora and Phillips，2002)。针叶林树种比阔叶林树种能够分泌更多酸性分泌物，造成针叶林带土壤中 pH 较低(表 6-2)，根际分泌物引起的土壤酸化进一步增加了针叶林带土壤中微量金属的释放，最终导致土壤中微量金属相对的亏损以及植物组织中微量金属的富集。

除了植物吸收的影响以外，微量金属在土壤剖面上的分布差异还与植物的解毒机制有关。植物残体的掉落(凋落物)能够增加表层土壤中(O 层)微量金属的显著累积，而在低海拔地区(如阔叶林和针阔混交林)表现得更加明显，尤其是在 9 月份(生长季后期)表层土壤中 Cd、Cu、Pb 和 Zn 表现出较高的浓度水平。在贡嘎山东坡表层土壤中(O 层和 A 层)，较高的元素浓度存在于阔叶林和针阔混交林带，这与其他研究所得出的结论基本一致(Luo et al.，2003)。因此，凋落物的质量很大程度上决定了土壤中 Cd、Cu、Pb 和 Zn 的累积。

6.3.3 贡嘎山湖泊沉积物中 Cd、Cu、Pb、Zn 的累积历史

1. 草海子沉积物年代学特征

根据贡嘎山东坡草海子沉积物 ^{137}Cs 和 ^{210}Pb 的定年结果，非补偿性 ^{210}Pb 的活性随着沉积物深度呈明显的指数分布[图 6-29(a)]，说明沉积物的累积没有受到较大扰动(Wu et al.，2010)。而且，^{137}Cs 的结果清楚地展示了 1963 年和 1986 年的峰值特征，进一步支持了 ^{210}Pb 定年的结果[图 6-29(b)]。整体上，草海子沉积物的质量累积速率在 0.005～0.046 g·cm^{-2}·a^{-1} 变化[图 6-29(c)]。时间上，沉积物质量累积速率在 1950s 发生明显的增加，之后在 1960s 和 1970s 之间发生较大的波动；在 1980s 时发生了明显增加，但是在 1990 年之后，质量累积速率呈现下降的趋势，在 2000 年后再次呈现出增加趋势。

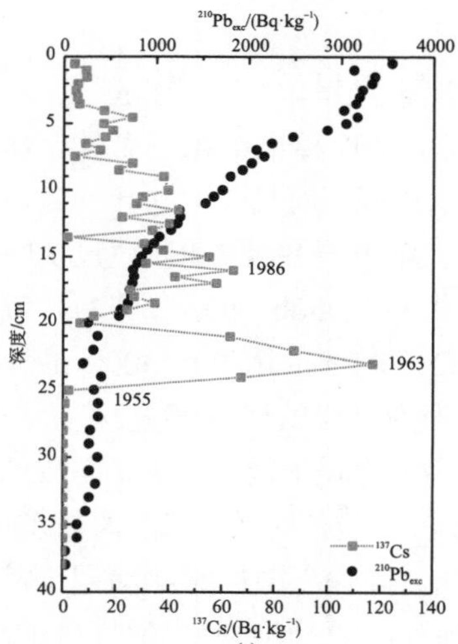

(a)

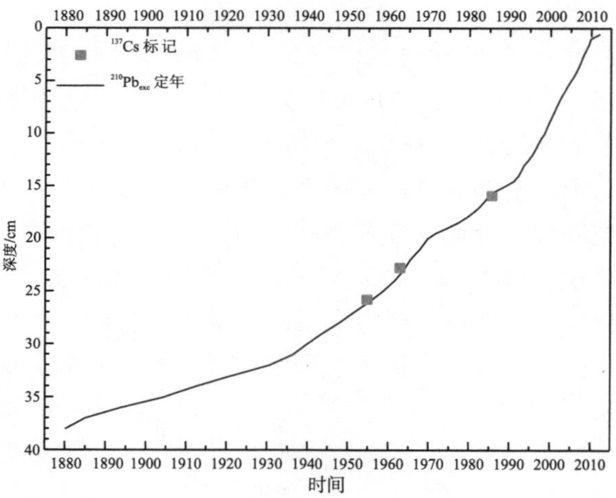

(b)

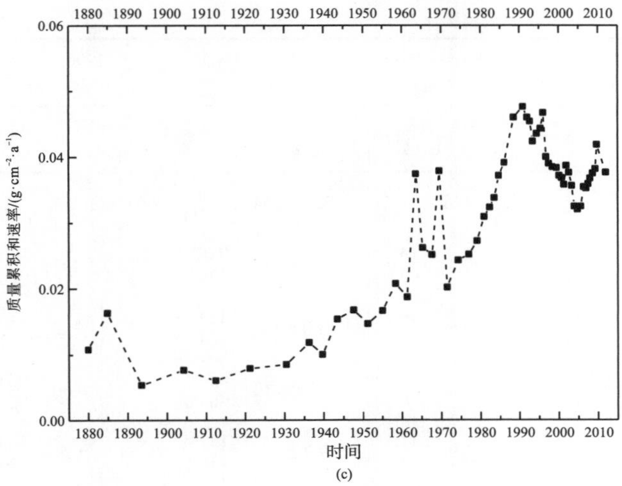

图 6-29　草海子沉积物的年代学特征，CRS 模式用于计算沉积物的质量累积速率

2. 沉积物中 Cd、Cu、Pb 和 Zn 的分布特征

沉积物中主要和微量金属的浓度见表 6-7。主要元素的浓度整体上变化较小，而微量金属 Cd、Pb 和 Zn 呈现出较大变化。在百年尺度上，沉积物中 Cd、Pb 和 Zn 浓度的变化趋势较为一致，均在 1950s 之前较低，在 1950s～1990s 稍微增加，在 1990s 之后明显增加。以 1880s 微量金属的浓度作为相对背景值，可以发现自 1990s 之后，沉积物中 Cd、Pb 和 Zn 的浓度分别增加了 6.0 倍、4.8 倍、5.5 倍。

表 6-7　不同时期草海子沉积物中各元素的浓度分布特征

各元素	1880s 之前 ($n=4$)		1880s～1950s ($n=11$)		1950s～1990s ($n=13$)		1990s 之后 ($n=14$)		合计 ($n=42$)	
	平均值±标准差	范围	平均值±标准差	范围	平均值±标准差	范围	平均值±标准差	范围	平均值±标准差	范围
Al/mg·g^{-1}	22.1±1.2	20.6～23.3	24.1±2.0	21.5～27.4	20.2±5.1	12.2～27.3	16.5±4.2	11.7～25.4	20.2±4.9	11.7～27.4
Ca/mg·g^{-1}	14.1±0.4	13.7～14.6	14.9±0.5	14.3～15.7	16.3±1.9	13.2～19.4	14.0±1.3	12.7～17.2	15.0±1.6	12.7～19.4
Fe/mg·g^{-1}	8.13±0.4	7.61～8.79	9.19±0.6	8.31～10.2	8.82±4.0	3.87～17.1	10.5±2.5	8.02～15.9	9.41±2.8	3.87～17.1
K/mg·g^{-1}	5.38±0.3	5.02～5.78	5.86±0.6	5.18～6.97	5.23±1.6	2.93～8.07	5.03±0.9	4.23～7.12	5.34±1.1	2.93～8.07
Mg/mg·g^{-1}	4.54±0.2	4.26～4.88	4.99±0.5	4.28～5.87	4.46±1.5	2.30～6.82	4.43±0.9	3.44～6.36	4.60±1.1	2.30～6.82
Mn/mg·kg^{-1}	105±4.3	99.2～111	112±11.9	99.4～132	114±34.1	67.4～172	118±25.3	90.4～161	114±25.0	67.4～172
Na/mg·g^{-1}	2.73±0.2	2.46～2.98	3.00±0.4	2.63～3.69	2.66±0.8	1.50～3.90	2.19±0.6	1.63～3.38	2.60±0.7	1.50～3.90
Sr/mg·kg^{-1}	64.4±4.5	58.4～69.2	70.7±8.1	61.1～85.9	68.2±16.0	43.8～94.7	54.9±11.6	44.3～81.1	64.1±13.7	43.8～94.7

续表

各元素	1880s之前 (n = 4)		1880s～1950s (n = 11)		1950s～1990s (n = 13)		1990s之后 (n = 14)		合计 (n = 42)	
	平均值±标准差	范围	平均值±标准差	范围	平均值±标准差	范围	平均值±标准差	范围	平均值±标准差	范围
Ti/mg·kg^{-1}	1452±85.2	1354～1576	1615±136	1402～1834	1325±354	774～1731	1056±287	730～1680	1323±346	730～1834
Li/mg·kg^{-1}	18.6±1.4	17.2～20.7	20.4±2.3	16.3～23.8	15.7±6.1	7.07～25.9	16.3±4.8	9.70～26.6	17.4±5.0	7.07～26.6
Cu/mg·kg^{-1}	17.3±0.3	16.9～17.8	17.2±0.5	16.4～18.1	18.0±3.5	12.9～23.7	15.6±3.2	11.1～21.4	17.0±2.9	11.1～23.7
Cd/mg·kg^{-1}	0.35±0.02	0.33～0.38	0.35±0.02	0.31～0.40	0.47±0.10	0.33～0.70	2.10±0.60	0.70～2.63	0.97±0.90	0.31～2.63
Pb/mg·kg^{-1}	10.8±0.7	10.0～11.5	13.2±2.9	11.5～21.7	29.7±8.1	15.6～46.1	51.9±9.8	36.6～70.4	31.0±17.9	10.0～70.4
Zn/mg·kg^{-1}	28.0±1.2	26.2～29.5	29.2±2.3	26.3～33.9	45.2±23.5	20.9～98.0	153±15.4	114～168	75.3±57.6	20.9～168

相关分析结果发现(表 6-8)，沉积物中除了 Cd、Pb 和 Zn，大多数元素相互之间均呈现显著性相关，但是与 Cd、Pb 和 Zn 则呈现负相关或不相关；而且，Cd、Pb 和 Zn 相互之间具有显著相关性。因子分析的结果进一步证明了不同元素间的相互关系(图 6-30)。Al、Ca、Fe、K、Mg、Mn、Na、Sr、Ti、Li 和 Cu 属于第一主成分，解释了 62.6%总的方差变化，而 Cd、Pb 和 Zn 属于第二主成分，占总累积方差的 25.2%。统计分析的结果表明，沉积物中 Cd、Pb 和 Zn 与大多数元素呈现明显分异，说明其在沉积物中的来源或行为与其他元素不一致。

表 6-8 草海子沉积物中元素的 Pearson 相关分析结果

	Al	Ca	Fe	K	Mg	Mn	Na	Sr	Ti	Li	Cu	Cd	Pb	Zn
Al	1.00													
Ca	**0.61**	1.00												
Fe	**0.55**	**0.54**	1.00											
K	**0.90**	**0.65**	**0.83**	1.00										
Mg	**0.88**	**0.64**	**0.85**	**0.99**	1.00									
Mn	**0.53**	**0.61**	**0.87**	**0.79**	**0.78**	1.00								
Na	**0.97**	**0.72**	**0.67**	**0.95**	**0.93**	**0.67**	1.00							
Sr	**0.94**	**0.81**	**0.65**	**0.92**	**0.90**	**0.67**	**0.98**	1.00						
Ti	**0.99**	**0.58**	**0.50**	**0.87**	**0.85**	**0.49**	**0.95**	**0.91**	1.00					
Li	**0.79**	0.38*	**0.66**	**0.84**	**0.83**	**0.73**	**0.78**	**0.72**	**0.79**	1.00				
Cu	**0.80**	**0.70**	**0.66**	**0.81**	**0.81**	**0.70**	**0.82**	**0.83**	**0.78**	**0.79**	1.00			
Cd	**−0.64**	**−0.49**	0.11	−0.31*	−0.24	−0.03	**−0.55**	**−0.57**	**−0.66**	−0.28	**−0.48**	1.00		
Pb	−0.30	0.07	**0.51**	0.04	0.14	0.31*	−0.17	−0.14	−0.34*	−0.08	0.04	**0.72**	1.00	
Zn	**−0.47**	−0.27	0.38*	0.09	−0.01	0.21	−0.35*	−0.37*	**−0.51**	−0.11	−0.24	**0.95**	**0.87**	1.00

注：粗体表示相关性在 0.01 水平上显著(双尾检验)；*表示在 0.05 水平上显著(双尾检验)。

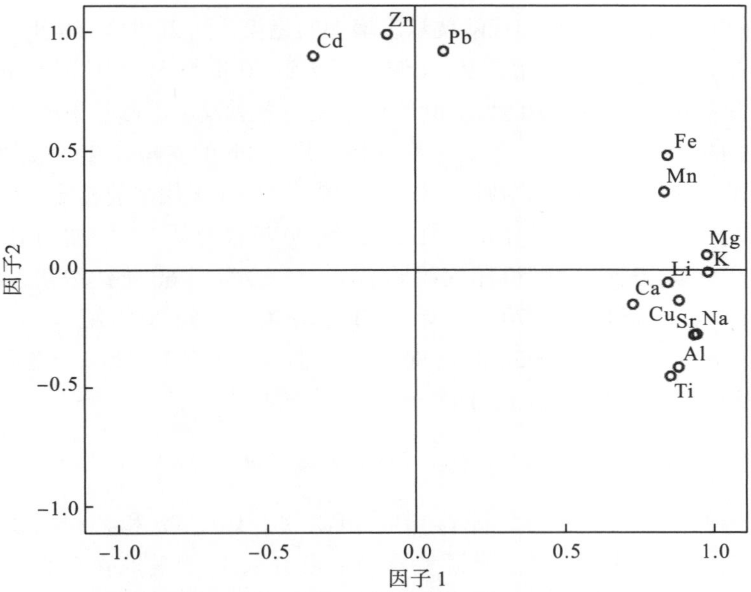

图 6-30　因子分析中各元素的因子负荷分布特征($n = 42$)

在垂直分布中，沉积物中 Cd、Pb 和 Zn 的浓度和富集特征的变化基本一致(图 6-31)。但是随着时间的变化，不同微量金属则呈现了不同变化趋势。Cd 和 Zn 的增加主要发生在 20 世纪 80 年代，在 20 世纪 90 年代中期达到最大，之后它们的浓度基本维持在较高的水平

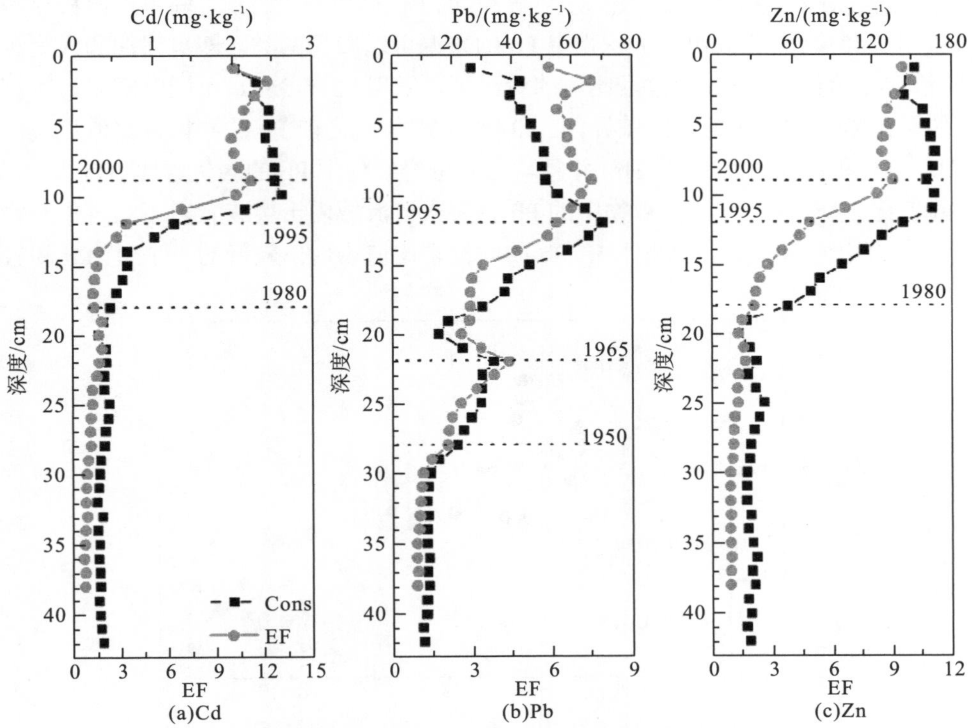

图 6-31　草海子沉积物中 Cd、Pb 和 Zn 的浓度和 EF 的垂直变化特征

上；而 Pb 的浓度在 20 世纪 50 年代就展示出增加的趋势，到 20 世纪 60 年代其浓度就达到相对较高的水平，而在 1970 年左右 Pb 的浓度回落到 20 世纪 50 年代的水平，之后开始出现显著增加，最高浓度出现在 20 世纪 90 年代中期，之后发生缓慢的下降。沉积物中 Cd、Pb 和 Zn 的 EF 的时间变化总体上与其浓度一致，只有 Pb 的富集在 20 世纪 90 年代中期开始维持在稳定的水平上。通过 EF 数值可知，与 19 世纪 80 年代之前相比，在 20 世纪 90 年代之前 Cd 的富集相对较低(EF < 1.8)，在 20 世纪 90 年代时从 1.7 增加到 10.3，目前其 EF 达到 10.7。Pb 的富集在 20 世纪 50 年代明显增加，在 20 世纪 60 年代中期达到 4.4，之后在 1970 年下降到了 2.6，但是自 1970 年开始其 EF 逐渐增加，到 20 世纪 90 年代达到 4.7，目前该值维持在 6.6。Zn 的富集在 20 世纪 80 年代之前均较低(EF < 2.0)，之后增加明显，到 20 世纪 90 年代中期达到 9.0，并且目前仍然维持在较高水平。

3. 沉积物中微量金属 Cd、Cu、Pb、Zn 的来源解析

根据统计分析的结果(表 6-8，图 6-30)，沉积物中 Cd、Pb 和 Zn 与 Al、Ca、Fe、K、Mg、Mn、Na、Sr、Ti 等具有明显的来源差异。而 Al、Fe、Ti 等是地壳中的主要元素(Agnan et al.，2015)，其累积特征反映的是自然因素的影响，Cd、Pb 和 Zn 与其不相关，考虑到它们在沉积物中的富集特征(图 6-31)，说明 Cd、Pb 和 Zn 很可能来自外部来源。这与 Wu 等(2011)和 Bing 等(2014)的研究结果基本一致，沉积物中 Cd、Pb 和 Zn 的累积与不同时期的大气沉降有关。

为了进一步了解沉积物中微量金属的来源，采用 Pb 的同位素比值进一步区分沉积物中 Pb 的来源。沉积物中 $^{206}Pb/^{207}Pb$ 分别与 Pb 的 EF 和 $^{208}Pb/^{206}Pb$ 之间呈现出极显著的相关关系(图 6-32)，充分说明了沉积物中 Pb 的来源可以归为两类，即自然源和人为源。通过与其他潜在污染源中 Pb 同位素比值的对比可以发现(图 6-33)，不同时间累积的沉积物中 Pb 的同位素组成具有明显的差异，在 20 世纪 50 年代之前 Pb 的同位素比值呈现出较高的 $^{206}Pb/^{207}Pb$ 和较低的 $^{208}Pb/^{206}Pb$，并且与当地母岩矿物中 Pb 的同位素比值较为一致，说明在 20 世纪 50 年代之前，沉积物中的 Pb 主要来自流域内土壤或者岩石的风化产物。自 20 世纪 90 年代中期开始，沉积物中 Pb 的同位素比值表现出较低的 $^{206}Pb/^{207}Pb$ 和较高的

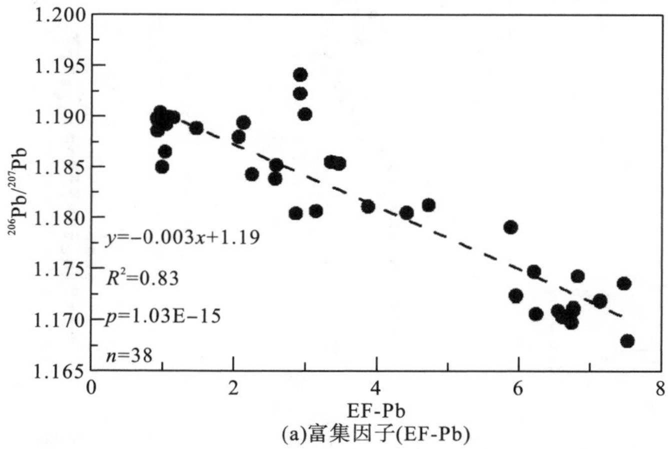

(a)富集因子(EF-Pb)

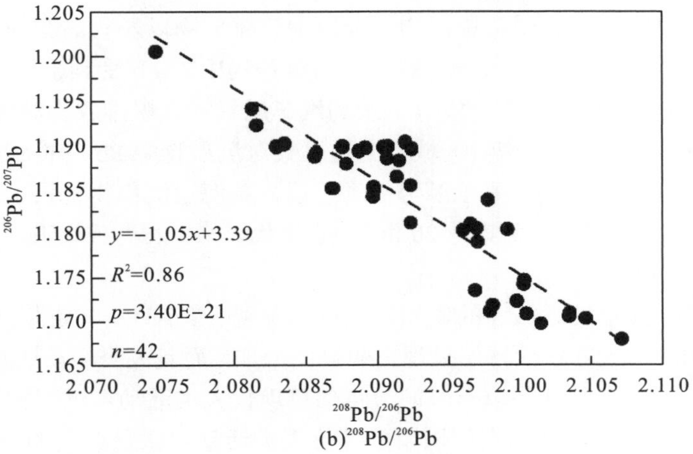

图 6-32　草海子沉积物中 ^{206}Pb/^{207}Pb 与 Pb 的富集因子(EF-Pb)和 ^{208}Pb/^{206}Pb 的回归分析

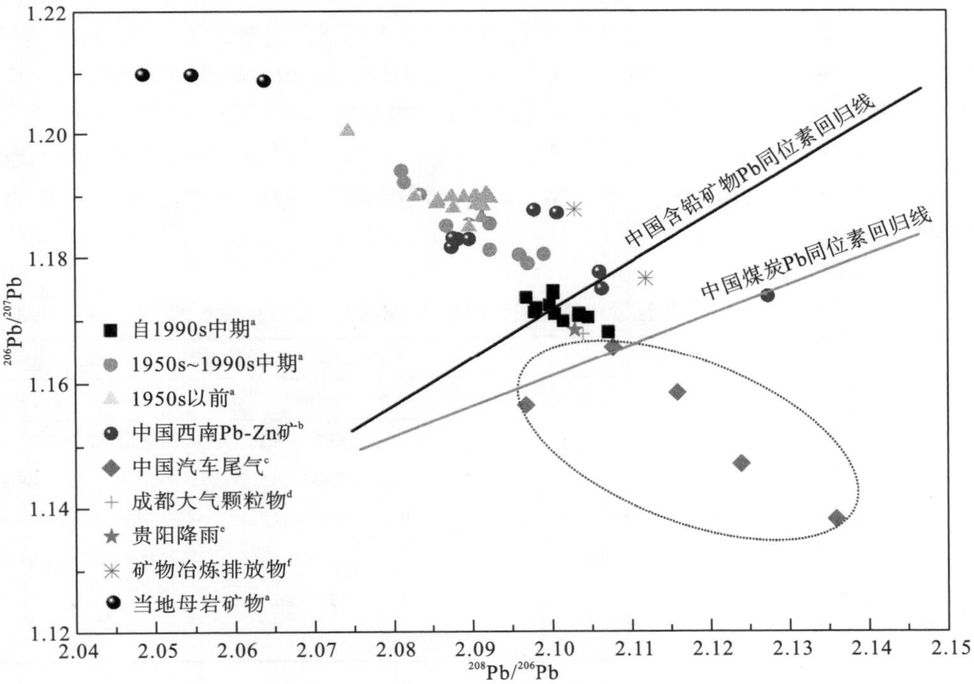

图 6-33　草海子沉积物中 Pb 的同位素比值与其他潜在污染源中的比值对比

中国煤炭中 Pb 同位素比值回归线数据引自 Zheng 等(2004)、Bi 等(2007，2017)、Li 等(2012a)、Luo 等(2015)；中国含铅矿物中 Pb 同位素比值回归线数据引自 Zheng 等(2004)、Xue 等(2007)、Li 等(2012a)、Zhou 等(2014)。图中 a 表示本研究中的数据；b 引自 Xue 等(2007)、Xiao 等(2012)；c 引自 Zhu 等(2001)；d 引自 Gao 等(2004)；e 引自 Li 等(2012a)；f 引自 Bi 等(2007)

$^{208}Pb/^{206}Pb$，该比值特征与我国含铅矿物、金属冶炼排放物以及我国西南主要城市大气颗粒物和降水中 Pb 的同位素比值较为一致，说明沉积物中的 Pb 受到了人类活动排放的 Pb 的影响。但是，Pb 的同位素比值并没有记录到汽车尾气和燃煤排放物对沉积物中 Pb 的贡献，这可能与贡嘎山远离人口密集区域、交通尾气对沉积物中 Pb 的贡献相对较低有关。因此，通过统计分析和 Pb 同位素示踪等技术手段，草海子沉积物记录了过去百年来人类活动对高山生态系统的影响，尤其是 20 世纪 90 年代以来，人类活动明显影响了沉积物中 Cd、Pb 和 Zn 的累积。

根据沉积物中 Cd、Pb 和 Zn 的累积历史可以发现(图 6-31)，Cd 和 Zn 在 20 世纪 80 年代，而 Pb 在 20 世纪 50 年代开始呈现出明显的增加，而且人类活动明显影响到 Cd、Pb 和 Zn 的累积。因此，分别选择以上时间节点估算现代人类活动对沉积物中 Cd、Pb 和 Zn 累积的贡献。Al 作为保守性元素可以用于评价人类活动对微量金属的贡献程度(Bing et al.，2011，2016c)。1980～1995 年，沉积物中 Cd/Al 和 Zn/Al 的比值(分别为 1.3～3.4 和 2.1～4.9)稍微超出现代工业化之前(19 世纪 80 年代之前)的水平，但是自 20 世纪 90 年代中期以来该比值增加明显，分别达到 6.9～12.2 和 6.7～10.0。1950～1995 年，Pb/Al 比值从 2.1 增加到 6.2，自 20 世纪 90 年代开始增加到 6.0～7.5。这些比值的变化意味着自 20 世纪 90 年代中期以来，人类活动对沉积物中 Cd、Pb 和 Zn 的贡献分别为 87.3%～92.4%、85.7%～88.2%和 87.0%～90.9%(表 6-9)。地球化学模型得出了类似的结果(表 6-9)，进一步证明了人类活动对 Cd、Pb 和 Zn 的贡献。但是，在 20 世纪 90 年代中期之前，地球化学模型计算的结果低于 EF 得到的结果，不考虑微量金属的地球化学背景可能是造成这种差异的主要原因。

表 6-9 人类活动对草海子沉积物中 Cd、Pb 和 Zn 的贡献率 (单位：%)

方法		Cd		Pb		Zn	
		1980～1995 年	自 1995 年	1950～1995 年	自 1995 年	1980～1995 年	自 1995 年
EF	范围	56.5～77.3	87.3～92.4	67.7～86.1	85.7～88.2	56.5～83.1	87.0～90.9
	均值	66.7	91.2	77.8	87.2	75.0	89.8
地球化学法	范围	24.6～70.8	85.5～91.8	53.2～83.9	83.2～86.7	54.8～79.6	85.0～90.0
	均值	45.0	90.4	68.9	85.2	67.8	88.5
Pb 同位素	范围	—	—	41.5～74.9	75.7～86.4	—	—
	均值	—	—	58.5	80.8	—	—

利用 Pb 的同位素二元混合模型计算了 Pb 的人类活动贡献率(表 6-9)。整体上，自 20 世纪 90 年代中期开始，超过 80%的 Pb 与人类活动的排放有关，这一结果与前两种方法计算的结果基本一致。然而，根据 Pb 的同位素二元混合模型，在 20 世纪 90 年代之前人类活动贡献的 Pb 大约为 60%，明显低于前两种方法得到的结果。在之前的研究中，李睿等(2015)估算了草海子流域表层土壤(O 层和 A 层)中 Pb 的人类活动贡献率，其结果发现在有机物富集的土壤 O 层中人类活动贡献的 Pb 达到了 87.6%，而在矿物 A 层中该值达到了 60.6%。这些结果足以说明人类活动排放的 Pb 已经主导草海子流域 Pb 的分布。

4. 草海子流域人类活动来源的 Cd、Pb 和 Zn 的累积趋势

建立人为源微量金属的累积历史有助于了解当前人类活动强度，并且可以预测微量金属污染的趋势。根据草海子沉积物的质量累积速率和微量金属的浓度，计算了 Cd、Pb 和 Zn 的总的质量累积通量(TF)和人类活动导致的质量累积通量(AF)。整体上，沉积物中 Cd 和 Zn 的累积通量的时间变化与其富集特征基本一致，但是 Pb 则存在不一致的情况(图 6-34)。根据人为源微量金属的累积通量变化，沉积物中 Pb 的污染明显要早于 Cd 和 Zn，这可能反映了全球 Pb 的影响。在 20 世纪 50～60 年代，沉积物中 Cd、Pb 和 Zn 的 AF 增加明显，可能与我国西南地区的矿山开采和金属冶炼有关。在 20 世纪 80 年代～90 年代中期，所有微量金属的 AF 均呈现了增加的趋势。自 20 世纪 90 年代中期之后，AF-Pb 逐渐下降，反映了含铅汽油的禁止减少了大气中 Pb 的水平。

沉积物中 AF-Pb 的时间变化与我国近百年来大气 Pb 的排放历史基本一致(Li et al.，2012b)，但是明显落后于欧洲和北美国家或地区大气 Pb 的排放历史，即这些地区大气 Pb 的明显下降发生在 20 世纪 70～80 年代(Escobar et al.，2013；Shotyk 和 Krachler，2010；Yohn et al.，2004；Bindler et al.，2001)。根据 AF-Pb 的水平，即使目前阶段 Pb 的累积呈现了下降的趋势，但是其通量仍处于历史上相对较高的水平(>10.0 $mg·m^{-2}·a^{-1}$)。加强区域上的环境保护措施仍然是当前阶段避免大气污染的重要手段。

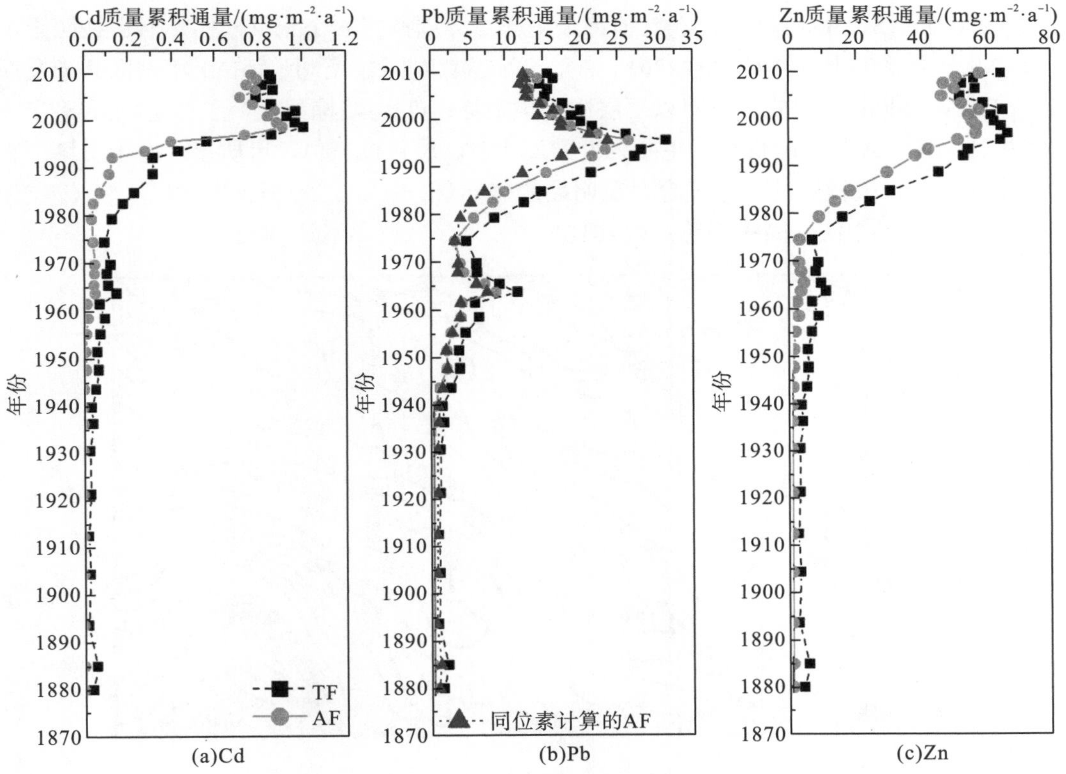

图 6-34　草海子沉积物中 Cd、Pb 和 Zn 质量累积通量的时间变化特征

通过 EF 和统计分析等手段发现，贡嘎山东坡土壤和植物组织中 Cd 和 Pb 以及部分 Zn 受到了大气沉降的影响，而 Cu 的分布特征主要受当地环境因素的影响(如土壤风化、理化性质以及植物作用等)。Cd、Pb 和 Zn 除了受到大气沉降的影响以外，植物的吸收、归还、淋滤效应等对土壤中微量金属的累积以及再分布具有重要影响。

草海子沉积物中微量金属的累积特征记录了过去百年来人类活动对贡嘎山生态系统影响。矿物开采、金属冶炼等是该区域微量金属的主要人为源，而且自 20 世纪 90 年代中期以来超过 80%的 Cd、Pb 和 Zn 与人类活动排放有关。Cd、Pb 和 Zn 的累积历史揭示了 Cd 和 Zn 自 20 世纪 80 年代、Pb 自 20 世纪 50 年代开始受到人为源的影响，而且在 20 世纪 90 年代中期开始达到最大。目前，Cd 和 Zn 的累积仍处于较高水平，而 Pb 则呈现出缓慢下降的趋势。

6.4　贡嘎山海螺沟冰川退缩迹地微量金属地球化学特征

6.4.1　样品采集与分析

选择贡嘎山东坡海螺沟冰川退缩区(海拔 2850～2950 m，图 6-35)，于 2012 年 11 月，根据冰川退缩后土壤出露的时间和植被发育特征(李逊和熊尚发，1995；钟祥浩等，1999；Li et al.，2010)，在海螺沟冰川退缩区选择 6 个采样点(图 6-35)。除了第一个采样点以外(采集表层 0～15 cm 冰碛物)，在其他每个采样点分别挖掘 6 个土壤剖面，然后按照土壤发育状况分层采集土壤样品(图 6-36)。由于土壤发育时间较短，所有的土壤剖面都未发现 B 层(IWG，2006)。因此，按照以下层次采集土样：O 层，棕黑色，主要是以降解/半降解有机物为主；A 层，暗棕色，主要为腐殖质土；C 层，棕灰色，母质层。由于土壤出露时间不同，每个采样点的土壤发育存在明显的差异(图 6-36)，根据土壤厚度又将 C 层划分为若干层(10～20 cm 间隔不等，表 6-10)。

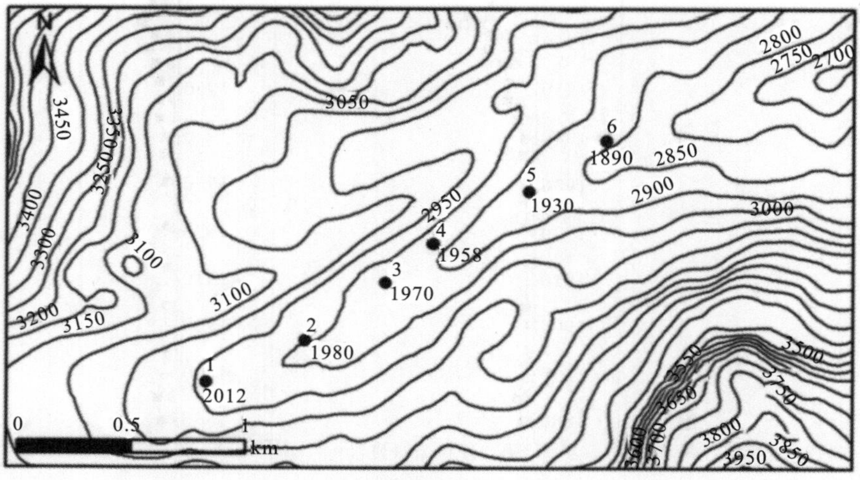

图 6-35　贡嘎山东坡海螺沟冰川退缩区及采样点位置

图中采样点的年龄为冰川退缩土壤出露的时间

图 6-36　海螺沟冰川退缩迹地土壤剖面特征

根据植被演替状况，在每个采样点选择优势植物采集植物组织样品，包括植物枝和叶片，同时采集优势苔藓(赤茎藓和松萝)。每种样品均选择至少 5 颗成熟植株进行采集，同时考虑采集不同朝向和高度的植物组织，样品现场混合为一个样品进行分析。苔藓样品主要采集林下岩石(至少 5 个采样位置)上的苔藓种类，在采样点 4 选择 5 棵以上的树木收集树间生长的松萝，每个点的苔藓样品现场混合为一个样品。

采集的土壤和植物样品，现场放置于聚乙烯塑料的样品袋中，密封保存，低温(4℃)运至实验室以备分析理化性质及微量金属浓度等指标。土壤样品室温晾干后过 2 mm 筛，使用玛瑙研钵研磨样品过 200 目尼龙筛。植物组织和苔藓样品利用去离子水冲洗后，放置烘箱中 60℃烘干，然后粉碎过 100 目尼龙筛。

土壤 pH 采用水土比 2.5∶1 混合，采用玻璃电极法进行测定。SOC 的测定采用碳氮元素分析仪，土壤样品先使用 1 $mol \cdot L^{-1}$ HCl 溶液去除无机碳酸盐，标准物质(GSS-11)用于质量控制，回收率标准差小于 10%。土壤和植物样品采用 HNO_3-HF-$HClO_4$ 消解法，元素浓度采用 ICP-AES 和 ICP-MS 分析，采用美国标准物质 SPEX^{TM} 作为标准物质，重复测定样品、空白样品以及参考物质(土壤：GSD-9 和 DSD-11；植物：GBW07603 和 GBW07604)用于质量控制。通过分析重复样品和参考物质，仪器测量误差均低于 5%，标准物质的回收率为(90±6)%。

土壤和苔藓样品中 Pb 的同位素(^{206}Pb、^{207}Pb 和 ^{208}Pb)采用上述相同的消解方法，然后采用 ICP-MS(Agilent 7700x)分析。国际标准物质(SRM981-NIST，美国)用于仪器校正，标准物质(GBW04426，中国)用于分析控制。通过重复测量 GBW04426 Pb 的标准物质，^{208}Pb/^{206}Pb 和 ^{207}Pb/^{206}Pb 比值的最大偏离均小于 0.002，而且同位素比值的相对标准偏差分别小于 0.09%和 0.18%。

表 6-10　海螺沟冰川退缩迹地土壤理化性质特征以及植被分布特征（$n = 135$）

样点	时间/年	坐标	海拔/m	优势植物	层	深度/cm	pH	SOC/(mg·g^{-1})	Al/(mg·g^{-1})	Ca/(mg·g^{-1})	Fe/(mg·g^{-1})	Mn/(mg·g^{-1})
1	2012	29° 34′04.0″ N 101° 59′34.4″ E	2960	*Bare land*	表层土	0～15	8.54±0.01	1.9±0.1	64.7±0.9	54.0±0.2	44.0±0.3	843±21.1
2	1980	29° 34′03.2″ N 101° 59′25.6″ E	2940	*Salix rehderiana*，*Astragalus adsurgens* Pall.，*Hippophae rhamnoides* L.	O	0～3	6.17±0.33	243±124	29.0±15.8	28.7±6.6	18.8±10.5	555±131
					A	3～4	5.61±0.47	57.2±34.4	56.8±4.9	38.9±2.6	37.6±3.4	675±31.9
					C1	4～14	8.22±0.63	6.4±1.9	62.3±1.0	54.8±4.9	41.7±1.0	768±18.4
					C2	46+	8.41±0.16	4.4±0.9	61.5±0.5	60.9±2.6	41.4±0.7	772±20.4
3	1970	29° 34′16.0″ N 101° 59′55.4″ E	2920	*Populus purdomii* Rehder（half-mature）	O	0～6	6.56±0.46	163±32.8	50.4±7.6	33.0±2.2	28.4±6.3	603±97.9
					A	6～9	6.42±0.34	47.1±18.1	64.0±2.7	37.2±2.3	36.4±2.1	706±28.1
					C1	9～19	6.95±0.86	5.2±2.3	70.4±1.7	39.6±3.4	35.0±2.8	674±41.4
					C2	47+	7.88±0.54	4.4±2.6	68.3±2.8	47.9±5.4	40.8±2.1	763±31.8
4	1958	29° 34′21.2″ N 102° 00′03.5″ E	2910	*Betula albo-sinensis* Burk.，*Abies fabri* (Mast.) Craib（half-mature）	O	0～5	6.18±0.33	212±90.1	39.5±15.5	30.2±5.0	19.2±6.7	482±87.5
					A	5～7	5.53±0.23	86.6±73.0	58.0±10.1	34.1±2.5	27.6±5.5	554±77.5
					C1	7～17	5.92±0.34	3.2±0.9	68.0±1.6	42.0±3.4	34.0±1.5	656±38.0
					C2	49+	7.20±0.88	2.3±0.8	68.4±1.4	42.9±3.8	33.5±3.1	652±63.2
5	1930	29° 34′28.9″ N 102° 00′19.4″ E	2890	*Abies fabri*（Mast.) Craib, *Picea brachytyla*（Franch.）E.Pritz.	O	0～12	4.74±0.73	277±77.7	29.7±10.3	20.0±4.1	14.5±3.8	301±80.6
					A	12～19	4.44±0.47	117±49.8	53.1±6.2	30.8±2.7	24.7±2.9	449±50.9
					C1	19～29	6.03±0.31	3.2±0.6	70.3±1.0	39.7±1.9	30.9±1.7	628±51.0
					C2	29～49	6.45±0.47	2.2±0.3	71.4±0.7	39.0±3.0	30.4±3.9	607±88.1
					C3	62+	7.82±0.73	1.4±0.3	69.6±1.4	42.2±3.5	32.1±3.5	637±67.2
6	1890	29° 34′36.0″ N 102° 00′32.1″ E	2850	*Picea brachytyla*（Franch.）E.Pritz.，*Abies fabri*（Mast.）Craib	O	0～12	5.59±0.32	348±15.4	15.4±4.8	19.1±3.6	8.8±2.4	347±109.0
					A	12～22	4.84±0.40	137±59.2	48.8±6.5	29.1±2.2	24.1±4.1	448±69.0
					C1	22～32	5.89±0.45	4.0±0.9	69.7±0.9	42.4±1.9	33.3±1.6	671±26.1
					C2	32～52	6.49±0.20	2.4±1.0	70.5±0.7	42.7±2.0	34.1±1.4	681±22.6
					C3	60+	6.73±0.47	2.4±0.8	69.8±0.7	42.5±1.3	33.9±3.1	672±70.0

注：理化属性的误差值代表了 6 个重复样品的标准偏差；表中时间代表的是冰川退缩后土壤暴露出来的时间。

6.4.2　海螺沟冰川退缩迹地土壤理化性质特征

随着母岩矿物的不断风化，海螺沟冰川退缩迹地的土壤随着时间增加不断发育（图 6-36），矿物组成随土壤发育和植被演替的变化特征详见前面章节。表 6-10 列出了海螺沟冰川退缩迹地土壤的主要理化性质以及植被分布特征。随着土壤发育时间的增加，土壤深度显著增加，而且土壤有机层和矿物 A 层增加尤为明显。在土壤剖面中土壤 pH 随着土壤深度的增加显著增加，而随着土壤发育和植被演替土壤 pH 显著下降（$p < 0.05$）。SOC 与 pH 具有相反的分布特征，在土壤剖面中，SOC 随深度的增加明显下降，而在土壤发育较长的土壤序列上 SOC 显著增加。

海螺沟冰川退缩迹地土壤中主要元素的分布特征显示（表 6-10），所有元素在土壤剖面中均呈现出随土壤深度增加而显著增加的趋势。在空间上，在土壤 C 层中，各个元素在不同土壤序列中没有呈现出显著性差异，反映了海螺沟冰川退缩迹地土壤中主要元素的本底基本一致。在表层土壤中（O 层和 A 层），除了 Al 以外，Ca、Fe 和 Mn 的浓度随着土壤发育和植被演替呈现出下降的趋势，尤其在最后两个点其下降最为明显（$p < 0.05$）。

6.4.3　海螺沟冰川退缩迹地 Cd、Cu、Pb、Zn 的地球化学特征

1. 土壤 Cd、Cu、Pb、Zn 的地球化学特征

1）土壤中 Cd、Cu、Pb、Zn 的浓度分布特征

海螺沟冰川退缩区土壤中 Cd、Cu、Pb 和 Zn 的浓度见表 6-11。在土壤剖面中，Cd 和 Pb 的浓度随土壤深度增加显著下降（$p < 0.05$），即在土壤 O 层的浓度显著高于土壤 A 层，而土壤 C 层中的浓度最低。Cu 的浓度则呈现出相反的趋势，土壤 A 层中 Zn 的浓度显著低于土壤 O 层和 C 层中的浓度水平。Cd、Cu、Pb 和 Zn 的浓度差异一定程度上反映了植物吸收作用的影响，Cd 和 Pb 是植物不需要的元素，而 Cu 和 Zn 是植物生长必需的微量营养元素，土壤剖面中土壤 A 层甚至是土壤 O 层中 Cu 和 Zn 的浓度较低充分反映了植物对营养元素的“泵吸”效应。通过与中国土壤环境质量基准以及全球上陆壳中微量金属浓度的对比可以发现，所有微量金属在土壤 C 层中的浓度水平与以上基准值基本一致，反映了海螺沟冰川退缩迹地土壤 C 层中 Cd、Cu、Pb 和 Zn 的浓度能够代表当地的背景水平。但是在其他土层中，这些微量金属元素呈现了不同的分布特征：Cd 在土壤 O 层和部分的土壤 A 层中显著超过了这些背景值，而且也明显高于中国农业土壤中的最大忍受浓度；在土壤 O 层和 A 层中，Cu、Pb 和 Zn 的浓度与上述背景值相近或者稍微偏高，但是在个别点位也存在明显偏高的现象。

在空间分布上，随着土壤暴露时间的变化，在土壤 O 层中 Cd 和 Zn 的浓度在点 2 和 3 处的浓度显著高于其他点位，Cu 的浓度则在年轻土壤中较高，Pb 在较老的土壤中富集（图 6-37）。在土壤 A 层中，Cd 的空间分布差异不显著，而其他微量金属在点 2、3、4 处的浓度较高。在土壤 C 层中，较高的微量金属浓度出现在年轻的土壤中，这可能与土壤发育较弱、植物演替等因素的影响有关（Bing et al.，2014）。

表 6-11 海螺沟冰川退缩迹地土壤中 Cd、Cu、Pb 和 Zn 的浓度特征(单位：$mg \cdot kg^{-1}$)

	Cd	Cu	Pb	Zn	数据来源
O 层	1.09～6.79(2.43)	9.16～56.9(18.5)	30.4～76.0(50.6)	45.8～250(109)	本书
A 层	0.196～1.47(0.584)	7.82～40.2(19.8)	19.4～39.4(27.0)	41.1～114(66.8)	本书
C 层	0.107～0.378(0.194)	11.9～59.7(27.6)	14.6～23.7(19.2)	52.7～101(73.1)	本书
			背景值		
中国	0.097	22.6	26.0	74.2	CEPA (1990)
UCC	0.098	25	20	71	Taylor 和 McLennan (1995)
			阈值		
X_a	0.2	35	35	100	
X_b	0.6	100	350	300	
X_c	1.0	400	500	500	
MPC(pH < 6.5)	0.30	50	250	200	CEPA (1995)

注：括号中的值为浓度平均值；UCC 为上陆壳；阈值为中国土壤环境质量基准值(GB 15618—1995)；X_a 代表无污染；X_b 代表低污染；X_c 代表高污染；MPC 代表中国农业土壤“最大忍受浓度”。

2) 土壤中 Cd、Cu、Pb 和 Zn 的形态分布特征

海螺沟冰川退缩区土壤 Cd、Cu、Pb 和 Zn 的形态浓度分布显示，随着土壤发育程度的变化，土壤中 Cd、Cu、Pb 和 Zn 的形态发现了显著的变化(图 6-37)。Cd 在土壤 O 层和 A 层中的主要形态为可还原态，酸可提取态次之，氧化结合态浓度最低。在土壤 C 层中，Cd 的主导形态为残渣态，酸可提取态次之，而氧化结合态浓度最低。随着土壤发育，在土壤 O 层中可还原态 Cd 的含量逐渐增加，氧化态形式没有出现显著变化，而酸可提取态和残渣态存在下降趋势($p < 0.05$)。在土壤 A 层中，可还原态 Cd 的组成随着土壤发育程度的增加而增加，而残渣态 Cd 则呈相反的变化趋势，酸可提取态和氧化态 Cd 没有显著变化。在土壤 C 层中，残渣态 Cd 的组成随着土壤发育程度的增加而增加，而其他形式的 Cd 出现下降趋势。

在土壤 O 层中，Cu 以氧化态为主导，其含量随着土壤发育程度的增加而增加；残渣态 Cu 次之，随土壤发育程度的增加而下降；其他两种 Cu 的形态组成在 O 层中的浓度非常低。在土壤 A 层中，残渣态 Cu 占主导，而且在各个采样点处没有显著差异；氧化态 Cu 的组成次之，其余两种形态浓度很低。随着土壤发育程度的增加，土壤中氧化态 Cu 的含量增加明显。在土壤 C 层中，尽管残渣态依然占据主导地位，但是酸可提取态和可还原态 Cu 的浓度显著增加，其浓度水平甚至高于氧化态 Cu 的浓度水平。整体上，随着土壤发育程度的增加，土壤 C 层中酸可提取态、还原态和氧化态 Cu 的浓度呈现逐渐下降的趋势，而残渣态 Cu 的浓度逐渐增加。

在土壤 O 层中，Pb 以可还原态为主导，氧化态次之，可交换态最低。随着土壤的发育，土壤 O 层中还原态和氧化态 Pb 的比例呈现增加的趋势，而残渣态 Pb 呈现下降趋势，可交换态 Pb 由于浓度较低，其变化趋势不明显。在土壤 A 层中可还原态和残渣态的 Pb 占主导，而且随着土壤发育其比例有所增加，氧化态 Pb 的浓度高于可交换态 Pb 的浓度，但是它们在

空间上的变化趋势不明显。在土壤 C 层中，残渣态 Pb 浓度高，占总 Pb 的绝大部分；而且随着土壤发育，其变化不明显。可还原态 Pb 的浓度大于氧化态和可交换态 Pb 的浓度，空间上，可还原态、氧化态和可交换态 Pb 的浓度和比例均没有随土壤发育表现出明显的变化。

在土壤 O 层中 Zn 的分布模式类似于 Cd，但是氧化态和残渣态 Zn 呈现了较高的含量。在所有点位的土壤 O 层中，随着土壤发育程度的增加，可还原态和氧化态 Zn 的浓度逐渐增加；较高的酸可提取态 Zn 的含量出现在采样点 3 和 5；残渣态 Zn 呈现下降的趋势。在土壤 A 层中，残渣态 Zn 的形态占主导。除了采样点 6 具有明显高的酸可提取态、可还原态和氧化态 Zn 以外（$p < 0.05$），Zn 的形态组成在其他采样点处的 A 层中没有呈现显著差异。另外，残渣态 Zn 的含量在采样点 2、3、4 和 5 处明显高于采样点 6 处的水平。在土壤 C 层中，残渣态 Zn 的浓度占据绝对主导地位。与土壤 A 层不同，在土壤 C 层中酸可提取态、可还原态和氧化态 Zn 的含量在采样点 2 处明显较高，而其他采样点处没有显著差异。与之对应地，与其他采样点相比，采样点 2 处残渣态 Zn 的含量明显较低（$p < 0.05$）。

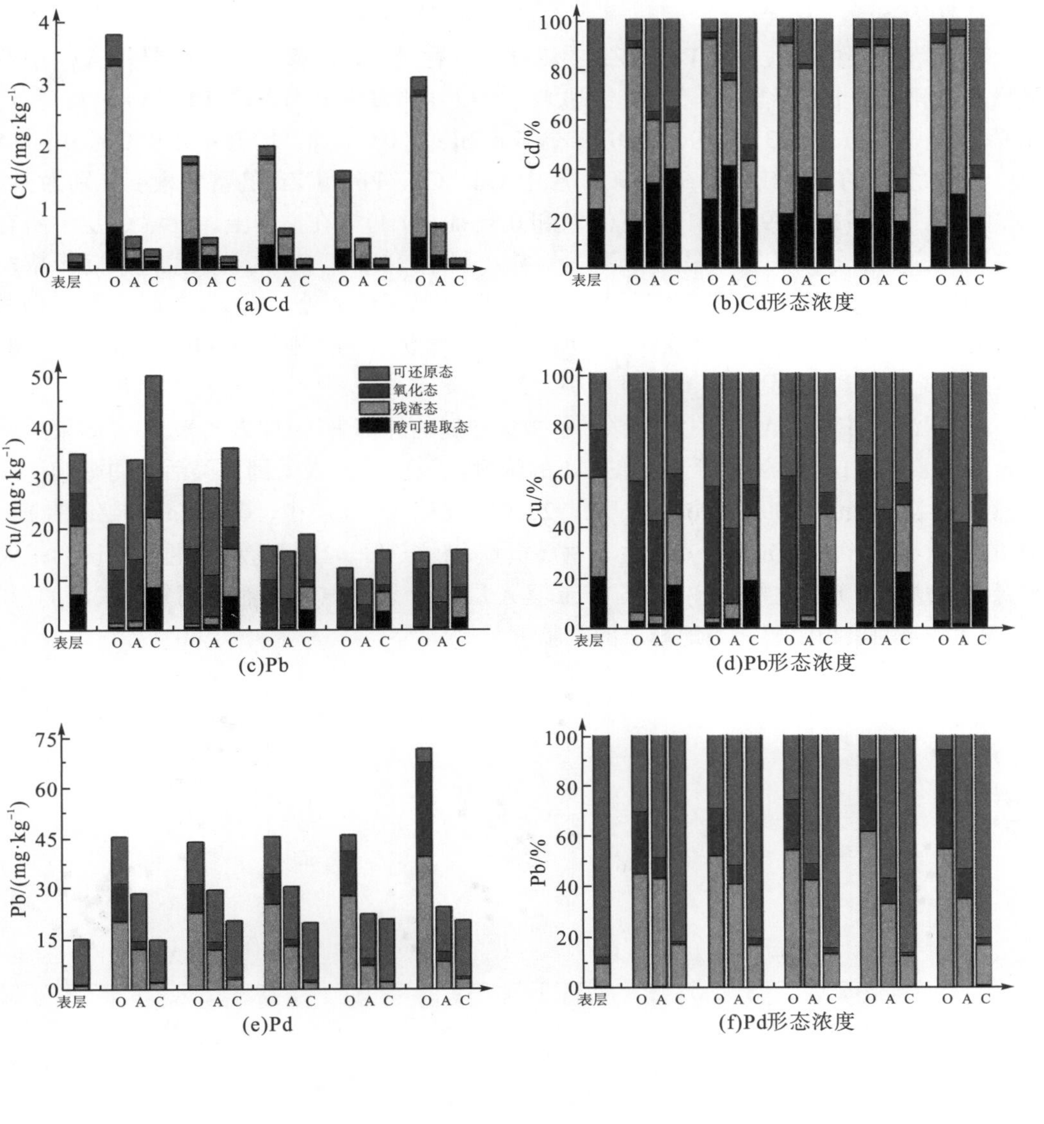

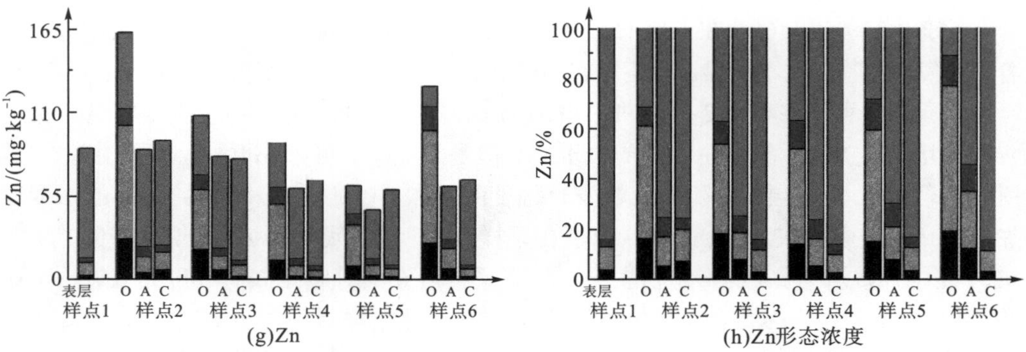

图 6-37　海螺沟冰川退缩区土壤 Cd、Cu、Pb 和 Zn 及其形态浓度分布特征

Cd、Cu、Pb 和 Zn 的形态提取采用 BCR 化学连续提取法

2. 海螺沟冰川退缩迹地 Cd、Cu、Pb 和 Zn 的来源解析

1) 富集特征

以土壤 C 层中 Cd、Cu、Pb 和 Zn 的浓度作为背景值，计算了土壤 O 层和 A 层中各个微量金属元素的 EF。结果显示，在土壤 O 层中 Cd 的富集最为明显(EF：5.8～171，均值 44.9)，Pb(EF：1.9～23.9，均值 8.0)次之，Zn(EF：1.0～17.8，均值 4.5)和 Cu(EF：0.5～9.0，均值 2.3)的富集较低。在土壤 A 层中 Cd、Cu、Pb 和 Zn 的富集程度分别为 0.9～14.7(4.7)、0.5～1.7(0.9)、1.1～3.5(1.7)和 0.8～1.6(1.1)。在空间上，土壤 O 层中所有微量金属元素在点 6 处的富集最为显著，土壤 A 层中，Cd 和 Cu 的富集呈现了随土壤发育时间的增加而逐渐增加的趋势，较高 Pb 的富集出现在点 2 处，而 Zn 的较高富集仍然在点 6 处。根据 EF 的大小，土壤中 Cd 可能受到大气沉降的影响，而 Pb 和 Zn 所受到的影响程度次之，Cu 所受到的影响程度最小。

研究显示，EF 和 Al 的关系能够揭示微量金属的外部来源(即人为来源)：如果某种微量金属元素较高的 EF 对应于较低的 Al 的浓度，说明该元素受到人类活动的影响；反之亦然((Al-Momani，2003；Cong et al.，2010)。在土壤 O 层中，Cd、Cu 和 Zn 的 EF 与 Al 的变化显示，大气沉降对其产生了明显贡献(图 6-38)。土壤有机层通常被认为是大气来源的微量金属元素主要的“汇”。在土壤 A 层和 C 层中，Cd 依然受到外部来源的影响，而 Cu 和 Zn 的累积主要与当地母岩的贡献有关。

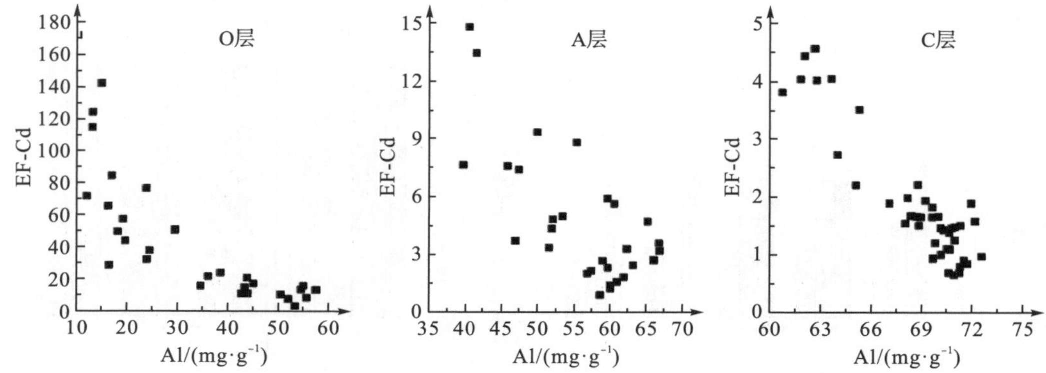

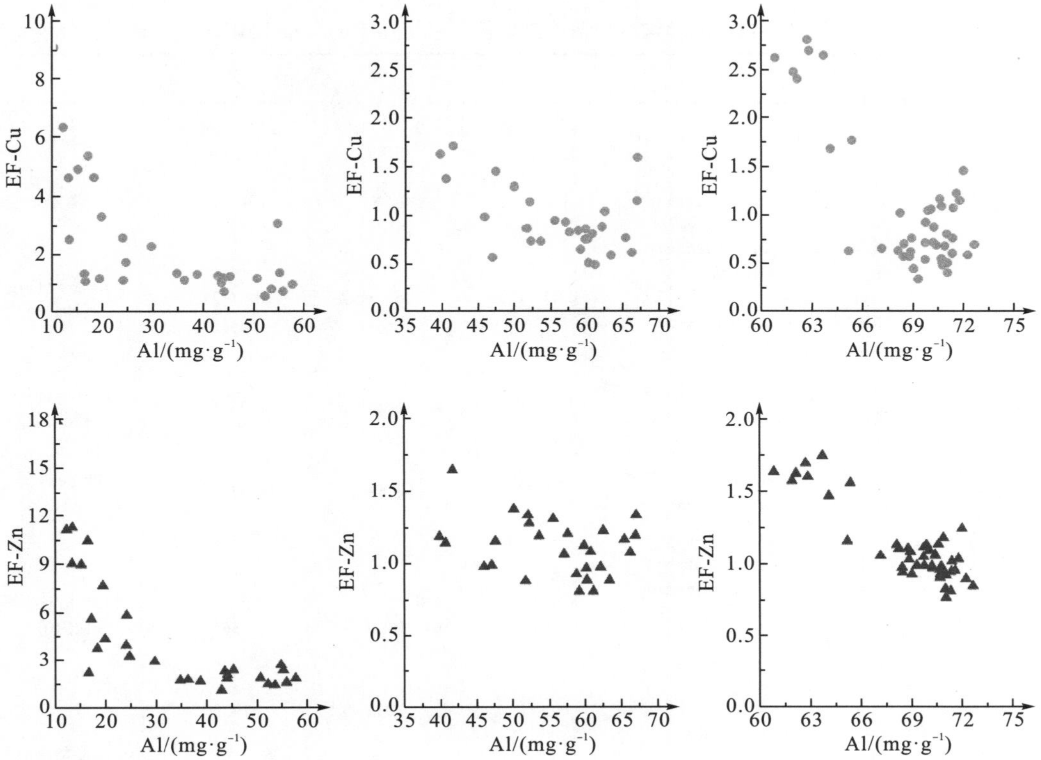

图 6-38　海螺沟冰川退缩迹地土壤中 Cd、Cu 和 Zn 的 EF 与 Al 的关系

2）植物示踪

苔藓被认为是比较理想的微量金属污染的指示植物(Bing et al.，2016b；Harmens et al.，2010；Gerdol and Bragazza，2006；Aceto et al.，2003)，这主要是因为在不同环境中苔藓都能广泛的分布，而且苔藓没有真正意义上的根，其所需养分均从大气中获取，在吸收养分的同时被动地吸收大气中的微量金属，从而能够指示大气来源的微量金属；此外，苔藓一般是一年生植物，能够反映当前大气重金属的污染状况。

海螺沟冰川退缩区主要的苔藓种类为赤茎鲜和松萝，而后者只在少数采样点有所分布。通过与加拿大所在的北极地区和欧洲一些国家所报道的浓度相比(表 6-12)，海螺沟冰川退缩区苔藓中 Cd 的浓度显著较高(大于一个数量级)；Zn 的浓度是以上地区的 2～3 倍；而 Cu 的浓度没有明显的差异。苔藓中 Cd 和 Zn 的浓度证明了贡嘎山地区明显受到大气沉降的影响。但是，在海螺沟冰川退缩区苔藓中这些微量金属的浓度显著低于印度地区苔藓中的浓度水平，而且这种差异与季节变化没有关系(表 6-12)。贡嘎山地区主要受亚洲季风的影响，很多研究已经发现，夏季印度洋季风能够携带污染物进入青藏高原(Cong et al.，2010)。因此，本书认为来自南亚一些国家排放的 Cd 和 Zn 很大程度上能够通过大气的长距离传输进入青藏高原东部的高山生态系统。

表 6-12 海螺沟冰川退缩迹地苔藓中 Cd、Cu 和 Zn 的浓度 （单位：$mg\cdot kg^{-1}$）

	优势物种	Cd	Cu	Zn	参考文献
贡嘎山	赤茎藓(*Pleurozium schreberi*)	2.12～3.78 (2.67)	9.7～13.1 (10.9)	89.6～160.8 (114.8)	本书
贡嘎山	松萝藓(*Papillaria crocea*)	2.02	2.8	84.6	本书
加拿大极地地区[a]	塔藓(*Hylocomium splendens*) 长毛砂藓(*Racomitrium lanuginosum*) 拟附干藓(*Pseudocalliergon brevifolium*)	0.02～0.15	2.96～6.92	10.6～31.1	Wilkie 和 Farge (2011)
欧洲 (2005) (16 国家)[b]	赤茎藓(*Pleurozium schreberi*) 塔藓(*Hylocomium splendens*)	0.18	6.25	33.0	Harmens 等 (2010)
欧洲 (2010/11) (21 国家)[a]	赤茎藓(*Pleurozium schreberi*) 塔藓(*Hylocomium splendens*)	0.20	6.53	31.0	Harmens 等 (2013)
马其顿[b]	赤茎藓(*Pleurozium schreberi*) 塔藓(*Hylocomium splendens*) 同蒴藓(*Homalothecium lutescens*) 灰藓(*Hypnum cupressiforme*)	0.015～3.01 (0.29)	0.7～21.4 (6.7)	16～91 (36)	Barandovski 等 (2010)
印度(夏季)[a]	丝瓜藓(*Pohlia elongata*) 暖地大叶藓(*Rhodobryum giganteum*)	151	1013	1436	Saxena 等(2013)
印度(季风期)[a]		52	605	860	
印度(冬季)[a]		74	782	1050	

注：a 浓度为平均值；b 浓度为中值.

为了更加清晰地反映苔藓中微量金属的富集特征，本节计算了土壤和苔藓中 Pb 的 EF(图 6-39)。很明显，Pb 在土壤 O 层和苔藓中的 EF 均较高，说明了苔藓和有机层土壤均可以反映大气沉降的影响。此外，两种苔藓中 Pb 的富集具有显著差异，即松萝中 Pb 的富集程度高于赤茎藓。一方面，说明松萝更加适合作为微量金属大气沉降的指示植物；另一方面，二者的差异反映了植物冠层对污染物的拦截效应。赤茎藓主要生活在林下岩石或者枯落物上，其所吸收的降水已经经过植物冠层的拦截；而松萝则主要生活在树上，其不仅可以直接从大气中吸收微量金属元素，同时也可以吸收经雨水冲刷或者树木径流中的微量金属元素。

3)铅同位素示踪

在土壤剖面中，$^{206}Pb/^{207}Pb$ 值变化与 Pb 的浓度变化趋势相反[图 6-40(a)和(b)]，$^{206}Pb/^{207}Pb$ 值在土壤 O 层中变化范围为 1.160～1.180，土壤 A 层中为 1.171～1.209，土壤 C 层中为 1.183～1.206。除了在土壤 C1 层中 $^{206}Pb/^{207}Pb$ 值较高外，在每层土壤中该比值均没有显著差异。$^{208}Pb/^{206}Pb$ 值在土壤剖面中的变化特征不明显[图 6-40(c)]，在土壤 O 层中的变化范围为 2.092～2.120，土壤 A 层中为 2.042～2.108，以及土壤 C 层中为 2.070～2.130，这可能与重的 Pb 同位素具有较强的向下迁移能力有关。

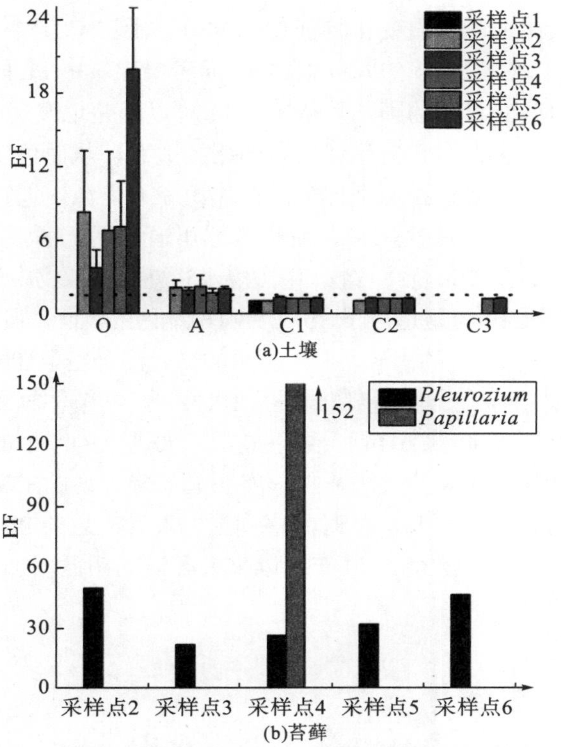

图 6-39 海螺沟冰川退缩迹地土壤和苔藓中 Pb 的富集特征

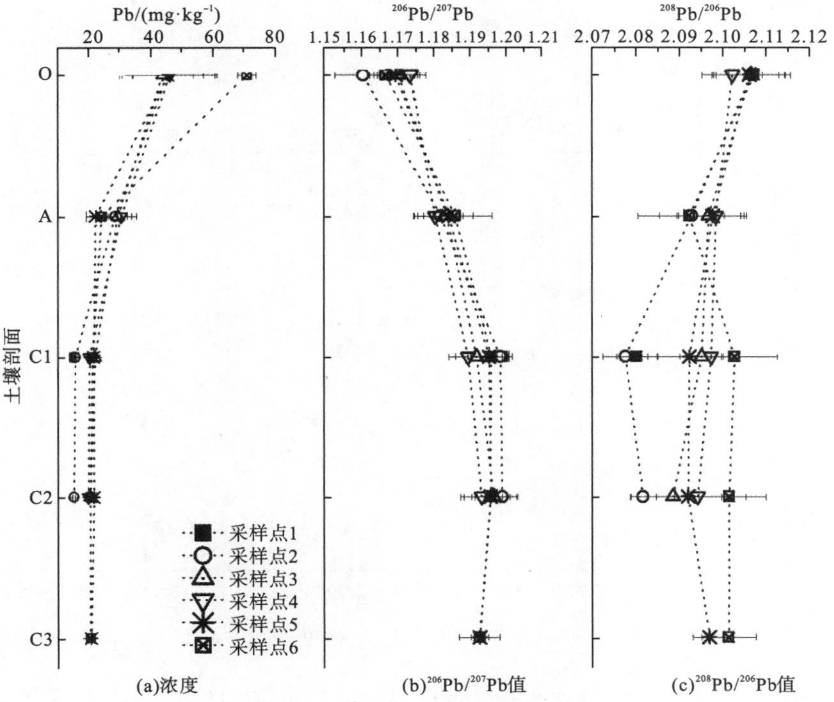

图 6-40 海螺沟冰川退缩区土壤 Pb 浓度及其同位素比值分布特征

通过 Pb 的同位素组成的垂直变化特征(图 6-40)，土壤 C 层中 Pb 的同位素比值代表了海螺沟冰川退缩区土壤本底 Pb 的同位素组成，而表层土壤中 Pb 同位素组成特征很大程度上反映了大气沉降对 Pb 累积的影响。从图 6-41 可以清楚地发现，$^{206}Pb/^{207}Pb$ 值分别与土壤中 Pb 的浓度以及 $^{208}Pb/^{206}Pb$ 值呈现显著的相关关系，从而可以得出，在海螺沟冰川退缩区土壤中 Pb 的来源主要包括两个部分：自然源和人为源。通过研究区土壤与其他物质中 Pb 的同位素组成的比较(表 6-13)，海螺沟冰川退缩区土壤中 Pb 的同位素组成与中国西南地区含铅矿物以及矿物冶炼排放物、中国煤炭和燃煤排放物中 Pb 的同位素组成相似，因此，以上两种 Pb 的来源很可能造成了 Pb 在贡嘎山地区的沉降。但是，通过对比发现，汽车尾气中的 Pb 不是研究区 Pb 的来源。利用简单的二元混合模型($Pb_{人为}=\{(^{206}Pb/^{207}Pb_{样品}-{}^{206}Pb/^{207}Pb_{背景})/(^{206}Pb/^{207}Pb_{人为}-{}^{206}Pb/^{207}Pb_{背景})\times100\%\}$，本节估算了海螺沟冰川退缩区人类活动对 Pb 累积的贡献程度(表 6-14)。结果显示，大量人为产生的 Pb 在土壤表层累积，而且随着土壤深度的增加，Pb 的人为贡献程度明显下降，说明土壤有机层能够有效地拦截 Pb，从而降低了 Pb 的向下迁移。从时间序列上，人为产生的 Pb 在土壤 A 层和 C 层中存在下降的趋势，这与 20 世纪 60、70 年代以来人类活动明显增加，随之引起大量 Pb 在山地系统沉降有关。

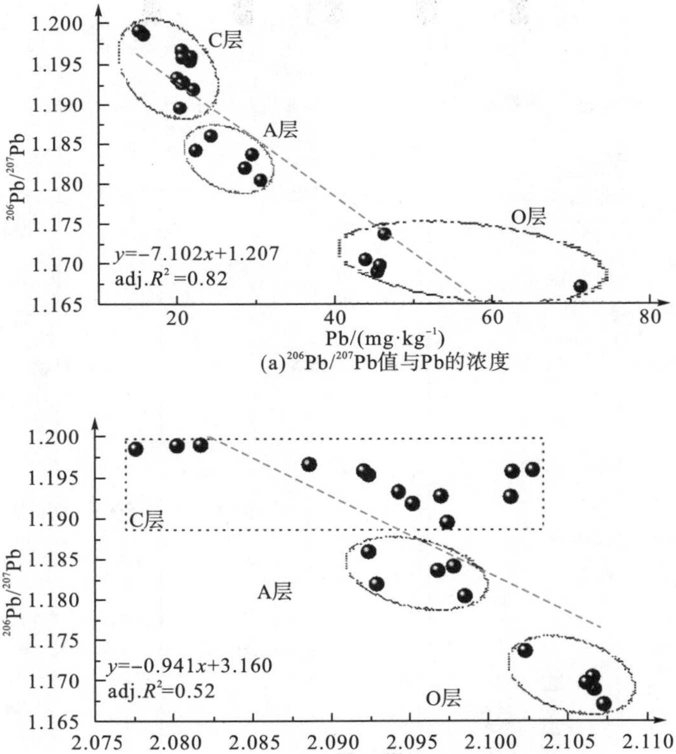

(a) $^{206}Pb/^{207}Pb$值与Pb的浓度

(b) $^{206}Pb/^{207}Pb$值与$^{208}Pb/^{206}Pb$值的关系

图 6-41 海螺沟冰川退缩迹地土壤 $^{206}Pb/^{207}Pb$ 值与 Pb 的浓度以及 $^{208}Pb/^{206}Pb$ 值的关系

表 6-13　海螺沟冰川退缩区土壤 Pb 同位素比值与其他潜在来源 Pb 同位素比值

来源	$^{206}Pb/^{207}Pb$	$^{208}Pb/^{206}Pb$	参考文献
O 层	1.160～1.180	2.092～2.120	本书
A 层	1.171～1.209	2.042～2.108	本书
中国西南含 Pb 矿物	1.165～1.169	2.109～2.128	Li 等(2006)
	1.178～1.191	2.062～2.010	Xue 等(2007)
	1.174～1.187	2.101～2.127	Yang 等(2010)
	1.179～1.180		Ru 等(2013)
铅矿冶炼排放物	1.176～1.188	2.103～2.112	Bi 等(2007)
中国煤炭	1.140～1.208		Chen 等(2005)
	1.147～1.177		Bollhöfer 和 Rosman (2001)
含 Pb 燃煤排放物	1.163～1.172		Chen 等(2005)
	1.185	2.073	Mukai 等(2001)
汽车尾气	1.138～1.158	2.116～2.136	Chen 等(2005)

表 6-14　海螺沟冰川退缩迹地土壤中人类活动来源 Pb 累积的贡献程度(单位：%，平均值)

土层	样点 2	样点 3	样点 4	样点 5	样点 6
O 层	61.3	56.0	45.2	53.6	59.9
A 层	34.8	27.9	29.6	20.3	8.6
C1 层	0.9	10.3	8.6	0	0

4) 统计分析

统计分析方法，如因子分析、聚类分析，能够将复杂的数据变量转换为数量较小的新变量，从而能够更加清晰地识别微量金属的来源(Zaharescu et al.，2009；Wu et al.，2007)。因子分析显示(表 6-15)，海螺沟冰川退缩区土壤微量金属及其形态与不同层次的土壤理化性质存在较大差异，而且不同微量金属以及其形态之间也存在不同的相关关系。

在土壤 O 层和 A 层中提取的 3 个因子解释了所有变量总方差的 83.9%。因子 1 主要包括 Cd 和 Zn 以及它们可提取的形态、Fe 和 SOC，占总方差的 39.9%，该因子主要揭示了 Cd 和 Zn 主要受外来物源的影响，以及土壤有机物调控了 Cd 和 Zn 在土壤中的环境行为；因子 2 包括 Cu 及其形态、Zn 的残渣态、化学元素(Al、Ca、Fe、Mn)和 SOC(占总累积方差的 32.9%)，该因子主要揭示了土壤当地物源对 Cu 的贡献占主导；因子 3 包括 Cu 及其氧化态和 pH(占总累积方差的 11.1%)，反映了 pH 对 Cu 的行为具有重要作用。在土壤 C 层中同样提取了 3 个主要因子，共占总累积方差的 83.7%。因子 1 包括了所有微量金属元素及其可提取的形态(占总累积方差的 41.4%)，pH 是决定 Cd、Cu 和 Zn 及其可提取态在土壤 C 层中的迁移转化的重要因素；因子 2 包括 Cd、Zn、Cu 及其形态、化学元素(Ca、Fe、Mn)(占总累积方差的 29%)；反映了当地土壤属性对微量金属的影响；因子 3 包括残渣态 Cu 和 SOC(占总累积方差的 13.3%)，说明 SOC 在底层土壤中由于含量较低，对微量金属的影响不大。聚类分析的结果与因子分析的结果基本一致(图 6-42)，进一步证明了海螺沟冰川退缩迹地土壤 O 层和 A 层中 Cd 和 Zn 主要受到了外源输入的影响，而 Cu 的分布主要与当地的地球化学过程有关。

表 6-15 因子分析显示土壤 Cd、Cu 和 Zn 及其形态与土壤理化性质的关系

	O 层和 A 层			C 层		
	因子 1（39.9%）	因子 2（32.9%）	因子 3（11.1%）	因子 1（41.4%）	因子 2（29.0%）	因子 3（13.3%）
Cd	0.976	−0.163	0.005	0.733	0.548	0.321
Cd-Acid	0.931	0.038	−0.020	0.778	0.418	0.385
Cd-Red	0.934	−0.283	0.072	0.778	0.149	0.308
Cd-Oxi	0.921	−0.209	0.103	0.782	0.419	0.207
Cd-Res	0.681	0.303	−0.320	0.238	0.753	0.105
Cu	−0.003	0.688	0.668	0.688	0.571	0.388
Cu-Acid	0.167	0.685	0.097	0.724	0.552	0.024
Cu-Red	−0.010	0.864	0.185	0.720	0.582	0.228
Cu-Oxi	0.286	0.208	0.850	0.677	0.413	0.459
Cu-Res	−0.232	0.820	0.396	0.493	0.524	0.546
Zn	0.868	0.250	0.248	0.561	0.707	0.367
Zn-Acid	0.817	−0.026	0.307	0.849	0.305	0.237
Zn-Red	0.861	−0.183	0.267	0.793	0.350	0.391
Zn-Oxi	0.696	−0.244	0.450	0.549	0.085	0.488
Zn-Res	0.042	0.938	−0.119	0.339	0.840	0.308
Al	−0.690	0.648	−0.116	−0.741	−0.478	−0.075
Ca	−0.422	0.802	0.088	0.756	0.528	0.132
Fe	−0.563	0.795	0.088	0.423	0.791	0.336
Mn	−0.079	0.917	0.132	0.327	0.789	0.225
SOC	0.661	−0.676	0.110	0.062	0.289	0.892
pH	0.370	0.487	0.585	0.759	0.404	−0.162

注：提取方法：主成分分析；旋转方法：正交旋转。

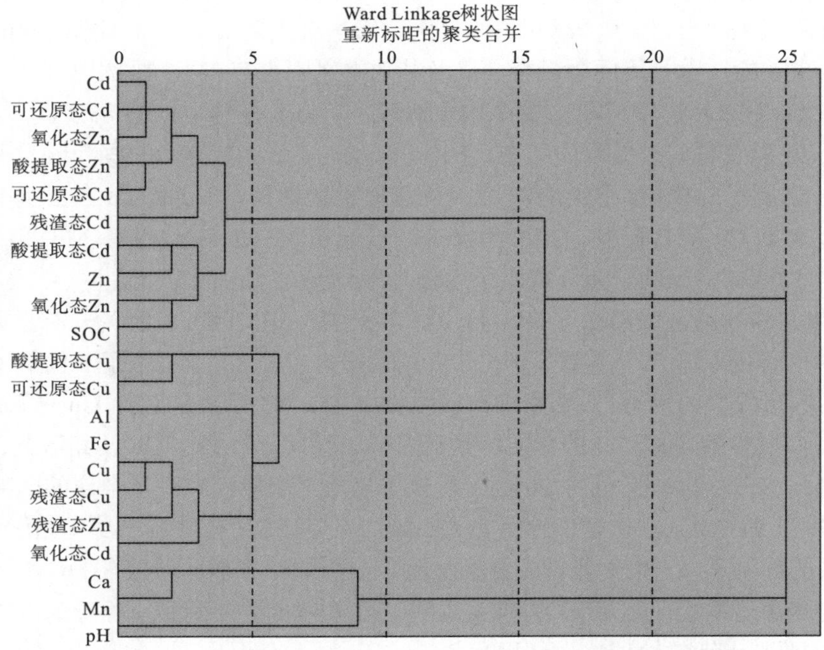

图 6-42 聚类分析指示土壤表层(O 层和 A 层)微量金属及其形态与土壤理化性质的关系

5）大气轨迹模型

HYSPLIT（hybrid single particle lagrangian integrated trajectory）模型广泛地用于追踪大气传输路径（Wang et al.，2010；Cheng et al.，2013）。运用该模型有助于我们了解微量金属可能的来源途径以及长距离传输过程和机制。考虑到采样时间以及亚洲季风的影响，我们选择 2010 年 7～9 月的气象数据模拟 3 日向后气团轨迹模式（气象数据来自美国国家海洋和大气管理局空气资源实验室，http：//ready.arl.noaa.gov/archives.php，模拟时输入点位：25.6° N，102.0° E，2900 m a.s.l.）。结果发现，进入海螺沟冰川退缩区的气流主要来自西南和南方（分别为 47%和 36%）。除了我们已经发现的中国西南地区矿产开发和燃煤对 Pb 的贡献以外，来自南亚一些国家的污染也可能随着西南季风进入贡嘎山地区，这与其他在青藏高原开展的污染物方面的研究基本一致（Li et al.，2007；Yang et al.，2009；Liu et al.，2013a）。另外，Guttikunda 和 Jawahar（2014）最近的研究发现，2010～2011 年，印度燃煤发电向大气中排放的 $PM_{2.5}$ 达到 580t，而且最高的排放量出现在印度北部地区。这些证据都表明，在适宜的气候条件下，来自污染严重地区的含 Pb 颗粒物能够通过大气长距离传输进入青藏高原东部的高山生态系统。

贡嘎山海螺沟流域 Cd、Cu、Pb、Zn 在土壤中的赋存状态存在一定差异，在土壤剖面中 Cd 和 Pb 均随土壤深度增加而减少，而 Zn 在土壤 A 层中的浓度显著低于土壤 O 层和 C 层中的浓度水平，Cu 则呈现出随深度增加而增加的趋势。微量金属元素浓度的剖面分布差异揭示了植物该生物过程对元素再分布的影响。总体上，海螺沟冰川退缩迹地 C 层土壤中微量金属的浓度能够反映当地的背景水平。通过浓度对比发现，土壤中，尤其是 O 层和 A 层中 Cd、Pb 和 Zn 的浓度不同程度地超过土壤背景值以及中国土壤基准值，而 Cu 的浓度没有明显差异。根据 EF 发现，Cd 在表层土壤中呈现很高的富集，Pb 和 Zn 次之，Cu 最低。

通过地球化学、植物示踪、同位素示踪、统计分析以及模型模拟等手段，揭示了在海螺沟冰川退缩区，表层土壤和苔藓中 Cd 和 Pb 以及部分的 Zn 受到了外源物质的影响，大气长距离迁移已经引起人类活动产生的某些微量金属（如 Cd、Pb）进入西南地区遥远的高山生态系统。根据 Pb 同位素二元混合模型发现，在土壤 O 层中，45.2%～61.3%的 Pb 来自人类活动；而在土壤 A 层中，人类活动造成 Pb 的累积比例为 8.6%～34.8%。来自我国西南地区以及南亚一些国家矿物开采以及之后的矿物冶炼、煤炭以及燃煤排放物是造成贡嘎山地区 Pb 累积的主要来源。

6.5　贡嘎山微量金属的生物地球化学循环

6.5.1　研究区概况及样地调查

1. 研究区选择

选择贡嘎山海螺沟近 120 年的冰川退缩区作为研究区，在其长达 2 km 的序列范围内生态因子变化小，人为干扰小，有利于测定和模拟冰川退缩区植被演替的微量金属动态。在贡嘎山海螺沟冰川退缩区，按冰川退缩阶段选择 7 个典型的样地：①冰川退缩后形成的裸露的底碛(S1，0 年)；②12 年样地(S2)，已形成川滇柳、冬瓜杨、沙棘幼树群落；③29 年样地(S3)，冬瓜杨、川滇柳、沙棘小树，云冷杉幼苗群落；④44 年样地(S4)，冬瓜杨、川滇柳、沙棘中树、大树，云冷杉幼树、小树、中树群落；⑤52 年样地(S5)，冬瓜杨成为优势种并占据上层空间，柳树、沙棘大量死亡；⑥80 年样地(S6)，云冷杉取代冬瓜杨成为优势种；⑦121 年样地(S7)，群落发展为云冷杉顶极群落(钟祥浩等，1997；Zhong et al.，1997)。每个样地随机布设 20m×20m 样方，其中每个样方中再随机布设 1 m ×1m 样方进行草本和地被物调查。

2. 退缩区植被构成

海螺沟冰川退缩迹地植被演替序列各阶段乔木、灌木层植物构成见表 6-16。演替前期，柳树、沙棘、冬瓜杨作为先锋植物，在冰川退缩区共同生长(12 年)。冰川退缩区土壤营养元素非常匮乏，三种树种间展开激烈的种间斗争。在最初演替的 44 年，冬瓜杨通过较高的光合速率，迅速生长，以此占据更多的空间，接收更多的阳光，冬瓜杨在种间竞争逐步获得优势。柳树率先死去，接着沙棘也退出竞争的舞台(29～44 年)，而冬瓜杨则由于其营养元素在体内储存越来越多，占据着林上大片空间。从 44 年的样地开始冬瓜杨种内竞争也逐步加强。林下灌木层也迅速生长，荚蒾和茶镳子是演替前期主要的灌木种类；榆叶桦、花楸幼树也开始出现。29 年时，已有云冷杉幼苗出现，在 44～52 年，已长成中小树与冬瓜杨竞争。由于冷杉是此地区的地带性植被，冬瓜杨最终未能战胜云冷杉而被挤出了生长的领地，大量死亡；而云冷杉却成了优势木，占据了整个林上空间(80 年以后)。林下灌木层出现了许多新品种，生物多样性提升，层次更加清晰：花楸、枫树等高大灌木占据着上层，杜鹃、青皮等中等灌木占据着中层，其他矮灌木占据着下层。生态系统结构与功能已达最优化，最终达到稳定的状态，与地带性的成熟林接近。

表 6-16 冰川退缩区植被演替序列各阶段乔木、灌木层植物构成 (单位：株)

物种	12 年	29 年	44 年	52 年	80 年	121 年
柳树(活) *Salix* spp.	32	21	4	4	—	—
柳树(立枯) *Salix* spp.	—	28	1	3	1	—
柳树(占桩) *Salix* spp.	—	—	2	5	4	2
沙棘(活) *Hippophae rhamnoides*	1	9	2	1	—	—
沙棘(立枯) *Hippophae rhamnoides*	—	18	1	2	2	—
沙棘(占桩) *Hippophae rhamnoides*	—	—	—	—	4	1
冬瓜杨(活) *Populus purdomii*	4	14	6	3	—	—
冬瓜杨(立枯) *Populus purdomii*	—	—	1	2	3	—
冬瓜杨(占桩) *Populus purdomii*	—	—	—	—	3	—

续表

物种	12 年	29 年	44 年	52 年	80 年	121 年
云冷杉(活)*Abies fabri*，*Picea brachytyla*	—	—	1	—	8	7
云冷杉(立枯)*Abies fabri*，*Picea brachytyla*	—	—	—	—	1	—
榆叶桦(活)*Betula utilis*	—	2	—	3	3	—
榆叶桦(立枯)*Betula utilis*	—	—	—	2	1	—
杜鹃(活)*Rhododendron* spp.	—	—	—	—	5	1
花楸(活)	—	—	7	5	—	4
青皮(活)	—	—	1	1	—	4
川滇海棠(活)	—	—	—	—	—	1
三角槭(活)	—	—	—	1	—	1
荚蒾(活)	—	—	12	38	4	31
荚蒾(立枯)	—	—	—	7	1	—
茶镳子(活)	—	—	220	13	—	—
鸡骨木(活)	—	—	6	4	—	2
青皮(活)	—	—	—	—	—	82
乌桕(活)	—	—	—	—	5	—
女贞(活)	—	—	—	—	1	—
女贞(立枯)	—	—	—	—	2	—
三棵针(活)	—	—	—	—	—	39
其他	—	1	6	7	7	3

3. 样地调查及数据处理

1)样地设置及样品采集

生态系统中微量金属的迁移循环模型如图 6-43 所示。调查各样地乔木层、灌木层、草本层、地被层各植被各器官(乔灌木层为根、干、皮、枝、叶，草本层植被为根、地上部分，地被层为整株)的生物量与生产力，凋落物、粗木质物残体的储量及年归还量，土壤各层(A0、A、C 层)容重，以及土壤各层主要物理、化学性质(pH、Eh)。按生态系统各组分取样，于 2010 年生长季末期于每个样地分别采集生态系统各组分土壤、植物、凋落物、粗木质物残体样品，分析样品中微量金属的浓度。

乔灌木：采集所有的树种。柳树作为一个种，样品按生物量等比例混合。云冷杉作为一个种对待，样品按生物量等比例混合。叶与枝在同一时期采集。叶按不同方位、不同部位、不同时期采集；枝按不同方位、不同部位采集；干和皮按上、中、下三个部位，不同方向(对大树而言粗木质物残体为阴面和阳面)采集，干使用生长锥取树芯；根按照不同的方位采集细根(直径<2mm)、中根(直径为 2～10mm)以及粗根(直径在 10mm 以上)。草本

和地被物：记录 1m×1m 样方各种类后，将样方内所有草本植物和苔藓全部收获，草本按地上部分和地下部分采集，地被物作为一个整体整株采集。凋落物：在各样地随机放置 1m×1m 的 10 个凋落物收集框用来收集凋落物。粗木质物残体：粗木质物残体包括立枯、倒木和占桩。分别采集立枯、倒木和占桩的皮和木质部。土壤样品：按土壤层次分层采样，并记录各层次厚度。土壤 C 层厚度取为 20cm。

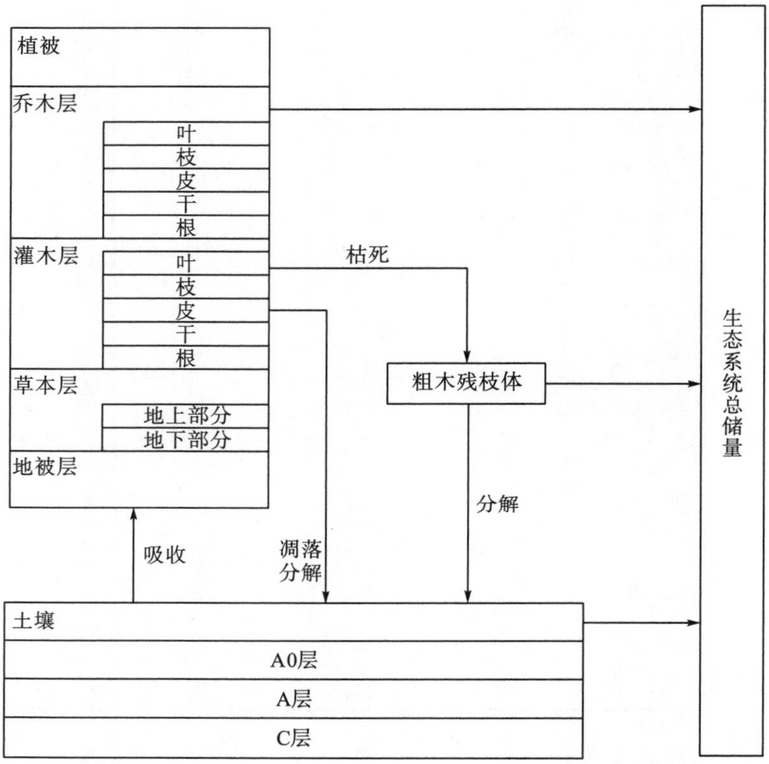

图 6-43 贡嘎山海螺沟冰川退缩迹地微量金属的迁移循环模型

2) 微量金属的生物地球化学特性表征

(1) 储量计算。

(i) S_{ij} 为某样地某一土层微量金属的总储量，单位为 $t \cdot hm^{-2}$，如下式

$$S_{ij} = \sum_{k=1}^{m} C_{ijk} M_{ijk}$$

其中，对土壤储量的估算采用以下公式：

$$S_{i6} = \sum_{k=1}^{3} M_{i6k} C_{i6k} H_{i6k}$$

式中：S_{i6} 为单位面积土壤微量金属的储量，$t \cdot hm^{-2}$；M_{i6k} 为第 k 层的土壤容重，$t \cdot m^{-3}$；C_{i6k} 为第 k 土层的微量金属元素的浓度，$mg \cdot kg^{-1}$；H_{i6k} 为第 k 土层的厚度，m；第 1 层为 O 层、

第 2 层为 A 层、第 3 层为 C 层，厚度均取 20cm。

(ii) S_{il} 为某样地活生物体某一微量金属总储量，单位为 $t·hm^{-2}$，如下式所示

$$S_{il}=\sum_{j=1}^{4}S_{ij}$$

(iii) S_i 为某样地生态系统某一微量金属总储量，单位为 $t·hm^{-2}$，如下式所示

$$S_{i}=\sum_{j=1}^{6}S_{ij}$$

(2) Cd 在各植被和土壤中的分配。β_{ij} 为第 i 个样地 j 层储量占总储量的比例，如下式所示

$$\beta_{ij}=S_{ij}/S_i\sum_{j=1}^{6}\beta_j=1$$

式中：i 为样地按演替阶段编号，i =1～7，分别代表 7 个阶段的样地；j 为植被群落层次，j =1～6，1 为乔木层、2 为灌木层、3 为草本层、4 为地被层、5 为粗木质物残体、6 为土壤层；k 为各层次对应的部位或层次，k =1～m(乔灌木：m=5，1 代表叶、2 代表枝、3 代表干、4 代表皮、5 代表根；草本：m=2，1 代表地上部分、2 代表根；地被层：m=1；粗木质物残体：m=1；土壤：m=4，1 代表 O 层、2 代表 A 层、3 代表 C 层)。

(3) 土壤各层微量金属的 EF_m：

$$EF_m=[C_{m(Cd)}/C_{m(Al)}]/[C_{4(Cd)}/C_{4(Al)}]$$

式中：$[C_{4(Cd)}/C_{4(Al)}]$为土壤 C 层中微量金属与 Al 的浓度之比；$[C_{m(Cd)}/C_{m(Al)}]$为土壤某层中微量金属与 Al 的浓度之比。

由于 Al 主要来源于土壤母质，其经常被用作土壤 EF 的参照元素(Aloupi and Angelidis，2001)。土壤 EF 通常用于评价土壤中某元素的富集情况，如果土壤中某元素完全来自土壤母质，则其 EF 应为 1。当 EF 在 1 以上时，表明除了自然来源之外，此元素有别的来源。当 EF 高于 10 时，表明其有明显的外来来源(Szefer et al.，1996)。

(4) 生物转运系数(ψ_{ijk})为植物某部位微量金属浓度与该植物细根中此元素浓度的比值，反映了植物不同部位对微量金属的迁移能力(董林林等，2008)

$$\psi_{ijk}=C_{ijk}/C_{ijm}$$

式中：j 仅计算乔木层、灌木层、草本层。

(5) 生物 EF(ω_{ijk})，又被称为生物浓缩系数，是表征化学物质被生物浓缩或富集在体内程度的指标，即植物体内某部位某元素浓度与土壤该元素浓度之比，表征土壤中元素浓度分布对植物的影响程度，客观反映了植物从土壤中吸收或摄取该元素的能力(廖启林等，2013)：

$$\omega_{ijk}=C_{ijk}/C_{i6\bar{m}}$$

式中：j 仅计算乔木层、灌木层、草本层及地被层；$C_{i6\bar{m}}$ 为土壤 O、A、C 层微量金属的加权平均浓度，单位为 $mg·kg^{-1}$。

(6) 微量金属在生态系统的循环。

ΔS_{ij} 为某样地某层次微量金属的净积累量，单位为 t·hm^{-2}·a^{-1}，如下式所示

$$\Delta S_{ij} = [S_{ij} - S_{(i-1)j}] / [Y_i - Y_{(i-1)}]$$

式中：Y 为样地年龄，单位为年。

ΔS_i 为生态系统微量金属的净积累量，单位为 t·hm^{-2}·a^{-1}，如下式所示

$$\Delta S_i = \sum_{j=1}^{6} \Delta S_{ij}$$

A_i 为植物微量金属的年吸收量，单位为 t·hm^{-2}·a^{-1}，如下式所示

$$A_i = P_i \times C_{\bar{i}}$$

式中：A_i 为植物微量金属的年吸收量，单位为 t·hm^{-2}·a^{-1}；P_i 为植物生产力，单位为 t·hm^{-2}·a^{-1}；$C_{\bar{i}}$ 为活生物体平均微量金属浓度，单位为 mg·kg^{-1}。

$$R_i = C_{L_i} \times L_i + C_{D_i} \times D_i$$

式中：R_i 为微量金属的年归还量，单位为 t·hm^{-2}·a^{-1}；L_i 为凋落物年归还量，单位为 t·hm^{-2}·a^{-1}；C_{L_i} 为凋落物微量金属的平均浓度；D_i 为粗木质物残体年归还量，单位为 t·hm^{-2}·a^{-1}，C_{D_i} 为粗木质物残体微量金属的平均浓度。

$$k_{A_i} = A_i / S_{i6}$$

式中：k_{A_i} 为某样地植物微量金属的年吸收率，无量纲。

$$k_{R_i} = R_i / S_{il} \text{。}$$

式中：k_{R_i} 为某样地微量金属的年归还率，无量纲。

$$Cy_i = A_i + R_i \text{。}$$

式中：Cy_i 为某样地微量金属的循环量，t·hm^{-2}·a^{-1}。

$$T_i = S_i / Cy_i$$

式中：T_i 为某样地微量金属的周转周期，单位为年。

6.5.2 海螺沟冰川退缩区土壤和植物 Cd 的分布特征

1. 土壤中 Cd 的分布特征

土壤剖面中 Cd 的浓度分布表现为：O 层>A 层>C 层(图 6-44)。土壤 O 层中 Cd 的浓度约为土壤 A 层中的 3 倍，为土壤 C 层的数十倍，表现出强烈的表层富集，与植物所需大量元素表层淋溶的剖面分布相反。凋落物的归还可能造成了 Cd 在土壤纵向剖面上的分布，而大气 Cd 沉降更是一个不可忽略的因素。通过 EF，土壤 O 层中 Cd 的 EF 达到 70 以上，说明 Cd 很有可能受到外部来源的影响。为了区分如此高的 EF-Cd 是源自植物的归还还是来自大气沉降，本节分别计算了各样地凋落物、枯枝、粗木质物残体等组分中 Cd 的 EF，该值在 0.3～5.8 变化，明显低于土壤 O 层中的富集水平，说明土壤 O 层中较高的 EF-Cd 值并不仅是由植物的归还造成的，这与前几章节中所得到的结论基本一致。对于偏

远地区，大气沉降是生态系统微量金属的重要来源，引起土壤表层 Cd 的明显富集(Johansson et al.，2001)。一个重要的证据是，青藏高原东部，同样为林线处的云冷和杉林，在外来 Cd 输入较多的地区，其土壤表层 Cd 的浓度水平显著高于下层土壤中的浓度，而在外来 Cd 输入较少的地区，其土壤中的 Cd 并未表现出表层富集现象(Bing et al.，2016a；Luo et al.，2013；Wu et al.，2011)。土壤 A 层中 Cd 的 EF 在 29 年以后略大于 10，同样来源于大气，但同时也受土壤 C 层的影响。

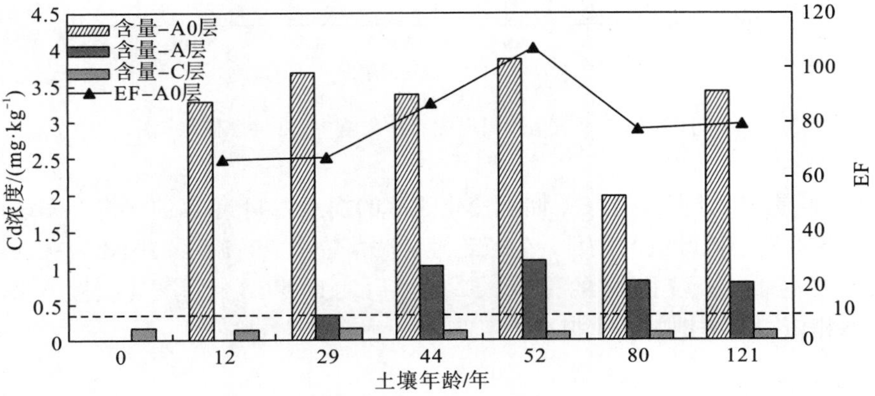

图 6-44　土壤各层中 Cd 的浓度以及土壤 O 层和 A 层中 Cd 的 EF 的变化特征

根据不同土壤层次中 Cd 的时间变化趋势，土壤 O 层中 Cd 的浓度在 80 年处最低，其余点位处的浓度差异不显著。凋落物归还与大气沉降影响着土壤 O 层的 Cd 含量，80 年处 Cd 含量低，可能与此阶段凋落物主要为云冷杉有关。同时，此阶段土壤 pH 已很低，土壤 O 层中 Cd 也更容易被淋溶。虽然大气沉降是土壤 O 层土壤 Cd 的重要来源，但土壤 O 层中 Cd 的浓度随着演替的进行并未呈现积累的趋势，大气沉降的 Cd 可能被植物吸收，或随地表径流或淋溶作用而带走。A 层含量同时受土壤 O 层和土壤母质的影响。土壤 A 层 Cd 含量表现为先缓慢增加后缓慢降低的趋势，在 44～52 年为极大值。土壤 C 层中 Cd 的浓度在演替前期基本相当，而在演替中后期有所降低。土壤 C 层为成土母质，代表了土壤 Cd 的原始情况，因此计算出 Cd 的平均浓度为 0.14 $mg \cdot kg^{-1}$，作为冰川退缩区 Cd 的土壤环境背景值。

取土壤 C 层 20 cm，计算出土壤 Cd 的总储量。由图 6-45 看出，土壤 O 层与 A 层中 Cd 的储量随土壤发育而增加，在演替末期分别达到 439.71 $g \cdot hm^{-2}$、205.50$g \cdot hm^{-2}$。C 层中 Cd 的储量则从 582.10 $g \cdot hm^{-2}$ 逐渐降低到 329.85 $g \cdot hm^{-2}$。土壤 O 层中 Cd 的储量高于 A 层，主要由于土壤 O 层中 Cd 的含量较土壤 A 层高。土壤 C 层中 Cd 的储量的下降则主要由其容重的降低而造成。总体上，土壤中 Cd 的总储量近似呈直线上升至 975.06 $g \cdot hm^{-2}$。因此，植被捕获吸收大气、深层土壤以及径流中的 Cd，再通过凋落物分解进入土壤表层中。此外，大气中的 Cd 通过干湿沉降直接沉降到地表，造成土壤中 Cd 储量的直线增加。

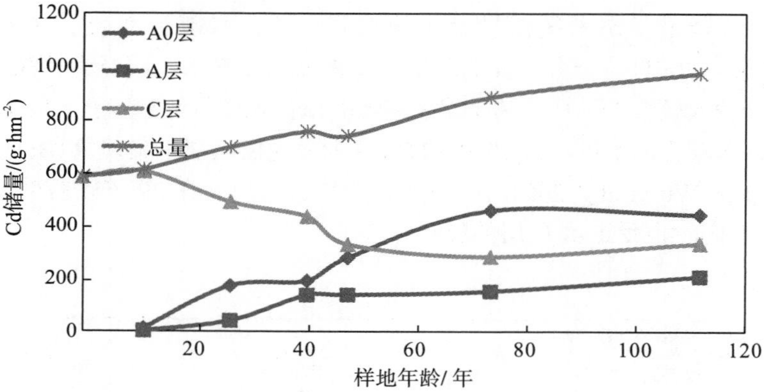

图 6-45 海螺沟冰川退缩迹地土壤中 Cd 的总储量

44～52 年是三个土壤层次 Cd 储量变化速率的拐点，44 年以前，生态系统内主要树种为柳树、冬瓜杨等落叶阔叶物种，生长迅速、凋落物量大，凋落物归还直接促进了土壤特别是表层的发育，加强了 Cd 的积累。52 年以后，土壤 Cd 储量变化缓慢下来，这与土壤发育动态相似，同样地归功于植被的影响。

2. 植物中 Cd 的分布特征

1) 乔木层与灌木层 Cd 的浓度变化特征

乔木层主要物种与灌木层杜鹃植株各部位 Cd 的浓度如图 6-46 所示。可以看出，Cd 的浓度最高的植物为冬瓜杨和柳树，其次为云冷杉和杜鹃，沙棘最低。冬瓜杨、柳树中 Cd 的浓度地上部分明显高于地下部分，而沙棘、云冷杉和杜鹃则地下部分高于地上部分。就地上部分的转运系数而言，冬瓜杨和柳树的转运系数最高，其次为沙棘、云冷杉和杜鹃；就地下部分的转运系数而言，云冷杉转运系数最高，其次为柳树、冬瓜杨和沙棘，杜鹃转运系数最低。除冬瓜杨和柳树，其余物种的转运系数均在 1 以下，且均为地下部分高于地上部分。就 Cd 的生物 EF 而言，冬瓜杨和柳树最高，大部分部位均为 1 以上，其余树种除云冷杉细根、杜鹃细根以外，各部位 Cd 生物 EF 均在 1 以下。由此可见，冬瓜杨和柳树较其他树种具有更高的 Cd 转运能力，将更多的 Cd 分配到地上，这可能与其很强的水分运输能力有关；而沙棘、云冷杉、杜鹃则倾向于将 Cd 积累于地下，特别是云冷杉，其地下部位转运系数高于其他四个物种。冬瓜杨与柳树是 Cd 的富集植物，在木质部存在大量的有机酸和氨基酸，它们能够与微量金属离子结合，对微量金属的长途输运起着重要的作用，从而微量金属在超累积植物的木质部导管中的运输速率很高(李文学和陈同斌，2003；万云兵和李伟中，2004)。郭艳丽等(2009)对沈阳张士灌区常见的 6 种木本植物 Cd 积累特征进行了研究，发现杨树和柳树无论地上部分还是根部所累积的 Cd 都远远高于其他 4 种木本植物(图 6-47)，地上部分(茎、叶)Cd 的累积浓度均明显高于地下部分(根)，其生物 EF：杨树为 2.19、柳树为 6.23，略高于本节研究结果(表 6-17)。

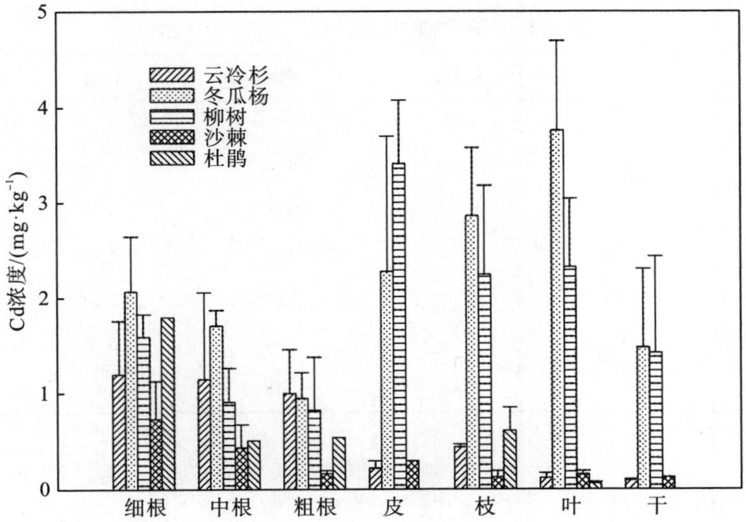

图 6-46　冰川退缩区不同植物组织中 Cd 的浓度变化

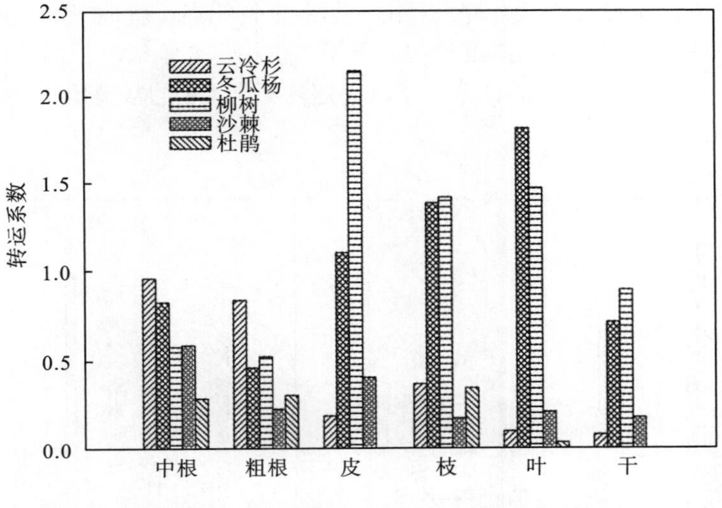

图 6-47　不同物种不同部位 Cd 的转运系数

对同一物种来说，根中 Cd 的浓度、转运系数、生物富集因子均为细根>中根>粗根。细根是植被吸收元素的主要场所，因此其浓度很高。而随着根的变粗，木质素和生物量都增加，吸收的元素被稀释；同时，其吸收 Cd 的能力降低，这都造成 Cd 的浓度的降低。

虽然冬瓜杨与柳树地下部分 Cd 的浓度低于地上部分，但地上部分对 Cd 的转运策略却有所不同。冬瓜杨地上部分 Cd 的浓度为：叶>枝>皮>干，而柳树则为：皮>叶>枝>干，这与物种的特性有关。对于转运和富集土壤 Cd 的能力较弱的云冷杉、沙棘和杜鹃，其更倾向于将 Cd 储存于根之中，地上部分的浓度很低。

表 6-17　不同物种不同部分 Cd 的生物 EF

部位	云冷杉	冬瓜杨	柳树	沙棘	杜鹃
细根	1.00	1.72	1.32	0.61	1.49
中根	0.96	1.42	0.76	0.36	0.42
粗根	0.83	0.79	0.69	0.14	0.45
皮	0.18	1.90	2.83	0.25	—
枝	0.36	2.38	1.87	0.10	0.51
叶	0.09	3.13	1.94	0.12	0.05
干	0.07	1.23	1.18	0.11	—

注：土壤 Cd 的浓度以 O、A、C 层平均值 1.2 $mg\cdot kg^{-1}$ 计。

2）灌木层与乔木层代表物种 Cd 的浓度比较

由于灌木层种类繁多，且随演替阶段的不同，其种类有很大的变化。因此，仅选择在灌木层中所占生物量或数据比例较大的物种分析其 Cd 的浓度。由图 6-48 可以看出，灌木中三叶枫根中 Cd 的浓度高于榆叶桦与杜鹃，与冬瓜杨相当；就地上部分而言，灌木茶镳子、荚蒾、杜鹃枝与叶中 Cd 的浓度均明显低于冬瓜杨，介于云冷杉与冬瓜杨之间。灌木代表物种榆叶桦、三叶槭、杜鹃、茶镳子、荚蒾均不是 Cd 的富集植物，它们体内 Cd 的浓度与乔木层相当。

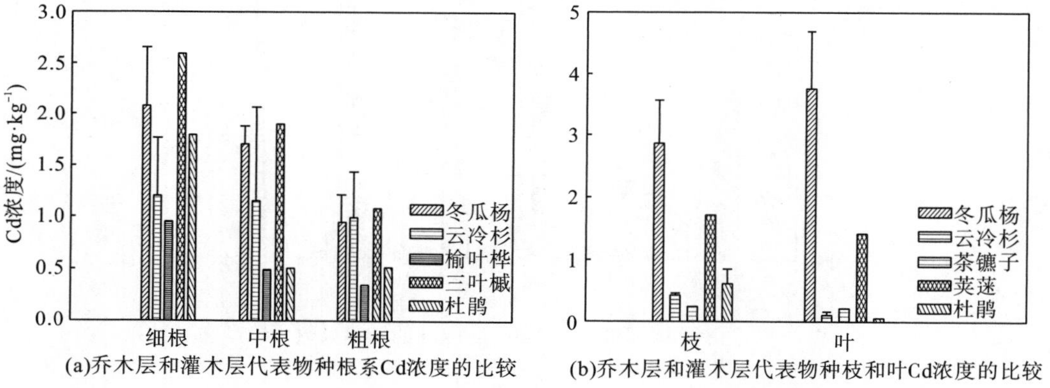

图 6-48　灌木代表物种与乔木层冬瓜杨、云冷杉 Cd 的浓度比较

3）乔木层与灌木层代表物种 Cd 浓度的时间变异

由图 6-49 可以看出，云冷杉、冬瓜杨、柳树枝与叶中 Cd 的浓度均随着演替的进行迅速升高至一个极大值点，之后略有下降，其中柳树下降幅度较大。吉启轩等（2013）研究了不同年龄枫香对土壤中微量金属污染物的吸收能力，研究发现处于 20～30 年龄段的植物胸径增长量最大，富集微量金属污染物的能力最强。云冷杉、冬瓜杨、柳树枝和叶中 Cd 的浓度在发育前期迅速增大并达到最大值，可能与此阶段植被对微量金属的富集能力最高有关。

而沙棘枝中 Cd 的浓度呈上升趋势，叶呈先下降后上升趋势。由于沙棘没有 12 年以前枝叶中的数据，无法看出其发育初期枝与叶中 Cd 的浓度随时间变化的变化趋势(图 6-50)。

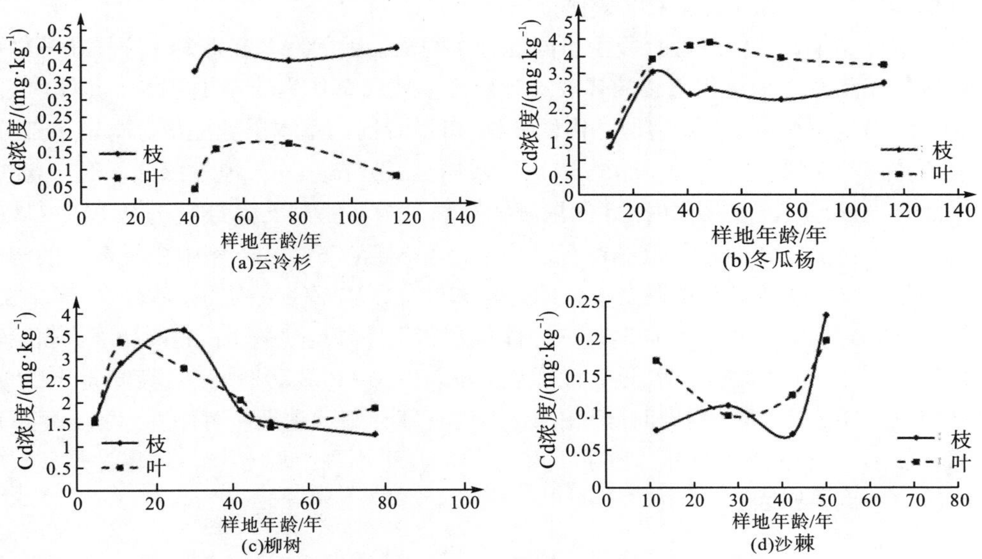

图 6-49　乔木层与灌木层代表物种枝、叶 Cd 浓度的时间变化

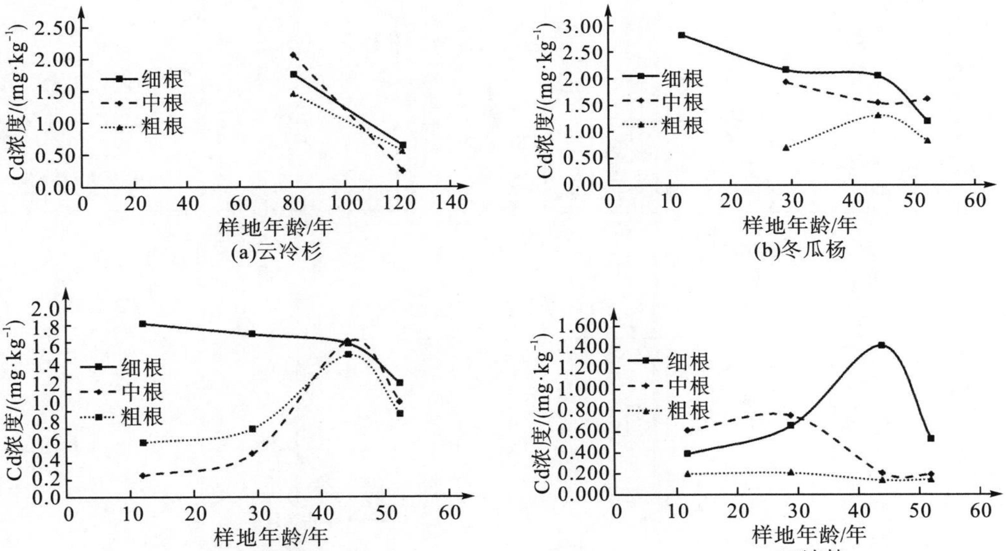

图 6-50　乔木层与灌木层代表物种细根、中根、粗根 Cd 浓度的时间变化

云冷杉、冬瓜杨、柳树细根中 Cd 的浓度均随着植株的生长而下降，而中根、粗根中 Cd 的浓度则有可能上升，也有可能下降。虽然随着植被的生长，表层土壤 pH 下降，CEC 增加，Cd 的迁移性能增加，但细根中 Cd 的浓度仍呈降低的趋势，这也说明了植株吸收 Cd 能力的降低，这导致了枝与叶中 Cd 的浓度的降低。而中根与粗根中 Cd 的浓度随时间

的变化趋势，则与物种的生长情况有关。不同的是，沙棘细根含量呈增加趋势，这可能是沙棘枝与叶中 Cd 的浓度增加的原因。

4) 草本层与地被层 Cd 的浓度变化特征

草本层种类丰富，各演替阶段由不同的种类组成。因此，本节研究仅选择在各样地存在较普遍的鹿蹄草作为草本植物的代表进行研究。鹿蹄草作为一年生草本，其体内 Cd 的浓度能反映当年土壤 Cd 存在情况。由图 6-51 可以看出，草本层地上部分与地下部分 Cd 的浓度均持续升高。地上部分从 0.45 mg·kg^{-1} 增加至 1.27 mg·kg^{-1}，地下部分从 1.75 mg·kg^{-1} 增加至 2.74 mg·kg^{-1}。鹿蹄草内 Cd 的浓度的升高，一方面与土壤 O 层与 A 层中 Cd 的浓度的增加有关；另一方面，在土壤发育过程中随着 pH 的下降，土壤中微量金属的溶解度增加，这会加速微量金属元素在土壤中的迁移和转化，从而使植物的吸收总量增加(Sauve et al.，1997；廖敏等，1999)。同时，这也体现在转运系数与生物 EF 的增加上：鹿蹄草地上部分对 Cd 的转运系数从 0.25 迅速增加至 0.46，生物 EF 波动增加。鹿蹄草地上部分 Cd 的浓度与乔木层云冷杉、沙棘和杜鹃相当，而地下部分则远高于所有的乔灌木。鹿蹄草的根大部分位于土壤 O 层，少部分位于土壤 A 层，几乎不到土壤 C 层，这也许是其根中浓度较高的一个重要原因。

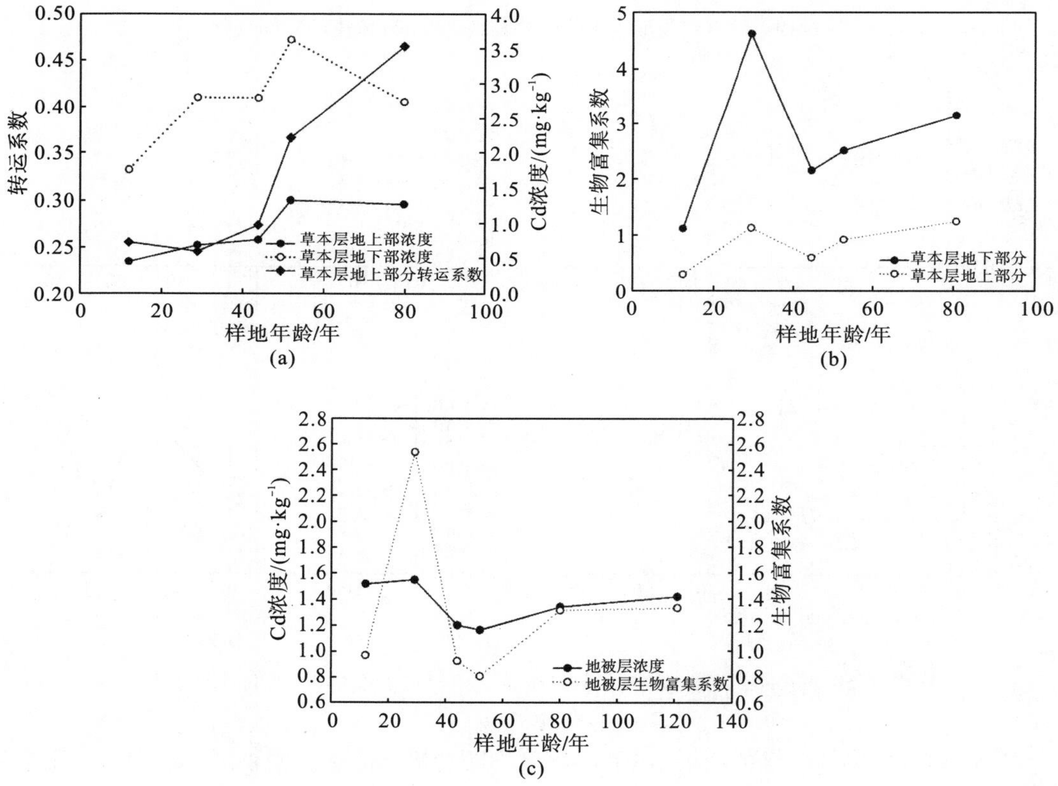

图 6-51 草本层地上部分与地下部分、地被层 Cd 的浓度及生物 EF

土壤 Cd 的浓度以表层(O 层与 A 层)的加权平均含量计

地被层 Cd 的浓度在 44 年和 52 年较低，其余年份基本相当，在 1.15～1.54 $mg \cdot kg^{-1}$ 波动；生物 EF 前期波动较大，而后期趋于平稳。地被层主要由锦丝藓等藓类组成，藓类很少从土壤中吸收微量金属，而更多地是从大气中直接吸收，因而很广泛的用于大气环境质量的指示(孙守琴和王定勇，2004)。藓类可用于表征林下大气质量，由图 5-52 中 Cd 的浓度分布格局看出，地被层 Cd 的浓度在时间序列中略微的降低，可能由样地林冠的影响造成。44～52 年样地，林冠郁闭度好，冠层可截留大气中的 Cd，降低地表镉沉降；80～121 年样地，出于自疏和他疏作用，林间空隙增加，更多的 Cd 可直接沉降至地面，造成藓类 Cd 浓度的上升。

对同一物种来说，根中 Cd 的浓度均为细根>中根>粗根。不同植被中 Cd 的浓度大小为：冬瓜杨和柳树>云冷杉和杜鹃>沙棘。地上部分转运系数为：冬瓜杨、柳树>沙棘>云冷杉、杜鹃；地下部分转运系数为：云冷杉>柳树、冬瓜杨、沙棘>杜鹃。Cd 的生物 EF：冬瓜杨、柳树>云冷杉、沙棘、杜鹃。冬瓜杨、柳树为 Cd 的强富集物种，具有更高的 Cd 转运能力，可将更多的 Cd 分配到地上。对于转运和富集土壤 Cd 能力较弱的云冷杉、沙棘和杜鹃，其更倾向于将 Cd 储存于根之中，特别是云冷杉。

云冷杉、冬瓜杨、柳树在发育前期，植被富集微量金属污染物的能力最强，枝与叶中 Cd 的浓度均随着植株的生长迅速升高至一个极大值点。此后，植株吸收 Cd 的能力降低，因而根、枝、叶中 Cd 的浓度下降。而沙棘细根中 Cd 的浓度随植被的生长而增加，这导致沙棘枝与叶中 Cd 的浓度增加。

鹿蹄草的根大部分位于土壤 O 层，少部分位于土壤 A 层，几乎不到土壤 C 层，其根中 Cd 含量远高于所有的乔灌木。其地上部分与地下部分 Cd 含量均随演替的进行持续升高，这与土壤表层 Cd 含量的增加、土壤中微量金属的溶解度增加有关，因而其转运系数与生物 EF 也呈增加趋势。

地被层 Cd 的浓度在 44 年和 52 年较低，其余年份基本相当，这可能由林冠的影响造成。44～52 年样地，林冠郁闭度好，冠层可截留大气中的 Cd，降低地表 Cd 的沉降；80～121 年样地，自疏和他疏作用使林间空隙增加，更多的 Cd 可直接沉降至地面，造成藓类 Cd 的浓度的上升。其生物 EF 也在前期波动较大，而后期趋于平稳。

3. 冰川退缩区植物中 Cd 的储量

1) 乔木层 Cd 的储量

乔木层各物种 Cd 的储量见表 6-18。云冷杉 Cd 的储量从 44 年开始逐渐增加，到 121 年达到最大值($105.26\ g \cdot hm^{-2}$)。冬瓜杨 Cd 的储量从 12 年开始至 52 年增加到最大值 $222.12\ g \cdot hm^{-2}$，而后降低，这与其生物量有关。柳树与沙棘 Cd 的储量均从 12～29 年逐渐增加，后逐渐下降。整个乔木层 Cd 的储量从 12 年开始逐渐增加，于 52 年达到最大值，而后略有降低。虽然云冷杉鼎盛时期的生物量明显高于冬瓜杨鼎盛时期的生物量(约为其 2 倍)，然而，由于冬瓜杨对 Cd 具有更强烈的富集作用，所以其在植被 Cd 的储存上起着更重要的作用。可以看出，冬瓜杨 Cd 的储量最大值是云冷杉 Cd 的储量最大值的 2 倍以上，为乔木层 Cd 储存的主要场所。

表 6-18 乔木层各物种 Cd 的储量 （单位：$g \cdot hm^{-2}$）

物种	12 年	29 年	44 年	52 年	80 年	121 年
云冷杉	—	—	0.01	0.03	93.16	105.26
冬瓜杨	2.05	96.12	182.34	222.12	26.18	0.48
柳树	11.07	63.82	26.59	53.68	—	—
沙棘	0.63	4.30	2.65	1.12	—	—
榆叶桦	—	—	—	4.50	7.19	0.12
总计	13.75	164.24	211.59	281.45	126.53	105.86

2）灌木层 Cd 的储量

由于灌木层植被构成多样，且在不同年龄的样地上，其组成差别很大。因而未对灌木层所有物种一一采样。从图 6-49 看出，灌木层 Cd 的浓度与乔木层相当，且灌木层在活体植被中生物量所占比例很小。因此，灌木层 Cd 的储量仅由其与乔木层的生物量按比例估算 Cd 的储量。估算值见表 6-19，其变化规律与乔木层相似。

表 6-19 灌木层 Cd 的储量估算值 （单位：$g \cdot hm^{-2}$）

	29 年	44 年	52 年	80 年	121 年
灌木层	1.37	5.44	11.25	17.23	4.32

3）草本层与地被层 Cd 的储量

草本层鹿蹄草和石松分别是演替中前期和后期主要物种，因此，草本层 Cd 的储量首先由鹿蹄草和石松计算出总储量，再根据鹿蹄草和石松占整个草本层生物量的比例计算出相应的 Cd 的储量校正值，作为草本层总的 Cd 储量。由表 6-20 可见，草本层 Cd 的储量在 29 年和 44 年样地最高，这是由于这两个样地草本层的生物量最高。对于鹿蹄草，地下根系与地上部分 Cd 的储量相当，地下部分略高。地被层 Cd 的储量总体上呈波形上升趋势，主要受生物量影响。

表 6-20 草本层与地被层 Cd 的储量 （单位：$g \cdot hm^{-2}$）

物种		12 年	29 年	44 年	52 年	80 年	121 年
鹿蹄草	地上	0.07	0.52	0.21	0.48	0.10	—
	地下	0.03	0.65	0.33	0.63	0.12	—
石松		—	—	—	—	0.25	0.17
合计		0.10	1.17	0.54	1.11	0.47	0.17
草本层校正		0.09	1.65	1.01	1.77	0.57	0.49
地被层		0.23	1.90	1.66	0.89	4.25	4.41

4）活生物体 Cd 的储量组成

随着演替的进行，生态系统活生物体 Cd 的储量逐渐增加，于 52 年达到最大值，此后有所降低。121 年，活生物体 Cd 的总储量为 115.08 $g \cdot hm^{-2}$，略低于 Heinrichst 和 Mayer

(1980)研究的德国 80 年云杉林(160 g·hm^{-2})。

乔木层占生态系统活生物体 Cd 的储量的大部分，在 6 个样地，其比例均在 80%以上，是主要储量单元。从表 6-18 可看出，活生物体 Cd 的储量动态与乔木层非常一致，乔木层 Cd 的储量动态决定了生态系统活生物体 Cd 的储量动态。灌木和地被层也占据有一定的比例，灌木层最高达 15.7%(80 年样地)，地被层最高达 6%(121 年样地)。在演替初期(12 年样地)，灌木还未生长；而生态系统中主要为小乔木、草本以及苔藓，因而此样地草本层和地被层所占比例相对较高，而后逐渐递减，于 52 年达到最小值。此后，地被层所占比例有所上升。灌木从 29 年样地起，所占比例逐渐增加，于 80 年样地达到最大值，而后略有下降。

随着演替的进行，海螺沟冰川退缩区活生物体 Cd 的储量呈逐渐增加趋势，于 52 年达到最大值，此后有所降低。乔木层占据了活生物体 Cd 的储量的绝大部分(80%以上)，其次是灌木层(<15.7%)，再次是地被层和草本层。由此可见，乔木层是活生物体主要的储存单元，乔木层 Cd 储量动态决定了生态系统活生物体 Cd 储量动态。乔木层 Cd 储量动态受群落演替的影响，其中柳树和沙棘、冬瓜杨、云冷杉 Cd 储量依次在积累期末期、过渡期中期、稳态期达最大值。然而，虽然云冷杉鼎盛时期生物量明显高于冬瓜杨鼎盛时期，但由于冬瓜杨对 Cd 更强烈的富集作用，其在植被 Cd 的储存上起着更重要的作用，其 Cd 储量最大值是云冷杉 Cd 储量最大值的 2 倍以上，为乔木层 Cd 的储存的主要场所。52 年后冬瓜杨大量死亡，云冷杉对 Cd 的积累能力不如冬瓜杨，活生物体总 Cd 的储量下降(图 6-52)。

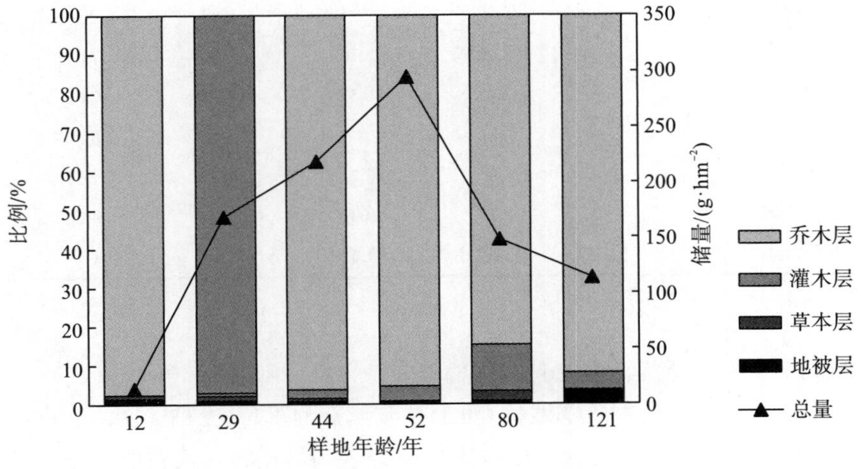

图 6-52 活生物体 Cd 的储量及其组成比例

4. 冰川退缩区粗木质物残体与凋落物 Cd 的浓度与储量

1) 粗木质物残体储量及年凋落物量

随着演替的进行，植被生物量不断增加，种间、种内斗争日益激烈。在 29 年样地，已有部分柳树和沙棘死亡，树形保持完整立于地上形成立枯。随着死树的分解，树干腐烂倒于地面形成倒木，树桩立于地上成为占桩。柳树、沙棘死亡量不断增加，其于地面生物量在 52 年达到最大值，柳树与沙棘逐步退出群落。44 年时，由于种内斗争，部分冬瓜杨也开始死亡。而随着云冷杉的生长，冬瓜杨的生态位逐渐被云冷杉占据，并在竞争中逐渐失利。到 80 年时，已有大量冬瓜杨死亡，其于群的主导地位被云冷杉取代。冬瓜杨退出群落后，云冷杉由于自疏作用也有死树产生，但其存留量不如冬瓜杨集体死亡时大。灌木粗木质物残体和地面枯枝生物量占总粗木质物残体量的比例很小。总的粗木质物残体储量在 80 年之前逐渐增加，于 80 年达到最大值($50.36\ t\cdot hm^{-2}$)，而 80 年后略有降低。年凋落物量从 12 年开始迅速增加，至 29 年以后，基本维持在一个较稳定的水平。52 年时凋落物量最高，这是由于此阶段冬瓜杨为优势种，其生物量大，生长季末叶全部脱落，因而其凋落物量很高。

与成熟林相比，121 年样地总粗木质物残体储量要高于贡嘎山东坡峨眉冷杉成熟林相应生物量($11.5\ t\cdot hm^{-2}$)(陈有超，2013)。虽然生态系统植被生物量已达到成熟林水平，但作为原生演替，粗木质物残体的动态与成熟林还是有差距。由于经过 121 年的发育，土壤仍未达到成熟林水平，而粗木质物残体是原生演替序列土壤碳的重要来源。因此，大量的枯死物仍需补给土壤作为其碳源促进土壤发育。这也是冰川退缩区原生演替的一个重要特征(表 6-21)。

表 6-21　各样地粗木质物残体储量($t\cdot hm^{-2}$)及年凋落物量($t\cdot hm^{-1}\cdot a^{-1}$)

	12 年	29 年	44 年	52 年	80 年	121 年
云冷杉	—	—	—	—	2.60	27.73
冬瓜杨	—	—	2.35	5.08	35.28	3.61
柳树	—	6.12	8.76	8.05	7.51	1.57
沙棘	—	2.27	6.57	8.45	2.62	0.28
灌木	—	—	—	2.10	0.80	0.53
地面枯枝*	—	—	3.21	2.63	1.55	1.24
粗木质物残体合计	—	8.39	20.89	26.31	50.36	34.96
年凋落物量	0.81	1.59	1.43	1.84	1.30	1.41

注：*地面枯枝为直径大于 10mm 的、来自死树的枯枝。

2) 粗木质物残体与凋落物中 Cd 的浓度

植物枯死部位包括：粗木质物残体(树上枯枝，未凋落)，立枯、倒木、占桩皮与木质部，凋落物枝与叶。为了便于比较，枯枝采集树上未凋落枯枝，代表植物枯死部位及凋落物中 Cd 的浓度如图 6-53 所示。由图 6-53 可以看出，粗木质物残体皮中 Cd 的浓度均高于木质部中 Cd 的浓度，这与活生物体内 Cd 在皮与干中的分布相一致。不同物种枯死部位镉浓度不尽相同。同活枝相比，冬瓜杨、柳树枯枝中 Cd 的浓度均略有下降，而沙棘枯枝中 Cd 浓度则有很大上升。此外，冬瓜杨、柳树活体皮中 Cd 的浓度与立枯、倒木与占桩相当或较之略高，活体木质部中 Cd 的浓度则明显高于立枯、倒木与占桩中 Cd 的浓度；相反，沙棘活体皮与木质部中 Cd 的浓度均明显低于立枯与倒木。尽管一些研究显示，落叶时元素的迁移发生在叶、枝、根和干之间，Cd 通过外循环排出，凋落物中 Cd 的浓度增加(余国营等，1996)。

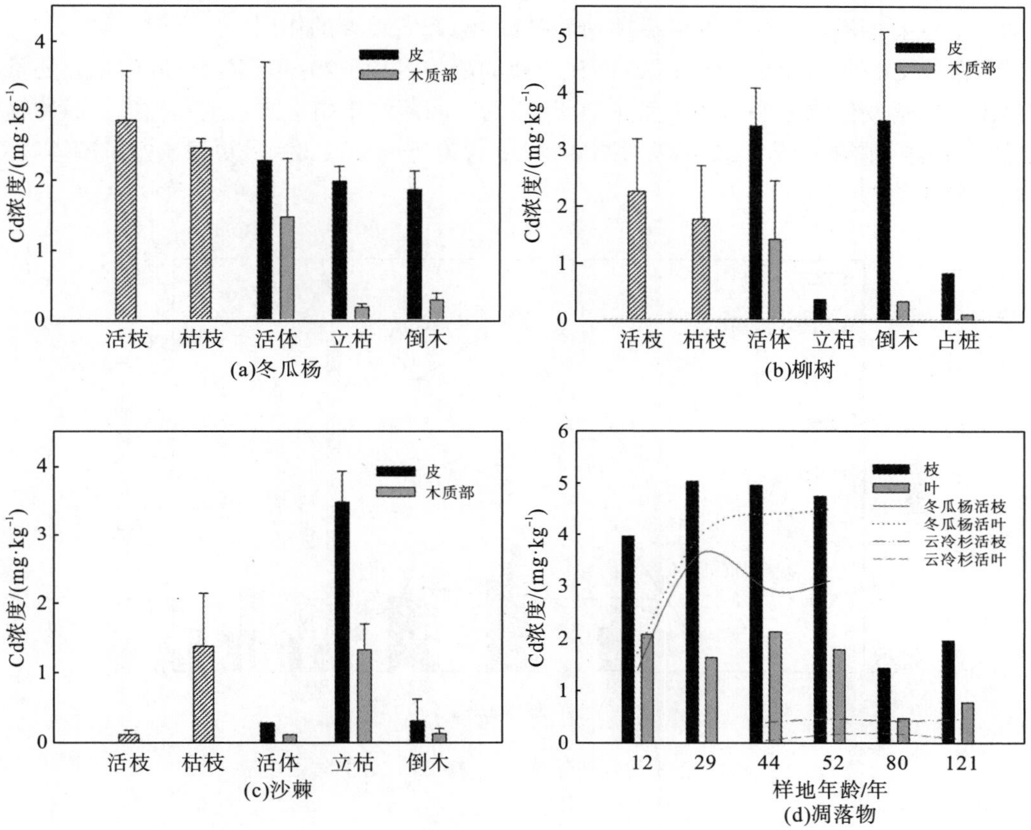

图 6-53　植物枯死部位、活体 Cd 的浓度

凋落物枝与叶中 Cd 的浓度均有随着演替的进行而呈降低的趋势，这是因为在演替前期，群落中优势植被为冬瓜杨、柳树、沙棘，其中冬瓜杨与柳树活体枝与叶中 Cd 的浓度均很高，因而凋落物中 Cd 的浓度较高；而在演替后期，群落优势种为云冷杉，其活体枝与叶中 Cd 的浓度均很低，因此凋落物中 Cd 的浓度有所降低。这决定了土壤表层 Cd 的浓度动态。不论在演替的哪个阶段，凋落物枝中 Cd 的浓度均高于叶中的浓度。尽管在演替前期，冬瓜杨活叶中 Cd 的浓度较活枝中高，然而凋落物枝中 Cd 的浓度仍高于叶，这是否说明在凋落前叶中 Cd 有回流现象还值得探讨。

3) 粗木质物残体与凋落物中 Cd 的储量

由图 6-54 可以看出，粗木质物残体总 Cd 的储量随着演替的进行迅速上升产生双峰(44 年和 80 年)，在 121 年样地有所下降。在演替前期(12～44 年)，粗木质物残体主要由柳树和沙棘组成，因为 29 年样地中，柳树和沙棘均处于其鼎盛时期，生物量大，同时也产生较多的粗木质物残体。44 年以后，柳树和沙棘粗木质物残体中 Cd 储量缓慢降低，而冬瓜杨粗木质物残体中 Cd 储量则迅速升高，其在 80 年样地有很高的峰值，这与冬瓜杨被迫退出群落而产生大量粗木质物残体有关。演替后期(80～121 年)，云冷杉是群落的优势植物，生物量占据主导优势，产生部分粗木质物残体。地面枯枝也是粗木质物残体 Cd 储存的一个重要场所，在演替的中后期(44～121 年)起着重要的作用。

凋落物 Cd 的年归还量呈先增后缓慢下降的趋势。12～29 年凋落物 Cd 的年归还量增加是由于凋落物生物量的增加，而在 29 年以后，凋落物年凋落物量基本相当，而凋物中 Cd 的含量有下降的趋势，52 年以后凋落物 Cd 含量迅速降低。物种更替决定了凋落物 Cd 年归还量的动态。

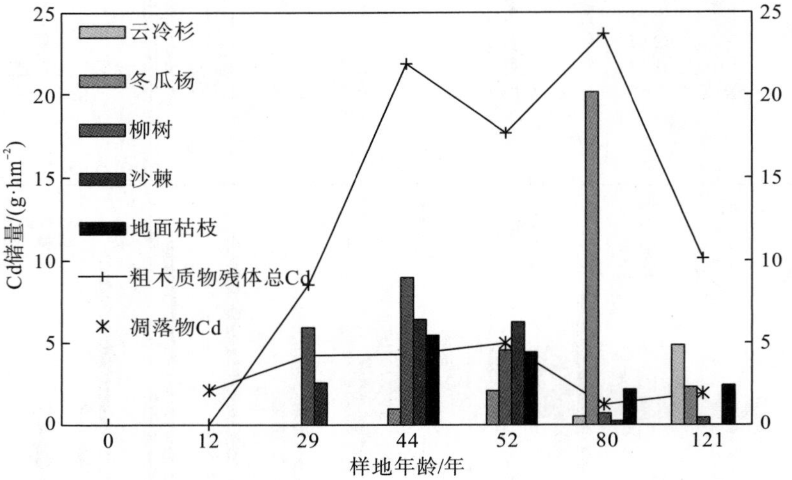

图 6-54 粗木质物残体总 Cd、凋落物 Cd 的年归还量

总的粗木质物残体储量在 80 年之前逐渐增加到 50.36 $Mg·hm^{-2}$，而 80 年后略有降低，先后由柳树和沙棘(29～80 年)、冬瓜杨(44～80 年)、云冷杉(80～121 年)决定。灌木和地面枯枝占总粗木质物残体量的比例很小。与成熟林相比，演替末期粗木质物残体储量大于贡嘎山东坡峨眉冷杉成熟林，说明其与成熟林还是有差距。植物枯死物是原生演替序列土壤碳的重要来源，需不断补给作为土壤碳源供土壤发育。

冬瓜杨、柳树对 Cd 具有强烈的富集能力，在其植株体枯落或死亡时，植株中可能有 Cd 的回流现象，因而在枯枝、粗木质物残体中 Cd 的浓度较活生物体更高。而沙棘对 Cd 富集能力弱，植株死亡后，Cd 通过外循环排出，枯枝、粗木质物残体中 Cd 的浓度增加；且随着植株的分解，Cd 在体内相对富集。

粗木质物残体总 Cd 储量随着演替的进行迅速上升呈双峰状(44 年和 80 年)，此后有所下降，这主要取决于植被类型，与粗木质物残体储量动态相似。

年凋落物 Cd 量从 12 年开始迅速增加，至 29 年以后，其基本维持在一个较稳定的水平。凋落物枝与叶中 Cd 的浓度均有随着演替的进行而降低的趋势，这是由物种特性决定的，这也决定了土壤表层 Cd 的浓度动态。无论在演替的哪个阶段，凋落物枝中 Cd 的浓度均高于叶。凋落物 Cd 的年归还量呈先增(12～29 年)后缓慢下降的趋势。12～29 年凋落物 Cd 的年归还量增加是由于凋落物生物量的增加，而在 29 年以后的下降则是由凋落物 Cd 含量的降低决定的。物种更替决定了凋落物 Cd 年归还量的动态。

5. 植被演替不同阶段 Cd 的储量、分配及其生物地球化学循环

1) Cd 的总储量

经过 121 年的演替，生态系统中镉的总储量由 582.10 $g \cdot hm^{-2}$ 增加到 1100.27 $g \cdot hm^{-2}$（图 6-55），总体呈先快速增加后缓慢增加的趋势。偏远地区生态系统中的 Cd，主要通过地球化学循环进入森林系统内，包括大气干、湿沉降，水循环(主要为地表径流输入)，成土母质矿化，以及生物对大气中 Cd 的直接吸附和吸收(黄建辉和韩兴国，1995)。

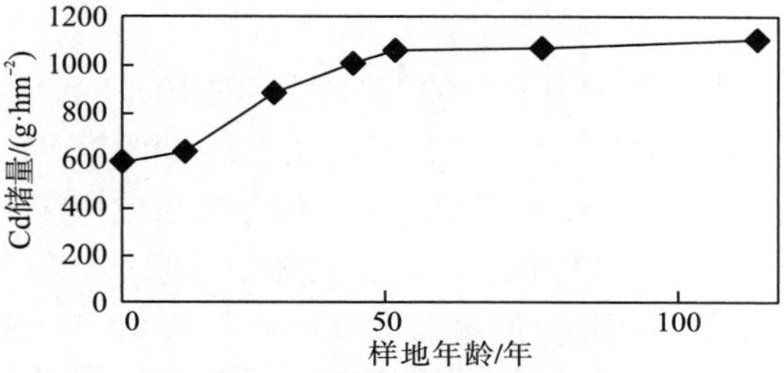

图 6-55 Cd 在生态系统中的总储量

2) Cd 在生态系统各层次的分配

由图 6-56 可以看出，Cd 在土壤中的分配系数均高于活生物体和粗木质物残体，在 70%以上，占据着整个生态系统的大部分，这是由于其相对于植物具有更高的质量。其次是活生物体，Cd 在其中的分配系数在 30%以下，是除土壤之外最重要的储存库。Heinrichst 和 Mayer(1980)研究的在德国的两个森林中，Cd 在植物体内的分配能达到 27%，与我们的研究结果相似。而分配在粗木质物残体中的 Cd 最少，在 2.5%以下，对 Cd 在生态系统中的分配格局影响不大。

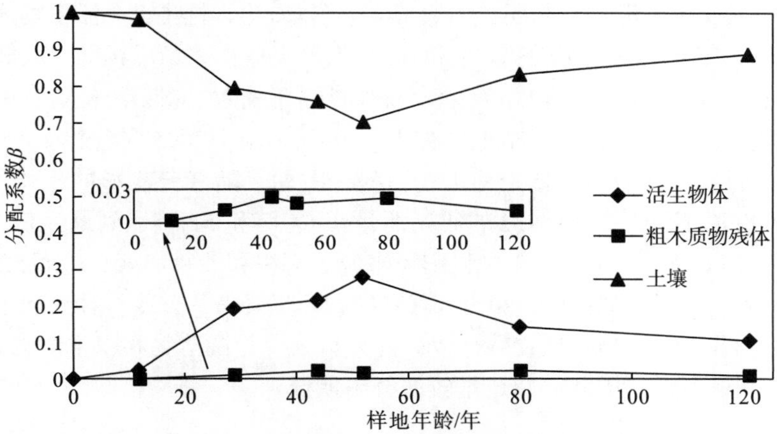

图 6-56 Cd 在活生物体、粗木质物残体、土壤中的分配系数

从趋势上看，土壤和活生物体分配系数的时间变化规律呈相反的趋势。52 年以前，土壤中的分配系数下降而活生物体中的分配系数上升。随着植被的生长，土壤中的Cd不断地被转移至植被中。29年时柳树和沙棘生物量已达到最大值，而44年时大量的柳树和沙棘死亡；与此同时，冬瓜杨不断生长并于52年其生物量达到最大值。52年以后，云冷杉逐渐成为生态系统的优势种，虽然其生物量很高，但植被体内 Cd 含量很低，因而 Cd 在活生物体中的分配比例持续下降，更多的Cd又通过凋落物和粗木质物残体分解转移至土壤中。粗木质物残体虽然在生态系统 Cd 的分配中占的比例很小，但却是 Cd 转移的一个纽带。从图6-56中看出，44年和80年分别为柳树与沙棘大量死亡、冬瓜杨大量死亡的样点，这两个时间点上粗木质物残体中 Cd 的分配比例是所有样地中最高的。整体上，粗木质物残体分配系数随演替时间呈上拱形，于 29～80 年较高，反映出此期间植被激烈的动态。

经过121年的发育，生态系统中Cd的总储量由582.10 $g\cdot hm^{-2}$增加到1100.27 $g\cdot hm^{-2}$，土壤中分配的Cd储量最高(70%以上)，其次是活生物体(30%以下)，粗木质物残体中最少(不足2.5%)。随着演替的进行，52年以前土壤中的分配系数持续下降，52年以后分配系数逐渐回升。29～80 年分配系数较低。而活生物体中分配系数与土壤的变化规律刚好相反。粗木质物残体分配系数随演替时间呈上拱形，44年和80年最高。植物不断吸收土壤中的Cd是土壤中Cd分配系数降低而活生物体中升高的直接原因。52年以后，冬瓜杨的大量死亡，Cd 通过凋落物归还土壤，这是土壤分配系数回升和粗木质物残体分配系数高的原因。

3) Cd的生物地球化学循环动态

生物地球化学循环是发生在森林生态系统内部的元素循环，即森林生物群落(通常指植物)与物理环境之间的矿质元素流动，是森林生态系统内部生物组分与物理环境之间连续的元素循环过程，包括元素的吸收(输入)、存留、归还、分解、固定、释放等内容(尹守东，2004；曹建华等，2007)。该研究所涉及的生物地球化学过程包括了 Cd 在生态系统活生物体、粗木质物残体、土壤中的储量，生态系统各组分Cd随时间的变化动态，植被对Cd的吸收与归还，以及Cd在生态系统的循环速率与周期。

(1)生态系统 Cd 的吸收与归还。由表6-22可以看出，同Cd在活生物体中的分配系数相似，植物对Cd的年吸收量在44年和52年为最大值，为冬瓜杨的生长旺盛期，分别达到 9.74 $g\cdot hm^{-2}\cdot a^{-1}$ 和 12.25 $g\cdot hm^{-2}\cdot a^{-1}$。云冷杉逐渐成为生态系统优势种之后，植物对Cd的年吸收量反而下降，121年时仅为3.71 $g\cdot hm^{-2}\cdot a^{-1}$，约为52年时的30%。一方面，云冷杉对 Cd 的吸收能力显著低于冬瓜杨；另一方面，随着云冷杉的生长，植株对 Cd 的吸收能力也有所下降。植物对Cd的年归还量在44年和52年达到最大值，分别为5.92 $g\cdot hm^{-2}\cdot a^{-1}$ 和 6.25 $g\cdot hm^{-2}\cdot a^{-1}$。44年主要归还来源于柳树和沙棘的死亡，而52年则主要来自冬瓜杨产生的凋落物。同样地，80年后Cd的归还量降低。云冷杉林为当地的地带性植物，结构稳定，凋落物和粗木质物残体少；此外，云冷杉凋落物和粗木质物残体中Cd含量也较冬瓜杨和柳树低，因此其归还量较演替中期低。

表 6-22　Cd 在植被中以及生态系统中的循环动态

循环动态	0 年	12 年	29 年	44 年	52 年	80 年	121 年
活生物体储量/($g·hm^{-2}$)	—	14.07	169.15	219.69	295.36	154.16	115.08
粗木质物残体储量/($g·hm^{-2}$)	—	—	8.51	21.85	17.62	23.57	10.12
土壤储量/($g·hm^{-2}$)	582.10	610.36	695.19	755.61	738.68	884.52	975.06
生态系统储量/($g·hm^{-2}$)	582.10	624.43	872.85	997.16	1051.66	1062.25	1100.27
活生物体净积累/($g·hm^{-2}·a^{-1}$)	—	2.01	9.12	3.37	9.46	−5.04	−0.95
粗木质物残体净积累/($g·hm^{-2}·a^{-1}$)	—	—	—	0.89	−0.53	0.21	−0.33
土壤净积累/($g·hm^{-2}·a^{-1}$)	—	2.35	4.99	4.03	−2.12	5.21	2.21
生态系统净积累/($g·hm^{-2}·a^{-1}$)	—	3.53	14.61	8.29	6.81	0.38	0.93
植物吸收量/($g·hm^{-2}·a^{-1}$)	—	4.68	9.43	9.74	12.25	5.59	3.71
植物归还量/($g·hm^{-2}·a^{-1}$)	—	2.14	4.51	5.92	6.25	4.74	4.79
年吸收率/ %	—	0.77	1.36	1.29	1.66	0.63	0.38
年归还率/ %	—	15.18	2.67	2.69	2.11	3.08	4.16
循环量/($g·hm^{-2}·a^{-1}$)	—	6.81	13.94	15.66	18.49	10.33	8.49
周转周期/年	—	92	63	64	57	103	130

(2) 生态系统 Cd 的积累。活生物体 Cd 净积累在 80 年以前为正值。森林生态系统中，活生物体特别是乔木层，是最活跃与最重要的亚系统，其初级生产即为能量的固定过程，也是元素的积累过程(张希彪和上官周平，2006)。植被不断从大气和土壤中吸收 Cd，植被中的 Cd 储量不断积累。而 80 年、121 年活生物体净积累变为负值，大量的 Cd 归还到土壤中，这可由土壤 80 年、121 年高的净积累看出。粗木质物残体净积累量在 52 年和 121 年为负值，这两个阶段植物生长迅速，种内、种间竞争相对较弱，死亡量少，粗木质物残体不断分解，Cd 进入土壤中，Cd 储量降低。土壤净积累仅在 52 年为负值，此阶段植物生长快，吸收 Cd 能力强，可迅速将土壤中的 Cd 转至植物中，这从其低的分配系数也可以看出。其余阶段均为正值，其来源主要有植被归还、大气沉降(直接干、湿沉降和林内降雨)、上游径流输入，输出主要有植被吸收、土壤径流输出以及淋溶。12 年、29 年、80 年，土壤净积累大于植物归还量，土壤 Cd 不可能完全来自植被的归还，大气沉降是一个重要的来源。而 44 年、52 年、121 年，土壤净积累小于植物归还量，这些阶段植物的归还是土壤 Cd 的重要来源：44 年、52 年主要来自凋落物的归还，而 121 年主要来自植被的死亡。在这些阶段，植被生长状态良好，林冠郁闭度高，植物可吸收大气中的 Cd，从而使沉降至土壤的 Cd 受到限制。

生态系统 Cd 净积累均大于 0，说明生态系统是 Cd 的“汇”。对于偏远地区，大气沉降是生态系统微量金属的重要来源，引起土壤表层 Cd 浓度的增加(Johansson et al., 2001)。从青藏高原古里雅冰芯记录的 Cd 的时间变化趋势来看(图 6-57)，1900～1991 年 Cd 的浓度呈增加趋势，而在 1970～1991 年 Cd 的浓度增加，反映人类活动对此地区大气污染呈明显上升趋势(李月芳和姚檀栋，2000)。对应于此阶段，本研究区正好为土壤发育 20～40 年，从图 6-56 看出，此阶段也正是 Cd 变化最快的阶段，生态系统 Cd 的积累与大气

Cd 沉降的时间变化有很好的契合度，这也在一定程度上说明了大气 Cd 来源对生态系统 Cd 积累的作用。不过，生态系统 Cd 也来源于上流土壤径流、深层土壤吸收等，但本书未对这些可能的来源进行详细的研究，而这将是未来工作的重点。

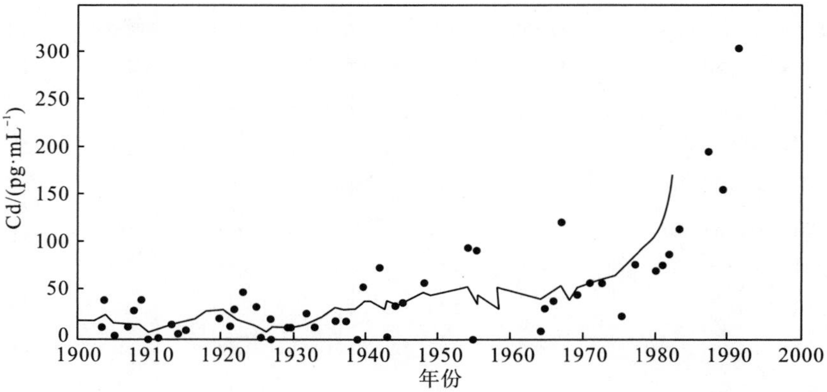

图 6-57 古里雅冰芯中 Cd 的时间变化趋势

引自李月芳和姚檀栋(2000)

80 年以前，生态系统 Cd 的积累量均较高，然而 80 年以后，生态系统净积累迅速降低，并有向负向发展的趋势，Cd 在活生物体中的分配减少而在土壤中的分配增加。Bergkvist(1987)研究了瑞典的两个林龄约为 80 年的针阔混交成熟林，主要树种是挪威云杉，其土壤 pH 为 2.8～4.5。两个样地均表现为 Cd 流失，流失量分别为 2.5 g·hm^{-2}·a^{-1}和 1.0 g·hm^{-2}·a^{-1}，是 Cd 的源。Sevel 等(2009)比较了丹麦两个橡树林，研究发现，在林龄较小的 Vestskoven，森林为 Cd 的汇，其积累量为 0.81 g·hm^{-2}·a^{-1}；而在另一林龄较大的 Hald Ege，森林为 Cd 的源，其流失量为 1.11 g·hm^{-2}·a^{-1}。土壤 pH 是控制生态系统 Cd 是否流失的主要因素，其通过控制土壤淋溶与径流进而控制生态系统 Cd 的输出：Vestskoven 的 pH 为 5.2～6.6，而 Hald Ege 的 pH 为 3.2～4.3。本节 80 年样地土壤 pH 已达 5.2，而 121 年样地 pH 达 4.3，达到上述两个研究的生态系统流失 Cd 边界值。由图 6-58 看出，土壤 C 层 Cd 含量与 pH 呈显著正相关关系，与 Eh 呈显著负相关，这说明土壤 C

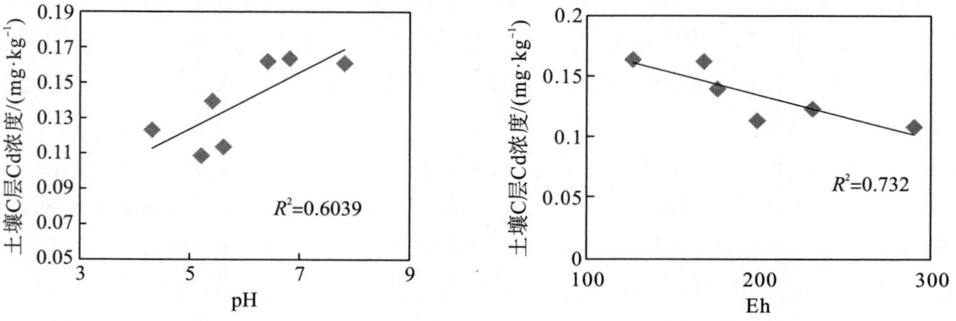

图 6-58 土壤 C 层 Cd 的浓度与 pH 相关关系

层中 Cd 的浓度下降与 pH 的下降有关，土壤 C 层中 Cd 存在淋溶现象。80 年和 121 年生态系统 Cd 净积累分别为 0.38 $g \cdot hm^{-2} \cdot a^{-1}$ 和 0.93 $g \cdot hm^{-2} \cdot a^{-1}$，低于目前的大气沉降量(2.19 $g \cdot hm^{-2} \cdot a^{-1}$)，由此估算出此样地 Cd 的土壤淋溶与径流损失为 1.26 $g \cdot hm^{-2} \cdot a^{-1}$。

(3) 生态系统 Cd 的周转速率。生态系统 Cd 的循环量呈先增加后降低的趋势，于 52 年达最大值。由此计算出生态系统中 Cd 的周转周期。生态系统 Cd 的周转周期呈先降低后增加的趋势，于 52 年样地达最小值，为 57 年；121 年样地达最大值，为 130 年。Klaminder 等(2006)在瑞典土壤序列上采用 Pb 的同位素法研究了 Pb 在土壤表层(有机质层)的平均停留时间。其研究发现，在演替前期，Pb 的停留时间更短，在 50 年以下，而在大于 170 年的成熟林中，Pb 的停留时间约为 250 年。Cd 在生态系统中的运移能力高于 Pb，从表 6-22 看出，其在生态系统中的周转时间略高于上述研究的 Pb，但其在演替序列上的变化规律却有很大的相似性。Cd 的周转受植物影响，演替前期，先锋植物生物量和净初级生产力都很小，Cd 的吸收量与归还量均很低；演替后期，生态系统优势物种 Cd 含量低、吸收 Cd 的能力弱，因而 Cd 的吸收量与归还量也较低。而演替中期，生态系统优势种冬瓜杨不仅生物量和净初级生产力高，而且吸收 Cd 的能力强，因而 Cd 周转快。植物的差异导致了生态系统 Cd 周转速率的差异。

综上，随着演替的进行，海螺沟冰川退缩区植被演替序列生态系统植被不断更替，柳树与沙棘、冬瓜杨、云冷杉先后成为群落的优势种，林下灌木层也不断出现新品种，生态系统生物多样性提升，层次更加清晰。经过 121 年的发展，生态系统结构与功能已达最优化，最终达到稳定的状态。活生物体的生物量随演替年龄的增长而增加，最终达到 397.44 $Mg \cdot hm^{-2}$ 并趋于稳定，这与贡嘎山东坡峨眉冷杉成熟林相近，说明生态系统植被生物量已达到成熟林水平。随着演替的进行，海螺沟冰川退缩区土壤表层 pH 下降而 Eh 升高，O 层和 A 层土壤厚度逐渐增加，O 层容重变化不大，A 层与 C 层有所降低。与地带性峨眉冷杉成熟林相比，121 年土壤表层 TC、TN、TP 含量以及各元素之比已与其相近，但 C 层明显低于成熟林，说明土壤垂向上的发育还未达到成熟林的水平。52 年以后元素含量与化学蚀变指数变化逐渐趋于稳定，发育减慢。

不同植物、不同部位 Cd 的浓度分布，很大程度上取决于植物的特性。对同一物种来说，根中 Cd 的浓度均为细根>中根>粗根，地上部分 Cd 的浓度为：冬瓜杨：叶>枝>皮>干；柳树、沙棘：皮>叶>枝>干；云冷杉：枝>皮>叶>干；杜鹃：枝>叶。不同植被中 Cd 的浓度大小、Cd 的生物 EF、地上部分转运系数均为：冬瓜杨、柳树>云冷杉、沙棘、杜鹃；地下部分转运系数为：云冷杉>柳树、冬瓜杨、沙棘>杜鹃。冬瓜杨、柳树为 Cd 的强富集物种，具有更高的 Cd 转运能力，可将更多的 Cd 分配到地上。云冷杉、沙棘和杜鹃转运和富集土壤 Cd 能力较弱，其更倾向于将 Cd 储存于根之中，特别是云冷杉。云冷杉、冬瓜杨、柳树在发育前期富集微量金属污染物的能力最强，枝与叶中 Cd 的浓度最高。此后，植株吸收 Cd 的能力降低，细根、枝、叶中 Cd 的浓度下降。而沙棘则为细根、枝与叶中 Cd 的浓度随时间增加而增加。灌木层代表物种桦、三叶槭、杜鹃、茶镳子、荚蒾中 Cd 的浓度与乔木层相当。

鹿蹄草地上部分与地下部分 Cd 的浓度均随演替的进行持续升高，这与土壤表层 Cd 的浓度增加、土壤中微量金属的溶解度增加有关，转运系数与生物 EF 也呈增加趋势。地被层 Cd 的浓度在 44 年和 52 年较低，其余年份基本相当，这可能是由林冠的影响造成的。其生物富集因子前期波动较大，后期趋于平稳。

无论在演替的哪个阶段，凋落物枝中 Cd 的浓度均高于叶。凋落物枝与叶中 Cd 的浓度均随着演替的进行而降低，这与植物的更替有关，这也决定了土壤表层 Cd 的浓度动态。土壤 O 层中 Cd 的浓度在演替中前期相差不大，在 80 年有所降低，此阶段凋落物由冬瓜杨等对 Cd 归还能力强的物种变成 Cd 积累能力弱的云冷杉，而 121 年 O 层 Cd 的浓度有所回升，这与土壤的发育变化有关。A 层含量表现为先缓慢增加后缓慢降低的趋势，A 层含量同时受 O 层和土壤母质的影响。C 层 Cd 的浓度在演替前期基本相当，而在演替后期有所降低。Cd 的浓度 O 层高于 A 层高于 C 层。O 层 Cd 的 EF 在 80 以上，A 层在 29 年以后略大于 10，说明其有人为来源。

随着演替的进行，海螺沟冰川退缩区活生物体 Cd 的储量呈先增加后降低的趋势。乔木层占据了活生物体 Cd 储量的绝大部分(80%以上)，其次是灌木层(<15.7%)，再次是地被层和草本层。乔木层是活生物体主要的储存单元，其 Cd 的储量动态决定了生态系统活生物体 Cd 的储量动态，也决定了粗木质物残体 Cd 的储量与凋落物 Cd 的归还动态。而粗木质物残体和凋落物的不断归还，以及大气沉降的积累，土壤中 Cd 的总储量近似为直线上升趋势。经过 121 年的发育，生态系统中 Cd 的总储量由 582.10 $g \cdot hm^{-2}$ 增加到 1100.27 $g \cdot hm^{-2}$。土壤中 Cd 储量最高(70%以上)，其次是活生物体(30%以下)，粗木质物残体中最少(不足 2.5%)。随着演替的进行，土壤中的分配系数先下降后逐渐回升，而活生物体中分配系数与土壤的变化规律刚好相反。粗木质物残体分配系数随演替时间呈上拱形。52 年是活生物体、土壤以及生态系统 Cd 的储量、凋落物 Cd 的归还量、土壤与活生物体分配系数变化的拐点。植被虽然不是生态系统最主要的 Cd 的储存库，但演替过程中的植被更替以及不同植被对 Cd 积累能力的差异，主导了 Cd 的储量在生态系统各层次的分配与时间变异。植物不断吸收土壤中的 Cd 是土壤中 Cd 分配系数降低而活生物体中升高的直接原因，而 52 年以后冬瓜杨的大量死亡，Cd 通过凋落物归还土壤，而云冷杉对 Cd 的吸收能力弱，土壤分配系数回升。

海螺沟冰川退缩区生态系统发育过程中植被的生长和更替、土壤理化性质变化(pH、Eh)，对生态系统 Cd 循环动态有着重要的影响。演替中期(52 年)植物对 Cd 具有高的吸收量与归还量，生态系统从大气、深层土壤、上游土壤径流等积累大量 Cd，活生物体、生态系统具有高的净积累量，由于植被的吸收净积累量为负，且植株死亡量少而凋落物量大，粗木质物残体净积累量为负，植被 Cd 主要通过凋落物归还土壤。植物对 Cd 的高吸收与归还，使得生态系统 Cd 的循环速率加快，更多的 Cd 被分配至活生物体中，Cd 的土壤环境容量增加，生态系统为 Cd 的“汇”。

演替后期，冬瓜杨被对 Cd 的吸收能力弱的云冷杉代替，植物对 Cd 的吸收量、归还量均下降，活生物体 Cd 的储量降低，归还至土壤中，土壤中 Cd 的储量持续上升。由于演替后期土壤 pH 已降至 Cd 的淋溶范围，土壤淋溶加强，而植被吸收 Cd 的能力有限，生态系统 Cd 的净积累量已降至很低，并有向负向发展的趋势，生态系统 Cd 循环速率减慢，更多的 Cd 又被分配至土壤中，Cd 的土壤环境容量降低，生态系统为 Cd 微弱的“汇”，但随着生态系统的继续发展，很有可能成为“源”，对下流水体造成威胁。52 年是 Cd 的生物地球化学特征变化的转折点。

6.5.3　典型生态系统植物中 Cd 和 Pb 的分布特征

1. 典型生态系统植物组织、凋落物和粗木质物残体中 Cd 和 Pb 的浓度分布

表 6-23～表 6-25 显示了不同海拔典型生态系统代表种乔木层、灌木层的各组织和器官，草本层地上与地下部分，地被层，凋落物，粗木质物残体中 Pb 和 Cd 的浓度。其中，乔木层与灌木层包括了枝、叶、皮、干、细跟、中根与粗根。

表 6-23　乔灌层代表种中 Pb 的浓度特征(平均值)　(单位：$mg \cdot kg^{-1}$)

海拔/m	物种	枝	叶	皮	干	细根	中根	粗根	地下茎
2200	苞槲柯	1.37	2.23	3.64	0.25	58.52	8.26	1.04	—
	大叶杨	3.29	5.38	3.28	0.27	27.61	5.13	0.67	—
	冷箭竹	3.59	1.99	—	0.51	—	—	—	13.47
2780	麦吊云杉	10.38	1.87	1.24	0.32	35.56	6.92	1.78	—
	峨眉冷杉	7.45	1.38	0.93	0.21	28.21	7.38	1.27	—
	槭树	8.05	1.63	0.71	0.43	29.84	4.55	0.53	—
	冷箭竹	4.50	3.18	—	0.58	—	—	—	13.18
	杜鹃	1.82	1.34	1.67	0.56	26.43	2.24	0.73	—
3200	峨眉冷杉	8.04	1.70	0.93	0.50	25.21	4.69	0.92	—
	冷箭竹	2.37	1.23	—	0.56	—	—	—	10.84
	杜鹃	3.73	1.37	0.94	0.44	19.33	3.08	0.76	—
3800	杜鹃	2.48	1.03	0.57	0.20	21.25	4.97	0.61	—

表 6-24　乔灌层代表种 Cd 的浓度特征(平均值)　(单位：$mg \cdot kg^{-1}$)

海拔/m	物种	枝	叶	皮	干	细根	中根	粗	地下茎
2200	苞槲柯	0.49	0.21	0.13	0.11	3.53	1.22	0.46	—
	大叶杨	0.36	0.11	0.25	0.09	0.66	0.37	0.19	—
	冷箭竹	0.28	0.19	—	0.14	—	—	—	0.49
2780	麦吊云杉	1.24	0.42	0.58	0.18	1.93	0.79	0.27	—
	峨眉冷杉	0.70	0.33	0.25	0.11	1.67	0.64	0.32	—
	槭树	0.98	0.36	0.40	0.13	1.51	0.48	0.21	—
	冷箭竹	0.56	0.24	—	0.09	—	—	—	1.48
	杜鹃	0.77	0.30	0.16	0.05	0.45	0.26	0.15	—
3200	峨眉冷杉	0.67	0.28	0.34	0.12	1.77	0.91	0.39	—
	冷箭竹	0.26	0.18	—	0.07	—	—	—	1.31
	杜鹃	0.35	0.11	0.21	0.09	0.95	0.55	0.16	—
3800	杜鹃	0.27	0.14	0.18	0.06	0.46	0.18	0.09	—

表 6-25 典型生态系统近地层 Pb 与 Cd 的浓度 （单位：mg·kg^{-1}）

海拔/m	组分	Pb	Cd
2200	草本层地上	4.27	0.27
	草本层地下	21.06	2.46
	地被层	37.56	2.61
	凋落物	44.95	2.06
	粗木质物残体	1.80	0.22
2780	草本层地上	3.21	0.32
	草本层地下	38.47	1.94
	地被层	43.12	2.75
	凋落物	26.20	2.63
	粗木质物残体	1.74	0.34
3200	草本层地上	2.69	0.36
	草本层地下	30.78	1.28
	地被层	33.98	2.02
	凋落物	21.67	3.27
	粗木质物残体	2.33	0.46
3800	草本层地上	2.11	0.41
	草本层地下	26.16	1.68
	地被层	18.44	1.22
	凋落物	14.87	1.07
	粗木质物残体	1.32	0.32

图 6-59 显示了典型生态系统不同组分中 Pb 的浓度。在 2200m 典型生态系统中，苞槲柯、大叶杨、冷箭竹各组织与器官及样地里粗木质物残体和凋落物的 Pb 的浓度顺序分别为：细根>凋落物>中根>皮>叶>粗木质物残体>枝>粗根>干，凋落物>细根>叶>中根>皮>枝>粗木质物残体>粗根>干，凋落物>地下茎>枝>叶>粗木质物残体>干。

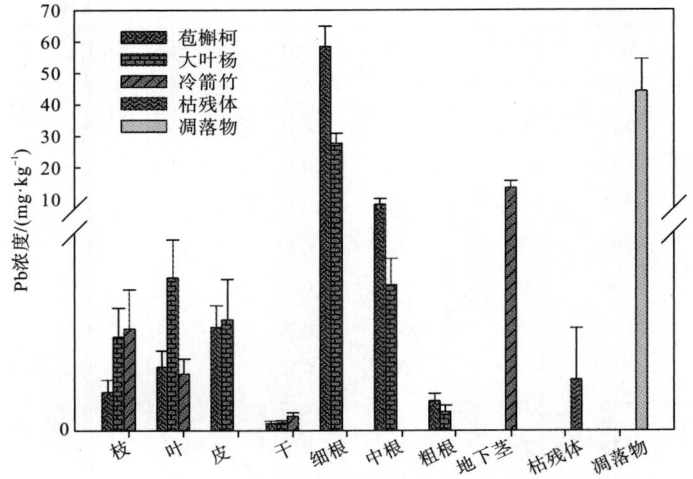

(a)2200m典型生态系统

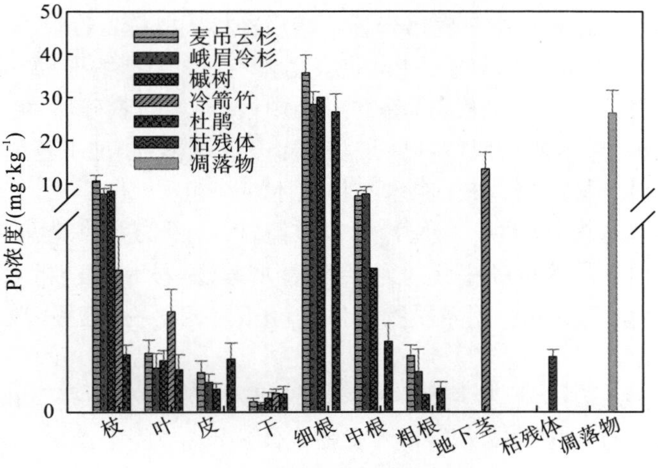

(b)2780m典型生态系统

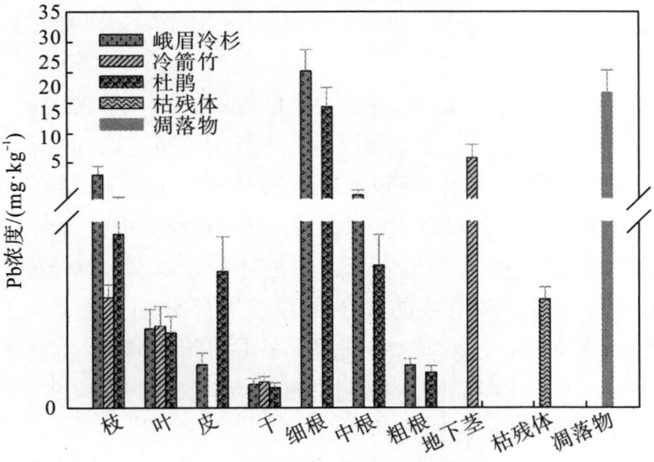

(c)3200m典型生态系统

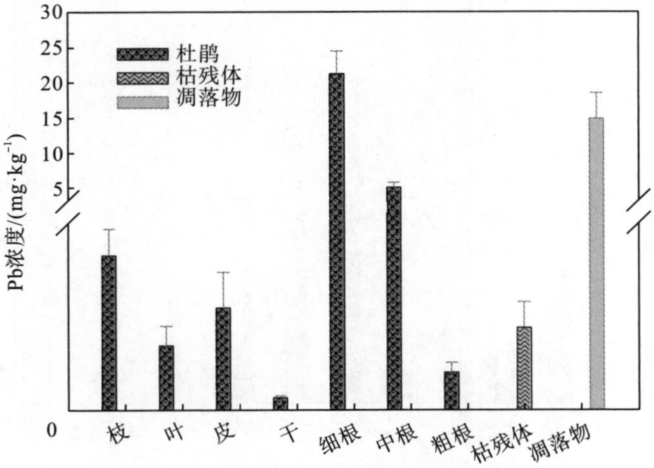

(d)3800m典型生态系统

图 6-59　典型生态系统不同组分 Pb 浓度的比较

粗木质物残体简称“枯残体”或“粗残体”

在 2780m 典型生态系统中，麦吊云杉、峨眉冷杉、槭树、冷箭竹、杜鹃各组织与器官和样地里粗木质物残体、凋落物的 Pb 的浓度顺序分别为：细根>凋落物>枝>中根>叶>粗木质物残体>粗根>皮>干，细根>凋落物>枝>中根>粗木质物残体>叶>粗根>皮>干，细根>凋落物>枝>中根>粗木质物残体>叶>皮>粗根>干，凋落物>地下茎>枝>叶>粗木质物残体>干，细根>凋落物>枝>中根>皮>粗木质物残体>叶>粗根>干。

在 3200m 典型生态系统中，峨眉冷杉、冷箭竹、杜鹃各组织与器官和样地里粗木质物残体、凋落物的 Pb 的浓度顺序分别为：细根>凋落物>枝>中根>粗木质物残体>叶>皮>粗根>干，凋落物>地下茎>枝>粗木质物残体>叶>干，凋落物>细根>枝>中根>皮>粗木质物残体>叶>粗根>干。

在 3800m 生态系统中，杜鹃各器官和样地里粗木质物残体与凋落物的 Pb 的浓度顺序分别为：细根>凋落物>中根>枝>皮>粗木质物残体>叶>粗根>干。

总的说来，同一典型生态系统中植物凋落物与细根 Pb 的浓度显著高于其他组织和器官，干器官中 Pb 的浓度最小。各植物根部 Pb 的浓度顺序为：细跟>中根>粗根。Pb 主要被根毛吸附并保留在细胞壁上。

图 6-60 比较了不同典型生态系统各组分中 Cd 的浓度。在 2200m 典型生态系统中，苞槲柯、大叶杨、冷箭竹各组织与器官和样地里粗木质物残体、凋落物的Cd 的浓度顺序分别为：细跟>凋落物>中根>枝>粗根>粗木质物残体>叶>皮>干，凋落物>细根>枝>中根>皮>粗木质物残体>粗根>叶>干，凋落物>地下茎>枝>粗木质物残体>叶>干。

在 2780m 典型生态系统中，麦吊云杉、峨眉冷杉、槭树、冷箭竹、杜鹃、各组织与器官和样地里粗木质物残体、凋落物的 Cd 的浓度顺序分别为：凋落物>细根>枝>中根>皮>叶>粗木质物残体>粗根>干，凋落物>细根>枝>中根>叶>粗木质物残体>粗根>皮>干，凋落物>细根>枝>中根>皮>叶>粗木质物残体>粗根>干，凋落物>地下茎>枝>粗木质物残体>叶>干，凋落物>枝>叶≈粗木质物残体>皮>干。

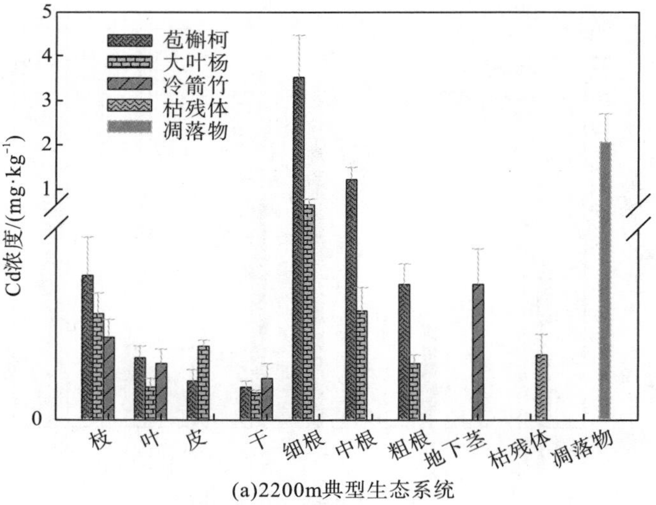

(a)2200m典型生态系统

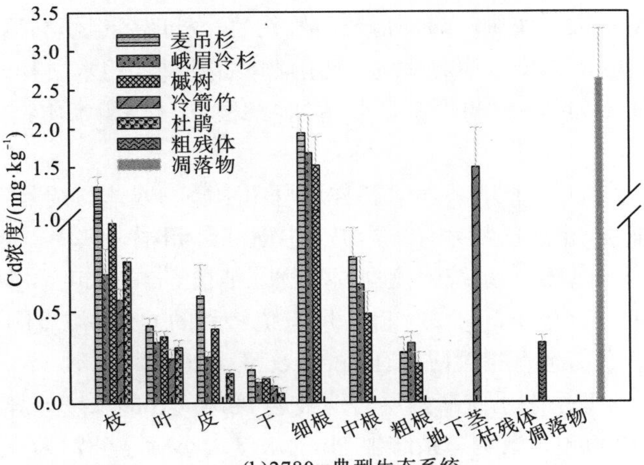

(b)2780m典型生态系统

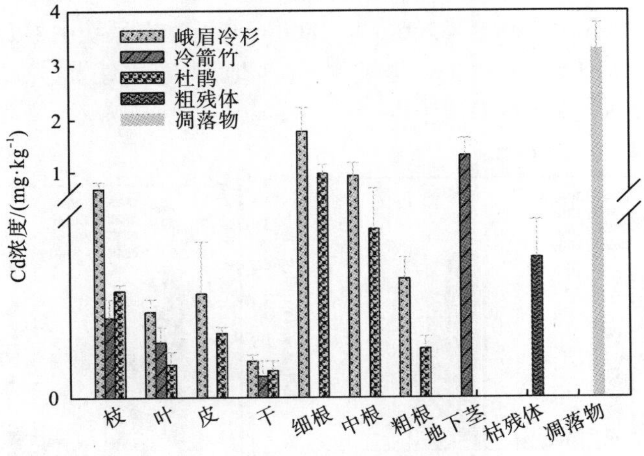

(c)3200m典型生态系统

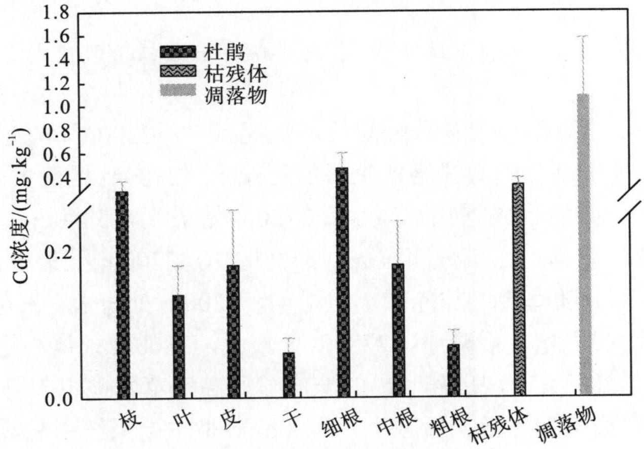

(d)3800m典型生态系统

图 6-60 不同典型生态系统各组分中 Cd 的浓度比较

粗木质物残体简称“枯残体”或“粗残体”

在 3200m 典型生态系统中，峨眉冷杉、冷箭竹、杜鹃各组织与器官与样地里粗木质物残体和凋落物的 Pb 的浓度顺序分别为：凋落物>细根>枝>粗木质物残体>皮>叶>干，凋落物>地下茎粗木质物残体>枝>叶>干，凋落物>细根>中根>粗木质物残体>枝>皮>粗根>叶>干。

在 3800m 生态系统中，杜鹃各器官和样地里粗木质物残体与凋落物的 Pb 的浓度顺序分别为：凋落物>细根>粗木质物残体>枝>皮>中根>叶>粗根>干。

总的说来，同一典型生态系统中植物凋落物与细根 Cd 的浓度显著高于其他组织和器官，植物干中 Cd 的浓度最小，枝大于叶。所有优势种的 Cd 的浓度顺序为：细跟>中根>粗根。根部富集 Cd 之前也有相关研究(Küpper et al.，2000)。

图 6-61 显示了典型生态系统草本层与地被层 Pb 和 Cd 的浓度差异。在海拔 2200m、2780m、3200m 和 3800m 典型生态系统中 Pb 的浓度大小顺序分别为：地被层>草本地下>草本地上，地被层>草本地下>草本地上，地被层>草本地下>草本地上，草本地下>地被层>草本地上。海拔 2200m、2780m、3200m 和 3800m 典型生态系统中 Cd 的浓度大小顺序分别为：地被层>草本地下>草本地上、地被层>草本地下>草本地上、地被层>草本地下>草本地上、草本地下>地被层>草本地上。

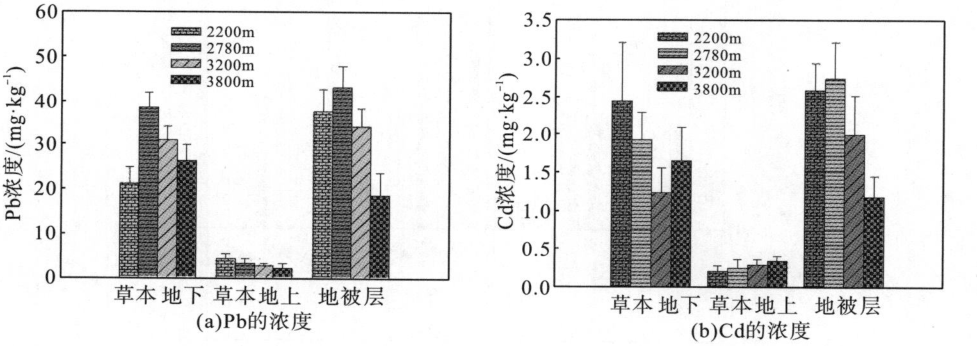

图 6-61 典型生态系统草本层与地被层 Pb 和 Cd 的浓度比较

一方面，Pb 的浓度草本地上部分随海拔增加而减小，2200m Pb 处最大，3800m 处最小；Pb 的浓度草本地下部分随海拔增加先增加后减小，2780m 处最大，2200m 处最小；Pb 的浓度地被层部分随海拔先增加后减少，2780m 处最大，3800m 处最小[图 6-62(a)]。另一方面，Cd 的浓度草本地上部分随海拔增加而增加，2200m 处最小，3800m 处最大；Pb 的浓度草本地下部分随海拔增加先减小后增加，2200m 处最大，3200m 处最小；Pb 的浓度地被层部分随海拔先增加后减小，2780m 处最大，3800m 处最小[图 6-62(b)]。

总体来说，草本地下部分 Pb 和 Cd 的浓度显著高于草本地下部分(p<0.05)。地被层 Pb 和 Cd 的浓度随海拔增加先增加后减小，2780m 典型生态系统中最高。

图 6-62 显示了典型生态系统各组分中 Pb 的浓度的垂直分异。灌木层中冷箭竹的不同器官或组织在不同典型生态系统中 Pb 的浓度的大小顺序为：枝，2780m>2200m>3200m；叶，2780m>2200m>3200m；干，2780m≈3200m>2200m[图 6-62(b)]。杜鹃的不同器官或

组织在不同典型生态系统中 Pb 的浓度大小顺序为：枝，3200m>3800m>2780m；叶，3200m ≈2780m>3800m；皮，2780m> 3200m>3800m；干，2780m>3200m>3800m[图 6-62(c)]。乔木层的不同器官或组织在不同典型生态系统中 Pb 的浓度大小顺序为：枝，2780m 麦吊云杉>2780m 槭树≈3200m 峨眉冷杉>2780m 峨眉冷杉>2200m 大叶杨>2200m 苞槲柯；叶，2200m 大叶杨>2200m 苞槲柯>2780m 麦吊云杉>3200m 峨眉冷杉>2780m 槭树>2780m 峨眉冷杉；皮，2200m 苞槲柯>2200m 大叶杨>2780m 麦吊云杉>3200m 峨眉冷杉≈2780m 峨眉冷杉>2780m 槭树；干，3200m 峨眉冷杉>2780m 槭树>2780m 麦吊云杉>2200m 苞槲柯>2200m 大叶杨>2780m 峨眉冷杉[图 6-62(a)]。草本层地上部分 Pb 的浓度随海拔增加而减小，2200m 处达最大值 3800m 处达最小值。草本地下部分 Pb 的浓度随海拔增加先增加再减小，2780m 处达最大值，2200m 处达最小值。地被层 Pb 浓度随海拔增加先增加再减小，2780m 处达最大值，3800m 处达最小值。粗木质物残体在 3200m 处 Pb 的浓度最大，3800m 处 Pb 的浓度最小。凋落物 Pb 的浓度随海拔增加而减小，2200m 处 Pb 的浓度最大，3800m 处 Pb 的浓度最小[(图 6-63(d)]。

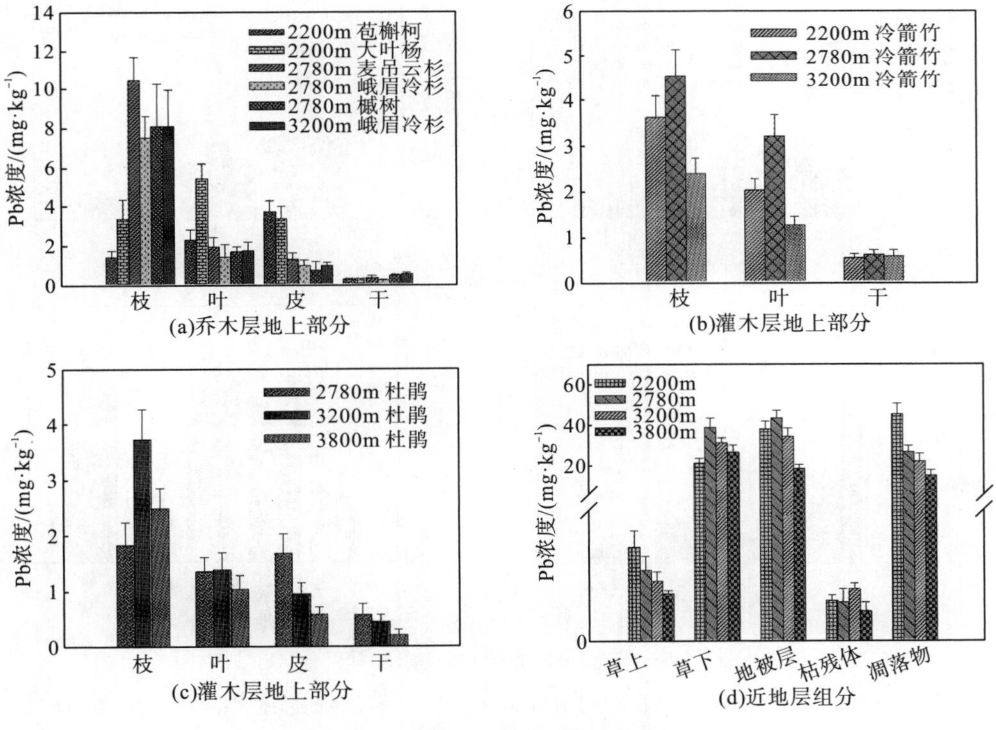

图 6-62　典型生态系统 Pb 的浓度的垂直分异

草本层地上部分简称“草上”；草本层地下部分简称“草下”；粗木质物残体简称“枯残体”或“粗残体”

图 6-63 显示了典型生态系统各组分中 Cd 的浓度的垂直分异。乔木层枝中 Cd 的浓度大小顺序为：2780m 麦吊云杉>2780m 槭树>2780m 峨眉冷杉>3200 m 峨眉冷杉>2200m 苞槲柯>2200m 大叶杨。叶中 Cd 的浓度的大小顺序为：2780m 麦吊云杉>2780m 槭树>2780m

峨眉冷杉>3200 m 峨眉冷杉>2200m 苞槲柯>2200m 大叶杨。皮中 Cd 的浓度大小顺序为：2780m 麦吊云杉>2780m 槭树>3200m 峨眉冷杉>2780m 峨眉冷杉>2200m 大叶杨>2200m 苞槲柯。干中 Cd 的浓度大小顺序为：2780 m 麦吊云杉> 2780 m 槭树> 3200 m 峨眉冷杉≈2780 m 峨眉冷杉≈2200 m 苞槲柯>2200 m 大叶杨图[图 6-63(a)]。灌木层冷箭竹枝、叶、干中 Cd 的浓度大小顺序分别为：2780m>2200m>3200m，2780m>2200m>3200m 与 2200m>2780m> 3200m[图 6-63(b)]。杜鹃枝、叶、皮、干中 Cd 的浓度大小顺序分别为：2780m>3200m> 3800m，2780m>3800m>3200m，3200m>3800m>2780m 与 3200m>3800m>2780m [图 6-63(c)]。草本层地上部分 Cd 的浓度随海拔增加而增加，草本层地下部分 Cd 的浓度随海拔增加先减小再增加，2200m 处达最大值，3200m 处达最小值。地被层 Cd 的浓度随海拔增加先增加后减小，2780m 处达最大值，3800m 处达最小值。粗木质物残体 Cd 的浓度随海拔增加先增加再减小，3200m 处达最大值，2200m 处达最小值。凋落物 Cd 的浓度随海拔增加先增加再减小，3200m 处达最大值，3800m 处达最小值[图 6-63(d)，图 6-63(d)]。

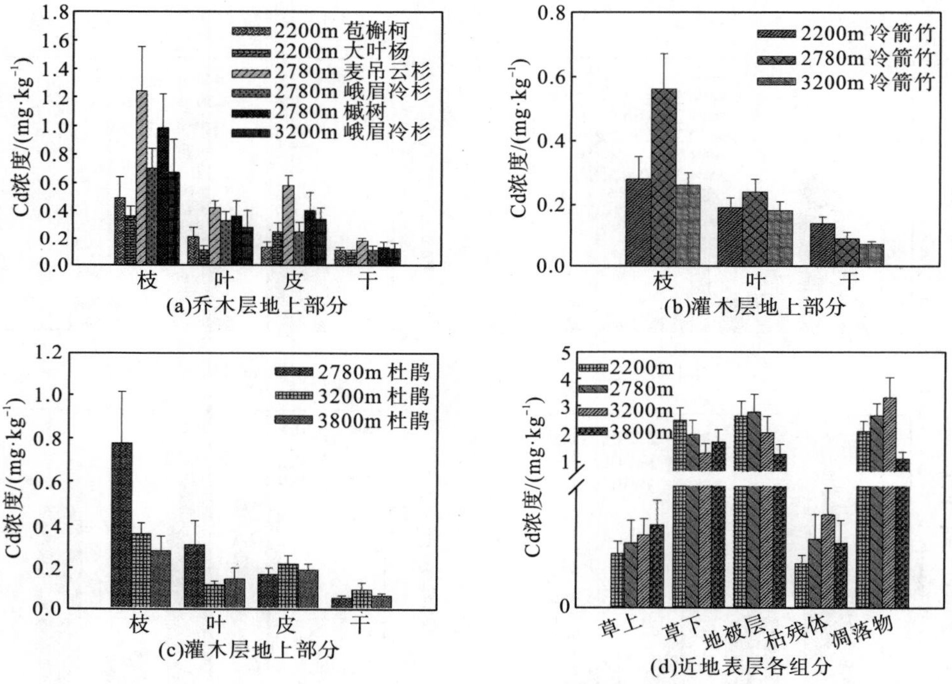

图 6-63 典型生态系统 Cd 的浓度垂直分异

草本层地上部分简称“草上”；草本层地下部分简称“草下”；粗木质物残体简称“枯残体”或“粗残体”

总体来说，相同植物不同海拔的变化趋势为：冷箭竹枝、叶中 Pb 和 Cd 的浓度 2780 m 最高；杜鹃枝、叶中 Pb 的浓度 3200 m 处最高，Cd 的浓度 2780 m 处最高；乔木层枝中 Pb 和 Cd 的浓度在 2780 m 处麦吊云杉中最高；叶中 Pb 的浓度 2200 m 处大叶杨中最高，叶中 Cd 的浓度 2780 m 处麦吊云杉中最高；凋落物中 Pb 的浓度随海拔增加而减小，2200 m 处最大。草本层地上 Cd 的浓度随海拔增加而增加。典型生态系统各植物器官中 Pb 和 Cd

的浓度分布规律不明显，需进一步做生态系统尺度 Pb 和 Cd 储量的计算。

为了试图探索 Pb 和 Cd 在植物不同器官中的关系，进行不同器官和组织间的 Pb 和 Cd 浓度相关性分析(图 6-64)。枝与叶中 Pb 的浓度相关性不显著($p> 0.05$)，而叶与皮具有显著相关性($R^2= 0.5071$，$p< 0.05$)[图 6-64(a)、(b)]，说明 Pb 在叶和枝之间的转移可能性较小。叶和皮可直接接收大气中的含铅物质，其来源可能均为大气沉降[图 6-64(b)]。枝和叶中镉含量显著相关($R^2=0.8718$，$p< 0.001$)，说明 Cd 元素在枝与叶中容易迁移[图 6-64(c)]。叶和皮中的 Cd 的浓度相关性达显著水平($R^2=0.4688$，$p<0.05$)，其可能来源相同为大气沉降[图 6-64(d)]。枝和干中的 Cd 的浓度显著相关($R^2= 0.3377$，$p<0.05$)，说明 Cd 在枝与干中可能迁移[图 6-64(e)]。细根中的 Pb 和 Cd 相关性显著($R^2= 0.7752$，$p < 0.001$)[图 6-64(f)]，说明细根对 Pb 和 Cd 的作用大致相同，因取的细根来自土壤上层(O 层或者 A 层)，土壤有机质(SOM)可能对 Pb 和 Cd 均有富集作用，细根大量吸附土壤有机质中的 Pb 和 Cd。细根与干(木质部)Pb 的浓度相关性不显著($R^2= 0.0910$，$p > 0.05$)，而 Cd 在细根与干之间显著相关($R^2=0.8062$，$p < 0.01$)(图 6-65)，说明在此研究中 Pb 可能不易从根部向地上部分转移或转移程度有限，植物根组织能富集 Pb 主要是细胞壁间的焦磷酸铅的沉淀过程，吸附和吸收的 Pb 主要聚集在细胞质和液泡里，而 Cd 可能从根部向地上部分转移。

Pb 和 Cd 在贡嘎山东坡典型生态系统中植物的各器官和组织中的转移机制，仍需要通过盆栽控制实验来进一步探索。样本量足够大时，各器官和组织间的元素路径分析和同位素分析法可被选取。此分析结果可为探索该区域重金属 Pb 和 Cd 等元素的生物地球化学循环机理过程的提供参考。

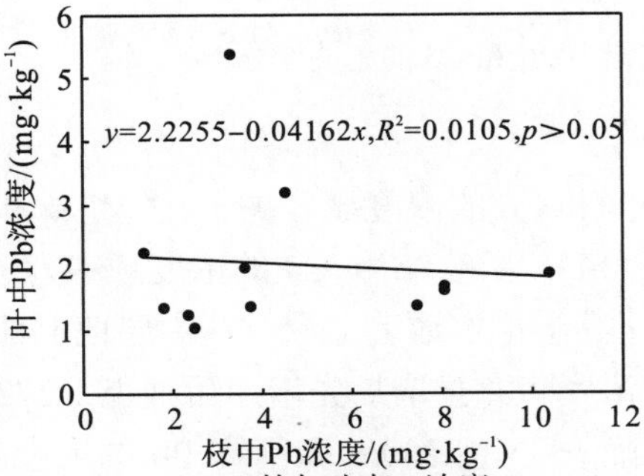

(a)枝与叶中Pb浓度

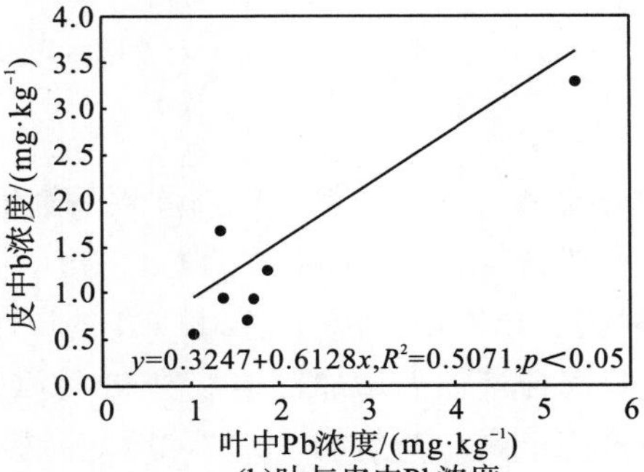

(b)叶与皮中Pb浓度

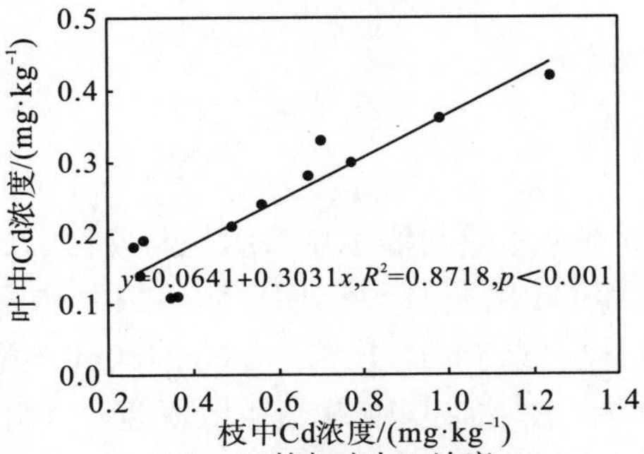

(c)枝与叶中Cd浓度

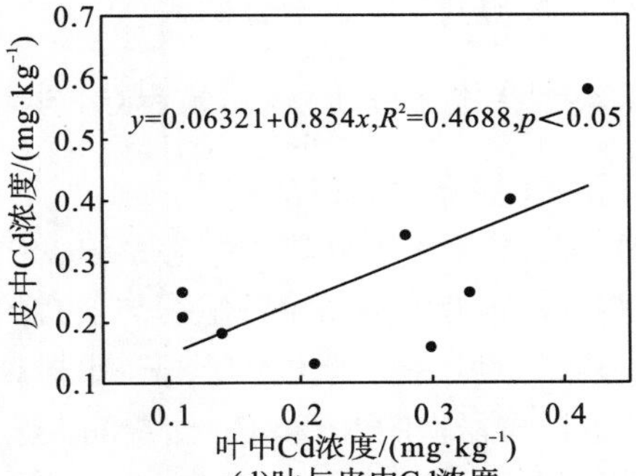

(d)叶与皮中Cd浓度

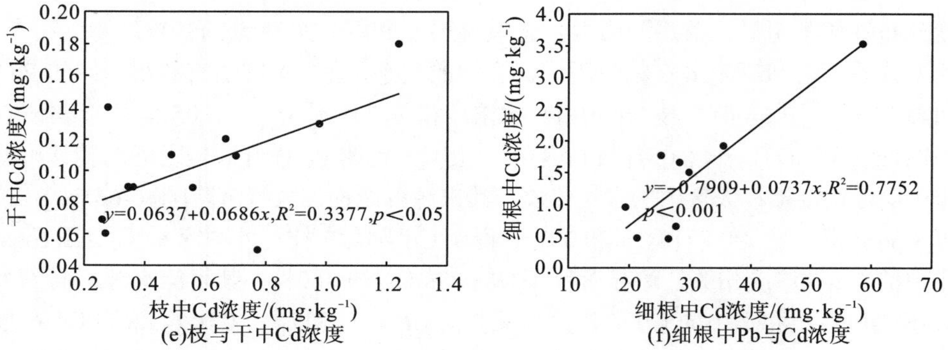

图 6-64 典型生态系统植物不同组织和器官 Pb 和 Cd 浓度的相关性分析

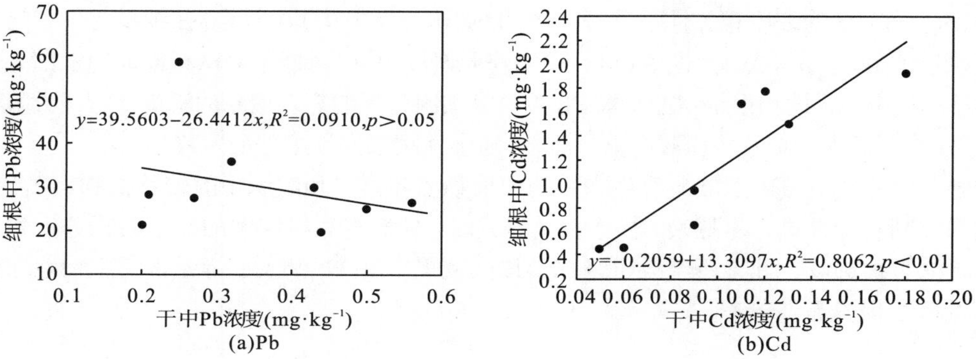

图 6-65 典型生态系统植物干与细根中 Pb 和 Cd 的相关性分析

同一典型生态系统中植物凋落物与细根中 Pb 和 Cd 的浓度显著高于其他组织和器官。干器官中铅含量最小，其中枝的 Cd 浓度大于叶。植物根部 Pb 和 Cd 的浓度顺序为：细根>中根>粗根。草本地下部分 Pb 和 Cd 的浓度显著高于草本地上部分。草本层地上部分 Cd 的浓度随海拔增加而增加。地被层 Pb 和 Cd 的浓度随海拔增加先增加后减小，2780m 典型生态系统最高。凋落物 Pb 的浓度随海拔增加而减小，2200m 凋落物 Pb 的浓度最大。不同典型生态系统植物各器官和组织的相关性分析显示，Pb 不易从根部向地上部分转移，Cd 可能从根部向地上部分迁移。

2. 典型生态系统活植物 Pb 和 Cd 储量

1) 乔灌层 Pb 和 Cd 储量

图 6-66 显示了不同典型生态系统 Pb 和 Cd 在乔木层与灌木层各组织与器官的储量。海拔 2200m 典型生态系统各组织与器官的 Pb 和 Cd 储量的大小顺序为：细根>中根>枝>皮>干>粗根>地下茎>叶，中根>干>粗根>细根>枝>皮>叶>地下茎。海拔 2780m 典型生态系统各组织与器官的 Pb 和 Cd 储量的大小顺序为：枝>细根>中根>干>地下茎>皮>叶，枝>干>中根>粗根>皮>细根>地下茎>叶。海拔 3200m 典型生态系统各组织与器官 Pb 和 Cd 储

量的大小顺序为：枝>干>细根>中根>粗根>皮>地下茎>叶，干>枝>中根>粗根>皮>细根>地下茎>叶。海拔 3800m 典型生态系统各组织和器官 Pb 和 Cd 储量的大小顺序为：枝>中根>细根>干>粗根>皮>叶，枝>干>皮>粗根>中根>细根>叶。

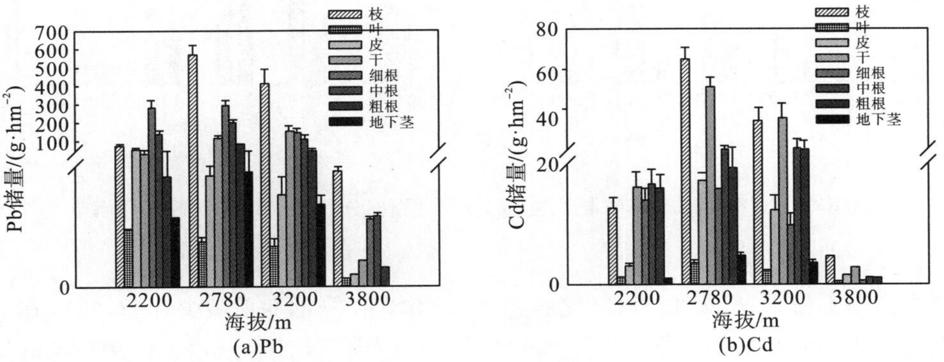

图 6-66 不同典型生态系统 Pb 和 Cd 在乔木层与灌木层各组织与器官中的储量比较

枝的 Pb 储量随海拔增加先增加后减少，海拔 2780m 针阔混交林达最大值，海拔 3800m 矮曲灌丛林达最小值；叶与皮的 Pb 储量随海拔增加而减少，海拔 2200m 常绿与落叶阔叶林达最大值，海拔 3800m 矮曲灌丛林达最小值；干的 Pb 储量随海拔增加先增加后减少，海拔 3200m 暗针叶林达最大值，海拔 3800m 矮曲灌丛林达最小值；根部(细根、中根、粗根)的 Pb 储量随海拔增加先增加后减少，海拔 2780m 针阔混交林达最大值，海拔 3800m 矮曲灌丛林达最小值；冷箭竹的地下茎的 Pb 储量随海拔增加先增加后减少，海拔 2780m 典型针阔混交林达最大值。

枝的 Cd 储量随海拔增加先增加后减少，海拔 2780m 针阔混交林达最大值，海拔 3800m 矮曲灌丛林达最小值；叶的 Cd 储量随海拔增加而减少，海拔 2780m 针阔混交林有最大值，海拔 2200m 常绿与落叶阔叶林有最小值；皮、干、细根的 Cd 储量随海拔增加先增加后减少，海拔 2780m 针阔混交林达最大值，海拔 3800m 矮曲灌丛林达最小值；中根和粗根 Cd 储量随海拔增加先增加后减少，海拔 3200m 暗针叶林达最大值，海拔 3800m 矮曲灌丛林达最小值；地下茎 Cd 储量先增加后减小，海拔 2780m 针阔混交林达最大值。

总体说来，乔灌层各器官 Pb 和 Cd 储量在中间海拔典型生态系统(2780m 针阔混交林和 3200m 暗针叶林)中有最大值。

2) 草本层与地被层 Pb 和 Cd 的储量

典型生态系统草本层 Pb 和 Cd 储量主要集中在草本层地下部分(图 6-67)。随着海拔的增加，Pb 和 Cd 的储量先增加后减少，在海拔 2780m 针阔混交林生态系统达最大值，海拔 3800m 矮曲灌丛林生态系统达到最小值。草本地上与地下 Pb 储量最大值与最小值分别为 6.37g·hm^{-2}、29.78 g·hm^{-2} 和 0.37 g·hm^{-2}、1.88 g·hm^{-2}；草本地上与地下 Cd 储量最大值与最小值分别为 0.63 g·hm^{-2}、1.50 g·hm^{-2} 和 0.07 g·hm^{-2}、0.12 g·hm^{-2}。

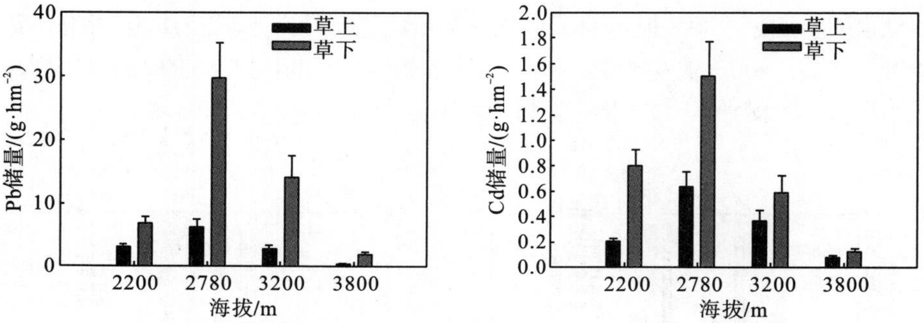

(a)Pb (b)Cd

图 6-67 典型生态系统草本层地上部分与地下部分的 Pb 和 Cd 储量垂直分异

典型生态系统地被层 Pb 和 Cd 储量随海拔的增加，先增加后减少（图 6-68），在 2780m 针阔混交林生态系统达最大值，分别为 622.39 g·hm^{-2} 和 39.70 g·hm^{-2}。海拔 3800m 矮曲灌丛生态系统达最小值，分别为 72.80 g·hm^{-2} 和 1.00 g·hm^{-2}。

总的来说，典型生态系统草本层 Pb 和 Cd 储量主要集中在草本层地下部分。随着海拔的增加，草本层与地被层 Pb 和 Cd 的储量先增加后减少，在海拔 2780m 针阔混交林生态系统达最大值。

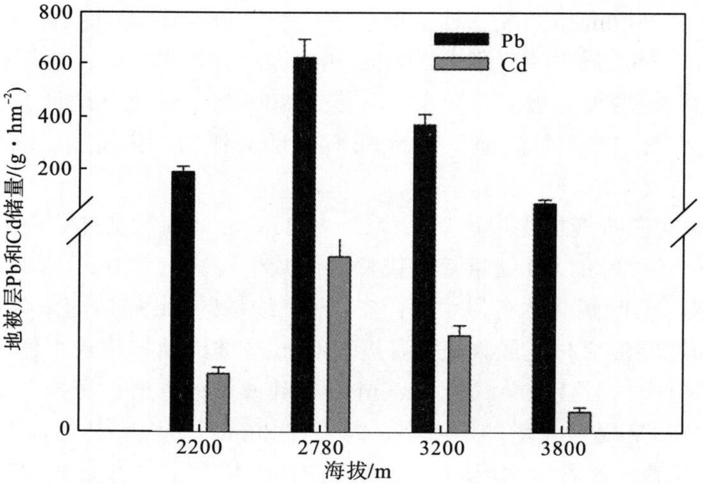

图 6-68 典型生态系统地被层 Pb 和 Cd 储量的垂直分异

3）凋落物及粗木质物残体 Pb 和 Cd 储量

典型生态系统凋落物与粗木质物残体 Pb 和 Cd 的储量变化趋势如图 6-69 所示，随海拔的增加凋落物 Pb 和 Cd 储量先增加后减小，在海拔 3200m 暗针叶林生态系统达最大值分别为 1625.66 g·hm^{-2} 和 245.31 g·hm^{-2}，在海拔 3800m 矮曲灌丛林生态系统与 2200m 常绿与落叶阔叶林达最小值分别为 666.52 g·hm^{-2} 和 45.93 g·hm^{-2}。

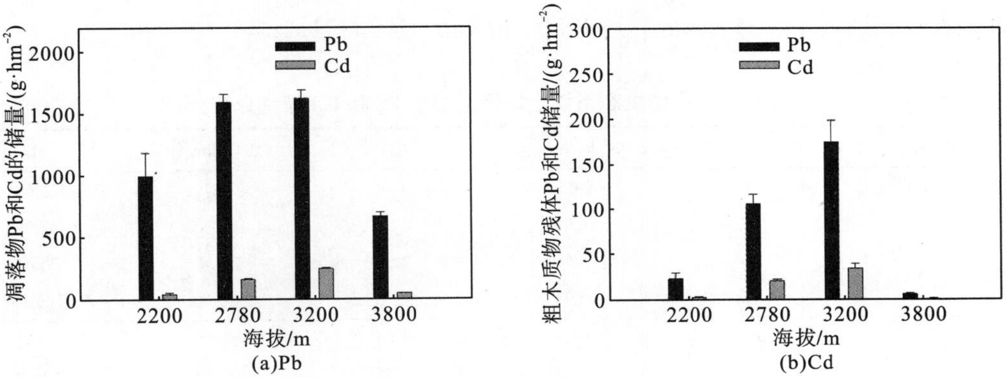

图 6-69　典型生态系统凋落物与粗木质残体的 Pb 和 Cd 储量垂直分异

粗木质物残体 Pb 和 Cd 的储量随海拔增加先增加后减少。海拔 3200m 暗针叶林生态系统达最大值分别为 174.65 $g \cdot hm^{-2}$ 和 34.48 $g \cdot hm^{-2}$；海拔 3800m 矮曲灌丛林达最小值分别为 6.42 $g \cdot hm^{-2}$ 和 1.56 $g \cdot hm^{-2}$。

典型生态系统植物部分(包括凋落物与粗木质残体)Pb 和 Cd 储量具有一定的垂直分异规律(图 6-70)。随海拔增加 Pb 和 Cd 的储量呈倒抛物线曲线变化，在 2780m 与 3200m 典型生态系统中间某处可能存在一个最大值。这与贡嘎山山地 Hg 捕获效应与多氯联苯随海拔增加气团冷凝捕获效应有类似的结果。

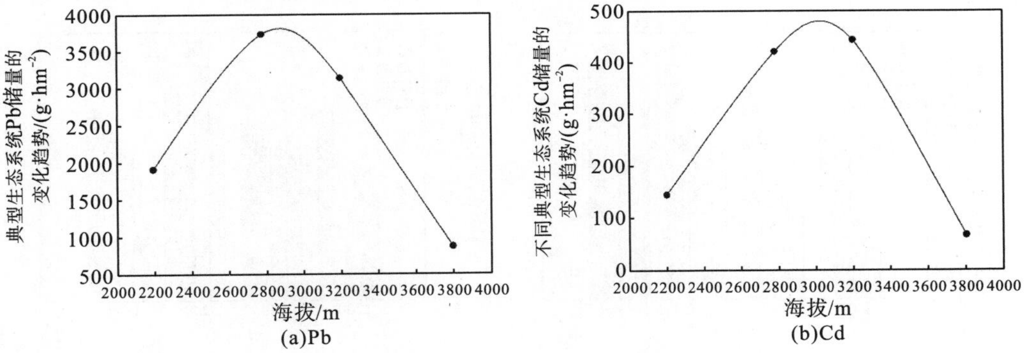

图 6-70　典型生态系统的 Pb 和 Cd 储量垂直分异

3. 典型生态系统土壤平均 Pb 和 Cd 储量特征

表 6-26 显示了典型生态系统土壤不同层次 Pb 和 Cd 储量分布，总体情况为：土壤剖面 Pb 储量从 O 层向 C 层逐渐增加，C 层 Pb 储量最大，2200m、2780m、3200m 和 3800m 典型生态系统分别为 75.96$kg \cdot hm^{-2}$ 与 76.97 $kg \cdot hm^{-2}$，132.35 $kg \cdot hm^{-2}$ 与 128.53 $kg \cdot hm^{-2}$。O 层土壤 Pb 储量随海拔增加先增加再减少，其中 3200m 典型生态系统达到最大为 8.84$kg \cdot hm^{-2}$，2200m 典型生态系统达到最小为 2.05$kg \cdot hm^{-2}$。C 层土壤 Pb 储量 2200m 与 2780m 典型生态系统大致相当为 75.96$kg \cdot hm^{-2}$ 与 76.97 $kg \cdot hm^{-2}$。3200m 与 3800m 典型生

态系统大致相当为 132.35 kg·hm^{-2} 与 128.53 kg·hm^{-2}（图 6-71）。

表 6-26　典型生态系统土壤不同层次 Pb 和 Cd 储量分布

海拔/m	土层	Pb/(kg·hm^{-2})	SD	Cd/(g·hm^{-2})	SD
2200	O	2.05	0.38	124.79	23.60
	A	3.20	0.66	104.66	37.09
	B	9.79	2.54	75.74	34.43
	C	75.96	16.42	756.60	189.15
2780	O	3.22	0.19	151.59	32.35
	A	12.26	3.04	294.07	81.29
	B	33.74	7.32	279.08	238.03
	C	76.97	19.62	606.06	230.88
3200	O	8.84	0.57	548.93	133.71
	A	28.26	5.50	1597.72	81.24
	B	41.80	5.99	249.77	39.44
	C	132.35	23.84	1104.48	138.06
3800	O	2.27	0.14	103.64	46.87
	A	11.59	1.93	166.34	64.50
	B	46.21	4.61	403.35	70.15
	C	128.53	25.40	691.20	103.68

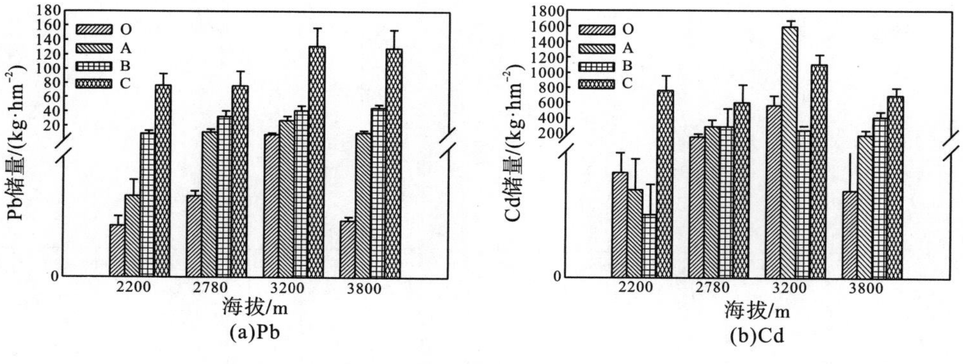

图 6-71　典型生态系统土壤不同层次 Pb 和 Cd 储量的比较

一方面，在每个典型生态系统内部土壤变化情况为：海拔 2200 m 典型生态系统土壤剖面 Cd 储量，从 O 层到 C 层先逐渐减少再增加，最小值为 B 层 75.74 g·hm^{-2}，最大值为 C 层 756.60 g·hm^{-2}。海拔 2780 m 典型生态系统土壤剖面，O 层到 C 层 Cd 储量先增加再减少再增加，O 层 Cd 储量达最小值为 151.59 g·hm^{-2}，C 层 Cd 储量达最大值为 606.06 g·hm^{-2}。海拔 3200m 典型生态系统土壤剖面，O 层到 C 层 Cd 储量先增加再减少再增加，A 层 Cd 储量达最大值为 1597.72 g·hm^{-2}，B 层土壤 Cd 储量达最小值为 249.77 g·hm^{-2}。海拔 3800m 典型生态系统土壤剖面 Cd 储量，O 层到 C 层逐渐增加，最小值为 103.64g·hm^{-2}，最大值为 691.20 g·hm^{-2}。另一方面，在不同生态系统相同土壤层次的变化规律为：土壤 O 层与 A 层保持相同变化规律，土壤 Cd 储量随海拔增加先增加再减少，其中 3200 m 典型生态系统达到最大值，分别为 548.93g·hm^{-2} 与 1597.72 g·hm^{-2}，3800 m 与 2200 m 典型生态系统达到最小值，分别为 103.64g·hm^{-2} 与 104.66 g·hm^{-2}。B 层土壤 Cd 储量随海拔增加先增加再减少最后增加到最大值，3800 m 典型生态系统达到最大值为 403.35g·hm^{-2}，2200 m 典型生态系统达到最小值为 75.74 g·hm^{-2}。C 层土壤 Cd 储量随海拔增加先减小再增加再减小，其中 3200 m 典型生态系统达到最大值为 1104.48g·hm^{-2}，2780 m 典型生态系统达到最小值为 606.06g·hm^{-2}(图 6-71)。

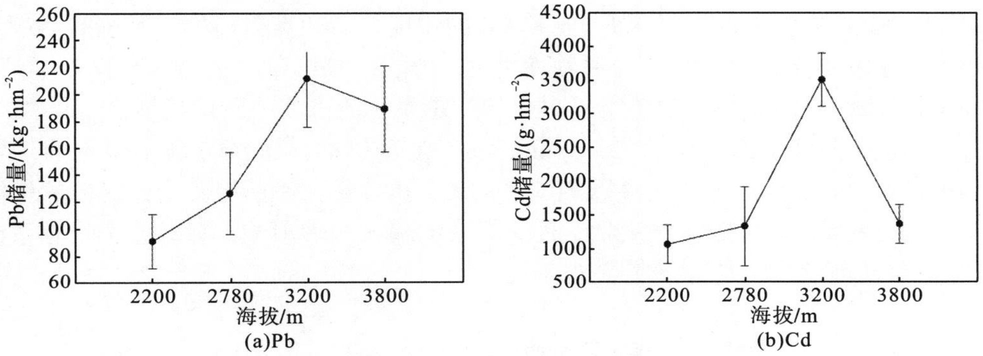

图 6-72　典型生态系统土壤 Pb 和 Cd 总储量的变化趋势

典型生态系统土壤 Pb 和 Cd 的垂直分异为：随海拔增加，Pb 和 Cd 储量先增加再减小，3200m 典型生态系统 Pb 和 Cd 储量达最大值分别为：211.27 kg·hm^{-2} 与 3500.91 g·hm^{-2}，最小值在 2200m 典型生态系统中，Pb 和 Cd 储量分别为：90.99kg·hm^{-2} 与 1061.78g·hm^{-2}(图 6-72)。

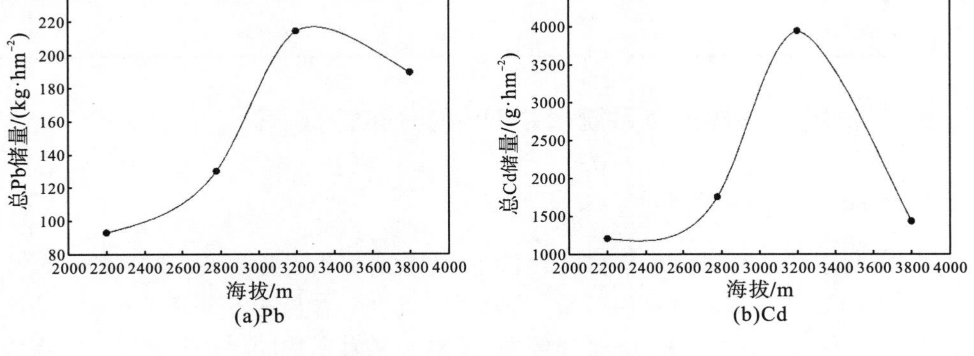

图 6-73　不同典型生态系统总的 Pb 和 Cd 储量的垂直分异

算出植物与土壤中的总的 Pb 和 Cd 储量后，易得生态系统总 Pb 和 Cd 的储量(图 6-73)。随海拔的增加，典型生态系统 Pb 总储量从海拔 2200m 的常绿与落叶阔叶林的最小值

92.90kg·hm^{-2}不断增加，到海拔 3200m 暗针叶林达最大值 214.39kg·hm^{-2}，随后小幅下降至 189.46 kg·hm^{-2}。典型生态系统的 Cd 总储量从海拔 2200m 最小值 1205.46 g·hm^{-2}缓慢上升到 2780m 的 1700g·hm^{-2}，再迅速上升到 3200m 达最大值 3942.61g·hm^{-2}，而后又迅速下降，在海拔 3800m 矮曲灌丛林降至 1430.85 g·hm^{-2}。

典型生态系统 Pb 和 Cd 的总体垂直分异规律为：随海拔增加先增加后减小，海拔 3200m 暗针叶林达最大值。

4. 海拔 3000m 附近生态系统 Pb 和 Cd 地球化学特征

根据 3000m 气象站的降雨量数据，年降水量约 1900mm，湿季降水占 85%，干季降水量为 15%。根据干湿季降水的 Pb 和 Cd 的浓度，可初步得出生态系统的 Pb 和 Cd 输入量。海拔 3000m 附近生态系统每年的 Pb 和 Cd 存留量为 28.02 g·hm^{-2}和 4.07 g·hm^{-2}(表 6-27)。初步说明贡嘎山森林生态系统的确在不断地接纳 Pb 和 Cd。Cd 的沉降值与欧洲早年的沉降值 3.0 g·hm^{-2}·a^{-1}是可比的，湿沉降高于瑞士的沉降值 0.39 g·hm^{-2}·a^{-1}。然而近年来大多欧洲国家的 Cd 排放量在不断地减少，对应的沉降量也在不断减少。贡嘎山典型生态系统 Pb 和 Cd 的输入与输出量计算对整个生态系统的环境容量和环境承载力具有借鉴意义。

表 6-27 海拔 3000 m 附近生态系统 Pb 和 Cd 的输入量

	湿季(5～10 月)		干季(11 月～次年 4 月)	
	Pb	Cd	Pb	Cd
降雨量/mm	1647(85%)		291(15%)	
含量/(μg·L^{-1})	0.50±0.24	0.11±0.04	8.77±1.03	1.27±0.28
输入量/(g·ha^{-1})	8.24±3.95	1.81±0.66	25.52±3.00	3.70±0.81
集水区流量/mm	409.40		59.17	
含量/(μg·L^{-1})	1.32±0.78	0.25±0.12	0.57±0.14	0.72±0.001
输出量/(g·ha^{-1})	5.40±2.21	1.02±0.49	0.34±0.08	0.42±0.001
生态系统年储量	2.84	0.79	25.18	3.28

6.5.4 贡嘎山森林生态系统植物 Hg 的分布特征

1. 植物 Hg 浓度的海拔差异

图 6-74 显示的是贡嘎山东坡垂直带不同典型生态系统乔灌层代表物种冷杉、冷箭竹和杜鹃枝叶中 Hg 含量以及地被层苔藓、地衣和松萝 Hg 含量在各个海拔的分布情况。由图 6-74 可见，乔木层峨眉冷杉 1～2 年叶中 Hg 含量随着海拔的增加不断降低，峨眉冷杉 1 年叶和 2 年叶 Hg 含量分别从 41.75μg·kg^{-1}降低到 12.04μg·kg^{-1}，从 67μg·kg^{-1}降低到 30.4μg·kg^{-1}。2750m 针阔混交林峨眉冷杉 1～2 年枝中 Hg 含量要显著高于 3100m 暗针叶林和 3650m 杜鹃矮曲林峨眉冷杉 1～2 年枝中 Hg 含量，但 3100m 和 3650m 峨眉冷杉 1～

2 年枝中 Hg 含量差异并不明显。

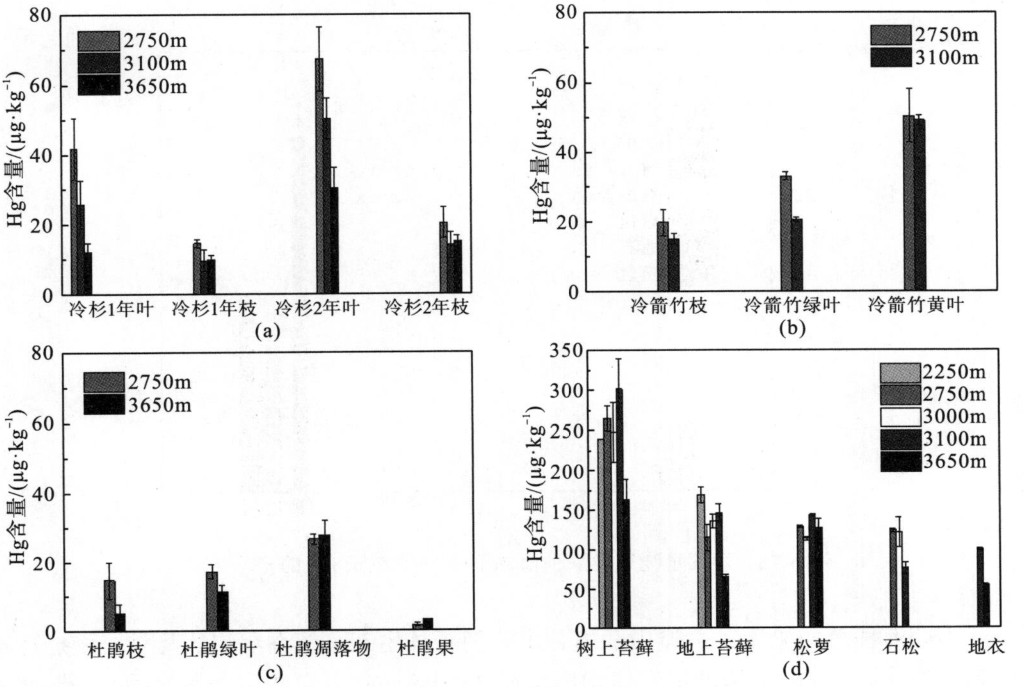

图 6-74　不同海拔典型生态系统活生物体 Hg 含量

灌木层冷箭竹和杜鹃枝叶中 Hg 含量在不同海拔也有一定的差别。2750m 冷箭竹枝、绿叶和黄叶中 Hg 含量均高于 3100m 冷箭竹枝、绿叶和黄叶中 Hg 含量。2750m 杜鹃枝、叶中 Hg 含量也要高于 3650m 杜鹃枝、叶中的 Hg 含量。由此可见，2750m 针阔混交林乔灌层代表物种枝叶 Hg 含量相比于其他海拔的生态系统为最高。

地被层地上苔藓、树上苔藓、松萝、石松和地衣随着海拔的增加，Hg 含量并没有很明显的规律性变化。地被层不同物种 Hg 含量在不同海拔典型生态系统的大小顺序为：树上苔藓，3100m>2750m>3000m≈2250m>3650m；地上苔藓：2250m>3100m>3000m>2750m>3650m；松萝 3100 m>2750m≈3650m>3000m；石松：2750m>3000m>3100m；地衣：3100m>3650m。总的来看，地被层各个物种 Hg 含量以 3100m 暗针叶林为最高，其次是 2750m 针阔混交林，3650m 杜鹃矮曲灌丛林最低。

2. 不同植物以及同种植物不同器官或组织 Hg 的浓度

由图 6-75 可见，垂直带不同海拔典型生态系统地被层各物种平均 Hg 的浓度明显高于乔木层和灌木层各个物种枝叶中的 Hg 的浓度，前者约为后者的 4 倍。乔灌层不同植物当年生新鲜叶 Hg 的浓度大小顺序为：冷杉>冷箭竹>杜鹃，而当年生枝中平均 Hg 的浓度大小顺序为：冷箭竹>杜鹃≈冷杉。就同种植物的不同器官而言，叶中 Hg 的浓度普遍高于枝中的 Hg 的浓度，其中老叶(凋落叶)中 Hg 的浓度又明显高于绿叶(新鲜叶)中 Hg 的浓度。地被层不同物种 Hg 的浓度也存在一定差别，其大小顺序为：树上苔藓>地上苔藓>松萝>石松>地衣。

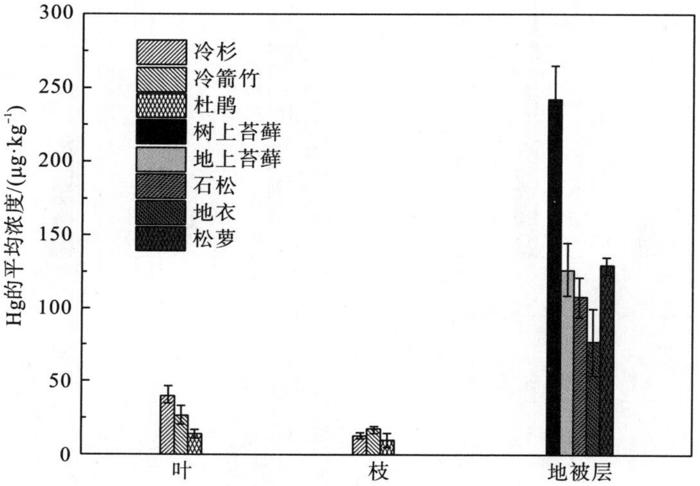

图 6-75 不同植物以及同种植物不同器官/组织 Hg 的平均浓度

就不同海拔分布来看，贡嘎山东坡各个典型森林生态系统乔灌层优势种，峨眉冷杉、杜鹃和箭竹枝叶中 Hg 的浓度最高值均出现在 2750m 针阔混交林生态系统；而苔藓、地衣、松萝和石松等地被植物平均 Hg 的浓度最高值则出现在 3100m 峨眉冷杉暗针叶林生态系统，垂直带活生物体各个层次 Hg 的浓度最低值均出现在 3650m 杜鹃矮曲林生态系统。

垂直带不同生态系统活生物体平均 Hg 的浓度地被层明显高于乔灌层。其中，地被层苔藓中 Hg 的浓度较高，树上苔藓的 Hg 的浓度又要高于地上苔藓。乔灌层不同植物当年生新鲜叶 Hg 的浓度大小顺序为：冷杉>冷箭竹>杜鹃，而当年生枝中平均 Hg 的浓度大小顺序为：冷箭竹>杜鹃≈冷杉。

就同一植物的不同组织或器官来看，叶中 Hg 的浓度要明显高于枝中 Hg 的浓度，凋落叶或老叶中 Hg 的浓度要高于新鲜叶中 Hg 的浓度，2 年枝叶中 Hg 的浓度也要高于 1 年生枝叶中 Hg 的浓度，说明生长时间越长，植物枝叶中 Hg 的浓度也越高。

3. 乔木层各种植物组织/器官中 Hg 的分布特征

森林冠层通常被认为是大气 Hg 的净汇（Ms et al.，2003；Grigal，2002）。根中的 Hg 只有很少的一部分会被迁移到植物的地上部分，Ericksen 等还指出地上植物中有 80%的 Hg 被储存在叶片中（Ms et al.，2003），因此植物通过叶片吸收大气 Hg 可能是植物中 Hg 最主要的来源。本节中不同海拔生态系统峨眉冷杉叶中平均 Hg 的浓度约为（40.456±5.582）$\mu g\cdot kg^{-1}$（图 6-76），比北美背景区针叶中 Hg 的浓度要高（Hutnik et al.，2014；Bushey et al.，2008；Rasmussen，1995），但低于欧洲 Hg 矿区附近针叶中的 Hg 的浓度（Barghigiani and Bauleo，1992）。

有研究报道指出，在相同的环境条件下，由于针叶生长时间较长，针叶中 Hg 的浓度要高于阔叶中 Hg 的浓度(Rasmussen，1995)。因此本区 Hg 的浓度在不同海拔以及植物不同年龄叶片中的分布可以在一定程度上反映本区 Hg 的大气沉降特点。为了进一步验证生长时间对植物中 Hg 的浓度的影响，本节采集了海拔 3000m 附近峨眉冷杉 1～6 年枝叶，测得其枝叶中 Hg 的浓度。由图 6-77 可以看出，随着年龄的增加，峨眉冷杉枝叶中 Hg 的浓度也在不断积累，从 14.60μg·kg^{-1} 增加到 77.68μg·kg^{-1}，叶 Hg 的浓度年增长速率为 13.29μg·kg^{-1}·a^{-1}。相关分析结果表明，峨眉冷杉 1～6 年叶中 Hg 的浓度与叶龄呈现出显著的正相关关系(R^2=0.957，p<0.01)，而峨眉冷杉 1～6 年枝中 Hg 的浓度随枝龄增加上升较缓慢，差异并不明显。这与现有的很多研究结果是一致的(Hutnik et al.，2014；Fleck et al.，1999)，即随着叶龄的增加，叶中 Hg 含量也会不断累积(Grigal，2003)。不仅如此，Rasmusen 等(1995)通过对美国安大略湖附近的云冷杉针叶中 Hg 的浓度研究还发现在同一生长季，针叶中 Hg 的浓度也在不断增加(秋季>春季)，说明叶子从萌芽到凋落的过程中，Hg 是在不断富集的，这和本节对杜鹃和冷箭竹等落叶植物的研究结果一致。

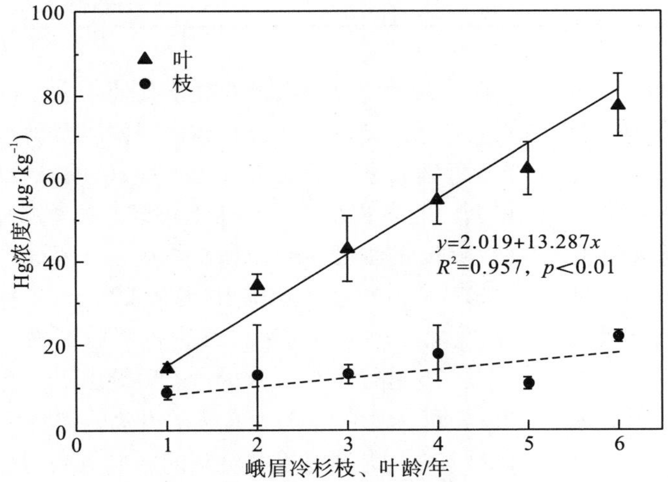

图 6-76　3000m 附近峨眉冷杉 1～6 年枝叶 Hg 的浓度

4. 地被层苔藓中 Hg 分布

苔藓作为一种附生植物，结构简单，没有真正的根和维管束组织，主要依靠直接吸收或吸附大气颗粒物获取营养。已有研究表明，苔藓中的微量金属含量与该元素在大气沉降和降水中的微量金属的浓度存在一定的相关性，苔藓中的 Hg 几乎全部来自大气和降水，这使得苔藓常常被作为检测环境 Hg 污染的“指示植物”。本节中苔藓中 Hg 的浓度为 64.833～300.75μg·kg^{-1}，远低于贵州万山 Hg 矿附近与瑞士阿尔卑斯山苔藓中的 Hg 的浓度，但是要略高于极地与欧美其他地区苔藓中的 Hg 的浓度(表 6-28)，说明本地区的大气可能受到了轻微的 Hg 污染的影响。Moore 等(1995)研究表明，苔藓、地衣等地被植物中 Hg 的浓度要比木本植物中 Hg 的浓度高一个数量级，与本节研究结果一致。且在本节中，苔藓 Hg 的浓度最高值出现在 3100m 峨眉冷杉暗针叶林生态系统，与峨眉冷杉枝叶中 Hg 的浓度最高值出现的地点并不一致。有研究指出，苔藓中 Hg 的浓度与其生长环境中近地面大气 Hg 浓度以及降水中 Hg 的浓度均呈显著正相关关系，而大气降水与植物叶片中 Hg 的浓度并不相关(Risch et al.，2012)。

表 6-28　世界不同地区苔藓中 Hg 的浓度　(单位：$\mu g \cdot kg^{-1}$)

地区	Hg 含量	参考文献
贡嘎山东坡	65～300	本书
中国贡嘎山海螺沟	40～190	梁鹏等(2008)
中国贵州万山 Hg 矿	1000～95000	Qiu 等(2005)
南极洲	130	Bargagli 等(1995)
意大利	110	Bargagli 等(1995)
奥地利	20～50	Zechmeister 等(1995)
中欧苏台德山	20～920	Samecka-Cymerman 和 Kempers(1998)
瑞士阿尔卑斯山	480～1700	Samecka-Cymerman 和 Kempers(1998)

贡嘎山东坡 3100m 暗针叶林生态系统总降水量要高于其他生态系统，因此随降水过程进入苔藓中的 Hg 相比于其他生态系统要高。此外，林内降雨以及雨水的冲刷作用，可能会将一部分叶片吸附的 Hg 带到近地面进而造成了植物叶片 Hg 的减少以及地被层中 Hg 的增加。Harald 等通过对阿尔卑斯山北坡和东坡垂直带上不同海拔苔藓中 Hg 的浓度与高程的研究，发现海拔越高，苔藓中 Hg 的浓度也会升高，降水是导致这一规律的主要原因(Zechmeister，1995)。Sun 等(2007)通过对重庆金佛山(海拔 2251m)9 种不同类型的苔藓中 Hg 的浓度进行了比较研究，发现海拔越高苔藓对 Hg 的吸收能力也越强。康世昌等(2010)对极地和高山地区雪冰中的 Hg 进行了综合分析，最后提出了山地冰川地区表层雪冰中的 Hg 受到相应海拔大气 Hg 沉降的影响，随着海拔的升高，浓度增大。由此可以看出，高程效应可能影响大气 Hg 的沉降，尤其对于湿沉降的影响更为明显。

本节还指出，在同一类型的生态系统中树上苔藓显著高于地上苔藓 Hg 的浓度。可能是由于我们采集的树上苔藓主要分布在近地面 1～1.5m，而刘德绍等(2001)通过对近地面大气 Hg 的垂直分布研究发现，这一范围大气 Hg 的浓度相对地面较高，进一步说明了大气沉降对苔藓中 Hg 分布的影响。此外，Fu 等(2010)研究表明，本区林内降水中 Hg 的浓度要显著高于大气降水中 Hg 的浓度，而林内降水中的 Hg 浓度主要受到森林冠层沉降 Hg 的冲刷的影响，并主要通过树干等传输到地表，因此附生在树干上的苔藓可以吸收更多的 Hg 从而导致其浓度较高。

5. 不同海拔生态系统活生物体 Hg 分布的主要影响因素

朱万泽等(2007)对贡嘎山磨西基地站(海拔 1640m)大气总 Hg 的监测实验结果表明，同北半球其他乡村地区相比，贡嘎山大气 Hg 的浓度背景值较高，为全球大气总 Hg 背景值的 2～3 倍，但要低于中国其他城市的 Hg 的浓度。同时由于该地区地处偏远、无任何工业活动、植被保存良好且远离城市，这一地区大气总 Hg 的浓度主要受到局地源：丰富的地热活动如温泉，气象条件如温度、降水和紫外辐射以及人类活动的影响(朱万泽等，2007)。Fu 等(2010)的研究也指出，工业排放活动，尤其是有色金属冶炼和煤的燃烧是本区环境中 Hg 的浓度较高的最主要原因。

为了进一步探究贡嘎山东坡环境中 Hg 的主要来源，本节分析了 3000m 附近峨眉冷杉 1～6 年生枝叶 Hg 的同位素的组成。结果发现，随着叶(枝)龄的增加，峨眉冷杉枝叶中 Hg 同位素变化很小(表 6-29)，说明其可能受到同一污染源的影响。已有研究指出，植物在吸收大气汞的过程中能产生非常明显的汞同位素质量分馏，且相比于大气汞同位素，植物中的 δ^{202}Hg 普遍偏轻，表明植物优先吸收轻 Hg 的同位素(Yin et al.，2014)。本节研究中峨眉冷杉在吸收大气 Hg 的过程中产生了非常明显的 Hg 同位素质量分馏特征，δ^{202}Hg 的变化范围为−1.70‰～−2.52‰，平均值为−2.12‰±0.31‰。与全球煤中 δ^{202}Hg 的变化范围(−0.11‰～−2.98‰)一致(Feng et al.，2013)，说明这一地区环境中 Hg 的来源与煤的燃烧有关。此外，对峨眉冷杉枝叶中 Hg 同位素测定结果显示出负的奇数 Hg 同位素特征。由于植物吸收 Hg 的过程中并不能产生奇数 Hg 同位素非质量分馏，植物 Hg 同位素的亏损可能是继承了大气 Hg 的非质量分馏特征。通过计算得出，峨眉冷杉叶片中 δ^{199}Hg：δ^{201}Hg 约为 1(图 6-77)，与煤中 Hg 同位素的非质量分馏特征 δ^{199}Hg：δ^{201}Hg 值几乎相同，说明 Hg 可能经过了 Hg^{2+}的光还原反应(Feng et al.，2013)。

表 6-29　3000 m 附近峨眉冷杉 1～6 年枝叶中 Hg 同位素的组成　(单位：‰)

同位素	枝				叶			
	最小值	最大值	平均值	SD	最小值	最大值	平均值	SD
δ^{202}Hg	−2.522	−1.700	−2.119	0.305	−3.351	−2.895	−3.197	0.169
δ^{199}Hg	−0.218	−0.056	−0.128	0.077	−0.146	−0.033	−0.094	0.039
δ^{201}Hg	−0.247	−0.079	−0.131	0.061	−0.134	−0.040	−0.093	0.032

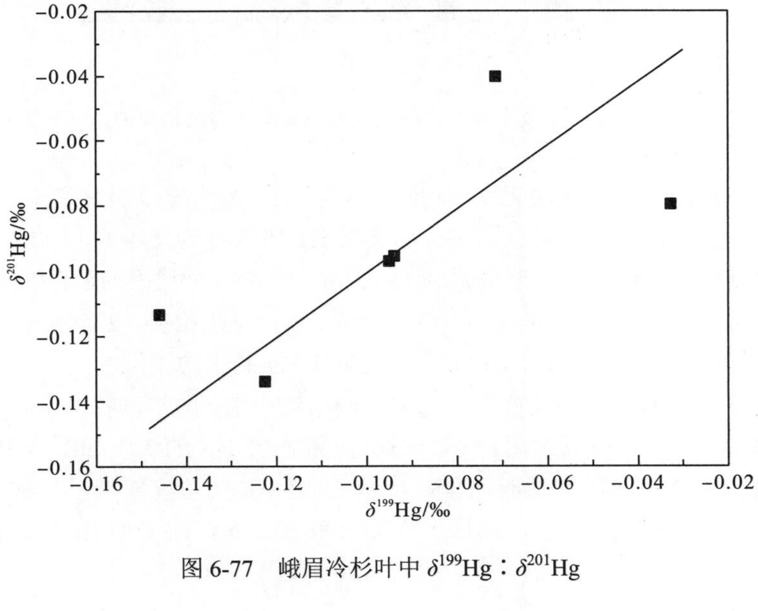

图 6-77　峨眉冷杉叶中 δ^{199}Hg：δ^{201}Hg

6. 典型生态系统的土壤和凋落物中 Hg 的浓度特征

1) 垂直带上土壤与凋落物中 Hg 的浓度特征

贡嘎山不同海拔土壤表层(O 层和 A 层)中 Hg 的浓度与凋落物中 Hg 的浓度分布规律一致(图 6-78)，其大小顺序为：2750m>3100m>2250m>3650m；B 层土壤 Hg 的浓度大小顺序为：3100m>2750m>2250m>3650m；C 层土壤 Hg 的浓度大小顺序为：3100m>2250m>2750m>3650m。总的来看，土壤与凋落物中 Hg 的浓度均随着海拔的升高表现出先增加后减少的趋势，其中土壤 O 层、A 层和凋落物中 Hg 的浓度以 2750m 针阔混交林为最高，分别为 231.555μg·kg^{-1}、390.529μg·kg^{-1} 和 108.521μg·kg^{-1}，最低值则出现在 3650m 杜鹃矮曲林生态系统，其 Hg 的浓度大小分别为：169.012μg·kg^{-1}、58.251μg·kg^{-1} 和 48.381μg·kg^{-1}；土壤 B 层和 C 层 Hg 的浓度则以 3100 m 暗针叶林为最高，分别达 181.893μg·kg^{-1} 和 100.574μg·kg^{-1}，最低值也出现在 3650 m 杜鹃矮曲林生态系统，其 Hg 的浓度大小分别为 85.328μg·kg^{-1} 和 21.595μg·kg^{-1}。

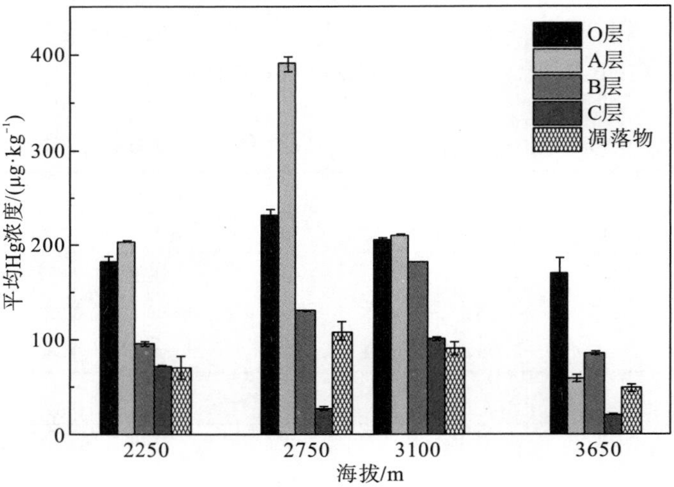

图 6-78 贡嘎山东坡不同海拔典型生态系统土壤与凋落物 Hg 的浓度

就同一土壤剖面而言，土壤表层(O 层和 A 层)Hg 的浓度要显著高于底层(B 层和 C 层)Hg 的浓度(图 6-78)，不同生态系统土壤表层 Hg 的浓度为土壤 C 层的 2～15 倍，表现为强烈的表层富集，说明其有外来来源。具体来看，土壤各个层次 Hg 的浓度大小顺序为：A 层>O 层>B 层>C 层，但 3650m 除外(O 层>>A 层)。与此相反，2750m 针阔混交林土壤 A 层土壤 Hg 的浓度要显著高于土壤 O 层，说明其 Hg 的来源不同。

2) 海螺沟冰川退缩区不同演替阶段土壤与凋落物中 Hg 的浓度特征

海螺沟冰川退缩区不同演替阶段(S1～S6)土壤各层 Hg 的浓度如图 6-79 所示。在海螺沟冰川退缩后 120 多年的演替时间里，土壤 C 层 Hg 的浓度较低且波动非常小，平均 Hg 浓度为 7.975±0.507μg·kg^{-1}，远远低于贡嘎山东坡土壤 C 层平均 Hg 的浓度[(55.125±

37.633) μg·kg^{-1}]。这主要是由于本区与贡嘎山东坡相比，土壤发育时间较短，受到外来人为活动干扰也更小，土壤 C 层 Hg 的浓度在一定程度上可以代表本区的背景值。土壤 O1 层(半分解层)和 O2 层(全分解层)Hg 的浓度则随着演替时间的增加均表现出先增加后减少的趋势，分别从 71μg·kg^{-1} 增加到 206.75μg·kg^{-1} 再减少到 122.75μg·kg^{-1}，从 81μg·kg^{-1} 逐渐增加到 187.5μg·kg^{-1} 后降低到 123μg·kg^{-1}，峰值均出现在 S5(以云冷杉为优势种的针阔混交林阶段)。

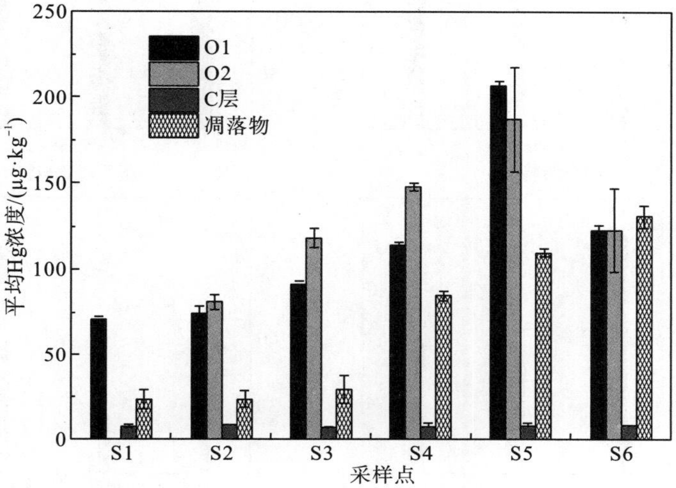

图 6-79　海螺沟冰川退缩区土壤与凋落物 Hg 的浓度

就同一土壤剖面而言，不同演替阶段土壤 O 层(包括 O1 和 O2 层)Hg 的浓度要远高于土壤 C 层 Hg 的浓度，前者为后者的 9～27 倍，与贡嘎山东坡其他典型生态系统中土壤 Hg 的浓度相比，表现出更加强烈的表层富集。具体来看，在演替的前 80 年(S1～S4，落叶阔叶林阶段)，土壤 O2 层 Hg 的浓度要高于 O1 层。当演替进行到针阔混交林阶段(S5)，土壤 O1 层 Hg 的浓度要高于 O2 层，而到了演替末期，当群落演替到针叶林阶段，土壤 O1 与 O2 层 Hg 的浓度几乎持平。凋落物的归还可能是这一地区土壤表层 Hg 的主要来源，由于演替前期群落优势种以柳树、冬瓜杨等阔叶树种为主，而演替后期冬瓜杨等阔叶树种逐渐被云冷杉等针叶树种所取代，由于阔叶分解比针叶分解所需周期短，前期土壤全分解层(O2 层)Hg 的浓度要高于半分解层(O1 层)Hg 的浓度，而演替后期凋落物主要由针叶组成，分解缓慢，因此大部分汞仍赋存在土壤最表层(O1 层)。

3) 垂直带与海螺沟冰川退缩区土壤与凋落物 Hg 的浓度比较

总的来说，贡嘎山垂直带各层土壤 Hg 的浓度要稍高于海螺沟冰川退缩区相应各层土壤 Hg 的浓度。贡嘎山垂直带和海螺沟冰川退缩区凋落物、土壤 O 层、A 层和 C 层 Hg 的平均浓度分别为 79.095±12.952μg·kg^{-1} 和 67.227±19.532μg·kg^{-1}，196.750±13.628μg·kg^{-1} 和 113.427±20.507μg·kg^{-1}，215.438±68.027μg·kg^{-1} 和 131.650±16.102μg·kg^{-1}，55.125±18.816μg·kg^{-1} 和 7.975±0.207μg·kg^{-1}。具体到各个层次来看，相同群落类型下，垂直带与

海螺沟冰川退缩区土壤 C 层 Hg 的浓度差别最大(图 6-80)，前者约为后者的 7 倍，垂直带凋落物与土壤表层(O 层和 A 层) Hg 的浓度略高于海螺沟冰川退缩区，两者差异较小。

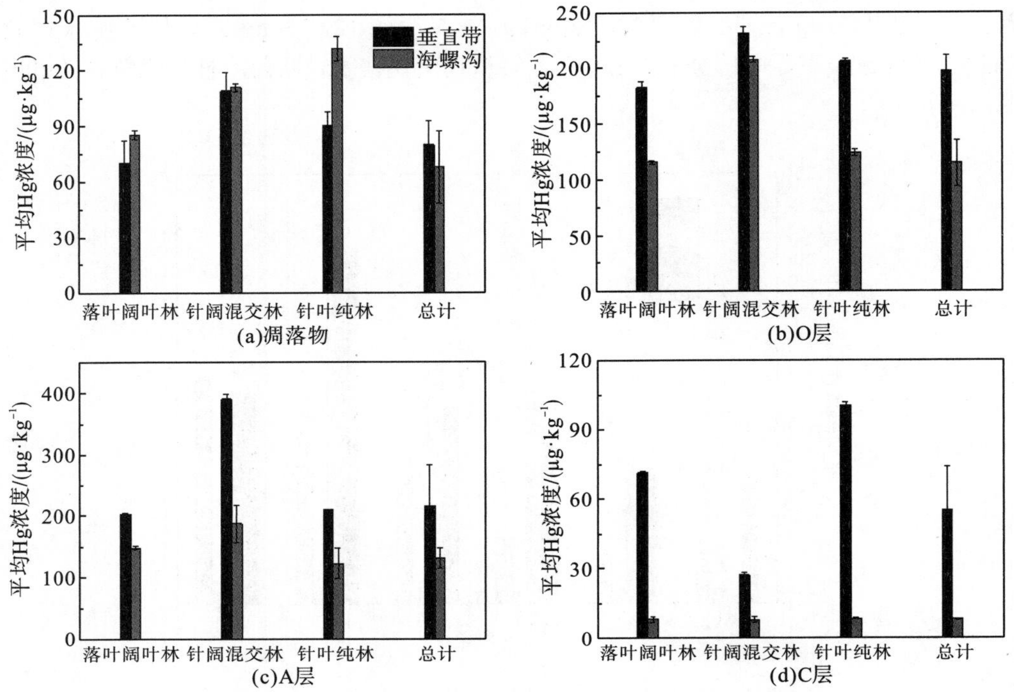

图 6-80 贡嘎山垂直带与海螺沟冰川退缩区相同群落类型土壤各层 Hg 的浓度比较

为了探究相同环境条件下不同群落类型对土壤 Hg 的浓度贡献的影响，本节比较了贡嘎山东坡垂直带和海螺沟冰川退缩区不同群落土壤以及凋落物中 Hg 的浓度与 C 层 Hg 的浓度的比值(图 6-81)。结果发现，垂直带 2750m 针阔混交林生态系统土壤各层 Hg 的浓度与 C 层差异最为显著，其次是 3650m 杜鹃矮曲林生态系统，2250m 常绿与落叶阔叶混交林和 3100m 暗针叶林土壤各层与 C 层 Hg 的浓度比值较小，为 1～3。说明 2750m 针阔混交林生态系统和 3650m 杜鹃矮曲林生态系统受到的外来 Hg 输入影响更大。为了探究这么高的比值是来自于大气沉降、凋落物归还或者其他因素，本节还计算了不同生态系统凋落物与 C 层 Hg 的浓度比值，发现 2750m 针阔混交林生态系统凋落物与 C 层 Hg 的浓度比值(4.02)与 3650m 杜鹃矮曲林生态系统凋落物与 C 层 Hg 的浓度比值(2.25)，均明显低于相应土壤表层与 C 层 Hg 的浓度比值，说明表层土壤 Hg 的浓度较高值并不仅仅是由于凋落物的归还造成的，还可能受到大气沉降等其他因素的影响。但是相对来看，2750m 针阔混交林凋落物归还对表层土壤 Hg 的贡献要比 3650m 要大，这可能与 2750m 凋落物的生物量较高有关。

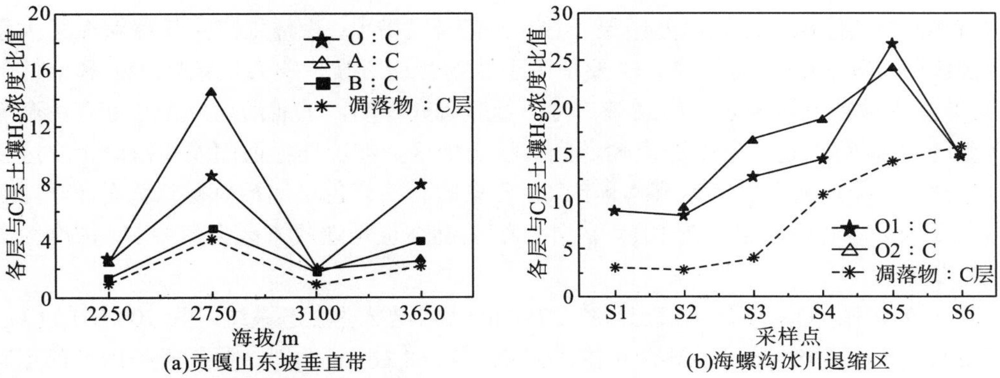

图 6-81　不同生态系统土壤各层与 C 层 Hg 的浓度比值

海螺沟冰川退缩区表层土壤 Hg 的浓度与 C 层 Hg 的浓度比值范围为 8～27，而凋落物与 C 层土壤 Hg 的浓度比值为 2～16，说明土壤表层 Hg 富集可能受到凋落物归还、大气干湿沉降等多种因素的共同影响。就不同群落类型而言，在演替前 5 各阶段，土壤表层、凋落物中 Hg 的浓度与 C 层 Hg 的浓度比值均随着演替的进行不断增加，土壤表层与 C 层 Hg 的浓度比值在针阔混交林阶段达到最高；而凋落物中 Hg 的浓度与 C 层土壤 Hg 的浓度比值的最高值则出现在针叶林阶段(S6)，对这一阶段表层土壤 Hg 浓度的贡献率也达到最高。而演替前期凋落物与 C 层土壤 Hg 的浓度比值则远低于表层，尤其是在针阔混交林阶段，二者差异达到了最大，说明此时土壤表层 Hg 的浓度不仅是由于凋落物的归还造成的，且针阔混交林相比于其他类型的植被群落，可能有更强的 Hg 的捕获能力。

不同海拔典型生态系统土壤各层次以及凋落物中 Hg 的浓度随海拔升高表现出不同的变化规律。总的来看，土壤各层 Hg 的浓度和凋落物中 Hg 的浓度均随着海拔的升高表现出先增加后减少的趋势，其中土壤 O 层、A 层以及凋落物中 Hg 的浓度最高值都出现在 2750m 针阔混交林生态系统，B 层和 C 层 Hg 的浓度最高值则出现在 3100m 峨眉冷杉暗针叶林生态系统。

就同一土壤剖面而言，土壤表层(O 层和 A 层)Hg 的浓度要显著高于底层(B 层和 C 层)，不同生态系统土壤表层 Hg 的浓度约为土壤 C 层的 2～15 倍，表现为强烈的表层富集，说明其有外来来源。具体来看，土壤各层 Hg 的浓度大小顺序为：A 层>O 层>B 层>C 层，但 3650m 除外(O 层>>A 层)。与此相反，2750m 针阔混交林土壤 A 层土壤 Hg 的浓度要显著高于土壤 O 层，可能受到不同 Hg 来源的影响。

贡嘎山垂直带土壤各层与凋落物中 Hg 的浓度相对于海螺沟冰川退缩区较高。尤其土壤 C 层 Hg 的浓度差别最大，垂直带土壤 C 层 Hg 的浓度约为海螺沟土壤 C 层的 7 倍，垂直带凋落物与土壤表层(O 层和 A 层)Hg 的浓度则与海螺沟相差不大，前者略高于后者。

贡嘎山垂直带土壤表层平均 Hg 的浓度为 206.093μg·kg^{-1}，远高于国家规定的土壤背景值(52μg·kg^{-1})，略高于中国贵州省雷公山(190μg·kg^{-1})、美国(150μg·kg^{-1})、挪威(190μg·kg^{-1})和瑞典(250μg·kg^{-1})等偏远地区土壤表层 Hg 的浓度，但要比我国汞矿污染区土壤中的 Hg 的浓度低 1～2 个数量级(Katarzyna et al.，2011)。这与 Fu 等(2010)研究的大气 Hg 与其他地区比较研究结果一致。已有研究指出，森林生态系统能够在很大程度上增加大气 Hg 的湿沉降通量，主要是由于植物叶片所吸附的大量颗粒 Hg 和活性气态 Hg 会随降水被冲刷进地表生态系统。付学吾等研究表明，工业活动，尤其是有色金属冶所产生的 Hg，可通过大气长距离输送到贡嘎山地区，被森林拦截而发生沉降。本区主要受到局地 Hg 排放的影响，距离本地约 60 公里的石棉有色金属冶炼被认为是本区 Hg 污染最主要的来源(Fu et al.，2010)。此外，煤的燃烧也是造成本区大气中 Hg 浓度较高的一个主要原因。

凋落物中 Hg 的浓度最高值出现在 2750 m 针阔混交林生态系统，为 108.521μg·kg^{-1}，最低值则出现在 3650 m 杜鹃矮曲林生态系统，为 48.381μg·kg^{-1}，要高于美国东部不同地区森林凋落物 Hg 的浓度水平(平均值为 41.1μg·kg^{-1})(Risch et al.，2012)。

大气 Hg 沉降与凋落物的归还是影响土壤剖面 Hg 元素分布的两个重要因素。对于偏远地区，大气沉降是生态系统重金属元素的重要来源，能引起土壤表层重金属元素的增加。表层土壤有机质含量比较高，能够结合更多的 Hg，因此可以富集大量大气沉降的 Hg(冯新斌等，2012；Lindqvist et al.，1991)。Nater 和 Grigal 等通过对美国北部和中部地区土壤 Hg 浓度的研究发现，森林表层土壤 Hg 浓度高达 140μg·kg^{-1}，是相应母质层土壤 Hg 浓度的 7 倍左右(Grigal，2003)。而本节中森林土壤表层 Hg 浓度为 C 层的 2～15 倍。随着土壤剖面向下，土壤中 C、N、S 和 H 元素的浓度逐渐降低，其大小顺序为：O 层>A 层>B 层>C 层。土壤 Hg 浓度在同一剖面的分布与其相似，但与 C、N、S、H 元素不同，土壤 Hg 浓度最高值出现在土壤 A 层，而不是土壤 O 层，这与 Dudas 和 Pawluk(1976)的研究结果一致，可能与表层土壤 Hg 的挥发、有机质分解程度以及土壤黏粒含量有关，具体还有待进一步分析。

Zhang 等(2013)以贵州雷公山为例，研究了海拔对于山地表层土壤 Hg 的累积效应，发现海拔越高山地表层土壤总 Hg 和甲基 Hg 浓度也越高，主要受到大气 Hg 浓度随海拔增加而增加的影响，对土壤表层 Hg 贡献较大。而本书却没有发现这样明显的山地 Hg 捕获效应，这可能是由于不同海拔森林生态系统植被组成以及环境条件(如温度、降水、光照以及土壤理化性质等)差异很大，除了大气沉降和凋落物的归还，土壤中的 Hg 还可能受到母质、林内降雨以及土壤理化性质等多种因素的共同作用(Selvendiran et al.，2008)。另外，本区大气 Hg 浓度还可能受到局地点源，如地热等的影响，使得本区土壤 Hg 在不同生态系统的分布情况更加复杂(朱万泽等，2007)。

4)贡嘎山东坡典型生态系统总 Hg 储量及分配

(1)不同海拔典型生态系统活生物体 Hg 储量特征。表 6-30 显示的是贡嘎山东坡不同海拔典型生态系统活生物体各层次 Hg 储量情况。总的来说，随着海拔的升高，贡嘎山东坡不同海拔生态系统活生物体总 Hg 储量表现为先增加后减少的趋势，最高值出现在 2750m 针阔混交林生态系统，为 668.014μg·m^{-2}；其次是 3100m 峨眉冷杉暗针叶林生态系统，为 614.938μg·m^{-2}。2250m 常绿落叶阔叶混交林总 Hg 的储量为 416.518μg·m^{-2}，3650m 杜鹃矮曲林总 Hg 的储量最低，为 98.103μg·m^{-2}。

表 6-30　不同海拔典型生态系统活生物体各层次 Hg 储量情况　（单位：$\mu g \cdot m^{-2}$）

样地类型/m	乔木层	灌木层	草本层	地被层	总计
2250	313.970	9.245	7.155	86.148	416.518
2750	459.346	25.590	15.870	167.208	668.014
3100	421.900	23.398	9.536	160.104	614.938
3650	—	70.862	1.632	25.609	98.103
平均值	398.405	32.274	8.548	109.767	449.393

贡嘎山东坡不同海拔典型生态系统乔木层、草本层和地被层 Hg 储量均随海拔升高表现出先增加后减少的趋势，其中乔木层 Hg 储量的海拔分布为：2750 m > 3100 m > 2250 m，灌木层 Hg 储量的海拔分布为：3650 m > 2750 m > 3100 m > 2250 m，草本层 Hg 储量的海拔分布为：2750 m > 3100 m > 2250 m > 3650 m，地被层 Hg 储量的海拔分布为：2750 m > 3100 m > 2250 m > 3650 m。

在整个生态系统中，乔木层占活生物体各层次 Hg 储量的比例最高，为 65%～75%，是生态系统活生物体部分 Hg 的主要储存单元，决定着生态系统活生物体 Hg 储量动态（图 6-82）。其次是地被层，占活生物体 Hg 储量的比例为 20%～27%，且随着海拔的增加，地被层 Hg 储量所占比例也在不断增加。贡嘎山东坡草本层和灌木层 Hg 储量所占比例最小，均不到 4%，3650m 灌木层除外（72%）。

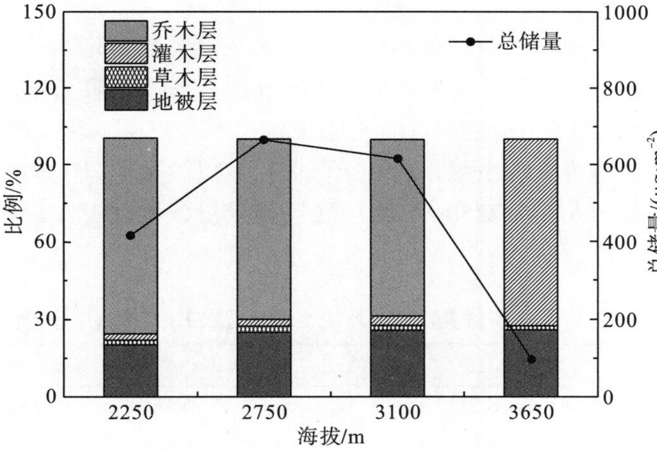

图 6-82　不同海拔典型生态系统活生物体 Hg 储量及其分配

(2) 不同海拔典型生态系统土壤和凋落物中 Hg 储量的特征。图 6-83 显示的是贡嘎山东坡不同海拔典型生态系统土壤各层次 Hg 储量组成情况。随着海拔的增加，贡嘎山东坡不同层次土壤总 Hg 储量表现出不同的变化规律：土壤 C 层 Hg 储量在不同海拔森林生态系统分布大小顺序为：3100 m > 2250 m > 2750 m ≈ 3650 m；土壤 B 层 Hg 储量不同海拔森林生态系统分布的大小顺序为：3100 m > 3650m > 2750 m > 2250 m；土壤 A 层 Hg 储量在不同海拔森林生态系统分布的大小顺序为：3100 m > 2750m> 3650 m> 2250 m；土壤 O 层 Hg 储量在不同海拔森林生态系统分布的大小顺序为：3100 m >> 2750m > 3650 m > 2250 m。如果将所有土壤层次均考虑在内，则土壤总 Hg 储量在不同海拔分布的大小顺序为：3100 m >> 2250 m > 2750 m > 3650 m，如果不考虑土壤基质对总 Hg 储量的影响，仅考虑表层土壤总 Hg 储量在不同海拔的分布情况则为：3100 m > 2750 m > 3650 m > 2250 m。

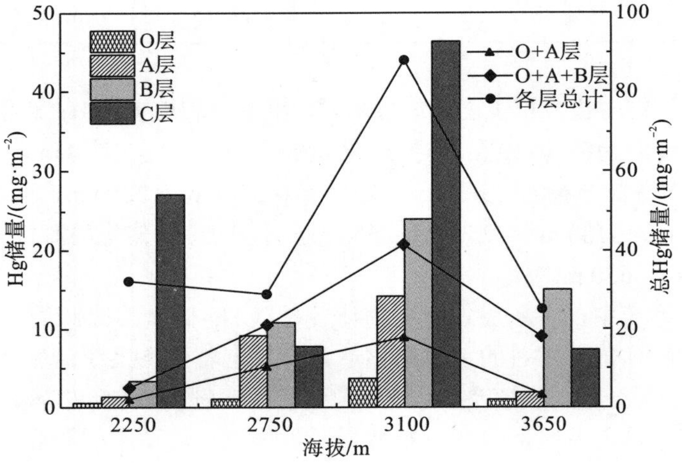

图 6-83　不同海拔典型生态系统土壤 Hg 的储量

就 Hg 储量在土壤同一剖面的分布而言，随着土壤厚度的增加，土壤 Hg 储量逐渐增高。就同一土壤剖面 Hg 的储量在各个层次的分配而言，土壤 O 层 Hg 储量所占比例最小(1.5%～4.5%)，C 层 Hg 储量所占的比例最高(25%～85%)，但 2750m 针阔混交林除外(表 6-31)。就不同海拔生态系统来看，土壤表层(O 层+A 层)Hg 储量所占比例大小顺序为：2750m>3100m>3650m>2250m；土壤底层(B 层+C 层)Hg 储量所占比例大小顺序与其相反。

表 6-31　不同海拔典型生态系统土壤各层次 Hg 储量所占比例　(单位：%)

海拔/m	O 层	A 层	B 层	C 层	O 层+A 层	B 层+C 层
2250	1.67	4.19	10.16	83.99	5.86	94.15
2750	3.85	32.24	36.99	26.91	36.09	63.9
3100	4.11	16.15	27.09	52.66	20.26	79.75
3650	3.49	7.85	59.17	29.49	11.34	88.66

贡嘎山东坡不同海拔森林生态系统凋落物中 Hg 储量随海拔增加呈现出先增加后减少的趋势(图 6-84)，在 3100m 暗针叶林和 2750m 针阔混交林分别达到最大值 673.684μg·m^{-2} 和 660.024μg·m^{-2}。在 2250m 常绿落叶阔叶混交林与 3650m 杜鹃矮曲林凋落物 Hg 储量较低，分别为 155.351μg·m^{-2} 和 216.892μg·m^{-2}。

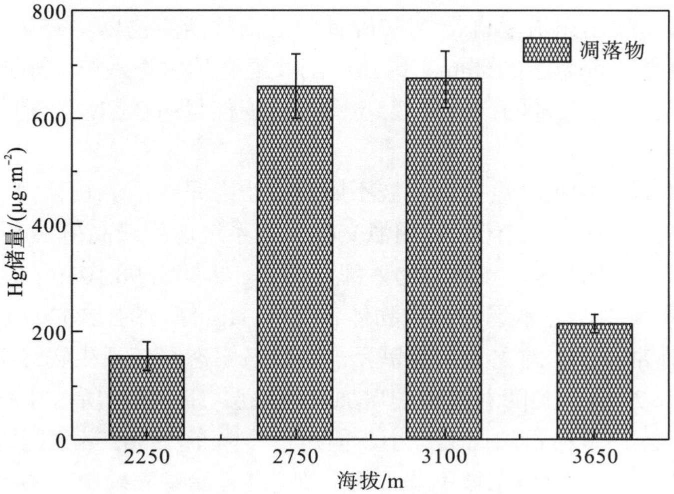

图 6-84　不同海拔典型生态系统凋落物中 Hg 储量

(3) 不同典型生态系统总 Hg 储量与分配。由图 6-85 可见，贡嘎山东坡不同海拔生态系统总 Hg 储量以 3100m 峨眉冷杉暗针叶林为最高，达 89.123mg·m^{-2}，其余不同典型生态系统总 Hg 储量相差不大，为 25～35 mg·m^{-2}，约占 3100m 生态系统总 Hg 储量的 1/3。就 Hg 在生态系统各组分的分配来看，土壤中 Hg 的分配系数最高，高于 95%，占据着生态系统的绝大部分。其次是活生物体，其占生态系统总 Hg 储量的比例为 0.3%～2.3%，凋落物中 Hg 储量占生态系统总 Hg 储量的比例为 0.4%～2.2%，与活生物体相当，说明凋落物在森林生态系统 Hg 的迁移与转化过程中发挥着重要角色。

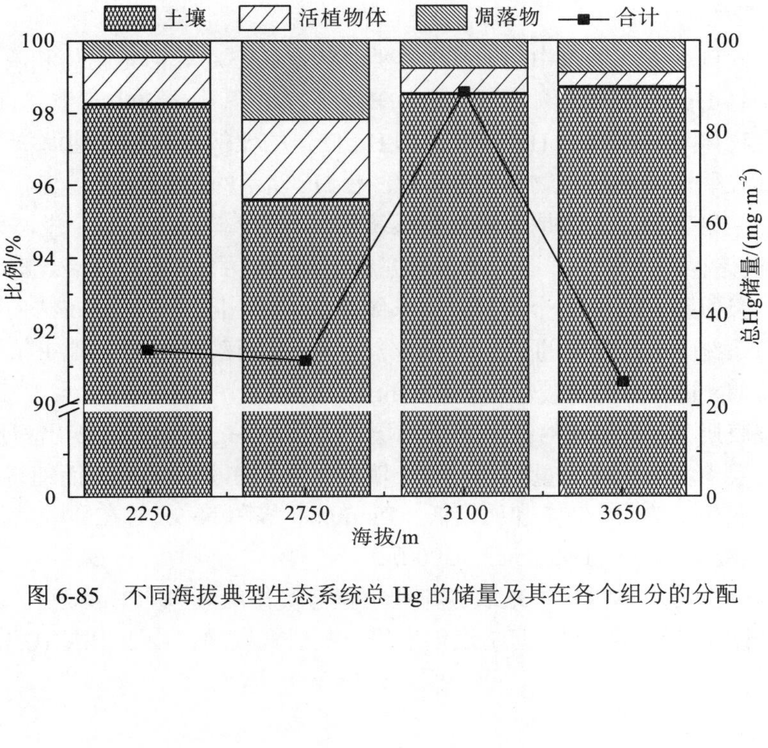

图 6-85　不同海拔典型生态系统总 Hg 的储量及其在各个组分的分配

从趋势上看，贡嘎山东坡垂直带2750m针阔混交林活生物体与凋落物中Hg储量占总Hg储量的比例最高，其次是2250m常绿落叶阔叶混交林生态系统，3650m杜鹃矮曲林活生物体Hg储量占总Hg储量的比例最低。土壤中Hg储量占总Hg储量的比例与活生物体和凋落物趋势相反。

综上，随着海拔的增加，贡嘎山东坡不同海拔生态系统活生物体内Hg的总储量表现为先增加后减少的趋势，在2750m针阔混交林生态系统达到最高值668.014μg·m^{-2}，最低值出现在3650m杜鹃矮曲林，其活生物体部分的Hg储量为98.103μg·m^{-2}。

在整个生态系统中，乔木层占活生物体各层次Hg储量的比例最高(65%～75%)，是生态系统活生物体部分Hg的主要储存单元，决定着生态系统活生物体Hg储量动态。其次是地被层(20%～27%)，且随着海拔的增加，地被层Hg储量所占比例也在不断增加。草本层和灌木层Hg储量所占的比例最小，但是贡嘎山东坡3650m灌木层除外(72%)。

随着海拔的增加，贡嘎山东坡不同土壤层次总Hg储量表现出不同的变化规律。如果将所有土壤层次均考虑在内，则土壤总Hg储量在不同海拔分布的大小顺序为：3100m>2250m>2750m>3650m，如果不考虑土壤基质对总Hg储量的影响，仅考虑表层土壤总Hg储量在不同海拔的分布情况则为：3100m>2750m>3650m>2250m。不同海拔典型生态系统土壤表层(O层+A层)Hg储量所占比例大小顺序为：2750m>3100m>3650m>2250m。随着土壤剖面向下，土壤Hg储量越高，即：O层<A层<B层<C层，表现为强烈的表层富集。

贡嘎山东坡不同海拔森林生态系统凋落物中Hg储量随海拔增加也呈现出先增加后减少的趋势，其中3100m暗针叶林和2750 m针阔混交林凋落物Hg储量要显著高于2250m常绿落叶阔叶混交林与3650m杜鹃矮曲林凋落物Hg储量。

贡嘎山东坡垂直带总Hg储量在不同海拔生态系统的分布以3100m峨眉冷杉暗针叶林为最高，达89.123mg·m^{-2}，其余不同典型生态系统总Hg储量相差不大，约占3100m生态系统总Hg储量的1/3。

土壤是不同典型生态系统中的Hg的主要储存库(>95%)，活生物体和凋落物中Hg储量占生态系统总Hg储量的比例相当，为0.3%～2.3%。其中贡嘎山东坡垂直带2750m针阔混交林活生物体与凋落物中Hg储量占总Hg储量的比例相对于其他海拔的生态系统为最高，3650m杜鹃矮曲林活生物体Hg储量占总Hg储量的比例最低。

本章研究结果表明，土壤是不同生态系统最大的Hg储存库，整个生态系统中有超过95%的Hg均被储存在土壤中。这与很多研究结果是一致的(Schwesig and Krebs，2003)。例如，Obrist等通过对美国14个森林生态系统中Hg在不同组分的分布结果研究发现，土壤是陆地生态系统Hg最主要的储存库(90%)，其次是凋落物(8%)，地上植被中Hg对森林生态系统总Hg储量的贡献最低(<1%)(Obrist，2012)。

尽管土壤表层Hg含量相对高于土壤底层，但土壤Hg储量却表现出相反的趋势，这主要是由于表层土壤有机质含量较高，与土壤容重呈负相关关系，进而使得土壤Hg含量较高，但单位面积土壤Hg储量却比较低。Lindquist等和Nater等在欧美其他地区也发现了类似的结论(Schwesig and Matzner，2000)。

Fu等的研究发现，本区通过地表径流和土壤蒸发作用流失的Hg很少，因此生态系统中的Hg会随着时间不断积累。但是近年来的一些研究发现，由于土壤中的Hg与土壤有机质很好地结合，随着有机质的不断分解，先前排放的 Hg 沉降到地表后会被重新释放到环境中去，对本区的生态环境安全构成一个潜在的威胁。特别是随着全球气候变化，温度升高，会加剧这一过程(Obrist，2012)。

参 考 文 献

鲍碧娟. 1998. 微量元素锌和含锌复混肥的应用. 磷肥与复肥, 6: 49-54.

曹建华, 李小波, 赵春梅, 等. 2007. 森林生态系统养分循环研究进展. 热带农业科学, 27: 68-79.

陈传国, 郭杏芬. 1984. 阔叶红松林生物量的研究. 林业勘查设计, (2): 13-15.

陈富斌, 罗辑. 1998. 贡嘎山高山生态环境研究. 第二卷. 北京: 气象出版社.

陈怀满. 1996. 土壤-植物系统中的重金属污染. 北京: 科学出版社.

陈有超. 2013. 贡嘎山东坡峨眉冷杉林碳储量与碳平衡. 北京: 中国科学院大学.

程根伟, 罗辑. 2003. 贡嘎山亚高山林地碳的积累与耗散特征. 地理学报, 58: 179-185.

董林林, 赵先贵, 巢世军, 等. 2008. 镉污染土壤的植物吸收与修复研究. 农业系统科学与综合研究, 24: 292-295.

冯新斌, 王训, 林哲仁, 等. 2015. 亚热带与温带森林小流域生态系统汞的生物地球化学循环及其同位素分馏. 环境化学, (2): 203-211.

冯新斌, 尹润生, 俞奔, 等. 2012. 贵州不同汞污染区表层土壤汞同位素组成变化. 科学通报, (33): 3119-3124.

冯新斌, 仇广乐, 付学吾, 等. 2009. 环境汞污染. 化学进展, 21(z1): 436-457.

冯新斌, 洪业汤. 1997. 汞的环境地球化学研究进展. 地质地球化学, (4): 105-108.

付学吾, 冯新斌, 王少锋, 等. 2005. 植物中汞的研究进展. 矿物岩石地球化学通报, 24(3): 232-238.

郭艳丽, 台培东, 冯倩, 等. 2009. 沈阳张士灌区常见木本植物镉积累特征. 安徽农业科学, 37: 3205-3207.

何磊, 唐亚. 2007. 海螺沟冰川退化迹地土壤序列的发育速率. 西南大学学报: (自然科学版), 29: 139-145.

何清清, 邴海健, 吴艳宏, 等, 2017. 海螺沟冰川退缩区土壤元素分布特征及影响因素. 山地学报, 35(5): 698-708.

胡省英, 冉伟彦, 范宏瑞. 2003. 土壤-作物系统中重金属元素的地球化学行为. 地质与勘探, 39: 84-87.

华珞, 陈世宝. 1998. 有机肥对镉锌污染土壤的改良效应. 农业环境保护, 17: 55-59.

黄建辉, 韩兴国. 1995. 森林生态系统的生物地球化学循环: 理论和方法. 植物学通报, 12: 195-223.

霍文冕, 姚檀栋, 李月芳. 1999. 达索普冰芯中 Pb 记录反映的大气污染及其同位素证据. 冰川冻土, 21: 125-128.

吉启轩, 薛建辉, 沈雪梅. 2013. 不同年龄枫香对土壤中重金属污染物吸收能力比较. 山东林业科技, 1: 1-7.

康世昌, 黄杰, 张强弓. 2010. 雪冰中汞的研究进展. 地球科学进展, 25(8): 783-793.

李波, 青长乐, 周正宾, 等. 2000. 肥料中氮磷和有机质对土壤重金属行为的影响及在土壤治污中的应用. 农业环境保护, 19: 375-377.

李睿, 吴艳宏, 邴海健, 等. 2015. 青藏高原东麓贡嘎山东坡土壤中 Pb 的来源解析. 环境科学研究, 9: 1439-1448.

李文学, 陈同斌. 2003. 超富集植物吸收富集重金属的生理和分子生物学机制. 应用生态学报, 14: 627-631.

李逊, 熊尚发. 1995. 贡嘎山海螺沟冰川退却迹地植被原生演替. 山地研究, 13(2): 109-115.

李月芳, 姚檀栋. 2000. 青藏高原古里雅冰芯中痕量元素镉记录的大气污染: 1900-1991. 环境化学, 19: 176-180.

李智华. 2013. 西北地区山杨立木生物量模型研建. 四川林业科技, 34: 55-58.

李子敬. 2008. 唐山迁安铁尾矿沙棘林生物量及其生长特性的研究. 保定: 河北农业大学.

梁鹏, 杨永奎, 何磊, 等. 2008. 贡嘎山原始森林区苔藓植物重金属含量及其对汞的吸附特征. 应用生态学报, 19(6):

1191-1196.
廖敏, 黄昌勇, 谢正苗. 1999. pH 对镉在土水系统中的迁移和形态的影响. 环境科学学报, 19: 81-86.
廖启林, 刘聪, 蔡玉曼, 等. 2013. 江苏典型地区水稻与小麦字实中元素生物富集系数(BCF)初步研究. 中国地质, 40(1): 331-338.
刘德绍, 青长乐, 杨水平. 2001. 近地面大气汞的垂直分布. 西南大学学报: (自然科学版), 23(1): 39-41.
刘彦春, 张远东, 刘世荣, 等. 2010. 川西亚高山针阔混交林乔木层生物量, 生产力随海拔梯度的变化. 生态学报, 30: 5810-5820.
刘照光, 邱发英. 1986. 贡嘎山地区主要植被类型与分布. 植物生态学与地植物学丛刊, 10(1): 26-34.
柳絮，范仲学，张斌，等,2007.我国土壤镉污染及其修复研究.山东农业科学，6：4-97
潘保田,李吉均. 1996. 青藏高原: 全球气候变化的驱动机与放大器——III. 青藏高原隆起对气候变化的影响. 兰州大学学报: 自然科学版, 32(1): 108-115.
尚爱安, 党志. 2000. 土壤中重金属的生物有效性研究进展. 土壤, 32: 294-300.
沈善敏, 宇万太, 张璐, 等. 1993. 杨树主要营养元素内循环及外循环研究 II. 落叶前后养分在植株体内外的迁移和循环. 应用生态学报, 4: 27-31.
石磊, 张跃, 陈艺鑫, 等. 2010. 贡嘎山海螺沟冰川沉积的石英砂扫描电镜形态特征分析. 北京大学学报: (自然科学版), 46: 96-102.
孙守琴, 王定勇. 2004. 苔藓植物对大气污染指示作用的研究进展. 四川环境, 23: 31-35.
唐荣贵. 2015. 贡嘎山东坡垂直带典型生态系统植物与土壤铅和镉的垂直分异. 北京: 中国科学大院.
唐巍. 1993. 峨眉冷杉人工林生物量的研究. 四川林勘设计, 2: 27-32.
万云兵, 李伟中. 2004. 超累积植物富集重金属的分子生化机理. 四川环境, 23: 57-60.
王将克, 常弘, 廖金凤, 等. 1999. 生物地球化学. 广州: 广东科技出版社.
王琳, 欧阳华, 周才平, 等. 2004. 贡嘎山东坡土壤有机质及氮素分布特征. 地理学报, 59: 1012-1019.
王新, 吴燕玉. 改性措施对复合污染土壤重金属行为影响的研究. 应用生态学报, 1995, 6: 440-444.
魏复盛, 陈静生, 吴燕玉, 等. 1991. 中国土壤环境背景值研究. 环境科学, 12: 12-19.
吴艳宏, 周俊, 邴海健, 等. 2012. 贡嘎山海螺沟典型植被带总磷分布特征. 地球科学与环境学报, 3: 70-74.
夏增禄, 李森照, 穆从如, 等. 1985. 北京地区重金属在土壤中的纵向分布和迁移. 环境科学学报, 5: 105-112.
夏增禄. 1994. 中国主要类型土壤若干重金属临界含量和环境容量区域分异的影响. 土壤, 31: 161-169.
夏增禄. 1988. 土壤环境容量及其应用. 北京: 气象出版社.
宿以明, 刘兴良, 向成华. 2000. 峨眉冷杉人工林分生物量和生产力研究. 四川林业科技, (2): 31-35.
许嘉琳, 陈若. 1989. 土壤容量化学. 北京: 气象出版社.
许嘉琳, 杨居荣. 1995. 陆地生态系统中的重金属. 北京: 中国环境科学出版社.
鄢武先, 宿以明, 刘兴良, 等. 1991. 云杉人工林生物量和生产力的研究. 四川林业科技, (4): 17-22.
杨居荣, 鲍子平, 张素芹. 1993. 镉, 铅在植物细胞内的分布及其可溶性结合形态. 中国环境科学, 13: 263-268.
杨子江, 邴海健, 周俊, 等. 2015. 贡嘎山海螺沟冰川退缩区土壤序列矿物组成变化. 土壤学报, 52(3): 507-516.
易海涛. 2011. 我国重金属污染及其环境安全评价浅述. 冶金环境保护, (3): 51-60.
尹守东. 2004. 红松和落叶松人工林养分生态学比较研究. 哈尔滨: 东北林业大学.
游秀花, 聂丽华, 杨桂娣. 2005. 森林生态系统植物重金属(Cu, Zn, Cd)污染研究进展. 福建林业科技, (3): 154-159.
余大富. 1984. 贡嘎山土壤中一些元素的背景值. 生态学报, 4(3): 201-206.

余国营，吴燕玉，王新. 1996. 杨树落叶前后重金属元素内外迁移循环规律研究. 应用生态学报, 7: 201-206.

张乃明. 1999. 土壤-植物系统重金属污染研究现状与展望. 环境科学进展, 7: 30-33.

张希彪，上官周平. 2006. 黄土丘陵区油松人工林与天然林养分分布和生物循环比较. 生态学报, 26: 373-382.

张轩波，陈训. 2006. 比利时杜鹃生物量调查. 贵州师范大学学报:（自然科学版）, 24: 14-18.

郑海富. 2010. 林下灌木生物量方程的验证和生物量分布格局研究. 哈尔滨：东北林业大学.

郑远昌，张建平，殷义高. 1993. 贡嘎山海螺沟土壤环境背景值特征. 山地研究（现山地学报）, 11（1）: 23-29.

钟祥浩，吴宁，罗辑，等. 1997. 贡嘎山森林生态系统研究. 成都：成都科技大学出版社.

钟祥浩，张文敬，罗辑. 1999. 贡嘎山地区山地生态系统与环境特征. Ambio, 28（8）: 648-654.

周鹏，朱万泽，罗辑，等. 2013. 贡嘎山典型植被地上生物量与碳储量研究. 西北植物学报, 33（1）: 162-168.

周鹏. 2013. 贡嘎山东坡垂直带谱典型植被类型固碳分异及其影响因子. 北京：中国科学院大学.

周启星，吴燕玉，熊先哲. 1994. 重金属 Cd-Zn 对水稻的复合污染和生态效应. 应用生态学报, 5: 438-441.

朱万泽，付学吾，冯新斌，等. 2007. 青藏高原东南缘贡嘎山地区大气总汞时间序列分析及其影响因子. 生态学报, 27（9）: 3727-3737.

朱兴武，肖瑜，蔡文成. 1988. 山杨天然次生林生物量的初步研究. 青海农林科技,（1）.

祝贺，吴艳宏，邴海健，等. 2017. 贡嘎山营养元素和重金属的生物地球化学研究现状与展望. 山地学报, 35（5）: 686-697.

Aceto M, Abollino O, Conca R, et al. 2003. The use of mosses as environmental metal pollution indicators. Chemosphere, 50（3）: 333-342.

Agnan Y, Séjalon-Delmas N, Claustres A, et al. 2015. Investigation of spatial and temporal metal atmospheric deposition in France through lichen and moss bioaccumulation over one century. Science of The Total Environment, 529: 285-296.

Ahmed F , Ishiga, H. 2006. Trace metal concentrations in street dusts of Dhaka city, Bangladesh. Atmospheric Environment, 40: 3835-3844.

Al-Momani I. 2003. Trace elements in atmospheric precipitation at Northern Jordan measured by ICP-MS: acidity and possible sources. Atmospheric Environment, 37（32）: 4507-4515.

Aloupi M, Angelidis M. 2001 Geochemistry of natural and anthropogenic metals in the coastal sediments of the island of Lesvos, Aegean Sea. Environmeantal Pollution, 113: 211-219.

Ariya P A, Dastoor A P, Amyot M, et al. 2004. The arctic: a sink for mercury. Tellus B, 56（5）: 397-403.

Atwell L, Hobson K A, Welch H E. 1998. Biomagnification and bioaccumulation of mercury in an arctic marine food web: insights from stable nitrogen isotope analysis. Canadian Journal of Fisheries and Aquatic Sciences, 55（5）: 1114-1121.

Audi G, Bersillon O, Blachot J, et al. 2003. The NUBASE evaluation of nuclear and decay properties. Nuclear Physics A, 729（1）: 3-128.

Bacardit M, Camarero L. 2010. Atmospherically deposited major and trace elements in the winter snowpack along a gradient of altitude in the Central Pyrenees: the seasonal record of long-range fluxes over SW Europe. Atmospheric Environment, 44（4）: 582-595.

Bacon J R , Hewitt I J , 2005. Heavy metals deposited from the atmosphere on upland Scottish soils: Chemical and lead isotope studies of the association of metals with soil components. Geochimica et Cosmochimica Acta, 69: 19-33.

Balogh-Brunstad Z, Keller C, Gill R, et al. 2008. The effect of bacteria and fungi on chemical weathering and chemical denudation fluxes in pine growth experiments. Biogeochemistry, 88: 153-167.

Barandovski L, Frontasyeva M V, Stafilov T, et al. 2012. Trends of atmospheric deposition of trace elements in Macedonia studied by the moss biomonitoring technique. Journal of Environmental Science and Health, Part A, 47(13): 2000-2015.

Barghigiani C, Bauleo R. 1992. Mining area environmental mercury assessment using Abies alba. Bulletin of Environmental Contamination & Toxicology, 49(1): 31-36.

Barghigiani C, Ristori T, Bauleo R. 2008. Pinus as an atmospheric Hg biomonitor. Environmental Technology, 12(12): 1175-1181.

Bash, J O. 2010. Description and initial simulation of a dynamic bidirectional air - surface exchange model for mercury in Community Multiscale Air Quality (CMAQ) model. Journal of Geophysical Research Atmospheres, 115(D06305), doi: 10. 1029/2009JD012834.

Berg T, Fjeld E, Steinnes E. 2006. Atmospheric mercury in Norway: contributions from different sources. Science of the total environment, 368(1): 3-9.

Bergkvist B, Folkeson L. 1992. Soil acidification and element fluxes of a *Fagus sylvatica* forest as influenced by simulated nitrogen deposition. Water, Air, & Soil Pollution, 65: 111-133.

Bergkvist B. 1987. Soil solution chemistry and metal budgets of spruce forest ecosystems in S. Sweden. Water, Air, & Soil Pollution, 33: 131-154.

Bergkvist B. 2001. Changing of lead and cadmium pools of Swedish forest soils. Water, Air, & Soil Pollution: Focus, 1: 371-383.

Bergquist B A, Blum J D. 2007. Mass-dependent and-independent fractionation of Hg isotopes by photoreduction in aquatic systems. Science, 318(5849): 417-420.

Bergquist B A, Blum J D. 2009. The odds and evens of mercury isotopes: applications of mass-dependent and mass-independent isotope fractionation. Elements, 5(6): 353-357.

Bi X Y, Feng X, Yang Yi, et al. 2007. Heavy metals in an impacted wetland system: a typical case from Southwestern China. Science of The Total Environment, 387(1-3): 257-268.

Bi X Y, Li Z, Wang S, et al. 2017. Lead isotopic compositions of selected coals, Pb/Zn ores and fuels in China and the application for source tracing. Envirommental Science & Technology, 51: 13502-13508.

Bindler R, Brannvall M L, Renberg I. 1999. Natural lead concentrations in pristine boreal forest soils and past pollution trends: a reference for critical load models. Environmental Science & Technology, 33(19): 3362-3367.

Bindler R, Renberg I Anderson N J, et al. 2001. Pb isotope ratios of lake sediments in West Greenland: inferences on pollution sources. Atmospheric Environment, 35: 4675-4685.

Bing H J, Wu Y, Zhou J, et al. 2014. Atmospheric deposition of lead in remote high mountain of Eastern Tibetan Plateau, China. Atmospheric Environment, 99: 425-435.

Bing H J, Wu Y, Zhou J, et al. 2016. Mobility and eco-risk of trace metals in soils at the Hailuogou Glacier foreland in Eastern Tibetan Plateau. Environmental Science and Pollution Research, 23: 5721-5732.

Bing H J, Wu Y, Zhou J, et al. 2016a. Biomonitoring trace metal contamination by seven sympatric alpine species in Eastern Tibetan Plateau. Chemosphere, 165: 388-398.

Bing H J, Wu Y, Zhou J, et al. 2016b. Vegetation and cold trapping modulating elevation-dependent distribution of trace metals in soils of a high mountain in Eastern Tibetan Plateau. Scientific Reports, 6: 24081.

Bing H J, Wu Y, Zhou J, et al. 2016c. Historical trends of anthropogenic metals in Eastern Tibetan Plateau as reconstructed from alpine lake sediments over the last century. Chemosphere, 148: 211-219.

Bing H J, Wu Y, Zhou J, et al. 2018. Barrier effects of remote high mountain on atmospheric metal transport in the Eastern Tibetan Plateau. Science of the Total Environment, 628-629: 687-696.

Bishop K H, Lee Y H, Munthe J, et al. 1998. Xylem sap as a pathway for total mercury and methylmercury transport from soils to tree canopy in the boreal forest. Biogeochemistry, 40 (2-3) : 101-113.

Biswas A, Blum J D, Bergquist B A, et al. 2008. Natural mercury isotope variation in coal deposits and organic soils. Environmental Science & Technology, 42 (22) : 8303-8309.

Bollhöfer A, Rosman K J R. 2001. Isotopic source signatures for atmospheric lead: the Northern Hemisphere. Geochimica et Cosmochimica Acta, 65 (11) : 1727-1740.

Borrok D M, Wanty R B, Ridley W I, et al. 2009. Application of iron and zinc isotopes to track the sources and mechanisms of metal loading in a mountain watershed. Applied Geochemistry, 24 (7) : 1270-1277.

Boutron C F, Gorlach U, Candelone J P, et al. 1991. Decrease in anthropogenic lead, cadmium and zinc in Greenland snows since the late 1960s. Nature, 353: 153-156.

Broyer T C, Johnson C N, Paull R E. 1972. Some aspects of lead in plant nutrient. Plant and Soil, 36: 301.

Bushey J T, Nallana A G, Montesdeoca M R, et al. 2008. Mercury dynamics of a northern hardwood canopy. Atmospheric Environment, 42 (29) : 6905-6914.

Candelon J P, Hong S, Pellone C, et al. 1995. Post-industrial revolution changes in large-scale atmospheric pollution of the northern hemisphere by heavy metals as documented in central Greenland snow and ice. Journal of Geophysical Research: Atmospheres, 1984-2012: 16605-16616.

Carignan J, Estrade N, Sonke J E, et al. 2009. Odd isotope deficits in atmospheric Hg measured in lichens. Environmental science & technology, 43 (15) : 5660-5664.

Cataldo D A, Garland T R, Wildung R E. 1981. Cadmium distribution and chemical fate in soybean plants. Plant Physiology, 68: 835-839.

Čeburnis D, Steinnes E. 2000. Conifer needles as biomonitors of atmospheric heavy metal deposition: comprision with mosses and precipitation, role of the canopy. Atmospheric Environment, 34: 4265-4271.

CEPA. 1990. Elemental Background Values of Soils in China. Beijing: Environmental Science Press.

CEPA. 1995. Chinese environmental quality standard. GB15618-1995.

Chen J, Hintelmann H, X Feng, et al. 2012. Unusual fractionation of both odd and even mercury isotopes in precipitation from Peterborough, ON, Canada. Geochimica et Cosmochimica Acta, 90: 33-46.

Chen J, Tan M, Li Y, etal. 2005. A lead isotope record of Shanghai atmospheric lead emissions in total suspended particles during the period of phasing out of leaded gasoline. Atmospheric Environment, 39 (7) : 1245-1253.

Chen J, Wei F, Wu Y, et al. 1991. Background concentrations of elements in soils of China. Water, Air, & Soil Pollution, 57-58: 699-712.

Cheng G W, Luo J. 2002. Successional features and dynamic simulation of sub-alpine forest in the Gongga Mountain, China. Acta Ecologica Sinica, 22: 1049-1056.

Cheng H, Hu Y. 2010. Lead (Pb) isotopic fingerprinting and its applications in lead pollution studies in China: a review. Environmental Pollution, 158 (5) : 1134-1146.

Cheng S, Wang F, Li J B, et al. 2013. Application of trajectory clustering and cource apportionment methods for investigating trans-boundary atmospheric PM_{10} pollution. Aerosol and Air Quality Research, 13: 333-342.

Clarkson T W. 1997. The toxicology of mercury. Critical Reviews in Clinical Laboratory Sciences, 34 (4) : 369-403.

Cole D, Rapp M. 1981. Elemental cycling in forest ecosystems. In Reichle DE (Ed), Dynamic properties of forest ecosystems.

London: Camberidge University Press, Malta: 341-410.

Cong Z , Kang S, Luo C , etal. 2011. Trace elements and lead isotopic composition of PM10 in Lhasa, Tibet. Atmospheric Environment, 45: 6210-6215.

Cong Z Y, Kang S C, Liu X D, et al. 2007. Elemental composition of aerosol in the Nam Co region, Tibetan Plateau, during summer monsoon season. Atmospheric Environment, 41: 1180-1187.

Cong Z Y, Kang S C, Zhang Y, et al. 2010. Atmospheric wet deposition of trace elements to central Tibetan Plateau. Applied Geochemistry, 25: 1415-1421.

Cox D P, In J O, Nriagu ed. 1979. Copper in the Environment. New York: Wiley.

Dakora F D, Phillips D A. 2002. Root exudates as mediators of mineral acquisition in low-nutrient environments. Plant and Soil, 245: 35-47.

Downs S, MacLeod C A, Lester J. 1998. Mercuty in precipitation and its relation to bioaccumulation in fish: a literature review. Water, Air, and Soil Pollution, 108(1-2): 149-187.

Du J Z, Mu H D, Song H Q, etal. 2008. 100 years of sediment history of heavy metals in Daya Bay, China. Water Air & Soil Pollution, 190(1): 343-351.

Duan J, Tan J, Wang S, etal.2012. Size distributions and sources of elements in particulate matter at curbside, urban and rural sites in Beijing. Journal of Environmental Sciences, 24: 87-94.

Dudas M J, Pawluk S. 1976. The nature of mercury in chernozemic and luvisolic soils in Alberta. Canadian Journal of Soil Science, 56: 413-423.

Eichler A, Tobler L, Evrikh S, etal. 2012. Three centuries of Eastern European and Altai lead emissions recorded in a Belukha ice core. Environmental Science & Technology, 46: 4323-4330.

Escobar J, Whitmore T, Kamenov G, et al. 2013. Isotope record of anthropogenic lead pollution in lake sediments of Florida, USA. Journal of Paleolimnology, 49: 237-252.

Ettler V, Mihaljevic M, Komarek M. 2004. ICP-MS measurements of lead isotopic ratios in soils heavily contaminated by lead smelting: tracing the sources of pollution. Analytical and Bioanalytical Chemistry, 378(2): 311-317.

Feng X, Sommar J, Gårdfeldt K, et al. 2002. Exchange flux of total gaseous mercury between air and natural water surfaces in summer season. Science in China Series D: Earth Sciences, 45(3): 211-220.

Feng X, Yin R, Yu B, et al. 2013. Mercury isotope variations in surface soils in different contaminated areas in Guizhou Province, China. Chinese Science Bulletin, 58(2): 249-255.

Ferrari C P, Dommergue A, Veysseyre A, et al. 2002. Mercury speciation in the French seasonal snow cover. Science of the total environment, 287(1): 61-69.

Fitzgerald W F. 1995. Is mercury increasing in the atmosphere? The need for an atmospheric mercury network (AMNET). Water, Air, and Soil Pollution, 80(1-4): 245-254.

Fleck J A, Grigal D F, Nater E A. 1999. Mercury uptake by trees: an observational experiment. Water Air & Soil Pollution, 115(1-4): 513-523.

Flegal A R, Gallon, Céline, et al. 2013. All the lead in China. Critical Reviews in Environmental Science and Technology, 43(17): 1869-1944.

Fu X W , Feng X N , Zhu W Z,etal. 2008a. Total particulate and reactive gaseous mercury in ambient air on the eastern slope of the Mt. Gongga area, China. Applied Geochemistry, 23: 408-418.

Fu X, Feng X , Wang S.2008b. Exchange fluxes of Hg between surfaces and atmosphere in the eastern flank of Mount Gongga, Sichuan province, southwestern China. Journal of Geophysical Research Atmospheres ,113: D20306.

Fu X W, Feng X, Dong Z Q, et al. 2010. Atmospheric gaseous elemental mercury（GEM）concentrations and mercury depositions at a high-altitude mountain peak in South China. Atmospheric Chemistry & Physics, 10(5): 2425-2437.

Fu X W, Feng X, Zhu W, et al. 2008. Total gaseous mercury concentrations in ambient air in the eastern slope of Mt. Gongga, South-Eastern fringe of the Tibetan Plateau, China. Atmospheric Environment, 42: 970-979.

Fu X, Feng X, Wang S, et al. 2009. Temporal and spatial distributions of total gaseous mercury concentrations in ambient air in a mountainous area in Southwestern China: implications for industrial and domestic mercury emissions in remote areas in China. Science of the Total Environment, 407(7): 2306-2314.

Fu X, Feng X, Wang S. 2008. Exchange fluxes of Hg between surfaces and atmosphere in the eastern flank of Mount Gongga, Sichuan province, Southwestern China. Journal of Geophysical Research: Atmospheres, 1984-2012: 113(D20).

Fu X, Feng X, Zhu W, et al. 2008. Total particulate and reactive gaseous mercury in ambient air on the eastern slope of the Mt. Gongga area, China. Applied Geochemistry, 23(3): 408–418.

Fu X, Feng X, Zhu W, etal. 2010. Elevated atmospheric deposition and dynamics of mercury in a remote upland forest of Southwestern China. Environmental Pollution, 158(6): 2324-2333.

Galloway J N, Dentener F J, Capone D G, et al. 2004. Nitrogen cycles: past, present, and future. Biogeochemistry, 70: 153-226.

Gandois L, Nicolas M, Vanderheijden G, et al. 2010. The importance of biomass net uptake for a trace metal budget in a forest stand in North-eastern France. Science of the The Total Environment, 408(23): 5870-5877.

Gao S H, Peng J W. 1993. Research of climate in the Gongga Mountain//Chen F B, Gao S H. Studies on the Alpine Ecology and Environment of Gongga Mountain. Chengdu: University of Science and Technology Press: 80-86.

Gao Z Y, Yin G, Ni S J, et al. 2004. Geochemical features of the urban environmental lead isotope in Chengdu City. Carsologica Sinica, 23: 267-272.

Garten C T, Bondietti E, Lomax R D.1988. Contribution of foliar leaching and dry deposition to sulfate in net throughfall below deciduous trees. Atmospheric Environment, 22: 1425-1432.

Gerdol R, Bragazza L, Marchesini R. 2002. Element concentrations in the forest moss Hylocomium splendens: variation associated with altitude, net primary production and soil chemistry. Environmental Pollution, 116: 129-35.

Gerdol R, Bragazza L. 2006. Effects of altitude on element accumulation in alpine moss. Chemosphere, 64: 810-816.

Ghimire C P, Bruijnzeel L A, Lubczynski M W, etal.2012.Rainfall interception by natural and planted forests in the middle mountains of Central Nepal. Journal of Hydrology, 475: 270-280.

Ghosh S, Xu Y, Humayun M, et al. 2008. Mass - independent fractionation of mercury isotopes in the environment. Geochemistry, Geophysics, Geosystems 9(3).

Gill S S, Khan N A, Tuteja N. 2012. Cadmium at high dose perturbs growth, photosynthesis and nitrogen metabolism while at low dose it up regulates sulfur assimilation and antioxidant machinery in garden cress（*Lepidium sativum L.*）. Plant Science, 182: 112-120.

Gratz L E, Keeler G J, Blum J D, et al. 2010. Isotopic composition and fractionation of mercury in Great Lakes precipitation and ambient air. Environmental science & technology, 44(20): 7764-7770.

Gray J E, Hines M E. 2006. Mercury: distribution, transport, and geochemical and microbial transformations from natural and anthropogenic sources. Applied Geochemistry, 21(11): 1819-1820.

Graydon J A, St Louis V L, Lindberg S E, et al. 2006. Investigation of mercury exchange between forest canopy vegetation and the atmosphere using a new dynamic chamber. Environmental Science & Technology, 40(15): 4680-4688.

Greger M, Wang Y, Neuschütz C. 2005. Absence of Hg transpiration by shoot after Hg uptake by roots of six terrestrial plant species. Environmental Pollution, 134(2): 201-208.

Grigal D F. 2002. Inputs and outputs of mercury from terrestrial watersheds: a review. Environmental Reviews, 10(1): 1-39.

Grigal D F. 2003. Mercury sequestration in forests and peatlands: a review. Journal of Environmental Quality, 32(2): 393-405.

Gunawardena J, Egodawatta P, Ayoko G A, et al. 2013. Atmospheric deposition as a source of heavy metals in urban stormwater. Atmospheric Environment, 68: 235-242.

Guo J, Kang S, Huang J, et al. 2015. Seasonal variations of trace elements in precipitation at the largest city in Tibet, Lhasa. Atmospheric Research, 153: 87-97.

Gustin M S. 2003. Are mercury emissions from geologic sources significant? a status report. Science of the Total Environment, 304(1): 153-167.

Guttikunda S K, Jawahar P. 2014. Atmospheric emissions and pollution from the coal-fired thermal power plants in India. Atmospheric Environment, 92: 449-460.

Hans W K. 1995. The composition of the continental crust. Geochimica et Cosmochimica Acta, 59(7): 1217-1232.

Harmens H, Norris D A, Koerber G R, et al. 2008. Temporal trends (1990-2000) in the concentration of cadmium, lead and mercury in mosses across Europe. Environmental Pollution, 151: 368-376.

Harmens H, Norris D A, Steinnes E, et al. 2010. Mosses as biomonitors of atmospheric heavy metal deposition: spatial patterns and temporal trends in Europe. Environmental Pollution, 158(10): 3144-3156.

Harmens H, Norris D, Mills G. 2013. Heavy metals and nitrogen in mosses: spatial patterns in 2010/2011 and long-term temporal trends in Europe, Bangor, UK. ICP Vegetation Programme Coordination Centre, Centre for Ecology and Hydrology, Bangor, UK: 63.

Heinrichs H, Mayer R. 1977. Distribution and cycling of major and trace elements in two central European forest ecosystems. Journal of Environmental Quality, 6(4): 402-407.

Heinrichs H, Mayer R. 1980. The role of forest vegetation in the biogeochemical cycle of heavy metals. Journal of Environmental Quality, 9: 111-118.

Heinrichs H, Schulz-Dobrick B, Wedepohl K H. 1980. Terrestrial geochemistry of Cd, Bi, Tl, Pb, Zn and Rb. Geochimica et Cosmochimica Acta, 44(10): 1519-1533.

Hintelmann H, Harris R, Heves A, et al. 2002. Reactivity and mobility of new and old mercury deposition in a boreal forest ecosystem during the first year of the METAALICUS study. Environmental Science & Technology, 36(23): 5034-5040.

Hutnik R J, Mcclenahen J R, Long R P, et al. 2014. Mercury Accumulation in *Pinus nigra* (*Austrian Pine*). Northeastern Naturalist, 21(4): 529-540.

IWG W. 2006. World reference base for soil resources 2006—a framework for international classification, correlation and communication. World soil resources reports. Food and Agriculture Organization of the United Nations, Rome : 128.

Jiao W, Ouyang W, Hao F, et al. 2015. Anthropogenic impact on diffuse trace metal accumulation in river sediments from agricultural reclamation areas with geochemical and isotopic approaches. Science of the Total Environment, 536: 609-615.

Johansson K, Andersson A, Andersson T. 1995. Regional accumulation pattern of heavy metals in lake sediments and forest soils in Sweden. Science of the Total Environment, 160–161(2): 373-380.

Johansson K, Bergbäck B, Tyler G. 2001. Impact of atmospheric long range transport of lead, mercury and cadmium on the Swedish forest environment. Water, Air, & Soil Pollution, 1: 279-297.

Johnson D, MacDonald D, Hendershot W, et al. 2003. Metals in northern forest ecosystems: role of vegetation in sequestration and cycling, and implications for ecological risk assessment. Human and Ecological Risk Assessment, 9: 749-766.

Jones K. 1991. Contaminant trends in soils and crops. Environmental Pollution, 69: 311-325.

Kanerva T, Sarin O, Nuorteva P. 1988. Aluminium, iron, zinc, cadmium, and mercury in some indicator plants growing in South Finnish forest areas with different degrees of damage. Annales Botanici Fennici, 25 (3) : 275-279.

Kang S, Huang J, Wang F, et al. 2016. Atmospheric mercury depositional chronology reconstructed from lake sediment and ice cores in the Himalayas and Tibetan Plateau. Environmental Science & Technology, acs. est. 5b04172.

Kaste J M, Friedland A J, Stürup S. 2003. Using stable and radioactive isotopes to trace atmospherically deposited Pb in montane forest soils. Environmental Science and Technology, 37: 3560-3567.

Katarzyna S, Anna K, Cezary K A. 2011. Mercury accumulation in the surface layers of mountain soils: a case study from the Karkonosze Mountains, Poland. Chemosphere, 83 (11) : 1507-1512.

Katja V D V, Boutron C F, Ferrari C P, et al. 2000. A two hundred years record of atmospheric cadmium, copper and zinc concentrations in high altitude snow and ice from the French-Italian Alps. Geophysical Research Letters, 27: 249-252.

Kelly J M, Parker G, Mc Fee W W. 1979. Heavy metal accumulation and growth of seedlings of five forest species as influenced by soil cadmium level. Journal of Environmental Quality, 8: 361-364.

Kidd P, Juan Barceló, Bernal M P, et al. 2009. Trace element behaviour at the root-soil interface: implications in phytoremediation. Environmental and Experimental Botany, 67: 243-259.

Kim J E, Han Y J, Kim P R,etal.2012. Factors influencing atmospheric wet deposition of trace elements in rural Korea. Atmospheric Research, 116: 185-194.

Klaminder J , Bindler R , Emteryd O, etal. 2006. Estimating the mean residence time of lead in the organic horizon of boreal forest soils using 210-lead, stable lead and a soil chronosequence. Biogeochemistry, 78 (1) : 31-49.

Klaminder J , Renberg I , Bindler R, etal. 2003. Isotopic trends and background fluxes of atmospheric lead in northern Europe: Analyses of three ombrotrophic bogs from South Sweden. Global Biogeochemical Cycles, 17: 2019-1028.

Klaminder J, Bindler R, Emteryd O, et al. 2005. Uptake and recycling of lead by boreal forest plants: quantitative estimates from a site in Northern Sweden. Geochimica et Cosmochimica Acta, 69 (10) : 2485-2496.

Klaminder J, Bindler R, Emteryd O, et al. 2006. Estimating the mean residence time of lead in the organic horizon of boreal forest soils using 210-lead, stable lead and a soil chronosequence. Biogeochemistry, 78: 31-49.

Klaminder J, Bindler R, Renberg I. 2008. The biogeochemistry of atmospherically derived Pb in the boreal forest of Sweden. Applied Geochemistry, 23 (10) : 2922-2931.

Klaminder J, Bindler R, Rydberg J, et al. 2009. Is there a chronological record of atmospheric mercury and lead deposition preserved in the mor layer (O-horizon) of boreal forest soils? Geochimica et Cosmochimica Acta, 72 (3) : 703-712.

Klaminder J, Farmer J G, MacKenzie A B. 2011. The origin of lead in the organic horizon of tundra soils: atmospheric deposition, plant translocation from the mineral soil or soil mineral mixing? Science of The Total Environment, 409 (20) : 4344-4350.

Komárek M, Ettler V, Chrastný V, et al. 2008. Lead isotopes in environmental sciences: a review. Environment International, 34 (4) : 562-577.

Kulshrestha A, Satsangi P G, Masih J, et al. 2009. Metal concentration of $PM_{2.5}$ and PM_{10} particles and seasonal variations in urban and rural environment of Agra, India. Science of The Total Environment, 407 (24) : 6196-6204.

Küpper H, Lombi E, Zhao F J, et al.2000 .Cellular Compartmentation of Cadmium and Zinc in Relation to Other Elements in the Hyperaccumulator Arabidopsis Halleri. Planta, 212(1): 75-84.

Lalonde J D, Poulain A J, Amyot M. 2002. The role of mercury redox reactions in snow on snow-to-air mercury transfer. Environmental science & technology, 36(2): 174-178.

Lefticariu L, Blum J D, Gleason J D. 2011. Mercury isotopic evidence for multiple mercury sources in coal from the Illinois Basin. Environmental Science & Technology, 45(4): 1724-1729.

Lepp N W. 1981. Effect of Heavy Metal Pollution on Plants. Volume 2. Metals in the Environment. London: Applied Science Publishers.

Li C L, Kang S C, Cong Z Y. 2007. Elemental composition of aerosols collected in the glacier area on Nyainqentanglha Range, Tibetan Plateau, during summer monsoon season. Chinese Science Bulletin, 52(24): 3436-3442.

Li C, Kang S, Zhang Q. 2009. Elemental composition of Tibetan Plateau top soils and its effect on evaluating atmospheric pollution transport. Environmental Pollution, 157(8): 2261-2265.

Li F, Liu C, Yang Y, et al. 2012a. Natural and anthropogenic lead in soils and vegetables around Guiyang City, Southwest China: a Pb isotopic approach. Science of The Total Environment, 431: 339-347.

Li Q, Cheng H, Zhou T, et al. 2012b. The estimated atmospheric lead emissions in China, 1990-2009. Atmospheric Environment, 60: 1-8.

Li R, Bing H J, Wu Y H, et al. 2018. Altitudinal patterns and controls of trace metal distribution in soils of a remote high mountain, Southwest China. Environmental Geochemistry and Health, 40(1): 505-519.

Li W B, Huang Z L, Zhang G. 2006. Sources of the ore metals of the Huize ore field in Yunnan province: constraints from Pb, S, C, H, O and Sr isotope geochemistry. Acta Petrologica Sinica, 22(10), 2567-2580.

Li Z X, He Y Q, Yang X, et al. 2010. Changes of the Hailuogou glacier, Mt. Gongga, China, against the background of climate change during the Holocene. Quaternary International, 218(1-2): 166-175.

Li Z X, He Y, Pong H, et al. 2008. Source of major anions and cations of snowpacks in Hailuogou No. 1 glacier, Mt. Gongga and Baishui No. 1 glacier, Mt. Yulong. Journal of Geographical Sciences, 18: 115-125.

Liang P , Yang Y K , He L , etal. 2008. [heavy metals contents and hg adsorption characteristics of mosses in virgin forest of gongga mountain]. Chinese Journal of Applied Ecology, 19(6): 1191.

Lindberg S, Bullock R, Ebinghaus R, et al. 2007. A synthesis of progress and uncertainties in attributing the sources of mercury in deposition. Ambio: A Journal of the Human Environment, 36(1): 19-33.

Lindberg S, Hanson P, Meyers T A, et al. 1998. Air/surface exchange of mercury vapor over forests — the need for a reassessment of continental biogenic emissions. Atmospheric Environment, 32(5): 895-908.

Lindqvist, Johansson, Aastrup, et al. 1991. Mercury in the Swedish environment. Water Air & Soil Pollution, 55(55): 1-261.

Liu G, Cai Y, O' Driscoll N, et al. 2012. Overview of mercury in the environment//Moon T W. Environmental Chemistry and Toxicology of Mercury. John Wiley & Sons: 1-12.

Liu G, Cai Y, O' Driscoll N. 2011. Environmental Chemistry and Toxicology of Mercury. John Wiley & Sons, Inc. USA: 1-12.

Liu Q, Wang H, Li W. 2005. The ecological effect and global chemical recycle of the heavy metal lead. Journal of Anhui Institute of Education, 23: 97-100.

Liu, B, Kang S, Sun J, et al. 2013a. Wet precipitation chemistry at a high-altitude site (3, 326 m a. s. l.) in the southeastern Tibetan Plateau. Environmental Science and Pollution Research, 20(7): 5013-5027.

Lou T, Shi P, Lou J, et al. 2002. Distribution Patterns of Aboveground Biomass in Tibetan Alpine Vegetation Transects. Acta Phytoecologica Sinica, 26(6): 668-676.

Luo J, Cheng G W, Chen B R, et al. 2003. Characteristic of forests litterfall along vertical spectrum on the Gongga Mountain. Journal of Mountain Science, 21: 287-292.

Luo J, She J, Wu Y H, et al. 2013. Cadmium distribution in a timberline forest in the Hengduan Mountains in the eastern Tibetan Plateau. Analytical Letters, 46: 394-405.

Luo X S, Xue Y, Wang Y L, et al. 2015. Source identification and apportionment of heavy metals in urban soil profiles. Chemosphere, 127: 152-157.

McBride M, Martinez C, Sauve S. 1998. Copper (II) activity in aged suspensions of goethite and organic matter. Soil Science Society of America Journal, 62: 1542-1548.

Meyer C, Diaz-de-Quijano M, Monna F, et al. 2015. Characterisation and distribution of deposited trace elements transported over long and intermediate distances in North-eastern France using *Sphagnum* peatlands as a sentinel ecosystem. Atmospheric Environment, 101: 286-293.

Moore T R, Bubier J L, Heyes A, et al. 1995. Methyl and total mercury in boreal wetland plants, experimental lakes area, northwestern Ontario. Journal of Environmental Quality, 24(5): 845-850.

Morel F M, Kraepiel A M, Amyot M. 1998. The chemical cycle and bioaccumulation of mercury. Annual review of ecology and systematics, 29: 543-566.

Morselli L, Olivieri P, Brusori B, et al. 2003. Soluble and insoluble fractions of heavy metals in wet and dry atmospheric depositions in Bologna, Italy. Environmental Pollution, 124: 457-469.

Ms, E J G, De S, et al. 2003. Accumulation of atmospheric mercury in forest foliage. Atmospheric Environment, 37(12): 1613-1622.

Mukai H, Tanaka A, Fujii T, et al. 2001. Regional characteristics of sulfur and lead isotope ratios in the atmosphere at several Chinese urban sites. Environmental Science & Technology, 35(6): 1064-1071.

Navrátil T, Shanley J, Rohovec J, et al. 2014. Distribution and pools of mercury in Czech Forest soils. Water Air & Soil Pollution, 225(3): 1-17.

Nesbitt H, Young G. 1982. Early Proterozoic climates and plate motions inferred from major element chemistry of lutites. Nature, 299: 715-717.

Nesbitt H, Young G. 1984. Prediction of some weathering trends of plutonic and volcanic rocks based on thermodynamic and kinetic considerations. Geochimica et Cosmochimica Acta, 48: 1523-1534.

Nesbitt H, Young G. 1989. Formation and diagenesis of weathering profiles. The Journal of Geology, (2): 129-147.

Nriagu J O. 1979. The Biogeochemistry of Mercury in the Environment. Amsterdam: Elsevier/North-Holland Biomedical Press.

Nriagu J. 1980. Cadmium in the Environment I. Johm Wiley & Sons.

Obrist D. 2007. Atmospheric mercury pollution due to losses of terrestrial carbon pools?　Biogeochemistry, 85(2): 119-123.

Obrist D. 2012. Mercury distribution across 14 U S forests. Part II: Patterns of methyl mercury concentrations and areal mass of total and methyl mercury. Environmental Science & Technology, 46(11): 5921-5930.

Outridge P M, Ster G A, Hamilton P B, et al. 2005. Trace metal profiles in the varved sediment of an Artic lake. Geochimica et Cosmochimica Acta, 69(20): 4881-4894.

Pacyna E G, Pacyna J M, Steenhuisen F, et al. 2006. Global anthropogenic mercury emission inventory for 2000. Atmospheric Environment, 40(22): 4048-4063.

Paode R D, Sofuoglu S C, Slvadechathep J, et al. 1998. Dry deposition fluxes and mass size distributions of Pb, Cu, and Zn measured in southern Lake Michigan during AEOLOS. Environmental Science & Technology, 32: 1629-1635.

Patel K S, Shrivas K, Hoffmann P, et al. 2006. A survey of lead pollution in Chhattisgarh State, central India. Environmental Geochemistry and Health, 28(1-2): 11-17.

Paul E A. 2006. Soil microbiology, ecology and biochemistry. Cambridge: Academic press.

Pirrone N, Gnnirella S, Feng X, et al. 2009. Global Mercury Emissions to the Atmosphere from Natural and Anthropogenic Sources//Nicola P, Robert M, Mercury Fate and Transport in the Global Atmosphere. Berlin: Springer: 1-47.

Poikolainen J, Kubin E, Piispanen J, et al. 2004. Atmospheric heavy metal deposition in Finland during 1985-2000 using mosses as bioindicators. Science of The Total Environment, 318: 171-185.

Prescott C, Chappell H, Vesterdal L. 2000. Nitrogen turnover in forest floors of coastal *Douglas-fir* at sites differing in soil nitrogen capital. Ecology, 81: 1878-1886.

Rasmussen P E. 1995. Temporal variation of mercury in vegetation. Water Air & Soil Pollution, 80(1): 1039-1042.

Rea A W, Lindberg S E, Scherbatskoy T, et al. 2001. Mercury accumulation in foliage over time in two northern mixed-hardwood forests. Water Air & Soil Pollution, 133(1-4): 49-67.

Risch M R, Dewild J F, Krabbenhoft D P, et al. 2012. Litterfall mercury dry deposition in the Eastern USA. Environmental Pollution, 161(1): 284-290.

Rosselli W, Keller C, Boschi K. 2003. Phytoextraction capacity of trees growing on a metal contaminated soil. Plant and Soil, 256: 265-272.

Ru S S, Li F, Wu J. 2013. Isotope geochemistry of the Dapingzhang Cu poly-metallic deposits and its significance. Science Technology and Engineering, 13(8): 1671-1815.

Sakata M, Marumoto K, Narukawa M, et al. 2006. Regional variation in wet and dry deposition fluxes of trace elements in Japan. Atmospheric Environment, 40: 521-531.

Salam A, Kassin B K , Ullah S M , etal. 2003. Aerosol chemical characteristics of a mega-city in Southeast Asia（Dhaka—Bangladesh）. Atmospheric Environment, 37: 2517-2528.

Sauve S, McBride M B, Norvell W A, et al. 1997. Copper solubility and speciation of in situ contaminated soils: effects of copper level, pH and organic matter. Water, Air, & Soil Pollution, 100: 133-149.

Saxena D K, Hooda P S, Singh S, et al. 2013. An assessment of atmospheric metal deposition in Garhwal Hills, India by moss Rhodobryum giganteum（Schwaegr.）Par. Geophytology, 43(1): 17-28.

Schroeder W H, Munthe J. 1998. Atmospheric mercury—an overview. Atmospheric Environment, 32(5): 809-822.

Schwesig D, Krebs O. 2003. The role of ground vegetation in the uptake of mercury and methylmercury in a forest ecosystem. Plant & Soil, 253(253): 445-455.

Schwesig D, Matzner E. 2000. Pools and fluxes of mercury and methylmercury in two forested catchments in Germany. Science of the Total Environment, 260(1-3): 213–223.

Selvendiran P, Driscoll C T, Montesdeoca M R, et al. 2008. Inputs, storage, and transport of total and methyl mercury in two temperate forest wetlands. Journal of Geophysical Research Biogeosciences, 113(G2): 636-639.

Sevel L, Hansen H C, Raulundrasmussen K. 2009. Mass balance of cadmium in two contrasting oak forest ecosystems. Journal of Environmental Quality, 38: 93-102.

Sheng J, Wang X, Gong P, et al. 2012. Heavy metals of the Tibetan top soils. Environmental Science and Pollution Research, 19(8):

3362-3370.

Shotyk W, Kempter H, Krachler M, et al. 2015. Stable (^{206}Pb, ^{207}Pb, ^{208}Pb) and radioactive (^{210}Pb) lead isotopes in 1 year of growth of Sphagnum moss from four ombrotrophic bogs in southern Germany: geochemical significance and environmental implications. Geochimica et Cosmochimica Acta, 163: 101-125.

Shotyk W, Krachler M. 2010. The isotopic evolution of atmospheric Pb in central Ontario since AD 1800, and its impacts on the soils, waters, and sediments of a forested watershed, Kawagama Lake. Geochimica et Cosmochimica Acta, 74: 1963-1981.

Smith C N, Kesler S E, Klaue B, et al. 2005. Mercury isotope fractionation in fossil hydrothermal systems. Geology, 33 (10) : 825-828.

Song Y, Wilson M, Moon H S, et al. 1999. Chemical and mineralogical forms of lead, zinc and cadmium in particle size fractions of some wastes, sediments and soils in Korea. Applied Geochemistry, 14: 621-633.

Sonke J E, Schäfer J, Chmeleff J, et al. 2010. Sedimentary mercury stable isotope records of atmospheric and riverine pollution from two major European heavy metal refineries. Chemical Geology, 279 (3) : 90-100.

Soto-Jiménez M, Páez-Osuna F. 2001. Cd, Cu, Pb, and Zn in Lagoonal sediments from Mazatlán Harbor (SE Gulf of California): bioavailability and geochemical fractioning. Bulletin of Environmental Contamination and Toxicology, 66 (3) : 350-356.

Steinnes E, Friedland A J. 2005. Lead migration in podzolic soils from Scandinavia and the United States of America. Canadian Journal of Soil Science, 85 (2) : 291-294.

Steinnes E, Sjøbakk T E, Donisa C, et al. 2005. Quantification of pollutant lead in forest soils. Soil Science Soclety of America Journal, 69: 1399-1404.

Streets D G, Hao J, Wu Y, et al. 2005. Anthropogenic mercury emissions in China. Atmospheric Environment, 39 (40) : 7789-7806.

Stromsoe N, Callow J N, McGowan H A, et al. 2013. Attribution of sources to metal accumulation in an alpine tarn, the Snowy Mountains, Australia. Environmental Pollution, 181: 133-143.

Sun S Q, Wang D Y, He M, et al. 2007. Retention capacities of several bryophytes for Hg (II) with special reference to the elevation and morphology of moss growth. Environmental Monitoring & Assessment, 133 (1-3) : 399-406.

Sun S Q, Wu Y H, Zhou J, et al. 2011. Comparison of element concentrations in fir and rhododendron leaves and twigs along an altitudinal gradient. Environmental Toxicology and Chemistry, 30: 2608-2619.

Susong D D, Abbott M L, Krabbenhoft D P. 1999. Reconnaissance of mercury concentrations in snow from the Teton and Wasatch Ranges to assess the atmospheric deposition of mercury from an urban area. Abstract H12b-06, Eos. Transactions of the American Geophysical Union, 80: 46.

Szefer P, Szefer K, Glasby G, et al. 1996. Heavy-metal pollution in surficial sediments from the Southern Baltic sea off Poland. Journal of Environmental Science & Health Part A, 31: 2723-2754.

Takamatsu T, Watanabe M, Koshikawa M K, et al. 2010. Pollution of montane soil with Cu, Zn, As, Sb, Pb, and nitrate in Kanto, Japan. Science of The Total Environment, 408 (8) : 1932-1942.

Taylor S R, McLennan S M. 1995. The geochemical evolution of the continental crust. Reviews of Geophysics, 33 (2) : 241-265.

Ukonmaanaho L, Starr M, Mannio J, et al. 2001. Heavy metal budgets for two headwater forested catchments in background areas of Finland. Environmental Pollution, 114: 63-75.

Walker T, Syers J. 1976. The fate of phosphorus during pedogenesis. Geoderma, 15: 1-19.

Wang C, Wang J H, Yang Z F, et al. 2013. Characteristics of lead geochemistry and the mobility of Pb isotopes in the system of pedogenic rock-pedosphere-irrigated riverwater-cereal-atmosphere from the Yangtze River delta region, China. Chemosphere, 93: 1927-1935.

Wang F, Chen D S, Cheng S Y, et al. 2010. Identification of regional atmospheric PM_{10} transport pathways using HYSPLIT, MM5-CMAQ and synoptic pressure pattern analysis. Environmental Modelling & Software, 25(8): 927-934.

Wang W , Liu X , Zhao L, etal.2006. Effectiveness of leaded petrol phase-out in Tianjin, China based on the aerosol lead concentration and isotope abundance ratio. Science of The Total Environment, 364: 175-187.

Wang X P, Yao T D, Wang P L, et al. 2008. The recent deposition of persistent organic pollutants and mercury to the Dasuopu glacier, Mt. Xixiabangma, central Himalayas. Science of the Total Environment, 394(1): 134-143.

Wang X, Jia Y. 2007. Study on absorption and remediation by Poplar and Larch in the soil contaminated with heavy metals. Ecology and Environment, 16: 432-436.

Wang X, Lou J, Yin R, et al. 2017. Using mercury isotopes to understand mercury accumulation in the montane forest floor of the Eastern Tibetan Plateau. Environmental Science & Technology, 51: 801-809.

Weiss D, Shotyk W, Appleby P G, et al. 1999. Atmospheric Pb deposition since the industrial revolution recorded by five Swiss peat profiles: enrichment factors, fluxes, isotopic composition, and sources. Environmental Science & Technology, 33: 1340-1352.

Wiener J G, Krabbenhoft D P, Heinz G H, et al. 2003. Ecotoxicology of mercury. Handbook of ecotoxicology, 2: 409-463.

Wilkie D, Farge C. 2011. Bryophytes as heavy metal biomonitors in the Canadian high Arctic. Arctic, Antarctic, and Alpine Research, 43(2): 289-300.

Wilson S J, Steenhuisen F, Pacyna J M, et al. 2006. Mapping the spatial distribution of global anthropogenic mercury atmospheric emission inventories. Atmospheric Environment, 40(24): 4621-4632.

Wong C, Li X, Zhang G, et al. 2003. Atmospheric deposition of heavy metals in the Pearl River Delta, China. Atmospheric Environment, 37: 767-776.

Wu Y , Liu E , Bing H, etal. 2010. Geochronology of recent lake sediments from Longgan Lake, middle reach of the Yangtze River, influenced by disturbance of human activities. Science China Earth Sciences, 53: 1188-1194.

Wu Y H, Bing H J, Zhou J, et al. 2011. Atmospheric deposition of Cd accumulated in the montane soil, Gongga Mt., China. Journal of Soils and Sediments, 11: 940-946.

Wu Y H, Hou X H, Cheng X Y, et al. 2007. Combining geochemical and statistical methods to distinguish anthropogenic source of metals in lacustrine sediment: a case study in Dongjiu Lake, Taihu Lake catchment, China. Environ Geology, 52(8): 1467-1474.

Wu Y H, Li W, Zhou J, et al. 2013. Temperature and precipitation variations at two meteorological stations on eastern slope of Gongga Mountain, SW China, in the past two decades. Journal of Mountain Science, 10: 43-53.

Wu Y H, Liang J H, Bing H J, et al. 2017. Seasonal and spatial distribution of trace metals in alpine soils of Eastern Tibetan Plateau, China. Journal of Mountain Science, 14(8): 1591-1603.

Wu Y, Chen J, Zheng C, et al. 1991. Background concentrations of elements in soils of China. Water, Air, & Soil Pollution, 57-58(1-4): 699-712.

Wu Y, Wang S, Streets D G, et al. 2006. Trends in anthropogenic mercury emissions in China from 1995 to 2003. Environmental Science & Technology, 40(17): 5312-5318.

Wu Y. 2005. Characteristics of soil heavy metal pollution and efficiency of phytoremediation using *Poplars* in the Southern Beijing. Beijing: China University of Geosciences.

Xiang Z X, Bing H J, Wu Y H, et al. 2017. Tracing environmental lead sources on the Ao Mountain of China using lead isotopic composition and biomonitoring. Journal of Mountain Sciences, 14(7): 1358-1372.

Xiao X G, Huang Z L, Zhou J X, et al. 2012. Source of metallogenic materials in the Shaojiwan Pb-Zn deposit in Northwest Guizhou Province, China: an evidence from Pb isotope composition. Acta Mineralogica Sinica, 32: 294-299.

Xue C, Zeng R, Liu S, et al. 2007. Geologic, fluid inclusion and isotopic characteristics of the Jinding Zn-Pb deposit, Western Yunnan, South China: a review. Ore Geology Reviews, 31(1-4): 337-359.

Yang Y G, Li S, Bi X Y, et al. 2010. Lead, Zn, and Cd in slags, stream sediments, and soils in an abandoned Zn smelting region, Southwest of China, and Pb and S isotopes as source tracers. Journal of Soils and Sediments, 10(8): 1527-1539.

Yang Y J, Wang Y S, Wen T X, et al. 2009. Elemental composition of $PM_{2.5}$ and PM_{10} at Mount Gongga in China during 2006. Atmospheric Research, 93: 801-810.

Yao T, Zhang S. 1999. The natural background values of twelve elements in soil in Xujiaba area, Ailao mountain. Journal of Mountain Science, 17: 275-279.

Yin R S, Feng X B, Chen J B. 2014. Mercury stable isotopic compositions in coals from major coal producing fields in China and their geochemical and environmental implications. Environmental Science & Technology, 48(10): 5565-5574.

Yin R S, Feng X B, Shi, W. 2010. Application of the stable-isotope system to the study of sources and fate of Hg in the environment: a review. Applied Geochemistry, 25(10): 1467-1477.

Yohn S, Long D, Fett J, et al. 2004. Regional versus local influences on lead and cadmium loading to the Great Lakes region. Applied Geochemistry 19, 1157-1175.

Yun H J, Yi S M, Kim Y. 2002. Dry deposition fluxes of ambient particulate heavy metals in a small city, Korea. Atmospheric Environment, 36: 5449-5458.

Zaharescu D G, Hooda P S, Soler A P, et al. 2009. Trace metals and their source in the catchment of the high altitude Lake Respomuso, Central Pyrenees. Science of The Total Environment, 407(11): 3546-3553.

Zechmeister H G. 1995. Correlation between altitude and heavy metal deposition in the Alps. Environmental Pollution, 89(1): 73-80.

Zhang H, Yin R S, Feng X B, et al. 2013. Atmospheric mercury inputs in montane soils increase with elevation: evidence from mercury isotope signatures. Scientific Reports, 3(11): 3322-3322.

Zhang J, Yan Y, Zeng F. 2001. Advance in the research on Domino effect of heavy metal ions in forest ecosystem. Journal of Nanjing Forestry University(Natural Sciences Edition), 25: 52-56.

Zhang Q, Huang J, Wang F, et al. 2012. Mercury distribution and deposition in glacier snow over Western China. Environmental Science & Technology, 46(10): 5404-5413.

Zhang R J, Shen Z X, Zou H. 2009. Atmospheric Pb levels over Mount Qomolangma region. Particuology, 7: 211-214.

Zheng J, Tan M, Shibata Y, et al. 2004. Characteristics of lead isotope ratios and elemental concentrations in PM_{10} fraction of airborne particulate matter in Shanghai after the phase-out of leaded gasoline. Atmospheric Environment, 38: 1191-1200.

Zhong X H, Wu N, Luo J. 1997. Researches of the Forest Ecosystems on Gongga Mountain. Chengdu: Chengdu University of Science and Technology Press.

Zhong X H, Zhang W J, Luo J. 1999. The charateristics of the mountain ecosystem and environment in the Gongga Mountain region. Ambio, 28: 648-654.

Zhou J X, Huang Z L, Lv Z C, et al. 2014. Geology, isotope geochemistry and ore genesis of the Shanshulin carbonate-hosted Pb-Zn deposit, Southwest China. Ore Geology Reviews, 63: 209-225.

Zhou J, Z Wang, X Zhang, et al. 2015. Distribution and elevated soil pools of mercury in an acidic subtropical forest of Southwestern China. Environmental Pollution, 202(7): 187–195.

Zhu B Q, Chen Y W, Peng J H. 2001. Lead isotope geochemistry of the urban environment in the Pearl River Delta. Applied Geochemistry, 16: 409-417.

Zhu L, Tang J, Lee B , etal. 2010. Lead concentrations and isotopes in aerosols from Xiamen, China. Marine Pollution Bulletin, 60: 1946-1955.

第7章　贡嘎山元素表生地球化学过程的生态环境效应

7.1　贡嘎山微量金属生态风险

土壤中微量金属的毒性和生物可利用性不仅取决于土壤中微量金属的总浓度，而且受微量金属的形态的影响较大(Prasad，2013)。有效态的微量金属就容易被植物吸收利用，而有机结合态和残渣态的微量金属则是难以被生物吸收利用的。因此，在贡嘎山地区开展微量金属的形态研究有利于揭示微量金属的生物可利用性，评估微量金属的生态风险。

单因子指数法和地累积指数法能有效评估单一微量金属对生态系统的风险程度；内梅罗指数法和 Hakanson 潜在生态风险指数法则能系统评估多种微量金属对生态系统的复合污染(Bing et al.，2016，Yuan et al.，2014)；模糊数学方法不仅能评估微量金属的生态风险，还能降低评估的不确定性(易昊旻等，2013)。但是，上述方法均是依据微量金属的总量来评估其生态风险，而忽视了微量金属的形态。因此，本书考虑使用微量金属有效态的比例替代传统的毒性系数对 Hakanson 生态风险评价方法进行改进。

7.1.1　微量金属生态风险评价指标体系

1) 土壤环境容量

土壤环境容量，又称土壤负载容量，是一定土壤环境单元对一定时限内遵循环境质量标准，既维持土壤生态系统的正常结构与功能，保证农产品的生物产量与质量，又使生态系统污染不超过土壤环境所容许承纳的污染物质的最大数量或负荷量(周杰等，2006)。土壤环境容量这一概念，大约于 20 世纪 70 年代引用到环境科学领域(夏增禄，1986)。土壤环境容量的确定，对总量控制、制定土壤环境标准、区域性环境区划和规划都具有很好的指导作用(夏增禄，1994)。

计算土壤环境容量的方法有多种，目前主要有静态计算和动态计算两种方法。静态计算法为(罗春等 1986；于光金等，2009)

$$Q_{sp} = M \times H(S - C)$$

$$Q_y = Q_{sp} / Y$$

式中：Q_{sp} 为当前土壤环境容量，$g \cdot m^{-2}$；M 为土壤容重，$g \cdot m^{-3}$；H 为表层土壤厚度，m；S 为土壤镉临界值，$mg \cdot kg^{-1}$；C 为土壤镉当前值，$mg \cdot kg^{-1}$；Y 为控制污染年限，年；Q_y

为年静态容量，$g\cdot hm^{-2}\cdot a^{-1}$。

动态容量即计入土壤的自净能力，欲使土壤保持在某个环境指标下，土壤的总纳污能力。它更能反映实际情况(叶嗣宗，1993)。由于推导过程与假设条件不同，有多种表现形式(夏增禄，1986；叶嗣宗，1993；夏增禄，1993；王世耆等，1993)。一种较简单易行的方法为(于兴金等，2009)：

$$Q_n = M \times H(S - CK^n)(1-K)/[K(1-K^n)]$$

式中：Q_n 为土壤中镉的年动态容量，$g\cdot hm^{-2}\cdot a^{-1}$；$K$ 为污染物的残留率(常量)；n 为控制年限。

夏增禄(1993)通过动态法对中国主要类型土壤重金属环境容量进行了研究，发现镉、铜的土壤环境容量由南到北、由东向西增大。黄棕壤以南的酸性土壤都大致处于相对的低值(小于 30 $g\cdot hm^{-2}\cdot a^{-1}$)，变化微小；而黄棕壤以北诸土壤容量较大(大于 45 $g\cdot hm^{-2}\cdot a^{-1}$)，且大致从南到北、从东到西逐渐增大，呈现出较明显的区域分异特征。于光金等(2009)分别用静态法和动态法对山东省不同植被类型土壤重金属环境容量进行的研究表明，镉在不同植被类型土壤中的年静态容量排序为：乔木林>灌丛>沼泽>湿生植物>草原草甸>农作物，农作物中镉的土壤年静态容量最小，为 5 $g\cdot hm^{-2}\cdot a^{-1}$，最大的是乔木林，为 13 $g\cdot hm^{-2}\cdot a^{-1}$。采用动态法计算的土壤容量明显高于静态法计算的土壤容量，为年静态容量的 7～20 倍，乔木林的镉土壤年动态容量可达到 150 $g\cdot hm^{-2}\cdot a^{-1}$。

2) 富集因子

$$EF = (Me/Al)_{Sam}/(Me/Al)_{Bac}$$

式中：$(Me/Al)_{Sam}$ 为样品中元素和 Al 的浓度比值；$(Me/Al)_{Bac}$ 为背景物质中相应元素和 Al 的浓度比值，背景物质一般选择上陆壳、深部沉积物样品或者流域母质；EF<1，无污染；EF>1，表示存在污染，数值越大，污染程度越高。

3) 地质累积指数

$$I_{geo} = \log_2[(C_n/(1.5\times B_n)]$$

式中：C_n 为样品中元素浓度；B_n 为背景物质中元素浓度；1.5 为考虑各地岩石差异可能会引起背景值的变动而取的系数。

地质累积指数可分为 7 个级别：$I_{geo}<0$，表示无污染；$0\leqslant I_{geo}<1$，表示无到中度污染；$1\leqslant I_{geo}<2$，表示中度污染；$2\leqslant I_{geo}<3$，表示中到强度污染；$3\leqslant I_{geo}<4$，表示强度污染；$4\leqslant I_{geo}<5$，表示强到极强度污染；$I_{geo}\geqslant 5$，表示极强度污染。

4) 内梅罗指数

单项污染指数：

$$P = C_i / C_o$$

式中：C_i 为样品中微量金属浓度；C_o 为背景物质中微量金属浓度。污染等级划分标准：$P<1$，无污染；P 为 1～2，轻度污染；P 为 2～3，中度污染；$P>3$，重度污染。

综合污染指数：

$$P_{综} = \sqrt{\frac{(\bar{P})^2 + P_{i\max}^2}{2}}$$

式中：$P_{综}$为研究点的综合污染指数；$P_{i\max}$为 i 研究点微量金属单项污染指数中的最大值；$\overline{P}=\frac{1}{n}\sum_{i=1}^{n}P_i$ 为单因子指数平均值。

5) Hakanson 潜在生态风险指数法

单因子风险指数：

$$E^i = T^i \times C^i$$

式中：T^i 为微量金属毒性响应参数(例如，Cd、Cu、Pb 和 Zn 的毒性响应参数分别为 30、5、5 和 1)；C^i 为样品中微量金属浓度和背景物质中微量金属浓度比值；i 为某一金属元素。

不同的值范围相应的潜在生态风险如下：E<40，低潜在生态风险；40≤E<80，中潜在生态风险；80≤E<160，较高潜在生态风险；160≤E<320，高潜在生态风险；E≥320，很高潜在生态风险。

7.1.2　贡嘎山土壤中微量金属的生态风险评价

1. 贡嘎山东坡土壤中微量金属的污染和潜在生态风险评价

通过计算土壤中微量金属的单因子风险指数(表 7-1)，发现贡嘎山东坡土壤中 Cd 的污染程度最高，Pb 和 Zn 次之，Cu 的污染程度最低。海拔梯度上，O 层中 Pb 的生态风险除了在 3615 m 处为无污染，其余海拔为轻度或中度污染(表 7-1)。A 层中 Pb 的污染水平在 2000 m 和 2360 m 处为中度污染，2770 m 和 3250 m 处为轻度污染，其余海拔为无污染状态。O 层和 A 层中 Cd 的污染水平为中度污染。除了海拔 4000 m 处，其余海拔土壤 O 层中 Cu 的污染水平为无污染或轻度污染。所有采样点，Zn 的污染程度为无污染或轻度污染。单因子污染指数不能全面反映多种微量金属的复合污染特征，而内梅罗指数能很好地克服这一缺点。内梅罗指数的结果显示(表 7-1)，海拔梯度上，O 层均为中度污染，A 层除了海拔 2360 m 处为轻度污染，其余均为中度污染。

地累积指数的结果显示(表 7-1)，Cd 的生态风险最高，污染等级为中到强或强污染，Cu 的生态风险最低，为无污染。海拔梯度上，土壤 O 层和 A 层中 Pb 的生态风险为无污染或轻度污染。O 层中 Cd 的生态风险为无污染至中度污染，而 A 层中 Cd 的生态风险为无污染或者轻度污染(表 7-1)。Cu 的生态风险为无污染，Zn 的污染程度为无污染或轻度污染。

根据 Hakanson 潜在生态风险指数(表 7-1)，发现土壤中 Pb、Cu 和 Zn 的生态风险均为轻度风险水平，Cd 的生态风险为中度风险水平。海拔 2360 m、2770 m 和 4000 m O 层中 Cd 的生态风险为重度风险水平，3800 m O 层中 Cd 的生态风险为中度风险水平，其余海拔 O 层均为轻度风险水平(表 7-1)。A 层中只有 2300 m Cd 的生态风险达到中度风险水平，其余海拔 A 层均为轻度风险水平。综合潜在生态风险指数显示，海拔 2360 m、2770 m 和 4000 m O 层中微量金属的综合生态风险程度为中度风险水平，其余海拔土壤 O 层和 A 层均为轻度风险水平。

表 7-1 贡嘎山东坡土壤中微量金属的潜在生态风险指数

海拔/m	土层	Pb			Cd			Cu			Zn			RI	$P_{综}$
		P_i	I_{geo}	E_r	P_i	I_{geo}	E_r	P_i	I_{geo}	E_r	P_i	I_{geo}	E_r		
2000	O	2.60	0.79	13.0	7.28	2.28	36.4	0.78	−0.94	3.92	1.46	−0.04	7.28	61	5.58
	A	2.34	0.64	11.7	4.29	1.52	21.5	0.83	−0.86	4.13	1.17	−0.35	5.87	43	3.40
2360	O	3.16	1.07	15.8	5.72	1.93	172	0.68	−1.15	3.38	1.76	0.23	1.76	192	4.51
	A	2.05	0.45	10.3	2.09	0.48	62.7	0.76	−0.98	3.80	1.06	−0.50	1.06	78	1.81
2770	O	2.42	0.69	12.1	26.7	4.16	134	1.37	−0.13	6.84	2.05	0.45	10.3	163	19.8
	A	1.37	−0.13	6.87	6.32	2.08	31.6	1.15	−0.39	5.74	1.35	−0.15	6.76	51	4.82
3250	O	2.38	0.66	11.9	4.31	1.52	21.5	0.56	−1.43	2.78	0.92	−0.70	4.61	41	3.37
	A	1.45	−0.05	7.23	1.28	−0.23	6.41	0.70	−1.10	3.50	0.91	−0.71	4.57	22	1.28
3615	O	0.56	−1.43	2.78	5.13	1.77	25.7	1.27	−0.24	6.36	0.82	−0.87	4.11	39	3.88
	A	0.84	−0.83	4.22	1.50	0.00	7.49	1.15	−0.38	5.75	0.90	−0.74	4.50	22	1.31
3800	O	1.50	0.00	7.51	14.3	3.25	71.3	0.75	−1.00	3.75	1.22	−0.30	6.09	89	10.6
	A	0.94	−0.68	4.69	4.58	1.61	22.9	0.63	−1.25	3.16	0.88	−0.77	4.39	35	3.47
4000	O	1.51	0.10	7.53	28.7	1.45	144	3.07	0.17	15.4	193	0.55	9.63	176	21.2
	A	0.94	−0.58	4.68	7.00	−0.58	35.0	1.81	−0.58	9.07	0.88	−0.58	4.39	53	5.29
4300	O	1.53	0.12	7.79	27.63	1.43	138	3.15	0.13	15.42	2.05	0.54	9.57	170	20.5
	A	0.94	−0.67	4.72	5.11	1.77	25.6	0.96	−0.65	4.78	1.18	−0.34	5.92	41	3.89

2. 贡嘎山北坡土壤中微量金属的污染和潜在生态风险评价

单因子风险指数显示(表 7-2)，北坡土壤中除了海拔 2810 m 的 O 层处 Pb 的污染水平均处于中度污染外，其余土壤中 Pb 的污染水平均为轻度污染。土壤 O 层中 Cd 的污染水平全都为中度污染，3100～4090 m 的 A 层中 Cd 的污染水平为轻度污染或者清洁。土壤中 Cu 和 Zn 的污染水平较低，为无污染状态。内梅罗指数显示，海拔梯度上 O 层均为中度污染，而 A 层除了海拔 2450 m 和 2810 m 为中度污染，其余海拔均为轻度污染。

地累积指数显示(表 7-2)，北坡土壤中除了 2810 m 的 O 层处 Pb 的污染程度处于中度污染，其余地区均处于轻度污染或无污染状况(表 7-2)。土壤 O 层中 Cd 的污染程度整体上为中度污染，A 层中 Cd 的污染程度为轻度或中度污染。土壤中 Cu 和 Zn 的污染程度较低，为无污染或轻度污染。

Hakanson 潜在生态风险评价方法显示(表 7-2)，土壤中除了海拔 2810 m 的 O 层处 Pb 的污染程度处于中度污染，其余地区 Pb 的污染程度均为轻度污染。Cd 的污染程度为中度污染。土壤中 Cu 和 Zn 的污染程度为轻度污染。综合潜在生态风险指数显示，O 层微量金属的综合生态风险程度为中度污染，A 层的污染程度则为轻度污染。

表 7-2　贡嘎山北坡土壤中微量金属的污染和潜在生态风险指数

海拔/m	土层	Pb			Cd			Cu			Zn			RI	$P_{综}$
		P_i	I_{geo}	E_r	P_i	I_{geo}	E_r	P_i	I_{geo}	E_r	P_i	I_{geo}	E_r		
2450	A	1.48	−0.02	14.8	4.13	1.46	124	0.97	−0.63	4.86	1.35	−0.15	1.35	145	3.24
2810	O	4.05	1.43	40.6	43.6	4.86	1308	1.50	0.00	7.49	2.91	0.96	2.91	1358	32.2
2810	A	1.16	−0.37	11.6	5.32	1.83	159	0.91	−0.72	4.55	1.07	−0.48	1.07	177	4.05
3100	O	1.61	0.11	16.1	5.27	1.81	158	1.12	−0.42	5.60	1.51	0.01	1.51	181	4.09
3100	A	1.37	−0.13	13.7	1.97	0.39	59.0	0.94	−0.68	4.68	0.95	−0.66	0.95	78	1.67
3830	O	1.56	0.05	15.6	11.0	2.87	330	1.76	0.23	8.79	1.53	0.02	1.53	356	8.27
3830	A	1.19	−0.34	11.9	1.87	0.32	56.1	0.95	−0.66	4.74	0.96	−0.65	0.96	74	1.59
4090	O	1.36	−0.15	13.6	4.02	1.42	121	1.00	−0.59	4.99	1.29	−0.21	1.29	140	3.15
4090	A	1.26	−0.25	12.6	0.89	−0.76	26.6	0.90	−0.73	4.51	0.88	−0.76	0.88	45	1.13

注：RI 为综合风险指数。下同。

3. 贡嘎山西坡土壤中微量金属的污染和潜在生态风险评价

单因子指数法显示，西坡土壤中 Pb 的污染水平为清洁或轻度污染(表 7-3)。O 层中 Cd 的污染水平均为轻度污染，A 层中除了 3590 m，其余海拔均为清洁。Cu 的污染水平均为清洁。Zn 的污染水平除了在 3360 m 为轻度污染，其余海拔均为清洁。内梅罗指数显示，西坡 O 层和 A 层均为轻度污染。

表 7-3　贡嘎山西坡土壤中微量金属的生态风险指数

海拔/m	土层	Pb			Cd			Cu			Zn			RI	$P_{综}$
		P_i	I_{geo}	E_r	P_i	I_{geo}	E_r	P_i	I_{geo}	E_r	P_i	I_{geo}	E_r		
3360	O	0.61	−1.29	3.07	1.29	−0.21	38.8	0.49	−1.62	2.45	1.06	−1.25	1.06	45	1.10
3360	A	0.92	−0.71	4.59	0.78	−0.94	23.4	0.76	−0.99	3.79	1.08	−0.75	1.08	33	0.99
3590	O	0.88	−0.77	4.40	1.55	0.05	46.5	0.61	−1.30	3.04	0.79	−0.92	0.79	55	1.29
3590	A	1.04	−0.53	5.19	1.23	−0.29	36.9	0.68	−1.15	3.39	0.90	−0.73	0.90	46	1.10
3895	O	0.77	−0.95	3.87	2.00	0.42	60.1	0.69	−1.11	3.47	0.80	−0.93	0.80	68	1.60
3895	A	0.90	−0.74	4.50	0.81	−0.90	24.2	0.80	−0.92	3.98	0.91	−0.74	0.91	34	0.88
4065	O	1.04	−0.52	5.22	1.45	−0.05	43.6	0.63	−1.25	3.16	0.66	−0.50	0.66	53	1.22
4065	A	1.08	−0.47	5.40	0.79	−0.92	23.7	0.66	−1.19	3.29	0.94	−0.47	0.94	34	0.98

地累积指数法显示(表 7-3)，西坡土壤中 Pb、Cu 和 Zn 的污染程度均为无污染，Cd 的污染程度除了在海拔 3590m 和海拔 3895 m 的 O 层为轻度污染，其余海拔均为无污染。

Hakanson 潜在生态风险评价方法显示(表 7-3)，土壤中 Pb、Cu、Zn 的污染程度均为轻度污染，Cd 的污染程度在 O 层为中度污染，A 层则为轻度污染。综合潜在生态风险指数显示，海拔梯度上微量金属的综合生态风险程度均为轻度污染。

4. 土壤中微量金属的形态

土壤中微量金属的形态直接影响微量金属的生物可利用性，因而也是判断微量金属生态风险的重要指标。Perin 等(1985)提出 RAC 生态风险评价方法，认为可交换态的浓度占总浓度的比例小于 1%时微量金属无生态风险，1%～10%时有较低的生态风险，11%～30%有中等的生态风险，大于 30%则有较高的生态风险。根据 Perin 提出的风险等级标准来判断，东坡和北坡土壤中 Pb 和 Cu 有较低的生态风险，Cd 和 Zn 则有着中等的生态风险，部分地区存在较高的生态风险。西坡除了 Cd 的生态风险较高，其余微量金属均有着较低的生态风险(表 7-4)。

表 7-4 贡嘎山土壤中微量金属可交换态所占比例 (单位：%)

坡向	海拔/m	土层	Pb	Cd	Cu	Zn
东坡	2000	O	1.09	14.9	0.81	11.1
		A	0.91	12.2	0.61	8.1
		C	2.63	30.2	1.68	1.8
	2300	O	1.15	16.9	1.42	12.2
		A	1.20	26.9	1.43	4.9
		C	2.74	24.3	7.16	3.0
	2770	O	2.78	22.1	3.63	29.1
		A	2.69	64.2	3.04	17.0
		C	1.61	3.3	1.10	2.0
	3250	O	0.99	16.6	1.99	17.5
		A	1.34	10.5	2.38	6.5
		C	4.97	57.6	7.20	2.7
	3615	O	2.34	26.4	3.54	18.0
		A	4.07	38.3	3.56	8.5
		C	1.10	20.3	4.34	3.6
	3800	O	2.06	17.4	6.53	6.6
		A	2.46	22.5	13.61	13.5
	4000	O	1.55	34.2	4.25	4.3
		A	3.20	27.5	11.9	12.0
	4300	O	2.04	52.8	3.86	3.9
		A	2.74	69.1	13.5	13.5
北坡	2450	O	1.29	35.0	1.51	24.0
		A	1.98	62.9	3.53	17.1
		C	2.40	46.3	4.37	4.3
	2810	O	1.15	20.2	2.39	20.3

续表

坡向	海拔/m	土层	Pb	Cd	Cu	Zn
		A	2.67	51.8	4.87	22.2
		C	1.30	37.4	3.61	10.6
	3100	O	2.92	51.9	4.18	29.6
		A	3.57	69.5	5.70	30.3
		C	3.59	67.4	5.24	11.4
	3830	O	1.83	21.1	1.56	20.9
		A	2.86	45.3	2.84	18.9
		C	2.41	37.2	2.64	7.4
	4090	O	3.40	45.8	2.68	31.2
		A	2.58	39.3	2.71	10.9
		C	2.93	39.7	2.26	6.4
西坡	3360	O	0.89	35.3	1.87	11.1
		A	1.69	48.0	2.04	5.09
		C	1.19	40.9	1.81	1.80
	3590	O	1.12	46.3	1.80	16.7
		A	1.44	41.0	2.55	11.1
		C	0.75	43.0	2.85	3.58
	3895	O	0.99	56.2	1.55	12.2
		A	2.07	57.9	1.66	6.99
		C	1.76	44.8	1.84	3.08
	4065	O	0.52	35.7	0.99	4.37
		A	0.90	40.8	1.11	3.10
		C	2.41	30.2	1.58	2.04

5. 改进后的 Hakanson 潜在生态风险评价法的应用

(1) Hakanson 潜在生态风险评价法的原理。传统的 Hakanson 方法的毒性系数是根据丰度系数和释放系数相乘，然后进行归一化并开方而得到的。其中，释放系数是淡水中微量金属的背景值与工业化之前沉积物中微量金属背景值的商。BCR 形态提取方法提取的可交换态和碳酸盐结合态(F1)的微量金属通常被认为是有效态的，贡嘎山土壤 C 层微量金属的浓度普遍较低，受外源污染影响较小，可以被认为接近当地微量金属的地球化学背景值。因此，本节使用 C 层中微量金属有效态的浓度与微量金属总的浓度的比值替换原有的释放系数。

(2) Hakanson 潜在生态风险评价法的应用。通过使用修正后的毒性系数可以计算出新的潜在生态风险指数(表 7-5～表 7-8)，与传统方法计算的潜在生态风险指数对比发现，三个坡 Pb 和 Cu 的生态风险均呈现略微降低的趋势，而 Cd 的生态风险显著升高，这与 Cd 的有效态含量较高有关。由于原方法毒性系数的计算原理显然不适用于高山生态系统，本研究针对毒性系数进行修正。本书获取的毒性系数也仅仅适用于贡嘎山地区，是否适用于其他高山生态系统尚不知晓，将来可以考虑获取全国高山生态系统土壤微量金属的形态数据，确定适用于我国高山生态系统的毒性系数，将 Hakanson 生态风险评价方法更合理地运用于高山生态系统。

表 7-5 修正后的毒性系数

元素	释放系数	丰度系数	修正后的毒性系数
Pb	2.22	12	1.27
Cd	37.5	242	45.3
Cu	7.22	3.2	4.43
Zn	4.42	1	1.00

表 7-6 贡嘎山东坡土壤中微量金属的 Hakanson 潜在生态风险指数(修正后的风险指数)

海拔/m	土层	Pb	Cd	Cu	Zn
2000	O	3.30	19.6	3.47	7.28
	A	2.98	17.7	3.66	5.87
2360	O	4.01	23.8	2.99	1.76
	A	2.60	15.5	3.37	1.06
2770	O	3.07	18.3	6.06	10.3
	A	1.74	10.4	5.09	6.76
3250	O	3.02	17.9	2.46	4.61
	A	1.84	10.9	3.10	4.57
3615	O	0.71	4.20	5.63	4.11
	A	1.07	6.37	5.09	4.50
3800	O	1.91	11.3	3.32	6.09
	A	1.19	7.08	2.80	4.39
4000	O	1.91	11.4	13.6	9.63
	A	1.19	7.07	8.04	4.39
4300	O	1.98	11.8	13.66	9.57
	A	1.20	7.13	4.24	5.92

表 7-7 贡嘎山北坡土壤中微量金属的 Hakanson 潜在生态风险指数(修正后的风险指数)

海拔/m	土层	Pb	Cd	Cu	Zn
2450	O	6.59	527	3.19	1.81
	A	3.75	187	4.31	1.35
2810	O	10.3	1980	6.64	2.91
	A	2.94	241	4.03	1.07
3100	O	4.10	239	4.96	1.51
	A	3.49	89.1	4.15	0.95
3830	O	3.95	500	7.79	1.53
	A	3.01	84.8	4.20	0.96
4090	O	12.6	103	1.10	1.29
	A	11.7	22.8	0.99	0.88

表 7-8　贡嘎山西坡土壤中微量金属的潜在生态风险指数(修正后的风险指数)

海拔/m	土层	Pb	Cd	Cu	Zn
3360	O	0.78	58.6	2.17	1.06
	A	1.17	35.3	3.36	1.08
3590	O	1.12	70.2	2.69	0.79
	A	1.32	55.7	3.00	0.90
3895	O	0.98	90.7	3.07	0.80
	A	1.14	36.5	3.53	0.91
4065	O	1.33	65.8	2.80	0.66
	A	1.37	35.8	2.91	0.94

(3) 不确定性分析。改进的 Hakanson 潜在生态风险评价方法存在的不确定性主要包括两个方面：第一方面，采用的毒性系数是基于贡嘎山土壤中微量金属有效态的浓度和总浓度之比修正的。这种方法是否适用于其他高山生态系统尚不明确。第二方面，原有的 Hakanson 潜在生态风险评价分级表是基于水生生态系统建立的，可能不适用于修正后的 Hakanson 潜在生态风险评价方法。针对上述两个不确定性问题，将来需要加大采样密度，结合室内模拟，建立适用于高山生态系统的毒性系数和生态风险分级标准。

7.1.3　贡嘎山海螺沟冰川退缩区镉的土壤环境容量及生态风险

以土壤为研究对象，按照夏增禄(1994)得出的土壤临界含量标准(0.5 mg·kg^{-1})，以 50 年为污染年限，计算出演替各阶段镉的土壤环境容量，包括年静态容量和年动态容量。贡嘎山海螺沟冰川退缩区镉的土壤环境年静态容量和年动态容量如图 7-1 所示。

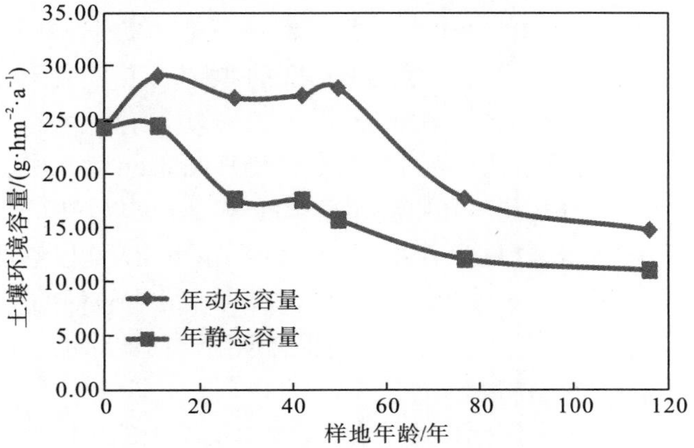

图 7-1　贡嘎山海螺沟冰川退缩区镉的土壤环境年静态容量与年动态容量

镉的土壤年静态容量为 11～25g·hm^{-2}·a^{-1}，年动态容量为 15～29g·hm^{-2}·a^{-1}。由于土壤中镉储量的增加，其年静态容量呈逐渐下降趋势。而将植物对土壤镉的吸收考虑在内，其年动态容量在 12～52 年呈略微增加的趋势，植物增加了土壤对镉的容纳能力。到演替后期，由于云冷杉对镉的吸收能力有限，而土壤镉储量已达较大值，因而其年动态容量显著下降至 15～18 g·hm^{-2}·a^{-1}。夏增禄(1994)研究的南方地区镉的土壤环境容量在 25 g·hm^{-2}·a^{-1}以上，演替后期镉的土壤环境容量明显低于该值，说明土壤容纳镉的能力受到更大的限制。此外，土壤还不断接收来自植物的凋落物以及粗木质物残体对镉的归还，其实际能容纳外界镉的能力更低。

综合上述研究结果，作为典型的亚高山原生中生演替，在演替初期林龄较小的生态系统中，以冬瓜杨、柳树为主的植物吸收积累镉的量高，这可增加土壤对镉输入的容纳能力，降低土壤镉流失风险。相反，在演替后期，以云冷杉为优势物种的成熟林林木对镉的吸收能力有限，其对生态系统镉动态并没有太大的直接影响，但间接造成土壤环境容量的迅速下降；此外，其根际分泌的酸类物质以及土壤持续降低的 pH 增加了土壤中镉的迁移能力，加速土壤中镉的径流与淋溶，这对生态系统的镉安全是不利的，并可能最终导致生态系统成为镉的“源”，对下流水体造成威胁。

海螺沟冰川退缩区生态系统发育过程中植被的生长和更替、土壤理化性质(pH、Eh)，对生态系统镉循环动态有着重要的影响。演替中期植物对镉具有高的吸收量与归还量，生态系统从大气、深层土壤、上游土壤径流等吸收大量镉，活生物体、生态系统具有高的净积累量，土壤由于植被的吸收净积累量为负；植株死亡量少而凋落物量大，粗木质物残体净积累量为负，植被镉主要通过凋落物归还土壤。植物对镉的高吸收与归还，使得生态系统镉循环速率加快，更多的镉被分配至活生物体中，镉的土壤环境容量增加，生态系统为镉的“汇”。

演替后期，冬瓜杨被对镉吸收能力弱的云冷杉代替，植物对镉的吸收量、归还量均下降，活生物体镉储量降低，归还至土壤中，土壤镉储量持续上升。由于演替后期土壤 pH 已降至镉的淋溶范围，土壤淋溶加强，而植被吸收镉的能力有限，生态系统镉的净积累量已降至很低，并有向负向发展的趋势，生态系统镉循环速率减慢，更多的镉又被分配至土壤中，镉的土壤环境容量降低，生态系统为镉微弱的“汇”，但随着生态系统的继续发展，很有可能成为“源”，对下流水体造成威胁。

单因子风险指数、内梅罗指数、地质累积指数及 Hakanson 潜在生态风险指数均显示，东坡和北坡 O 层和 A 层中 Cd 均呈现中度污染，Pb 和 Zn 则以轻度和中度污染为主，Cu 则为轻度污染或无污染。西坡 O 层和 A 层中 Pb、Cd、Cu 和 Zn 均以清洁和轻度污染为主。

RAC 风险评价方法揭示，东坡和北坡土壤中 Pb 和 Cu 有较低的生态风险，Cd 和 Zn 则有着中等的生态风险，部分地区存在较高的生态风险。西坡除了 Cd 的生态风险较高，其余微量金属均有着较低的生态风险。

使用 C 层中微量金属有效态的浓度与微量金属总的浓度的比值替换原有的释放系数，进而对原有的 Hakanson 潜在生态风险评价方法进行改进，使用修正的 Hakanson 生态风险评价方法后发现，Pb 和 Cu 的生态风险均有着不同程度的降低，而 Cd 的生态风险水平显著增加。但是，该方法是否适用于其他高山地区仍不清楚。

7.2 贡嘎山土壤磷的流失风险

在陆地生态系统中，土壤生物有效磷的衰竭通常有两个途径：①长时间的生物和地球化学过程将磷转化为难以矿化的稳定的有机形态，成为闭蓄态磷(Walker and Syers，1976)；②生物有效磷以及其他形态的磷的直接流失，包括植物吸收、土壤侵蚀、地表径流输出等。和其他生态系统相比，山地生态系统由于较陡的坡度(易于土壤侵蚀)、较强地表径流和发育良好的森林较大的需磷量等原因，通过第二个途径流失磷显得更加突出，而山地系统磷的直接流失目前仍少有关注，其流失速率和流失路径仍不清楚。

如前文所述，贡嘎山整体土壤发育尚处于早期阶段，由转化为闭蓄态磷而引起的磷短缺问题还不严重(Zhou et al.，2013；Prietzel et al.，2013)。但是贡嘎山土层薄、坡降大、地表径流强烈，这里的磷流失状况如何？流失途径是什么？本章将通过海螺沟冰川退缩迹地的相关工作，试图回答这些问题。

7.2.1 材料与方法

对海螺沟冰川退缩迹地土壤磷的流失状况研究基于如下假设：在成土作用早期阶段土壤 TP 含量以及磷形态组成的季节性变化，可以反映磷的流失状况和流失量。因此，我们将海螺沟冰川退缩区分为生长季和非生长季进行了土壤样品的采集，时间分别为 2011 年 12 月和 2012 年 7 月，采样点如图 2-18 所示，采样方法、TP 和磷形态分析方法同第 2 章。

1. 磷损耗系数

元素损耗系数(DF)由 Schroth 等(2007)提出，用于评估地质过程中某种元素相比较初始浓度损耗(减少)的程度，这里用来反映沿冰川退缩序列磷的损失状况。元素损耗系数根据下列公式计算

$$DF=[(C_A-C_{Ae})/(C_{Ti,A}-C_{Ti,Ae})]/(C_P/C_{Ti,P})$$

式中：C_A 和 C_{Ae} 分别为 A 层土壤中 TP 和 NH_4Cl 提取态的磷的浓度；$C_{Ti,A}$ 和 $C_{Ti,Ae}$ 分别为 A 层土壤中 Ti 的总浓度和 NH_4Cl 提取液中 Ti 的浓度；C_P 和 $C_{Ti,P}$ 分别为成土母质中 TP 和 Ti 的浓度。

土壤样品和 NH_4Cl 提取液中 Ti 的浓度用 ICP-MS 测定，美国标准溶液 SPEX^{TM} 作为标准样品。质量控制通过重复测量、空白测量和标准物质(中国地质标准物质 GSD-9 和 GSD-11)测量加以保证，重复测量结果变化<5%，回收率(90 ± 6)%(误差置信区间 95%)。

考虑到 A 层有机磷快速增加，尤其是 80 年和 120 年采样点有机磷增加明显，损耗系数由下列公式进行校正

$$DF_m=[(C_A-C'_{Ae}-C_{Ao})/(C_{Ti,A}-C_{Ti,Ae})]/(C_P/C_{Ti,P})$$

式中：DF_m 为校正后的损耗系数；C_A、C'_{Ae} 和 C_{Ao} 分别为 A 层土壤中 TP、可交换态磷($R\text{-}P_i+NaHCO_3\text{-}P_i$ 提取态磷)和 TOP($NaHCO_3+NaOH+HCl$ 提取态的有机磷)；$C_{Ti,A}$ 和 $C_{Ti,Ae}$

为 A 层土壤中总 Ti 和水+$NaHCO_3$ 提取液中的 Ti 的浓度；C_P 和 $C_{Ti, P}$ 分别为成土母质中 TP 和 Ti 的浓度。

2. 贡嘎山海螺沟冰川退缩迹地土壤磷流失量估算方法

以冰川退缩迹地土壤磷形态数据为基础，本节构建了山地土壤(表层 30 cm 矿质土壤)磷流失量的估算方法。

磷的流失量 P_{Loss} ($kg \cdot hm^{-2}$) 如下所示

$$P_{LOSS} = Stock\text{-}P_{C30} - Stock\text{-}P$$

式中：$Stock\text{-}P_{C30}$ 为假设土壤母质尚未风化时 30 cm 深度土层的磷含量，$kg \cdot hm^{-2}$；$Stock\text{-}P$ ($kg \cdot hm^{-2}$) 为 O 层 TP 含量 ($Stock\text{-}P_o$) ($kg \cdot hm^{-2}$) 与风化成土后表层 30 cm 矿质土壤中的磷含量 ($Stock\text{-}P_{AC30}$，0～30 cm) ($kg \cdot hm^{-2}$) 之和。

$$\text{Stock} - P_{C30} = C_{P_o} \times BD_o \times 30 \div 10$$

$$\text{Stock} - P = \text{Stock} - P_o + \text{Stock} - P_{AC30}$$

$$\text{Stock} - P_o = C_{P_o} \times BD_o \times D_o \div 10$$

上述公式中：C_{P_o} ($mg \cdot kg^{-1}$)、BD_o ($g \cdot cm^{-3}$) 和 D_o (cm) 分别为 O 层 TP 的浓度、O 层的容重和 O 层的厚度。

$$Stock\text{-}P_{AC30} = [C_{PA} \times BD_A \times D_A + C_{PC} \times BD_C \times (30 - D_A)] \div 10$$

式中：C_{PA} ($mg \cdot kg^{-1}$)、BD_A ($g \cdot cm^{-3}$) 和 D_A (cm) 分别代表 A 层 TP 的浓度、容重和厚度；C_{PC} ($mg \cdot kg^{-1}$) 和 BD_C ($g \cdot cm^{-3}$) 分别代表 C 层 TP 的浓度和容重。

7.2.2 海螺沟冰川退缩迹地土壤磷流失状况

在海螺沟冰川退缩迹地上各采样点土壤 C 层 TP 和 HCl_{dil} 提取无机磷浓度基本近似，HCl_{dil} 提取无机磷占 TP 的 99%，而且季节差异不明显(图 7-2)

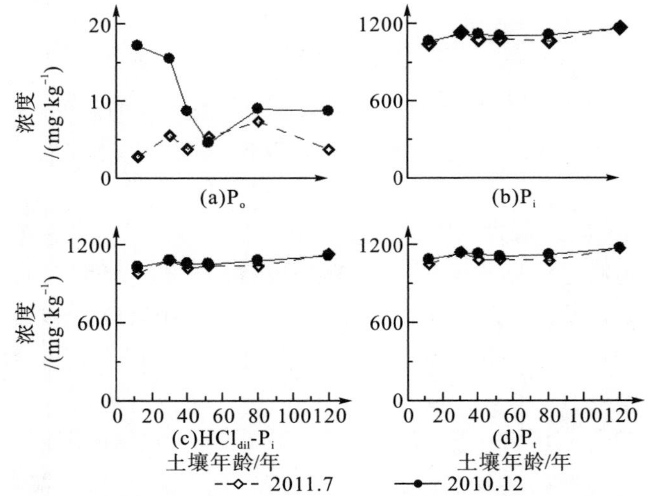

图 7-2 海螺沟冰川退缩序列土壤 C 层 TP 浓度及其形态变化

所有采样点上 A 层土壤 TP 较 C 层有所下降(图 7-3)，在 12 年采样点 A 层土壤 TP 约为 1000 mg·kg^{-1}，低于同一点 C 层，这一现象在更老的采样点上更加突出，到 120 年采样点，A 层土壤 TP 仅为 600 mg·kg^{-1}。TP 的季节差异约为 100mg·kg^{-1}，除 40 年采样点外，均为冬季 TP 浓度高于夏季(图 7-3)。

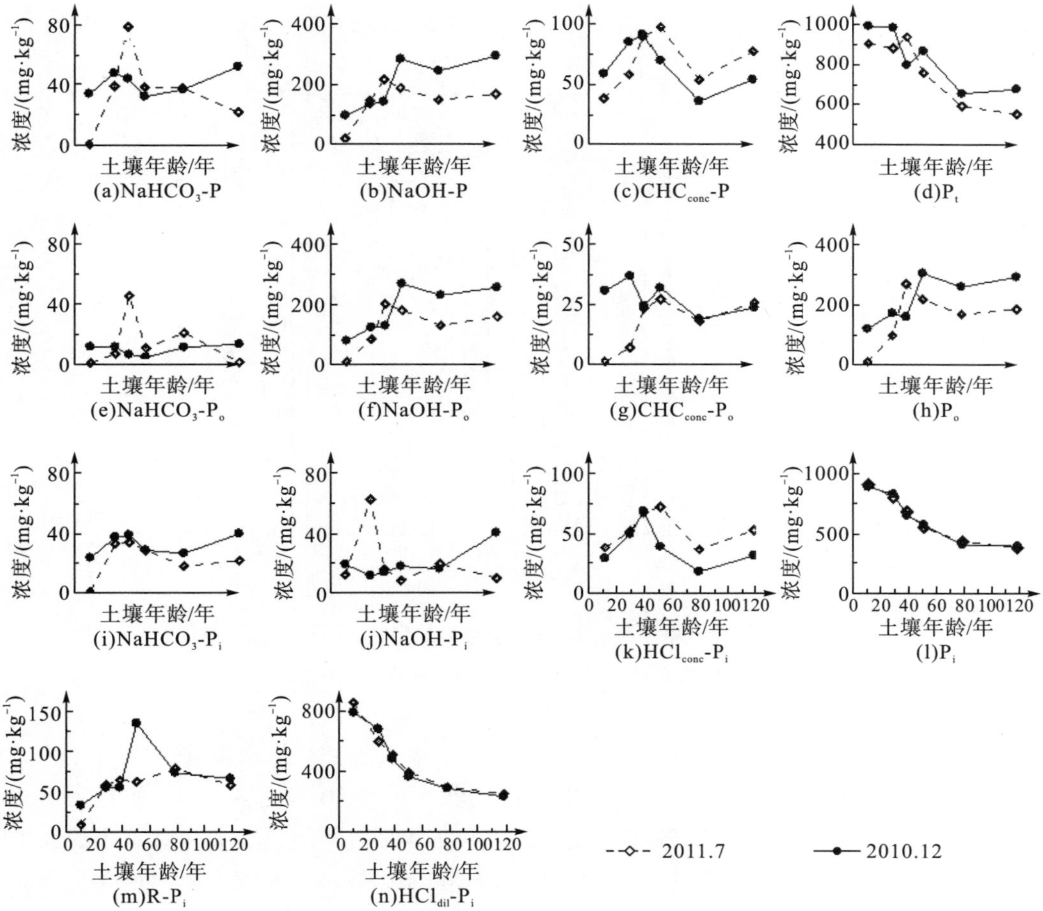

图 7-3　海螺沟冰川退缩序列土壤 A 层 TP 浓度及其形态变化

A 层有机磷浓度随成土年龄增加而增加，无机磷(主要为 HCl$_{dil}$ 提取态磷)变化趋势恰好相反(图 7-3)，生物有效磷(R-P$_i$+NaHCO$_3$ 提取态磷)(Tiessen and Moir，1993；Wu et al.，2014)和 NaOH 提取态磷浓度随土壤年龄小幅增加。季节差异最大的磷形态是 NaOH 和 HCl$_{conc}$ 提取态磷，夏季 NaOH 提取态磷浓度比冬季约高 100 mg·kg^{-1}，这可能主要由 NaOH 提取的有机磷增加引起的。与之相反，冬季 HCl$_{conc}$ 提取态磷浓度较夏季略低。

A 层与 C 层土壤 TP 浓度的差异(TP-A/TP-C)反映了磷的连续流失(图 7-4)。在 80 年和 120 年采样点，这一比例低于 0.6，远低于同期阿尔卑斯山 Morteratsch 冰川退缩土壤序列(150 年)和 Damma 冰川退缩土壤序列(Egli et al.，2012；Prietzel et al.，2013)，在瑞士这两个冰川退缩序列上没有发现 A 层和 C 层土壤 TP 的显著差异，80 年和 120 年采样点这么低的 A 层 C 层总磷比，甚至比发育 5000 多年的 Franz Josef 土壤序列还低，5000 多年 Franz Josef 土壤序列上 TP-A/TP-C 为 0.727(Walker and Syers,1976)，在新西兰沙丘 370 年土壤序列上 TP-A/TP-C 为 0.595(Eger et al.，2011)，而在瑞典北部 7800 年土壤序列中 A 层和 C 层没有明显的 TP 差异(Vincent et al.，2013)。较低的 TP-A/TP-C 指示了发育顶级植被群落的土壤上磷的严重流失，贡嘎山土壤磷流失可能较其他任何地方都要严重。

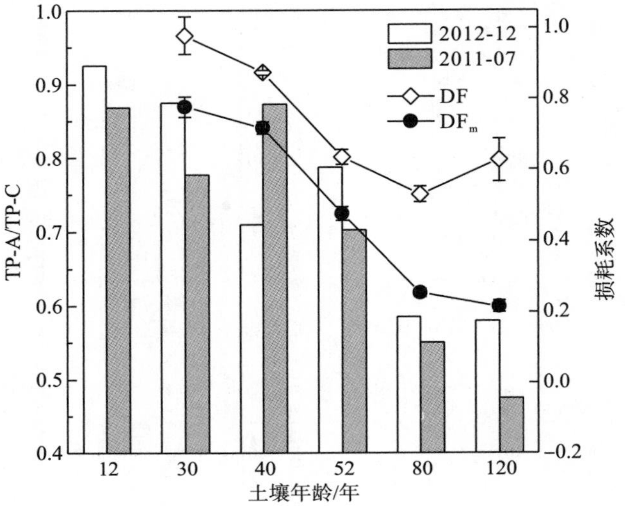

图 7-4 海螺沟土壤序列 A 层和 C 层总磷比(TP-A/TP-C)以及 A 层磷损耗系数(DF)与校正后的损耗系数(DF_m)

海螺沟 A 层 DF 与 DF_m 均显示了随成土时间土壤磷流失愈加严重(图 7-4)。DF 显示 40 年采样点处开始发生磷的流失，但 120 年处的流失量较 80 年处少，DF_m 校正了这一现象，显示了土壤序列上磷的持续流失，冰川退缩 52 年后几乎近 1/2 成土母质中的原生矿物磷已经流失，到 120 年，流失率达到 78%。DF 和 DF_m 显示，海螺沟冰川退缩区磷流失较其他土壤序列要快得多(Eger et al.，2011)。

当然，实际的磷流失可能并不像 DF 和 DF_m 所反映的那么严重，因为所减少的原生矿物磷部分为生态系统所吸收固定，生态系统也会通过有机磷矿化归还一部分磷。然而，相较于一些平坦地区，山地生态系统短期的快速磷流失还是有引起生物有效磷供应不足的风险(Vincent et al.，2013；Eger et al.，2011；Vitousek et al，2010；Walker and Syers，1976)。另外，陆地生态系统 *N* 沉降显著增加(Pardo et al.，2011；Fujimaki et al.，2009)，有可能减少微生物量和活性(Treseder，2008)，降低有机磷分解(矿化)速率(Knorr et al.，2005)。MBP 被认为是生物有效磷的重要来源(Turner et al.，2013)，而有机磷分解是生态系统中土壤磷归还的主要途径(Fillippelli, 2008)。氮沉降增加及其对微生物和有机磷分解的影响，会加剧磷流失的后果，使生物有效磷不能满足生山地态系统需求，造成磷限制。

7.2.3 贡嘎山土壤磷的流失量估算

贡嘎山冰川退缩迹地 80 年样点和 120 年样点 A 层和 C 层总磷浓度比(TP-A/TP-C)分别为 0.62 和 0.74，表明这两个样点表层土壤中的磷可能已有一定的流失。这两个比值显著地低于世界上其他年龄相近的土壤。欧洲阿尔卑斯山 Morteratsch(150 年)和 Damma(120 年)冰川退缩迹地的 TP 未发现显著的降低趋势(Prietzel et al.，2013；Egli et al.，2012)。此外，这两个样点的比值还低于或接近几个年龄为几千年的土壤。例如，新西兰 Franz Josef Chronosequence 年龄为 5000 年的样点的 TP-A/TP-C 值为 0.73(Walker and Syers，1976)。新西兰另一个年龄为 370 年的土壤，其 TP-A/TP-C 值为 0.60(Eger et al.，2011)。而瑞典北部一个 7800 年的土壤时间序列上表层土壤 TP 几乎未降低(Vincent et al.，2013)。

研究土壤磷流失量的结果发现，贡嘎山冰川退缩区暗针叶林土壤中的磷显著降低(表 7-9)。在 30 年样点和 40 年样点，未发现磷的流失；而从 52 年样点开始，表层土壤磷则出现了显著的流失。在云冷杉为优势种的 120 年样点，表层 30 cm 土壤中约流失了 17.6%的磷。这是一个相对较高的流失率，该流失率约为热带地区 Rakata 土壤序列(约 110 年)流失率的 7 倍(表 7-9)。

尽管贡嘎山冰川退缩区针叶林土壤磷流失率比其他“老”土的流失率低，但这些“老”土已发育了 3000 年以上，且在土壤发育了至少 1000 年以后才开始发生磷的流失。例如，Galvan-Tejada 等(2014)发现 Transmexican Volcanic Belt 土壤序列在发育了 2185 年后，土壤磷库才开始降低。Turner 等(2013)也发现 Franz Josef 土壤序列在 5 年样点、1000 年样点、12000 年样点和 120000 年样点总磷库分别为 115.0P·m^{-2}、194.2P·m^{-2}、169.6 P·m^{-2} 和 58.0 g P·m^{-2}，也说明在该序列土壤发育的 1000 年内土壤总磷库无显著降低。这些结果表明，海螺沟冰川退缩区暗针叶林土壤磷具有较快的流失速率。

7.2.4 贡嘎山土壤磷的流失原因及途径

在成土作用的早期阶段，磷通过风化作用从岩石中风化释放，如前文所述，在海螺沟冰川退缩区，风化作用的程度和速率随成土年龄而变化。120 年采样点的风化速率达到 111 $cmol_c·m^{-2}·a^{-1}$，远高于阿尔卑斯山区，甚至一些热带地区(Egli et al.，2001；Taylor and Blum，1995；Nezat et al.，2004)，DF_m 显示 120 年处仅存留了 22%的原生矿物磷(图 7-4)。海螺沟风化作用过程中的磷灰石的快速溶解，可能归因于冰碛物在冰川挤压摩擦过程中颗粒物质较细、冰川末端反复的冻融偶成，以及较大的土壤湿度和植被的快速发育等。

磷由矿物以磷酸盐形式释放后可以被植物所吸收利用，这也是海螺沟冰川退缩区植被序列快速形成的条件之一。海螺沟冰川退缩区植物原生演替较快，仅 80 年就演替到针叶林为建群种的顶级阶段。随着植被由低等到高等演替，生物量和生物量磷都快速增加(表 7-9)，因而，植物吸收利用可能是土壤磷流失的一个重要途径，7 月份(生长季)生物有效磷低于冬季(非生长季)，进一步证明了这一点。

表 7-9　贡嘎山冰川退缩区土壤及世界上其他年龄相近土壤的磷流失情况

编号	年龄/年	样点	生物量[a] /(t·ha^{-1})	P_{plant}[b] /(g·kg^{-1})	生物量 P /(kg·ha^{-1})	Stock-P_O /(kg·ha^{-1})	Stock-P_{AC30} /(kg·ha^{-1})	Stock-P /(kg·ha^{-1})	Stock-P_{C30} /(kg·ha^{-1})	P_{LOSS}/	P_{LOSS}/Stock-P_{C3} /%	参考文献
1	12	海螺沟	3.1	1.6	5.0	ND	5988	5988	5988	0	0.0	本书
	30	海螺沟	48.9	1.2	57.5	150	5088	5238	5170	−67	−1.3	本书
	40	海螺沟	110.8	0.9	99.7	205	5924	6129	6036	−93	−1.5	本书
	52	海螺沟	184.7	0.9	164.9	112	4548	4659	4866	207	4.3	本书
	80	海螺沟	308.0	0.7	225.2	177	3845	4021	4615	593	12.9	本书
	120	海螺沟	382.3	0.8	303.9	117	3836	3953	4798	845	17.6	本书
2	40	Maluxa				23	910	933	816	−117	−14.3	Celi 等(2013)
3	98	Morteratsch				ND	1122	1122	1046	−75	−7.2	Egli 等(2012)
4	110	Rakata				ND	1129	1129	1157	28	2.4	Schlesinger 等(1998)
5	6500	S. Westland				ND	487	487	1822	1335	73.3	Eger 等(2011)
6[(a)]	～3200	Cooloola					141			54.2		Chen 等(2015)
7[(b)]	～6500	Jurien Bay					1895			49.3		Turner 和 Laliberté(2015)
8[(c)]	120000	Franz Josef					570			49.6		Turner 等(2013)
9[(d)]	>100000	Transmexican Volcanic Belt										Galvan-Tejada 等(2014)

注：(a)磷流失量为 400 和 3200 年两样点磷库的差值。400 年：260 kg P·ha^{-1}，～3200 年：119 kg P·ha^{-1}。

(b)磷流失量为<100 年和 6500 年样点磷库的差值。<100 年：3843 kg P·ha^{-1}，～6500 年：1948 kg P·ha^{-1}。

(c)磷流失量为 5 年和 120000 年两样点磷库的差值。5 年：1150 kg P·ha^{-1}，120000 年：580 kg P·ha^{-1}。

(d)土壤磷库从 2185 年样点开始降低。

A 层土壤 HCl_{dil} 提取磷反映了在相对较老的采样点原生矿物磷的大量流失，同时较老采样点的生物量磷又远高于年轻采样点。30 年采样点生物量磷占到原生矿物磷损失量的近 1/2，而 120 年采样点生物量磷是原生矿物磷损失量的 1/7，这表明，除植物吸收外，还存在其他磷的流失途径。风化作用过程中，磷释放的同时，Fe、Al 等离子同时从矿物释放。Fe、Al 等离子易于形成羟基氧化物，风化释放的磷除被植物所吸收外，易于吸附于 Fe、Al 等羟基氧化物颗粒表面。在土壤 NaOH 提取液中，磷的浓度与 Fe 和 Al 浓度显著正相关，正是反映了 NaOH 所提取的磷为 Fe 和 Al 羟基氧化物所吸附的磷。在海螺沟冰川退缩区 52 年、80 年和 120 年采样点，这部分磷占 TP 的 30%以上，且冬季略高。

Kaňa 和 Kopáček(2005)证明 Fe 和 Al 羟基氧化物吸附磷的能力是控制磷向水体迁移的决定性因素。Šantrůčková(2004)的研究表明，森林土壤的酸性程度控制了土壤磷形态转化和磷流失速率。在海螺沟冰川退缩区随着植被发育，土壤 pH 也随之降低(Zhou et al., 2013)。在逐渐酸化的土壤中，尤其是 80 年采样点和 120 年采样点，Fe 和 Al 羟基氧化物吸附的磷易于随地表径流被带走。贡嘎山地区降雨主要集中在夏季，Fe、Al 结合态的磷随地表径流在夏季的流失量大于冬季，这很好地解释了夏季 NaOH 提取磷浓度低于冬季的现象。另外，海螺沟冰川退缩区水平距离 2 km 内，海拔仅下降了 150m，较大的坡降引起较强的土壤侵蚀，加快了磷流失速率。2014 年 9 月沿海螺沟冰川退缩区河道采集的 32 个地表径流水样测试表明，总磷浓度为$(0.017\pm0.004)\,mg\cdot L^{-1}$，结合年均径流量 11.8 $m^3\cdot s^{-1}$(吕玉香和王根绪，2008)，磷的流失速率达 0.2 $g\cdot s^{-1}$，这是一个相当可观的流失量。

参 考 文 献

何耀灿. 1991. 贡嘎山海螺沟冰川地质环境的基本特征. 四川地质学, 11(3): 221-225.

李逊, 熊尚发. 1995. 贡嘎山海螺沟冰川退却迹地植被原生演替. 山地研究, 13(2): 109-115.

刘照光, 邱发英. 1986. 贡嘎山地区主要植被类型和分布. 植物生态学与地植物学学报, 10(1): 26-34.

罗春, 杨相, 卢俊威, 等. 1986. 土壤中重金属的环境容量及预测. 环境研究, 3: 007.

罗辑, 李伟, 廖晓勇, 等. 2004. 近百年海螺沟冰川退缩区域土壤 CO2 排放规律. 山地学报, 22: 421-427.

吕玉香, 王根绪. 2008. 1990-2007 年贡嘎山海螺沟径流变化对气候变化的响应. 冰川冻土, 6: 960-966.

王世耆, 诸叶平, 蔡士悦. 1993. 土壤环境容量数学模型——Ⅰ. 土壤污染动力学模型. 环境科学学报, 1: 006.

吴艳宏, 周俊, 邴海健, 等. 2012. 贡嘎山海螺沟典型植被带总磷分布特征. 地球科学与环境学报, 34(3): 70-74.

夏增禄. 1986. 土壤环境容量研究. 环境科学, 5: 004.

夏增禄. 1993. 中国主要类型土壤若干重金属临界含量和环境容量的区域分异. 地理学报, 48: 297-303.

夏增禄. 1994. 中国主要类型土壤若干重金属临界含量和环境容量区域分异的影响. 土壤学报, 31: 161-169.

叶嗣宗. 1993. 土壤环境背景值在容量计算和环境质量评价中的应用. 中国环境监测, 9: 52-54.

易昊旻, 周生路, 吴绍华, 等.2013.基于正态模糊数的区域土壤重金属污染综合评价. 环境科学学报: 1127-1134.

于光金, 成杰民, 王忠训, 等. 2009. 山东省不同植被类型土壤重金属环境容量研究. 土壤通报, 40: 366-368.

余大富, 1984. 贡嘎山的土壤及其垂直地带性. 土壤通报, 15(2): 65-68.

钟祥浩, 张文敬, 罗辑. 1999. 贡嘎山地区山地生态系统与环境特征. Ambio, 28(8): 648-654.

周杰, 裴宗平, 靳晓燕, 等. 2006. 浅论土壤环境容量. 环境科学与管理, 31: 74-76.

Aceto M, Abollino O, Conca R, et al. 2003. The use of mosses as environmental metal pollution indicators. Chemosphere, 50(3): 333-342.

Antoniadis V, Robinson J S, Alloway B J. 2008. Effects of short term pH fluctuations on cadmium, nickel, lead, and zinc availability to ryegrass in a sewagev sludge-amended field. Chemosphere, 71: 759-764.

Bing H, Wu Y, Zhou J, etal. 2016. Mobility and eco-risk of trace metals in soils at the Hailuogou Glacier foreland in eastern Tibetan Plateau. Environmental Science and Pollution Research, 23: 5721-5732.

Borrok D M, Wanty R B, Ian Ridley W, et al. 2009. Application of iron and zinc isotopes to track the sources and mechanisms of metal loading in a mountain watershed. Applied Geochemistry, 24(7): 1270-1277.

Čeburnis D, Steinnes E. 2000. Conifer needles as biomonitors of atmospheric heavy metal deposition: comprision with mosses and precipitation, role of the canopy. Atmospheric Environment, 34: 4265-4271.

Celi L, Cerli C, Turner BL, et al. 2013. Biogeochemical cycling of soil phosphorus during natural revegetation of Pinus sylvestris on disused sand quarries in Northwestern Russia. Plant and Soil, 367: 121-134. 10. 1007/s11104-013-1627-y.

Chen CR, Hou EQ, Condron LM, et al. 2015. Soil phosphorus fractionation and nutrient dynamics along the Cooloola coastal dune chronosequence, Southern Queensland, Australia. Geoderma, 257: 4-13. 10. 1016/j. geoderma. 2015. 04. 027

Cheng H, Hu Y. 2010. Lead (Pb) isotopic fingerprinting and its applications in lead pollution studies in China: a review. Environmental Pollution, 158(5): 1134-1146.

Craine J M, Jackson R D. 2010. Plant nitrogen and phosphorus limitation in 98 North American grassland soils. Plant Soil, 334 (1-2): 73-84.

Cramer M D, 2010. Phosphate as a limiting resource: introduction. Plant and Soil, 334 (1-2): 1-10.

Eger A, Almond P C, Condron L M. 2011. Pedogenesis, soil mass balance, phosphorus dynamics and vegetation communities across a Holocene soil chronosequence in a super-humid climate, South Westland, New Zealand. Geoderma, 163(3-4): 185-196.

Egli M, Filip D, Mavris C, et al. 2012. Rapid transformation of inorganic to organic and plant-available phosphorous in soils of a glacier forefield. Geoderma, 189: 215-226.

Egli M, Fitze P, Mirabella A. 2001. Weathering and evolution of soils formed on granitic, glacial deposits: results from chronosequences of Swiss alpine environments. Catena, 45(1): 19-47.

Elser J J, 2012. Phosphorus: a limiting nutrient for humanity? Current Opinion in Biotechnology, 23: 833-838.

Elser J J, Bracken M E S, Cleland E E, et al. 2007. Global analysis of nitrogen and phosphorus limitation of primary production in freshwater, marine, and terrestrial ecosystems. Ecology Letters, 10: 1135-1142.

Fillippelli G M, 2008. The global phosphorus cycle: past, present and future. Elements, 4: 89-95.

Fujimaki R, Sakai A, Kaneko N. 2009. Ecological risks in anthropogenic disturbance of nitrogen cycles in natural terrestrial ecosystems. Ecology Research, 24: 955-964.

Galvan-Tejada N C, Pena-Ramirez V, Mora-Palomino L, et al. 2014. Soil P fractions in a volcanic soil chronosequence of Central Mexico and their relationship to foliar P in pine trees. Journal of Plant Nutrition and Soil Science, 177: 792-802. 10. 1002/jpln. 201300653.

Gerdol R, Bragazza L. 2006. Effects of altitude on element accumulation in alpine moss. Chemosphere, 64(5): 810-816.

Harmens H, Ilyin I, Mills G, et al., 2012. Country-specific correlations across Europe between modelled atmospheric cadmium and lead deposition and concentrations in mosses. Environmental Pollution, 166: 1-9.

He L, Tang Y. 2008. Soil development along primary succession sequences on moraines of Hailuogou Glacier, Gongga Mountain,

Sichuan, China. Catena, 72(2): 259-269.

Hettiarachchi G M, Ryan J A, Chaney R L, et al. 2003. Sorption and desorption of Cd by different fractions of biosolids-amended soils. Journal of Environmental Quality, 32: 1684-1693.

Huang W J, Liu J X, Wang Y P, et al. 2013. Increasing phosphorus limitation along three successional forests in Southern China. Plant Soil, 364(1-2): 181-191.

IUSS Working Group WRB. 2006. World reference base for soil resources. World Soil Resour, 103

Kaňa J, Kopáček J. 2005. Impact of soil sorption characteristics and bedrock composition on phosphorus concentrations in two Bohemian Forest Lakes. Water, Air, and Soil Pollution, 173: 243-259.

Knorr M, Frey S D, Curtis P S. 2005. Nitrogen additions and litter decomposition: a meta-analysis. Ecology, 86: 3252-3257.

Komárek M, Ettler V, Chrastný V, et al. 2008. Lead isotopes in environmental sciences: A review. Environment International, 34(4): 562-577.

Li W, Cheng G, Luo J, et al. 2004. Features of the natural runoff of Hailuo Ravine in Mt. Gongga. Journal of Mountain Science (Chinese Edition), 22: 698-701.

Li X, Xiong S F. 1995. Vegetation primary succession on glacier foreland in Hailuogou, Mt. Gongga. Mountain Research, 12(2): 109-115 (in Chinese with English abstract)

Li Z X, He Y Q, Yang X M, et al. 2010. Changes of the Hailuogou glacier, Mt. Gongga, China, against the background of climate change during the holocene. Quaternary International, 218 (1-2): 166-175.

Liang P, Yang Y, He L, et al. 2008. Heavy metals contents and Hg adsorption characteristics of mosses in virgin forest of Gongga. Chinese Journal of Applied Ecology, 19(6): 1191-119 (in Chinese).

Lu R, Xiong L, Shi Z. 1992. Study on cadmium in soil-plant system. Soil Science, 24(3): 129-132 (in Chinese).

Mason B. 1966. Principle of Geochemistry. 3rd. New York: Wiley.

Murphy J, Riley J P. 1962. A modified single solution method for the determination of phosphate in natural waters. Analytica Chimica Acta, 27: 31-36.

Newman E I, 1995. Phosphorus inputs to terrestrial ecosystems. Journal of Ecology, 83: 713-726.

Nezat C A, Blum J D, Klaue A, et al. 2004. Influence of landscape position and vegetation on long-term weathering rates at the Hubbard Brook Experimental Forest, New Hampshire, USA. Geochimica et Cosmochimica Acta, 68(14): 3065-3078.

Outridge P M, Stern G A, Hamilton P B, et al. 2005. Trace metal profiles in the varved sediment of an Artic lake. Geochim Cosmochim Acta, 69(20): 4881-4894.

Pardo L H, Fenn M E, Goodale C L, et al. 2011. Effects of nitrogen deposition and empirical nitrogen critical loads for ecoregions of the United States. Eccology Apply, 21: 3049-3082.

Pérez C A, Aravena J C, Silva W A, et al. 2014. Ecosystem development in short-term postglacial chronosequences: N and P limitation in glacier forelands from Santa Ines Island, Magellan Strait. Austral Ecology, 39: 288-303. 10. 1111/aec. 12078.

Perin G , Craboledda L , Lucchese M, etal.1985. Heavy metal speciation in the sediments Northern Adriaticsea—A new approach for environmental toxicity determination. Heavy Metals in the Environment, 2: 454-456.

Poikolainen J, Kubin E, Piispanen J, et al. 2004. Atmospheric heavy metal deposition in Finland during 1985-2000 using mosses as bioindicators. Science of the Total Environment, 318: 171-185.

Prasad M N V .2013. Heavy metal stress in plants: from biomolecules to ecosystems. Heidelberg, Germany: Springer Science & Business Media.

Prietzel J, Dumig A, Wu Y H, et al, 2013. Synchrotron-based P K-edge XANES spectroscopy reveals rapid changes of phosphorus speciation in the topsoil of two glacier foreland chronosequences. Geochimica et Cosmochimica Acta, 108: 154-171.

Sakata M, Marumoto K, Narukawa M, et al. 2006. Regional variation in wet and dry deposition fluxes of trace elements in Japan. Atmospheric Environment, 40: 521-531.

Šantrůčková H, Vrba J, Pieck T, et al. 2004. Soil biochemical activity and phosphorus transformations and losses from acidified forest soils. Soil Biology & Biochemistry, 36: 1569-1576.

Schlesinger W H, Bruijnzeel L A, Bush M B, et al. 1998. The biogeochemistry of phosphorus after the first century of soil development on Rakata Island, Krakatau, Indonesia. Biogeochemistry, 40: 37-55.

Schroth A W, Friedland A J, Bostick B C. 2007. Macronutrient depletion and redistribution in soils under conifer and Northern Hardwood Forests. Soil Science Society of America Journal, 71(2): 457-468.

Seastedt T R, Vaccaro L. 2001. Plant species richness, productivity, and nitrogen and phosphorus limitations across a snowpack gradient in alpine tundra, Colorado, USA. Arctic Antarctic and Alpine Research, 33 (1): 100-106.

Sharma V K, Rhudy K B, Cargill J C, et al. 2000. Metals and grain size distributions in soil of the middle Rio Grande Basin, Texas USA. Environmental Geology, 39: 698-704.

Soto-Jimenez M, Paez-Osuna F. 2001. Cd, Cu, Pb and Zn in lagoonal sediments from Mazatlan Harbor (SE Gulf of California) bioavailability and geochemical fractioning. Bull Environ Contam Toxic, 66: 350-356.

Szefer P, Szefer K, Glasby G P, et al. 1996. Heavy-metal pollution in surficial sediments from the Southern Baltic Sea off Poland. Journal of Environmental Science and Health, 31A: 2723-2754.

Takamatsu T, Watanabe M, Koshikawa M K, et al. 2010. Pollution of montane soil with Cu, Zn, As, Sb, Pb and nitrate in Kanto, Japan. Science of the Total Environment, 408: 1932-1942.

Taylor A, Blum J D. 1995. Relation between soil age and silicate weathering rates determined from the chemical evolution of a glacial chronosequence. Geology, 23(11): 979-982.

Tiessen H, Moir J O. 1993. Characterization of available P by sequential extraction//In: Carter MR(Ed). Soil Sampling and Methods of Analysis. Lewis Publishers, Boca Raton: 75-86.

Treseder K K. 2008. Nitrogen additions and microbial biomass: a meta-analysis of ecosystem studies. Ecollogy Letter, 11: 1111-1120.

Turner B L, Condron L M, Richardson S J, et al. 2007. Soil organic phosphorus transformations during pedogenesis. Ecosystems, 10: 1166-1181. 10. 1007/s10021-007-9086-z.

Turner B L, Laliberté E. 2015. Soil development and nutrient availability along a 2 million-year coastal dune chronosequence under species-rich Mediterranean shrubland in Southwestern Australia. Ecosystems, 18: 287-309. 10. 1007/s10021-014-9830-0.

Turner B L, Lamber H, Condron L M, et al, 2013. Soil microbial biomass and the fate of phosphorus during long-term ecosystem development. Plant and Soil, 367: 225-234.

Vincent A G, Vestergren J, Grobner G, et al. 2013. Soil organic phosphorus transformations in a boreal forest chronosequence. Plant and Soil, 367(1-2): 149-162.

Vitousek P M, Porder S, Houlton B Z, et al. 2010. Terrestrial phosphorus limitation: mechanisms, implications, and nitrogen-phosphorus interactions. Journal of Applied Ecology, 20(1): 5-15.

Walder D A, Walker L R, Bardgett R D. 2004. Ecosystem properties and forest decline in constrasting longterm chronosequences. Science, 305: 509-513.

Walker T W, Syers J K. 1976. The fate of phosphorus during pedogenesis. Geoderma, 15: 1-19.

Wassen M J, Venterink H O, Lapshina E D, et al. 2005. Endangered plants persist under phosphorus limitation. Nature, 437（7058）: 547-550.

Wedepohl K H. 1995. The composition of the crust. Geochim Cosmochim Acta, 59(7): 1217-1232.

Wood T, Bormann F H, Voigt G K. 1984. Phosphorus cycling in an Northern Hardwood Forest: biological and chemical control. Science, 223: 391-393.

Wu Y H, Hou X H, Cheng X Y, et al. 2007. Combining geochemical and statistical methods to distinguish anthropogenic source of metals in lacustrine sediment: a case study in Dongjiu Lake, Taihu Lake catchment, China. Environmental Geology, 52(8): 1467-1474.

Wu Y H, Li W, Zhou J, et al. 2013. Temperature and precipitation variations at two meteorological stations on eastern slope of Gongga Mountain, SW China in the past two decades. Journal of Mountain Science, 10: 370-377.

Wu Y H, Prietzel J, Zhou J, et al. 2014. Soil phosphorus bioavailability assessed by XANES and Hedley sequential fraction technique in a glacier foreland chronosequence in Gongga Mountain, Southwestern China. Science in China（Series D）, 57(8): 1860-1868.

Yuan G L, Sun T H, Han P, etal.2014. Source identification and ecological risk assessment of heavy metals in topsoil using environmental geochemical mapping: typical urban renewal area in Beijing, China. Journal of Geochemical Exploration, 136: 40-47.

Zaharescu D G, Hooda P S, Soler A P, et al. 2009. Trace metals and their source in the catchment of the high altitude Lake Respomuso, Central Pyrenees. Science of the Total Environment, 407(11): 3546-3553.

Zeng F R, Ali S, Zhang H T, et al. 2011. The influence of pH and organic matter content in paddy soil on heavy metal availability and their uptake by rice plants. Environmental Pollution, 159: 84-91.

Zhou J, Wu Y H, Prietzel J, et al. 2013. Changes of Soil phosphorus speciation along a 120-year soil choronosequence in the Hailuogou Glacier retreat area（Gongga Mountain, SW China）. Geoderma, 195-196: 251-259.